环境科学与工程系列教材

环境科学与工程通识教程

卢桂宁　党　志　主编

科学出版社
北　京

内 容 简 介

本书系统介绍了环境科学与工程的基本概念、技术方法和研究现状，主要内容共 10 章，包括绪论、人口・资源与环境、环境生态学基础与应用、水环境及污染控制、大气环境及污染控制、土壤污染控制与修复、固体废物污染控制、环境物理性污染控制、环境管理及技术支撑、环境保护职业与产业，并在相应章节中对饮用水安全、农产品安全、室内空气污染控制、生活垃圾处理与资源化、电子垃圾污染控制、酸性矿山废水污染控制、海洋污染防治、温室效应与全球气候变化、新型污染物、城市雾霾等热点环境问题与典型环境案例进行了深入剖析，旨在通过不同专题让读者对环境科学与工程所涉及的各个领域有较全面了解。

本书是为高等学校非环境类专业学生编写的环境通识教育课程教材，也可作为环境科学与工程专业导论课程参考用书，同时可供从事环境保护相关工作和关注环境保护的人员阅读参考。

图书在版编目（CIP）数据

环境科学与工程通识教程 / 卢桂宁，党志主编. —北京：科学出版社，2017.12

环境科学与工程系列教材

ISBN 978-7-03-053655-6

Ⅰ.①环… Ⅱ.①卢… ②党… Ⅲ. ①环境科学–教材 ②环境工程–教材 Ⅳ. ①X

中国版本图书馆 CIP 数据核字(2017)第 129112 号

责任编辑：朱 丽 李丽娇 / 责任校对：张小霞

责任印制：吴兆东 / 封面设计：耕者设计工作室

科 学 出 版 社 出版

北京东黄城根北街 16 号

邮政编码：100717

http://www.sciencep.com

北京中科印刷有限公司 印刷

科学出版社发行 各地新华书店经销

*

2017 年 12 月第 一 版 开本：720×1000 1/16

2022 年 1 月第六次印刷 印张：22

字数：420 000

定价：78.00 元

《环境科学与工程通识教程》编写人员

主　编： 卢桂宁　党　志

副主编： 杨　琛　易筱筠　黄少斌　郭楚玲

参　编：（按姓氏汉语拼音顺序）

包艳萍　陈　璋　邓辅财　范　聪　郭学涛
黄开波　雷　娟　李晨晨　李宛蔓　廖　侃
卢丽敏　佘博嘉　隋欣恬　唐　婷　陶雪琴
万晶晶　汪　涵　王　锐　魏燕富　伍银爱
谢莹莹　徐稳定　杨成方　杨行健　张　婷

丛 书 序

环境教育的兴起是20世纪以来人们对环境问题的严重性、资源的有限性以及生态环境破坏的难以恢复性的体验与认知的结果。1948年托马斯·普理查德（Thomas Pritchard）提出了“环境教育”一词，但真正现代意义上的“环境教育”起源和发展于20世纪60年代西方发达国家的“生态复兴运动”。环境教育的历史演进，从20世纪60年代出现在学校教育后，便常被视为是自然研习（nature study）、户外教育（outdoor education）、环境修复教育（environmental conservation education）的传承者。然而环境教育的特质与内涵，在社会、科学、技术三者的交互作用中，特别重视有关环境危机的问题，所以环境教育虽然继承于自然研习、户外教育及环境修复教育，但也有别于它们。而今进入21世纪，环境教育又蜕变为永续发展教育（sustainable development education）。

环境教育是国际环境界的新事物，是历史的产物，是随着公众社会的发展，为解决新出现的环境问题而产生的。随着社会经济的发展，公众的生产能力不断提高，规模不断扩大，致使许多自然资源被过度利用，生态环境日益恶化。面对全球日益严重的环境问题，国际社会达成了共识：通过宣传和教育，提高人们的环境意识，是保护和改善环境的重要治本措施。但是对环境教育的定义、性质、目标该当如何确定，由于个人的学术背景不同、观点兴趣各异，而产生了不同的见解。通过对环境教育定义的界定，能帮助我们进一步认识环境教育的本质。

环境教育的未来发展趋势，一是公众的环境教育，包括中小学的环境教育，旨在使广大人民群众养成自觉保护环境的道德风尚，提高全民族的环境与发展意识。通过环境通识教育，能够使人们更好地理解地球上的生命都是相互依赖的，提升公众的经济、政治、社会、文化及科技认识水平，加深人们对环境问题影响社会可持续发展的理解，使得公众能够更加有效地参与地方、国家和国际层面上有关环境可持续发展活动，推动整个社会向着更为公正和可持续发展的未来前进。二是专业性的环境教育，主要目的是培养和造就消除环境污染和防治生态破坏，改善和创造高质量的生产和生活环境所需的各种专门人才，培养和造就具有环境保护和持续发展综合决策和管理能力的各层次管理人才。

《环境科学与工程系列教材》丛书是华南理工大学环境学科多年从事环境科学与工程类课程的教学和实践经验的总结。这套丛书涵盖了目前较为缺乏的《环境物理学》、《环境生态学》、《环境统计学》、《城市水工程概论》、《固体废物处理处置工程》等专业理论课程教材，《水质分析实验》、《环境科学综合实验》等实验课程教材，以及《环境通识教育教程》、《环境科学与工程通识教程》等环境通识课程教材。

该丛书的内容丰富翔实，是作者们多年教学实践和相关科研成果的结晶，是环境科学与工程类教材的有益补充和丰富，必将从全局上有力推动环境教育的发展，值得同行重视和参考。

该丛书结构严谨、语言通俗、内容科学、案例经典，推荐环境科学与工程及相关领域的教师、学生、环保人员阅读使用。

2016 年 2 月

前　言

人与环境之间是一个相互作用和相互影响的对立统一体，20 世纪中后期以来，人与环境之间的不和谐，使得人类面临着各种环境问题和危机。发展环境教育、提高环境意识，是解决环境问题和实施可持续发展战略的希望所在。环境科学与工程学科是伴随经济发展过程中出现的各种环境问题以及社会对解决环境问题的迫切需求而产生和发展的，是基于自然科学、技术科学、工程科学与社会科学而发展起来的综合性交叉新兴学科，是一门研究人与环境相互作用及其调控的学科。

编者团队负责人党志教授自 2001 年开始面向华南理工大学非环境类专业的本科生开设《环境科学与工程导论》环境通识教育课程，该课程于 2006 年入选华南理工大学第三批校级精品课程。经过十多年的教学实践和发展，该课程知识体系日趋完善，已成为编者所在学校开设的通识教育课程体系中科学技术领域的核心课程之一。为了更好地开展教学工作，提高学生的学习效率，编者于 2014 年完成自编讲义作为该课程的配套教材试用，并根据每学期反馈的情况进行了修订和完善，从而形成本书。

本书主要内容共 10 章，包括绪论、人口・资源与环境、环境生态学基础与应用、水环境及污染控制、大气环境及污染控制、土壤污染控制与修复、固体废物污染控制、环境物理性污染控制、环境管理及技术支撑、环境保护职业与产业等，旨在通过不同专题的介绍让读者对环境科学与工程所涉及的各个领域有较全面的了解。本书在内容编排中，注意科学与工程两方面的内容并重，并在书中穿插一些趣味阅读材料和典型环境问题及案例分析，力求突出理工结合特色、强化工程技术基础。因为对非环境专业学生来说，本课程有可能是他们选修的唯一一门环境类高等教育课程，在课程中除了使他们了解环境问题的一般概念外，还适当增加了环境问题防治方面的知识，以便学生对环境问题的产生及防治有更全面的了解，对他们在今后的工作中能自觉有效地保护环境具有重大意义。

本书内容框架由党志、卢桂宁、杨琛、易筱筠、黄少斌和郭楚玲等基于历年的教学实践总结而共同策划和敲定，全书由卢桂宁负责统稿、党志负责审定，各章主要编写人员如下：第 1 章，谢莹莹、卢桂宁；第 2 章，陈璋、范聪、伍银爱；第 3 章，佘博嘉、陶雪琴、隋欣恬、卢桂宁；第 4 章，郭学涛、伍银爱、汪涵、徐稳定、雷娟；第 5 章，廖侃、李晨晨、李宛蔓；第 6 章，王锐、包艳萍、万晶晶；第 7 章，黄开波、唐婷、邓辅财、魏燕富；第 8 章，杨成方、谢莹莹；第 9 章和第 10 章，卢桂宁、陶雪琴、杨行健。此外，卢丽敏和张婷协助审阅了全书并提出了许多宝贵意见。本书在编写过程中，参考了众多国内外专著、教材、论文和网站上的文献资料，在文中难以一一注明，在此向相关作者表示由衷感谢。

最后，衷心感谢中国工程院院士、清华大学环境科学与工程研究院院长郝吉明教授为本书所属的《环境科学与工程系列教材》丛书作序。

限于编者业务水平和经验，书中不免存在疏漏和不足之处，恳请广大专家和读者批评指正，以待日后改进。如有任何意见、建议和问题，请发送至电子邮箱：GNLu@foxmail.com，编者将不胜感激！

2017 年 2 月

目　　录

丛书序
前言
第 1 章　绪论……1
1.1　人与环境的和谐……1
1.1.1　人类环境的概念及分类……1
1.1.2　人与环境的相互作用……2
1.1.3　环境问题与人类生存危机……3
1.2　地球圈层结构及其环境问题……5
1.2.1　地球在宇宙中的地位……5
1.2.2　地球圈层结构……6
1.2.3　地球圈层的环境问题……8
阅读材料：全球十大环境问题……11
1.3　关于环境科学与工程……14
1.3.1　学科内涵……14
1.3.2　研究方法……15
1.3.3　学科方向……15
1.3.4　学科发展……16
阅读材料：科学家与工程师……18
思考题……20
主要参考文献……20
第 2 章　人口・资源与环境……21
2.1　人类文明与环境……21
2.1.1　古今中外的人口思想……21
2.1.2　人口变动与人口结构……24
2.1.3　世界及我国的人口问题……26
阅读材料："单独二孩"与"全面二孩"……29
2.1.4　人口发展对环境的影响……30
阅读材料：温室效应与全球气候变化……31

2.2 资源危机……32
2.2.1 资源概述……32
2.2.2 人类面临的资源危机……34
2.2.3 资源危机的出路探求……39
阅读材料：日常生活中的20个节能小窍门……43
阅读材料：资源综合利用的经验与实践……47
2.3 环境污染……48
2.3.1 环境污染概述……49
2.3.2 环境污染物……49
阅读材料：塑化剂风波……52
阅读材料：抗生素抗性基因……53
2.3.3 污染物的环境效应……55
思考题……56
主要参考文献……56
第3章 环境生态学基础与应用……58
3.1 生态系统概述……58
3.1.1 生态系统的组成……58
3.1.2 生态系统的结构……60
3.1.3 生态系统的分类……61
3.1.4 生态系统的特征……62
3.1.5 生态系统的功能……63
3.2 生态平衡与生态破坏……72
3.2.1 生态平衡……72
3.2.2 生态破坏……75
阅读材料：生态文明与生态安全……77
3.3 生态城市建设……78
3.3.1 城市生态系统与生态城市……78
3.3.2 生态城市建设的内容……80
3.3.3 生态城市建设的模式……80
3.3.4 中国生态城市建设……83
阅读材料：丹麦生态城市建设……86
3.4 环境生态工程与生态修复……88
3.4.1 生态工程概述……88

3.4.2　环境保护生态工程……88
3.4.3　污水人工湿地处理工程……92
阅读材料：成都活水公园……95
3.4.4　环境污染生态修复技术……96
思考题……100
主要参考文献……100
第 4 章　水环境及污染控制……102
4.1　水环境与水资源……102
4.1.1　天然水体……102
4.1.2　水资源……103
4.1.3　水循环……108
4.2　水环境质量……109
4.2.1　水体自净……109
4.2.2　水环境容量……111
4.2.3　水质指标……111
4.2.4　水质标准……114
4.3　水体污染及其危害……116
4.3.1　水体污染……116
4.3.2　水中主要污染物……117
4.3.3　国内外水污染现状……120
4.3.4　水体污染的危害……122
4.4　水处理技术……123
4.4.1　常用水处理技术……123
4.4.2　典型水处理工艺流程……132
阅读材料：水体污染控制与治理科技重大专项……135
4.5　饮用水安全……136
4.5.1　饮用水安全的基本要求……136
4.5.2　饮用水中污染物的来源……136
4.5.3　家用饮用水产品与设备……138
阅读材料：家用桶装水怎么辨认水质优劣……139
4.6　酸性矿山废水污染控制……140
4.6.1　酸性矿山废水形成及危害……140
阅读材料：横石河流过死亡村庄……140

4.6.2　酸性矿山废水中的主要污染物 ······ 141
4.6.3　酸性矿山废水污染控制技术 ······ 143
4.7　海洋污染防治 ······ 147
4.7.1　概述 ······ 147
4.7.2　污染防治 ······ 149
阅读材料：墨西哥湾石油泄漏事故 ······ 150
4.7.3　红树林的保护 ······ 151
思考题 ······ 152
主要参考文献 ······ 153
第 5 章　大气环境及污染控制 ······ 154
5.1　大气结构与组成 ······ 154
5.1.1　大气的结构 ······ 154
5.1.2　大气的组成 ······ 157
5.2　大气污染及其危害 ······ 158
5.2.1　大气污染 ······ 158
5.2.2　大气污染物 ······ 159
阅读材料：城市雾霾 ······ 162
5.2.3　大气污染的危害 ······ 164
阅读材料：雾霾缩短中国北方人五年半寿命 ······ 165
5.2.4　我国大气污染现状和展望 ······ 166
5.3　空气质量控制标准 ······ 167
5.3.1　环境空气质量控制标准 ······ 167
5.3.2　空气质量指数 ······ 169
阅读材料：同一站点 $PM_{2.5}$ 浓度高于 PM_{10} 浓度正常吗？ ······ 171
5.4　大气污染控制技术 ······ 172
5.4.1　颗粒物污染物的控制 ······ 172
5.4.2　气态污染物的控制 ······ 176
5.4.3　典型大气污染物治理技术 ······ 180
阅读材料：广东 14 市全面完成国Ⅴ标准油品置换 ······ 185
5.5　室内空气污染控制 ······ 186
5.5.1　室内空气污染及来源 ······ 186
阅读材料：室内装修污染大调查 ······ 187
5.5.2　污染控制 ······ 188

思考题……191
主要参考文献……192

第6章 土壤污染控制与修复……193
6.1 土壤概述……193
6.1.1 土壤的定义……193
6.1.2 土壤的基本组成……194
6.1.3 土壤的形成……196
6.1.4 土壤的性质……197
6.1.5 土壤的分类……199
6.2 土壤污染及其危害……200
6.2.1 土壤污染概述……200
6.2.2 土壤环境质量标准……204
6.2.3 国内外土壤污染状况……206
6.2.4 土壤污染的影响和危害……208
阅读材料：北京宋家庄地铁站施工中毒事件……209
6.3 土壤污染控制与修复……210
6.3.1 土壤污染控制……210
6.3.2 土壤污染修复……211
阅读材料：让污染农田土壤“边生产-边修复”……218
6.3.3 污染土壤修复技术集成……220
6.3.4 污染土壤修复工作程序……220
阅读材料：奥运场馆见证土壤修复奇迹……222
6.4 镉米风波与农产品安全……223
6.4.1 镉米风波……223
6.4.2 农产品安全……224
思考题……227
主要参考文献……228

第7章 固体废物污染控制……229
7.1 固体废物及其污染……229
7.1.1 固体废物概述……229
7.1.2 固体废物的污染途径及危害……232
7.1.3 固体废物污染控制原则……233
7.2 固体废物处理技术……237

7.2.1 固体废物的预处理技术……237
7.2.2 固体废物的生物处理技术……240
7.2.3 固体废物的热处理技术……242
阅读材料：垃圾焚烧风波及其出路……245
7.3 固体废物最终处置……247
7.3.1 固体废物的陆地处置……247
7.3.2 固体废物的海洋处置……250
阅读材料：太平洋垃圾大板块……252
7.4 生活垃圾处理与资源化……253
7.4.1 生活垃圾概述……253
阅读材料：白色污染与“限塑令”……254
7.4.2 生活垃圾处理……255
7.4.3 生活垃圾资源化……256
7.5 电子垃圾污染控制……257
7.5.1 电子垃圾污染概述……257
7.5.2 电子垃圾处理与处置……258
阅读材料：清远——从家庭作坊到工业园建设……259
7.5.3 电子垃圾污染场地修复……260
思考题……261
主要参考文献……261
第8章 环境物理性污染控制……263
8.1 噪声污染……263
8.1.1 噪声概述……263
8.1.2 噪声的危害……268
8.1.3 噪声污染控制……270
阅读材料：噪声利用……271
8.2 振动污染……273
8.2.1 振动概述……273
8.2.2 振动的危害……274
阅读材料：地铁振动扰民之忧……274
8.2.3 振动污染控制……275
8.3 光污染……277
8.3.1 光污染概述……277

8.3.2　光污染的危害……278
8.3.3　光污染的防治……280
8.4　放射性污染……281
8.4.1　放射性污染概述……281
8.4.2　放射性污染的危害……284
8.4.3　放射性污染的防治……285
阅读材料：福岛核电事故……288
8.5　电磁辐射污染……289
8.5.1　电磁辐射污染概述……289
8.5.2　电磁辐射污染的危害……291
8.5.3　电磁辐射污染控制……292
阅读材料：日常生活中电磁辐射防护要点……293
8.6　热污染……294
8.6.1　热污染概述……294
8.6.2　热污染的危害……294
8.6.3　热污染的防治……296
思考题……297
主要参考文献……297

第9章　环境管理及技术支撑……298
9.1　环境管理概述……298
9.1.1　环境管理的内涵……298
9.1.2　环境管理的手段……299
阅读材料：农村环境污染与环境管理缺失……300
9.2　环境管理的法制建设……301
9.2.1　环境法的产生及作用……301
9.2.2　环境法的体系与实施……302
9.2.3　环境法律责任……305
阅读材料：紫金矿业重大环境污染事故案……305
9.2.4　环境管理的基本制度……307
9.3　环境管理的技术支撑……309
9.3.1　环境监测……309
9.3.2　环境评价……311
9.3.3　环境规划……312

9.3.4　环境统计……312
9.4　环境管理体系……313
9.4.1　环境管理体系发展历程……313
9.4.2　环境管理体系审核方法……315
9.4.3　环境管理体系指导原则……315
思考题……317
主要参考文献……317

第 10 章　环境保护职业与产业……318
10.1　环保组织机构……318
10.1.1　环保行政机构……319
10.1.2　环保企事业单位……320
10.1.3　环保民间组织……320
阅读材料：地球一小时……322
10.2　节能环保产业……323
10.2.1　节能环保产业概述……324
10.2.2　节能环保产业的发展意义……327
10.2.3　节能环保产业的市场规模……328
10.2.4　节能环保产业的发展趋势……330
阅读材料：日企组团到南海推介节能环保产业……331
10.2.5　节能环保产业的人才需求……332
思考题……333
主要参考文献……334

第1章　绪　　论

本章导读： 本章从环境的概念出发，简要介绍了人与环境相互作用的核心规律——人与环境和谐，结合地球圈层的结构讨论了大气圈、水圈、生物圈、岩石圈和土壤圈中人类所面临的环境问题，最后总结了环境科学与工程的学科内涵、研究方法、学科方向及其发展概况。

1.1　人与环境的和谐

环境（environment）是指以某一中心事物为主体的外部世界，是主体与周边相关客体的集合。客体可以是物质的、精神的和运动的。周边包含地域和非地域的概念，根据主体的影响能力，有一定的“辐射半径”。也就是说，环境是相对中心事物而言的，与某一中心事物有关的事物，就是这个中心事物的环境。

1.1.1　人类环境的概念及分类

人与环境系统中的人一般是指人的群体，是指具有不同文化水平和不同社会组织程度的人的群体，可以将其简称为“文化人”、“文明人”或“社会人”。对人类来说，环境是指人类赖以生存和发展的物质条件的整体，包括自然环境和社会环境（或称人工环境）。自然环境是人类生活和生产所必需的自然条件和自然资源的总称，即阳光、温度、气候、地磁、空气、水、岩石、土壤、动植物、微生物及地壳等自然因素的总和。而社会环境是人类在自然环境的基础上，为不断提高物质和精神生活水平，通过长期有计划、有目的的发展，逐步创造和建立起来的一种人工环境，即由人工形成的物质、能量和精神产品及人类活动中所形成的人与人之间的关系——上层建筑。社会环境是人类物质文明和精神文明发展的标志，它随经济和科学技术的发展而不断地变化。社会环境的发展受到自然规律、经济规律和社会发展规律的支配和制约。社会环境的质量对人类的生活和工作，对社会的进步都有极大的影响。以人为中心的环境既是人类生存与发展的终极物质来源，又同时承受着人类活动产生废弃物的各种作用。

2014年发布的新版《中华人民共和国环境保护法》对环境的概念作了具体的规定，指出：“本法所称环境，是指影响人类生存和发展的各种天然的和经过人工改造的自然因素的总体，包括大气、水、海洋、土地、矿藏、森林、草原、湿地、野生生物、自然遗迹、人文遗迹、自然保护区、风景名胜区、城市和乡村等。”由此可见，这里的环境概念不如一般意义上的环境概念广泛，仅限自然因素且有明确的对象，它是为了便于实施而作的具体规定。

人类环境是一个十分庞大的、复杂的体系，目前还没有形成一个统一的分类方法。一般是按照环境的形成、功能、范围、要素及人类活动的影响等作不同的分类：①按照环境的形成可分为自然环境和人工环境，这是目前最常用的分类方法；②按照环境的功能可分为生活环境和生态环境，我国《宪法》采用了这种分类方法（见第二十六条）；③按照环境范围的大小可分为居室环境、车间环境、聚落环境、村镇环境、城市环境、区域环境、全球环境和宇宙环境等；④按照环境要素的不同可分为大气环境、水环境、土壤环境、生物环境、地质环境等；⑤按照人类活动的影响可分为原生环境和次生环境。

1.1.2 人与环境的相互作用

人与环境之间是一个相互作用、相互影响、相互依存关系的对立统一体。人类的生产和生活活动作用于环境，会对环境产生影响，引起环境质量的变化；反过来，污染的或受到损害的环境也会对人类的身心健康和经济发展等造成不利的影响。

1. 人类是环境的产物

自然界在人类出现以前几十亿年就已经存在了。地球上最早本无生命，经过漫长的物理、化学变化过程，才形成使生物能够产生、延续和进化的地表环境，如水、阳光、土壤、氧气、适宜的温度等。海洋是生命产生的温床，而生物圈的出现为人类的出现和繁衍提供了必要条件。生物界的发展，经过了一个从简单到复杂、从低级到高级的漫长演化过程，而人类则是生命演化到高级阶段的产物。人类不能认为自己是大自然的主人，可以主宰一切、支配一切，而应该树立一种强烈的科学意识：人类是环境的产物，人类的生存和发展，同整个生物界一样，要完全依赖于地表的环境条件。

2. 人类是环境的改造者

人类不像一般动物那样完全被动地依赖和适应自然环境而生存，人类能通过劳动和社会性的生产活动，创造并使用科学技术手段，有目的、有计划、大规模地改造自然环境，使其更适合人类的生存和发展。人类社会出现以后，就使自然界进入了在人类干预和改造下发展的新阶段。

现在，已经很难在地球上找到完全的原生环境了。除了某些原始森林、人迹罕至的荒漠、冰川地区外，地球表面绝大部分都经过了人类的加工、改造，极大地改变了自然环境的面貌。这正体现了人类与日俱增地利用、改造自然环境的能力和水平。

人类在依赖自然环境生存和改造自然环境的过程中，存在着一种十分复杂的关系——环境系统相互作用、相互制约的关系，其中体现着两种规律——社会经济规律与自然生态规律相互交织、融合并不以人的意志为转移地发挥作用。随着人类社会的进步，人类改造自然的规模不断扩大，向环境大规模地“摄取”和“投入”，其结果，一方面是通过对环境的改造使环境更适合人类的生存和发展；另一方面是破坏环境系统的动态平衡，出现环境问题。

1.1.3 环境问题与人类生存危机

环境问题（environmental problem）是指由于人类活动作用于周围环境所引起的环境质量变化，以及这种变化对人类的生产、生活和健康造成的影响。人与环境系统是一个复杂的动态系统和开放系统，系统内外存在着物质和能量的变化和交换。在一定的时空尺度内，若系统的输入等于输出，就会出现平衡，称为环境平衡或生态平衡。人类为谋求生存和发展而不断改造自然，打破原有的平衡，并试图建立新的平衡。但人类在改造自然的过程中，常由于盲目或受自身水平的限制，未能达到预期的效果，甚至得到相反的结果，导致环境问题的产生。

环境问题是伴随着人类的出现、生产力的发展和文明程度的提高而产生的，并由小范围、低危害向大范围、高危害的方向发展。根据范围的大小不同，环境问题可从广义和狭义两个层面去理解。广义上，环境问题是由自然或人为引起的生态平衡破坏，最后直接或间接地影响到人类的生存和发展的一切客观存在的问题；狭义上，环境问题是由于人类的生产和生活活动，使自然生态系统失去平衡，反过来影响到人类生存和发展的一切问题。从引起环境问题的根源考虑，可将环境问题分为两类：一是由自然力引起的环境问题，称为原生环境问题，又称第一环境问题，它主要是指地震、洪涝、干旱、滑坡、火山、海啸等自然灾害问题；二是由人类活动引起的环境问题，称为次生环境问题，又称第二环境问题，它又可分为环境污染和环境破坏两类。

科学技术的迅猛发展加速了人类更高层次文明的繁荣，也增强了人类对自然环境的影响能力。自工业革命以来，人类与环境相互作用的不协调引发了自然灾害、生态破坏、资源耗竭、人口剧增、环境污染等一系列环境问题，威胁着人类的生存、限制着人类的发展、影响着人类的健康、威胁着人类的安全。仅在20世纪中后期就因环境污染造成了八次较大的轰动世界的公害事件（表1-1）。

表 1-1 世界八大公害事件

事件名称	主要污染物	发生时间	发生地点	形成条件	致害原因	中毒情况
马斯河谷烟雾事件	烟尘及 SO_2	1930 年 12 月	比利时马斯河谷	①工厂集中、排烟尘量大 ②天气反常、逆温天气时间长、雾较大	SO_2 和 SO_3 烟雾的混合物，加上空气中的金属氧化物颗粒，加剧对人体的刺激作用	几千人呼吸道发病，约 60 人死亡
多诺拉烟雾事件	烟尘及 SO_2	1948 年 10 月	美国多诺拉镇	①工厂过多 ②河谷盆地内适遇雾天和长时间逆温天气	SO_2、SO_3 金属元素及硫酸盐类气溶胶对呼吸道的影响	四天内有 43%的居民（约 6000 人）患病，17 人死亡
伦敦烟雾事件	烟尘及 SO_2	1952 年 12 月	英国伦敦	①煤烟中 SO_2 粉尘量大 ②适遇逆温和大雾天气	SO_2 在金属颗粒物催化作用下生成 SO_3 及硫酸和硫酸盐气溶胶吸入肺部	五天内 4000 人死亡，后又连续发生三次
洛杉矶光化学烟雾事件	光化学烟雾	20 世纪 40 年代至 70 年代	美国洛杉矶	①汽车排气，使一千多吨碳氢化合物排入大气 ②适合的地理位置、阳光充足、三面环山、静风等不利的气象条件适合时	NO_x 及碳氢化合物在阳光（紫外线）作用下产生的二次污染物	眼痛、头痛、呼吸困难；1952 年 12 月的一次光化学烟雾事件中，65 岁以上的老人死亡 400 多人
水俣病事件	甲基汞	1953 年开始发现	日本九州南部熊本县水俣镇	生产氯乙烯和乙酸乙烯时采用氯化汞和硫酸汞催化剂，使含汞废水排入海湾形成甲基汞，对鱼、贝类造成污染	甲基汞中毒，人通过食用受甲基汞毒害的鱼类而患病	至 1972 年有 180 人患病，死亡 50 人
骨痛病事件	重金属镉	1931 年～1972 年 3 月	日本富山县神通川流域	炼锌厂排放含镉废水进入河流污染农田和饮用水	吃含镉污染的大米，饮用含镉污染的水	患者超过 280 人，死亡 34 人
四日事件	SO_2、煤尘、重金属粉尘	1970 年	日本四日市	工厂排出 SO_2 和粉尘的数量大，并含有钴、锰、钛等重金属粉尘	有毒重金属微粒及 SO_2 吸入肺部	患者 500 多人，其中有 10 多人在气喘病中死亡
米糠油事件	多氯联苯	1968 年	日本九州爱知县等 23 个府县	生产米糠油时用多氯联苯作载热体，因管理不善，使毒物混进米糠油中	误食含多氯联苯的米糠油	患病者 5000 多人，死亡 16 人，实际受害者超过 1 万人

1972 年在瑞典首都斯德哥尔摩召开了以“只有一个地球”为主题的第一次人类环境大会，1992 年在巴西里约热内卢召开了以“环境和发展”为主题的第二次人类环境大会，表明环境问题已引起世界各国的广泛关注。有效地解决环境问题已成为世界各国的共识和共同责任。“人类与环境相互作用”与“环境与发展的相互关系”等问题，已列入联合国《二十一世纪议程》，是今后长期摆在各国科学家、政治家和高层决策者面前的重大主题。

人类生存和发展遭受环境问题严重困扰的现实，要求我们对历史的经验进行反思和重新总结，驱使人们去探讨和研究一系列涉及人类发展方面的问题。当前以人与环境系统、人与环境相互作用、环境与发展等为主题的学科有环境科学、人类生态学、现代地理科学和地球系统科学等。尽管这些学科的产生和发展各有自己的起点和途径，这些学科的学者在背景、科学兴趣、研究问题角度等方面各有差别，但他们都看到了当前人类在人口、资源、环境和发展方面所面临的严峻挑战，都感到了解决这一问题的紧迫性，都希望自己的学科在解决这些问题上有所作为和做出较大贡献。因此，他们正行进在殊途同归的方向上，做着一些共同的工作，研究着一些类似的问题。

1.2　地球圈层结构及其环境问题

人类生活在地球上，地球存在于宇宙中。茫茫宇宙，渺无边际；亿万星辰，交相辉映。地球是目前宇宙中已知的唯一有生命存在的星球，然而地球正面临着严峻的环境问题。“拯救地球”已成为世界各国人民强烈的呼声。

1.2.1　地球在宇宙中的地位

目前人类所观测到的类似于银河系的天体系统就有10亿个左右，这些天体系统称为星系，所有的星系构成了广阔无垠的宇宙。人类所观测到的宇宙部分称为总星系，它有约距地球150亿光年的时空范围。在这一范围内，由若干级别的天体系统构成（图1-1）。银河系是由众多恒星及星际间物质组成的庞大天体系统。太阳系位于银河系赤道平面附近，距银河系中心约3万光年，太阳作为一颗普通的恒星绕银河系的中心运动。银河系中像太阳这样的恒星有2000多亿颗。太阳是离地球最近的恒星，太阳系有八大行星，距太阳由近及远的顺序依次为：水星、金星、地球、火星、木星、土星、天王星、海王星。太阳系中，地球在位置上排行第三，体积和质量则排行第五（图1-2）。地球是一个两极稍扁、赤道略鼓的椭

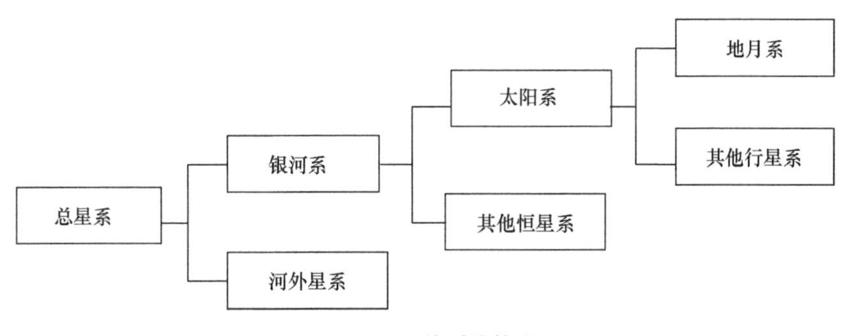

图1-1　天体系统构成

图 1-2 太阳系的八大行星

球体，赤道半径是 6378km，赤道周长约 40000km。月球是地球唯一的天然卫星。作为行星中的一员，地球有很多特别之处：①唯一表面上存在大量液态水的行星；②唯一迄今有生命存在的行星；③具有最大的卫星/行星比率的行星；④唯一的具有可移动的固态地表（大陆漂移、海底扩张、板块构造）的行星。

1.2.2 地球圈层结构

地球不是一个均质体，它具有明显的圈层结构。地球圈层可分为内圈和外圈两大部分。其中，内圈可细分为地核、地幔和地壳；外圈则可划分为大气圈、水圈和生物圈。图 1-3 为地球外部圈层示意图。地球各圈层在分布上有一个显著的特点，即固体地球内部与表面之上的高空基本是上下平行分布的，而在地球表面附近，各圈层则是相互渗透甚至相互重叠的，其中，生物圈表现最为显著，其次是水圈。

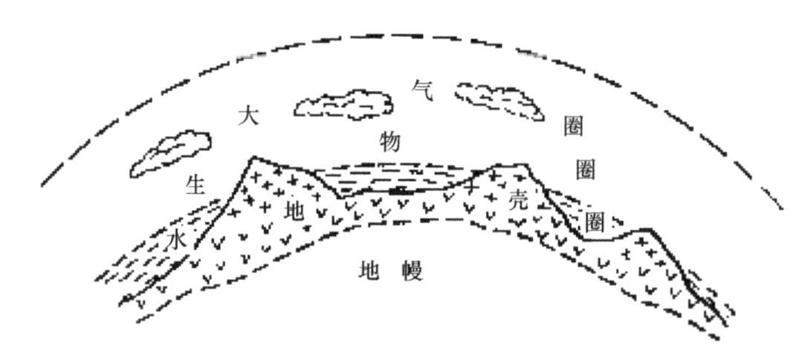

图 1-3 地球外部圈层示意图

在人与环境系统的相互作用中，地球表面的大气、水、土壤、岩石和生物等自然条件与人类生存密切相关，是人类赖以生存的物质基础。它们直接或间接地影响着人类社会的发展，地理科学和环境科学通常把这些自然条件划分为大气圈、水圈、生物圈、岩石圈、土壤圈五个自然圈。

1. 大气圈

大气（atmosphere）是指包围在地球外部的空气层或大气层的总称。大气层的成分主要有氮气（占 78.1%）、氧气（占 20.9%），还有少量的二氧化碳、水蒸气和稀有气体（氦气、氖气、氩气、氪气、氙气、氡气）。大气的组分和物理性质在垂直方向上有显著的差异，但没有明显的界限。常见的分层法包括：①按温度的垂直变化的特点分为对流层、平流层、中间层、暖层（电离层）和散逸层（外层）；②按大气成分结构分为均质层和非均质层；③按压力特性分为气压层和外大气层（散逸层）；④按电离状态分为中性层、电离层和磁层。此外，还可以按特殊的大气化学成分分出臭氧层。

2. 水圈

地球上的水以气态、液态和固态三种形式存在于空中、地表和地下，包括大气水、海水、陆地水（江河、湖泊、沼泽、冰雪、土壤水和地下水）及生物体内的水。这些水不停地运动和相互联系着，以循环的方式共同构成水圈（hydrosphere），它是一个连续但不很规则的圈层，也是地球外圈中作用最为活跃的一个圈层。上限可视为对流层顶，下限可视为深层地下水所及的深度。从离地球数万公里的高空看地球，可以看到地球大气圈中水汽形成的白云和覆盖地球大部分的蓝色海洋，它使地球成为一颗“蓝色的行星”。水是人类和一切地球生物赖以生存的物质基础，同时也是地表环境的塑造者。

3. 生物圈

生物圈（biosphere）的概念是由奥地利地质学家休斯（E. Suess）在 1875 年首次提出的，它是指地球上所有生命与其生存环境的整体。它在地球表面上至平流层，下至十几千米的地壳，形成一个有生物存在的包层。它包括地球上有生命存在和由生命过程变化和转变的空气、陆地、岩石和水。从地质学广义角度上来看，生物圈是结合所有生物及它们之间相互关系的全球性生态系统，包括生物与岩石、水和空气的相互作用。实际上，绝大多数生物生活在地球陆地之上和海洋表面以下各约 100m 厚的范围内，在地球上之所以能够形成生物圈，是因为在这样一个层面同时具备了生命存在的四个条件：阳光、水、适宜的温度和营养成分。

4. 岩石圈

岩石圈（lithosphere）是指地球的刚性外壳层，是由一些能够相互独立运动的离散板块构成的。固体地球内部最基本的构造层为地壳、地幔和地核，岩石圈是由地壳和地幔最上部组成的固体地球最外部的圈层，具有较高的刚性和弹性，与土壤圈密切相连，被大气圈和水圈所覆盖，大陆岩石圈的厚度在100～400km。地壳中含有化学元素周期表中所列的绝大部分元素，而其中氧、硅、铝、铁、钙、钠、钾、镁8种主要元素占98%以上，其他元素共占1%～2%。

5. 土壤圈

土壤圈（pedosphere）是覆盖于地球陆地表面和浅水域底部的土壤所构成的一种连续体或覆盖层，犹如地球的地膜，通过它与其他圈层之间进行物质能量交换。它是岩石圈顶部经过漫长的物理风化、化学风化和生物风化作用的产物。现代土壤学、环境科学和生态学的研究进展加深了人们对土壤圈本质的理解。可以认为，土壤圈是“覆盖于地球陆地表面和浅水域底部的一种疏松而不均匀的覆盖层及其相关的生态和环境体系；它是地球系统的重要组成部分，处于大气圈、水圈、生物圈和岩石圈的界面和中心位置，既是它们长期共同作用的产物，又是对这些圈层的支撑”，它可以表示为

$$Sq=f（L，H，B，A，i） \tag{1-1}$$

其中，Sq代表土壤圈；L代表岩石圈；H代表水圈；B代表生物圈；A代表大气圈；i代表岩石圈、水圈、生物圈和大气圈之间的交互作用。土壤圈是最活跃、最富有生命力的圈层，它与其他圈层间进行着永恒的能量与物质交换；它具有记忆块的功能，有助于识别过去和现在土壤和环境的变化，并有一定的预测性；它具有时空特征，其空间特征主要表现在特定条件下土壤的形成过程、土壤类型和性质的差异，而时间特征则表现在土壤与生态和环境体系的形成与演变过程，同时在空间与时间特征上均体现了生态与环境的演替性。简言之，土壤圈的时空特征主要体现在不同的历史阶段和区域，其类型及其组合、空间格局、土壤剖面构型与土层厚度等都处于不断发展变化之中。

1.2.3　地球圈层的环境问题

1. 大气圈的环境问题

在地球演化的历史进程中，大气与生物相互作用、相互影响，才形成了今天的大气圈和生物圈。然而随着人类社会的发展，人类的社会经济活动如工厂排污、汽车尾气排放、建筑工地施工等使大气的组成和性质也发生了变化，导致大气圈的污染。而大气圈的污染也以同样的方式危害着生物圈人类健康和其他生物的生长，对工业生产和农作物的生长产生危害；大气污染物质还会影响气象条件和气候，如颗粒物使大气能见度降低，减少到达地面的太阳光辐射。尤其是大工业城

市在烟雾不散的情况下，日光比正常情况减少了40%。高层大气中的氮氧化物、碳氢化合物和氟氯烃类等污染物使臭氧大量分解，引发的“臭氧层空洞”问题，成为了全球关注的焦点。

2. 水圈的环境问题

地球上的水通过水循环在生物圈、大气圈、岩石圈、土壤圈和水圈之间储存和运动，在循环的过程中不断地释放和吸收热能，调节着地球各个圈层的能量，构成了地球上各种形式的物质和能量交换系统，同时也对气候有着很大的影响。人类的生活、生产发展与经济繁荣都依赖于水，但是在追求经济高速发展的同时，人类活动产生的污染物进入水体中，导致水体污染，同时由于水的流动携带加速了污染物的迁移，使污染范围扩大。而且，森林砍伐、流域调水、围湖造田、地下水抽取等活动都在一定程度上影响了水循环和水量平衡。

水圈与其他各个圈层之间都具有一定的联系和相互作用，如水圈-岩石圈相互作用。岩石的形成离不开水，水更是某些岩石的组成成分之一。由于水的参与，冰冻风化（冻融作用）、溶解作用、水化作用、水解作用、氧化作用、碳酸化作用等风化作用才能发生；同时也由于水的侵蚀作用，新的岩石才不断出露，岩石的风化作用得以不断地进行，才能改变岩石圈的表面形态。岩石圈与水圈相互作用、相互影响，形成正反馈作用的循环。岩石圈形变，改变水圈的结构（如水的分布或厚度），导致负荷均衡作用。负荷均衡作用引起新的岩石圈形变，从而进一步改变水圈的结构。当然，这样的反馈作用，也可以由水圈结构的改变开始。例如，滑坡、崩岸、泥石流、海啸是水圈和岩石圈相互作用的实例，是一定条件下水圈与岩石圈相互作用的产物。

3. 生物圈的环境问题

生物圈是环绕地球的有机体组成的一个连续圈。生物体从环境中吸收各类物质以维持自身的生存，如高等植物主要靠根系吸收环境中的氮、磷、钾及各种微量元素；人类通过摄取环境中的食材加工成的食物，以维持机体的新陈代谢。然而人类在改造自然的过程中，不可避免地会向生态系统排放有毒有害物质，这些物质会在生态系统中循环，并通过富集作用积累在食物链最顶端的生物体中。即污染物在沿食物链流动过程中随着营养级的升高而增加。有毒有害物质的生物富集曾引起包括水俣病、痛痛病在内的多起生态公害事件。

生物圈与水圈、岩石圈、土壤圈也存在一定的相互作用。例如，通过生物的物质循环，把大量的太阳能纳入成土过程，使分散于岩石圈、水圈和大气圈的多种养分聚集于土壤之中，使土壤的肥力得到不断补充；生物风化作用会引起岩石的分解；岩石圈的运动引起大陆漂移或者地面高低的变化，从而导致生物群落面貌的巨大变化。例如，印度从南极附近的高纬度地区漂移到现在的北半球低纬度地区，由冻原、冰原变为热带森林、草原环境。

4. 岩石圈的环境问题

地表形态的塑造过程也是岩石圈物质的循环过程，当温度发生变化，在水、大气及生物的作用下，岩石圈的岩石、土壤及其矿物等会发生崩裂、粉碎、分解和产生新的矿物岩石等，称为岩石的风化作用。岩石的风化作用会导致一系列的环境问题，如物理风化引起的表土损失及土地沙漠化、风沙灾害等；化学风化包括溶解作用、碳酸化作用、水合作用、水解作用、生物风化等，让原有岩石中所含的元素如砷、镉、铜、锰等重金属元素以离子的形式溶解释放，从而使原本通过沉淀固定的重金属等物质更容易经过水循环而迁移，对水体造成污染。

5. 土壤圈的环境问题

土壤圈在地理环境中总是处于地球大气圈、水圈、生物圈和岩石圈之间的界面上，是地球各圈层中最活跃最富生命力的圈层之一，它们之间不断地进行物质循环与能量平衡：①土壤圈与生物圈进行着养分元素的循环，土壤支持和调节生物的生长和发育过程，提供植物所需养分、水分和适宜的理化环境，决定自然植被的分布；②参与水分平衡与循环，影响降水在陆地和水体的重新分配，影响元素的表生地球化学迁移过程及水平分布，也影响水圈的化学组成；③土壤圈与气体的交换，影响大气圈的化学组成、水分与能量平衡；吸收氧气（O_2），释放二氧化碳（CO_2）、甲烷（CH_4）、硫化氢（H_2S）、氮氧化合物（NO_x）和氨气（NH_3），影响全球大气变化；④土壤圈进行金属元素和微量元素的循环，被覆盖在岩石圈的表层，对岩石圈有一定的保护作用，减少各种外营力的破坏。然而土壤环境在一定程度上受到来自各个圈层的污染。例如，污水灌溉，农药和化肥的使用，土地资源的不当利用开发，地表径流，废气中含有的污染物质，特别是颗粒物，在重力作用下沉降等各种途径使污染物进入土壤中，除了造成土壤污染，导致土壤质量下降、农作物产量和品质下降外，更为严重的是土壤是污染物的主要寄宿地，一些毒性大的污染物，如汞、镉等可通过植物吸收富集到作物果实中，经食物链危害人类的健康。

阅读材料：全球十大环境问题

资料来源：刘利等，环境规划与管理，2013

随着经济社会的发展，人类的各种社会活动引起环境质量下降，从一定程度上破坏了地球环境的生态平衡，各种环境污染事件层出不穷，尤其是最近几十年来，环境污染事件的发展规模日趋扩大、损害后果越发严重、污染类型多种多样。全球环境问题是超越国界的、区域性和全球性的环境污染和生态破坏，专家学者认为，目前我们面临十大环境问题，包括全球气候变暖、臭氧层破坏、生物多样性减少、酸雨蔓延、森林锐减、土地荒漠化、大气污染、水体污染、海洋污染、有毒化学品污染及危险物的越境转移。这些问题互为因果、相互关联。如果不能很好地解决这些环境问题，在不远的将来人类将面临生存危机。

1. 全球气候变暖

由于人口的增加和人类生产活动的规模越来越大，向大气释放的二氧化碳、甲烷、一氧化氮、氯氟碳化合物、四氯化碳等温室气体不断增加，导致大气的组成发生变化，大气质量受到影响和气候逐渐变暖的趋势。由于全球气候变暖，将会对全球产生各种不同的影响，较高的温度会使极地的冰川融化，海平面每 10 年将升高 6cm，因而将使一些海岸地区被淹没。全球变暖也可能影响到降雨和大气环流的变化，使气候反常，易造成旱涝灾害，这些都可能导致生态系统发生变化和破坏，全球气候变化将对人类生活产生一系列重大影响。

2. 臭氧层破坏

在离地球表面 10～50km 的大气平流层中集中了地球环境上 90%的臭氧环境气体，在离地面 25km 处臭氧环境浓度最大，形成了厚度约为 3mm 的臭氧环境集中层，称为臭氧层。它能吸收太阳的紫外线，保护地球上的生命免遭过量紫外线的伤害，并将能量储存在上层大气，起到调节气候的作用。人类生产和生活所排放出的一些污染物，如冰箱、空调等设备制冷剂的氟氯烃类化合物及其他用途的氟溴烃类等化合物，它们受到紫外线的照射后可被激化，形成活性很强的原子与臭氧层的臭氧（O_3）作用，使其变成氧分子（O_2），这种作用连锁般地发生，臭氧迅速耗减，使臭氧层遭到破坏。南极的臭氧层空洞，就是臭氧层破坏的一个最显著的标志。

3. 生物多样性减少

《生物多样性公约》指出，生物多样性“是指所有来源的形形色色的生物体，这些来源包括陆地、海洋和其他水生生态系统及其所构成的生态综合体；它包括物种内部、物种之间和生态系统的多样性”。在漫长的生物进化过程中会产生一些新的物种，同时，随着生态环境条件的变化，也会使一些物种消失。近百年来，由于人口的急剧增加和人类对资源的不合理开发，加之环境污染等原因，地球上的各种生物及其生态系统受到了极大的冲击，生物多样性也受到了很大的损害。

4. 酸雨蔓延

酸雨是由于空气中二氧化硫（SO_2）和氮氧化物（NO_x）等酸性污染物引起的 pH 小于 5.6 的酸性降水。受酸雨危害的地区，出现了土壤和湖泊酸化，植被和生态系统遭受破坏，建筑材料、金属结构和文物被腐蚀等一系列严重的环境问题。酸雨在 20 世纪五六十年代最早出现于北欧及中欧，当时北欧的酸雨是欧洲中部工业酸性废气迁移所致。70 年代以来，许多工业化国家采取各种措施防治城市和工业的大气污染，其中，一个重要的措施是增加烟囱的高度，这一措施虽然有效地改变了排放地区的大气环境质量，但大气污染物远距离迁移的问题却更加严重，污染物越过国界进入邻国，甚至飘浮很远的距离，形成了更广泛的跨国酸雨。此外，全世界使用矿物燃料的量有增无减，也使得受酸雨危害的地区进一步扩大。

5. 森林锐减

地球上的绿色屏障——森林，它在维护地球生态平衡中起着决定性的作用。但是，最近 100 多年来，人类对森林的破坏达到了十分惊人的程度。目前，由于人类对木材和耕地等的需求，全球森林减少了一半，9%的树种面临灭绝，30%的森林变成农业用地，热带森林每年消失 13 万 km^2；地球表面覆盖的原始森林 80%遭到破坏，剩下的原始森林也是支离破碎、残次退化，而且分布极为不均。森林的减少使其涵养水源的功能受到破坏，造成了物种的减少和水土流失，对二氧化碳的吸收减少，进而加剧了温室效应等环境问题。

6. 土地荒漠化

土地荒漠化又称土地沙化，是指在沙漠边缘的干旱与半干旱的草原地区，由于雨量稀少，蒸发量大，气候干旱多风，土地失去植被后，土壤受风蚀而逐渐演变为沙漠地带的现象。土地荒漠化，使土地失去生物生产能力，沙土侵占农田、草地和林地，威胁交通与村镇的生存发展。

7. 大气污染

大气污染是指一些危害人体健康及周边环境的物质对大气层所造成的污染。工厂和汽车排放的烟尘等人类活动是造成污染的主要原因。大气中的污染物主要包括氮氧化物、颗粒物和二氧化碳等。它们的主要来源是工厂排放、汽车尾气、农垦烧荒、森林失火、炊烟（包括路边烧烤）、尘土（包括建筑工地）等。大气污染对人身健康的危害：人吸入了受污染的空气后，可导致呼吸系统、心血管及神经系统发病。在浓度较高的地区，甚至造成老人、儿童患病致死。比较普遍的情况是人长期受低浓度大气污染的危害，会患慢性疾病，体质下降，有精神不振等症状。大气污染既危害人体健康，又影响动植物的生长，破坏经济资源，严重时可改变大气的性质。

8. 水体污染

水体污染是指水体因某种物质的介入，超过了水体的自净能力，导致其物理、化学、生物等方面特征的改变，从而影响到水的利用价值，危害人体健康或破坏生态环境，造成水质恶化的现象。人类的活动会使大量的工业、农业和生活废弃物排入水中，使水受到污染。目前，全世界每年有 4200 多亿立方米的污水排入江河湖海，污染了 5.5 万亿立方米的淡水，这相当于全球径流总量的 14%以上。

9. 海洋污染

海洋污染通常是指人类改变了海洋原来的状态，使海洋生态系统遭到破坏。有害物质进入海洋环境而造成的污染，会损害生物资源，危害人类健康，妨碍捕鱼和人类在海上的其他活动，损坏海水质量和环境质量等。可由陆源污染、船舶污染、海上事故、海洋倾倒、海岸工程建设等引起。随着城市化的快速发展和人口数量的增长，海洋污染日益严重，入海流域周边的生活污水、工业废水、石油产品泄漏、海上石油开采、海水养殖的添加剂对我国近海造成了严重的污染，也导致鱼类种群的灭绝、自然灾害的频发等。

10. 有毒化学品污染及危险废物的越境转移

有毒化学品是指进入环境后，可通过环境蓄积、生物蓄积、生物转化或化学反应等方式损害健康和环境，或者通过接触对人体具有严重危害和具有潜在危险化学品。危险废物是指除放射性废物以外，具有化学活性或毒性、爆炸性、腐蚀性和其他对人类生存环境存在有害特性的废物。化学品的使用，并随之进入环境中，引起了全球水体、土壤、大气等受到了不同程度的污染，同时通过食物链的蓄积，严重威胁人类的健康。另外某些发达国家向发展中国家输出危险废物，造成危害。例如，美国每年可产生5000万～6000万吨的危险废物，通过越境向外转移的有几百万吨；例如，费城有1.5万吨工业焚烧废灰被倾倒在几内亚的卡萨岛上；西欧各国每年产生大量危险废物，有25万吨通过越境转移。

1.3 关于环境科学与工程

环境科学与工程（environmental science and engineering）所研究的环境，是以人类为主体的外部世界，即人类赖以生存和发展的物质条件的综合体。环境科学与工程学科是伴随经济发展过程出现的各种环境问题以及社会对解决环境问题的迫切需求而产生和发展的，它以研究与解决环境问题为核心任务。

环境科学与工程是基于自然科学、技术科学、工程科学与社会科学而发展起来的综合性交叉新兴学科，是一门研究人与环境相互作用及其调控的学科。主要研究人类-环境系统的发展规律，调控二者之间的物质、能量与信息的交换过程，寻求解决环境问题的途径和方法，实现人类-环境系统的协调和可持续发展。

1.3.1 学科内涵

1. 研究对象

环境科学与工程的研究对象包括：全球范围内的环境演化规律；人类活动同自然生态系统的相互作用关系；环境变化对地球生命及其支持系统的影响；污染物在环境中的迁移转化规律及其对人体健康与生态系统的影响；环境污染防治与资源循环利用技术；人类与环境和谐共处的途径与方法。

2. 理论体系

作为一门交叉性学科，环境科学与工程学科的理论体系尚处于不断完善的过程之中。总体来说，环境科学与工程学科的理论体系包括环境自然科学、环境技术科学、环境工程科学及环境人文社会科学等领域。主要理论包括：多污染物多介质作用机理及协同控制理论；污染的健康、生态、气候效应理论；污染的产生、预防、控制与再资源化的全过程控制理论与技术；环境领域的科学、技术、工程与管理等集成理论；经济、社会与环境协调发展理论等。

1.3.2 研究方法

环境科学与工程学科在认识和解决实际问题的过程中，在构建自身理论体系的同时，学科的研究方法论也不断发展和完善，概括来说主要包括以下三种方法学。

1）复杂环境体系分析方法论

环境系统是一个开放的、动态变化的复杂体系，具有多物质、多界面、多过程、多机制、多效应的特征，无法简单地采用单一要素、单一过程的研究方法进行分析，必须建立复杂环境体系的方法论。首先运用多学科视野对环境问题发生的多种原因进行全面、准确的定性描述，然后运用多学科方法对其进行半定量、定量的分析，最后运用多种手段将科学研究与社会决策进行整合以提出解决环境问题的方案。

2）环境质量系统控制方法

环境质量是人与环境和谐的核心问题，需要建立以“基准—标准—监测—评价—控制—管理”等内容为核心的环境质量全过程系统控制方法，主要包括研究环境基准与环境质量标准、建立环境监测方法、开展环境影响评价、构建多种控制技术与环境管理手段等。

3）环境污染防治与资源化方法

在系统分析环境中污染物来源与形态和含量的基础上，选取技术上可行、经济上合理的处理与处置手段，将污染物进行隔离、分离并转化，最终实现污染物的高效、快速去除和资源化利用。

1.3.3 学科方向

环境科学与工程学科下含环境科学和环境工程两个重要方向（在我国学科目录中，环境科学和环境工程是环境科学与工程一级学科下设的两个二级学科专业）。同时，环境科学与工程学科也涉及多学科的理论和技术，具有显著的交叉特征。与本学科密切相关的学科包括化学工程与技术、生物工程、生态学、大气科学、土木工程等。

1. 环境科学

环境科学（environmental science）是研究人与环境相互作用及其调控的科学，是基于传统自然技术科学和人文社会科学而发展起来的一门新兴学科。具有问题导向型、综合交叉型和社会应用型等三大基本特征，主要任务是研究环境演化规律、揭示人类活动同自然生态系统的相互作用关系及探索人类与环境和谐共处的途径与方法。环境科学充分借鉴自然科学、技术科学和人文社会科学的原理与方法，在解决环境问题的过程中形成环境科学特色的理论与方法体系，为协调经济社会与环境之间的关系提供支持。环境科学的主要研究领域涉及环境领域中的科学、技术与管理问题，包括环境自然科学、环境技术科学与环境人文社会科学。

《中国大百科全书·环境科学卷》对环境科学的性质作了这样的概括："环境科学在宏观上研究同环境之间的相互作用、相互促进、相互制约的对立统一关系，揭示社会经济发展和环境保护协调发展的基本规律；在微观上研究环境中的物质，尤其是人类排放的污染物的分子、原子等微小粒子在环境中和在生物有机体内迁移、转化和积蓄的过程及其运动规律，探讨它们对生命的影响及作用机理等。"

2. 环境工程

环境工程（environmental engineering）主要涉及环境领域中的工程问题，在化学、物理学、生物学、地学等传统学科原理和方法的基础上，运用给排水工程、化学工程、机械工程、卫生工程等技术原理和手段，来保护和合理利用自然资源、防治环境污染，以改善环境质量，实现可持续发展。环境工程的主要研究内容包括大气污染防治工程、水污染防治工程、土壤污染防治工程、固体废物的处理利用、环境物理性污染控制工程、环境系统工程等几个方面。

环境工程学是一个庞大而复杂的技术体系。它不仅研究防治环境污染和公害的措施，而且研究自然资源的保护和合理利用，探讨废物资源化技术、改革生产工艺、发展少害或无害的闭路生产系统，以及按区域环境进行运筹学管理，以获得较大的环境效果和经济效益，这些都成为环境工程学的重要发展方向。

1.3.4 学科发展

我们当前所认识的科学与工程，开始于18世纪的繁荣期。尽管我们倾向于将环境科学的起源也追溯到18世纪，然而实际的情况是，在20世纪60年代以前，在文献中找不到任何有关环境科学的参考资料，我们现在所了解的环境科学的先驱或许是蕾切尔·卡森（Rachel Carson），特别是她的《寂静的春天》（*Silent Spring*）一书。解决环境问题的迫切需要成为推动环境科学产生和发展的巨大社会力量。自20世纪50年代以来，由于经济的恢复和发展，生产和消费规模日益扩大，许多工业发达国家对环境造成了严重的污染和破坏，因而明确地提出了"环境问题"或"公害"的概念，用以概括和反映人类与环境系统关系的失调，并开辟了专门的科学领域进行研究。首先承担起这一学科研究任务的是一些有关的先导科学，然后逐渐形成一些独立的新分支科学并明确提出"环境科学"这一新词汇，用以概括这些新的分支科学。由于它们分别是从不同学科内部分化出来的产物，具有一定的继承性，因而它们分别用不同理论和方法研究和解决不同性质的环境问题，是属于多学科性的。我们把这一阶段称为多学科发展阶段。它的特点是：一系列环境科学分支的分别发展，大大促进了各项专门课题的研究。但在某种程度上还处于各自分别研究状态，环境科学也只是一个多学科的集合概念，还没有形成一个较完整的统一体系。

人类与环境系统的关系十分复杂，它是一个以人类为中心的生态系统。环境科学在多学科发展阶段已初步形成的分化形态和它所研究对象的整体性越来越不相适应，这就促进了环境科学向整体化方向发展。虽然，多学科发展阶段还远未结束，新的环境科学分支学科还在不断地产生，但由分化向整体化飞跃，已是当前环境科学发展的新阶段。它的特点是强调研究对象的整体性，把人类与环境系统看作是具有特定结构和功能的有机整体。运用系统分析和系统组合的方法，对人类与环境系统进行全面的研究。

环境科学在中国的发展与其在国际上的发展几乎是同步的。早在环境科学开始迅猛发展的20世纪70年代，中国不少学者就曾对当时新兴的环境科学的对象、任务、内容等进行过广泛的讨论。中国地理学家刘陪桐在1982年指出，“环境科学是以人类-环境系统为研究对象，研究人类-环境系统的发生、发展、调节和控制，以及改造和利用的科学”。中国生态学家马世骏在1983年指出，“环境科学是研究近代社会经济发展过程中出现的环境质量变化的科学。它研究环境质量变化的起因、过程和后果，并找出解决环境问题的途径和技术措施”。

环境工程学是在人类保护和改善生存环境并同环境污染做斗争的过程中逐步形成的，这是一门既有悠久历史又正在新兴发展的工程技术学科。作为一门学科，环境工程的建立与19世纪中各种土木工程学会（如美国土木工程师学会成立于1852年）的形成相一致，在当时直至20世纪初，环境工程被称为卫生工程，因为它根源于水的净化。例如，中国在明朝以前就开始用明矾净水；英国在19世纪初开始用砂滤法净化自来水，并在1850年用漂白粉进行饮用水消毒，防止传染病的流行；1852年美国建立了活性炭过滤的自来水厂；19世纪后半叶，英国开始建立公共污水处理厂；第一座有生物滤池装置的城市污水处理厂建于20世纪初；1914年出现了活性污泥法处理污水的新技术。

20世纪以来，根据化学、物理学、生物学、地学、医学等基本理论，运用卫生工程、给排水工程、化学工程、机械工程等技术原理和手段，解决废气、废水、固体废物、噪声污染等问题，使单项治理技术有了较大的发展，成为环境工程学诞生的基础。60年代后期，美国的《国家环境政策法》(*National Environmental Policy Act*）中，规定了环境影响评价的制度。从此，对环境系统工程和环境污染综合防治的研究工作迅速发展起来，环境工程这门新的学科由此形成。我国环境工程学科是在70年代中后期才迅速发展起来的，其标志是1977年清华大学在原有给水排水专业的基础上成立了我国第一个环境工程专业，这也标志着我国的环境工程专业开始了自己的发展历程。

环境科学与工程学科是20世纪后半叶以来发展最快、普及最为迅速的新兴学科之一。在短短半个世纪里，环境相关的词汇、术语从大学教科书和科技期刊进入了公众的日常生活范畴，它们每天都要出现在各类新闻媒体上。环境意识的有无和强弱已成为判断国民素质高低的一个重要标志。随着经济和社会的发展及人们对环境质量要求的提高，环境科学与工程学科也将逐步得到发展和完善。多年来，在发展中国家尽管人们为控制各种环境污染付出了巨大的代价，但往往只是局部有所控制，总体上仍未得到解决，环境至今仍在继续恶化。因此，人们认识到控制环境污染不仅要采用单项治理技术，还应当采用经济的、法律的和管理的各种手段和工程技术相结合的综合防治措施，并运用现代系统科学的方法和计算机技术，对环境问题及其防治措施进行综合分析，以求得整体上的最佳效果或优化方案。在这种背景下，环境规划与管理、环境污染综合整治和环境系统工程的研究工作迅速发展起来，逐渐成为环境科学与工程学科新的重要分支。

阅读材料：科学家与工程师

——依互联网资料整理

大家对科学家（scientist）与工程师（engineer）这两个名称一定相当熟悉，但对大多数人来说，他们并不能搞不清楚这两者间的区别。有一句古老的说法："科学家发现事物，工程师使用事物（Scientists discover things; engineers make them work.）"。冯·卡门教授也有句名言："科学家研究已有的世界，工程师创造未来的世界（Scientists study the world as it is; engineers create the world that has never been.）"。

科学家与工程师的区别最先在于科学与工程两个概念的区别：科学在于探索客观世界中存在的客观规律，所以科学强调分析，强调结论的唯一性；工程是人们综合应用科学理论和技术手段去改造客观世界的实践活动，所以工程强调综合，强调方案比较论证。这也就是科学与工程的主要不同之处。工程师常说的一句话："Everything is possible!"对他们来说只有想不到的，没有做不到的；而科学家就缺少这种肯定性，他们认为每件事都有很多可能性，当然经过一段时间论证后，有些可能性变成了必然性。科学家的思维方式和工程师的有很大的不同，在科学家看来，几个简单的动作，到了工程师那里进行实现时可以被细分解成几十个小步骤。工程师们要训练成机械性且严谨的思维，而科学家们需要大胆的假设，同时也要对假设进行严谨的推理论证。这个也能从高等教育培养机制窥见一斑，工程师的培养模式是科学基础+工程规范，科学家的培养模式是科学基础+形象思维。科学家主要在回答“为什么”，在回答“为什么”时，他们往往需要将问题分解再分解，直到研究的对象成为一个简单到可以被认识的东西；而工程师则主要在回答“怎么办”，在回答“怎么办”时，他们往往不得不同时考虑各种外界条件的制约，把各方面的诉求和限制都综合起来，给出全套的解决方案，以使这个方案尽可能巧妙地处理各方面的矛盾。分析与综合的方法经常同时出现在工程实践与科学研究中，科学家可能也需要完成某些工程作业（如设计试验仪器、制造原型），工程师经常也要做研究。

虽然科学和工程完成的是两种完全不同的任务，一个是理论层面，一个实践层面，但是两者是断不能割裂开来的，可以说没有坚实的基础科学，技术转化就无从谈起，同时技术的进步也可以带来科学研究的重大发现。例如，正是电技术的出现导致了电磁场理论的重大发现。科学和工程相辅相成：科学的进步推动着工程的发展，工程的发展反过来又为科学提出新的问题。但这种相互依存的关系并不会自我维持，而需要一些媒介。这些媒介具有双重的角色，他们一方面将科学成果转化为推动工程进步的力量，解决“怎么办”的问题；另一方面在工程实践中提炼出科学问题，回答“为什么”的问题。这些媒介是谁？那就是研究型的工程师或者工程型的科学家。

环境科学家与环境工程师如何一起工作？让我们来看一个实例：高速公路旁服务区的化粪池系统，在周末、假日等交通繁忙期往往会超过其设计负荷。为了解决这一问题，人们不是修建更大的化粪池系统或传统的污水处理厂，而是在高速公路中间的分界安全岛修建坡面漫流系统。环境工程师们设计工程系统，将废水从服务区输送到坡面漫流地区；坡面漫流系统的坡度及其长度由环境科学家和工程师们共同确定；坡面上的植物的选择则是环境科学家的任务。

本书在内容编排中，注意环境科学与环境工程两方面的内容并重，因为对非环境专业学生来说，本课程有可能是他们选修的唯一一门环境类课程，在该课程中除了使他们了解到环境问题的一般概念外，适当增加了环境问题防治方面的知识，以便使学生对环境问题的产生及防治措施有更全面的了解，对他们在今后的工作中能自觉有效地保护环境具有重大意义。

思 考 题

1. 如何理解人与环境相互作用的核心规律是人与环境和谐？
2. 简述地球的圈层结构及其存在的环境问题。
3. 环境科学与工程学科的学科内涵是什么？
4. 简述环境科学与工程学科的发展历史。

主要参考文献

陈怀满. 2005. 环境土壤学[M]. 北京: 科学出版社.
邓南圣, 吴峰. 2005. 环境化学教程[M]. 2 版. 武汉: 武汉大学出版社.
国务院学位委员会第六届学科评议组. 2013. 学位授予和人才培养一级学科简介[M]. 北京: 高等教育出版社.
刘利, 潘伟斌, 李雅. 2013. 环境规划与管理[M]. 2 版. 北京: 化学工业出版社.
龙湘犁, 何美琴. 2007. 环境科学与工程概论[M]. 上海: 华东理工大学出版社.
许兆义, 李进. 2010. 环境科学与工程概论[M]. 2 版. 北京: 中国铁道出版社.
中国大百科全书编辑部. 1983. 中国大百科全书·环境科学卷[M]. 北京: 中国大百科全书出版社.
Davis M L, Masten S J. 2007. 环境科学与工程原理[M]. 王建龙译. 北京: 清华大学出版社.

第 2 章　人口 • 资源与环境

本章导读：本章从古今中外人口思想的变迁、人口变动及人口结构引入，简述了世界及我国的人口问题，论述了人口发展对环境的影响；在介绍了资源及资源危机的基础上，归纳了人类面临资源危机所提出的一些新理念，阐述了资源合理配置、节约保护、循环利用和开拓培育的行动方案；最后简述了人类活动带来的环境污染及污染物的环境效应。

2.1　人类文明与环境

2.1.1　古今中外的人口思想

人是社会生活的主体。古今中外，人们根据自己所处社会的人口发展实践，提出了许多关于人口问题的观点和主张，其中不乏真知灼见，为科学人口理论的产生提供重要借鉴。

1. 古代中国人口思想

古代中国人口思想大致经历了三个阶段。

早期人口思想始于先秦时期。连续不断的战争、灾荒、瘟疫使人口死亡率居高不下，人口增长缓慢。同时，生产力水平低下，发展经济对劳动力有依赖从而对人口增长的要求变强烈。于是形成了以增殖人口为主的先秦人口思想。

先秦后期，出现了反对人口增殖的主张。韩非将人口过多、财富不足、生活困难归结为社会不安定的根源，并在我国人口思想史上第一次提出了人口、生活资料相互制约的观点。

从秦汉到鸦片战争前，中国封建统治历经两千多年，以儒家思想为基础的鼓励人口增长的思想在总体上占据统治地位。同时，也不乏“为农者十倍于前而田不加增，为商贾者十倍于前而货不加增，为士者十倍于前而佣书授徒之馆不加增”这样主张抑制人口增长的思想。

纵观古代中国人口思想，无论是主张增加人口还是抑制人口，都是为巩固历代帝王的专制统治服务的。除此之外，不同王朝所面临的政治、经济、社会问题的不同，以及各人所处的环境、经历不同，也会使不同的人在人口思想上表现出差异。

2. 古代及中世纪欧洲人口思想

古代及中世纪欧洲人口思想大致可分为两个阶段。

古典希腊时期，古希腊是欧洲典型的奴隶社会，一些哲学家出于维护奴隶制国家利益的考虑，提出自己对人口现象的见解。柏拉图从城邦国家的防务、安全出发，提出了人口“适度”的问题，认为国家应该注意调节人口数量，使国家人口维持在一个理想的数量；他还十分重视人口素质，提出身体健康、生理无缺陷的孩子才能得到抚养。亚里士多德也主张人口应维持一个适当的数目，既不能过少，也不能无限度地增加；他还认为，城市人口的最适度，是既能自给，又不造成难以管理局面的最高限度的数目。为此，国家必须对人口进行严格的控制。

古典希腊时期以后到资本主义以前，也有不少人口问题的新主张，其中中世纪末期意大利的乔万尼·博太罗的人口思想集中反映了欧洲封建社会末期新兴资产阶级的人口思想。他认为人口是国家力量和财富的源泉，拥有众多人口的统治者才会拥有丰富的货币。正是基于对人口数量和国力强弱的认识，他主张君主要增加人口可以用两种办法：一是奖励生育，鼓励繁殖；二是掠夺人民，从其他统治者手中获取臣民。他虽然主张人口是财富的源泉，但又认为不能无限增长，人类的“生殖力”和“供养力”必须适应，“生殖力”无限，而“供养力”有限，因此生殖需受供养的限制。

3. 近现代西方人口思想

西方社会进入资本主义后，一些经济学家包括重商主义、重农主义学派及资产阶级古典政治经济学的主要代表，从经济学的角度探讨了人口问题，阐述了人口观点。

重商主义认为人口密度大、人口众多是国家富强的源泉，主张增加人口；重农学派则主张人口数量必须和财富的数量相适应。英国古典政治经济学创始人威廉·配第认为土地和人口是构成社会经济生活的首要因素，一个国家人口的价值，在于他们创造社会财富的能力；亚当·斯密也认为经济的发展决定人口的增殖，他否定了重农主义学派对于土地的重视，他认为劳动才是最重要的，而劳动分工将能大量提升生产效率；大卫·李嘉图继承了亚当·斯密的人口思想，认为人口增减受劳动市场需求的调节，提出了工资铁律——认为人口过剩将导致工资连勉强糊口的层次都无法达到；马尔萨斯将亚当·斯密的理论进一步延伸至人口过剩上，提出人口在无妨碍时按几何级数增长，生活资料按算术级数增长，人口增长必然超过生产资料的增长。他主张通过贫困、瘟疫、战争限制人口增长的积极抑制及通过采取预防性措施控制出生率限制人口增长的道德抑制来解决人口问题。

4. 近现代中国人口思想

1840 年鸦片战争后到 1949 年前，在半殖民地半封建的社会背景下，社会政治经济矛盾更为复杂。同时，受西方人口思想的影响和当时社会政治经济的限制，龚自珍、汤鹏等及资产阶级改良派围绕人口过剩问题，分析、探讨它与中国社会经济发展状况的关系，并寻求解决的根本途径。地主阶级改革派的代表人物龚自珍主张实行“农宗”的受田制度，使人口不脱离土地，并恢复宗法关系的自然经济。资产阶级改良派主张效法西方实现工业化以求富强，采用机器、兴办工商业和交通事业，来为贫民提供就业机会。薛福成出使英、法等国后，改变了原有的“人多致贫”的观点，认为西欧人口密度虽大于中国，但因能开辟生财之源，所以无人满之患，主张学习西方善用机器的殖财养民之法。严复从物竞天择的观点去理解马尔萨斯人口论，认为中国人口量多质劣，难与西方抗衡，主张变法，提倡优生。他还把中国历史上的治乱归因于人口增减变动。梁启超则批评了马尔萨斯的人口论，他积极提倡晚婚，认为越文明越晚婚。

近代中国民主革命派和进步思想家都批判马尔萨斯人口论和“人多致乱”的观点。孙中山曾痛斥马尔萨斯人口论为亡国灭种的谬论，认为人口增减关系到民族的存亡，并主张“平均地权”、“节制资本”解决民生问题，增强政治力与经济力以振兴中华；廖仲恺认为在文明进步的国家，人口和生活资料的比例关系正与马尔萨斯的论断相反，而且中国的问题不是“人满为患”，而是“民穷财尽”，其根源在于地主阶级对土地的垄断和对农民的剥削；李大钊也曾严厉批判马尔萨斯人口论，认为它“助长战争之恶”而且充满错误：一是与事实不符，二是忽视了生产力是无限的，三是忽视文明之进步可与“土地报酬递减之律”相抗，四是把战争说成是人口过剩的必然结果，潜滋人类“贫惰之根性”；中国近代资产阶级学者也有人信奉马尔萨斯人口论，陈长蘅曾主张“人多致贫”的观点，断言中国民贫的最大原因是“人民孳生太繁，地力有限，生育无限”，如果不节制生育，“则人口之增加恒速于财富之增加，虽实业兴，财源辟，人民将贫困如故”。他提倡实行晚婚节育，实现“适中的人口密度”。

1955 年马寅初明确提出，中国在社会主义条件下也有必要控制人口增长。1957 年他发表的《新人口论》中指出，中国人口增加得太快而资金积累慢，生产设备不足，人口增长和粮食增长、就业、发展教育事业、提高生活水平等形成一系列的矛盾；如果人口继续无限制地增长，势必成为社会主义工业化的障碍。他认为解决上述矛盾的根本途径是发展生产，同时控制人口增长和提高人口质量。直到1978年以后，人口研究才在新的历史条件下复兴，绝大多数人口学者都已认识到，人口发展和经济发展之间，人类自身生产和物质资料生产之间必须相互适应，并保持适当的比例。社会主义计划经济要求实行计划生育，必须有计划地控制人口增长，提高人口质量，才有利于社会主义现代化建设。

2.1.2　人口变动与人口结构

1. 人口自然变动

人口自然变动（natural variation of population）是指由于出生和死亡而引起的人口数增减变动。就一个没有迁移变动的封闭人口来说，自然变动是引起人口总数变动的唯一因素。人口自然变动的绝对数表现为一定时期内人口出生数和死亡数之差，通常称为人口自然增加（或减少）数。人口自然变动相对数表现为一定时期人口自然增加数和该时期平均人口数之比，通常称为人口自然增长率。人口自然变动指标主要包括出生率、死亡率、自然增长率和人口性别比等。

出生率（birth rate）是指某地一年内出生人数与平均人口数之比。一般以千分数表示，说明一年内每一千名人口中出生人数。其计算公式为

$$出生率=\frac{年内出生人口数}{年平均人口数}\times 1000‰ \quad (2\text{-}1)$$

死亡率（mortality rate）是表明某一地区的人口在一定时期内的死亡强度的相对指标。通常以年为时间单位计算。其计算公式为

$$死亡率=\frac{年内死亡人口数}{年平均人口数}\times 1000‰ \quad (2\text{-}2)$$

自然增长率（rate of natural increase）是指某地区某时期人口自然增长数与这一地区本时期内平均总人数之比，常用的是年自然增长率，通常用千分数表示。它表明人口自然增长的程度和趋势。其计算公式为

$$自然增长率=\frac{年自然增长数}{年平均人口总数}\times 1000‰ \quad (2\text{-}3)$$

通常发展中国家具有较高的人口自然增长率，发达国家则较低，甚至出现零增长、负增长的现象。人口零增长（zero population growth，ZPG）是指出生人数加迁入人数正好等于死亡人数加迁出人数的现象；人口负增长（negative population growth，NPG）是指出生人数加迁入人数少于死亡人数加迁出人数的现象。

人口性别比例（sex ratio）是一定人口中男性或女性的比，通常用 100 个女性对多少个男性的比来表示。其计算公式为

$$性别比例=\frac{男性人数}{女性人数}\times100\% \tag{2-4}$$

在任何社会生产方式下，出生和死亡都以生物学规律为自然基础，但也受生产力发展水平、社会经济条件、文化教育水平、卫生保健条件等的制约。属于意识形态范畴的婚姻生育观、宗教信仰、伦理道德观，以及战争、自然灾害、统治阶级推行的人口政策等也都影响人口的出生、死亡和相应的自然变动。因此，从本质上讲，人口自然变动是由社会经济因素决定的。

2. 人口结构

人口结构（demographic structure），又称人口构成，是指将人口以不同的标准划分而得到的一种结果。其反映一定地区、一定时点人口总体内部各种不同质的规定性的数量比例关系，主要有性别结构和年龄结构。构成这些标准的因素主要包括年龄、性别、人种、民族、宗教、教育程度、职业、收入、家庭人数等。

人口结构可以反映出一个国家大体的社会和经济状况。当论及这一问题，年龄是最重要的因素。人口金字塔能清晰地反映一个地区、国家或世界人口出生率和死亡率。以年龄划分人口的时候，大致上有三个模型，如图 2-1 所示。第一种是扩张型（expanding stage）（又称成长型）（第一阶段和第二阶段），即出生率大大超过死亡率，人口中的青少年比例非常大。这种类型的社会人口将会在较短的时间内快速地增加。第三世界国家，包括非洲大部分国家、东南亚国家、南美洲国家都是这种类型。第二种是稳固型（stationary stage）（又称静止型）（第三阶段），即人口的出生率与死亡率大抵相当。青壮年占社会人口的中等偏上。这种类型的社会中人口数量会保持在一个较为稳定的状态，不会出现较大幅度的增加或减少。第三种是缩减型（contracting stage）（又称衰老型）（第四阶段），即人口的出生率略低于或等于死亡率，老年人在人口中所占比例较大，并且会越来越大。这种类

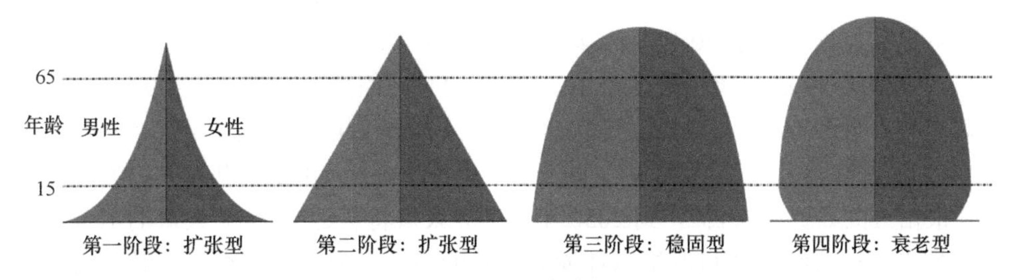

图 2-1　人口金字塔

型的社会人口趋于老龄化和减少。人口老龄化（ageing）是指某地区某段时间内总人口中老年人口比例增长的动态过程。世界上主要的发达国家除美国外都逐渐向老龄化的社会发展，生活和医疗水平的提高，加上人口出生率的减少，导致老龄化的国家缺乏足够的劳动力。这已经引起了非常大的社会问题，如养老保险、老年人的医疗、社会负担的加重等。

性别是另外一个比较重要的因素。根据生物学的原理，人类生育男性后代和女性后代的概率是一样的，也就是说各占50%。从整个世界范围来看，也确实如此。但是在少数国家，由于传统社会观念及某些特殊原因会导致人口结构中的男女比例失调。另外，某些外来因素也会导致人口比例失调，如移居、移民、战争等。

2.1.3 世界及我国的人口问题

人类自身生产是人类社会可持续发展的关键。人口的过快增长给社会经济发展带来了巨大的影响，也给自然资源和生态环境造成了空前的压力。在人类影响环境的诸多因素中，人口是最主要、最根本的因素。人口问题是一个复杂的社会问题，也是人类所面临的一个基本的生态学问题。人口支持系统包括人类社会赖以生存发展的社会经济系统与自然生态系统。随着人口的发展，社会经济与生态环境正面临着人口增长的无限与地球容量的有限、需求增长的无限与资源供给的有限及经济扩张的无限与自然承载能力的有限这三对矛盾。

1. 世界人口问题

从原始社会到17世纪中叶英国工业革命前，受科学技术与生产力发展水平的限制，人口增长十分缓慢，制约着人类社会经济发展的水平。到了近现代，人类生活水平提高，居住与营养条件改善，再加上临床医学的进步和医疗器械的充实，死亡率迅速下降，使人口增长速度日渐加快。1830年，世界人口总数达到10亿。但从1830年开始，世界人口增长开始加快，每增加10亿人口的时间不断缩短。到1930年，仅过了100年，世界人口总数达到20亿。从1930年到1960年的30年里世界人口增加到了30亿，而从30亿增长到40亿只用了14年时间。1987年世界人口突破50亿，增长第5个10亿人口的时间缩短为13年。1999年10月，地球迎来了世界60亿人口日，这次增加10亿人口仅用了12年，截止到2012年3月12日，世界人口已达70亿。图2-2呈现了1830～2012年世界人口的变化趋势。根据《世界资源报告》，到2050年，世界人口将多达90亿。人口的增长速度已经超出了社会经济和自然生态环境的承受能力，成为影响人类社会经济发展，甚至危及人类自身生存的重大问题。

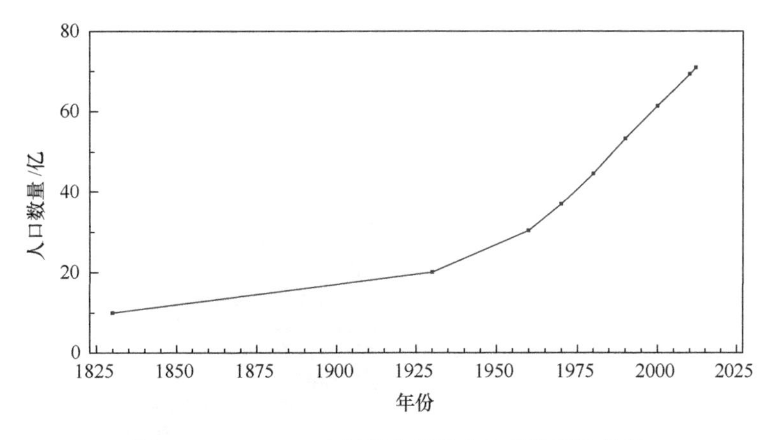

图 2-2　1830～2012 年以来世界人口总数变化趋势

2. 我国人口问题

我国人口问题主要表现为两方面：一是人口对经济增长的影响仍然明显；二是人口与资源、环境的矛盾加剧。人口多、底子薄、耕地少是我国的基本国情。人口问题是人口发展与社会经济发展不相适应，与资源生态环境不相协调所带来的各种矛盾和困难。人作为一种资源，既是生产者，又是消费者。作为生产者，人能够发挥其主观能动性，加速科技进步，促进社会经济的发展；作为消费者，面对有限的自然资源，人在发展的同时却不得不考虑人口数量的问题。图 2-3 显示新中国成立以来我国人口呈逐年递增趋势，我国人口总数 1949 年为 5.4 亿，1981 年突破 10 亿，2005 年达到 13 亿，2016 年则已超过 13.8 亿，是世界上人口最多的国家。不仅如此，我国还面临着人口老龄化的问题（图 2-4）。

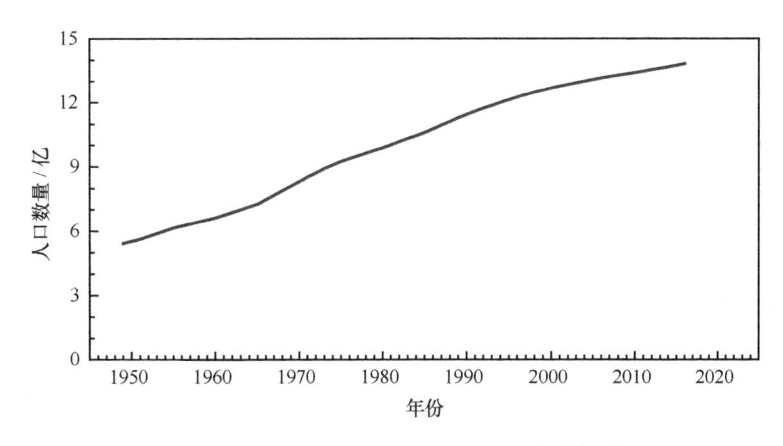

图 2-3　1949～2016 年以来我国人口总数变化趋势

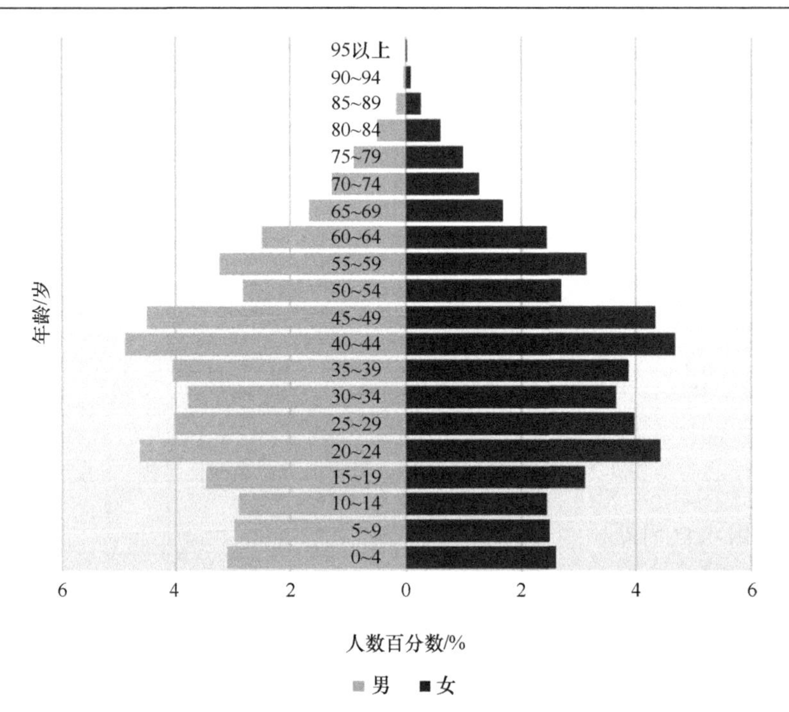

图 2-4　2012 年我国男性、女性人口分年龄段人数百分数

20 世纪 70 年代以前，我国妇女生育率维持在 6.0 左右，此后生育率一直下降，实行计划生育政策后，下降幅度就更大了。1990 年我国妇女总和生育率为 2.14，与更替水平持平。20 世纪 90 年代中后期，计生主管部门宣布我国生育率为 1.8，已进入低生育率阶段。2010 年我国第六次人口普查数据表明，0～14 岁人口占总人口比例为 16.60%，而 1982 年、1990 年、2000 年的人口普查，这个比例分别为 33.6%、27.7%、22.9%，低龄人口比例不断下降；与此同时，60 岁及以上人口占 13.26%，比 2000 年人口普查上升 2.93 个百分点，其中 65 岁及以上人口占 8.87%，比 2000 年人口普查上升 1.91 个百分点。中国人口年龄结构的变化，说明随着中国经济社会快速发展，人民生活水平和医疗卫生保健事业的巨大改善，生育率持续保持较低水平，老龄化进程逐步加快。

中国正迈入老龄化社会，生育率低、人口结构老化、社保制度滞后已成未来发展的重大隐患。从经济学角度看，人的生育本质就是劳动力资源的生产和再生产，所以超低生育率将使我国面临劳动力日益减少的局面。这些年来，中国之所以能成为“世界工厂”，主要是因为有丰富的劳动力资源，一旦劳动力减少，中国在世界市场上的优势就会逐渐消失。在新的人口环境和发展背景下，适时适度调整人口政策、提高我国生育率水平，将是解决我国人口问题的出路。

阅读材料："单独二孩"与"全面二孩"

——依互联网资料整理

20世纪五六十年代，由于死亡率快速下降，而出生率维持在高水平上（平均每个妇女生育6～7个孩子），中国的人口增长率骤然提高。在6亿人口的基数上，60年代中国每年平均出生人数高达2700万人，每年净增长人数达到2300万人以上，人口增长率高达2.5%。70年代初期开始实行的计划生育政策，初衷就是为了控制人口过快增长。

经过30多年的计划生育，中国人口过快增长的势头得到有效遏制，人口增长率已经降到0.5%以下。在13亿人的基数上，每年出生人口1600万，净增加人数650万左右，平均每个妇女生育的孩子数降到了1.5～1.6个的水平。30多年来，计划生育累计少生了4亿多人，极大地缓解了人口对资源环境的压力，推动了经济发展和人民生活水平及人口素质的提高。但同时也应看到，我国的人口形势也已经发生了重大变化。生育率持续低于更替水平，人口老龄化加速发展，劳动力长期供给呈现短缺趋势，出生性别比失衡，这些导致家庭养老和抵御风险能力有所降低。为了适应已经变化了的人口形势，促进人口长期均衡发展，需要对计划生育政策作出完善和调整。

2013年11月15日，中共十八届三中全会通过的《中共中央关于全面深化改革若干重大问题的决定》中提到"坚持计划生育的基本国策，启动实施一方是独生子女的夫妇可生育两个孩子的政策，逐步调整完善生育政策，促进人口长期均衡发展"，这标志着"单独二孩"政策正式实施。2013年12月，全国人大常委会通过调整完善生育政策的决议，"单独二孩"政策依法启动实施。

从"单独二孩"政策出台之后的实际效果看，"单独二孩"的申请量不大，有些人担心的井喷现象根本没有出现，"单独二孩"政策遇冷成为各界共识。2015年10月29日，中共十八届五中全会决定：坚持计划生育的基本国策，完善人口发展战略，全面实施一对夫妇可生育两个孩子政策，积极开展应对人口老龄化行动。这是继2013年十八届三中全会决定启动实施"单独二孩"政策之后的又一次人口政策调整。2015年12月，全国人大常委会表决通过了关于修改《人口与计划生育法》的决定，"全面二孩"政策自2016年1月1日起施行。

实施“全面二孩”政策是从我国战略全局出发作出的重大决策部署，将有利于优化人口结构、增加劳动力的供给、减缓人口老龄化的压力、促进人口的均衡发展，有利于促进经济持续健康发展、促进全面建成小康社会的第一个百年目标的实现。

2.1.4 人口发展对环境的影响

在原始社会里，人类采用粗制石器、树枝来从事狩猎、捕鱼、采集果实等活动，直接从自然环境中获取人类生活所需的物质资料；后来人类学会火的使用，精制石器出现，人类进入到刀耕火种、驯养野生动物的新石器时代；随着冶炼技术的发明和耕种技术的提高，人类开始开发利用矿石、发展农业，并砍伐森林植被来建造房屋或用作燃料，大部分自然资源成为社会生产劳动的主要对象；再到中世纪时期，水利灌溉、航海贸易的发展，风力资源的利用成为社会进步的重要动力；随着蒸汽机的发明、电力的使用，产业结构发生了空前的变化，现代工业的发展促使人类社会开采大量的化石燃料，核能、海洋资源及宇宙物质的开发，也成为当代社会发展与进步的标志。

然而，人口发展、文明进步的同时，也带来了许多前所未有的环境问题，如过度放牧导致的草场退化、矿石冶炼带来的水体和土壤重金属污染、滥砍滥伐导致的森林面积锐减和森林生态多样性受损、化石燃料的大量开采使用带来的化石燃料资源紧张和温室效应、性质未知的合成化学品在环境中与其他物质发生化学反应产生对环境不利的效应，甚至还出现了种种环境事件，如马斯河谷事件、多诺拉事件、伦敦烟雾事件、洛杉矶光化学烟雾事件、水俣病事件、痛痛病事件、四日哮喘事件及米糠油事件等，这些血的教训给人类敲响了保护环境的警钟。

一个国家或地区的环境人口容量（environmental population capacity），是在可预见到的时期内，利用本地资源及其他资源和智力、技术等条件，在保证符合社会文化准则的物质生活水平条件下，该国家或地区所能持续供养的人口数量。人口的急剧增加是引起当前环境问题的主要因素。近百年来，世界人口的增长速度达到了人类历史上的最高峰，人类生产消费活动需要大量的自然资源来支持。随着人口增加、生产规模的扩大，一方面所需要的资源急剧增多；另一方面排出的废弃物也相应剧增，因而加重环境污染。地球上一切资源都是有限的，特别是土地资源，不仅总面积有限，而且还是不可迁移的和不可重叠利用的。另外，世界人口的年龄结构两极分化，发达国家面临人口老龄化问题，而发展中国家的人口年轻得多，有生育能力的人多，这就决定了发展中国家今后的人口还要持续增长。

如果人口急剧增加，超过了地球环境的合理人口容量，则将造成生态破坏和环境的进一步污染。所以，从环境保护和合理利用环境及可持续发展的角度来看，根据人类各个阶段的科学技术水平，计划和控制人口数量，是保护环境持续发展的主要措施。

阅读材料：温室效应与全球气候变化

——依互联网资料整理

温室效应（greenhouse effect）是指透射阳光的密闭空间由于与外界缺乏热交换而形成的保温效应，就是太阳短波辐射可以透过大气射入地面，而地面增暖后放出的长波辐射却被大气中的二氧化碳（CO_2）等物质所吸收，从而产生大气变暖的效应。大气中的CO_2就像一层厚厚的玻璃，使地球变成了一个大暖房。如果没有大气，地表平均温度就会下降到–23℃，而实际地表平均温度为15℃，这就是说温室效应使地表温度提高38℃。大气中的CO_2浓度增加，阻止地球热量的散失，使地球发生可感觉到的气温升高，这就是有名的"温室效应"。自工业革命以来，人类向大气中排入的CO_2等吸热性强的温室气体逐年增加，大气的温室效应也随之增强，其引发的一系列问题已引起了世界各国的关注。

大气中能吸收地面反射的太阳辐射并重新发射辐射的气体称为温室气体（greenhouse gas）。地球的大气中重要的温室气体包括下列数种：CO_2、水汽（H_2O）、臭氧（O_3）、氧化亚氮（N_2O）、甲烷（CH_4）、氢氟氯碳化物类（CFCs、HFCs、HCFCs）、全氟碳化物（PFCs）及六氟化硫（SF_6）等。由于水汽及臭氧的时空分布变化较大，因此在进行减量措施规划时，一般都不将这两种气体纳入考虑。1997年于日本京都召开的《联合国气候变化框架公约》（*United Nations Framework Convention on Climate Change*）第三次缔约国大会中所通过的《联合国气候变化框架公约的京都议定书》中规定对其中6种温室气体进行削减，包括二氧化碳、甲烷、氧化亚氮、氢氟氯碳化物、全氟碳化物及六氟化硫，其中，后三类气体造成温室效应的能力最强，但对全球升温的贡献百分数来说，二氧化碳由于含量较多，所占的比例也最大，约为25%（除水汽外，水汽所产生的温室效应占整体温室效应的60%～70%）。

温室气体浓度的增加会减少红外线辐射放射到太空外，地球的气候因此需要转变来使吸取和释放辐射的分量达到新的平衡，从而引起全球气候变化。这转变包括全球性的地球表面及大气低层变暖，因为这样可以将过剩的辐射排放出去。虽然如此，地球表面温度的少许上升可能会引发其他的变动，例如，大气层云量及环流的转变当中，某些转变可使地面变暖加剧（正反馈），某些则可令变暖过程减慢（负反馈）。

世界各地的观测都表明，CO_2 的全球浓度上升十分显著。CO_2 的浓度变化是工业革命以后大气组成变化的一个十分突出的特征，其根本原因在于人类生产和生活过程中化石燃料的大量使用。一些理论认为，温室气体的增加，使地球整体所保留的热能增加，导致全球气候变暖（global warming）。1981～1990 年全球平均气温比 100 年前上升了 0.48℃。许多科学家认为：导致全球变暖的主要原因是人类在近一个世纪以来大量使用矿物燃料（如煤、石油等），排放出大量的 CO_2 等多种温室气体。变暖的危害将从自然灾害到生物链断裂，涉及人类生存的各个方面。

全球政府间气候变化委员会（IPCC）认为：人类活动对全球气候具有确实的影响。IPCC 利用复杂的气候模型估计全球的地面平均气温会在 2100 年上升 1.4～5.8℃。但是，还有很多未确定的因素会影响这个推算结果。

有一些学者对 CO_2 导致全球变暖一说提出了质疑。麻省理工学院地球大气科学专家 Richard Lindzen 认为：地球气候长久以来一直处于不断变化的过程中，期间存在各种复杂原因，而不是如全球变暖支持者所说的仅仅是由于 CO_2 的排放。他指出 20 世纪全球温度上升最快阶段是 1910～1940 年，此后则迎来长达 30 年的全球降温阶段，直到 1978 年全球温度重新开始上升。如果工业 CO_2 排放是导致全球暖化的主要原因，那么如何解释 1940～1978 年间的降温阶段？众所周知，这三十年是全球绝大部分地区开始大规模工业化大跃进的时代，即所谓战后景气时代。也有学者认为：如果以过去一千年的气候变化为背景，那么近期气候变暖并非异常现象。英国广播公司播出的纪录片《全球暖化大骗局》则认为太阳活动才可能是全球暖化的主要原因。

2.2 资源危机

2.2.1 资源概述

1. 资源的概念与分类

资源（resources）是一个具有广泛意义的词汇，由于研究领域和研究角度的不同，人们在“资源”概念的解释和使用上，有着广义和狭义之分。广义的资源是指构成社会、经济、生态环境三大运行系统所需要的一切物质的和非物质要素的总和，包括人力、智力、信息、技术、管理等经济资源和社会资源，还包括阳光、空气、水、矿产、土壤、植物、动物等自然资源；狭义的资源主要指自然资源。自然资源（natural resources）是指自然界中能够被人类用于生产、生活的物质和能量的总和，包括生物资源、土地资源、气候资源、森林资源、矿产资源、水资源，以及能量循环体系、生态体系、自然环境条件等。自然资源是由多因素、多层次组成的具有多种功能的系统。

根据自然资源的一般概念，可从不同的角度和不同的目的来对其进行分类。

按照综合地理要素，可分为矿产资源、土地资源、水资源、生物资源、能源资源、海洋资源、旅游资源和气候资源等。

按照资源的可再生性，可分为可再生资源和不可再生资源。

（1）可再生资源（renewable resources）是在正常情况下可通过自然过程再生的资源，又称为可更新资源。包括气候资源（太阳辐射、风）、地热资源（地热与温泉）、水资源、生物资源等。是经使用、消耗、加工、燃烧、废弃等程序后，能在一定周期（可预见）内重复形成的、具有自我更新和复原的特性，并可持续被利用的一类自然资源。

（2）不可再生资源（non-renewable resources）是地壳中储量固定的资源。包括地质资源和半地质资源。前者如矿产资源中的金属矿、非金属矿、核燃料、化石燃料等，其成矿周期往往以数百万年计；后者如土壤资源，其形成周期虽较矿产资源短，但与消费速度相比，也是十分缓慢的。这类资源形成周期漫长或不可再生，应尽可能综合利用，注意节约，避免浪费和破坏。

2. 资源的开发利用

自然资源以自然状态存在于自然系统中，必须经过有目的的物质变换过程，自然资源潜在的经济价值、社会价值才得以实现，从而实现自然资源的开发利用。人类社会的发展过程，就是人类对自然资源的认识和开发利用过程。同时，人类文明发展的历史也是一个对自然资源施加越来越大压力的历史，这种压力，不仅仅表现为资源的消耗快速增加，人口与资源之间的供需矛盾越来越突出，还表现为人类对自然资源破坏的程度随时间的延续而增大，某些资源已经出现匮乏的现象。

然而，人类社会的生存发展却无法离开自然资源。物质资料是社会财富的最基本形式，经济发展都是以物质资料为载体，并最终以物质财富的增长来实现的。自然资源的开发利用是社会生存发展首要的物质前提。人类社会的发展以自然资源消费量增长为基础。自然资源是构成人类生存环境的基本要素。

地球上任何自然资源都是有限的，任何一种自然资源都不可能无限制地供人们开发利用。然而，自然资源存量的边界又是模糊的。因为，在自然界中，所有的物质系统均属于开放系统，自然系统自身发展加上人类社会的干预和影响，使得自然资源存量始终处于动态变化之中。在现有的历史和社会条件下，尽可能客观地把握自然资源存量及其动态变化的趋势。科学合理地开发、利用和保护自然资源对人类社会而言至关重要。

随着人口数量的增加和世界经济的不断增长，人们对资源的需求量在日益增加，人类可以利用的自然资源则在加速耗竭。自20世纪60年代末以来，几乎所有资源都出现了短缺，特别是土地、森林、水、能源和矿藏等人类生存生产必需的资源。再加上工业、城市、交通占地不断增加和土地荒漠化、盐碱化等原因，人均可用耕地面积不断减少，使得土地资源危机愈发明显。与此同时，全球淡水用量也在飞速增长，再加上淡水资源污染等原因，淡水供需矛盾日益突出。为满足人类的需求，木材、秸秆、粪便等都成了能源。但受限于科技与经济发展水平，在一次能源消耗中，石油、天然气和煤炭仍为主力军，一次能源短缺问题使得能源危机问题迫在眉睫。相对于人类历史的大部分时期，全球森林面积减少是随人口增长而推进的。为满足衣食住行的需求，人们不断进行掠夺性开发。例如，毁林造田、毁林建房、过度放牧和滥砍滥伐，使得越来越多的森林遭到破坏。森林面积的减少直接导致森林功能的衰退。非燃料矿产资源（如铁、锰、铝、铜、锌等金属矿和石墨、石棉、硫、磷等非金属矿）形势也不容乐观，人们对这些资源的消耗量也在日益增加。

2.2.2　人类面临的资源危机

资源危机（resources crisis）是指当资源耗竭和破坏作用积累到一定程度时，受损资源系统的部分或整体功能已难以维持人类经济生活的正常需要，甚至可能直接威胁到人类生存与发展的状态，它包括能源危机、矿产危机、水危机、生态危机等。可以说，资源危机是指矿物、淡水、耕地、森林等自然资源在世界人口不断增长和生活水平日益提高的情况下逐渐显现出日益紧缺的趋势。

世界人口的逐渐膨胀和生活水平的不断提高，不可避免地导致自然资源压力的不断增大。一系列资源危机相继出现：水资源危机集中体现在淡水资源的短缺、时空上的分布不均及人均占有量少等；土地资源危机主要体现在耕地面积锐减，水土流失加剧，土地沙漠化严重；矿产资源危机集中体现在矿产资源消耗量过大、消耗速度过快、浪费和破坏严重，金属资源特别是稀有金属的短缺和全球使用的不均衡；能源资源危机集中体现在石油资源的短缺和全球使用的不均衡。这些危机归根到底都是资源危机，解决资源危机问题刻不容缓。

1. 水资源危机

水是自然界中最活跃的物质。在各种自然资源中，水资源（water resource）最重要的特征是它在水循环中不断地被复原。水循环过程作用于每个地区，而且是永久性地进行着。水资源包括经人类控制并直接可供灌溉、发电、给水、航运、养殖等用途的地表水和地下水，以及江河、湖泊、井、泉、潮汐、港湾和养殖水域等。水资源是发展国民经济不可缺少的重要自然资源。在世界许多地方，对水的需求已经超过水资源所能负荷的程度，同时有许多地区也濒临水资源利用不平衡带来的危机。

地球上水的总量不小，但与人类生产生活关系密切又容易开发利用的淡水资源仅占全球总水量的 0.3%，主要为河流和地下水。陆地上的淡水资源分布很不均匀。空间上，世界各大洲的自然条件不同，降水、径流和水资源概况差异较大。一方面，欧洲和亚洲集中了世界上 72.19%的人口，而仅拥有河流径流量的 37.61%；另一方面，南美洲人口占全球的 5.89%，却拥有世界河流径流量的 25.1%。水资源在时间尺度上也具有挑战性，干旱季节水资源缺乏，问题突出。淡水资源的分布极不均衡，导致一些国家和地区严重缺水。北非和中东许多国家降雨量少，蒸发量大，因此径流量很少，人均及单位土地的淡水占有量都极少；相反，冰岛、厄瓜多尔、印度尼西亚等国家，以每公顷土地计的径流量比贫水国高出 1000 倍以上。

目前世界水资源正面临日益短缺和匮乏的现实：许多河流濒临枯竭、受到不同程度的污染（有机物污染、重金属污染、水体富营养化）、全球气候变化引发一些地区的水文异常（旱灾、洪灾）等。水资源短缺与目前不合理的开发利用方式密切相关，水资源的供需矛盾持续增加和用水浪费严重加剧了水资源短缺。世界范围内水资源短缺不仅制约着经济发展，影响着人类赖以生存的粮食产量，对生态环境产生不利影响，并直接损害着人们的身体健康。而且，为了争夺水资源，在一些地区经常会引发流血冲突。

我国水资源形势也不容乐观。我国水资源总量为 2.8 万亿 m^3，居世界第六位，但我国的人均水资源占有量为 2200 m^3，仅为世界人均水资源占有量的 1/4，居世界第 110 位，属于水资源短缺的国家。除此之外，我国水资源也同样存在十分严重的地区分布不均匀性，水资源呈东南多西北少的分布趋势，南北水资源量相差悬殊。另外，江河泥沙含量高是我国水资源的一个突出问题。

2. 土地资源危机

土地是人类赖以生存的空间，人类社会的发展离不开对土地资源的利用和再造。土地资源（land resources）是指已经被人类所利用和可预见的未来能被人类利用的土地。土地资源数量有限，位置固定，根据土地的不同功能和性质，一般可分为耕地、林地、草地、沼泽、荒地等。

土地资源损失尤其是可耕地资源损失已成为全球性的问题，发展中国家尤为严重。目前，人类开发利用的耕地和牧场，由于各种原因，正在不断减少或退化，而全球可供开发利用的后备资源已经很少，许多地区已经近于枯竭。随着人口的快速增长，人均占有的土地资源正在迅速下降，这对人类的生存构成了直接威胁。

（1）世界人口增加对土地资源构成了巨大的压力。土地资源具有固定的人口承载力。人口的增长将会给本就十分紧张的土地资源，特别是耕地资源造成更大的压力。

（2）世界土地资源的数量不断减少。全世界每年有近 500 万 hm^2的土地被工业或其他项目所占有，世界大城市的面积正以比人口增长速度高出两倍的速度扩展。同时全球的农业用地却在逐年减少，这样下去，将难以保障粮食安全供给，给人类的生存和发展敲响了警钟。

（3）世界土地资源的质量逐步下降。当前，由于人类的不合理开发与使用造成了全球土地资源质量的下降。土地资源的地力衰退主要表现在养分的缺失。全球范围内水土流失情况严重。水土流失是土地资源遭受破坏带来的结果，而水土流失又反过来影响土地资源的质量。同时，世界范围内土壤盐渍化加重、土地资源沙漠化趋势在扩展，全球沙化、半沙化面积逐年增加，土壤污染加剧，这些都使全球的土地资源质量严重下降。

我国土地资源的特点是：①土地总量较大，人均占有量少；②山地多，平原少；③土地类型较多，土地适宜性差别大；④农业用地比例偏低，人均占有耕地少；⑤利用难度大的土地面积比例大。中国近年来由于工业化、城市化加快，投资规模逐年加大，各项建设用地需求量大，建设也占用了相当数量的耕地，这些造成了中国耕地面积锐减。同时人口的持续增长给中国的土地资源造成了严重的压力。中国土地资源的发展趋势不仅在于资源人均占有量和总资源数量的日益减少，土地资源质量下降的现象更令人担忧，水土流失、荒漠化及石漠化也呈现加剧的趋势。可见，中国的土地资源形势严峻，一方面在人口增长与经济发展的压力下，土地资源短缺状况日益突出；另一方面，土地资源粗放利用、浪费严重，以及土地资源管理不当，加剧了形势的严峻性。因此，必须优先保护土地资源，合理开发利用我国土地资源，实现土地资源的持续利用。

3. *矿产资源危机*

矿产资源（mineral resources）是指经过地质或成矿作用，使埋藏于地下或露出地表并具有开发利用价值的矿物或有用元素的含量，达到具有工业利用价值的集合体。矿产资源作为一种耗竭性的自然资源，是人类生活与生产资料的主要来源，是人类生存和社会发展的重要物质基础。随着全球经济迅猛发展和人民生活水平的不断提高，矿产资源的消耗不断增大，资源紧张已露端倪，即使其储量很大，依然会出现资源枯竭的情况，这是当前全世界所关注的问题之一。

矿产资源是在地球演化过程的不同阶段形成的，其再生的速度十分缓慢，或不能再生。它在自然生态系统中虽不占据重要位置，但却是人类生态系统中不可缺少的重要组成部分。矿产资源对于推动人类社会发展所起的作用是巨大的，用青铜时代、铁器时代、钢铁时代划分人类发展的各个时期，就充分显示了人类社会的进步同矿产资源利用之间的密切关系。因此，充分、合理开发利用资源具有十分重要的意义。

现代人类社会利用的主要矿产资源已达 100 多种。根据用途可以将矿产资源划分为四大类：①矿物燃料，如碳氢化合物；②金属矿产，如铜、铁、锡等；③非金属矿产，如盐、硫黄、硝酸盐等；④建筑材料，如花岗石、石灰石、砂石和黏土等。随着人口的增长和经济的发展，人类对矿产资源的需求量不断增加，但矿产资源的储量又是有限的；而且在一定生产力水平下的矿产资源的开采量也是一定的。因此，在许多国家已出现了矿产资源供应紧张的局势。尤其是在工业发达国家，高品位的矿物正在被迅速消耗，这些国家对矿产资源的需要，正越来越多地依赖从别国进口。这种趋势必将会损害发展中国家未来工业化的利益，并导致矿产资源供应短缺和物价上涨。

由于技术所限，人类目前对许多矿产资源的勘探还很不充分，只要人类在勘探矿产资源方面作出努力，矿物资源的储量将会明显增加。不仅如此，根据现有的资料推算，世界上任何一种金属矿物都不大可能在今后 100 年内被消耗殆尽，也没有任何一种金属能够在其一旦耗尽时就给人类带来一场灾难。然而，矿物资源毕竟是一种储量有限的非再生资源，从长远看，迟早要枯竭的。因此，要想保证未来有足够的矿物资源供应，就必须对这类资源进行有效的科学管理。人类必须从自然循环的生态学角度去看待每一种矿物资源。不管一种矿物对人类的生产和生活有多大价值，我们都必须认识到，这些矿物的自然循环过程一旦遭到严重破坏，就必然会对人类及其他生物带来危害。

4. 能源危机

能源是人类社会赖以生存和发展的重要物质基础，其开发利用极大地推进了世界经济和人类社会的发展。纵观历史，人类文明的每一次重大进步都伴随着能源利用的改进和更替。过去 200 年，建立在煤炭、石油、天然气等化石燃料基础上的能源体系极大地推动了人类社会的发展。然而，人们也越来越认识到大规模使用化石燃料所带来的严重后果：资源日益枯竭，环境日渐恶化，政治经济纠纷不断，甚至诱发战争、导致全球气候异常变化。

能源资源（energy resources）是指为人类提供能量的天然物质。按不同的分类方式，能源资源可分为以下几类。

（1）一次能源和二次能源：在自然界中天然存在的，可直接取得而不改变其基本形态的能源称为一次能源（primary energy sources），如原煤、原油、天然气、油页岩、核能、太阳能、水力、波浪能、潮汐能、地热、生物质能和海洋温差能等。一次能源可以进一步分为可再生能源（renewable energy sources）和不可再生能源（non-renewable energy sources）两大类。在自然界中可以不断再生并有规律地得到补充的能源称为可再生能源，如太阳能和由太阳能转换而成的水力能、风能、生物质能等，它们可以循环再生，不会因长期使用而减少；经过亿万年形成的、短时间内无法恢复的能源称为不可再生能源，如煤炭、石油、天然气、核燃料等，随着它们的开采利用，储量越来越少，总有枯竭的时候。由一次能源经过加工或转换得到的其他种类和形式的能源称为二次能源（secondary energy sources），包括煤气、焦炭、汽油、煤油、柴油、重油、电力、蒸汽、热水、氢能等。一次能源无论经过几次转换所得到的另一种能源都被称为二次能源。在生产过程中的裕压、余热，如锅炉烟道排放的高温烟气，反应装置排放的可燃废气、废蒸汽、废热水，密闭反应器向外排放的有压流体等也属于二次能源。

（2）常规能源和新能源：在相当长的历史时期和一定科学技术水平下，已经被人类长期广泛利用的能源为常规能源（conventional energy sources），如煤炭、石油、天然气、水力、电力等。新近开发并有发展前途的能源为新能源（new energy resources），或替代能源，如太阳能、地热等。

（3）燃料能源和非燃料能源：属于燃料能源（fuel energy）的有矿物燃料（煤、石油等）、生物燃料（薪柴、沼气、有机废物等）、化工燃料和核燃料四类。非燃料能源（non-fuel energy）多具有机械能，如水能、风能等，有的含有热能，有的含有光能。

世界经济的现代化，得益于化石能源，如石油、天然气、煤炭的广泛投入使用，因而它是建筑在化石能源基础之上的一种经济。然而，这一经济的资源载体将在 21 世纪上半叶迅速地接近枯竭。按石油储量的综合估算，可支配的化石能源的极限，为 1180 亿～1510 亿 t，以 1995 年世界石油的年开采量 33.2 亿 t 计算，石油储量大约在 2050 年宣告枯竭。天然气储备估计在 131800～152900 兆 m^3，年开采量维持在 2300 兆 m^3，将在 57～65 年内枯竭。煤的储量约为 5600 亿 t，按照 1995 年煤炭的开采量 33 亿 t，可以供应 169 年。化石能源与原料链条的中断，必将导致世界经济危机和冲突的加剧，最终葬送现代市场经济。事实上，近几十年来，中东及海湾地区与非洲的战争都是由化石能源的重新配置与分配而引发。这种军事冲突，今后还将更猛烈、更频繁；在国内，老能源基地也可能由于资源枯竭导致工人下岗从而引发许多新的矛盾和冲突。

我国能源总量比较丰富，特别是化石能源中的煤炭资源，位列世界第三，但人均拥有量低；我国能源赋存分布不均匀，煤炭资源主要赋存于华北、西北地区，水力资源主要分布在西南地区，石油、天然气资源主要赋存于东、中、西部地区和海域；相比其他国家，我国煤炭资源地质开采条件差，大部分需要井下开采，石油天然气资源地质条件复杂，勘探开发技术要求高，未开发的水力资源多集中在西南部的高山深谷，开发难度大且成本高。

改革开放加速了中国工业化进程，能源需求激增，中国能源更多依靠外部“输血”。一次能源结构中，我国煤炭的消费量达68.8%，石油天然气为23.1%，总体上看我国还处在煤炭时代。1993年中国成为石油净进口国，成为一名晚了近百年的世界石油消费国俱乐部里的“新生”力量。2012 年中国原油进口量约为 2.71 亿 t，原油进口依存度接近 60%。2009 年起中国从一个煤炭净出口国变成煤炭净进口国。2012年中国累计进口煤炭2.9亿t，进口量居世界第一，超第二名的日本近亿吨。此外，近年来，我国天然气也开始大量进口。可见能源危机迫在眉睫。

2.2.3　资源危机的出路探求

1. 理论基础

为了应对全球出现的资源危机，人们基于生态学、自然资源、化学化工、地学、工程技术、经济与管理等诸多学科，围绕新材料、新能源、节能环保和生态文化等战略性新兴产业发展及生态文明建设，提出了可持续发展、低碳技术、低碳经济、循环经济、“3R”原则、清洁生产节能减排、零排放等新的理念，旨在促使资源达到科学、有效循环利用及促进低碳、清洁生产和可持续发展，从而解决资源危机。

可持续发展（sustainable development）是指既满足现代人的需求，又不对后代人满足其自身需求的能力构成危害的发展。换言之，就是指经济、社会、资源和环境保护协调发展，它们是一个密不可分的系统，既要达到发展经济的目的，又要保护好人类赖以生存的大气、淡水、海洋、土地和森林等自然资源和自然环境，使子孙后代能够永续发展和安居乐业。

低碳技术（low-carbon technology）是指与最大限度减少煤炭和石油等高碳能源消耗及减少温室气体排放的各种技术相关的技术途径或手段。涉及电力、交通、建筑、冶金、化工和石化等部门以及在可再生能源、新能源、煤的清洁高效利用、油气资源和煤层气的勘探开发、二氧化碳捕获与埋存等领域开发的有效控制温室气体排放的新技术与新方法。

与低碳技术相对应，低碳经济（low-carbon economy）则是指在可持续发展理念指导下，通过技术创新、制度创新、产业转型、新能源开发等多种手段，尽可能地减少石油、煤炭和天然气等高碳能源的消耗，减少温室气体的排放，达到经济与社会发展与生态环境保护双赢的一种经济发展形态。

循环经济（circular economy）是指围绕资源高效利用和环境友好所进行的社会生产和再生产活动。主要包括资源节约和综合利用、废旧物资回收、环境保护等产业形态，技术方面有清洁生产、物质流分析、环境管理等，目的是以尽可能少的资源环境代价获得最大的经济效益和社会效益，实现人类社会的和谐发展。循环经济通常以“减量化（reduce）、再利用（reuse）、再循环（recycle）”为行为准则（简称“3R”原则）。其中减量化原则以资源投入最小化为目标；再利用原则以废物利用最大化为目标；再循环原则又称为资源化原则，则是以污染排放最小化为目标。“3R”原则的优先顺序是：减量化、再利用、再循环。

低碳经济和循环经济既有联系也有区别。在最终目标上，都是要实现人与自然和谐的可持续发展。但循环经济追求的是经济发展与资源能源节约和环境友好三位一体的三赢模式，而低碳经济是聚焦于经济发展与气候变化的双赢上。在实现途径上，二者都强调通过提高效率和减少排放来实现人与自然和谐的可持续发展。但低碳经济强调的是通过改善能源结构、提高能源的效率，减少温室气体的排放。而循环经济强调的是提高所有的资源能源的利用效率，减少所有废物的排放。

清洁生产（cleaner production）是指将综合预防的环境保护策略持续应用于生产过程和产品中，减少对人类和环境的风险。从本质上讲，清洁生产是对生产过程与产品采取整体预防的环境策略，减少或者消除它们对人类及环境的可能危害，同时充分满足人类的需要，使社会效益和经济效益最大化的一种生产模式。

节能减排（energy conservation and emission reduction），广义上是指节约物质资源和能量资源，减少废弃物和环境有害物（包括“三废”和噪声等）排放；狭义上是指节约能源和减少环境有害物排放。节能减排包括节能和减排两大技术领域，二者既有联系，又有区别。一般地讲，节能必定减排，而减排却未必节能。所以，减排项目必须加强节能技术的应用，避免因片面追求减排结果而造成的能耗激增，注重社会效益和环境效益均衡。

所谓“零排放”（zero discharge）是指无限地减少污染物和能源排放直至为零的活动。即利用清洁生产、“3R”原则及生态产业等手段，实现对自然资源的完全循环利用，从而不给大气、水体和土壤遗留任何废弃物。就其过程来讲，是指将一种产业生产过程中排放的废弃物变为另一种产业的原料或燃料，从而通过循环利用使相关产业形成产业生态系统。

2. 行动方案

缓和资源危机，可从资源的合理配置、资源的节约保护、资源的循环利用和资源的开拓培育四个方面着手。

1）资源的合理配置

就自然资源的合理配置而言，对自然资源地区性不平衡的协调是核心，这是由自然资源区域性特点所决定的。由于地球表面的任何一个地区，都有其相对稳定的自然地理要素，不同的经纬度、海陆位置、地质构造、气候地带等都会影响自然资源的形成和分布，造成地球表面和地壳内部各种自然资源的分布无论在数量上还是在种类上，均具有明显的地域性和不平衡性特点。资源存量分布的区域性不平衡主要包括两个方面：一是资源总量上的区域性不平衡；二是资源结构上的区域性不平衡。这种不平衡，客观上造成了自然资源存量不足，应首先从资源分布的区域性不平衡入手，通过总量和结构两方面的调节，实现资源存量的合理配置。

长期以来，美国、加拿大、日本等发达国家，一直努力实施全球资源战略，鼓励本国公司到海外勘探开发矿产资源。其意图是优化资源配置，获取廉价、优质的矿产资源，扩大对全球资源的控制能力，保证本国资源需求，确保国家经济安全。以日本为例，日本作为一个矿产资源贫乏的岛国，其矿产资源全球战略是推行“海外投资立国”。日本通过财政、金融、税收等多种手段，全方位鼓励矿业企业的跨国经营，把国内剩余的生产能力向外转移，并从政治、外交等不同角度支持和促进在海外建立矿产资源供应基地。日本还通过组建专门机构，大力推行“技术援助、经济援助及合作计划”，为矿业企业的跨国经营提供全方位支持，并通过“以合作求发展”的战略，与国际投资机构、有欧美背景的跨国矿业公司及资源公司加强合作，大力推进跨国矿业公司以不同方式广泛地参与全球矿产资源勘察开发。此外，日本也大量进口国外的原材料及资源初级产品，进行有计划的资源储备，储备对象包括有色金属和稀有金属中的镍、铬、钨、钴、钼、钒、锰等，后来逐步扩展到稀土原料。

南水北调、西气东输、西电东送、北煤南运（西煤东运）是我国 21 世纪四大资源跨区域调配工程。工程实施的原因是一致的，即自然资源区域分布的不平衡性和区域间发展的不平衡性使各地区对自然资源的需求与该区所赋存的自然资源不匹配。例如，南水北调工程的实施主要是因为我国南方和北方水资源配合欠佳，北方地区耕地面积广大，水资源短缺；南方地区耕地面积相对较少，水资源却非常丰富；而北煤南运（西煤东运）则主要是因为我国煤炭储量和产量集中在北方，尤其是“三西”地区（山西、陕西、内蒙古西部）及新疆、宁夏等地，正是通过该工程，将所产的煤炭运往消费重心所在的东南沿海地区。西电东送和西气东输工程的实施都是因为我国中西部地区能源资源丰富，但由于经济不发达，能源需求量少，供过于求；而东部地区经济发达，能源不足，供不应求。

2）资源的节约保护

应对资源危机，除了合理配置资源外，还应注意在生产和生活中，强化对资源的节约与保护。

生产活动中，就资源的节约而言，首先要进行产业结构调整，淘汰高消耗低产出的产业，发展低耗高效产业及高新技术产业；其次应当加大科研开发力度，研发新设备，推广节能、节水、节材、节时技术，不断提高资源的开采效率和资源的投入产出率。就资源的保护而言，在开采开发和利用不可再生资源的同时，应注意保护和培育可再生资源，避免对可再生资源的污染和破坏；对可再生资源的使用过程中，避免因过度开发和利用而影响其再生能力。

除了生产，人类在生活中，也应该强化对资源的节约与保护意识。一是改进传统的居住模式，推进城市化进程，提高供电供水等的效率，也可大大节约资源尤其是土地资源；二是改革传统的消费模式，摒弃不利于资源节约和保护的生活习惯和消费习惯；三是提高资源的节约和保护意识，加大资源节约保护相关宣传和推广的力度。

人口众多、资源相对不足、环境承载能力较弱，是中国的基本国情。今后一个时期，人口还要增长，人均资源占有量少的矛盾将更加突出。在中国经济社会发展进入新的历史阶段，国家明确提出了建设节约型社会，就是要在社会生产、建设、流通、消费的各个领域，在经济和社会发展的各个方面，切实保护和合理利用好各种资源，提高资源利用效率，以尽可能少的资源消耗获得最大的经济效益和社会效益。这是关系到我国经济社会发展和中华民族兴衰，具有全局性和战略性的重大决策。

就节约能源资源来说，国家在“十一五”期间首次提出了“节能减排”的约束性指标：单位国内生产总值能耗降低 20%左右，主要污染物排放总量减少 10%。国家“十二五规划”也明确提出了到 2015 年单位 GDP 二氧化碳排放降低 17%、单位 GDP 能耗下降 16%、非化石能源占一次能源消费比例从 8.3%提高到 11.4%、主要污染物排放总量（化学需氧量、二氧化硫、氨氮和氮氧化物）减少 8%～10%的目标。“十二五”规划提出的约束性指标更加明确了国家节能减排的决心。在消费领域，我国强制实施产品的能效标识，并鼓励使用节能、节水认证产品和环境标志。能效标识只是表明该产品的能耗等级，分 5 个等级：1、2 级达到节能指标，3 级为中等，4、5 级为高耗能。也就是说，有能耗标识只能说明该产品满足了上市的最低要求，不代表真的节能，低于等级 5 要求的产品不允许生产和销售。图 2-5 是我国产品的能效标识及节能产品的认证标志。

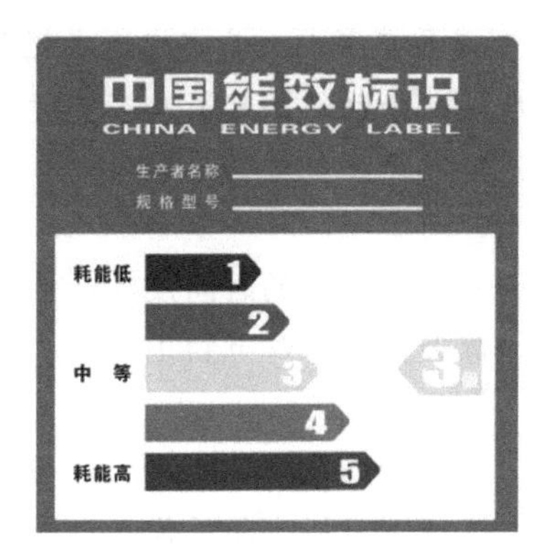

图 2-5　中国能效标识和中国节能产品认证标志

阅读材料：日常生活中的 20 个节能小窍门

——依互联网资料整理

窍门 1：选用节能空调 省电每天做到

同样的制冷效果，更少的耗电需求，这就是节能空调的妙处。如果全国的家庭都用它，每年可以节约用电 33 亿度（1 度=1kW·h），相当于少建一个 60 万 kW 的火力发电厂，还能减排温室气体 330 万 t。

窍门 2：空调调高一度 节电百分之七

夏天空调温度过低，不但浪费能源，还削弱了人体自动调节体温的能力。只要把空调调高 1℃，全国每年节电 33 亿度。另外，降低室内外温差，也减少了患感冒的概率。

窍门 3：点亮节能灯 省电看得清

一只 11W 节能灯的照明效果，顶得上 60W 的普通灯泡，而且每分钟都比普通灯泡节电 80%。如果全国使用 12 亿支节能灯，节约的电量相当于三峡水电站的年发电量。

窍门 4：屏幕暗一点 节能又护眼

屏幕太亮，不但缩短电视机的寿命而且费电。调成中等亮度，既能省电又能保护视力，尤其是对眼睛正在发育的孩子来说。中国目前有 3 亿台电视，仅调暗亮度这一个小动作，每年就可以省电 50 亿度。

窍门 5：用完电器拔插头 省电又安全

看完了电视和 DVD，摁下遥控器并不是彻底关机，其实它还在耗电。只有将电源拔下，它才彻底不耗电。别小看这个小动作，如果人人坚持，全国每年省电 180 亿度，相当于三座大亚湾核电站年发电量的总和呢！

窍门 6：科学用电脑 节电效果好

暂时不用电脑时，可以缩短显示器进入睡眠模式的时间设定；当彻底不用电脑时，记得拔掉插头。坚持这样做，每天至少可以节约 1 度电，还能适当延长电脑和显示器的寿命。

窍门 7：节能型冰箱 省电又省钱

保温性能更强，所以消耗的电更少，这就是节能冰箱的优越之处。一台 268L 的节能型冰箱，在寿命期内可节省电费 2000 元左右。

窍门 8：巧用电冰箱 省电效果强

即使还在用普通冰箱，只要坚持做到下面三点，每台冰箱每年也能省 20 多度电：及时除霜；尽量减少开门次数；将冷冻室内需解冻的食品提前取出，放入冷藏室解冻，还能降低冷藏室温度哦！

窍门 9：微波炉做饭 节能又方便

微波只对含有水分和油脂的食品加热，而且不会加热空气和容器本身，所以和传统的加热方法相比，热量损失少、烹饪速度快。对同等重量的食品进行加热对比试验，结果证明微波炉比电炉节能 65%、比煤气节能 40%。

窍门 10：双键马桶 节水好用

与传统单键马桶相比，用双键马桶每家每天至少节水一半。9 L 单键马桶每月用水约为 3240 L；如用 3/6 L 马桶则为每月 1350 L，不仅能节省 1890 L 自来水，还能减少污水的排放。生产自来水和处理污水都需要耗费大量能源，所以节水也可以节能。

窍门 11：选用节能洗衣机 省水省电有奇迹

买洗衣机一定要认清能效等级标识，选择高等级、节能型的洗衣机，每月至少能节省一半的水和电。也就是说，相同的用水、电量，节能型洗衣机可以多洗一倍的衣物。

窍门12：日常省水有妙招 家里处处要留意

洗脸之后的水可以用来洗脚；洗衣、洗菜的生活废水可以收集起来冲厕所等。别小看这些，平日里养成节水习惯，积累下来，仅一个三口之家每月就能节水1t以上。

窍门13：无纸办公效果好 节能环保双丰收

多用电子邮件、QQ、微信等即时通讯工具，少用打印机和传真机。如果全国的机关、学校、企业都采用电子办公，每年减少的纸张消耗在100万t以上，节省造纸所消耗的能源达100多万t标准煤。

窍门14：节能门窗 保温超强

整个建筑的能量损失中，约50%是在门窗上的能量损失。中空玻璃不仅把热浪、寒潮挡在外面，还能隔绝噪声，大大降低建筑保温所需的能耗，它已经被欧美国家普遍采用。

窍门15：分户供暖 节能省钱

为家里的暖气安一个温控阀，住户就可以自行调节，随心所欲设定温度。不在家时，还可以关闭。这样比传统的集中供暖费用降低15%，比单独采暖降低30%以上。

窍门16：太阳能热水器 省电又省气

每个家庭安装$2m^2$的太阳能热水器，就可以满足全年70%的生活热水需要。

窍门17：汽车排量小 节能效果高

没有跑车的华而不实，没有SUV永远填不饱的油箱，低价格、低油耗、低污染，同时安全系数不断提高的小排量车才是新的时尚。还有不能不提的一点是，在停车位紧张的大都市，小巧灵活的小型车更是占尽优势。

窍门18：多乘公车出行 减少地球负担

车越多，路越堵。多乘坐公交车、地铁出行，不但能避开拥堵，而且节能效果相当明显。按照在市区同样运送100名乘客计算，使用公共汽车与使用小轿车相比，道路占用长度仅为后者的1/10，油耗约为后者的1/6，排放的有害气体更可低至后者的1/16。

窍门19：巧驾车 多省油

保持合理车速；避免冷车起步；减少怠速时间；尽量避免突然变速；选择合适挡位，避免低挡跑高速；用黏度最低的润滑油；定期更换机油；高速驾驶时不要开窗；轮胎气压要适当。

窍门 20：出门骑上自行车 健身环保一举两得

有自行车代步，油价再高也不怕。不仅免受堵车之苦，还能锻炼身体，并且绝无尾气污染。如果有 1/3 的人用骑自行车替代开车出行，那么每年将节省汽油消耗约 1700 万 t，相当于一家超大型石化公司全年的汽油产量。

3）资源的循环利用

资源循环利用（resource recycle）是指根据资源的成分、特性和赋存形式，对自然资源综合开发、能源原材料充分加工利用和废物回收再生利用，通过各环节的反复回用，发挥资源的多种功能，使其转化为社会所需物品的生产经营行为。资源循环利用可以通过 3R 原则提高资源的利用效率。废物资源化（waste utilization）通常是指对退出生产环节或消费领域的废弃物质，通过技术、经济手段与管理措施，在实现无害化处置和减少污染物排放的同时，回收大量有价物质和能源。废物资源化简明技术路线如图 2-6 所示。

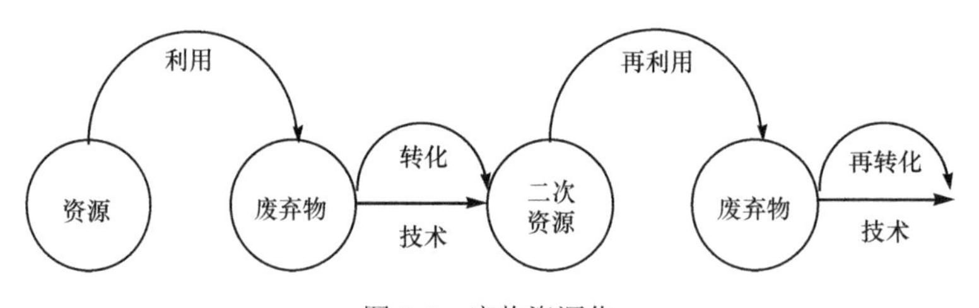

图 2-6　废物资源化

当前我国仍处于工业化和城镇化快速发展阶段，对矿产资源的需求巨大，但国内矿产资源严重不足，难以支撑经济增长，铁矿石等重要矿产资源对外依存度越来越高。与此同时，我国每年产生大量废弃资源，若能有效利用，可替代部分原生资源，减轻环境污染。2008 年，我国 10 种主要再生有色金属产量约为 530 万 t，占有色金属总产量的 21%。2008 年我国废钢利用量达 7200 万 t，与利用原生铁矿石炼钢相比，相当于减少废水排放 6.9 亿 t，减少固体废物排放 2.3 亿 t，减少二氧化硫排放 160 万 t。大规模、高起点、高水平开发利用“城市矿产”资源，具有十分重要的意义，既能节省大量资源，弥补我国原生资源不足，又能“变废为宝，化害为利”，为缓解我国资源环境约束做出积极贡献。“城市矿产”是对废弃资源再生利用规模化发展的形象比喻，是指工业化和城镇化过程中产生和蕴藏于废旧机电设备、电线电缆、通讯工具、汽车、家电、电子产品、金属和塑料包装物及废料中，可循环利用的钢铁、有色金属、贵金属、塑料、橡胶等资源。

4）资源的开拓培育

新资源的勘探与开采。勘探、开采新资源，是增加自然资源供给量的主渠道。目前地球上并非没有未被发现的资源，受人类现有勘探力和开采力的限制，许多资源仍然沉睡在地下、海底而有待发掘，不断勘探发掘新资源将是人类永不停息努力的方向。

可再生资源的培育、保护与利用。培育和保护可再生能源，是扩大自然资源增量的一个重要渠道。一方面，由于资源分布的地域性不平衡，使得可再生资源的分布具有明显的地域性差异。另一方面，人类利用自然和改造自然活动的加剧，使得有相当一部分可再生资源的再生能力大大下降。

可替代资源的研发与利用。由于某些资源存量的有限性或环境负效应性，我们不得不进行科技创新，研发新型可替代资源。目前，科技研发可替代资源主要有三种：一是可替代能源，如光、热、风、水、海洋能、核能等的开发；二是运用现代生物技术，如基因工程、细胞工程、酶工程、发酵工程和蛋白质工程等对动植物进行新品种杂交培育；三是研制开发新材料，拓宽可利用资源的种类，提高可利用资源的质量。

近年来，部分可再生能源利用技术已经取得了长足的进展，并在世界各地形成了一定的规模，生物质能、太阳能、风能、地热能等的利用技术已经得到了应用。国际能源署（IEA）研究认为，在未来30年内全球非水利的可再生能源发电将比其他任何燃料的发电都要增长得快。为了应对全球出现的资源危机，围绕新材料、新能源、节能环保和生态文化等战略性新兴产业发展及生态文明建设，能促使资源达到科学、有效循环利用及促进低碳、清洁生产和可持续发展。

阅读材料：资源综合利用的经验与实践

——依互联网资料整理

1. 日本川崎生态工业园区

川崎生态工业园区是1997年日本第一个被批准的生态工业园区，它创建的宗旨在于将各种垃圾作为其他产业的原料进行回收利用，尽可能实现不排放垃圾（零排放），建造资源循环社会。川崎生态工业园区项目的具体内容，是集中开展家电、汽车、塑料瓶等各种物品的再利用项目。其中硬件项目主要包括制备用作鼓风炉原料的废塑料回收厂、制备混凝土模板作业用的NF板制造厂、难回收纸的回收处理厂、制备氨用原料的废塑料回收厂、废

PET 瓶回收再生厂，其他项目包括废家用电器回收系统、用工业废物制造水泥厂、不锈钢制造厂废物的回收利用项目。

2. 南海国家生态工业示范园区

南海国家生态工业示范园区位于广东省佛山市南海区丹灶镇，国家环境保护总局于 2001 年 11 月批准成立的全国首个国家级生态工业示范园区，全国八大环保产业园之一、佛山市重点工业园区。园区遵循生态工业和循环经济的理念，着重引入和培植绿色、环保的优质产业及朝阳产业，打造面向未来的优势产业集群和产业竞争力。经过十多年的建设和发展，园区生态工业理念得到很好的贯彻实施，现在已形成汽车零部件、精密机械、新材料、节能环保等为核心的低碳产业集群和循环经济产业链：形成了较为完整的五金产业工业群落、产品代谢链条；在废物代谢方面，形成了“废旧金属→加工处理→金属原材料”及“废 PET 塑料瓶→加工处理→塑料产品”的产业链，经济效益和环境效益十分显著；清洁生产逐步在园区企业当中推行实施，节能降耗低排放使企业创造了可观的经济效益，带来了良好的环境效益。

3. 天津静海子牙产业园区

天津静海子牙产业园区成立于 2003 年 11 月，位于静海县西南部，与河北省文安、大城交接。子牙园区是经天津市政府批准、天津市环境保护局和静海县政府共同规划建立的国家第七类废旧物资拆解基地，子牙循环经济产业区先后被国家发展和改革委员会、工业和信息化部和环境保护部批准为“国家循环经济试点园区”、“国家级废旧电子信息产品回收拆解加工处理示范基地”、“国家进口废物‘圈区管理’园区”和“国家循环经济‘城市矿产’示范基地”，也是中日循环型城市重点合作项目。子牙产业园区在产业发展、资源循环利用、污染控制、园区管理四方面建立了较为合理的循环经济发展模式。

2.3　环 境 污 染

人类在征服自然的进程中，以空前的速度建立了现代的物质文明，丰富了人类的生产和生活，使人类过上更加多样化的生活。但是，在物质文明高速发展的进程中，人类对自然环境造成了巨大的破坏。现在的许多疾病可以认为是人类对迅速改变的环境适应性的失调所引起的。人类赖以生存的环境体系，正日益受到各种污染的挑战。这种环境质量的变质不仅关系到当代人的健康，还影响到子孙后代，与人类的延续和经济可持续发展有着密切的关系。而环境质量的改变，主要是由环境污染引起的。因此，人类对环境污染必须予以高度的关注与重视。

2.3.1 环境污染概述

环境污染（environmental pollution）是指有害物质或因子进入环境，并在环境中扩散、迁移、转化，使环境系统的结构与功能发生变化，对公众及其他生物的生存和发展产生不利影响的现象。环境污染既可以是人类活动引起，如人类生产和生活活动排放的污染物对环境的污染；也可由自然的原因引起，如火山爆发释放的尘埃和有害气体对环境的污染。环境保护中所指的环境污染主要是指人类活动造成的污染。

环境污染的类型，常因目的、角度的不同而有不同的划分方法，常见分类如下：①按照污染属性分显性污染和隐性污染；②按照污染涉及的范围可分为局部性、区域性和全球性污染；③按照污染源的性质分为点源污染、线源污染和面源污染；④按照环境要素划分为大气污染、水污染、土壤污染等；⑤按照污染物的属性划分为物理污染、化学污染和生物污染；⑥按照污染物的特性分为累积性污染和非累积性污染；⑦按照污染物的排放特征分为持续性排放污染和非持续性排放污染；⑧按照污染物的形态可分为废气污染、废水污染、固体废物污染及噪声污染、放射性污染等；⑨按照污染产生的原因可分为生产污染和生活污染，生产污染又可分为工业污染、农业污染、交通污染等。

2.3.2 环境污染物

环境污染物（environmental pollutants）是指进入环境后使环境的正常组成和性质发生改变，直接或间接有害于人类与生物的物质。环境污染物主要来源于人类生产和生活活动中产生的各种物质或因子（如一氧化碳、二氧化硫、氮氧化物等有害气体，铅、汞、镉等重金属和滴滴涕、六六六、灭蚁灵等有机物）和自然界释放的物质（如火山爆发喷射出的气体、尘埃等）。污染物质对环境的污染有一个从量变到质变的发展过程，当某种能造成污染的物质浓度或其总量超过环境的自净能力，就会产生危害，环境就受到了污染。能量的介入也会使环境质量恶化，如噪声污染、热污染、电磁辐射污染等。

环境污染物种类繁多，一般根据其物质属性分为物理因素污染（如噪声、振动、光、热、放射性、电磁波等）、生物性污染物（包括细菌、病毒、水体中反常生长的藻类等）和化学性污染物（包括各种天然的和人工合成的化学污染物质，其所引起的污染占环境污染物的80%～90%）。另外，可以按污染物在环境中的物理和化学变化分为一次污染物和二次污染物。一次污染物是指直接从污染源排放的污染物质，如汞、镉、砷、二氧化硫、氮氧化物、氰化物、酚、多氯联苯、化学农药等。二次污染物则是由一次污染物在受到自然界中物理、化学和生物因子的影响下其性质和状态发生变化而形成的新的污染物，如一次污染物二氧化硫在空气中氧化成硫酸盐气溶胶，汽车排气中的氮氧化物、碳氢化合物在日光照射下发生光化学反应生成的臭氧、过氧乙酰硝酸酯、甲醛和酮类等二次污染物。二次污染物对环境和人体的危害通常比一次污染物严重，例如，甲基汞比汞及其无机化合物对人体健康的危害更大。此外，为了强调污染物的某些有害作用，还可将污染物分为致畸污染物、致突变污染物和致癌污染物（“三致”污染物）等。

1. 优先污染物

人们从众多的污染物中筛选出具有较大生产量（或排放量）并广泛存在于环境中，毒性效应强，对环境和人体健康具有严重的现实危害或潜在危险的污染物优先进行控制，称为“优先污染物”（priority pollutants，也称“优控污染物”）。美国环境保护局（USEPA）于 1976 年率先公布了 129 种优先污染物。中国在进行研究和参考国外经验的基础上也提出了 14 类共 68 种化学污染物列为优先污染物（表 2-1），为中国优先污染物的控制和检测提供了依据。

表 2-1　中国水中优先控制污染物黑名单

序号	类别	种类
1	挥发性卤代烃类	10 种：二氯甲烷、三氯甲烷、四氯化碳、1,2-二氯乙烷、1,1,1-三氯乙烷、1,1,2-三氯乙烷、1,1,2,2-四氯乙烷、三氯乙烯、四氯乙烯、三溴甲烷
2	苯系物	6 种：苯、甲苯、乙苯、邻二甲苯、间二甲苯、对二甲苯
3	氯代苯类	4 种：氯苯、邻二氯苯、对二氯苯、六氯苯
4	多氯联苯	1 种：多氯联苯
5	酚类	6 种：苯酚、间甲酚、2,4-二氯酚、2,4,6-三氯酚、五氯酚、对硝基酚
6	硝基苯类	6 种：硝基苯、对硝基甲苯、2,4-二硝基甲苯、三硝基甲苯、对硝基氯苯、2,4-二硝基氯苯
7	苯胺类	4 种：苯胺、二硝基苯胺、对硝基苯胺、2,6-二氯硝基苯胺
8	多环芳烃类	7 种：萘、荧蒽、苯并[b]荧蒽、苯并[k]荧蒽、苯并[a]芘、茚并[1,2,3-cd]芘、苯并[ghi]芘
9	酞酸酯类	3 种：酞酸二甲酯、酞酸二丁酯、酞酸二辛酯
10	农药	8 种：六六六、滴滴涕、敌敌畏、乐果、对硫磷、甲基对硫磷、除草醚、敌百虫
11	丙烯腈	1 种：丙烯腈
12	亚硝胺类	2 种：*N*-亚硝基二乙胺、*N*-亚硝基二正丙胺
13	氰化物	1 种：氰化物
14	重金属及其化合物	9 种：砷及其化合物、铍及其化合物、镉及其化合物、铬及其化合物、铜及其化合物、铅及其化合物、汞及其化合物、镍及其化合物、铊及其化合物

2. 新型污染物

随着人类工业化的发展，人造化学品逐步被研制和开发出来，给人们的生产和生活带来巨大的效益和便利，得到了广泛的生产和使用。但这些化学品可通过生产、使用、储存和运输等途径进入环境。随着环境分析技术和环境毒理学的发展，人们陆续发现，这些进入环境的化学品有一部分具有潜在的生态风险，被称为新型污染物（emerging contaminants，也有译为“新兴污染物”）。

美国地质调查局（United States Geological Survey，USGS）将新型污染物定义为：“通常在环境中未被监测到，但具有进入环境、并造成已知或疑似不良生态和（或）人体健康影响的任何合成或天然化学物质或微生物。一方面，新型化学或微生物污染物的排放可能已经发生了相当长的一段时间，但直到新检测方法出现后才被发现。另一方面，出现新合成化学品，或对现有化学品的使用和处置，也可能是新型污染物的来源。”

新型污染物来源于我们日常接触的方方面面的化学品，这些化学品通过冲厕、洗涤或以其他方式排入水体和土壤。新型污染物数量众多、性质多样，几乎无处不在。目前的分类主要按化合物的目的、用途或其他特性进行分类。常见的分类包括药品（包括处方药和非处方药物）、个人护理产品、增塑剂、阻燃剂及杀虫剂等。也可按其性质进行分类，如表面活性剂，既可用在洗涤剂中去除油脂，也能在化妆品中作为乳化剂。现有的分类方法存在重复分类的问题，比较混乱。但目前还没有标准的分类法对其进行分类。

当前世界范围内较为关注的新型化学污染物主要包括内分泌干扰物、药品与个人护理品、持久性有机污染及其他具有致突变、致癌变、致畸变作用的“三致”物质。有的污染物具有多重性，如多氯联苯（PCBs），不但是内分泌干扰物，同时也是持久性有机污染物，而且还属于致癌物质。

1）内分泌干扰物

内分泌干扰物（endocrine disrupting compounds，EDCs）也称为环境激素或环境荷尔蒙，是指可通过干扰生物或人体为保持自身平衡和调节发育过程而在体内产生的天然激素的合成、分泌、运输、结合、反应和代谢等，从而对生物或人体的生殖、神经和免疫系统等功能产生影响的外源性化学物质。

常见的内分泌干扰物分类方法主要有两种。按照内分泌干扰物的来源，可分为人工合成的药用雌激素（如己烯雌酚）、植物性雌激素（如异类黄酮）、真菌性雌激素（如玉米赤霉烯酮）、农药（如滴滴涕）、工业化学品（如多氯联苯）及生产和生活过程中无意产生的副产品（如二噁英类物质）。按照与受体的结合形式，可分为具有雌性激素作用的物质（如双酚A）、干扰雌性激素的物质（如多氯联苯）、抗雄性激素作用的物质（如 4,4-滴滴伊）和干扰甲状腺激素的物质（如二噁英类物质）。

阅读材料：塑化剂风波

——依互联网资料整理

2011 年，台湾引发了一场重大的“塑化剂风波”，且如滚雪球般愈演愈烈，台湾几乎所有食品厂商均被卷入其中。当时，国家质检总局公布的“台湾受塑化剂污染的问题产品名单”上，问题企业就高达 300 多家，涉事产品达近千种。这些产品包括人们几乎每天接触到的各种运动饮料、面包、蛋糕、果汁等，甚至连儿童药品、钙片都未能幸免。其中，台湾食品巨头统一企业集团，有多款饮料产品上榜。这些食品含有塑化剂的原因主要是上游生产厂商在生产一种食品中添加剂“起云剂”的时候，为了降低成本，使用了更廉价的塑化剂邻苯二甲酸二辛酯（DEHP）代替棕榈油。

DEHP 属于邻苯二甲酸酯类（PAEs）化合物，通常作为增塑剂（软化剂，即台湾所说的塑化剂）使用，添加于塑料制品中可让微粒分子更均匀散布，因此能增加延展性、弹性及柔软度。主要用于聚氯乙烯树脂的加工，在聚氯乙烯（PVC）塑膜中的用量通常为 30%～50%，由于 DEHP 是脂溶性的，不以共价键结合于 PVC 分子上。因此，随着使用时间的推移，可不断地从膜中释出，挥发至大气、土壤和水域中，造成对环境、生物、食品的污染。

DEHP 具有类雌激素作用，可能引起男性内分泌紊乱，导致精子数量减少、生殖能力下降等，儿童比成人更易受到伤害。特别是尚在母亲体内的男性婴儿通过孕妇血液摄入 DEHP，产生的危害更大。有研究表明，孕妇血液中的 DEHP 浓度越高，产下的男婴有越高的风险发生阴茎变细、肛门与生殖器距离变短、睾丸下降不全等症状。也有研究发现，与 DEHP 或类似物质接触较多的人群中（如从事 PVC 塑料生产行业的人），肿瘤、呼吸道疾病的发病率相对较高，其中女性易发生月经紊乱和自然流产，男性的精子活性也似乎受到了影响。此外，DEHP 在肥胖症、心脏中毒等疾病中也可能发挥一定影响。并且已有研究指出女性若代谢功能差且长期暴露在塑化剂下，会增加罹患乳腺癌的风险。

经由DEHP事件，内分泌干扰物的污染问题进入公众视野，引起人们的广泛关注，各国也开始开展了相关调查及研究。

2）药物与个人护理品

药物与个人护理品（pharmaceuticals and personal care products，PPCPs）是21世纪以来备受科学界和公众关注的一类“新型”化学物质。PPCPs的概念最早由Daughton于1999年提出，涵盖所有人用与兽用的医药品（包括处方类和非处方类药物及生物制剂）、诊断剂、保健品、麝香、化妆品、遮光剂、消毒剂和其他在PPCPs生产制造中添加的组分，如赋形剂、防腐剂等。目前大约有4500种医药品广泛用于人类或动物的疾病预防与治疗等领域，如抗生素、止痛剂、抗癫痫药、降血压药、降脂剂、抗癌剂、抗抑郁药等。随着现代医学技术的发展，医药品的销售和使用量也在逐年增加，全球个人护理品的年生产超过100万t。PPCPs主要用于低生理剂量下在治疗终点产生生物化学活性进而达到治疗目的。然而，许多PPCPs还可能在低浓度下同时与非目标受体结合，进而产生各种不可预知的生理作用，并可能随着PPCPs的持续不断输入而逐渐放大，最终对野生生物甚至生态系统产生深远而不可恢复的影响。

阅读材料：抗生素抗性基因

——依互联网资料整理

一些医疗保健药品和个人护理用品的频繁使用及养殖业中抗生素的长期滥用，导致大量具有耐药性的细菌出现。这些抗性细菌在数量、多样性及抗性强度上都在显著增加，许多菌株具有多重耐药性，甚至出现了能耐受大多数抗生素的“超级细菌”。水产养殖和畜牧业抗生素长期滥用的直接后果很可能诱导动物体内抗生素抗性基因（antibiotic resistance genes，ARGs），经排泄后将对养殖区域及其周边环境造成潜在基因污染。抗性基因还极有可能在环境中传播、扩散，可能比抗生素本身的环境危害更大，对公共健康和食品、饮用水安全构成威胁。为此，2006年Pruden等提出将抗生素抗性基因作为一种新型的环境污染物。

2011年世界卫生日的主题为“抵御耐药性——今天不采取行动，明天就无药可用”，就是号召要遏制抗生素耐药性的蔓延。近年来，虽然新型抗生素的发现和开发速度持续下降，但相关的抗生素抗性基因却快速出现和扩散，极大地影响了抗生素的治疗效果，严重威胁人类健康。

3. 持久性有机污染物

持久性有机污染物（persistent organic pollutants，POPs）是指通过各种环境介质能够长距离迁移并长期存在于环境，具有环境持久性、生物蓄积性、远距离环境迁移性，对人类健康和生态环境具有严重危害的天然或人工合成的有机污染物质。

2001 年 5 月，国际社会在瑞典斯德哥尔摩共同签署了《关于持久性有机污染物的斯德哥尔摩公约》（以下简称《斯德哥尔摩公约》），启动了对 POPs 的全球统一控制行动。《斯德哥尔摩公约》首批确认了 12 种 POPs，包括滴滴涕、艾氏剂、氯丹、狄氏剂、异狄氏剂、七氯、灭蚁灵、毒杀芬、六氯苯、多氯联苯、多氯二苯并-对-二噁英和多氯二苯并呋喃。2009 年 5 月，在瑞士日内瓦举办的《斯德哥尔摩公约》第四次缔约方大会达成共识，同意减少并最终禁用 9 种严重危害人类健康与自然环境的有毒化学物质，分别是：α-六六六、β-六六六、γ-六六六（林丹）、商用五溴联苯醚、商用八溴联苯醚、六溴联苯、开蓬（十氯酮）、五氯苯、全氟辛烷磺酸和其盐类及全氟辛烷磺酰氟。POPs 的受控物质从此前的 12 种增加到 21 种。POPs 名单是开放的，随着科学技术的发展和人们对 POPs 认识的不断加深，根据《斯德哥尔摩公约》规定的 POPs 的 4 个甄选标准（持久性、生物蓄积性、远距离环境迁移性、不利影响）将会有更多的有机污染物被确定为 POPs 而加以控制和消除。

按照 POPs 的产生过程和来源，POPs 可以分为有意生产和无意生产两大类，前者是指人类社会有意开发、生产的具有某种应用价值的人工合成化学品，如滴滴涕、多氯联苯等农业、工业用途化学品；后者是指在化工生产或废物焚烧等人类经济活动过程无意产生和排放，无任何经济价值的副产物或污染物，如二噁英等。

比 POPs 概念外延更大的概念是持久性有毒物质（persistent toxic substances，PTS），可以认为 PTS 是在环境中可以长期存在、能够被生物蓄积的有毒物质。除 POPs 外，被广泛关注的 PTS 包括多环芳烃（PAHs）、邻苯二甲酸酯（PAEs）、金属有机化合物（如有机汞化合物、有机锡化合物、有机铅化合物等）、烷基酚（如辛基酚、壬基酚等）、硫丹、阿特拉津、得克隆、短链氯化石蜡等化合物。

2.3.3　污染物的环境效应

由自然过程或人为活动所导致的环境系统结构和功能的改变，称为环境效应（environmental effect）。污染物进入环境系统后对其结构和功能将产生十分复杂的影响，如按照污染物引起的环境变化的性质划分，可分为环境物理效应、环境化学效应和环境生物效应。

1. 环境物理效应

各种因素引起的环境物理性质的改变称为环境物理效应，如热岛效应、雨岛效应、温室效应、噪声等。城市人口密集，燃料燃烧排放大量热量，加之街道和建筑群辐射的热量，使城市气温高于周围地带，称为热岛效应；由于城市热岛所产生的局地气流的上升有利于对流性降水的发生、发展，城区空气中颗粒物的大量存在增加了云雾的凝结核，大核（如硝酸盐）存在时有促进暖云降水作用，形成雨岛效应。大气中 CO_2 和其他温室气体的不断增加，产生温室效应。颗粒物、粉尘进入大气使大气能见度下降。高强度噪声引起的墙体开裂、玻璃破碎等。

2. 环境化学效应

在各种环境因素的影响下，物质间发生化学反应产生的环境效应即环境化学效应，如土壤酸碱化、水体酸化及地下水硬度升高、局部地区的光化学烟雾等。酸雨导致地面水体和土壤酸化、土壤肥力降低及各种建筑物被腐蚀。大量碱性或含盐废水进入土壤或水体导致土壤盐碱化、水体碱化和盐化，导致土壤和水体性质恶化。土壤和沉积物中的碳酸盐矿物和大量的交换下钙、镁离子在需氧有机物降解产生的酸、碱、盐等的作用下，将增加其在水中的溶解度，使水的硬度增加。氮氧化物和碳氢化合物排入大气，在特定条件下，可导致光化学烟雾，直接危害生物生长和人体健康。

3. 环境生物效应

环境因素变化导致生态系统变异而产生的后果称为环境生物效应。例如，酸雨不仅会产生环境化学效应，同时还由于土壤和水体的酸化，陆生和水生生态系统的生物组成和结构发生变化。有毒有害物质排入水体，对水生生物产生不同程度的毒害，有的敏感生物甚至灭绝。具有“三致”作用的污染物质通过不同途径进入人体，引起畸形及癌症患者增多，严重威胁人类健康。

思　考　题

1. 根据你的学科背景，思考影响古今中外人口思想变迁的因素有哪些？并说说你的看法。

2. 什么是人口金字塔？结合定义及图 2-1、图 2-4，分析我国当前可能存在的人口问题。

3. 针对我国当前存在的人口问题，说说你的看法，并提出你认为行之有效的解决方案。

4. 结合身边实例，谈谈人口发展对环境造成的影响。

5. 什么是温室效应？温室气体有哪些？

6. 什么是资源危机？简述资源危机的分类，试举几个例子。

7. 简述资源危机的出路。

8. 面对当下日趋严重的资源危机，在日常生活中我们可以通过做出一些什么样的举措和行动来缓解这些危机？

9. 简述常见的环境污染类型。

10. 简述一次污染物和二次污染物的区别。

11. 列举几种典型的持久性有机污染物。

12. 简述污染物的环境效应。

主要参考文献

陈景文, 全燮. 2009. 环境化学[M]. 大连: 大连理工大学出版社.
陈英旭. 2012. 环境科学与人类文明[M]. 杭州: 浙江大学出版社.
崔宝秋. 2012. 环境与健康[M]. 北京: 化学工业出版社.
戴树桂. 2006. 环境化学[M]. 2 版. 北京: 高等教育出版社.
邓南圣, 吴峰. 2004. 环境中的内分泌干扰物[M]. 北京: 化学工业出版社.
何爱平, 任保平. 2010. 人口、资源与环境经济学[M]. 北京: 科学出版社.
黄民生, 何岩, 方如康. 2011. 中国自然资源的开发、利用和保护[M]. 北京: 科学出版社.
黄伟. 2010. 环境化学[M]. 北京: 机械工业出版社.
梁吉义. 2011. 自然资源总论[M]. 太原: 山西经济出版社.
罗义, 周启星. 2008. 抗生素抗性基因(ARGs)——一种新型环境污染物[J]. 环境科学学报, 28(8): 1499-1505.
欧阳金芳, 钱振勤, 赵俭. 2009. 人口•资源与环境[M]. 2 版. 南京: 东南大学出版社.
钱易, 唐孝炎. 2010. 环境保护与可持续发展[M]. 2 版. 北京: 高等教育出版社.
曲向荣. 2011. 清洁生产与循环经济[M]. 北京: 清华大学出版社.

谭文兵, 王永生. 2007. 发达国家的矿产资源战略以及对我国的启示[J]. 中国矿业, 16(6): 20-22.
王天津, 田广. 2012. 环境人类学[M]. 银川: 宁夏人民出版社.
张亚雷, 周雪飞. 2012. 药物和个人护理品的环境污染与控制[M]. 北京: 科学出版社.
赵景联. 2005. 环境科学导论[M]. 北京: 机械工业出版社.
中国科学院可持续发展战略研究组. 2013. 2013 中国可持续发展战略报告——未来 10 年的生态文明之路[M]. 北京: 科学出版社.
中华人民共和国国家统计局. 2013. 2013 中国统计年鉴[M]. 北京: 中国统计出版社.
周启星. 2013. 资源循环科学与工程概论[M]. 北京: 化学工业出版社.
周文敏, 傅德黔, 孙宗光. 1990. 水中优先控制污染物黑名单[J]. 中国环境监测, 6(4): 1-3.
Pruden A, Pei R T, Storteboom H, et al. 2006. Antibiotic resistance genes as emerging contaminants: Studies in Northern Colorado [J]. Environmental Science and Technology, 40: 7445-7450.
Searchinger T, Hanson C, Ranganathan J, et al. 2014. World Resources Report 2013～2014—A menu of solutions to sustainably feed more than 9 billion people by 2050[M]. USA: World Resources Institute.
United Nations Department of Economic and Social Affairs. 2014. United Nations Demographic Yearbook 2012[M]. USA: United Nations.

第 3 章　环境生态学基础与应用

本章导读： 本章简述了生态系统的组成、结构、分类及其特征，介绍了生态系统生物生产、能量流动、物质循环和信息传递的基本功能，探讨了生态平衡的调节机制及生态破坏的原因，讨论了城市生态系统的特点及生态城市建设的内容、模式和中国生态城市的建设概况，最后总结了环境生态工程与生态修复的概况与应用。

3.1　生态系统概述

生态系统（ecosystem）是指在自然界的一定空间内，生物与环境构成的统一整体。在这个统一整体中，生物与环境之间相互影响、相互制约，并在一定时期内处于相对稳定的动态平衡状态。生态系统的范围可大可小，相互交错，最大的生态系统是生物圈。生态系统是生态学领域的一个主要结构和功能单位。

3.1.1　生态系统的组成

组成生态系统的基本组分包括两大部分：生物成分和非生物成分，如图 3-1 所示。

非生物成分主要包括非生物环境（气候、能源、基质和介质等）和物质代谢原料（无机盐、二氧化碳、水、氧气、氮气、无机盐腐殖质、脂肪、蛋白质和碳水化合物等），它们是生物生活的场所，是生物物质和能量的来源，也被称为生命保障系统。

生态系统中的生物成分按其在生态系统中的地位和作用可划分为三大类群：生产者（producer）、消费者（consumer）和分解者（decomposer），它们也被称为生态系统三大功能类群。

1. 生产者

生产者是生态系统中的自养生物，包括绿色植物、蓝绿藻和少数化能合成细菌，它们进行初级生产。绿色植物可以通过光合作用把水和二氧化碳等无机物质

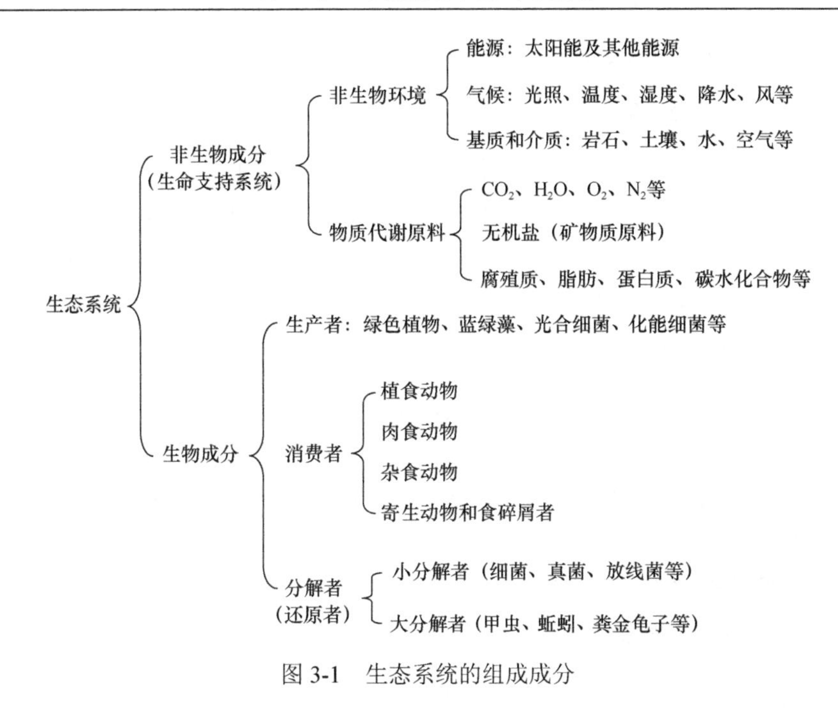

图 3-1　生态系统的组成成分

合成为糖类、蛋白质和脂肪等有机化合物，并将太阳能转化为化学能储存在有机物质中。由于海洋深处没有太阳光，所以深海中的生命体是通过化学合成的方式积累有机质为自己创造食物。生产者在生态系统中起基础性作用，是生态系统物质循环和能量流动的关键。

2. 消费者

消费者是指以初级生产产物为食物的大型异养生物，主要是动物。根据它们食性不同，可以分为植食动物、肉食动物、杂食动物、寄生动物和食碎屑者。植食动物又称一级消费者，以植食动物为食的一级肉食动物为二级消费者，以一级肉食动物为食的为三级消费者。消费者都是依靠生产者来获取能量的，它们也是生态系统中重要的一环。

3. 分解者

分解者也称还原者，是指生态系统中细菌、真菌和放线菌等具有分解能力的生物，也包括某些原生动物和腐食性动物。分解者的作用是把动植物残体内固定的复杂有机物分解为生产者能重新利用的简单化合物，并释放出能量。所有动植物的尸体和枯枝落叶，都必须经过分解者进行还原分解，然后归还于环境。如果没有分解者的分解作用，生态系统中的物质循环也就停止了，所以分解者是生态系统不可缺少的重要组成部分。

3.1.2　生态系统的结构

生态系统的结构是指生态系统中组成成分相互联系的方式，包括物种的数量、种类、营养关系和空间关系等。生态系统中不论生物或非生物成分多么复杂，其位置和作用各不相同，但彼此紧密相连，构成一个统一的整体。生态系统的结构包括物种结构、营养结构和时空结构。

1. 生态系统的物种结构

生态系统的物种结构反映了生态系统中物种组成的多样性，是由生态系统中许多不同生物类型或品种及它们之间不同的数量组合关系所构成的系统结构。它是描述生态系统结构和群落结构的方法之一。物种多样性与生境的特点和生态系统的稳定性是相联系的。衡量生态系统中生物多样性的指数较多，如 Simpson 指数、Shannon-Wiever 指数、均匀度、优势度、多度、频度等。

2. 生态系统的营养结构

生态系统的营养结构是以营养为纽带，把生物和非生物结合起来，使生产者、消费者、分解者和非生物环境之间构成一定的密切关系，如图 3-2 所示。环境中的营养物质被绿色植物吸收，在光能的作用下变为化学能储存在植物体内，消费者从植物中获取营养，有机体经分解者的分解还原，使有机物转变为无机物归还于环境中，供生产者利用，形成以物质循环为基础的营养结构。

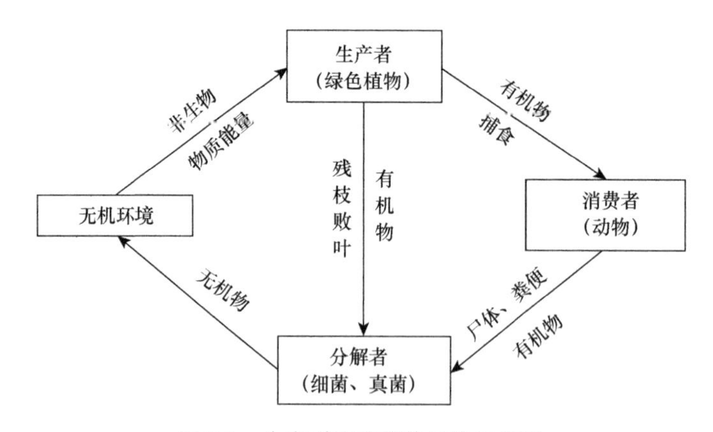

图 3-2　生态系统的营养结构示意图

3. 生态系统的时空结构

生态系统的结构和外貌随时间变化而变化，这反映生态系统在时间上的动态变化。生态系统的时间结构一般可以从三个时间度量上来考察，即长时间尺度、中时间尺度、短时间尺度。在长时间尺度上，以生态系统进化为主要内容；在中时间尺度上，以群落演替为主要内容；在短时间尺度上，以昼夜季节和年份等的周期性变化为主要内容。短时间的变化是生态系统中较为普遍的现象，生态系统短时间结构的变化，反映了生态系统中的动植物等对环境因子周期性变化的适应，往往也反映了生态系统中环境质量的高低。同时，任何一个生态系统都有空间结构，即生态系统的分层现象。其包括垂直结构和水平结构。垂直结构是指生态系统中各组成要素或各种不同等级的亚系统在空间上的垂直分布和成层现象。例如，森林生态系统分层从上到下依次为乔木层、灌木层、草本层和地被层。生态系统的水平结构是指系统在水平方向上的配置状况或水平格局，生物种群在水平上的镶嵌性。由于光照、土壤、水分、地形等生态因子的不均匀及生物间生物学特性的差异，从而构成了生态系统的水平结构。例如，森林生态系统中，森林边缘与森林内部分布着明显不同的动植物种类。

3.1.3　生态系统的分类

生态系统类型众多，按照不同的分类标准，生态系统可以被划分为不同的类型。

按照环境性质划分：可划分为陆地生态系统和水域生态系统。陆地生态系统主要根据其组成成分和植被特点等进行进一步的分类，而水域生态系统也可根据地理和物理状态进行进一步划分，如图 3-3 所示。

按照生物成分划分，可分为植物生态系统、动物生态系统、微生物生态系统、人类生态系统等；按照生态系统结构和外界物质与能量交换状况划分，可分为开放生态系统、封闭生态系统、隔离生态系统等；按照人类活动及其影响程度划分，可分为自然生态系统、半自然生态系统、人工复合生态系统等。

实际上在两个生态系统之间还有一些过渡类型，如淡水与咸水之间、沼泽与水生之间、水生与陆地之间等有许多过渡地带，很难将其归于某种生态系统类型，所以上述的划分并不是完善的。例如，湿地生态系统是陆地与水域之间水陆相互作用形成的特殊自然综合体。该系统不同于陆地生态系统，也有别于水生生态系统，它是介于两者之间的过渡生态系统，是世界上生物多样性最丰富、单位生产力最高的自然生态系统。湿地指天然或人工形成的沼泽地等带有静止或流动水体的成片浅水区，还包括在低潮时水深不超过 6m 的水域。广阔众多的湿地与森林、海洋并称为全球三大生态系统，具有多种生态功能、孕育着丰富的自然资源。湿地被人们称为“地球之肾”、物种储存库、气候调节器，在调节径流、维持生物多样性、蓄洪防旱、控制污染等方面具有其他生态系统不可替代的作用。

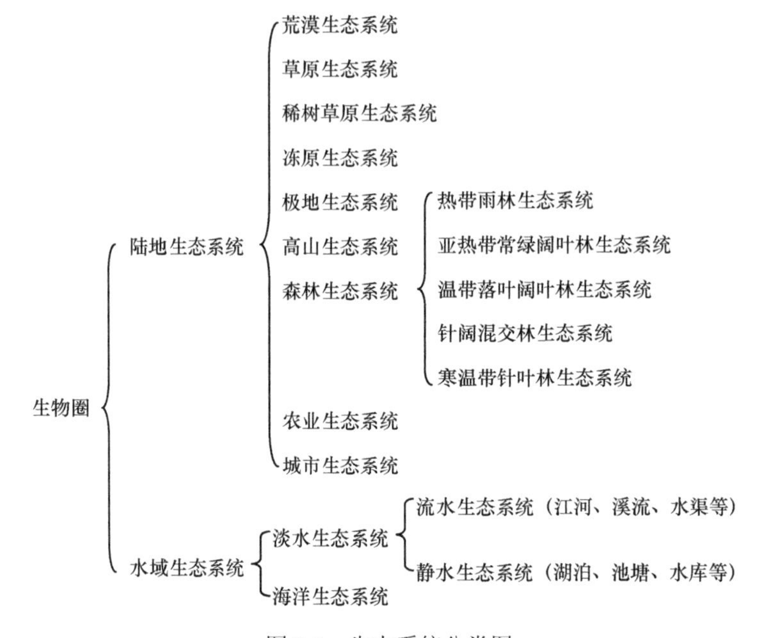

图 3-3　生态系统分类图

3.1.4 生态系统的特征

任何“系统”都是具有特定结构，各组分之间发生一定联系并执行一定功能的有序整体。从这种意义上说，生态系统与物理学上的系统是相同的。但生命成分的存在决定了生态系统具有不同于机械系统的许多特征，这些特征主要表现在以下几方面。

1. 代谢特征——生态系统是开放的“自持系统”

生态系统并不是孤立存在的，不仅在系统内部时刻进行着物质和能量交换、信息的传递，它还总是与外界进行物质、能量与信息的交流。生态系统的开放性促进了要素间不断地交换，促使系统内各要素间关系始终处于动态之中。生态系统的开放性决定了系统的动态和变化，开放给生态系统提供了可持续发展的可能性。生态系统的代谢机能是其功能连续自我维持的基础，这种代谢机能是通过系统内的生产者、消费者和分解者三个不同营养水平的生物类群完成的，它们是生态系统“自维持”的结构基础。

2. 调节特征——生态系统具有自我调节的功能

如果自然生态系统未受到人类或者其他因素的严重干扰和破坏，其结构和功能是非常和谐的，这是因为生态系统具有自我调节的能力。所谓自我调节功能，是指生态系统受到外来干扰而使内部稳定状态发生改变时，系统靠自身机制再返回稳定状态的能力。生态系统的调节能力和结构复杂程度呈正相关，也就是说，生态系统的结构越复杂，其调节能力越强。

3. 时间特征——生态系统是一个动态功能系统

生态系统是有生命存在并与外界环境不断进行物质交换和能量传递的特定空间。所以，生态系统具有有机体的一系列生物学特征，如发育、代谢、繁殖、生长和衰老等。这就意味着生态系统具有动态变化的能力。任何一个生态系统总是处于不断发展、进化和演变之中，这就是通常所说的系统演替。生态系统的这一特性为预测未来和情景评估提供了重要的科学依据。

4. 空间特征——生态系统具有一定的区域特征

生态系统往往和特定的空间相联系，反映一定的地区特性及空间结构。各种空间都存在不同的环境条件，栖息着与之相适应的生物类群，使生态系统的结构和功能反映一定的地区特性。同为森林生态系统，寒温带的长白山区的针阔混交林与海南岛的热带雨林生态系统相比，无论是物种结构、物种丰度还是系统功能等均有明显的差别。这种差异是区域自然环境不同的反映，也是生命成分在长期进化过程中对各自空间环境适应和相互作用的结果。

3.1.5　生态系统的功能

生态系统的功能是指生态系统的自然过程和组分直接或间接地提供满足人类需要的产品和服务的能力。生态系统的结构及其特征决定了它的基本功能，其主要包括生物生产、能量流动、物质循环和信息传递。生态系统的这些基本功能是相互联系，紧密结合的，而且是由生态系统中的生命部分——生物群落来实现的。食物链（网）和营养级是实现这些功能的保证。

1. 食物链（网）和营养级

植物固定的能量通过一系列的取食和被取食的关系在生态系统中传递，这种关系称为食物链（food chain）。食物链构成了生态系统物质循环和能量流动的渠道。受能量传递效应的影响，一般食物链都由 4～5 环节构成。按照生物与生物之间的关系可将食物链分为 3 种类型：①捕食食物链，以生产者为起点，其构成方式为植物—食草动物—食肉动物。这种食物链既存在于水域，也存在于陆地环境，但是在大多数陆地生态系统和浅水生态系统中它并不是主要的食物链，仅在某些水生生态系统中，捕食食物链才会成为能流的主要渠道。②寄生食物链，寄生食物链由宿主与寄生物构成，在寄生食物链中，宿主体积最大，以后沿着食物链寄生物的数量越来越多，体积越来越小。受寄生物及其复杂生活史的影响，寄生食物链也非常复杂，有些寄生物可以借助食物链中的捕食者在不同寄主间进行转移。另外寄生食物链也可以存在于寄生物彼此之间。例如，寄生在哺乳动物和鸟类身上的跳蚤反过来可以被细滴虫所寄生。③腐食食物链，以死的生物或腐屑为起点，其构成方式为碎食物—碎食物消费者—小型肉食性动物—大型肉食性动物。在森林中，90%的净生产是以食物的碎屑方式作为消耗品，如落叶和枯木等作为食物。但在水中也有很多碎屑是在水内有机沉淀物中进行。至于在土壤中及堆肥里，也以碎屑方式在进行。故这种食物链是陆地上最主要的食物链。

食物网（food web）是指在生态系统中，生物成分之间通过能量的传递形成复杂的普遍联系，并由多个食物链形成的生物成分直接或间接关系的网络系统。生态系统中的食物营养关系是很复杂的，一种生物常常以多种食物为食，而同一种食物又常常为多种消费者取食。因此，一种生物不可能固定在一条食物链上，往往同时加入数条食物链，于是，食物链彼此交错和关联形成了食物网。一般认为，食物网越复杂，生态系统抵抗外力干扰的能力就越强；食物网越简单，生态系统越容易发生波动甚至崩溃。

食物链（网）概念的重要性还在于它揭示了环境中有毒污染物质转移、积累的原理和规律。生物富集和生物放大就是与食物链（网）相联系的环境现象。生物富集（bio-concentration），又称生物浓缩，是指生物个体或处于同一营养级的许多生物种群通过对环境中某些元素或难以分解的化合物的积累，使这些物质在生物体内的浓度超过环境中浓度的现象。生物富集常用富集系数或浓缩系数（即生物体内污染物的平衡浓度与其生产环境中该污染物浓度的比值）来表示。生物放大（biological magnification）是在生态系统的同一食物链上，由于高营养级生物以低营养级生物为食物，某种元素或难分解化合物在机体中的浓度随着营养级的提高而逐步增大的现象。由此可见，食物链（网）也是污染物的重要传递途径，这是一个值得注意的问题。

营养级（trophic level）是指处于食物链某一环节上的所有生物物种的总和。营养级之间的关系不是一种生物和另一种生物之间的营养关系，而是一类生物和处于不同营养层次上另一类生物之间的关系；随着营养级的升高，营养级内生物种类和数量在逐渐地减少；营养级的数目不可能很多，一般限于3～5个；很难将所有动物依据它们的营养关系放在某一特定的营养级中，在实际中常依据主要食性来确定其营养级。

低位营养级是高位营养级的营养及能量的供应者，但低位营养级的能量仅有10%左右能被高一营养级利用。为了保证生态系统中能量的流通，自然界就形成了生物数量金字塔、生物量金字塔和生产力金字塔等。在寄生性食物链上，生物数量往往呈倒金字塔形；在海洋中的浮游植物与浮游动物之间，其生物量也往往呈倒金字塔形。

2. 生物生产

一般来说，生态系统的生产是指绿色植物把太阳能转换为化学能，再经过动物生命活动利用转变为动物能的过程。生物生产包括初级生产和次级生产两个过程。前者是生产者（主要是绿色植物）把太阳能转变为化学能的过程，故又称为植物性生产；后者是消费者（主要是动物）的生命活动将初级生产品转化为动物能的过程，故称为动物性生产。在一个生态系统中，这两个生产过程彼此联系，进行着能量和物质交换，但又是分别独立进行的。

1）初级生产过程

生态系统初级生产的能源来自太阳辐射能，绿色植物通过光合作用，吸收和固定太阳能，将无机物合成、转化成复杂的有机物，并释放出氧气。可见，生态系统初级生产实质上是一个能量的转化和物质的积累过程，是绿色植物的光合作用过程。光合作用是植物固定太阳能的唯一有效途径，其全过程很复杂，包括100多步化学反应。其总反应式可以表示为

$$6CO_2 + 12H_2O \xrightarrow{\text{叶绿素、太阳光}} C_6H_{12}O_6 + 6O_2 + 6H_2O \tag{3-1}$$

绿色植物的这种生产过程称为初级生产，植物所固定的太阳能或所制造的有机物质称为初级生产量或第一性生产量（primary production）。

地表单位面积、单位时间内光合作用生产有机物质的数量称为总初级生产量（gross primary production）。绿色植物为了维持自己的生存也需要呼吸，所以在初级生产量中，有一部分被植物自身的呼吸消耗掉了，剩余部分才以可见有机物的形式用于植物的生长与繁殖，这部分生产量称为净初级生产量（net primary production）。用式（3-2）表示：

$$\mathrm{NP} = \mathrm{GP} - R \tag{3-2}$$

式中，NP为净初级生产量；GP为总初级生产量；R为呼吸量。

净初级生产量随时间积累形成植物生存量，净初级生产量被植食性动物所消耗，一部分枯枝落叶被分解者分解。

初级生产在空间上和时间上都是分配不均匀的，陆地生态系统中初级生产在热带最旺盛，产生的初级生产量也最高，从热带向两级逐渐减少；在任何纬度，当降雨减少时，初级生产量也减少。相同气候带的草原比森林生产力要低些。在海洋，因为缺少养分，生产力很低。

生态系统中的初级生产在水平上存在差异，在垂直变化上也有不同，森林中一般是乔木层初级生产最高，灌木层次之，草本层更低。地下部分也有着相似的

变化。水体中阳光直接照射的水面，并不是生产力最高的地方，而通常是在数米深的水层。它取决于水的清晰度和浮游植物的密度，过强的阳光对浮游植物生长不利，早晨和傍晚的光照强度比较适合。

此外，初级生产过程还受许多因素制约。就光合作用所需物质而言，除水分和 CO_2 外，还必须从土壤中吸收各种营养物质。许多环境因素如光照时数和强度、温度、降雨及植物群落的垂直结构也影响初级生产过程。人类活动对生态系统的干扰及大气污染对生态系统生物生产的危害作用也非常明显。

2）次级生产过程

生态系统的次级生产是指消费者和分解者利用初级生产物质进行同化作用建造自身和繁殖后代的过程。次级生产所形成的有机物（消费者体重增长和后代繁衍）的量称为次级生产量。简单地说，次级生产就是异养生物对初级生产物质的利用和再生产过程。从理论上讲，净初级生产量可以全部被异养生物所利用，转化为次级生产量。实际上，任何一个生态系统中的净初级生产量都有可能流失到这个生态系统以外的地方，还有很多植物生长在动物根本达不到的地方，因此也无法被利用。总的来说，初级生产量总是有相当一部分不能被利用。即使是被动物吃进体内的植物，也有相当一部分会通过动物的消化道被原封不动地排出体外。在被吸收的能量中，有一部分用于动物的呼吸代谢来维持自身生命的需要，这一部分能量最终以热的形式散失到环境中，剩下的那部分才能用于动物各器官组织的生长和繁殖新的个体。

总之，一个种群出生率最高和个体生长速度最快的地方，就是这个地区的自然环境中净初级生产量最高的区域，因为次级生产量是依靠消耗初级生产量而得到。在一个正常的生态系统中，初级生产过程和次级生产过程彼此相互联系，进行着物质和能量的交换，构成了生态系统中的物质生产过程。

3. 能量流动

生态系统的能量流动是指能量通过食物网络在系统内的传递和耗散过程。简单地说，就是能量在生态系统中的行为。它始于生产者的初级生产，止于分解者功能的完成（图 3-4），整个过程包括能量形态的转变，能量的转移、利用和耗散。

1）生态系统中能量流动的途径

第一条途径：能量沿食物链中各营养级流动，每一营养级都将上一级转化来的部分能量固定在本营养级的生物有机体中，但最终随着生物体的衰老死亡，经微生物分解将全部能量归还于非生物环境。

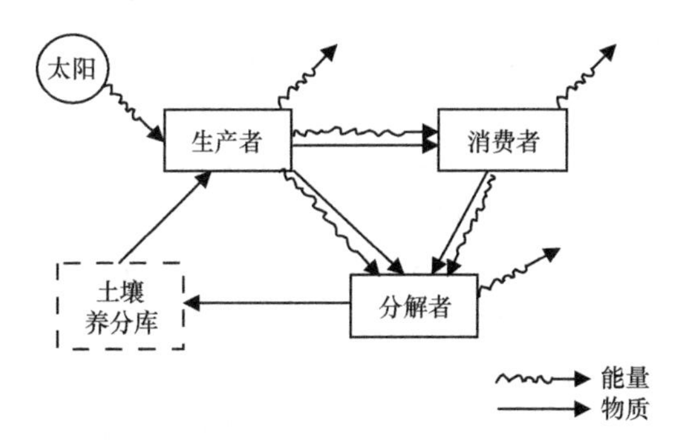

图 3-4　生态系统中的能量流动和物质循环

第二条途径：在各营养级中都有一部分死亡的生物有机体、排泄物或残留体进入腐食食物链，在分解者作用下，有机物被还原，有机物中的能量以热的形式散发于非生物环境。

第三条途径：无论哪一级有机体在生命代谢过程中都进行呼吸作用，将化学能转化为热散发于非生物环境。

2）生态系统中能量流动的特点

生态系统中能量的转换完全符合热力学定律。生态系统中能量增加，环境能量减少，但总能量不变。不同的是，太阳能转化为化学能，再转变为热能、机械能等其他形式。生产者即绿色植物对太阳能的利用率很低，只有 1.2%左右。

生态系统中的能量流动是单向、非循环的，主要表现在：太阳的辐射能以光能的形式输入生态系统后，通过光合作用被植物所固定，不可能再以光能的形式返回；自养生物被异养生物摄食后，能量就从自养生物转到异养生物体内，也不可能再返还给自养生物；从总的能量流动途径来看，能量只是一次性流过生态系统，是不可逆的。

能量在沿着食物链方向的流动过程中逐级减少。能量沿着食物链方向流动，在其流动时，生物中的能量由于各个营养级生物维持自身生命消耗而逐级减少，估计每经一个营养级的剩余能量为原有能量的 10%左右，其余的都消耗了。

4. 物质循环

生态系统的物质循环又称生物地球化学循环（biogeochemical cycle），各种化学元素在不同层次、不同大小的生态系统，乃至生物圈里，沿着特定的途径从环境到生物体、从生物体再回归到环境，不断地进行着流动和循环的过程（图 3-4），被称为生物地球化学循环。在生态系统中能量不断流动，而物质不断循环，能量流动和物质循环是生态系统中的两个基本过程，正是这两个过程使生态系统各个营养级之间和各种成分（生物和非生物）之间组成一个完整的功能单位。

生态系统中的物质循环可以分为三大类型，即水循环（water cycle）、气体型循环（gaseous cycle）和沉积型循环（sedimentary cycle）。生态系统中所有的物质循环都是在水循环的推动下完成的，没有水的循环，根本无从谈起生态系统的其他物质的循环流动，生命也将难以维持。在气相型循环中，物质的主要储存库是大气和海洋，其循环与大气和海洋密切相关，具有明显的全球性，循环性最为完善，如 O_2、CO_2、N_2、Cl_2、Br_2 和 HF 等气体的循环。沉积型循环的主要储存库是土壤、沉积物和岩石，循环性能很不完善，属于这类循环的物质有磷、钙、钾、钠、镁等。这些物质主要通过岩石的风化和沉积物的分解转变为可被生态系统利用的营养物质。

1）水循环

水和水的循环对于生态系统具有重要的意义。不仅生物体的大部分（约 70%）是由水构成的，而且生态系统中所有的物质循环都是在水循环的推动下完成的。因此，没有水循环，也就没有生态系统的功能，生命也就难以维持。生态系统中的水循环包括截留、渗透、蒸发蒸腾和径流等（图 3-5）。

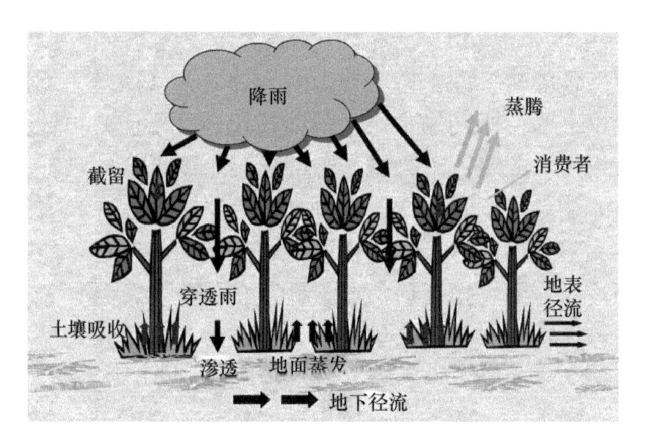

图 3-5　生态系统中的水循环示意图

2）碳循环

碳是构成生物体的主要元素之一，也是植物有机物质的主要组分之一。岩石圈、海洋、陆地生态系统和大气是地球上的主要碳库，碳元素在大气、陆地和海洋等各大碳库之间不断地循环变化。大气中的 CO_2 被陆地和海洋中的植物吸收，然后通过动植物的呼吸作用、地质过程及人类活动的干预，又以 CO_2 的形式返回到大气中。碳的全球循环主要指碳在岩石圈、水圈、大气圈和生物圈之间的循环。然而，地球上的碳除了在全球范围进行地质大循环外，CO_2 通过光合作用被固定在有机物中，然后通过食物链的传递，在生态系统中进行循环。图 3-6 说明了生态系统中的碳循环过程。

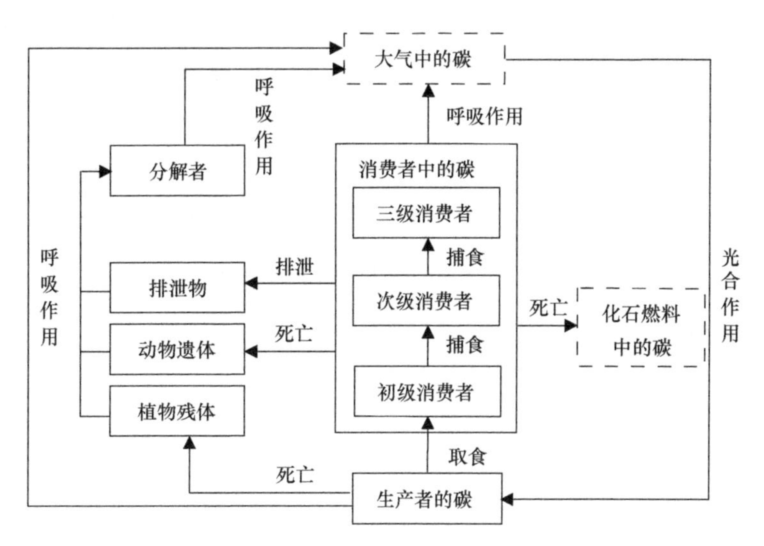

图 3-6　生态系统碳循环示意图

在过去的几千年中，海洋和陆地生态系统等自然碳源排入大气的大量 CO_2 已通过光合作用和海洋吸收等自然过程的清除作用几乎完全平衡，浓度维持在 280cm^3/m^3（ppm）（1ppm=10^{-6}）左右。工业革命以来，大气中的 CO_2 浓度不断增加，2013 年地球大气层中的 CO_2 浓度已超过 400ppm。这些大量增加的 CO_2 主要来源于煤、石油、天然气等矿物燃料的燃烧。与此同时，人类砍伐森林、开垦草原等土地利用行为又使得地球上利用 CO_2 进行光合作用的植物的生物量急剧减少。人类活动造成的碳收支失衡不断增长、积累，碳循环的平衡开始被破坏。大气中 CO_2 浓度的增加首先将引起全球气候变化，同时受气候变化的影响，生物的发育节律与物候现象也将出现明显的变化，这将有可能使在长期进化中建立起来的物种之间的关系发生改变，一些物种面临着灾难，甚至灭绝。

3）氮循环

氮是生命物质的关键组分，地球上的氮素很多，但有 94%在岩石圈中，不参与循环，其余的 6%大部分储存在大气中，而大气中分子态的氮不能被大多数绿色植物或动物直接利用。所以自然界的氮循环是大气中的氮先经固氮作用，然后被生物吸收、传递、转化并再返回大气，即氮在大气圈、水圈、生物圈和土壤圈之间的流动，见图 3-7。大气氮进入生物体的主要途径有生物固氮（豆科植物、细菌、藻类等）、工业固氮（合成氮）、岩浆固氮（火山活动）、大气固氮（闪电、宇宙线作用等）。其中，生物固氮能使大气氮直接进入生物有机体，其他途径则以氮肥的形式或随雨水间接进入生物有机体。人类对自然界中氮循环的干扰表现在：含氮有机物燃烧产生氮氧化物（NO_x）污染大气；工业固氮造成氮素局部富积和氮循环失调；过度耕种使土壤氮素肥力下降；不合理施肥造成氮素流失污染水体、引起水体富营养化等。

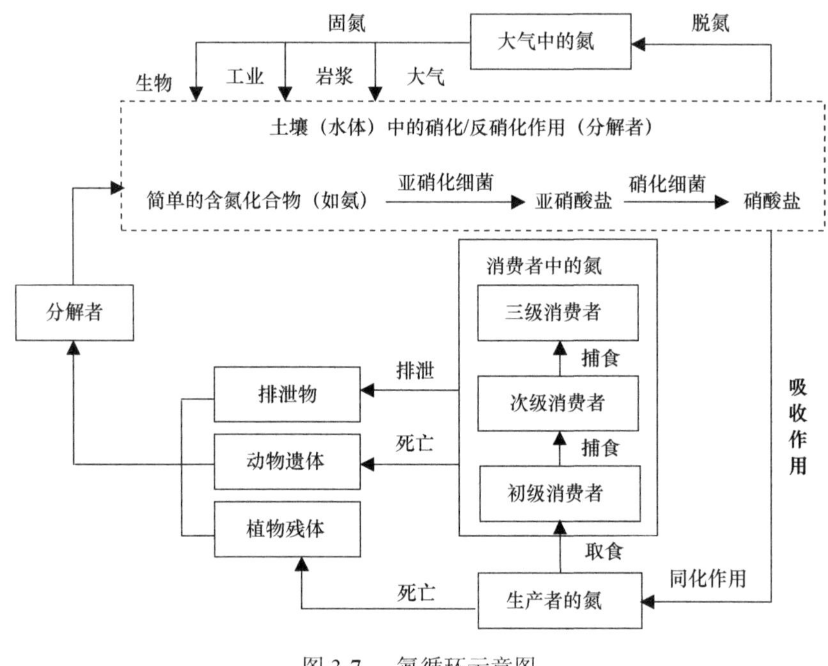

图 3-7　氮循环示意图

4）磷循环

生态系统中的磷是生物的重要营养成分。磷的循环是比较典型的沉积型循环，这种类型的循环物质实际上都有两种存在相：岩石相和溶盐相。磷的主要储存库是天然磷矿。由于风化、侵蚀作用和人类的开采活动，磷才被释放出来。一些磷经由植物、植食动物和肉食动物在生物之间流动，待生物死亡后释放的磷被植物重新利用；另一些磷的有机化合物被细菌分解为磷酸盐，其中一些又被植物吸收，另一部分则转化为不能被植物利用的化合物。陆地上的一部分磷则随水流进入湖泊和海洋，最终被固定在湖泊和海洋的沉积物中，如图 3-8 所示。人类对自然界中磷循环的干扰表现在两个方面：一是大量开采磷矿制造磷肥和洗涤剂；二是通过农田退水、大型养殖场排水和城市污水将大量磷酸盐排放到水环境中，造成水中蓝细菌、藻类和水生植物的爆炸性生长，在淡水水体中称为“藻花”或“水华”，在海洋中称为“赤潮”，是富营养化的极端表现。

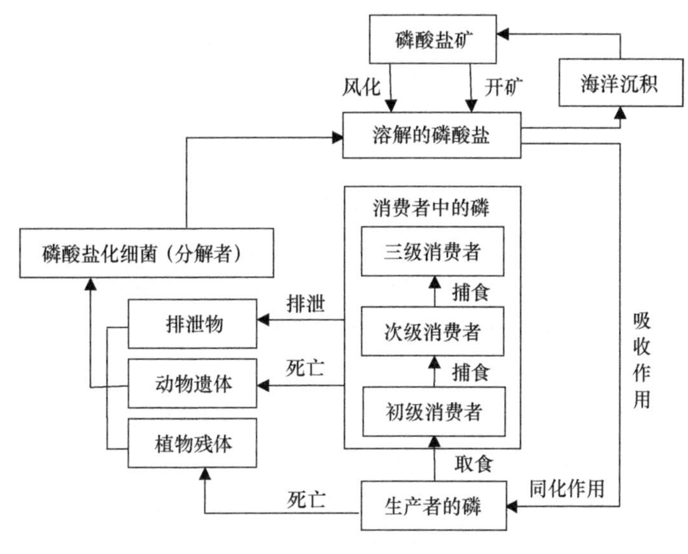

图3-8　磷循环示意图

5）有毒物质循环

有毒物质通过大气、水体、土壤等环境介质，进入微生物、植物、动物、人体体内，然后又随着植物的枯枝落叶或动物和人的尸体、排泄物，经分解者分解回到土壤、水体和大气中，如此周而复始，称为有毒物质生物循环。有毒物质分为有机和无机两大类。无机毒物（如汞、铅、砷、镉、铬、氟等）中有许多能在生物体中富集、积累。有机毒物（如酚、氰、有机氯、有机磷、有机汞、乙烯等）按降解难易程度又可分为易降解的（如酚、氰等）和难降解的（如有机氯、有机汞等）两类。前者在生物循环过程中往往容易被分解为简单的物质而解毒；后者的化学性质稳定，不易被生物分解，对人畜危害较大。大多数有毒物质尤其是人工合成的大分子有机化合物和不可分解的重金属元素，在生物体内具有浓缩现象，在代谢过程中不能被排出，而被生物体同化，长期停留在生物体内，造成有机体中毒、死亡。所以，有毒物质的生态系统循环与人类的关系最为密切，但又是最为复杂的。有毒物质在生态系统中与其他物质的循环不同，表现在：它在食物链营养级上进行循环流动并逐级浓缩富集；在生物体代谢过程中不能被排泄而被生物体同化，长期停留在生物体内；有些有毒有害物质不能分解，相反经生态系统循环后使其毒性加强。

5. 信息传递

生态系统中，种群与种群之间、种群内个体与个体之间及生物与环境之间都存在着信息交流，彼此进行着信息传递，习惯上称为信息流。信息传递是生态系统的基本功能之一，正是这种信息流，才使生态系统产生了自动调节机制。生态系统中包含多种多样的信息，大致可分为营养信息、物理信息、化学信息和行为信息等。

1）营养信息

在生态系统中，食物链和食物网代表着一种信息传递系统，食物链、食物网是生物的营养信息系统。各种生物通过营养关系形成一个相互依从和相互制约的整体。食物网中的各营养级上生物要求一定的比例关系，也就是数量金字塔关系。通过营养交换，把信息从一个种群传到另一个种群。

2）物理信息

生态系统中以物理过程为传递形式的信息称为物理信息。如声、光、热、电、磁等，这种信息传递方式在动植物中普遍存在。例如，合欢树在白天叶片张开，在黑夜羽片合拢。鳗鱼、蛙鱼等能按照洋流形成的地电流来选择方向和路线。候鸟能成群结队迁徙，并能准确到达目的地，就是依靠自身产生的电磁场，与地球磁场相互作用来确定方向和方位。有些植物也能感受声音或振动的信息，例如，含羞草在外界触动的刺激下，会表现出小叶合拢、叶柄下垂的运动。

3）化学信息

在生态系统中，有些生物用代谢产物（如性激素、生长素等化学物质）进行的信息传递称为化学信息的传递。这种信息传递有时也能影响生物种内及种间关系。生态系统的各个层次都有生物代谢产生的化学物质参与传递信息、协调各种功能，这种传递信息的化学物质称为信息素，动物可利用信息素作为种间、个体间的识别信号。生物之间传递化学信息，有的相互制约，有的相互促进，有的相互吸引，有的相互排斥。

4）行为信息

动物的异常行动及植物的异常表现都是在传递着某种信息，这些信息表示为识别、威胁、挑战等，还有的为了表示从属、配对等。同种类的动物，不同个体相遇时，常常会表现出有趣的行为方式，就是所说的行为信息。例如，蜜蜂发现蜜源时，会表现出一种舞蹈的动作来“告诉”它的同类去采蜜，蜜蜂用各种形态的蜂舞来表示蜜源的方向和远近。

3.2　生态平衡与生态破坏

3.2.1　生态平衡

生态平衡（ecological balance）是指在一定时间内生态系统中的生物和环境之

间、生物各个种群之间，通过能量流动、物质循环和信息传递，使它们相互之间达到高度适应、协调和统一的状态。也就是说当生态系统处于平衡状态时，系统内各组分成分之间保持一定的比例关系，能量、物质的输入与输出在较长时间内趋于平衡，结构和功能处于相对稳定状态。当受到外来干扰时，能通过自我调节恢复到初始的稳定状态。生态平衡是动态的平衡，是一种相对的平衡，是一种运动着的平衡状态。

1. 生态平衡的标志

1）生态系统之间的协调

在一定区域内，一般包括多种类型的生态系统，如森林、草地、农田、江河水域等。如果在一个区域内能根据自然条件合理配置森林、草地、农田等生态系统的比例，它们之间就可以相互促进，若相反，就会对彼此造成不利的影响。例如，在一个流域内，陡坡毁林开荒，会造成水土流失，土壤肥力减退，并且淤塞水库、河道，农田和道路被冲毁及抗御水旱灾害能力下降等后果。

2）生态系统内部生物种类和数量的相对稳定

生物之间是通过食物链维持着自然的协调关系，控制物种间的数量和比例。如果人类破坏了这种协调关系和比例，使某种物种明显减少；而另一些物种却大量滋生，破坏系统的稳定和平衡，就会带来灾害。例如，大量施用农药使害虫天敌的种类和数量大大减少，从而带来害虫的再度猖獗；大肆捕杀以鼠类为食的肉食动物，会导致鼠害的日趋严重。

3）生态系统中物质和能量的输入、输出的相对平衡

任何生态系统都是不同程度的开放系统，既有物质和能量的输入，也有物质和能量的输出，能量和物质在生态系统之间不断地进行着开放性流动。只有生物圈这个最大的生态系统，对于物质运动来说是相对封闭的，如全球的水分循环是平衡的，营养元素的循环也是全球平衡的。生态系统中输出多，输入相应也多，如果入不敷出，系统就会衰退。若输入多，输出少，则生态系统有积累，处于非平衡状态。人类从不同的生态系统中获取能量和物质，增加系统的输出，应给予相应的补偿，只有这样，才能使环境资源保持永续再生产。

4）在生态系统整体上，生产者、消费者、分解者应构成完整的营养结构

对于一个处于平衡状态的生态系统来说，生产者、消费者、分解者都是不可缺少的，否则食物链会断裂，导致生态系统的衰退和破坏。生产者减少或消失，消费者和分解者就没有赖以生存的食物来源，系统就会崩溃。例如，大面积毁林毁草，迫使各级消费者转移或消逝，分解者种类和数量也会因土壤遭到侵蚀而大

大减少。消费者与生产者在长期共同发展过程中，已形成了相互依存的关系，如生产者靠消费者传播种子、果实、花粉及树叶和整枝等。没有消费者的生态系统也是一个不稳定的生态系统。分解者完成归还、还原或再循环的任务，是任何生态系统所不可缺少的。

2. 生态平衡的调节机制

生态系统平衡的调节主要是通过系统的反馈机制、抵抗力和恢复力来实现的。

1）反馈机制

反馈可分为正反馈（positive feedback）和负反馈（negative feedback），两者的作用是相反的。正反馈可使系统更加偏离置位点，因此它不能维持系统的稳态。生物的生长、种群数量的增加等均属于正反馈。要使系统维持稳态，只有通过负反馈机制。这种反馈就是系统的输出变成了决定系统未来功能的输入。种群数量调节中，密度制约作用是负反馈机制的体现。负反馈调节作用的意义就在于通过自身的功能减缓系统内的压力以维持系统的稳定。有人把生态系统比作弹簧，它能忍受一定的外来压力，压力一旦解除就能恢复原初的稳定状态。生态系统正是由于具备了负反馈调节功能，才能在很大程度上克服和消除外来的干扰，保持自身的稳定性。

2）抵抗力

抵抗力是生态系统抵抗外干扰并维持系统结构和功能原状的能力，是维持生态平衡的重要途径之一。抵抗力与系统发育阶段状况有关，其发育越成熟、结构越复杂、抵抗外干扰的能力越强。例如，我国长白山红松针阔混交林生态系统，生物群落垂直层次明显、结构复杂，系统自身储存了大量的物质和能量，这类生态系统抵抗干旱和虫害的能力远远超过结构单一的农田生态系统。环境容量、自净作用等都是系统抵抗力的表现形式。

3）恢复力

恢复力是指生态系统遭受外干扰破坏后，系统恢复到原状的能力。如污染水域切断污染源后，生物群落的恢复就是系统恢复力的表现。生态系统恢复能力是由生命成分的基本属性决定的，即生物顽强的生命力和种群世代延续的基本特征所决定。所以，恢复力强的生态系统，生物的生活世代短，结构比较简单。如草原生态系统遭受破坏后恢复速度要比森林生态系统快得多。生物成分（主要是初级生产这层次）生活世代长，结构越复杂的生态系统，一旦遭到破坏则长期难以恢复。但就抵抗力的比较而言，两者的情况却完全相反，恢复力越强的生态系统其抵抗能力一般比较低，反之亦然。

3.2.2　生态破坏

生态系统对外界干扰具有调节能力才使之保持了相对的稳定，但是这种调节能力不是无限的。不使生态系统丧失调节能力或未超过其恢复能力的外干扰及破坏作用的强度称为“生态平衡阈值”（ecological equilibrium threshold limit）。一旦超出了这个限度，调节就不再起作用，生态平衡就会遭到破坏。如果现代人类的活动使自然环境剧烈变化，或进入自然生态系统中的有害物质数量过多，超过自然生态系统调节功能或生物与人类能够忍受的程度，那么就会破坏自然生态平衡，使人类和生物受到损害。

1. 生态平衡失调

当外界干扰（自然的或人为的）所施加的压力超过了生态系统自身调节能力和补偿能力后，将造成生态系统结构破坏，功能受阻。正常的生态功能被打乱及反馈自控能力下降而不能恢复到初始状态，我们就说生态平衡失调了。生态平衡失调的主要标志有以下两点。

1）结构上的标志

生态平衡的失调，首先表现在结构上，包括一级结构缺损和二级结构变化。

生态系统的一级结构是指生态系统生物成分，即生产者、消费者和分解者。当组成一级结构的某一种或几种成分缺损时，即表明生态平衡失调。如一个森林生态系统由于毁林开荒，由此产生的水土流失，使原有生产者消失，造成各级消费者栖息地被破坏，食物来源枯竭，而被迫转移或消失，分解者也会因生产者和消费者残体大量减少而减少，最终导致该森林生态系统产生崩溃。

生态系统的二级结构是一级结构的划分及其特征，如各种植物种类组成生产者的结构，各种动物种类组成消费者的结构等。二级结构变化即指组成二级结构的各种成分发生变化。如一个草原生态系统经长期超载放牧，使嗜口性的优质草类大大减少，有毒的、带刺的劣质草类增加，草原生态系统的生产者种类改变，即二级结构发生变化，并导致该草原生态系统载畜量下降，持续下去，该草原生态系统将会崩溃。

2）功能上的标志

生态平衡失调表现在功能上的标志，是指能量流动受阻和物质循环中断。

能量流动受阻是指能量流动在某一营养级上受到阻碍。如水域生态系统中悬浮物增加，使水的透明度下降，可影响水体藻类的光合作用，减少其产量。能量流动在第一营养级上受到阻碍，该系统生物生产产量减少，导致生态平衡失调。

物质循环中断是指物质循环在某一环节上中断。在草原生态系统中，枯枝落叶和牲畜粪便被微生物等分解者分解后，把营养物质重新归还给土壤，供生产者利用，这是保持草原生态系统物质循环的重要环节。但如果把枯枝落叶和牲畜粪便用作燃料烧掉，使营养物质不能归还土壤，造成物质循环中断。长期下去，土壤肥力必然下降，草本植物生产力随之降低，生态平衡失调。

2. 生态系统破坏的原因

生态平衡的破坏从产生因素上分主要有以下两个方面：自然因素和人为因素。

自然因素主要是指自然界发生的异常变化，或自然界本来就存在的对人类和生物的有害因素。如火山爆发、森林火灾、山崩海啸、水旱灾害、地震、台风、流行病等自然灾害，都会使生态平衡遭到破坏。这些自然因素常常是局部的，出现的频率并不高。例如，秘鲁海面每隔6～7年就发生一次海洋变异现象，结果使一种来自寒流系的鱼大量死亡。鱼类的死亡又使以鱼为食的海鸟失去食物而无法生存。

人为因素主要是指人类对自然资源不合理的开发利用及工农业生产所带来的环境污染等。人为因素对生态平衡的影响往往是渐进的、长效性的，破坏程度与作用时间、作用强度紧密相关。在人类生活和生产过程中，导致生态系统失去平衡的主要原因如下。

1）物种关系的改变

人类有意或无意地造成某一生态系统中某一生物消失或向其中引入某一物种，都可能对整个生态系统造成影响，甚至破坏一个生态系统。例如，秘鲁是一个盛产磷石肥料的国家，但因大量捕捞一种名为鲤鱼的鱼类资源，不但使秘鲁农业中磷肥的施用量大大减少，磷肥的外贸也遭受重大损失。其原因是海鸟和鸬鹚以该种鱼类为生，而海鸟和鸬鹚的粪便则是磷石肥的基本来源。由于大量捕捞鲤鱼，打乱了这条食物链，致使海鸟、鸬鹚数量锐减，它们的粪便少了，磷石肥料当然就大大减少了。

2）环境因素的改变

工农业生产的迅速发展，使大量污染物质进入环境，从而改变环境因素，影响整个生态系统，甚至破坏生态平衡。如埃及的阿斯旺水坝，由于修筑时事先没有把尼罗河的入海口、地下水、生物群体等生态系统可能出现的多方面影响充分考虑进去，尽管达到了发电、灌溉的效果，但同时也带来了农田盐渍化、红海海岸被侵蚀、捕鱼量锐减、寄生血吸虫的蜗牛和传播疟疾的蚊子增加等不良后果，这是生态平衡失调的突出例子。

3）信息系统的破坏

许多生物在生存过程中，都能释放出某种信息素（一种特殊的化学物质）以驱赶天敌，排斥异种，取得直接或间接的联系以繁衍后代。例如，某些动物在发情期，雌性个体会排出一种性信息素，靠这种性信息素引起雄性个体来繁衍后代。但是，如果人们排放到环境中的某些污染物质与某一种动物排放的性信息素发生反应，使其丧失引诱雄性个体作用时，就会破坏这种动物的繁殖过程，改变生物种群的组成结构，使生态平衡受到影响。

阅读材料：生态文明与生态安全

——依互联网资料整理

生态文明是人类为保护和建设美好生态环境而取得的物质成果、精神成果和制度成果的总和，是以人与自然、人与人、人与社会和谐共生、良性循环、全面发展、持续繁荣为基本宗旨的社会形态。生态文明是贯穿于经济建设、政治建设、文化建设、社会建设全过程和各方面的系统工程，反映了一个社会的文明进步状态。300 年的工业文明以人类征服自然为主要特征，世界工业化的发展使征服自然的文化达到极致，一系列全球性的生态危机说明地球再也没有能力支持工业文明的继续发展，需要开创一个新的文明形态来延续人类的生存，这就是“生态文明”，如果说农业文明是“黄色文明”，工业文明是“黑色文明”，那生态文明就是“绿色文明”。

中国作为全球最大的发展中国家，改革开放以来，长期实行主要依赖增加投资和物质投入的粗放型经济增长方式，导致资源和能源的大量消耗和浪费，同时也让中国的生态环境面临非常严峻的挑战。实际上，我国早已意识到尊重和维护生态环境的重要性，党的十八大报告中提到：“面对资源约束趋紧、环境污染严重、生态系统退化的严峻形势，必须树立尊重自然、顺应自然、保护自然的生态文明理念，把生态文明建设放在突出地位，融入经济建设、政治建设、文化建设、社会建设各方面和全过程，努力建设美丽中国，实现中华民族永续发展。”

人类对于生态的破坏越来越严重，水土流失、干旱洪涝、沙尘暴、泥石流、水污染、大气污染等都在直接或间接地威胁着人类的健康和社会经济的发展，部分地区由于人口激增，人类对自然资源的开发消耗过度，资源的不当利用活动日益频繁，使得生态环境日趋恶化，已直接威胁人类的生存。生态风险的实现使人们得以对生态问题予以高度重视，并提出了生态安全这种新的安全观。生态安全指人的环境权利及其实现受到保护，自然环境和人的健康及生命活动处于无生态危险或不受生态危险威胁的状态。生态安全一般认为包括两层基本含义：一是防止生态环境的退化对经济基础构成威胁，主要指环境质量状况和自然资源的减少与退化削弱了经济可持续发展的支撑能力；二是防止环境问题引发人民群众的不满特别是导致环境难民的大量产生，从而影响安定。在我国，2000 年 11 月 26 日，国务院印发《全国生态环境保护纲要》，首次提出维护“国家生态环境安全”的目标；2014 年 4 月 15 日，中央国家安全委员会第一次会议召开，明确将生态安全纳入国家安全体系，生态安全正式成为国家安全的重要组成部分。

3.3 生态城市建设

3.3.1 城市生态系统与生态城市

城市生态系统（urban ecosystem）是城市居民与其环境相互作用而形成的统一整体，也是人类对自然环境的适应、加工、改造而建设起来的特殊的人工生态系统。城市生态系统由自然系统、经济系统和社会系统所组成。城市中的自然系统包括城市居民赖以生存的基本物质环境，如阳光、空气、淡水、土地、动物、植物、微生物等；经济系统包括生产、分配、流通和消费的各个环节；社会系统涉及城市居民社会、经济及文化活动的各个方面，主要表现为人与人之间、个人与集体之间及集体与集体之间的各种关系。这三大系统之间通过高度密集的物质流、能量流和信息流相互联系，其中，人类的管理和决策起着决定性的调控作用。城市生态系统的主要特征是：以人为核心，对外部的强烈依赖性和密集的人流、物质流、能量流、信息流、资金流等。

在城市生态系统中，人起着重要的支配作用，这一点与自然生态系统明显不同。在自然生态系统中，能量的最终来源是太阳能，在物质方面则可以通过生物地球化学循环而达到自给自足。城市生态系统就不同了，它所需求的大部分能量和物质，都需要从其他生态系统（如农田生态系统、森林生态系统、草原生态系统、湖泊生态系统、海洋生态系统等）人为地输入。同时，城市中人类在生产活动和日常生活中所产生的大量废物，由于不能完全在本系统内分解和再利用，必须输送到其他生态系统中去。由此可见，城市生态系统对其他生态系统具有很大的依赖性，因而也是非常脆弱的生态系统。图 3-9 为城市生态系统模式图。由于城市生态系统需要从其他生态系统中输入大量的物质和能量，同时又将大量废物

（废水、废气、垃圾等）排放到其他生态系统中去，必然会对其他生态系统造成强大的冲击和干扰。如果人们在城市的建设和发展过程中，不能按照生态学规律办事，就很可能会破坏其他生态系统的生态平衡，最终会影响到城市自身的生存和发展。

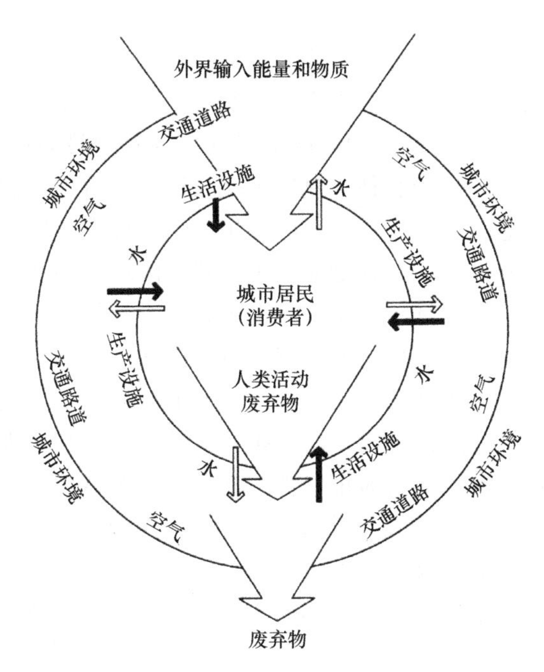

图3-9　城市生态系统模式图

1971年，联合国教育、科学及文化组织（United Nations Educational，Scientific and Cultural Organization，UNESCO）在第16届会议上，提出了“关于人类聚居地的生态综合研究”（人与生物圈计划的第11项专题），首次提出了“生态城市”（ecological city）的概念。明确提出要从生态学的角度用综合生态方法来研究城市，在世界范围内推动了生态学理论的广泛应用与生态城市、生态社区、生态村落的规划建设与研究。生态城市是一个经济高度发达、社会繁荣昌盛、人民安居乐业、生态良性循环四者保持高度和谐，城市环境及人居环境清洁、优美、舒适、安全，失业率低、社会保障体系完善，高新技术占主导地位，技术与自然达到充分融合，最大限度地发挥人的创造力和生产力，有利于提高城市文明程度的稳定、协调、持续发展的人工复合生态系统。生态城市已超越传统意义上“城市”的概念，超越了单纯环境保护与建设的范畴，它融合了社会、经济、技术和文化生态等方面的内容，强调实现社会—经济—自然复合共生系统的全面持续发展，其真正目标是创造人与自然系统的整体和谐。

3.3.2 生态城市建设的内容

生态城市的建设应贯彻“健康、安全、活力、发展”的基本理念，遵循客观生态规律和经济发展规律，运用生态学和系统工程原理，以城市主要生态问题为切入点，以生态经济、生态环境、生态人居、生态文化建设为重点，把自然系统、社会系统、经济系统作为一个整体，制定区域长远发展目标，优化经济结构和产业布局，建设优美生态人居环境，培育区域生态文化体系，拓展生态支持系统支撑能力，提高城市生态系统的整体健康水平，建立区域联动互补的管理体系，建设成为生态系统健康、生态环境安全、具有生态活力、保持可持续发展的具有本地特色、适宜创业发展和生活居住的生态城市。

在我国深圳召开的第五届生态国际会议（2002）通过了《生态城市建设的深圳宣言》，呼吁实现人与自然的和谐相处，把生态整合办法和原则应用于城市规划和管理。该宣言阐述了建设生态城市包含的五个方面内容。

（1）生态安全即向所有居民提供洁净的空气、安全可靠的水、食物、住房和就业机会及市政服务设施和减灾防灾措施的保障。

（2）生态卫生即通过高效率低成本的生态工程手段，对粪便、污水和垃圾进行处理和再生利用。

（3）生态产业代谢即促进产业的生态转型，强化资源的再利用、产品的生命周期设计、可更新能源的开发、生态高效的运输，在保护资源和环境的同时，满足居民的生活需求。

（4）生态景观整合即通过对人工环境、开放空间（如公园、广场）和街道桥梁等连接点和自然要素（水路和城市轮廓线）的整合，在节约能源、资源，减少交通事故和空气污染的前提下，为所有居民提供便利的城市交通。同时，防止水环境恶化，减少热岛效应和对全球环境恶化的影响。

（5）生态意识培养，主要是帮助人们认识其在自然关系中所处的位置和应负的环境责任，引导人们的消费行为，改变传统的消费方式，增强自我调节的能力，以维持城市生态系统的高质量运行。

3.3.3 生态城市建设的模式

虽然目前世界上还没有真正意义上的生态城市，但从 20 世纪 70 年代生态城市概念提出至今，在深入理论研究的同时，国外在以“生态城市”为目标的城市建设尝试与实践中取得了一定的进展，积累了一些经验，为其他城市提供了建设范例，无疑也给我国生态城市建设带来参考与借鉴。通过对国内外生态城市建设案例的分析，可将其建设模式划分为规划调控型、环境美化型、污染治理型、资源循环型及功能转化型五大类。

1. 规划调控型

在城市建设过程中，从城市整体规划、土地利用模式和交通运输体系规划等宏观调控层面上，应用生态学原理，制定明确的生态城市建设目标、原则和途径，并指导和落实到城市生态化建设的具体措施上。以澳大利亚阿德莱德为代表的一些城市在这方面取得了一些成功的经验。根据城市的发展状况，制定了从 1836 年早期欧洲移民到澳大利亚，到 2136 年生态城市建成，时间跨度为 300 年的生态城市建设发展规划。该规划由代表阶段性目标的 6 幅规划图组成，并针对各阶段性目标分别提出具体的建设措施，体现了生态城市建设是一个长期的、循序渐进的过程。我国规划调控型模式的典型代表则为深圳市，深圳在建市之初，即提出生态立市的战略目标，生态理念贯穿于城市整体发展规划之中。

2. 环境美化型

都市生活的便利与乡村优美环境的完美结合是霍华德所追求的理想城市。其田园都市理论立足于建设城乡结合、环境优美的新型城市，体现了人们要求与大自然融合、恢复良好生态环境的愿望，是城市与自然平衡的良好展示。“花园城市”新加坡，环境优美、生活富裕、社会和谐，是世界公认的最适宜居住的城市之一，是环境美化型生态城市建设的典型代表。新加坡在城市建设初期开始引入“花园城市”的理论，并坚持不懈地予以实施，将城市与自然紧密结合。其确保在城市化进程飞速发展的条件下，新加坡仍拥有绿色和清洁的环境，充分利用水体和绿地提高新加坡人的生活质量。在规划和建设中特别注意到建设更多的公园和开放空间；将各主要公园用绿色廊道相连；重视保护自然环境；充分利用海岸线并使岛内的水系适合休闲的需求。而我国环境美化型生态城市建设的典范是杭州，当城市建设走过了设置完善、布局合理的过程后，是否具有美感成为杭州城市建设的重心，“交通美学” 也成为其城市建设的新理念，山东威海、辽宁大连等也属此类型。

3. 污染治理型

随着社会经济的高度发展，特别是工业的大发展，城市环境也逐渐恶化。全球范围内都市环境污染问题日益严重，灾难性事件频发，逐渐危害人类的健康和生存。针对城市发展中普遍存在的环境和生态窘状，从治理污染、维护居民健康、改善人居环境的角度，对以世界七大公害（即大气污染、水质污浊、土壤污染、噪声、震动、地基下沉、恶臭）为对象进行环境治理成为城市发展中的重要环节，其中德国弗赖堡即是针对城市环境污染进行生态城市建设的典型。经过长期有序地建设城市有轨交通和公共汽车交通，形成了与整个周边地区融为一体的公交换乘网络，统一了在价格上极具吸引力的票价体系，鼓励市民在所有公交换乘地点换乘城市公共交通，方便到达城市和郊区的各个出行点，减少私人汽车的出行，降低空气污染。另外，通过积极发展与郊区相连的自行车道路网络，在市区增建自行车停车场和停车位，使自行车交通在城市交通中的比例逐年得到提高，极大地减少了由于交通发展而导致的环境污染。此外，弗赖堡在生态城市建设中推广节能建筑，广泛应用高技术节能设备，并注重城市空间绿化，使该市的城市环境保护对德国其他城市产生了巨大的影响，成为德国的“环保首都”。由于中国城市大多面临着工业、交通等污染问题，污染治理也就成为其生态城市建设的一个主要方面。

4. 资源循环型

循环型城市的建设将循环经济模式贯穿和渗透在城市发展的产业结构、生产过程、基础设施、居民生活及生态保护各个方面，是建立在城市功能的合理定位、充分有效利用现有资源和高科技基础之上进行生产消费活动的城市，是新形势下实现城市新发展思路的重要探索。日本北九州即是该类生态城市建设的典范。从20 世纪 90 年代，在对城市污染进行强化治理的基础上，日本北九州市开始以减少垃圾、实现循环型社会为主要内容的生态城市建设，提出了“从某种产业产生的废弃物为别的产业所利用，地区整体的废弃物排放为零”的生态城市建设构想。具体规划包括环境产业的建设（包括家电、废玻璃、废塑料等回收再利用的综合环境产业区）、环境新技术的开发（建设以开发环境新技术、并对所开发的技术进行实践研究为主的研究中心）、社会综合开发（建设以培养环境政策、环境技术方面的人才为中心的基础研究及教育基地），取得了良好的效果。资源循环型生态城市的建设是我国天津、南京和贵阳等城市的主要目标。

5. 功能转化型

资源型城市是依托资源开发而兴建或发展起来的城市，其城市发展必然要经历建设—繁荣—衰退—转型—振兴或消亡的过程。因此，资源枯竭城市的功能转型是个世界性难题，通过生态城市建设进行资源枯竭型城市功能转型是这些城市发展的新出路。法国洛林的城市转型走出了一条成功的道路。法国洛林

（煤钢城）位于法国东北部，是法国历史上以铁矿、煤矿资源丰富而著称的重化工基地。20世纪60年代末至70年代初，因资源、环境和技术条件的变化及外部市场的竞争压力，洛林下决心实施了“工业转型”战略。一是彻底关闭了煤矿、铁矿、炼钢厂和纺织厂等成本高、消耗大、污染重的企业；二是根据国际市场的需求，重点选择了核电、计算机、激光、电子、生物制药、环保机械和汽车制造等高新技术产业；三是用高新技术改造传统产业，大力提高钢铁、机械、化工等产业的技术含量和高附加值；四是制定优惠政策，吸引外资。经过大约30年的时间，洛林变成了蓝天绿地、环境优美的工业新区，由衰退走向了新生。在我国，矿产资源丰富的淮北、抚顺、大庆等城市则面临着资源枯竭，城市发展亟须功能转型的挑战，国际上功能转化型生态城市建设的成功案例对这些城市的发展具有重要的借鉴意义。

3.3.4　中国生态城市建设

在我国，城市作为政治、经济和人民文化生活的中心，城镇化水平逐渐提升。但在城市化进程加快的同时生态环境恶化和城市问题也逐渐凸现，使得人类意识到建设生态城市的重要性，建设生态城市是城市发展的必由之路。在生态建设实践方面我国正在进行积极的探索。

1. 中国生态城市发展历史

我国城市生态学的研究虽然起步较晚，但发展较快。1972年中国参加了人与生物圈计划的国际协调理事会并当选为理事国；1978年建立了中国人与生物圈国家委员会；1979年中国生态学会成立；1982年8月28日在第一次城市发展战略思想座谈会上提出“重视城市问题，发展城市科学”的重要主张和城市生态学正式议题，把北京和天津的城市生态系统研究列入1983～1985年的国家“六五”计划重点科技攻关项目。1984年12月在上海举行了“首届全国城市生态科学研讨会”，重点讨论了城市生态学的研究对象、目的、任务和方法，可以认为是我国城市生态学研究、城市规划和建设领域的一个里程碑。同年成立了中国生态学会城市生态专业委员会，为推进中国生态学研究的进一步开展和国内外学术交流开创了广阔的前景。1986年6月在天津召开了全国第二届城市生态科学研讨会，其重点在于城市生态学的理论研究及城市生态学在城市规划、建设和管理中的实际应用问题。1987年10月联合国教科文组织“人与生物圈”委员会在北京召开了城市及其周围地区生态与发展学术讨论会，为促进我国城市生态学研究与国际的广泛交流与合作创造了条件。1997年12月，全国第三届城市生态学术讨论会和“城镇可持续发展的生态学”专题讨论会在深圳和香港相继召开，对“探索有中国特色的城镇可持续发展的生态学理论、方法与实践”这一主题进行了专题研讨。2002年8月1日在深圳市召开了第五届国际生态城市大会，大会讨论通过了《生态城市建设的深圳宣言》，呼吁实现人与自然的和谐共处，把生态整合办法和原则应用于城市规划和管理。这些都对我国城市生态学的发展和生态城市建设产生了深远的影响。

2. 中国生态城市建设现状

我国在城市环境综合整治中，相继开展了“卫生城市”、“园林城市”、“环境保护模范城市”、“可持续城市”等的创建与试点活动，并制定了相应的技术指标和考核制度；大规模建立各级自然保护区、广泛开展无公害食品、绿色食品、有机食品基地建设；进行生态村、生态镇、生态示范区（县）等不同层次的试点建设。截至2012年年底，开展了七批国家级生态示范区命名工作，形成了528个国家级生态示范区，这对推动我国生态城市建设起到了巨大的推动作用。

我国从20世纪80年代初开始进行生态城市研究。北京、天津、上海、长沙、宜春、深圳、马鞍山等城市都相应开展了研究，主要集中在城市生态系统分析评价和对策研究上。其中，江西省宜春市的规划与建设是我国第一个生态市的试点，取得了良好的效益。它是应用环境科学的知识、生态工程的方法、系统工程的手段、可持续发展的思想，在一个市的行政范围内，来调控一个自然、经济、社会的复合生态系统，使其结构、功能向最优化发展，保证能流物质畅通和高效利用。宜春市填补了我国在生态城市建设方面的空白。随后，我国一些城市如上海、大连、常熟、北京、广州、深圳、杭州、苏州、天津、哈尔滨、扬州、常州、成都、乐山、桂林、张家港、秦皇岛、唐山、襄樊、十堰、烟台、日照等也相继提出要建设生态城市的设想，海南、吉林、黑龙江、陕西等省提出了建设生态省的奋斗目标。

总体上看，我国的生态城市建设仍处于起步阶段，还未建成一个真正的生态城市，但人们越来越意识到建设生态城市的重要性和迫切性，许多城市纷纷提出生态城市建设，并且在如火如荼的进行中。

3. 中国生态城市未来建设之路

随着经济全球化的发展，城市化进程的逐步加速，世界上国与国之间的竞争越来越表现在城市与城市之间的竞争。面对世界各国生态城市建设的热潮，我们必须在借鉴国内外生态城市发展理论和实践的基础上，深入研究和探索适合我国城市发展的生态城市建设之路。

1）树立科学的城市生态可持续发展观

综观国外生态城市建设的实践我们可以清醒地认识到要建成生态城市，创设一流的城市人居环境，必须树立科学的城市生态可持续发展观。生态城市是中国城市可持续发展的道路和方向，它是根据城市生态学原理，合理调控城市生态系统的物质循环和能量流动，使城市生态系统中自然生态和谐、经济生态高效、社会生态文明的城市可持续发展模式。其优点在于充分调控生态系统内部自然、社会和经济三个子系统的关系，是城市发展与生态平衡相得益彰，既能取得最大的经济效益，又能保持生态环境的良性循环和社会环境的文明和谐。可以设想，如果中国出现较多的生态城市，不仅生态环境会发生明显好转，而且中国城市的经济实力和社会文明将显著提高，中国的综合国力也必定会显著增强。

2）制定明确的生态城市建设的阶段性目标、指导原则和具体措施

生态城市的建设是一个长期的循序渐进的过程，需要一代又一代的人们付出不懈努力才能建成。因此，各城市需要根据自己的发展状况制定相应的建设目标和指导原则。从时间和纵向的安排上，可将建设生态城市的进程分为几个阶段，逐步实现生态城市建设。例如，上海生态城市建设分三个阶段进行：第一阶段，到2005年，建成国家园林城市。本市总体环境质量处于全国大城市先进水平，水清岸洁，空气优良，成为国际国内适宜居住的城市之一；第二阶段，到2010年，形成上海生态型城市的框架。世界博览会举办时，主要环境指标与国际标准接轨，可持续发展能力不断增强，生态环境影响得到改善，资源利用效率显著改善；第三阶段，基本建成生态型城市。到2020年，上海环境要达到同类型国际化城市的水平。从空间和横向上看，生态城市检核从小规模的生态社区、生态村镇着手，然后逐渐延伸扩展到建设生态城区、生态县市，最后集量变为质变形成有较大规模的“生态城市”，如北京市远郊区县卫星城市、小城镇绿化美化工程，建立生态村镇。

3）树立区域协调发展的观点，将生态城市的规划建设设置于更大的区域背景中

国外城市在生态城市建设方面非常重视城市与区域的协调，而我国很多城市的规划却忽视了这一点。城市的形成从来不是孤立而是与区域的发展相联系的，城市是区域的核心，区域是城市的基础，两者相互依存，互相促进。生态城市是城乡复合体，也是一个城市化区域，因此我国的城市规划必须着眼于更大的区域背景，必须结合城乡区域进行生态整体规划，使城乡建设符合生态规律，既能促进经济发展，社会进步，又能保持生态的良性循环。

4）构建生态城市建设标准体系，研发生态城市建设新技术

为建设生态城市，英国政府制定了一系列约束性建设标准，如绿色建筑的能

源性能标准等，有效地降低了建筑的能源消费量。同时英国政府还非常重视新技术的开发利用，以新技术推动能源消费的转型，实现节能减排的目标。而我国多数城市在这方面相对薄弱，应加大对生态城市适用技术研究的投入引进高层次人才，建立技术和资金保障体系，依靠科技进步来保证生态城市的发展和建设。结合我国实际，制定生态城市的评价指标体系，并试验新技术的可行性，如在试点区开展生态农业、建设生态工业园、发展循环经济、试验绿色建筑技术等。

5）加强公共教育，重视社区公众参与，引导低碳生活方式

生态城市建设需要有公众的热情参与，英国的生态城市中提出的可持续社区建设模式，极大地激发了公众参与生态城市建设的积极性。他们之所以能够积极参与，除了政府的引导之外，主要在于公民的生态环境意识比较强，教育水平比较高。现阶段，我国生态城市建设应加强对公众的宣传与教育，使公众认识到建设生态城市的必要性和迫切性。向不同年龄层次，不同文化层次的公民提供生态教育，普及生态文明，有效引导公众对能源消费模式和生活方式进行反思，并让公众真正体会到低碳生活带来的好处，使越来越多的公民自觉自愿地加入生态城市运动中来，以公众之力推动生态城市的良性发展。

阅读材料：丹麦生态城市建设

资料来源：黄肇义等，国外城市规划，2001

丹麦生态城 1997～1999 项目是一个内容十分丰富的综合性项目，试图建立一个生态城区开发的示范性项目，在城市密集区内实现可持续发展。该项目在丹麦首都哥本哈根人口密集的 Indre Norrebro 城区进行，区内有 3 万人。开展该项目是为了建立一系列策略和方法，在地方规划和管理（21 世纪议程）中把环境因素整合为一体，提高市民对地方环境和全球环境的意识和责任感，减少城市的资源消费量，并推动有利于城市环境的地方生产和其他活动。项目采取基层组织和区议会之间的合作形式，增加了市民的参与性。项目从 1997 年 2 月 1 日启动。

项目的主要资金来源是欧盟的 LIFE 项目（LIFE 项目旨在通过发展经济推动欧盟和邻近地区的环境改善）拨款，约合 136 万美元；此外还有区议会、地方生态组织、绿色组织和瑞典哥德堡市 Lundby 城区的资金支持。该项目是丹麦第一个生态城市的建设项目，旨在建立一个生态城市的示范城区，为丹麦和欧盟的生态城市建设取得经验。

1. 项目目标

（1）组织和制定实施办法：制定一套手册指导并促进地方居民和其他欧洲城市进行同样的建设；建立绿色账户作为地方管理公共学校和住宅区进行一体化可持续发展的工具；制定适于地方管理部门的 21 世纪议程行动计划；通过生态城市项目的准备和实施，促进不同层次民间组织和政府部门的密切协作。

（2）环境目标：试验区内水的消费量减少 10%；电消费量减少 10%；回收家庭垃圾减少城区垃圾生产；通过建立 60 个堆肥容器，回收 10%的有机垃圾制作堆肥；回收 40%的建筑材料。

2. 项目内容

其生态城市的建设内容围绕上述目标进行，其别具特色的内容包括以下内容。

（1）建立绿色账户：绿色账户记录了一个城市、一个学校或者一个家庭日常活动的资源消费，提供了有关环境保护的背景知识，有利于提高人们的环境意识。使用绿色账户，能够比较不同城区的资源消费结构，确定主要的资源消费量，并为有效削减资源消费和资源循环利用提供依据。在学校和居民区建立绿色账户，确定水、电、供热和其他物质材料的消费量和排放量。

（2）生态市场交易日：这是改善地方环境的又一创意活动。从 1997 年 8 月和 9 月开始，每个星期六，商贩们携带生产品（包括生态食品）在城区的中心广场进行交易。通过生态交易日，一方面鼓励了生态食品的生产和销售，另一方面也让公众们了解到生态城市项目的其他内容。

（3）吸引学生参与：吸引学生参与是发动社区成员参与的一部分。丹麦生态城市项目十分注重吸引学生参与，其绿色账户和分配资源的生态参数和环境参数试验对象都选择了学校，在学生课程中加入生态课，甚至一些学校的所有课程设计都围绕生态城市主题，对学生和学生家长进行与项目实施有关的培训，还在一所学校建立了旨在培养青少年儿童对生态城市感兴趣、增加相关知识的生态游乐场。

3. 实施效果

根据项目实施的中期报告，项目进展良好。尤其在垃圾分拣和堆肥制作项目上，取得了相当大的环境收益。初步的结果表明，垃圾量减少了 50%，垃圾回收也由原先的 13%提高到 45%。

3.4 环境生态工程与生态修复

3.4.1 生态工程概述

生态工程（ecological engineering）一般指人工设计的、以生物种群为主要结构组分、具有一定功能的、宏观的、人为参与调控的工程系统。美国生态学家H. T. Odum于1962年首先提出生态工程的名词，并将其定义为“为了控制生态系统，人类应用来自自然的能源作为辅助能对环境的控制”。此外，国外不少人还提出生态工艺（ecological technology或ecotechnology），定义为在深入了解生态学原理的基础上，通过最少代价和对环境的最少损伤，将管理技术应用到生态系统中。

我国生态学家马世骏在1984年对生态工程提出了较为完整的概念。生态工程是应用生态系统中物种共生与物质循环再生的原理，根据结构与功能协调原则，结合系统工程的最优化方法，设计的促进分层多级利用物质的生产工艺系统。生态工程的目标是在促进自然界良性循环的前提下，充分发挥资源的生产潜力，防治环境污染，达到经济效益与生态效益同步发展的目的。生态工程的思路是利用自然生态系统无废弃物质和物质循环再生等特点来解决环境污染问题。它利用太阳能作为基本能源，并保持或增加生态系统内部的物种多样性，是一类低消耗、多效益、可持续的工程体系。生态工程的“工具箱”是所有的生态系统、生物群落及物种。人类设计生态工程的目的是多种多样的，有生产人们所需物质的工艺工程，其中包括粮食、蔬菜、生物药品、工业生产等；有以治理环境污染物为目的的生物工艺过程；有以保护自然、保护物种为目的的自然保护区的调控系统等。

3.4.2 环境保护生态工程

全球性的资源破坏和环境污染问题促使人们不断探索治理和保护环境的途径和方法。20世纪60年代建立起来的环境工程学科在环境污染防治方面取得了一系列有价值的环境技术。实践证明，要达到无污染的零排放是不可能的。例如，在提供一种环境技术时，往往将污染物从一种介质（如空气）转移到另一种介质（如水）中去；另外，采用环境工程常规方法治理污染，常常需要化石能，为生产、供应这部分所需的能，往往又产生或增加另一类污染，会改变或减少生态系统的生物多样性。因此，需要寻找一种在治理污染的同时，又能保护自然生态系统和非再生性资源的方法。为此，人们试图运用生态和工程的某些原理和工艺来达到治理、保护和持续发展的目的，从而产生了环境生态工程（ecological engineering of environment）。

环境生态工程是研究如何利用、强化生态系统的功能及如何修复被破坏的生态系统的一门科学。环境生态工程学现已发展成为当今生态学科的前沿领域。利用一般的环境工程学方法只能对有固定排放口而且能用管道等收集起来的点源污染进行集中高效治理，但不能解决广大的面源污染问题。而环境生态工程学的方法是通过一些措施（包括工程学措施）来强化生态系统本身所具有的自净能力，从而达到对环境污染的削减、修复与治理的目的。环境生态工程提供了这样的思想，即利用自然生态系统无废弃物和物质循环等特点来解决污染问题，它以太阳能为基本能源，并保持或增加生态系统内部的物种多样性。与环境工程和传统工程相比，环境生态工程是一类低消耗、多效益、可持续的工程体系。

1. 环境生态工程建设原则

环境生态工程应具有环境保护的功能，同时又具有对于生产过程中产生的废弃物进行生物转化、利用、处理等功能的环境工程系统。建立一个良好的环境生态工程的模式，必须考虑如下几个原则。

（1）因地制宜原则。根据不同地区的实践情况来确定本地区的主导环境生态工程模式。

（2）开放有效平衡的系统原则。在环境生态工程的建设中必须充分重视在生物系统及环境系统之间的物质、能量和信息的输入、运转及输出的相互关系，加强与外部环境的物质交换，提高环境生态工程的有序化、长效性，提高系统的效率及效应。

（3）集约综合原则。在环境生态工程的建设发展中，必须注重劳动、资金、能源、技术密集相交叉的集约综合原则，达到既有高的产出，又能促进系统内各组分成分的互补、互利、协调发挥环境生态工程的综合效能。

2. 环境生态工程基本原理

1）环境生态位原理

生态位（ecological niche）是生态学研究中广泛使用的名称，它是指生态系统中各种生态因子都具有明显的变化梯度。这种变化梯度中能被某种生物占据利用或适应的部分称为生态位，它是生物种群所占据的基本生活单位。在环境生态工程的构建中，在生物的利用构成中要考虑其环境生态位的特点，特别是在半人工或人工的生态系统，人为的干扰控制使其物种呈现单一性，从而产生了较多的空白生态位。因此，在环境生态工程设计及技术应用中，如能合理运用生态位原理，把适宜系统环境，具有经济及环境处理及美化价值的物种引入系统中，填补空白的生态位而阻止对环境有害的污染物的输入、病虫、有害生物的侵袭，就可以形成一个具有多样化物种及种群稳定的生态系统，从而保持环境中的生物同水体、土壤环境的稳定平衡。

2）食物链原理

人工生态系统与环境生态工程中，食物链往往较自然界的食物链缩减，不利于能量的有效转化和物质的有效利用，同时还降低了生态系统的稳定性。因此，在环境生态工程中，可以将各营养级因食物选择而废弃的生物物质和作为粪便排泄的生物物质，通过加环与相应的生物进行转化，延长食物链的长度，并提高生物能的利用率。

3）整体效应原理

环境生态工程的建设要达到能流的转化率高，物流合理循环、规模大和信息流畅通，就要合理调配组装协调环境生态系统的各个组成部门，使整个系统的效率提高。

4）环境及生物协同进化原理

生物的生长发育依赖于环境，并受外界环境的强烈影响。外界环境中影响生物生命活动的各种能量、物质和信息因素称为生态因子。生态因子中既有对生物和生命活动所需的利导因子，也有限制生物生存和生命活动的限制因子，因而在当地的环境生态工程建设中必须充分分析当地利导因子及限制因子的数量和质量，以选择适宜的物种和环境协调模式。

3. 环境生态工程实践

环境生态工程是国际上发展较为迅速的领域，已成功地应用于污水资源化处理、湖泊富营养化控制、废弃地恢复等方面。如在《生态工程》（*Ecological engineering：An Introduction to Ecotechnology*）一书介绍的 12 项应用实例中，有 9 项与环保及污染物处理与利用有关。在美国，有多处成功的污水处理生态工程。如在佛罗里达 Garimsville 处种植柏树使之成为森林湿地，处理污水中的营养盐（去除污水中 50%以上的有机质、营养盐和重金属元素）；在加利福尼亚州，应用湿生植物香蒲等去除重金属，改善水质，并进行复垦；在俄亥俄州，应用蒲草为主的湿地生态系统处理煤矿排放的含 FeS 酸性废水，处理后的废水含铁量减少了 50%～60%，电导率和 pH 均上升。在丹麦 Glums 建立了防治富营养化的生态工程，结果去除进湖污水中 90%～98%的磷，并建立了生态模型，还有进行应用生态过程去除堆肥和土壤中重金属的试验。德国建立了以芦苇为主的湿地处理废水的生态工程；瑞典建立了应用室内水生植物处理污水的生态工程。荷兰试验调控湖泊中的生物种类结构（食物链上一些环节）比例的方法防治富营养化。另外在一些居民小区中建立生活污水处理小型生态工程，由一些垂直分布的充气和厌气土壤滤器纵向组合构成，并据此在计算机上建立了营养盐流动的数学模型。匈牙利应用中国传统的综合养鱼经验，建立污水养鱼生态工程。

中国长期以来就有废物利用、再生和循环的传统经验，如将生活污水粪便用作农田肥料或培育食用菌、养蚯蚓等。但研究、设计和应用生态工程是在20世纪50年代才开始的。马世骏等在50年代首先开始调控湿地生态系统结构和功能以防治蝗虫的研究；60年代开始较大规模地发展污水养鱼；70年代对被有机磷和有机氮严重污染的鸭儿湖进行防治研究；80年代开始污水处理与利用生态工程，对一些河流和湖泊的有机污染进行治理，并发展和完善了污水生态工程土地处理系统。例如，沈阳西部污水生态工程处理系统将氧化塘与土地处理结合起来，创造了林、农一体化的污水资源化生态工艺；90年代以后，环境保护生态工程更是以前所未有的速度发展，出现了许多新工艺、新技术，成为我国生态工程研究中发展较快的领域。

我国环境保护生态工程的特点是以整体观为指导，以生态系统或复合生态系统为对象，全面规划一个区域，而并非是某些局部环境或生态系统中的某些部分。其目的是多目标的，即同步取得生态、经济和社会效益；以调控生态系统内部结构和功能为主，来提高生态系统的自净能力与环境容量，对污染控制、输入物质与能源的量仅作为条件，因而并不单纯过分限制工厂、生活区的排污量，避免激化环境保护和生产发展的矛盾；通过分层多级利用，使污染物质资源化，变废为宝。

生态工程技术已成功地应用于水、土、气等环境介质的污染防治，主要应用领域有污水处理生态工程（如污水土地处理、污水稳定塘处理、污水人工湿地处理）、大气污染防治生态工程（如大气污染植物净化技术、烟气的微生物净化技术）、固体废弃物利用生态工程（如固废的肥料化、饲料化、能源化、原料替代化）、环境污染生态修复工程（如受损水体生态修复、污染土壤生态修复）等。根据生态工程的性质及其主要目标，我国的环境保护生态工程大致有以下类型。

（1）无（或少）废生态工程。兼顾工业生产和保护环境的工艺，称为无污染工艺，若干此种工艺所构成的工程体系，称为无污染工程。例如，在一些工厂和工业城市中的废物再生和利用系统，将废热源再利用，及工厂废水的净化再循环，达到无污染和少污染。

（2）分层多级利用废物生态工程。模拟不同种类生物群落的互生功能，包含分级利用和各取所需的生物结构，使生态系统中每一级生产过程的废物变为另一级生产过程的原料，且各环节比例合适，使所有废物均被充分利用。如养殖场的粪便经沼气发酵、沼液无土栽培蔬菜、沼渣制混合饲料等，几项生产项目和工艺组合使用。

（3）复合生态系统内的废物循环和再生生态工程，如桑基鱼塘生态工程。

（4）污染自净与利用生态工程。例如，污水土地处理系统利用土壤-植物系统的自净能力，既净化了生活污水，又利用了其中的营养元素作肥料。利用生活污水养鱼，污水中的营养盐和有机物作为鱼的饵料，促进了鱼类的生长并净化了污水。

（5）城乡结合的生态工程。生态系统结构中进行的物质循环存在于农业生产和以农产品为原料的加工业中。在工农业发展中相互补偿原料，保持稳定的生产体系，减少废物，并改善农村生态环境的生态工程称为工农业联合生态工程。

3.4.3 污水人工湿地处理工程

人工湿地（artificial wetland）是人工设计的、模拟自然湿地结构和功能的复合体。由水、处于水饱和状态的基质、挺水植物、沉水植物和动物等组成，并通过其中一系列生物、物理、化学过程实现污水净化。虽然自然湿地可以应用于处理废水，但在地点、负荷量上难以与实际需要相符合，而人工湿地生态系统中的生物种类多种多样，并处于人为的控制下，综合处理废水的能力受到人工设计控制，处理能力完全可以超过自然湿地。

1. 人工湿地的类型

人工湿地最初按植物形式进行分类，包括浮生植物系统、挺水植物系统和沉水植物系统；后来由于系统多采用挺水植物，故在挺水植物的前提下，按照水的流动状态分为表面流人工湿地和潜流人工湿地；潜流人工湿地又可分为水平潜流人工湿地、垂直潜流人工湿地和波形潜流人工湿地。

1）表面流人工湿地

表面流人工湿地，又称水面湿地。水力路径以地表推流为主，在处理过程中，主要通过植物径叶拦截、土壤吸附过滤和污染物自然沉降达到去除污染物的目的，水面处于土面之上，暴露于空气中；它与自然湿地较为接近，绝大部分有机物的去除由长在植物水下茎、杆上的生物膜来完成。尽管表面流人工湿地具有建造工程量少、操作简单等优点，但处理效率低。在我国北方地区，由于冬季低温时易发生表面结冰，影响处理效果，故较少采用。

2）水平潜流人工湿地

水平潜流人工湿地，水在填料表面下水平渗流，因污水从一端水平流过填料床而得名。它由一个或多个填料床组成，床体填充基质，床底设有防渗层，防止污染地下水。与表面流人工湿地相比，水平流人工湿地的水力负荷和污染负荷大，对生化需氧量、化学需氧量、悬浮性固体、重金属等污染指标的去除效果好，处理效果受气候影响较小，且很少有恶臭和滋生蚊蝇现象。目前，水平潜流人工湿地已被美国、日本、澳大利亚、德国、瑞典、英国、荷兰和挪威等国家广泛使用。

3）垂直潜流人工湿地

垂直潜流人工湿地中往往填有大量的碎石、卵石、砂或土壤，基质表面栽种植物，水在基质床中由上而下垂直渗流，水面低于介质面，因而可充分利用填料表面及植物根系上的生物膜及其他各种作用来处理污水。垂直潜流人工湿地的硝化能力高于水平潜流人工湿地，可用于处理氨氮含量较高的污水。

4）波形潜流人工湿地

波形潜流人工湿地增加了水流的曲折性，使污水以波形的流态多次经过湿地内部基质。通常在传统水平潜流或垂直潜流人工湿地内部增设导流板，将布水方式设计成波形流动。波形潜流人工湿地集合了水平潜流人工湿地和垂直潜流人工湿地的优点，优于传统潜流人工湿地。

2. 人工湿地的净化机理

人工湿地是一个通过模拟天然湿地，由植物、微生物、原生动物和基质构成的生态系统。它应用生态系统中物种共生、物质循环再生原理，结构与功能协调原则，在促进废水中污染物质良性循环的前提下，充分发挥资源的生产潜力，防止环境的再污染，获得污水处理与资源化的最佳效益。人工湿地对污水的作用机理十分复杂，一般认为，人工湿地生态系统是通过物理、化学及生物三重协同作用净化污水。物理作用主要是过滤、截留污水中的悬浮物，并沉积在基质中；化学反应包括化学沉淀、吸附、离子交换、拮抗和氧化还原反应等；生物作用则是指微生物和水生动物在好氧、兼氧及厌氧状态下，通过生物酶将复杂大分子分解成简单分子、小分子等，实现对污染物的降解和去除。

1）基质净化

传统的人工湿地基质主要由土壤、细砂、粗砂、砾石、碎瓦片、粉煤灰、泥炭、页岩、铝矾土、膨润土、沸石等介质中的一种或几种构成。在人工湿地污水净化过程中，基质起着极其重要的作用。去除机理就是依赖着其巨大的表面积，在土壤颗粒表面形成一层生物膜，污水流经颗粒表面时，大量的固体悬浮物和不溶性的有机物被填料阻挡截留起到沉淀、过滤和吸附的作用。

2）植物净化

人工湿地中，植物对氮磷的去除包括三个方面：一是植物本身直接吸收同化含氮、磷化合物；二是其根系分泌物可促进某些嗜磷、氮细菌生长，提高整个湿地生态系统微生物数量，促进氮、磷释放、转化，从而间接提高净化率；三是植物呼吸过程释放的 CO_2 与土壤及介质中钙离子结合形成碳酸钙，与磷形成共沉淀去除。植物对有机物的去除主要通过三种途径：一是植物直接吸收有机污染物；

二是植物根系释放分泌物和酶；三是植物和根际微生物的联合作用。

植物在生长过程中能吸收污水中的无机氮、磷等，供其生长发育。湿地植物对氮的去除作用主要是：氨的挥发作用、铵根的离子交换作用、吸收、硝化和反硝化作用等。污水中无机磷在植物吸收及同化作用下可转化为植物的腺苷三磷酸（ATP）、脱氧核糖核酸（DNA）等有机成分，最后通过植物的收割从系统中去除。

除营养元素外，人工湿地选用的凤眼莲、香蒲、菖蒲、芦苇、水葱等水生植物对铜、铅、镉、铬、汞、锌、银等重金属具有良好的富集作用。以金属螯合物的形式蓄积于植物体内的某些部位，通过植物的产氧作用使根区含氧量增加，促进污水重金属的氧化和沉降，还可通过植物挥发、甲基化等作用达到对污水和受污染土壤的生物修复。

3）微生物净化

湿地微生物主要有菌类、藻类、原生动物和病毒，由于生物化学反应大多是在微生物和酶的相互作用下进行的，所以微生物在人工湿地污水处理系统中起着极其重要的作用。其中，人工湿地中的氮主要是通过微生物的硝化和反硝化作用去除，植物对无机氮的吸收只占 8%～16%，其他如氮的挥发、基质的吸附和过滤也只占一小部分。含硝污水中有机物的降解和转化主要是由湿地微生物活动来完成的，有机物通过沉淀过滤吸附作用很快被截留，然后被微小生物利用；可溶性有机物通过生物膜的吸附和微生物的代谢被去除。微生物也能分解污水中的硫化物，有机硫化物经矿质化被分解成硫化氢、硫酸，它们与土壤中的各种离子结合形成无机硫化物。无机硫化物部分会被植物吸收利用，也有一部分会在反流化细菌的作用下经反硫化作用形成硫化氢，硫化氢再逸出湿地或又参与硫化作用。

湿地微生物还具有吸附作用。在微生物生长过程中，需要吸收一些营养元素和重金属以保证生长和代谢，它们分泌的高分子聚合物，对重金属有较强的络合力。它们还可通过胞外络合作用、胞外沉淀作用固定重金属，把重金属转化为低毒状态。

4）水生动物净化机制

人工湿地中的水生动物有提高土壤通气透水性能和促进有机物的分解转化的生态功能。底栖动物螺蛳、螃蟹、小型软体动物、摇蚊幼虫、水蚯蚓、贝壳等和淡水鱼虾形成湿地生态系统食物链的消费者。水中的浮游生物是鱼类的饵料，通过改变鱼类的数量结构来操纵植食性浮游动物的群落结构，促进滤食效率高的植食性浮游动物生长，进而降低藻类生物量，改善水质。蚌类的增多可使水质变清，从而为轮藻类植物的大量生长提供有利条件，为草食性水禽提供食物，扩大水禽的数量及停留时间。

3. 人工湿地应用实例

运用人工湿地处理污水可追溯到1903年，英国约克郡Earby建立了世界上第一个用于处理污水的人工湿地。20世纪70年代后，人工湿地技术被广泛应用于各种污水的处理，特别是在一些发展中国家。由于低成本、易操作和维护等原因，人工湿地技术被大力推广。

国内最早将人工湿地技术引入城市绿地建设是在深圳的洪湖公园。1997年深圳市环境科学研究所在深圳市洪湖公园建成了人工湿地研究试验基地，并于1999年设计了洪湖公园人工湿地系统水质净化工程。它通过净化严重受污染的河水补充到景观湖泊，从而使污水得到回用。此外，1998年成都建立了以人工湿地技术处理污水的环境科学主题公园——活水公园。此后上海梦清园、长春南湖公园、北京奥林匹克森林公园、东莞生态园等都相继建设了人工湿地系统。

阅读材料：成都活水公园

——依互联网资料整理

成都活水公园坐落于成都市中心府南河畔，占地24000多平方米，是一个具国际知名度的环境治理的成功案例，界上第一座以水为主题的城市生态环境公园。园中庞大的水处理工程，大大改善了府南河的水质，也因此让市民亲眼目睹水由污变清的自然进程并为之骄傲。水源取自府河水，依次流经厌氧池、流水雕塑、兼氧池、植物塘、植物床、养鱼塘等水净化系统，或涓涓细流，或激情跌宕，变幻出多姿多彩，并发生质的变化，向人们演示了水与自然界由“浊”变“清”、由“死”变“活”的生命过程。园内的中心花园雕塑喷泉、自然生态河堤、“黄龙五彩池”等自然风景和几十种水生植物、观赏鱼类巧妙融合在一起，集教育、观赏、游戏为一体，使人们在走近自然、融入自然的过程中，充分体验到大自然的美妙与神奇。

活水公园的规划设计和府南河的环境治理修复工程，是由成都市政府组织国内外有关专家、地方有关部门施行的一次国际间的通力协作，参与者有府南河管理部门、园林部门、建设部门、规划部门、防灾部门的雕塑家、湿地生态学家，还有美国环境艺术家、擅长于水处理项目的Besty Damon；景观设计是由Magie Rulldick，她特别擅长于生态景观规划设计项目。这种非凡的合作模式十分必要和有利。环境问题已跨越了国界，超越了专业界线。

人工湿地塘床生态系统为活水公园水处理工程的核心，由6个植物塘、12个植物床组成。污水在这里经沉淀、吸附、氧化还原、微生物分解等作用，达到无害化，成为促进植物生长的养分和水源。此外，对系统中的植物、动物、微生物及水质的时空变化设有几十个监测采样管，便于采样分析，为保护湿地生态及物种多样性的研究提供了实验场地。人工湿地的塘床酷似一片片鱼鳞，呼应了公园的总体设计。其中种植的漂浮植物有浮萍、紫萍、凤眼莲等；挺水植物有芦苇、水烛、茭白、伞草等；浮叶植物有睡莲，沉水植物有金鱼藻、黑藻等几十种，与自然生长的多类鱼、昆虫和两栖动物等构成了良好的湿地生态系统和野生动物栖息地。既有分解水中污染物和净化水体的作用，又有很好的知识性和观赏性。

3.4.4　环境污染生态修复技术

环境修复（environmental remediation）是研究对被污染的环境采取物理、化学与生物学技术措施，使存在环境中的污染物质浓度减少或毒性降低或完全无害化，使得环境能够部分或者全部的恢复到原始状态。环境污染修复的目的是转移或转化环境（主要指土壤和水体环境）中的有毒有害污染物，消除或减弱污染物毒性，恢复或部分恢复环境的生态服务功能。由于环境污染大多属于复合污染，通常需要用多种方法联合进行修复。两种乃至多种方法的组合已难以用单一的物理、化学、生物名称来描述。用一种统一的方法涵盖多种修复方法，注重系统内在修复功能同外加修复功能的有机结合及环境生态服务功能的全面恢复是环境污染修复的发展趋势。

生态修复（ecological remediation）是指在生态学原理的指导下，以广义的生物修复（包括微生物修复、植物修复、动物修复和酶学修复）为基础，结合各种物理、化学、工程技术等措施，通过优化组合，使之达到最佳效果和最低耗费的一种综合的修复污染环境的方法。也就是说，生态修复是根据生态学原理，利用特异生物（如修复植物或专性降解微生物等）对环境污染物的代谢过程，并借助物理修复与化学修复及工程技术的某些措施加以强化或条件优化，使污染环境得以修复的综合性环境污染治理技术。生态修复尽管以生物修复为基础，但不同于生物修复。生物修复是利用具有净化功能的生物和微生物对污染物消减和净化，是单纯的生物修复；而生态修复则强调通过调节如土壤水分、土壤养分、土壤pH和土壤氧化还原状况和气温、湿度等生态因子，实现对污染物所处环境介质（水、气、土、生等）的调控，发挥生物净化功能。

在生态修复的研究和实践中，涉及的相关概念有生态恢复、生态重建、生态改建、生态改良等。学术上用得比较多的是“生态修复”和“生态恢复”。生态恢复（ecological restoration 或 eco-restoration）是指对生态系统停止人为干扰，以减轻负荷压力，依靠生态系统的自我调节能力与自我组织能力使其向有序的方向进行演化，或者利用生态系统的这种自我恢复能力，辅以人工措施，使遭到破坏的生态系统逐步恢复或使生态系统向良性循环方向发展；主要指致力于那些在自然突变和人类活动影响下受到破坏的自然生态系统的恢复与重建工作，恢复生态系统原本的面貌，如废弃矿山的生态恢复、退化生态系统的恢复等。

国外有一种看法认为“生态修复”即“生态恢复”，实际上二者既有共同点又有区别。前者常用于环境保护领域，后者常用于自然保护领域；前者更适于环境介质，而后者多针对生态系统；前者针对污染进行修复，后者主要针对退化进行恢复。从广义上讲，污染也是一种退化，但前者主要以降低污染物浓度为目标，后者主要以植被重新建设为目标。

1. 生态修复的原理

1）生物方法与物理和化学方法优化组合原理

实际情况下的环境污染多属于复合污染，其修复要靠多种方法共同完成。传统的修复方法中，通常是将物理和化学方法作为生物方法的辅助，而生物修复是主体部分，修复目标最终要靠生物修复方法来实现。在生态修复中，生物修复的作用仍然十分重要，但不同方法之间的组合服从工艺优化原则。化学-生物联合修复是具有潜力的修复方式。对于植物修复来说，使用螯合剂释放被土壤牢固吸附的重金属，可大幅度地提高植物对重金属的吸收和富集能力，达到提高植物修复效率的目的；对于高浓度有机污染土壤，表面活性剂可提高有机污染物的生物可利用性，提高微生物的修复效率。生态修复强调优化组合，以获得最快的修复效果。

2）生态系统自净功能的激活原理

土壤-植物系统在一定条件下对环境污染具有净化作用。它是一个强有力的活过滤器，在整个生物圈中这里的有机体密度最高，生命活动最为旺盛。由于土壤生物的多样性，土壤系统可通过一系列生物地球化学过程，对环境介质中的污染物质实现自净。然而，当污染负荷超过土壤系统本身的净化容量时，该功能将被钝化甚至消失。人为强化、激活土壤系统的净化功能，并实现同外加净化功能的耦合，可使修复效率大大提高。自我净化功能激活的途径可概括为：通过污染物脱毒途径减轻对净化生物的毒害；通过投加营养物改善营养状况；通过调控环境因子改善修复条件。

3）生态因子调控原理

生态因子调控是环境污染修复的必要前提，是生态修复的基本特征，是强化修复效果的重要手段。因此，大部分污染修复研究都考虑生态因子的调控。生态因子可分为生物因子与非生物因子，其中，非生物因子即环境因子，包括营养盐、温度、pH、水分、有害物质浓度和静压力等。每种生物对影响其生长和活动的环境均有一定耐受范围，如果条件超出这种范围，就难以发生对污染物的生物降解作用。生物因子主要是生物之间的协同作用。许多生物降解作用需要多种生物的合作，这种合作在最初的污染物转化和后期的矿化作用中都可能存在。生物协同机制包括：提供生长因子，即一种或多种生物向其他生物提供生长必须物质；分解不完全降解物质；分解共代谢产物和有毒产物，改善其他生物生存的条件，捕食有害生物等。

2. 生态修复的原则

生态修复属于生态工程范围，现代生态学的 3 个基本原则可以很好地用来描述生态修复的基本特征。

1）整体优化

在现代生态学中，整体优化具有协调性、高效性与稳定性三重意义。在环境污染生态修复工艺中，不同方法的选择和匹配实现优化，系统内在净化功能与外加净化功能有机结合，方法之间的连接通过耦合实现，具有整体协调性。生态修复高效利用资源，具有能量消耗低和修复周期短的特点。生态修复工艺的稳定性体现在两个方面：一方面表现为抗逆性与耐冲击性；另一方面表现为环境无害与生态安全。整体优化在一定程度上淡化了预处理与主处理的区分，而强调整体修复的效果。它可以是几种不同方法的组合，其修复效果通过生态因子调控实现优化。

2）循环再生

生产力的飞速发展大大加速了资源的消耗速度，特别是对于不可更新或难以更新资源，循环再生是其可持续利用的唯一途径。因此，在环境污染生态修复中，修复的目标已不仅仅是污染物浓度的降低，还包含了修复对象生态服务功能的恢复。这种服务功能由于环境的长期污染或物理和化学修复过程而受到影响，生态修复必须将生态功能恢复考虑在内。生态服务功能恢复的过程中生物方法通常起着极为重要的作用，有时会持续相当时间，可称为后修复阶段。这也是生态修复能够涵盖物理和化学方法的主要依据。

3）区域分异

生态修复是一个客观存在的生态工程工艺实体，与所处地域自然环境和污染特征密切联系。时空变化和不同的环境条件产生不同的生态修复工艺，表现出不同的工艺组合、工艺参数与调控方法。制定环境污染修复目标也应该考虑自然条件和修复的用途。合理的修复目标与经济技术指标是实现环境、社会和经济效益统一的前提。一些国家污染控制指标中已把土壤和水体分为敏感利用型和非敏感利用型。对于修复目标来说，这是远远不能满足要求的。修复后的土壤可以有农业、工业、民用建筑和景观等多种用途，而农业用途又可分为经济作物和粮食种植等。根据区域分异原则制订多级修复基准，是环境污染生态修复的重要研究内容，具有重要意义和很强的挑战性。

3. 生态修复的监控

生态修复是建立在生物对污染物产生有效作用的基础上，因此外界条件如温度、厌氧条件、营养物质等对生物发挥这种有效作用有重要影响。此外，在修复过程中有机污染物的不完全降解和次生污染是客观存在的，并可能产生更加有毒的物质，因此也对这种作用产生影响。修复措施不当，也会使污染物及毒性中间产物产生扩散，带来新的风险。所以，在实施生态修复的过程中应对修复过程进行监控，修复过程的控制可分为两个方面：一是对修复过程中有效生物作用因子变化的监控；二是对修复过程中污染物及中间产物的监控。

以多氯二苯并-对-二噁英（PCDDs）为例，其毒性与取代氯的个数及取代位置不同而有差异。其中，2,3,7,8-四氯二苯并-对-二噁英（2,3,7,8-TCDD）是迄今人类已知的毒性最强的污染物。国际癌症研究中心已将 2,3,7,8-TCDD 列为人类一级致癌物。如果不仅 2、3、7、8 位置上被 4 个氯原子所取代，其他 4 个取代位置上也被氯原子取代，那么随着氯原子取代数量的增加，其毒性将会有所减弱。也就是说，八氯二苯并-对-二噁英（OCDD）的逐步脱氯过程中如果优先脱去的不是 2、3、7、8 位上的氯原子，其中间产物的毒性将逐步增加。由于环境二噁英类主要以混合物的形式存在，在对二噁英类的毒性进行评价时，国际上常把各同类物折算成相当于 2,3,7,8-TCDD 的量来表示，称为毒性当量（toxic equivalent quantity，TEQ）。为此引入毒性当量因子（toxic equivalency factor，TEF）的概念，即将某 PCDDs 的毒性与 2,3,7,8-TCDD 的毒性相比得到的系数。样品中某 PCDDs 的质量浓度或质量分数与其毒性当量因子 TEF 的乘积，即为其毒性当量质量浓度或质量分数，而样品的毒性大小就等于样品中各同类物 TEQ 的总和。

思　考　题

1. 生态系统由哪些主要成分组成？其中生物组分的地位和作用是什么？
2. 请简述生态系统的功能特性。
3. 简述生态系统的分类，说明湿地生态系统的特征。
4. 结合生态系统的生态效率，解释为什么一般营养级个数限于3～5个？
5. 简述人类干预生态系统物质循环可能产生的环境问题及保护对策。
6. 如何理解生态平衡？生态平衡失调的标志是什么？
7. 城市生态系统和自然生态系统有哪些不同？你对“生态城市”是怎样理解的？
8. 环境生态工程与环境工程有什么不同？前者有什么优点？
9. 我国环境生态工程有哪些类型？试简述1个实例。
10. 简述人工湿地对污染物的净化机制。
11. 简述环境污染生态修复的原理和原则。

主要参考文献

白晓慧. 2008. 生态工程: 原理及应用[M]. 北京: 高等教育出版社.
达良俊, 田志慧, 陈晓双. 2009. 生态城市发展与建设模式[J]. 现代城市研究, (7): 11-17.
冯瑛. 2007. 我国生态城市建设的模式与对策[D]. 西安: 西北大学.
韩宝平, 王子波. 2013. 环境科学基础[M]. 北京: 高等教育出版社.
黄肇义, 杨东援. 2001. 国外生态城市建设实例[J]. 国外城市规划, (3): 35-38.
金岚, 王振堂. 1992. 环境生态学[M]. 北京: 高等教育出版社.
鞠美庭, 邵超峰, 李智. 2010. 环境学基础[M]. 2版. 北京: 化学工业出版社.
孔海南, 吴德意. 2015. 环境生态工程[M]. 上海: 上海交通大学出版社.
李培军, 孙铁珩, 巩宗强, 等. 2006. 污染土壤生态修复理论内涵的初步探讨[J]. 应用生态学报, 17(4): 747-750.
刘凯, 张健, 杨万勤, 等. 2011. 污染土壤生态修复的理论内涵、方法及应用[J]. 生态学杂志, 30(1): 162-169.
刘克峰, 张颖. 2012. 环境学导论[M]. 北京: 中国林业出版社.
卢升高. 2010. 环境生态学[M]. 杭州: 浙江大学出版社.
鲁敏, 孙友敏, 李东. 2011. 环境生态学[M]. 北京: 化学工业出版社.
马交国, 杨永春, 刘峰. 2005. 国外生态城市建设经验及其对中国的启示[J]. 世界地理研究, (1): 61-66.
钱易, 唐孝炎. 2010. 环境保护与可持续发展[M]. 2版. 北京: 高等教育出版社.
孙铁珩, 周启星. 2002. 污染生态学研究的回顾与展望[J]. 应用生态学报, 13(2): 221-223.

杨京平. 2011. 环境生态工程[M]. 北京: 中国环境科学出版社.
殷培杰, 李培军. 2007. 生态修复过程中的若干问题——以 POPs 污染土壤为例[J]. 生态学报, 27(2): 784-792.
周启星, 魏树和, 刁春燕. 2007. 污染土壤生态修复基本原理及研究进展[J]. 农业环境科学学报, 26(2): 419-424.
周启星, 魏树和, 张倩茹. 2006. 生态修复[M]. 北京: 中国环境科学出版社.
Mtsch W J, Jorgensen S E. 1989. Ecological Engineering: An Introduction to Ecotechnology [M]. New York: John Welly & Sons.
Odum H T. 1993. 系统生态学[M]. 蒋有绪等译. 北京: 科学出版社.

第 4 章　水环境及污染控制

本章导读： 本章简要介绍了水资源的概况、水体自净能力及主要的水质指标和水质标准，分析了水体污染的来源及主要污染物质，介绍了国内外水污染现状及其危害，总结了物理、化学和生物法常用水处理技术的原理及应用范围，列举了城市生活污水、典型工业废水和生活饮用水等常见水处理的工艺流程，最后针对饮用水安全、酸性矿山废水污染和海洋污染问题展开了分析讨论。

4.1　水环境与水资源

水是地球上万物的命脉所在，是人类生活和生产不可缺少的基本物质之一。水滋润万物、哺育生命、创造文明。世界上四大文明古国，无一不是沿着河水诞生，随着波涛发展的。在人类进入 21 世纪的新纪元，水的价值要比在历史上任何时代都显得珍贵。然而，由于地球上人口不断增多，造成全球生活用水量剧增，加之环境污染导致水质恶化等原因，目前世界上已有 60%的地区水资源不足，有 40%的国家出现水荒。因此，合理利用和保护水资源成为世界各国关注的焦点之一。

4.1.1　天然水体

1. 水体的含义

水体一般指地球的地面水与地下水的总称。地面水是指河水、湖水、海洋水等。在环境科学中，水体的概念则是指地球上的水及水中的悬浮物、溶解物质、底泥和水生生物等完整的生态系统，而水只是水体中液态状的部分。

在环境污染研究中，区分“水”与“水体”的概念十分重要。例如，重金属污染易于从水中转移到底泥中，水中重金属含量一般都不高，若着眼于水，似乎未受到污染，但从水体看，可能受到较严重污染。一旦降雨，河流水位上涨，底泥由于随水紊动被冲起，从而使水体的重金属含量骤然增加，使水重新受到污染。

2. 天然水体的水质

水是自然界中最好的溶剂，完全纯净的水是不存在的。天然水在循环过程中不断地和周围物质接触，并且或多或少地溶解了一些物质，使天然水成为一种溶液，并且是成分极其复杂的溶液。因此可以认为，自然界不存在由 H_2O 组成的“纯水”。不同来源的天然水由于自然背景不同，其水质状况也各不相同，图 4-1 列出了天然水中含有的各种物质。

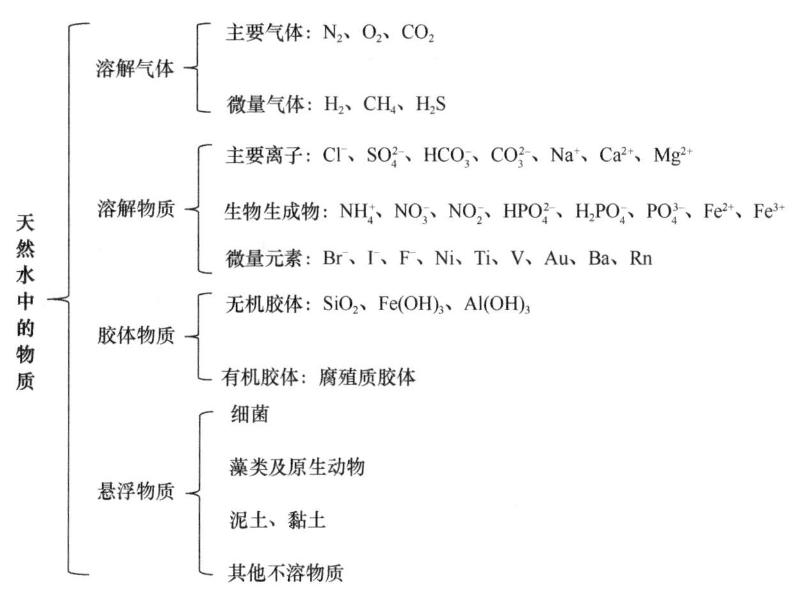

图 4-1　天然水中含有的各种物质

天然水的水质是在特定的自然条件下形成的，它溶解了某些固体物质和气体。这些物质多以分子态、离子态或胶体微粒状态存在于水中，它们组成了各种水体的天然水质。受到人类活动影响的水体，其水中所含的物质种类、数量、结构均会与天然水质有所不同。以天然水中所含的物质作为背景值，可以判断人类活动对水体的影响程度，以便及时采取措施，保护水资源。

4.1.2　水资源

1. 水资源概述

广义的水资源，指地球上水的总体。狭义的水资源，指不同于自然界的水体，它仅仅是指在一定时期内能被人类直接或间接开发利用的那一部分动态水体。这种开发利用，不仅目前在技术上可行、经济上合理，而且对生态环境可能造成的影响也是可接受的。这种水资源主要指河流、湖泊、地下水和土壤水等淡水。地球上水的总储量约为13.9亿km^3，其中约97%为海水，不能直接为人类利用。而淡水的总量仅为0.36亿km^3，不足地球水量的3%。淡水有77.2%是以冰川和冰盖的形式存在于极地和高山上，也难以为人类直接利用；22.4%为地下水和土壤水，其中2/3的地下水深埋在地下深处；江河、湖泊等地面淡水的总量大约有13万km^3，仅占淡水总量的0.36%（分布情况见表4-1），可见供人类直接利用的淡水资源是十分有限的。

表4-1　地球上淡水资源分布（%）

冰盖、冰川	地下水、土壤水	湖泊、沼泽	大气	河流
77.2	22.4	0.35	0.04	0.01

随着经济的发展和人口的增加，世界用水量也在逐年增加。2000年，全球用水总量已达6110km^3，占总径流量的13%。但是可供人类利用的水资源并没有相应的增加，反而由于人为污染等原因造成水资源质量和数量的下降。据估计，全球范围内，可用水量与总需水量在2030年前处于供大于求，2030年为分界点，2030年后进入供不应求的水资源危机阶段。

2. 水资源的特点

水资源是在水循环背景上、随时空变化的动态自然资源，它有与其他自然资源不同的特点。

1）水的多功能性

水资源在维持人类生命、发展工业、农业生产、维护生态环境等方面具有不可替代的作用。水可用于灌溉、发电、供水、航运、养殖、旅游、净化水环境等各方面，水的广泛用途决定了水资源开发利用的多功能特点。

2）可循环性和有限性

地球上存在着复杂的、大体上以年为周期的水循环，当年水资源的耗用或流逝，又可为来年的大气降水所补给，形成了资源消耗和补给间的循环性，使得水资源不同于矿产资源，具有可恢复性，是一种再生性自然资源。

但是随着社会经济发展，人类对水资源的需求越来越大，而可供人类利用的水资源量却基本不会增加，水资源的超量开发消耗或动用区域地表、地下水的静态储量，必然造成超量部分难于恢复甚至不可恢复，从而破坏自然生态环境平衡。同时，由于人类的污染等因素，可使水质变差，导致水质性水资源量减少。因此，水循环过程的无限性和再生补给水量的有限性，决定了水资源在一定限度内的量是有限的，并非“取之不尽，用之不竭”。

3）时空变化的不均匀性

水资源时间变化上的不均匀性，表现为水资源量年际、年内变化幅度很大。区域年降水量因水汽条件、气团运动等多种因素影响，呈随机性变化，使得丰、枯年水资源量相差悬殊，丰、枯年交替出现，或连旱、连涝持续出现都是可能的。水资源的年内变化也很不均匀，汛期水量集中，不便利用，枯季水量锐减，又满足不了需求，而且各年年内变化的情况也各不相同。水资源量的时程变化与需水量的时程变化的不一致，是另一种意义上的时间变化不均匀性。

水资源空间变化的不均匀性，表现为资源水量和地表蒸发量的地带性变化而分布不均匀。水资源的补给来源为大气降水，多年平均年降水量的地带性变化，基本上规定了水资源量在地区分布上的不均匀性。水资源地区分布的不均匀，使得各地区在水资源开发利用条件上存在巨大的差别。水资源的地区分布与人口、土地资源的地区分布不相一致，是有一种意义上的空间变化不均匀性。

水资源时空变化的不均匀性，使水资源利用要采取各种工程的和非工程的措施，或跨地去调水，或调节水量的时程分配，或抬高天然水位，或制订调度方案等，以满足人类生活、生产的需求。

4）水资源开发利用的两面性

由于降水和径流的地区分布不平衡和时程分配不均匀，往往会出现洪涝、旱灾等自然灾害。开发利用水资源的目的是兴利除害、造福人民。如果开发利用不当也会引起人为灾害，如垮坝事故、水土流失、次生盐渍化、水污染、地下水枯竭、地面沉降、诱发地震等。水的开发利用和可能引起的灾害，说明水资源具有利和害的两重性。因此，开发利用水资源必须重视其两重性这一特点，严格按自然和社会经济规律办事，从而达到兴利除害的双重目的。水资源不只是自然之物，而且有商品属性。一些国家都建立了有偿使用制度，在开发利用中受经济规律制约即体现出水资源的社会性和经济性。

3. 中国的水资源

中国水资源的总补给是大气降水。我国地表多年平均降水总量约为 62000 亿 m^3，年平均降水量 648mm。地表水平均年资源量约为 27000 亿 m^3，地下水平均年资源量约为 8300 亿 m^3，扣除重复计算水量约为 7300 亿 m^3，平均年水资源总量约为 28000 亿 m^3。我国人均水资源量约为世界人均水平的 1/4，是一个水资源贫乏的国家，人均水资源量已逼近甚至低于联合国可持续发展委员会确定的 1750m^3

用水紧张线。根据国际公认的标准，自 2000 年以来，我国人均水资源大约在 2000m^3，总体来看属于中度缺水。并且我国水资源分布不均衡，与人口、土地和经济布局不相匹配。近年来，我国极端气候频繁发生，地区间水资源分布不均的矛盾加剧。今后我国水资源短缺问题将日趋突出。

1）中国水资源的特点

第一，水资源总量不少，但人均和单位耕地占有水平很低。多年平均降水总量约为 6.2 万亿 m^3，折合降水深度为 648mm，低于全球平均深度约 20%。我国河川径流量（地表水资源量）居世界第 6 位，次于巴西、俄罗斯、加拿大、美国和印度尼西亚，多年平均径流总量为 2.7 万亿 m^3，平均年径流深 284mm，低于全球平均水平（314mm）。人均占有河川径流量仅为世界人均占有量的 1/4，单位耕地占有河川径流量仅为世界占有量的 3/4。

第二，水资源地区分布很不均匀，水、土资源的配置不平衡。中国水资源南多北少、相差悬殊。南方长江、珠江、浙闵台诸河、西南各省诸河平均年径流深超过 500mm，其中浙闵台诸河超过 1000mm，淮河流域平均年径流深 225mm，而黄河、海河、辽河、黑龙江 4 个流域片平均年径流深仅为 100mm，内陆诸河平均年径流深更小，仅为 32mm。我国水资源的地区分布与人口、土地资源的配置很不平衡。长江及以南地区，耕地占全国的 36%，人口占全国的 54.4%，拥有水资源量却占全国的 81%，特别是其中西南诸河流域耕地只占全国的 1.8%，人口只有全国的 1.5%，而水资源量却占全国的 20.8%，人均占有水资源量为全国平均占有量的 15 倍。淮河及其以北地区，耕地面积占全国的 64%，水资源仅占全国水资源总量的 19%，人均占有水资源量占全国的 19%。辽河、海河、黄河、淮河 4 个流域片耕地为全国的 45.2%，人口为全国的 38.4%，而水资源量仅占全国的 9.6%。

第三，水资源年际、年内变化大，涝旱灾害频繁。由于我国大部分地区受季风影响，水资源的年际、年内变化较大。我国南方地区最大年降水量与最小年降水量的比值达 2～4，北方地区达 3～6；最大年径流量与最小年径流量的比值，南方为 2～4，北方为 3～8。我国每年的大部分水资源量集中在汛期，以洪水形式出现，资源利用困难且易造成洪涝灾害。南方汛期水量可占年水量的 60%～70%，北方汛期水量可占年水量的 80%以上，集中程度超过欧美大陆而与印度相似。南方伏秋干旱，北方冬春干旱，降水量少、河道枯竭（北方有的河流断流）、造成旱灾，如果遇到持续干旱年份，地下水为大幅度下降，有的地区不仅农作物失收、工业限产，连人畜饮水都成问题，旱灾更为严重。我国水资源量的年际差别悬殊和年内变化剧烈，是我国农业生产不稳定、水旱灾害频繁的根本原因，也是我国水资源供需矛盾尖锐的主要原因。

第四，雨热同期是我国水资源的突出优点。我国水资源和热量的年内变化具有同步性，称为雨热同期。每年 3～5 月以后气温持续上升，雨季也大体在这个时候来临，水分、热量条件的同步来临有利于农作物生长。这也是我国以占世界 6.4%的土地面积和 7.2%的耕地养活了约占世界 20%人口的一个重要自然条件。当然，雨热同期只是就全国宏观情况而言的，如南方有的地区 7～9 月农作物生长旺盛、高温少雨，则是主要的干旱期。

第五，水污染蔓延，极大地减少了水资源的可利用量。多年来，我国水资源质量不断下降，水环境持续恶化，由污染导致的缺水和事故不断发生，不仅使工厂停产、农业减产甚至绝收，而且造成了不良社会影响和较大经济损失，严重威胁社会可持续发展，威胁人类生存。

2）中国的水资源短缺

经济和社会的发展产生巨大的用水需求，伴随我国经济持续快速发展和人口规模的不断增长，2000～2012 年全国用水总量呈现不断增长的趋势。根据国家统计局数据，2012 年全国用水总量 6141.80 亿 m^3，其中生活用水占比 11.87%、工业用水占比 23.18%、农业用水占比 63.18%、生态用水占比 1.77%。其中，我国居民生活用水量从 2000 年的 574.9 亿 m^3 增长到 2012 年的 728.8 亿 m^3，年复合增长率为 2.00%，城市化率是居民生活用水需求增加的主要动力，伴随我国人口增长、城市化率和生活水平提高，预计我国居民生活用水需求量在未来较长时期内仍会不断增长。工业用水量从 2000 年的 1139.1 亿 m^3 增长到 2012 年的 1423.9 亿 m^3，年复合增长率为 1.88%，工业发展是拉动用水需求的动力之一，石化、电力、造纸、钢铁、纺织、煤炭等行业均是工业用水大户。

水资源短缺指水资源相对不足不能满足人们生产生活和生态需要的状况。随着经济发展和人口增加，人类对水资源的需求不断增加，加之对水资源的不合理开采和利用，很多国家和地区出现不同程度的缺水问题，这种现象称为水资源短缺。我国是一个干旱缺水比较严重的国家。当前，日益增长的需水要求，社会水循环过程中的浪费和污水的超量排放及水利工程的建设与管理滞后等原因导致我国水资源短缺存在着资源型短缺和水质型短缺两种形式。我国京津、华北地区、西北地区、辽河流域、辽东半岛、胶东半岛等地区都是资源型缺水区域。按照人均水资源占有量 1000 m^3 作为水资源短缺的判定标准，2009 年我国的缺水地市有 134 个，主要分布在辽河流域、海河流域、黄河流域和淮河流域；按照地理分区主要分布在东北、华北、华东地区、在西北地区也有少量分布。按照国家标准，地表水水质分为五类，其中作为饮用水水源的水质必须达到Ⅲ类水以上。水质型缺水现象的出现主要由于大量排放废污水造成水质劣于Ⅲ类而不能被饮用。水质型缺水往往发生在丰水区，是沿海经济发达地区面临的共同难题。如珠江三角洲、长江三角洲尽管水量丰富，虽然身在水乡，但由于河道水体、受污染冬春枯水期又受咸潮影响，清洁水源严重不足。在对2009年我国缺水区域特点进行分析的基础上，水质型缺水区域主要分布在珠江三角洲的广东、长江三角洲的苏州、上海、南京、扬州、绍兴、宁波、杭州、无锡、常州、嘉兴、湖州等地。

4.1.3 水循环

地球上各种形态的水都处于不断运动和相互转换之中，形成了水循环（water cycle）。水循环直接涉及自然界中一系列物理、化学和生物过程，对人类社会的生产、生活和整个地球生态都有重要意义。

1. 水的自然循环

从全球整体角度来说，这一循环过程可以设想为从海洋蒸发开始，蒸发的水汽升入空中并被气流输送至各地，大部分仍留在海洋上空，少部分被气流输送深入内陆，在适当条件下这些水汽凝结成降水。其中，海面上空的降水直接回归海洋，降落到陆地表面的雨雪除重新蒸发升入空中的水汽外，一部分成为地面径流补给江河、湖泊；另一部分渗入土壤和岩层中，转化为壤中流和地下径流。地表径流、壤中流和地下径流最后都流入海洋，构成全球性统一的、连续有序的动态水循环大系统（图 4-2）。

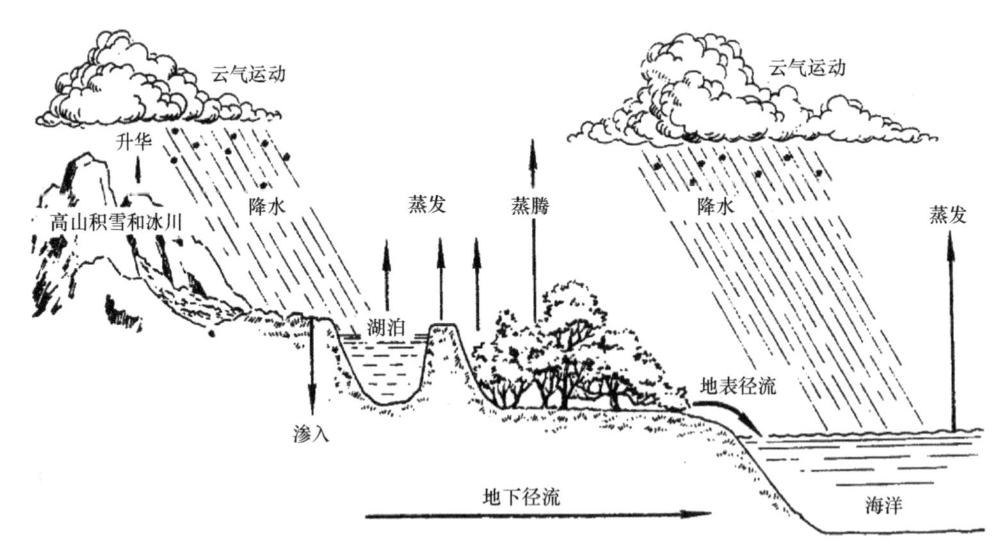

图 4-2 水的自然循环过程示意图

通常按水循环不同途径和规模，可将全球水循环区分为大循环和小循环。从海洋蒸发的水汽被气流带到陆地，遇冷凝聚而以降水方式落到地面。降落的水一部分被蒸发而回到空中，一部分形成地表径流汇入江河、流归海洋。这种海洋与陆地之间的水迁移和交换的现象称为大循环。

从海洋表面蒸发变成的水汽升到空中，遇冷凝聚后又降落到海洋上，或者从陆地上蒸发成水汽上升到空中，遇冷凝聚后又降落到陆地上，这种海洋内部或陆地内部的水迁移和交换的现象称为小循环。

水的大循环和小循环实际上并不是截然分开的，而是互相联系的，小循环往往包含在大循环内部。水循环的总趋势是海洋向陆地输送水汽，而陆地的一部分径流又流回大海。在水的循环过程中，地球上的大气圈、水圈和岩石圈之间，通过蒸发、降水、下渗等形式也参与水的交换。

2. 水的社会循环

人类社会为了生产和生活需要，从居住区附近的天然河流、湖泊等水体取水，供人们用于工业、农业和日常生活，用过的水又排回天然水体。由于在这一过程中人类所用的水取之于附近水体又还之于附近水体，因此形成一种受人类社会活动作用的水循环，这即是水的社会循环。

在水的社会循环过程中，部分水被消耗性地使用掉，而其他的水则成为带有许多废弃物的污水被排放到天然水体中，从而导致一定程度的污染。而一般天然水体都是一个生态系统，对排入的废弃物有一定的净化能力，被称为水体的自净能力。但是，随着社会循环的水量不断增大，排入水体的废弃物也不断增多，一旦超出水体的自净能力水质就会恶化，从而使水体遭到污染。受污染的水体将丧失或部分丧失其使用功能，从而影响水资源的可持续利用并进而加剧水资源短缺危机。因此，用后的污水应该经过排水系统妥善处理才能进行排放。

4.2　水环境质量

4.2.1　水体自净

一切生态系统都有一个动态平衡系统，水体环境也是一个具有自我调节、自我平衡能力的系统。污染物质进入天然水体后，污染物参与水体中物质转化和循环过程，通过一系列物理、化学和生物因素的共同作用，将其分离或分解，使排入的污染物质的浓度和毒性自然降低，使水体基本上或完全地恢复到原来的状态，恢复原有的生态平衡，这种现象称为水体的自净（water self-purification）。但是在一定的时间和空间范围内，如果污染物质大量排入天然水体并超过了水体的自净能力，就会造成水体污染。水体的自净作用按其净化机制可分为以下三类。

（1）物理净化：天然水体的稀释、扩散、沉淀和挥发等作用，使污染物质的浓度降低。

（2）化学净化：天然水体中通过氧化、还原、酸碱反应、分解、凝聚、中和等作用，污染物质的存在形态发生变化，并且浓度降低。

（3）生物净化：有机物进入水体后在微生物的氧化分解作用下，分解为无机物而使污染物浓度降低的过程，称为生物净化。水体的生物自净过程需要消耗氧，因此生化自净过程实际上包括了氧的消耗和氧的补充两方面的过程。水体自净过程中物理、化学和生物净化过程是同时起作用的。认识水体的自净过程，可以对水体的自净能力和纳污能力及水体环境变化做出客观的估价。

图 4-3 表示有机物的生化降解过程。以某条受污染的河流为例，0 点为废水进入水体的起始点。上游未受污染的清洁河段 BOD_5［5 日生化需氧量（biochemical oxygen demand，BOD）］很低，溶解氧（dissolved oxygen，DO）接近饱和点。废水流入水体后，废水中的有机物在微生物的作用下氧化分解，BOD_5 逐渐降低。有机物的微生物氧化分解过程要耗氧，由于大量的有机物的分解，耗氧速率大于复氧速率，DO 也随之下降，当河水流至河流下游的某一段，DO 降至最低点。此时耗氧速率与复氧速率处于动态平衡。经过最低点后，耗氧速率因有机物浓度的降低而小于复氧速率，DO 开始逐渐回升，最后恢复到废水流入水体前的 DO 水平。

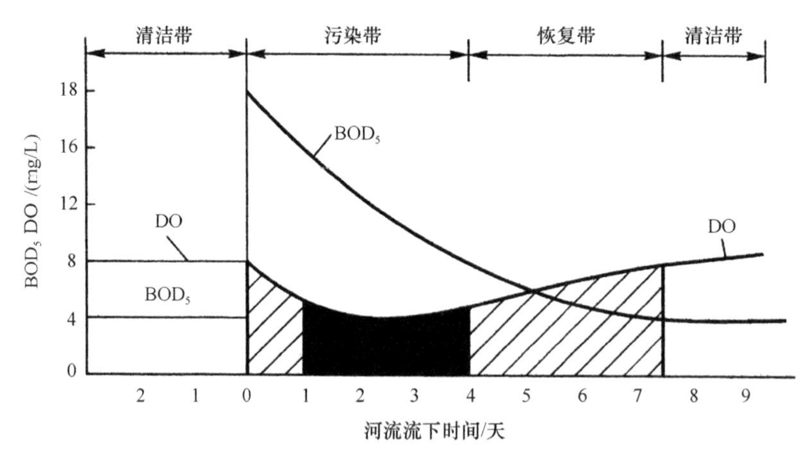

图 4-3　河流中 BOD_5 和 DO 的变化曲线图

图 4-3 中的曲线又称为“氧垂曲线”。曲线的变化反映废水排入河流后溶解氧的变化和河流的自净过程及最缺氧距离受污点的位置，可作为控制河流污染的基本数据和制订治污方案的依据。

4.2.2　水环境容量

水体所具有的自净能力就是水环境接纳一定污染物的能力。一定水体所能容纳污染物的最大负荷称为水环境容量，即某水域所能承担外加的某种污染物的最大允许负荷量。它与水体所处的自净条件（如流量、流速等）、水体中的生物类群组成、污染物本身的性质等有关。一般污染物的物理化学性质越稳定，其环境容量越小；耗氧性有机物的水环境容量比难降解有机物的水环境容量大得多；而重金属污染物的水环境容量则甚微。

水环境容量与水体的用途和功能有十分密切的关系。水体功能越强，对其要求的水质目标越高，其水环境容量必将减小；反之，当水体的水质目标不严格时，水环境容量可能会大些。正确认识和利用水环境容量对水污染的控制有着重要的意义。

4.2.3　水质指标

水质是指水与水中杂质共同表现的综合特征。水中杂质具体衡量的标准称为水质指标。水质指标可分为物理指标、化学指标和生物指标。水质指标是对水体进行监测、评价、利用及污染治理的主要依据。水污染指标的检测方法，国家已有明确的规定，检测时应按国家规定的方法或公认的通用方法进行。由于水污染指标数目繁多，在水污染控制工程的应用中，应根据具体情况选定。一些主要的水污染指标介绍如下。

1. 浊度

水中含有泥土、粉砂、细微有机物、无机物、浮游生物等悬浮物和胶体物都可以使水体变得浑浊而呈现一定浊度。在水质分析中规定，1L 水中含有 1mg 二氧化硅所构成的浊度为一个标准浊度单位，简称 1 度。

2. 色度

污水中由于含有各种不同杂质，常显现出不同的颜色。

当污水进入环境后，会对环境造成表观的污染。有色污水排入水体后，会减弱水体的透光性，影响水生生物的生长。色度是一种通过感官来观察污水颜色深浅的程度，洁净水应是无色透明的，若被污染了的水，其色泽加深。人们一般从污水的色度可以粗略地判断水质的好坏，如二类污水色度（稀释倍数）一级标准50～80，二级标准为 80～100。

3. 悬浮物

悬浮物（suspended substance，SS）指不能通过过滤器（滤纸或滤膜）的固体物质。污水中的固体物质包括悬浮物固体和溶解固体两类。悬浮固体指悬浮于水中的固体物质。悬浮固体也称悬浮物质或悬浮物，通常用 SS 表示。悬浮物透光性差，使水质浑浊，影响水生生物的生长，大量的悬浮物还会造成河道阻塞。

4. 溶解氧

溶解氧是指溶解在水中的游离氧（用 DO 表示），单位为 mg/L。对水生生物来讲，溶解氧是不可缺少的。溶解氧在自然净化中作用很大，是有机污染的重要指标。污水污染越严重，污水中溶解氧越少。

5. 生化需氧量

生化需氧量是指在有氧的条件下，由于微生物的作用，水中能分解的有机物质完全氧化分解时所消耗氧的量。它是以水样在一定温度（如 20℃）下，在密闭容器中，保存一定时间后溶解氧所消耗氧的量（mg/L）来表示。当温度在 20℃时，一般的有机物质需要 20 天左右就能基本完成氧化分解过程，而要全部完成这一分解过程就需 100 天。但是，这么长的时间对于实际生产控制来说就失去实用价值。因此，目前规定在 20℃下，培养 5 天作为测定生化需氧量的标准。这时候测得的生化需氧量就称为 5 日生化需氧量，用 BOD_5 表示。

6. 化学需氧量

化学需氧量（chemical oxygen demand，COD）是指在酸性条件下，用强氧化剂将有机物氧化成 CO_2、H_2O 所消耗的氧量。氧化剂一般采用重铬酸钾或高锰酸钾。由于重铬酸钾氧化作用很强，所以能够较完全地氧化水中大部分有机物和无机物还原物质（但不包括硝化所需的氧量），此时化学需氧量用 COD_{Cr} 或 COD 表示。若采用高锰酸钾作为氧化剂，则写作 COD_{Mn}。

与 BOD_5 相比，COD_{Cr} 能够在较短的时间内（规定为 2h）较精确地测出废水中耗氧物质的含量，不受水质限制。缺点是不能表示可被微生物氧化的有机物量。此外，废水中的还原性无机物也能消耗部分氧，造成一定误差。

如果废水中各成分相对稳定，那么 COD 与 BOD 之间应有一定的比例关系。一般来说，$COD_{Cr}>BOD_{20}\geqslant BOD_5>COD_{Mn}$。其中，$BOD_5/COD_{Cr}$ 比值可作为废水是否适宜生化法处理的一个衡量指标。比值越大，越容易被生化处理。一般认为 BOD_5/COD 大于 0.3 的废水才适宜采用生化处理。

7. 总需氧量

有机物中含 C、H、N、S 等元素，当有机物全部被氧化时，这些元素分别被

氧化为 CO_2、H_2O、NO_2 和 SO_2，此时的需氧量称为总需氧量（total oxygen demand，TOD）。

总需氧量测定原理和过程是向有氧的载气中注入一定数量的水样，并将其送入以铂钢为触媒的燃烧管中，以 900℃的高温加以燃烧；水样中的有机物因被燃烧而消耗了载气中的氧，剩余的氧用电极测定，并用自动记录器加以记录；从载气原有的氧量中减去水样燃烧后剩余的氧，即为总需氧量。此指标的测定，与 BOD、COD 的测定相比，更为快速简便、其结果也比 COD 更接近于理论需氧量。

8. 总有机碳

有机物都含有碳，通过测定废水中的总碳含量可以表示有机物含量。总有机碳（total organic carbon，TOC）的测定方法是：向氧含量已知的氧气流中注入定量的水样，并将其送入以铂为触媒的燃烧管中，以 900℃的高温加以燃烧，用红外气体分析仪测定在燃烧过程中产生的 CO_2 量，再折算出其中的含碳量，就是总的有机碳 TOC 值。为排除无机碳酸盐的干扰，应先将水样酸化，再通过压缩空气吹脱水中的碳酸盐。TOC 的测定时间也仅需几分钟。

9. 有机氮

有机氮是反应水中蛋白质、氨基酸、尿素等含氮有机物总量的一个水质指标。若使有机氮在有氧的条件下进行生物氧化，可逐步分解为 NH_3、NH_4^+、NO_2^-、NO_3^- 等形态，NH_3 和 NH_4^+ 称为氨氮、NO_2^- 称为亚硝酸氮、NO_3^- 称为硝酸氮，这几种形态的含量均可作为水质指标，分别代表有机氮转化为无机物的各个不同阶段。总氮（TN）则是一个包括从有机氮到硝酸氮等全部含量的水质标准。

10. 酸碱污染物

酸碱污染物主要由工业废水排放的酸碱及酸雨带来。水质标准中以 pH 来反映其含量水平。酸碱污染物使水体的 pH 发生变化，抑制微生物生长，妨碍水体自净，使水质恶化、土壤酸化或盐碱化。各种生物都有自己的 pH 适应范围，超过该范围，就会影响其生存。对渔业水体而言，pH 不得低于 6 或高于 9.2，当 pH 为 5.5 时，一些鱼类就不能生存或生殖率下降。农业灌溉用水的 pH 应为 5.5～8.5。此外，酸性废水对金属和混凝土材料造成腐蚀。

11. 有毒物质

有毒物质是指在污水中达到一定的浓度后，能够危害人体健康、危害水体中的水生生物，或者影响污水生物处理的物质。由于这类物质的危害较大，因此，有毒物质含量是污水排放、水体检测和污水处理中的重要水质指标。有毒物质是人们所普遍关注的，可分为无机毒物和有机毒物。

12. 细菌总数

细菌总数是指1mL水中所含有各种细菌的总数，反映水受细菌污染程度的指标。在水质分析中，是把一定量水接种于琼脂培养基中，在37℃条件下培养24h后，数出生长的细菌菌落，然后计算出每毫升水中所含的细菌数。

13. 大肠菌数

大肠菌数是指1L水中所含大肠菌个数。大肠菌本身虽非致病菌，但由于大肠菌在外部环境中的生存条件与肠道传染病的细菌、寄生虫卵相似，而且大肠菌的数量多，比较容易检验，所以把大肠菌数作为生物污染指标。比较常见的病原微生物有伤寒、肝炎病毒、腺病毒等，同时也存在某些寄生虫。

4.2.4 水质标准

水的用途很广，在生活、工业、农业、渔业和环境（如景观用水）等各个方面都要使用大量的水。水资源保护和水体污染控制要从两方面着手：一方面制定水体的环境质量标准，保证水体质量和水域使用目的；另一方面要制定污水排放标准，对必须排放的工业废水和生活污水进行必要而适当的处理。世界各国针对不同的用途，对用水的水质建立起相应的物理、化学和生物学的质量标准。在环境工程实践中有两类水质标准：一类是国家正式颁布的统一规定，如生活饮用水水质标准、地表水环境质量标准、地下水质量标准、海水水质标准等。这些标准中对各项水质指标都有明确地要求尺度和界限。它们是有关单位都必须遵守的一种法定的要求，具有指令性和法律性；另一类是各用水部门或设计、研究单位进行各项工程建设时生产操作，根据必要的试验研究或一定的经验所确定的各种水质要求，如“对工业用水的水质要求”等，这类水质要求只是一种必要的和有益的参考，并不具法律性。

我国的水环境质量标准是根据不同水域及其使用功能分别制定不同的水环境质量标准。主要的水质标准有地表水环境质量标准、地下水质量标准、海水水质标准、生活饮用水水质标准、各种行业用水水质标准等。标准也分成强制标准和推荐性标准两种，国家和行业标准两类。此外，北京、广东、江苏等地也制定了一些水环境质量地方标准，主要制定的是纯净水方面的标准。

1. 生活饮用水水质标准

随着经济的发展，人口的增加，不少地区水资源短缺，有的城市饮用水水源污染严重，居民生活饮用水安全受到威胁。为了满足保障人民群众健康的需要，卫生部和国家标准化管理委员发布了修订版的《生活饮用水卫生标准》（GB 5749—2006），标准中规定的检验项目有 106 项，分为常规检验项目 42 项和非常规检验项目 64 项。其中微生物指标 6 项、饮用水消毒剂指标 4 项、毒理指标 74 项（无机物 21 项、有机物 53 项）、放射性指标 2 项、感官性状和一般理化指标 20 项。这种“常规”和“非常规”的划分，体现了“保证可行性”原则。也就是说，虽然现行标准给出了 106 项检验指标，但我们每天饮用的自来水只能保证 42 项常规指标的检验。

2. 地表水环境质量标准

为了控制水污染，保护水资源，我国国家环保局发布了《地表水环境质量标准》（GB 3838—2002），它适用于国内的江、河、湖泊、水库等具有使用功能的地表水水域。根据地表水域使用的目的和保护目标，我国地表水划分为以下五类。

Ⅰ类：主要适用于源头水、国家自然保护区。

Ⅱ类：主要适用于集中式生活饮用水地表水源地一级保护区、珍稀水生生物栖息地、鱼虾类产场、仔稚幼鱼的索饵场等。

Ⅲ类：主要适用于集中式生活饮用水地表水源地二级保护区、鱼虾类越冬场、洄游通道、水产养殖区等渔业水域及游泳区。

Ⅳ类：主要适用于一般工业用水区及人体非直接接触的娱乐用水区。

Ⅴ类：主要适用于农业用水区及一般景观要求水域。

3. 污水排放标准

为了控制水体污染，保护江河、湖泊、运河、渠道、水库和海洋等地面水体及地下水体水质的良好状态，保障人体健康，维护生态平衡，促进国民经济和城乡建设的发展，国家环保局制定了《污水综合排放标准》（GB 8978—1996）。该标准适用于排放污水和废水的一切企事业单位，并将排放的污染物按其危害程度分为两类：第一类污染物指能在环境或动植物体内积累，对人体健康产生长远不良影响者，含有此类有害污染物的污水，一律在车间或车间处理设施排出口取样，其最高允许排放浓度必须符合排放标准（表 4-2），且不得用稀释的方法代替必要的处理；第二类污染物是指长远影响小于第一类的污染物质，这些物质包括 COD、BOD、石油类、挥发酚、氟化物、硫化物、甲醛、苯胺类、硝基苯类等。在排污单位排出口取样，其最高允许排入浓度必须符合排放标准的规定。对此类污染物要求较松，可用稀释法。

表 4-2　第一类污染物最高允许排放质量浓度（mg/L）（放射性除外）

污染物	最高允许排放质量浓度	污染物	最高允许排放质量浓度	污染物	最高允许排放质量浓度
总汞	0.05	总砷	0.5	总铍	0.005
烷基汞	不得检出	总铅	1.0	总银	0.5
总镉	0.1	总镍	1.0	总 α 放射性	1Bq/L
总铬	1.5	苯并（a）芘	0.00003	总 β 放射性	10Bq/L
六价铬	0.5	—	—	—	—

4.3　水体污染及其危害

4.3.1　水体污染

水体污染是指天然水体因某种物质的介入而导致其物理、化学、生物或放射性等方面的特性发生改变，从而影响水的有效利用、危害人体健康或破坏生态环境、造成水质恶化的现象。水体污染一般是指水中污染物的数量超过了水体自净能力；污染物数量达到了破坏水的原有用途的程度；污染物含量已超过水中该物质的本底值，从而影响水的用途。衡量水污染程度，一般是根据水中某种污染物浓度的高低和各种水水质标准进行评价和分类。水体污染来源有点源和面源两种形式。

1. 点源

主要指工业污染源和生活污染源，其变化规律服从工业生产废水和城镇生活污水的排放规律，即季节性和随机性。

（1）工业废水是水体最重要的污染源。它量大、面广、含污染物多，成分复杂，在水中不易净化，处理也比较困难。它具有下列特性：①悬浮物质含量高，最高可达 30000mg/L（而生活污水一般在 200～500mg/L）；②需氧量高，有机物一般难于降解，对微生物起毒害作用；③COD 为 400～10000mg/L；④BOD 为 200～5000mg/L（生活污水 BOD 为 200～500mg/L）；⑤pH 变化幅度大，pH=2～13；⑥温度较高，排入水体可引起热污染；⑦易燃：常含有低沸点的挥发性液体如汽油、苯、二硫化碳、甲醇、酒精、石蜡等；⑧含多种多样的有害成分，如硫化物、氰化物、汞、镉、铬、砷等。

生活污水，是另一个较大的点源。生活污水中物质组成与工业废水组成截然不同。它主要是日常生活中各种洗涤水，99.9%以上为水，固体物质小于 1%，而且多为无害物质。

（2）生活污水的特点：①含氮、磷、硫高；②在生活污水中有机物质主要有纤维素、淀粉、糖类、脂肪、蛋白质和尿素等。在厌氧细菌的作用下，易产生恶臭物质，如硫化氢、硫醇和 3-甲基氮杂茚（粪臭素）；③含有大量合成洗涤剂，对人体可能有一定的危害；④含有多种微生物，每毫升污水中可含几百万个细菌，病原菌也多。

2. 面源

面源为受外界气象、水文条件控制的不连续性、分散排放的污染物质。面源多为人类在地表上活动所产生的水体污染源，人类活动包括农业、农村生活、矿业、石油生产、施工等。面源分布广泛，物质构成与污染途径十分复杂，如地表水径流、农村生活污水与分散畜牧业废物、农村种植业固废、农药化肥流失、水土流失等。目前，非点源对水体的污染随着点源控制力度的加大，已逐渐成为水体水质恶化的主要原因。在美国河流的水污染成分中，50%以上来自地面径流。

4.3.2 水中主要污染物

对水体污染有较大影响的共有以下 11 类污染物。

1. 需氧污染物

生活污水和某些工业废水中所含的碳水化合物、蛋白质、脂肪和木质素等有机化合物可在微生物作用下最终分解为简单的无机物质，这些有机物在分解过程中需要消耗大量的氧气，故被称为需氧污染物。需氧有机物是水体中最经常和普遍存在的一类污染物。

2. 植物营养物

所谓植物营养物主要指氮、磷、钾、硫及其化合物。从农作物生长的角度看，植物营养物是宝贵的物质，但过多的营养物质进入天然水体，将导致水生生物，主要是各种藻类大量繁殖。藻类过度旺盛的生长繁殖将造成水中的溶解氧急剧变化，使水体处于严重缺氧，而造成鱼类大量死亡。

3. 重金属

在环境污染方面所说的重金属主要指汞、镉、铬、铅及类金属砷等生物毒性显著的重元素，也包括具有毒性的重金属锌、铜、钴、镍、锡等。重金属以汞毒性最大，镉次之，铅、铬、砷也有相当毒害，有人称之为“五毒”。重金属污染的几个特点为：①在天然水体中只要有微量浓度即可产生折毒性效应，一般重金属产生的毒性在 1～10mg/L，毒性较强的金属如汞、镉产生毒性的浓度在 0.01～0.001mg/L；②通过食物链的生物放大作用，重金属可以在较高级生物体内成千、成万倍地富集，然后通过食物进入人体，在人体某些器官中积累造成慢性中毒；③水体中的某些重金属可在微生物的作用下转化为毒性更强的金属化合物，如汞的甲基化。

4. 农药

农药对水体的污染也是很普遍的。污染主要由有机氯农药、有机磷农药和有机氮农药等造成。全世界生产了约 150 万 t 滴滴涕（DDT），其中有 100 万 t 左右仍残留在海水中。英国、美国等发达国家中几乎所有河流都被有机氯杀虫剂污染了。据报道，伦敦雨水中含滴滴涕 70～400ng/L；法国是欧洲使用农药量最多的国家，目前该国境内 90%的河流及 58%的地下水中检出含有杀菌剂、除草剂和杀虫剂等农药。日常环境监测结果表明，在供水水源中可检出可观数目的一般农药，特别是除草剂。在地面水中检出的主要农药为 2-甲基-4-氯丙酸、阿特拉津、西玛津、乐果和林丹。

5. 石油

据估计，1L 石油在海面上的扩散面积可达 100～2000m^2，扩散在海面上的油在氧化和分解过程中，会大量消耗水中的溶解氧。通常，1L 石油完全氧化需消耗 40 万 L 海水中的溶解氧，从而使大面积的海域缺氧，对生物资源造成严重危害。还会使某些致癌物质在鱼、贝类体内蓄积，使海鸟因沾染油污而死亡。另外，溢油的漂移扩散，会荒废海滩和海滨旅游区，造成极大的社会危害。

6. 酚类化合物

水体中酚的来源主要是冶金、煤气、炼焦、石油化工、塑料等工业排放的含酚废水。由于各工业的原料、工艺、产品不同，各种含酚废水的浓度、成分、水量都有较大的差别。另外，粪便和含氮有机物的分解过程也产生少量酚类化合物，所以城市生活污水中也是酚污染物的来源。

7. 氰化物

水体中氰化物主要来自化学、电镀、煤气、炼焦等工业排放的含氰废水。对我国各地氰化电镀车间废水的实际调查显示，含氰废水中氰的浓度一般在 20～70 mg/L，化肥厂煤气洗气水含氰可超过 100mg/L。

8. 酸碱及一般无机盐类

酸性废水主要来自矿山排水、冶金和金属加工酸洗废水。矿山排水是酸性废水主要来源之一，美国水体中的酸70%来自矿山排水，主要是由硫化矿物的氧化作用产生的。雨水淋洗含 SO_2 烟气后流入水体，形成酸雨。酸雨问题是瑞典气象学家在20世纪50年代发现的，现在不少地区常下这种酸雨。在美国的东部地区，有时酸雨甚至达到乙酸那样的酸度。

碱性废水主要来自碱法造纸、人造纤维、制碱、制革等工业废水。

酸、碱废水彼此中和，可产生各种盐类，它们分别与地表物质反应也能生成一般无机盐类。所以酸和碱的污染，必然伴随着无机盐类污染。

9. 放射性物质

在自然界和人工生产的元素中，有一些能自动发生衰变，并放射出肉眼看不见的射线，这些元素统称为放射性元素或放射性物质。在自然状态下，来自宇宙的射线和地球环境本身的放射性元素一般不会给生物带来危害。大多数水体在自然状态下都有极微量的放射性。第二次世界大战后，由于原子能工业，特别是核电站的发展，水体的放射性日益增加，从而产生了放射性污染。放射性物质主要来源有三个途径：①核电站中的放射性废水经浓缩后，有的用混凝土固化，装入容器内（如钢筋混凝土的大盒子或金属缸）投入海中。如果容器破损，放射性污染物质漏出造成对水体的污染；②核武器的试验，主要是大气中放射性尘埃降落到地面径流；③放射性同位素在化学、冶金、医学、农业等部门的广泛应用，随污水排入水体。放射性污染很难消除，射线强度只能随时间的推移而减弱。

10. 病原微生物

水体中病原微生物主要来自生活污水和医院废水、制革、屠宰、洗毛等工业废水及牧畜污水。病原微生物有三类：①细菌，可以引起疾病的细菌，如大肠杆菌、痢疾杆菌、绿脓杆菌等；②病毒，一般没有细胞结构，但有遗传、变异、共生、干扰等生命现象的微生物；③寄生虫，动物寄生物的总称，如疟原虫、血吸虫、蛔虫等。病原微生物是水体污染中主要的污染物，对人来讲，传染病的发病率和死亡率均很高。例如，印度德里市1955～1956年发生一次传染性肝炎，全市102万人口，将近10万人患肝炎，其中黄胆型肝炎29300人。

11. 致癌物

前面讲的污染物质中大部分都含有致癌物质。例如，炼焦废水中的焦油含有多种致癌芳香烃；印染废水中燃料有多种芳香胺类致癌物，如联苯胺、2-萘胺（均可致膀胱癌）；植物营养物中的亚硝基化合物（向各种胺类、亚硝酸盐转化）有强烈的致癌性，能致肝癌；农药中有机氯化合物，如DDT、六六六等经小鼠动物实验证明能致肝癌，艾氏剂能使大白鼠患细胞癌、胆管癌；重金属中铬、镍致癌，后者可致肺癌；水体中的某些藻类和厌氧细菌合成有毒物质，其中有致癌物质。

4.3.3 国内外水污染现状

1. 国外水污染现状

世界各地水污染的严重程度，主要取决于人口密度、工业和农业发展的类型和数量及“三废”处理系统的数量与效率。目前，全世界每年约有 4200 亿 m^3 的污水排入江河湖海，污染了 5.5 万亿 m^3 的淡水，相当于全球径流总量的 14%以上。第四届世界水论坛提供的联合国水资源世界评估报告显示，全世界每天约有数百万吨垃圾倒进河流、湖泊和小溪，每升废水会污染 8L 淡水；所有流经亚洲城市的河流均被污染；美国 40%的水资源流域被加工食品废料、金属、肥料和杀虫剂污染；欧洲 55 条河流中仅有 5 条水质勉强能用。世界卫生组织统计，世界上许多国家正面临水污染和资源危机：每年有 300 万～400 万人死于和水污染有关的疾病。在发展中国家，各类疾病有 80%是因为饮用了不卫生的水而传播的。同时，由于水资源保护方面投入不足，加剧了全球水污染程度。印度每天超过 200 万 t 工业废水直接排入河流、湖泊及地下，造成地下水大面积污染，所含各项化学物质指标严重超标。此外，未经处理的生活污水直接排放也加剧了水污染程度，流经印度北方的主要河流——恒河已被列入世界污染最严重的河流之列。

2. 国内水污染现状

随着工业发展、城镇化提速及人口数量的膨胀，我国面临着十分严峻的水环境形势。我国目前已经进入水污染密集爆发阶段，江河湖库及近海海域普遍受到不同程度的污染，全国地表水污染依然较重。2013 年中国环境状况公报显示，当年我国地表水总体为轻度污染，部分城市河段污染较重。长江、黄河、珠江、松花江、淮河、海河、辽河、浙闽片河流、西北诸河和西南诸河等十大流域的国控断面中，Ⅰ～Ⅲ类、Ⅳ～Ⅴ类和劣Ⅴ类水质断面比例分别为 71.7%、19.3%和 9.0%（图 4-4）。水质为优良、轻度污染、中度污染和重度污染的国控重点湖泊（水库）比例分别为 60.7%、26.2%、1.6%和 11.5%（表 4-3），湖泊（水库）富营养化问题突出，富营养、中营养和贫营养的湖泊（水库）比例分别为 27.8%、57.4%和 14.8%。现阶段，我国不仅地表水污染严重，地下水也受到不同程度的污染，有近六成地下水受到污染（图 4-5）。

据统计，目前水中污染物已达 2000 多种，主要为有机化学物、碳化物、金属物。其中，自来水里有 765 种（190 种对人体有害、20 种致癌、23 种疑癌、18 种促癌、56 种致突变）。在我国，只有不到 11%的人饮用符合我国卫生标准的水，而高达 65%的人饮用浑浊、苦碱、含氟、含砷、工业污染、传染病的水。2 亿人饮用自来水，7000 万人饮用高氟水，3000 万人饮用高硝酸盐水，5000 万人饮用高氟化物水，1.1 亿人饮用高硬度水。

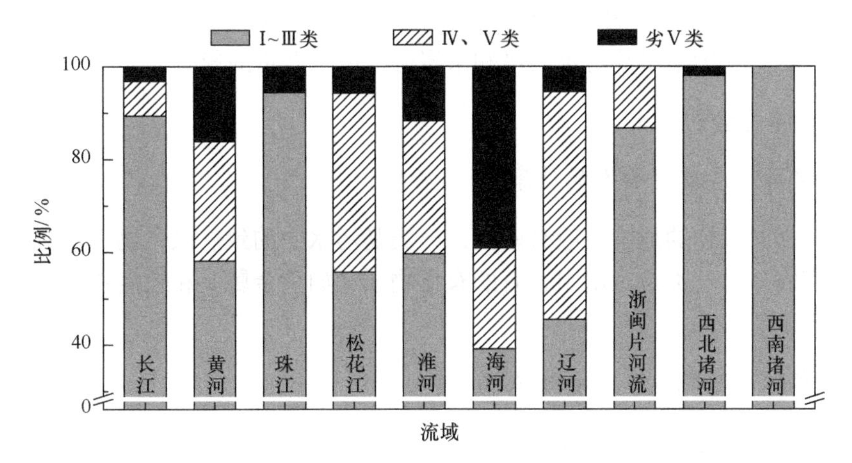

图 4-4　2013 年十大流域水质状况

表 4-3　2013 年重点湖泊（水库）水质状况（个）

湖泊（水库）类型	优	良好	轻度污染	中度污染	重度污染
三湖*	0	0	2	0	1
重要湖泊	5	9	10	1	6
重要水库	12	11	4	0	0
总计	17	20	16	1	7

*指太湖、滇池和巢湖。

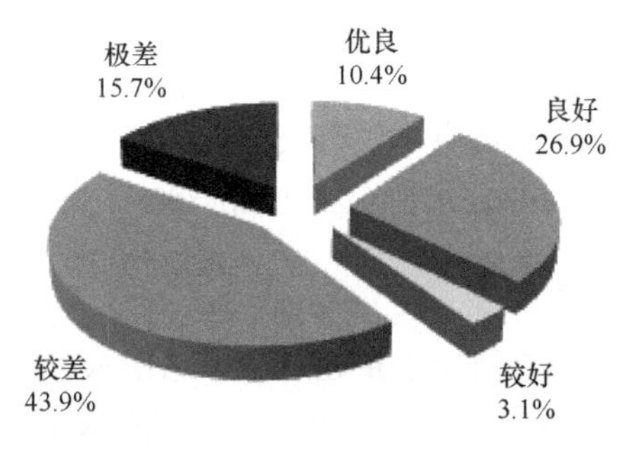

图 4-5　2013 年地下水监测点水质状况

另外，在中国近几年来发生的重大环境污染及事故中，水污染事故占一半左右。统计分析表明，国内近几年每年水污染事故都在 1700 起以上。2005 年 11 月吉林石化双苯厂引起的松花江水污染、2005 年 12 北江韶关段镉污染、2007 年 5 月太湖蓝藻大规模暴发、2010 年 7 月紫金矿业水污染、2011 年 5 月云南曲靖非法倾倒铬渣事件、2011 年 6 月康菲渤海溢油事件、2012 年 2 月的广西龙江镉污染、2013 年 1 月山西天脊集团发生苯胺泄漏事故、2014 年 4 月甘肃兰州发生自来水苯污染等，这些水污染事故对水环境和水资源造成了严重的影响。

4.3.4 水体污染的危害

1. 水污染严重影响人的健康

污染水对人体的危害一般有两类：一类是污水中的致病微生物、病毒等引起传染性疾病；另一类是污水中含有的有毒物质（如重金属）和致癌物质导致人中毒或死亡。

2. 水污染造成水生态系统破坏

水环境的恶化破坏了水体的水生生态系统，导致水生生物资源的减少、中毒，以致灭绝。据统计，全国鱼虾绝迹的河流约达 2400km。

水污染恶化了水域原有清洁的自然生态环境。水质恶化使许多江河湖泊水体浑浊，气味变臭，尤其是富营养化加速了湖泊衰亡。全国面积在 $11km^2$ 以上的湖泊数量，在 30 年间减少了 543 个。我国众多人口居住在江湖沿岸地区，特别是许多大中城市位于江湖岸旁，江湖的水体污染严重损害了人的生存环境。城市水域的污染，还使水域景观恶化，降低了这些城市的旅游开发价值。

3. 水污染加剧了缺水状况

中国是一个缺水的国家，人均占有水资源仅为 $2330m^3$，相当于世界人均有拥有量的 1/4。随着经济发展和人口的增加，对水的需求将更为迫切。水污染实际上减少了可用水资源量，使中国面临的缺水问题更为严峻。在城市地区，这一问题尤为突出，如北京人均水资源占有率仅有我国人均量的 1/6。显然，如果对水污染趋势不加以控制，我国今后的缺水情况将更加严重。

4. 水污染对农作物的危害

我国是农业大国，农业灌溉用水量超过我国总用水量的 3/4。目前，引用污染水灌溉农田而危害农作物的情况不容忽视。如果灌溉水中的污染物质浓度过高会杀死农作物；而有些污染物又会引起农作物变种，如开花不结果，或者只长杆不结籽等，结果引起减产甚至绝收。另外，污染物质滞留在土壤中还会恶化土壤，积聚在农作物中的有害成分会危及人的健康。

5. 水污染造成了较大的经济损失

我国由于缺水和水污染造成的经济损失较大，虽然目前尚无确切统计数据，但是有关部门曾做过粗略测算，每年因水污染造成的经济损失 300 亿～600 亿元人民币。据欧共体的统计，因污染造成的经济损失通常占国民经济总产值的 3%～5%。与国外相比，我国生产管理和技术水平相对落后，单位产值排污量大，处理效率低，污染造成的经济损失比国外还要高。

4.4　水处理技术

4.4.1　常用水处理技术

水处理技术，即采用多种方法将水中所含有的污染物质分离出来，或转化为稳定和无害的物质，从而使污水得到净化。水中的各种污染物质可分为悬浮物质、胶体物质和溶解性物质。常用水处理方法有物理法、化学法和生物法。

1. 物理处理法

主要是利用物理作用来分离废水中呈悬浮状态的污染物质，在处理过程中不改变其化学性质。属于物理处理的方法有以下几种。

1）沉淀法

在重力作用下，利用悬浮颗粒和水的密度差而使悬浮颗粒从水中除去的方法称为沉降法。重力沉降法可以去除水中的泥沙、化学沉降物、混凝处理所形成的絮凝体和生物处理的微生物絮凝体（污泥）。

2）过滤法

过滤法是用过滤介质截留废水中的悬浮物。过滤介质有钢条、筛网、砂、布、塑料、微孔管等。过滤设备有栅、筛微滤机、砂滤池、真空过滤机、压滤机（后两种多用于污泥脱水）等。处理效果与过滤介质孔隙度有关。

3）气浮（浮选）

进行气浮时，将空气通入污水中，并以微小气泡形式从水中析出作为载体，使难沉降的固体颗粒或细小的油粒等乳状物黏附在这些气泡上，成为一种絮凝体，借气泡上浮力被带到水面上来，从而形成泡沫即气、水、颗粒（油）三相混合体，通过收集泡沫或浮渣达到分离杂质、净化废水的目的。

对细分散的亲水性颗粒（如纸浆、煤粒、重金属离子等），若用气浮法进行分离则必须对这些物质用浮选剂加以处理，使其表面改变为疏水性，才能够与气泡黏附。浮选剂大多数是由极性-非极性分子组成，分子的一端含有极性基（如—OH、

—COOH、—SO_3H、—NH_3），显示出亲水性，称为亲水基；另一端为非极性基（如—R），显示出疏水性，称为疏水基。当在分散相为亲水性粒子的水中投加浮选剂时，在有大量细微气泡造成的大面积汽水界面上，亲水性转变为疏水性。浮选剂改变固体悬浮物的表面化学特征，促进浮选效率的提高。

4）反渗透法

反渗透是利用半渗透膜进行分子过滤，来处理废水的一种新的方法，又称膜分离技术。这种膜可以使水通过，但不能使水中悬浮物及溶质通过，所以这种膜称为半渗透膜。利用它可以除去水中的溶解固体、大部分溶解性有机物和胶状物质。如果将纯水和某种溶液用半透膜隔开，水分子就会自动地透过半透膜到溶液一侧去，这种现象称为渗透。如果在溶液一侧施加大于渗透压的压力，则溶液中的水就会透过半透膜，流向纯水一侧，溶质则被截留在溶液一侧，这种作用称为反渗透。

5）离心分离法

含有悬浮污染物质的污水在高速旋转时，由于悬浮颗粒（如乳化油）和污水的质量不同，因此旋转时受到的离心力大小不同。质量大的被甩到外围，质量小的则留在内圈，通过不同的出口分别引导出来，从而回收污水中有用物质，并净化污水。常用的离心设备按离心力的方式可分为两种：由水流本身旋转产生离心力的旋流分离器，由设备旋转同时也带动液体旋转产生离心力的离心分离机。

2. 化学处理法

向污水中投加化学试剂，利用化学反应来分离、回收污水中的污染物质，或将污染物质转化为无害物质。常用的化学方法有沉淀法、混凝法、中和法和氧化还原法。

1）化学沉淀法

化学沉淀法是指向水中投加沉淀剂，使之与废水中污染物发生沉淀反应，形成难溶的固体，然后进行固液分离，从而去除废水中污染物的方法。化学沉淀法经常用于处理废水中的重金属离子（如汞、镉、铅、锌、镍、铬、铁、铜等）、碱土金属（如钙和镁）及某些非金属（如砷、氟、硫、氰、硼），也可以去除某些有机污染物。化学沉淀法的主要步骤包括化学沉淀剂的配制与投加、沉淀剂与废水的混合反应和固液分离等。设备有沉淀池、气浮池和泥渣处理与利用等辅助设施。化学沉淀法根据使用化学药剂的不同，可分为氢氧化物法、硫化物法、钡盐法及铁氧体沉淀法等。化学沉淀法的优点是经济简便、药剂来源广，因此处理重金属废水时应用最广，但存在劳动条件差、管道易结垢、堵塞、腐蚀、沉淀体积大和脱水困难等问题。

2）混凝法

混凝法是指在废水中预先投加化学药剂来破坏胶体的稳定性，使废水中的胶体和细小悬浮物聚集成具有可分离性的絮凝体，再加以分离除去的过程。混凝包括凝聚与絮凝两种过程，凝聚是指胶体被压缩双电层而脱稳并聚集为微小絮粒的过程；絮凝是指微絮粒由于高分子聚合物的吸附架桥作用聚结成大颗粒絮体的过程。

废水处理中常用的絮凝剂有硫酸铝、硫酸亚铁、氯化铁及聚合氯化铝等高分子混凝剂。为了提高混凝效果，生成粗大、密实、易于分离的絮凝体，尤其对混凝效果不佳的废水，需要添加一些辅助药剂，这些药剂统称为助凝剂。根据使用功能，助凝剂有 pH 调整剂、絮体结构改良剂和氧化剂三类。混凝过程包括混凝剂的配制与投加、混合、混凝、澄清等几个步骤。

3）中和法

利用化学药剂，使废水的 pH 达到中性左右的过程称为中和处理。常用的中和方法有以下几种：酸碱中和，中和处理发生的主要反应是酸与碱生成盐和水的反应。酸性废水中常有重金属盐，在用碱处理时还可以生成难溶的金属氢氧化物；药剂中和，药剂中和法能处理任何浓度、任何性质的酸性废水，对水质和水量波动适应性很强。最常用的碱性药剂是石灰，最常用的方法是石灰乳法，即将石灰消解成石灰乳后投加，其主要成分是氢氧化钙；过滤中和，含酸废水流过碱性滤料时，可使废水中和，这种方式称过滤中和法。这种方法适用于中和处理不含其他杂质的盐酸废水、硝酸废水和浓度不大于 2～3g/L 的硫酸废水等生成易溶盐的各种酸性废水，不适于处理含有大量悬浮物、油、重金属盐、砷、氟等物质的酸性废水。

4）氧化还原法

对于一些有毒有害的污染物质，当难以用生物法或其他方法处理时，可利用它们在化学反应过程中能被氧化或还原的性质，改变污染物的形态，将它们变成无毒或微毒的新物质，或者转化成容易与水分离的形态，从而达到处理的目的。这种方法称为氧化还原法。氧化还原法包括氧化法和还原法。

主要的氧化法有：①空气氧化法，利用空气中的氧作氧化剂来氧化分解废水中有毒有害物质的一种方法，目前主要用于含硫（Ⅱ）废水的处理；②氯氧化法，广泛用于废水处理中，如医院污水处理，无机物与有机物氧化，废水脱色除臭杀藻等，常用的药剂有漂白粉、次氯酸钠和液氯，氯氧化法主要用于含氰废水的处理；③臭氧氧化法，臭氧的氧化性很强，在天然元素中仅次于氟，在理想反应条件下，臭氧可以把水溶液中大多数单质和化合物氧化到它们的最高氧化态，对水中有机物有强烈的氧化降解作用，还有强烈的消毒杀菌作用，且不产生二次污染，制备方便；④光氧化法，利用光和氧化剂产生很强的氧化作用来氧化分解废水中有机物和无机物的一种方法。

废水中的某些金属离子在高价态时毒性很大，可用还原法将其还原为低价态后分离除去。常用的还原剂有硫酸亚铁、亚硫酸氢钠、硼氢化钠、水合肼、铁屑和锌粉等。利用废气中的 H_2S、SO_2 和废水中的氰化物等进行还原处理，也有很好的效果。还原法常用于含铬、汞和铜的废水处理。

5）电化学法

电解是利用直流电进行溶液氧化还原反应的过程。废水中的污染物在阳极被氧化，在阴极被还原，或者与电极反应产物作用，转化为无害成分被分离除去。利用电解可以处理：各种离子状态的污染物，如 CN^-、AsO_2^-、CrO_4^{2-}、Cd^{2+}、Pb^{2+}、Hg^{2+}等；各种无机和有机的耗氧物质，如硫化物、氨、酚、油和有色物质等；致病微生物。电解法能够一次去除多种污染物，例如，氰化镀铜废水经过电解处理，CN^-在阳极氧化的同时，Cu^{2+}在阴极被还原沉积。

6）吸附法

吸附法就是利用多孔性的固体物质，使水中的一种或多种物质被吸附在固体表面而除去的方法。在水处理领域，吸附法主要用以脱除水中的微量污染物，应用范围包括脱色，除臭味，脱除重金属、各种溶解性有机物、放射性元素等。在处理流程中，吸附法可作为离子交换、膜分离等方法的预处理，以去除有机物、胶体物及氯等；也可以作为二级处理后的深度处理手段，以保证回用水的质量。根据固体表面吸附力的不同，吸附可分为离子交换吸附、物理吸附和化学吸附三种基本类型。若溶质的离子由于静电引力作用，在吸附剂表面带电点上的吸附称为离子交换吸附；溶质与吸附剂之间由于分子间力（范德华力）而产生的吸附称为物理吸附；溶质与吸附剂发生化学反应，形成牢固的吸附化学键和表面络合物的吸附称为化学吸附。物理吸附和化学吸附并不是孤立的，往往相伴发生。水处理大部分的吸附往往是几种吸附综合作用的结果。

吸附剂应具有良好的吸附性、稳定的化学性、耐强酸强碱和抗水浸、高温、高压及不易破碎等性能。目前在废水处理中应用的吸附剂有活性炭、磺化煤、白土、硅藻土、活性氧化铝、焦炭、树脂吸附剂、炉渣、腐殖酸及微生物等。其中粒状活性炭应用最广，因其巨大的比表面积和发达的微孔及众多的官能团，从而具有很强的吸附性能和很大的吸附容量。纤维活性炭是一种新型高效吸附材料，具有比粒状活性炭更发达的微孔结构及众多的官能团，因此，吸附性能大大超过目前普通的活性炭。

7）离子交换法

离子交换法是水质软化和除盐的主要方法之一，是一种借助于离子交换剂上的离子和水中离子进行交换反应而除去水中有害离子的方法。离子交换的实质是不溶性离子化合物（离子交换剂）上的可交换离子与溶液中的其他同性离子的交换反应，是一种特殊的吸附过程，通常是可逆性的化学吸附。在废水处理中，主要用于去除废水中的金属离子。

8）电渗析法

电渗析是在渗析法的基础上发展起来的一项废水处理新工艺。它是在直流电场的作用下，利用阴、阳离子交换膜对溶液中的阴、阳离子的选择透过性（即阳膜只允许阳离子通过，阴膜只允许阴离子通过），而使溶液中的溶质与水分离的一种物理化学过程。电渗析法多用于海水淡化制取饮用水和工业用水，或与其他处理单元组合制取高纯水，被浓缩的海水还可以制取食盐。

3. 生物处理方法

生物法就是利用微生物的代谢作用，除去废水中有机污染物质的一种方法，又称为废水生物化学处理法。根据微生物的这些生理特性，污水的生物处理方法可分为好氧生物处理法和厌氧生物处理法。目前较常用的生物处理法可归纳为图 4-6。

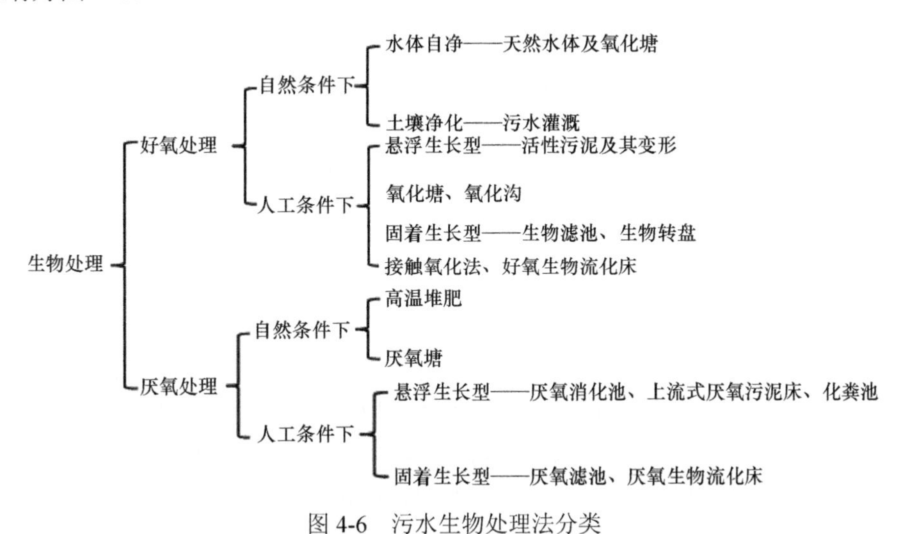

图 4-6　污水生物处理法分类

1）活性污泥法

活性污泥法是利用微生物絮体处理有机废水的一种好氧生化处理技术。将空气连续鼓入曝气池的废水中，经过一段时间后，水中就会形成大量好气性微生物的絮凝体，此絮凝体就是“活性污泥”。活性污泥具有巨大表面积，且表面上含有多糖类黏性物质，因此，其对废水中的有机物有很强的吸附作用。当它与废水开始接触时，废水中的有机污染物迅速地被吸附到活性污泥上，这一过程称为初期吸附。被吸附的有机物在酶的作用下经水解后，被微生物摄入体内，在水中的溶解氧较充分的条件下，进行生化反应，将部分有机物氧化分解为较简单的无机物（CO_2、H_2O、NH_4^+、PO_4^{3-}、SO_4^{2-}等），并放出细菌生长所需的能量，而将另一部分有机物转化为生物体所必需的营养物质，合成新的原生质。

废水生物处理过程可看作是一种微生物的连续培养过程，即不断给微生物补充食物，使微生物数量不断增加。微生物的生长规律可用微生物的生长曲线来反映，这个曲线表示微生物在不同营养条件下的生长过程。按微生物生长速度不同，生长曲线可划分为迟缓期、对数期、稳定期及衰亡期四个生长时期，如图 4-7 所示。

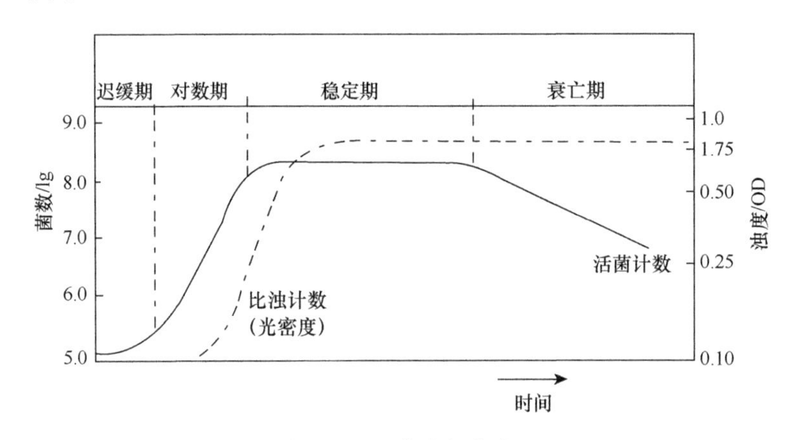

图 4-7　细菌生长曲线

细菌生长曲线与废水生物处理工艺有着十分密切的关系。不同的生物处理工艺将对应于生长曲线的某一期间，因而很大程度上能够确定处理水的水质和活性污泥的增长量。从细菌的生长曲线看出，对数增长期，细菌数量增长快，细菌对废水具有很强的处理能力，但活性污泥絮体松散，游离细菌多而影响出水水质和沉淀效果。此外，又由于产生大量剩余污泥，增加了污泥处理的负担，所以一般情况下不采用细菌的对数增长期。与对数增长期相反，稳定期细菌对营养及氧的要求低、运行稳定、废水中有机物的消耗比较彻底、出水水质高、污泥产生量少。因而，通常废水处理中多利用微生物的稳定期。

活性污泥法的基本流程包括曝气系统、污泥回流系统和沉淀系统，如图 4-8 所示。由初次沉淀池流出的废水与从二次沉淀池回流的活性污泥混合液进入曝气池，在曝气过程中混合液得到充分混合和足够的溶解氧。废水中的可溶解性有机物被活性污泥吸附并分解，使污水得到净化。在二次沉淀池内，活性污泥从净化的废水（称为处理水）中分离出来，经沉淀澄清的处理水由沉淀池溢流排出。沉淀的活性污泥在沉淀池污泥区内进行浓缩后，一部分回流到曝气池，另一部分作为剩余污泥而排放。

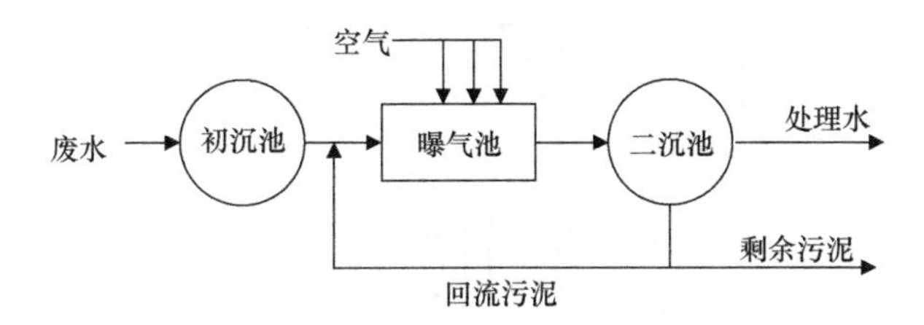

图 4-8　普通活性污泥法处理系统

2）生物膜法

生物膜法与活性污泥法不同，是借固着于载体表面的生物膜来分解有机物。图 4-9 展示了滤料表面生物膜的构造和生物膜净化废水的机理。由于生物膜的吸附作用，在其表面有一层很薄的水层，称为附着水层。这层水中的有机物大多已被生物膜所氧化，其有机物浓度比进水的低得多。因此，当进入池内的废水沿膜面流动时，由于浓度差的作用，有机物会从废水中转移到附着水层中去，并进一步被生物膜所吸附。同时，空气中的氧也将经过废水而进入生物膜。膜上的微生物在氧的参与下对有机物进行分解和机体新陈代谢。产生的二氧化碳和其他代谢产物则沿着底物扩散相反的方向从生物膜经过附着水层排到运动着的废水和空气中去。如此循环往复，使废水中的有机物不断减少，从而得到净化。

随着微生物生长繁殖，生物膜厚度不断增加，废水中的有机物及氧的传递阻力逐渐加大，在膜表层仍能保持足够的营养和处于好氧状态。而在膜深处将会出现营养物或氧不足，造成微生物内源代谢和出现厌氧层，与载体的附着力减少，容易在水力冲刷作用下脱落。老化的生物膜脱落后，载体表面又重复新一轮的吸附、生长、膜增厚和脱落等过程，完成一个生长周期。膜厚度在 2～3mm 时净化效果较好，过厚的生物膜并不能增大有机物的利用速率，反而会造成膜交换系统的堵塞，影响正常通风。因此，当废水浓度较大、生物膜增长过程过快时要加大水流的冲刷力，如依靠原废水不能保证其冲刷能力时，可以采用处理水回流的办法稀释进水和加大水力负荷，从而维持良好的生物膜活性和合适的厚度。

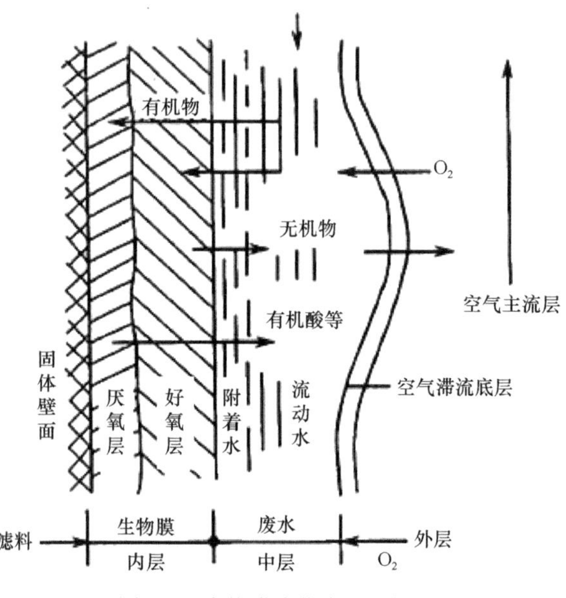

图 4-9　生物膜净化废水的机理

生物膜法处理系统的基本流程如图 4-10 所示。废水经初次沉淀池后进入生物膜反应器，在反应器中经需氧生物氧化去除有机物后，再通过二次沉淀池出水。初次沉淀池的作用是去除部分悬浮固体，防止生物膜反应器受大块物质的堵塞，对孔隙小的填料是必要的，但对孔隙大的填料则可以省略。二次沉淀池的作用是去除从填料上脱落进入废水的生物膜。

3）生物氧化塘

生物氧化塘，又称氧化塘或稳定塘，是一种利用天然净化能力对污水进行处理的构筑物的总称。其净化过程与自然水体的自净过程相似。通常是将土地进行适当的人工修整，建成池塘，并设置围堤和防渗层，依靠塘内生长的微生物来处理污水。主要利用菌藻的共同作用处理废水中的有机污染物。生物塘污水处理系统具有基建投资和运转费用低、维护和维修简单、便于操作、能有效去除污水中的有机物和病原体、无需污泥处理等优点。

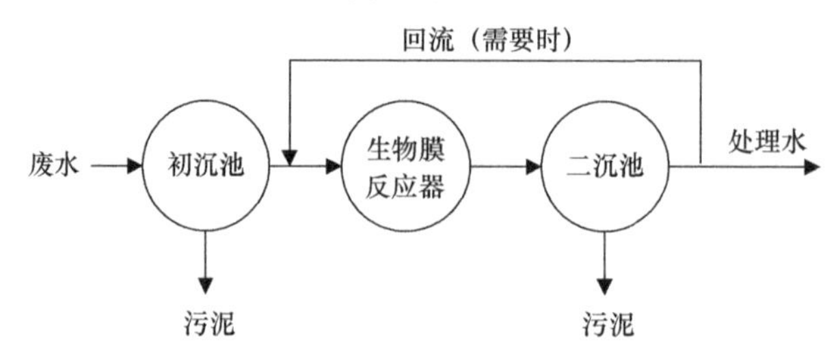

图 4-10　生物膜法基本流程

4）厌氧消化法

厌氧生物处理是在无氧条件下，依靠厌氧菌的作用进行的，将有机物分解为甲烷、二氧化碳、硫化氢等物质的过程，称为厌氧消化。有机物在厌氧条件下的降解过程分为三个反应阶段。第一阶段是废水中溶性大分子有机物和不溶性有机物水解为溶性小分子有机物；第二阶段为产酸和脱氢阶段；第三阶段为产甲烷阶段，如图 4-11 所示。厌氧消化法主要用于生活污泥及高浓度有机废水的处理。

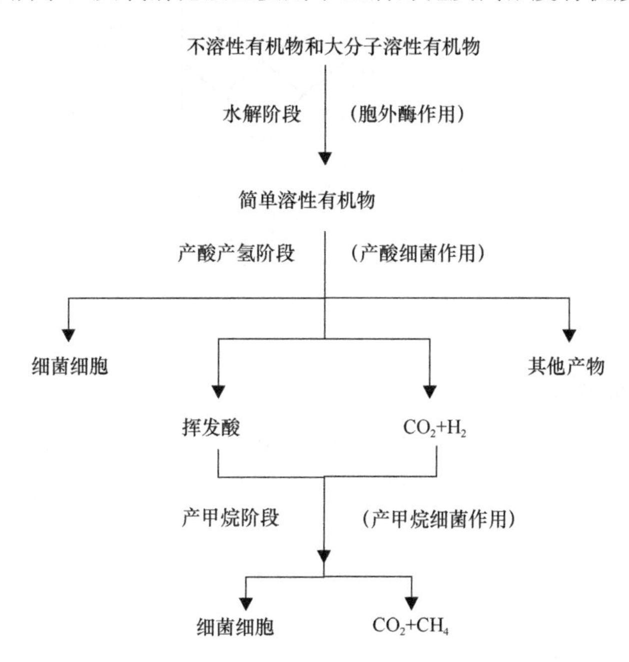

图 4-11　厌氧处理的连续反应过程

5）厌氧接触法

参照了好氧活性污泥法的工艺流程，在一个厌氧的完全混合反应器后增加了污泥分离和回流装置，将沉淀污水回流至消化池，形成厌氧接触池。该系统污泥不流失、出水水质稳定，还可提高消化池内污泥浓度，从而提高设备的有机负荷和处理效率。厌氧接触法的 BOD 去除率可达 90%以上，主要用于食品工业的废水处理。

6）升流式厌氧污泥床

升流式厌氧污泥床（UASB）反应器集生物反应与沉淀于一体，是一种结构紧凑的厌氧反应器。反应器由污泥反应区、气液固三相分离器（包括沉淀区）和气室三部分组成（结构如图 4-12 所示）。其中，三相分离器的分离效果直接影响着反应器的处理效果，其功能是将气（沼气）、液（处理水）和固（污泥）三相进行分离。升流式厌氧污泥床反应器具有效率高、不需设搅拌装置、管理运行方便及占地面积小等优点，已发展成为一种重要的厌氧生物处理技术，并在生产中得到广泛的应用。

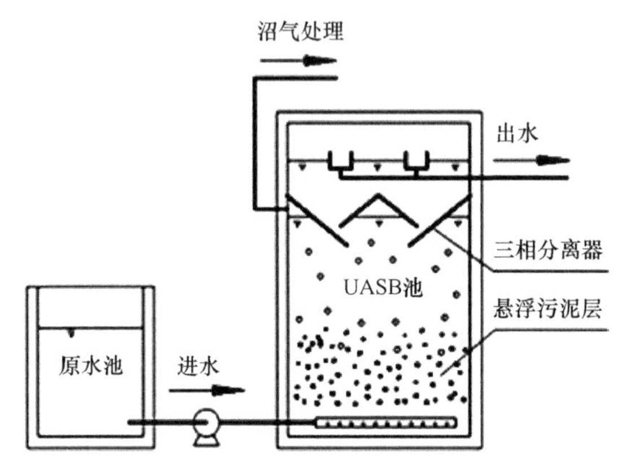

图 4-12　升流式厌氧污泥床反应器结构图

4.4.2　典型水处理工艺流程

以上各种处理方法都有它们各自的特点和适用条件。在实际的水处理中，它们往往是要配合使用的。这种由若干个处理方法合理组配而成的水处理系统，称为水处理流程。

按照不同的处理程度，水处理系统可分为一级处理、二级处理、三级处理等。

一级处理：主要处理对象是较大的悬浮物，采用的分离设备依次为格栅、沉砂池和沉淀池。截留与沉淀池的污泥可进行污泥消化或其他处理。废水经一级处理后，条件许可时，出水可排放于水体或用于污水灌溉。一级处理有时也称机械处理。

二级处理：出水水质要求高的地方，在一级处理的基础上，需要再进行生物化学处理，称为二级处理。二级处理的对象是废水中的胶体态和溶解态有机物，采用的典型设备有生物曝气池（或生物滤池）和二次沉淀池。产生的污泥经浓缩后进行厌氧消化或其他处理，出水可排放或用于灌溉。二级处理也称生化处理或生物处理。

三级处理：对出水水质要求更高时，在二级处理之后，还要进行三级处理。三级处理的主要对象是残留的污染物和营养物质（氮和磷）及其他溶解性物质，所采用的方法有化学絮凝、过滤等。有时，三级处理的目的不是为了排放，而是为了直接回用（如用作工业用水）。这时，三级处理的对象还包括去除废水中的细小悬浮物、难生物降解的有机物、微生物和盐分等，采用的方法还可能有吸附、离子交换、反渗透、消毒等。三级处理也称为高级处理。但是，尽管在处理程度或深度上，两者基本相同，然而其概念不尽相同。三级处理强调顺序性，其前必有一、二级处理；高级处理只强调处理深度，其前不一定有其他处理。

1. 城市生活污水处理系统

对于某种污水，采用哪几种处理方法组成系统，要根据污水的水质、水量，回收其中有用物质的可能性、经济性，受纳水体的具体条件，并结合调查研究与经济技术比较后决定，必要时还需进行试验。图 4-13 所示为典型城市生活污水处理的典型流程图。

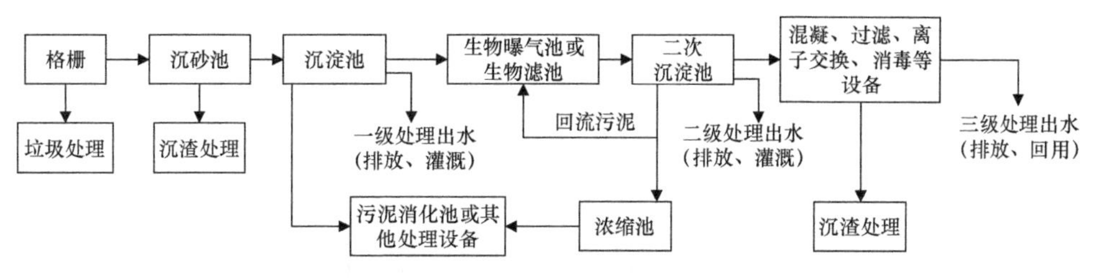

图 4-13　城市生活污水典型处理流程

2. 工业废水处理系统

各种工业废水的水质千差万别，其处理要求也极不一致，因此，很难形成一种像城市生活污水那样的典型处理系统或流程。一般来说，工业废水处理系统具有以下几方面的特征：①一般的处理程序是澄清→回收→毒物处理→再用或排放；②往往形成循环用水系统或连续用水系统；③在直流排水系统中，水质控制的要求依排放标准而定；在废水再用系统中，则根据用水设备对水质的要求而定。图 4-14 和图 4-15 分别画出了某维尼纶厂废水（主要含硫酸和甲醇）和炼油厂废水（主要含油、硫、碱及酚）处理和利用的流程。

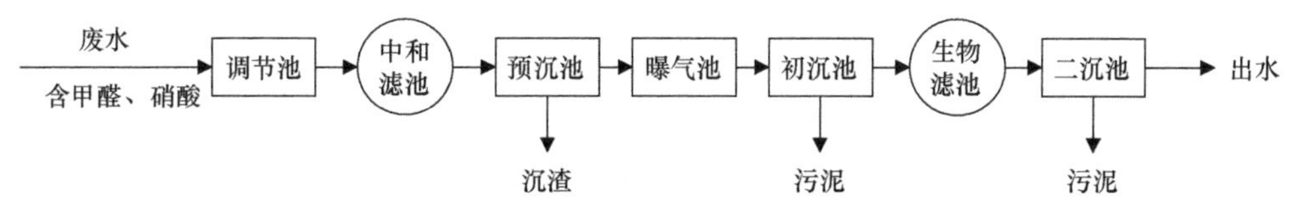

图 4-14　某维尼纶厂废水处理流程

3. 生活饮用水处理系统

饮用水常规处理技术及其工艺在 20 世纪初期就已形成雏形，并在饮用水处理的实践中不断得以完善。饮用水常规处理工艺的主要去除对象是水源水中的悬浮物、胶体物和病原微生物等，所使用的处理技术有混凝、沉淀、澄清、过滤、消毒等。由这些技术所组成的饮用水常规处理工艺目前仍为世界上大多数水厂所采用，在我国目前95%以上的自来水厂都是采用常规处理工艺，因此常规处理工艺是饮用水处理系统的主要工艺。

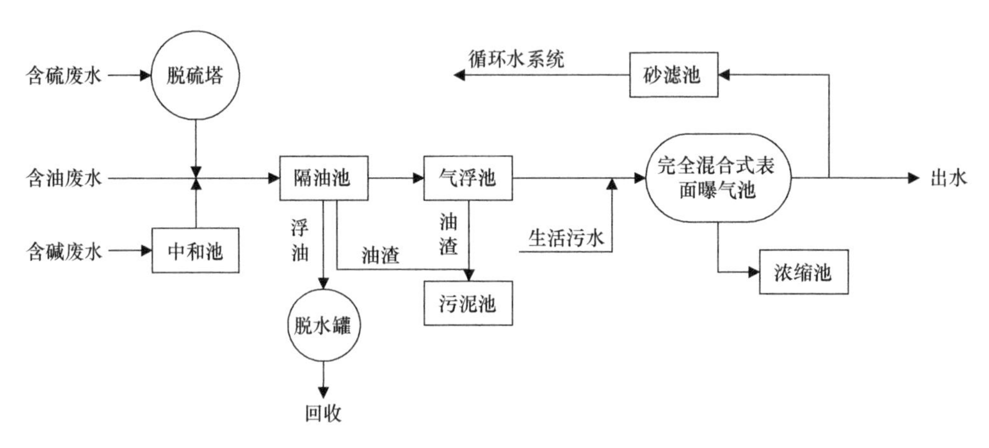

图 4-15　某炼油厂废水处理与利用流程

在以地表水为水源时，饮用水常规处理的主要去除对象是水中的悬浮物质、胶体物质和病原微生物，所需采用的技术包括混凝、沉淀、过滤、消毒，典型的以地表水为水源的净水厂处理工艺流程如图 4-16 所示。

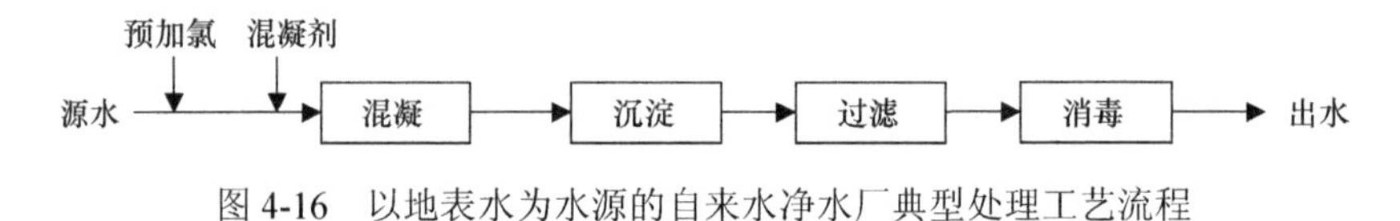

图 4-16　以地表水为水源的自来水净水厂典型处理工艺流程

在以地下水为水源时，饮用水常规处理的主要去除对象是水中可能存在的病原微生物。对于不含有特殊有害物质（如过量铁、锰等）的地下水，饮用水处理只需进行消毒处理就可以达到饮用水水质要求。处理工艺流程如图 4-17 所示。

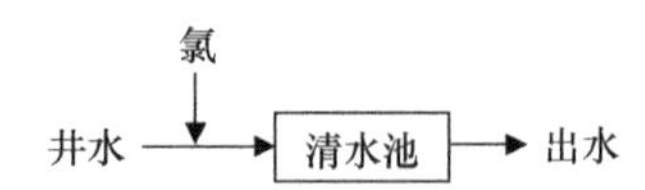

图 4-17　以地下水为水源的自来水厂典型工艺流程

随着工业和城市的发展及现代农业大量使用化肥和农药等，越来越多的污染物随着工业废水、生活污水、城市废水、农田径流、大气降尘和降水、垃圾渗滤液等进入了水体，对水体形成了不同程度的污染，水中有害物质的种类和含量越来越多。“微污染”是当前给水处理的常见术语。微污染水源是指水的物理、化学和微生物指标不能达到《地表水环境质量标准》中作为生活饮用水源水的水质要求。水体中污染物单项指标，如浑浊度、色度、臭味、硫化物、氮氧化物、有毒有害物质（如重金属等）、病原微生物等有超标现象，但多数情况下是受有机物微量污染的水源。水体微污染现象对饮用水处理工艺的选用造成了很大的困难。当饮用水的水源受到一定程度的污染，又无适当的替代水源时，为了达到生活饮用水的水质标准，在常规处理的基础上，需要增设深度处理工艺。应用较广泛的深度处理技术有：活性炭吸附、臭氧氧化、生物活性炭、膜分离技术等。

阅读材料：水体污染控制与治理科技重大专项

资料来源：环境保护部网站

水体污染控制与治理科技重大专项（以下简称水专项）是为实现中国经济社会又好又快发展，调整经济结构，转变经济增长方式，缓解我国能源、资源和环境的瓶颈制约，根据《国家中长期科学和技术发展规划纲要(2006～2020年)》设立的十六个重大科技专项之一，旨在为中国水体污染控制与治理提供强有力的科技支撑。水专项从理论创新、体制创新、机制创新和集成创新出发，立足中国水污染控制和治理关键科技问题的解决与突破，遵循集中力量解决主要矛盾的原则，选择典型流域开展水污染控制与水环境保护的综合示范。针对解决制约我国社会经济发展的重大水污染科技瓶颈问题，重点突破工业污染源控制与治理、农业面源污染控制与治理、城市污水处理与资源化、水体水质净化与生态修复、饮用水安全保障及水环境监控预警与管理等水污染控制与治理等关键技术和共性技术。通过湖泊富营养化控制与治理技术综合示范、河流水污染控制综合整治技术示范、城市水污染控制与水环境综合整治技术示范、饮用水安全保障技术综合示范、流域水环境监控预警技术与综合管理示范、水环境管理与政策研究及示范，实现示范区域水环境质量改善和饮用水安全的目标，有效提高我国流域水污染防治和管理技术水平。

水专项分三个阶段进行组织实施，第一阶段目标主要突破水体“控源减排”关键技术，第二阶段目标主要突破水体“减负修复”关键技术，第三阶段目标主要是突破流域水环境“综合调控”成套关键技术。水专项是新中国成立以来投资最大的水污染治理科技项目，总经费概算三百多亿元。

4.5　饮用水安全

水是人体的重要组成部分，是维持身体健康所必需的基本物质，与人体健康有着密切的关系。随着人们健康意识的加强，人们对饮用水水质也日益关注。喝上“健康水”，已成为越来越多人的希望。

4.5.1　饮用水安全的基本要求

1. 流行病学安全

流行病学安全指的是防止介水传染病的发生和传播，确保水质微生物学质量的安全性。一般来说，介水传染病以肠道传染病为主，主要症状是腹泻，污染来源主要是被人或动物粪便污染的水。目前，微生物污染是饮用水安全的最大威胁。

2. 化学物质安全

水中所含化学物质（包括放射性物质）应对人体无害，不得产生急性或慢性中毒及潜在的远期危害（致癌、致畸、致突变）。近年来，水中化学污染问题日益突出。这些化学物质在水中残留时间长，多数不易被降解，可直接对人体产生毒害作用。高浓度短时间作用于人体可产生急性毒性作用，低浓度长时间作用于人体可产生慢性毒性作用。

3. 感官性状良好

水质的感官性状，即水的外观、色、嗅和味，是人们判断水质及其可接受程度的首要和直接指标。饮用者几乎完全依赖于自己的感官来判断水质及其安全性。如果水的混浊度很高，有异色或令人厌恶的臭味，就会使饮用者感到不安全而拒绝饮用。当然，感官性状良好的水并不意味着一定安全。

4. 需经消毒处理

饮用水消毒是饮用水净化过程中的最后一个环节，也是和人体健康最直接相关的技术单元，始终作为饮用水安全保障的研究热点。饮用水必须经消毒处理并符合出厂水消毒剂限值及出厂水和管网末梢水消毒剂余量的要求。饮用水的消毒可分为物理消毒和化学消毒两类。物理方法有加热法、紫外线法、超声波法等；化学方法有加氯法、臭氧法或其他氧化剂法等。

4.5.2　饮用水中污染物的来源

饮用水中的污染物来源于水源水质污染、水处理过程污染和水输送过程污染。

1. 饮用水水源水质污染

伴随着快速的工业化、城镇化进程，大量未经处理或处理不达标的高浓度工业废水、生活污水排入湖泊、河流中，使水中污染物浓度远远超出了水体自净能力，大部分饮用水源受到不同程度的污染，我国很多城市出现了水质型缺水，严重地阻碍了地区经济的发展。在我国不少城市饮用水源中检出数十种有机污染物，许多有机污染物具有致癌、致畸、致突变性，对人体健康存在长期潜在危害。

我国不少城市水厂水源都受到污染，很多湖泊水库水体都呈现富营养化，大多数受污染的水源水中的氨氮、藻类、铁、锰及 COD_{Mn} 等的含量都超过生活饮用水水源水质标准。对于水体中的溶解性有机物及氨氮和藻类等，常规处理工艺一般不能有效去除。针对受污染的水源水体，需在常规处理的基础上增加预处理或深度处理，深度处理通常设置在常规处理之后，预处理设在常规处理之前。

2. 饮用水处理过程污染——消毒副产物

饮用水消毒开始于 20 世纪初，其目的在于杀灭水中的微生物病原体以防止介水传染病的传播和流行。随着氯、氯胺、臭氧等消毒技术的出现，人们有效抑制了上述污染物导致的病原性传染病，从而保证了饮用水的微生物安全性。消毒剂除了杀灭病原体外，还作为氧化剂进行饮用水的除味、除色，氧化铁和锰，改善凝结、过滤效率，抑制沉淀池和过滤器底部藻类及饮用水分布系统的生物再生长。与此同时，这些消毒剂与原水中的有机物发生加成、取代和氧化等反应，生成大量消毒副产物（disinfection by-products，DBPs）。

氯消毒经济有效、使用方便，应用历史最久也最广泛。1974 年 Rook 等发现，饮用水加氯消毒可以产生三氯甲烷。此后人们发现经消毒后的水中除含有微量的消毒剂外，还可以产生许多消毒副产物，除三卤甲烷外，还可以形成卤乙酸、卤乙腈、卤代酮类、三氯乙醛、合氯醛、三氯硝基甲烷、氯化苦、氯化腈、氯酚、甲醛、氯酸盐、亚氯酸盐、溴酸盐等。长期以来人们对 DBPs 给予了极大的关注，从 DBPs 的成分、毒性、流行病学、饮用水中的污染状况及干预措施等方面进行了大量的研究。其目的是寻求一种理想的消毒剂，使它在有效消灭病原体的同时，对人类产生的化学危害降到最低水平。在饮用水消毒过程中如何平衡饮用水微生物安全性与化学安全性是亟待攻克的一个重大难题，成为当前饮用水消毒技术研究的重要内容。

3. 饮用水输送过程污染——二次污染

经水厂净化后的水在通过复杂庞大的管网系统输送到用户时，仍有一部分有机物和游离氯结合形成致癌前体物三卤甲烷；另一方面成为微生物再繁殖培养基，重新繁殖的微生物常年在输送管道中形成生物膜，膜的老化和脱落又引起用户水的臭和味、色度的增加，并且这些管网上的微生物渐渐对消毒剂产生了抵抗力，不易被杀灭，更增加了终端自来水微生物的数量，从而不可避免地受到二次污染。

随着城市的发展和人均用水量的增加，二次供水已经广泛应用于建筑给水系统。二次供水就是把从市政给水管网引入的自来水通过水箱储存、加压等措施经管道供给用户或自用的一种供水方式。在这个过程中，管壁、池壁及有关供水设施的器壁中有害溶出物对饮用水产生化学污染，管壁、池壁滋生微生物对饮用水产生化学及生物污染。供水设施是否合理、设计及建设的优劣直接关系到二次供水水质。

4.5.3 家用饮用水产品与设备

1. 包装饮用水

水商品迎合大众饮水安全的心态，发展迅猛。现在到处都能买到各种瓶装水、桶装水，形成了包装饮用水的产品市场。包装饮用水（packaged drinking water）指密封于符合食品安全标准和相关规定的包装容器中，可供直接饮用的水。

我国《食品安全国家标准 包装饮用水》（GB 19298—2014）中明确：除了天然矿泉水有另行的国家标准《饮用天然矿泉水》（GB 8537—2008）外，包装饮用水分为饮用纯净水（purified drinking water）和其他饮用水两大类。饮用纯净水指以符合原料要求的水为生产用源水，采用蒸馏法、电渗析法、离子交换法、反渗透法或其他适当的水净化工艺，加工制成的包装饮用水。其他饮用水指以符合原料要求的水为生产用源水，仅允许通过脱气、曝气、倾析、过滤、臭氧化作用或紫外线消毒杀菌过程等有限的处理方法，不改变水的基本物理化学特征的自然来源饮用水。

饮用天然矿泉水（drinking natural mineral water）是一种宝贵的地下资源，是在特定的地质条件下的产物，它是直接取自天然的或人工钻孔而得的地下含水层的水，含有更多的矿物质盐和特殊的化学成分，并保持原有的纯度，不受任何种类的污染。饮用天然矿泉水首要的要求是，9 种对人体健康有益的化学组分：锂、锶、锌、碘、硒、偏硅酸等，必须有一项以上达到所规定的界限指标要求，方可称为饮用天然矿泉水。其次是 18 种对人体可能有害的元素组分不得超过所规定的限量。

2. 家用净水器

所谓家用净水器（household water purifier）就是对自来水进行深度处理的饮

水装置。家用净水器开始于20世纪50年代，到20世纪70年代开始流行，一直持续至今。特别是在20世纪美国首次发现自来水中存在着消毒副产物开始，作为一种家庭自我保护的装置，美国许多家庭开始安装和使用。

净水器主要使用了哪些水净化材料呢？活性炭：活性炭有许多小孔可以吸附水质的物质，能够去掉水中的味道和部分有机污染物；微滤膜或者精滤膜：主要功能是阻挡水中的颗粒物，以聚丙烯膜和陶瓷膜为主；超滤膜：也称为中空纤维超滤膜，以一根根细丝组成，水通过细丝的表面进入细丝的中间，可降低浊度，去除水中的微生物；反渗透膜：这种膜允许水分子通过，不允许盐通过，能够去除水中的各种杂质；软水器：使用离子交换的方式降低水的硬度。根据各净水材料的性能制成净水器，也可将不同的水净化材料组成净水器。

家用净水器是以自来水为原水，应按说明书要求使用，并定期更换滤芯滤料，定期进行清洗、冲洗。净水器超过三天不使用，那么再次使用时应对净水器反复进行顺冲洗，直到净水器内的存水排尽为止。

阅读材料：家用桶装水怎么辨认水质优劣

——依互联网资料整理

1. 看桶的颜色——颜色过蓝有问题

发暗、发黑、发紫的肯定是“黑心桶”，颜色过蓝也有问题。食品级PC材料应该是透明无色的，但市场上的水桶大多呈蓝色，这个给人清凉之感的颜色来源于PVC材质（已被证实含有塑化剂）。水桶颜色过深，说明废料加得越多，也会掩盖水质缺陷，透明或淡蓝色的桶比较安全。

2. 看桶的外观——桶口刺手是劣质

检查水桶质量，劣质桶从外观上看颜色深，摸上去高低不平，特别是桶口摸着刺手，正品桶则表面光滑。

3. 看桶底——两个标志不能少

正规桶的生产厂家多在桶底写上生产厂名和标志、材料品号、生产日期等，“垃圾桶”则没有。尤其要注意两个QS标志：一是桶装水的标签必须要贴上QS标志；二是其所用的水桶上面，也要有水桶生产企业的QS标志，两者缺一不可。

4. 看封口——假水封膜薄

假水封口处的热缩膜一般较薄，多用电吹风吹烘而成，褶皱不平。真的桶装水封口的膜较厚，色泽光感强，紧且平整。

5. 看桶内水的颜色——清澈才是好水

合格的饮用水应该无色、透明、清澈、无异味、无杂质，没有肉眼可见物。

4.6 酸性矿山废水污染控制

随着工业化程度的加深和科学技术的进步，人类对矿产资源开发的强度和规模都达到前所未有的高度。但是，由于人类对矿产资源开发过程中过度或不合理的开采，不可避免地产生各种环境问题，如尾矿库溃坝、水土流失、环境污染等，给人们的安全和健康造成了很大的危害。其中，最普通而严重的环境问题就是大量酸性矿山废水（acid mine drainage，AMD）造成的环境污染。

4.6.1 酸性矿山废水形成及危害

AMD 主要由尾矿中的金属硫化物矿物（如黄铁矿、磁黄铁矿、黄铜矿、闪锌矿等）在氧气、三价铁离子、微生物等的综合作用下形成，它的特点是低 pH，并含有大量生物可利用形态的有毒有害重金属（如铜、锌、镉、铅、锰、砷、镍和铬等）和硫酸根（＞1000mg/L）。这些富含重金属离子的 AMD 汇入地表水后，会使下游河流、湖泊等水体水质酸化，给水生生物特别是鱼类、藻类及微生物的生存造成极大威胁，水体的自净能力也会进一步弱化，进而破坏整个下游水体的生态平衡。在很多被 AMD 污染的河流中，鱼虾几乎绝迹。AMD 中重金属离子还会通过吸附、沉淀或者离子交换作用进入次生矿物相，对沉积物及周围地下水环境带来严重影响。AMD 进入土壤后可使土壤酸化和毒化，导致植被枯萎、死亡，并且重金属离子还会通过食物链进入人体，造成慢性中毒，导致癌症高发。因此，由 AMD 引发的矿区环境污染已成为制约区域生态安全与经济社会可持续发展的重要瓶颈。

阅读材料：横石河流过死亡村庄

【材料一：摘选自 2010 年黑龙江公务员考试申论真题】今年，央视经济半小时曾策划了一个节目，寻访中国污染最严重的5条河流，流经上坝的横石水入选。央视经济半小时曾经于2005年《横石河流过死亡村庄》为题给其做过报道。严格来说，横石水应算北江的一条二级河流，它发源于韶关市大宝山，一路流经多个村镇后汇入滃江，滃江在英德市大站镇汇入北江，横石水是从大宝山流出的山泉水，它冲击出了凉桥、上坝等村落肥沃的土壤。

20多年前，横石水清澈见底的水流淌过石子一路欢唱；20多年后，横石水在上坝等同于死水，人称"死亡之河"。2005年10月26日，记者第一次见到了这条河水，河滩边的石子已被染成深棕色，就像劣茶泡出的厚厚茶垢，河岸上沿沉淀出一条黑色金属带。这景色没有任何生物作衬，村民又说，这河里的鱼虾1980年后就绝迹了。

【材料二：依互联网资料整理】广东省韶关市翁源县的上坝村，有可能是广东最著名的癌症村。3000多上坝村民，从1987年至2005年的18年间，有250多人因癌症而丧生，其癌症发病率和死亡率都远高于全国平均水平。上坝，是大宝山矿污染死亡人数最多的村子，但可能不是受大宝山污染最严重的村子。沿上坝向上游，依次有阳河、塘心、凉桥三个村落。凉桥距离大宝山矿最近，这是一个能明显看出萧索、凋敝的小村落，村里大部分土地都抛了荒。

权威部门的调查认为，上坝村癌症高发与该村水源和土壤污染有一定关系。该村水源上游的大宝山矿区，是导致村民癌症高发的重要原因：矿区的酸性矿山废水不断排入流经该村的横石河中，被污染的河水一度被村民用来灌溉农田，进而污染了当地种植的粮食和果蔬。调查数据表明：大宝山外排酸性废水对粮食和果蔬均造成了严重的污染，其中以镉污染最为突出。

4.6.2　酸性矿山废水中的主要污染物

1. 酸

酸污染是矿山水污染中的常见污染物质，表4-4中列举了几处矿山废水的pH。世界卫生组织规定的国际饮用水标准中，pH的合适范围是6.5～8.5。在渔业水体中pH一般认为不应低于6或者高于9.2，因为pH为5.5时，鲑鱼就不能生存，pH为5时，一般鱼类就死亡。对于农业用水，允许pH在4.5～9。伴随着酸污染，水中无机盐类和水的硬度也会增加。酸与水体中的矿物相互作用产生某些盐类，水中无机盐的存在能导致水的渗透压增加，会对淡水生物带来严重不良影响。

表 4-4　典型矿山废水中的 pH

矿山名称	pH	矿山名称	pH
湘潭锰矿	3～3.8	凹山铁矿	1.7
东乡铜矿	1.8～4.2	大冶铁矿	4～5
丁家山铜矿	2～3	潭山硫铁矿	2～3

2. 重金属

矿山废水中的金属离子主要有锌、铜、铁、锰、镍、铅、镉、铬、汞、砷、钴、钛、钒、钼、铋等。重金属进入水体中后会趋于动态平衡状态，在水体中趋向平衡的迁移方式主要有沉淀、吸附、络合（螯合）、氧化、还原等。表 4-5 为某矿区河流水体 pH 和溶解态重金属的浓度，可以看到在丰水期，除了清水支流对照点 C2 外，其他采样点的重金属浓度都严重超过《地表水环境质量标准》的Ⅴ类标准（Ⅴ类标准：铜、锌、镉、铅分别≤1mg/L、2mg/L、0.01mg/L、0.10mg/L）；在枯水期，除 C2 和 C6 支流外，其他采点的重金属浓度也严重超过Ⅴ类的标准。该矿区干流以锌和镉污染最为严重。

表 4-5　某矿区河流水体 pH 和溶解态重金属的浓度　［mg/L（pH 除外）］

采样点		S1	C2	S3	S4	S5	C6	S7
丰水期	pH	2.50	6.28	2.49	2.50	2.87	2.64	2.66
	铜	4.83	0.03	3.75	2.33	3.15	2.14	2.20
	锌	75.04	0.05	53.59	34.23	43.08	6.61	12.08
	镉	0.33	0.02	0.25	0.15	0.20	0.04	0.06
	铅	0.82	0.01	0.67	0.40	0.55	0.67	0.58
枯水期	pH	2.39	7.52	2.62	2.76	2.68	6.54	2.74
	铜	10.49	0.00	7.63	5.53	4.96	0.01	3.58
	锌	75.55	0.00	62.31	46.33	41.62	0.32	29.08
	镉	0.42	0.00	0.29	0.20	0.17	0.00	0.11
	铅	0.57	0.00	0.57	0.43	0.36	0.00	0.26

注：C2 为不受采矿影响的清水支流对照点，C6 为受采矿影响的污染支流采样点，S1～S7 为矿区干流由上游至下游方向。

3. 硫酸根

在自然条件下，矿山废水中硫酸根的形成主要是由于硫化物矿物的化学和生物氧化造成的。暴露在地表的金属硫化物矿物在化学及微生物作用下被氧化释放出大量硫酸根离子，笔者团队测得大宝山矿区河流水体中硫酸根浓度最高达3500mg/L，而部分采样点表层沉积物中总硫浓度高达 32337～44581mg/kg。硫酸根离子是自然水体和污（废）水中常见的一种阴离子，虽然对生命体无显著毒性，但其作为 AMD 的主要成分，浓度往往高达几百至几千毫克每升，其环境危害不容忽视。例如，大量硫酸根的存在会使土壤易于板结，不利于植物的生长。

4.6.3　酸性矿山废水污染控制技术

近几十年来，各国政府和科学家在如何消除 AMD 污染方面做了大量的工作。AMD 污染的控制有末端治理和源头控制两个方面。末端治理技术，根据工艺原理可分为化学、物理化学、微生物法和湿地等方法；比较常用的源头控制技术方法主要有尾矿脱硫何中和处理、施加杀菌剂、隔离法、表面钝化处理等方法。目前主要采用的方法是末端治理技术，本着“预防比治理更重要”的原则，源头控制开始引起重视，国内外已经有一批学者开展了源头控制 AMD 的研究。例如，采用钝化剂对尾矿进行钝化，在尾矿表面形成致密的惰性钝化膜，将尾矿与水、空气、微生物和氧化剂隔离，从而抑制尾矿的氧化及溶蚀速率，减少酸性矿山废水的产生。下面分别对末端治理技术和源头控制技术做简单介绍。

1. 末端治理技术

AMD 的问题归根结底就是解决酸污染、重金属污染和硫酸盐污染的问题。由于处理的机理不一样，AMD 的末端处理可以分为化学法、物理化学法和微生物法等。实际工程中通常联合使用多种方法或包含多种去除原理。例如，利用人工湿地技术对 AMD 的处理就是在物理、化学和生物的三重协同作用下，实现对污水的净化。

1）化学法

化学法是向废水中投加化学物质，提高水的 pH，使水中的金属离子和硫酸根离子与所投加的物质发生化学反应产生沉淀而使重金属得以去除的方法。因投加药剂不同可分为中和法、硫化物沉淀法、氧化还原法等。

中和法，是投加碱性中和剂，使废水中的金属离子形成溶解度小的氢氧化物或碳酸盐沉淀而除去的方法。常用的中和剂有碱石灰、消石灰、飞灰、碳酸钙、高炉渣、白云石、碳酸钠、氢氧化钠等。中和法工艺简单、处理成本低，但经过此种方法处理后所产生的中和渣存在渣量大、易造成二次污染及含水率高等缺点。为了克服这些缺点，在沉淀的过程中可以考虑添加絮凝剂，加快沉降速率，降低中和渣含水率。

硫化物沉淀法是加入硫化剂使废水中重金属离子成为硫化沉淀的方法。常用的硫化剂有硫化钠、硫氢化钠、硫化氢，该法的优点是重金属硫化物的溶解度小、沉渣含水率低，不易返溶而造成二次污染。由于硫化物沉淀的优越性，而在一些矿山废水的处理中得到应用。

氧化还原法在废水处理中，主要用作废水的前处理。如矿山废水处理中，为了使铁在 pH 为 4 时以氢氧化铁沉淀除尽，用氧化剂一氧化氮、液氯或空气中的氧将废水中的二价铁离子氧化成三价铁离子。还原法是将水中的金属离子同还原剂接触并发生反应，将重金属离子变为价数较低的离子或单质加以去除。在矿山酸性废水的处理中，常采用的是铁屑置换废水中的铜离子，使铜离子还原为金属铜的形式得以回收。

2）物理化学法

物理化学法是在不改变废水中污染物化学形态的条件下，对重金属离子进行浓缩、吸附、分离的方法。常用的方法有离子交换法、膜分离技术、吸附法、电解法等。离子交换法是利用离子交换剂上的一些交换基团可以与水中的离子进行交换的原理而使重金属离子从水中去除。膜分离技术是利用特殊功能的半透膜并控制外界条件，使废水中的溶解物和水分离浓缩，经过多次浓缩可以使重金属浓缩到可以利用的程度。吸附法是利用吸附剂吸附废水中的重金属离子。吸附剂与吸附质之间的作用力除了分子之间的范德华力以外还有化学键力和静电引力，根据固体表面吸附力的不同可以相应分为物理吸附、化学吸附和离子交换吸附等。电解法是利用电极与重金属离子发生电化学反应而消除其毒性的方法，按照阳极类型可分为电解沉淀法和回收重金属电解法两类。

3）微生物法

自然界中硫以三种形态存在：单质硫、硫化物和硫酸盐，三者在化学和生物作用下相互转化，构成硫的循环。微生物法处理 AMD 就是利用自然界中的硫循环原理，分三个阶段将硫酸根还原成单质硫。第一阶段是在厌氧条件下，通过异化硫酸盐生物还原反应，利用硫酸盐还原菌（SRB）将硫酸还原为硫化物；第二阶段利用光合硫细菌或无色硫细菌（CSB）将硫化物氧化成硫单质；第三阶段为出水中硫单质的分离及回收问题。微生物技术由于其环境友好、适用性强、投资低、污染小等优点，是应用于酸性矿山废水处理最广泛的方法之一。由于微生物自身同化作用和生长的结果，许多微生物都具有吸收或沉积各种离子于其表面的亲和力。因此，它们能够大量地从外界富集各种离子而被用于有色金属的浸出提取及矿山废水的处理中。目前，在有色金属矿山废水治理过程中研究较多的有氧化亚铁硫杆菌和硫酸盐还原菌。氧化亚铁硫杆菌是一种化能自养细菌，对二价铁离子有强烈氧化作用，把二价铁离子氧化成三价铁离子后加入石灰或碳酸钙进行中和处理，可以大大减少中和剂和沉淀物的量，节约处理成本。而利用硫酸盐还原菌可将硫酸根还原为硫化氢，并释放碱度从而提高废水的 pH，然后可进一步通过生物氧化作用将硫化氢氧化为单质硫。在硫酸根的还原过程中，废水中的重金属可与硫化氢形成金属硫化物沉淀而得到去除。

2. 源头控制技术

氧气、三价铁离子和微生物作用是 AMD 产生的根源，而其中的微生物氧化亚铁硫杆菌起决定性作用。只要设法降低三价铁离子活度和微生物活性及阻止空气与硫化物矿物的接触，就能有效抑制矿物的氧化，减少 AMD 的形成。源头控制技术，就是根据 AMD 的形成机理，通过某种技术手段抑制硫化物矿物的氧化，从而达到控制 AMD 形成的目的。国内外采取的源头治理方法包括以下四种。

1）尾矿脱硫和中和处理

尾矿中含硫矿物是 AMD 形成的源物质，因此，去除或者尽量减少尾矿中的含硫矿物对于抑制 AMD 的形成具有重要的意义。尾矿中的物质根据其潜在酸碱性，可以分为潜在酸性物质（acidity potential material，APM）和潜在中和物质（neutralization potential material，NPM），其中，APM 是具有产酸潜力的物质（主要指含硫矿物），NPM 是指能中和酸性的碱性物质。尾矿能形成 AMD 是其含有的 APM 多于其含有的 NPM 造成的，因此，控制 AMD 的形成就是要尽量减少尾矿中的 APM，使尾矿中 NPM 的量等于或略小于潜在中和物质的量。

在尾矿进行脱硫处理的工艺中，泡沫浮选法是目前研究较多的方法，该法利用矿物颗粒自身表面具有疏水性或经浮选药剂作用产生或增强疏水性来对具有不同物理化学性质的矿物进行分离。

中和法是将石灰等碱性物质与废矿堆混合，增加废矿中堆 NPM 的含量，提高废矿堆的 pH。pH 升高还可引起微生物活性降低，从而使矿物的生物氧化受到抑制。石灰性物质除提高体系 pH 外，还可以导致氢氧化铁等难溶性物质沉积在黄铁矿表面，对 AMD 的产生具有抑制作用。

2）杀菌剂法

杀菌剂法是使用杀菌剂抑制矿物氧化菌的生长，从而抑制生物氧化。氧化亚铁硫杆菌不仅能直接侵蚀硫化物矿物，而且还能显著加速 Fe^{2+}到 Fe^{3+}的转化，从而提高硫化物矿物的氧化和 AMD 产生的速率，而这一过程在野外环境中是不可避免的。使用杀菌剂就是为了阻止微生物对黄铁矿等硫化物矿物的生物氧化作用，达到降低 Fe^{3+}对矿物的氧化作用，减少 AMD 的产生的目的。十二烷基硫酸钠、直链烷基苯磺酸盐和有机酸等是比较常用的杀菌剂。

3）隔离法

隔离法包括水罩法和覆盖法。水罩法是将尾矿库建在水底，由水来隔绝氧气与矿物接触，使氧化反应不能进行，该方法要求矿山附近必须有足够容量的湖泊。而覆盖法是使用沙砾、土壤、无硫尾矿、塑料膜、煤灰、城市下水道污泥堆肥等作为尾矿覆盖物，但其抑制效果不如水罩法。

4）表面钝化处理法

钝化法是利用化学反应在矿物颗粒的表面形成一层惰性的、不溶的和致密的膜，从而使氧气和其他氧化剂无法侵袭尾矿。与其他处理方法不同的是，钝化处理是从微观（单个颗粒）的角度来保护尾矿。该法具有成本低、操作简单的优点，是当下最具发展前景的方法之一。目前，研究最多的表面钝化法有磷酸盐钝化法、硅酸盐钝化法和有机盐钝化法等，有机钝化法常用的钝化剂有8-羟基喹啉、腐殖酸、木质素、草酸、乙酰丙酮等。

笔者所在研究团队也制备了几种新型钝化剂，其中利用三乙烯四胺二硫代氨基甲酸钠（DTC-TETA）作为钝化剂来抑制黄铁矿中的重金属释放具有很好的效果，在pH=3和pH=6条件下对黄铁矿的铁释放的抑制效果都非常稳定，与空白样品相比，DTC-TETA对重金属铜、锌、镉、铅和铁的溶出抑制率都在95%以上。DTC-TETA的二硫代羧基中的S与矿物表面上金属以共价键的形式生成稳定的交联网状螯合物附在尾矿表面形成致密的保护膜隔绝水和氧气氧化从而抑制尾矿中重金属的释放。DTC-TETA能够在尾矿表面形成一层稳定的钝化膜，主要是因为DTC-TETA对尾矿表面上铜、锌、镉、铅等重金属有着很强螯合能力。以DTC-TETA对尾矿中二价铜的作用为例，DTC-TETA分子上二硫代羧基的硫原子上有孤对电子，可以占用二价铜的空轨道，形成配位键，二价铜与配位离子形成稳定的平面正方形构型，从而在尾矿表面形成稳定的交联网状结构。这种交联网状结构因为是铜与钝化剂DTC-TETA以共价键螯合的，所以相对碱性沉淀膜比较稳固牢靠，可以在酸性环境中稳定存在。同时，因为较长的碳链结构，尾矿表面这层钝化层是疏水性的，这就能够隔绝溶液中氧化性物质对尾矿的氧化。同样的，DTC-TETA也可以和矿物表面的锌、镉、铅和铁等其他金属离子形成共价键，生成类似的空间交联网状钝化膜抑制黄铁矿和其他金属尾矿的氧化。

金属矿区环境污染控制是一个复杂的系统工程。首先，需要通过技术改造和技术升级来提高矿石和尾矿的利用水平，减少矿物开采和冶炼过程所带来的污染；其次，通过对尾矿进行钝化处理等措施来抑制露天堆放的尾矿的化学和生物氧化，从源头上减少尾矿中重金属及硫素的释放；另外，还需要通过一定的技术手段对矿山排放的AMD进行处理，去除其中的酸、重金属和硫酸根离子，确保矿区下游灌溉水及饮用水的安全；最后，在通过上述手段从源头上切断污染源头前提下，采取适当的修复措施降低矿区农田土壤中重金属的含量及其生物可利用性，是解决矿区环境污染问题和保障人民身体健康的最佳策略。

4.7　海洋污染防治

4.7.1　概述

1. 海洋污染的定义

海洋是地球上最大的水体，约占地球总面积的 71%。浩瀚的海洋一方面为人类提供了丰富的资源和宝藏，但另一方面也是众多污染物质的汇集之地。

海洋具有巨大的自净能力。污染物进入海洋后，可通过物理的、化学的、生物的和地质的综合作用，不断地被扩散、稀释、氧化、还原和降解。但是，如果人类消费和生产活动过程中排出的污染物，或经河流的迁移，或通过大气的沉降，进入海洋；或由于人类在海洋上活动（如船舶倾倒废物、油船事故、海底矿产开采）直接进入海洋，超过了海洋的自净能力，就会造成某些海域的污染，使海洋生态系统遭到破坏。

联合国教育、科学及文化组织下属的政府间海洋学委员会对海洋污染（marine pollution）明确定义为：由于人类活动，直接或间接地把物质或能量引入海洋环境，造成或可能造成损害海洋生物资源、危害人类健康、妨碍捕鱼和其他合法活动、损害海水的正常使用价值和降低海洋环境的质量等有害影响。一些自然因素，如水土流失、海底火山爆发及自然灾害等，引起海洋的损害则不属于海洋污染的范畴。

由于海洋的特殊性，海洋污染与大气、陆地污染有很多不同，其主要特点有污染源广、持续性强、扩散范围广、防治难、危害大。

2. 海洋污染物的分类

污染海洋的物质众多，从形态上分有废水、废渣和废气。根据污染物的来源、性质和毒性及对海洋环境造成危害的方式，大致可以把污染物的种类分为以下几类。

（1）石油及其产品：包括原油和从原油中分馏出来的溶剂油、汽油、煤油、柴油、润滑油、石蜡、沥青等及经过裂化、催化而成的各种产品。

（2）重金属和酸碱：包括汞、铜、锌、钴、镉、铬等重金属，砷、硫、磷等非金属及各种酸和碱。

（3）农药：包括有农业上大量使用含有汞、铜及有机氯等成分的除草剂、灭虫剂及工业上应用的多氯联苯等。

（4）有机物质和营养盐类：这类物质比较繁杂，包括工业排出的纤维素、糖醛、油脂，生活污水的粪便、洗涤剂和食物残渣及化肥的残液等。这些物质进入海洋，造成海水的富营养化，能促使某些生物急剧繁殖，大量消耗海水中的氧气，易形成赤潮。

（5）放射性核素：是由核武器试验、核工业和核动力设施释放出来的人工放射性物质。

（6）固体废物：主要是工业和城市垃圾、船舶废弃物、工程渣土和疏浚物等。

（7）废热：工业排出的热废水造成海洋的热污染。

3. 海洋污染的来源

（1）陆源污染：大量未经处理的城市污水和工业废水直接或间接流入海洋。陆源污染物质种类最广、数量最多，对海洋环境的影响最大。陆源污染物对封闭和半封闭海区的影响尤为严重。陆源污染物可以通过临海企事业单位的直接入海排污管道或沟渠、入海河流等途径进入海洋。沿海农田施用化学农药，在岸滩弃置、堆放垃圾和废弃物，也可对环境造成污染损害。

（2）船舶污染：船上的船舶由于各种原因，向海洋排放油类或其他有害物质。船舶污染主要是指船舶在航行、停泊港口、装卸货物的过程中对周围水环境和大气环境产生的污染。主要污染物有含油污水、生活污水、船舶垃圾三类，另外也将产生粉尘、化学物品、废气等，但总的来说，对环境影响较小。

（3）海上事故：船舶搁浅、触礁、碰撞及石油井喷和石油管道泄漏等。据联合国有关组织统计，每年海上油井井喷事故和油轮事故造成的溢油高达 220 万 t。

（4）海洋倾废：向海洋倾泻废物以减轻陆地环境污染的处理方法。通过船舶、航空器、平台或其他载运工具向海洋处置废弃物或其他有害物质的行为，也包括弃置船舶、航空器、平台和其他浮动工具的行为。这是人类利用海洋环境处置废弃物的方法之一。

（5）海岸工程：一些海岸工程建设改变了海岸、滩涂和潮下带及其底土的自然性状，破坏了海洋的生态平衡和海岸景观。

4. 海洋污染的危害

海洋污染会对海洋生态及人体造成极大危害，主要表现为：海洋污染造成的海水浑浊严重影响海洋植物（浮游植物和海藻）的光合作用，从而影响海域的生产力，对鱼类也有危害；重金属和有毒有机化合物等有毒物质在海域中累积，并通过海洋生物的富集作用，经过食物链对海洋动物和人体造成毒害；石油污染在海洋表面形成面积广大的油膜，阻止空气中的氧气向海水中溶解，同时石油的分解也消耗水中的溶解氧，造成海水缺氧，对海洋生物产生危害，并祸及海鸟和人类；好氧有机物污染引起的赤潮（海水富营养化的结果），造成海水缺氧，导致海洋生物死亡或发生畸形，改变整个海洋的生态平衡，同时使海产品减少，危及人类的食物源；海洋污染使浮游生物死亡，海洋吸收二氧化碳的能力降低，加速温室效应。此外海洋污染的危害还表现为会破坏海滨旅游资源等。因此，海洋污染已经引起国际社会越来越多的重视。

4.7.2　污染防治

防治海洋污染的措施主要有：海洋开发与环境保护协调发展，立足于对污染源的治理；对海洋环境深入开展科学研究；健全环境保护法制，加强监测监视和管理；建立海上消除污染的组织；宣传教育；加强国际合作，共同保护海洋环境。

1. 海洋石油污染治理

海洋石油污染（marine oil pollution）指石油及其产品（汽油、煤油、柴油等）在开采、炼制、储运和使用过程中进入海洋环境而造成的污染。石油入海后即发生一系列复杂变化，包括扩散、沉降、蒸发、溶解、乳化、光化学氧化、微生物氧化、形成沥青球及沿着食物链转移等过程。这些过程在时空上虽有先后和大小的差异，但大多是交互进行的。

海上石油泄漏通常采用物理法、化学法或生物修复法进行清油，在实际应用中也通常把几种方法联合起来使用，称为综合处理方法。物理法清油是回收和处理泄漏石油的简单有效的措施，技术已经比较成熟，常用的方法主要包括围栏法、机械法和吸附法。化学法清除海面泄漏石油主要用于物理法处理后，或无法用物理法处理时，应用较多的化学处理方法主要有化学试剂法和燃烧法两种。生物处理方法是根据某些天然存在于海洋或土壤中的微生物有较强的氧化和分解石油的能力，利用生物的这一特性清除流入海水中的石油。在这几种方法中，物理法和化学法是相对成熟的方法，而且在石油泄漏事故中常被采用，而生物修复法由于还不是十分成熟，常在石油污染处理中起辅助作用。

处理海洋溢油事件一般分三步走：第一步是拦截溢油——围油栅，即先布设围油栏，将海面的污染区域围起来，防止污染区域进一步扩大；第二步使用撇油器回收溢油，即出动清污船只，利用吸油器和吸油毡清理油污，把这些石油尽可能抽出来，尽量把损失降低；第三步是用专门的破乳剂，使得油水分层，然后再加以清理，也就是用一些消油剂，将污染物彻底分解。

阅读材料：墨西哥湾石油泄漏事故

——依互联网资料整理

2010年4月20日，英国石油公司在美国墨西哥湾租用的钻井平台“深水地平线”发生爆炸，导致大量石油泄漏，酿成一场经济和环境惨剧。美国政府证实，此次漏油事故超过了1989年阿拉斯加埃克森公司瓦尔迪兹油轮的泄漏事件，是美国历史上“最严重的一次”漏油事故。

截至2010年6月1日，泄入墨西哥湾的石油在1700万加仑[①]到2700万加仑，这些石油可以盛满25～40个奥林匹克标准泳池。更可怕的是，泄漏仍在继续，每天的漏油量在12000桶到19000桶，远超过此前评估的5000桶。油污已经形成2000平方英里[②]的污染区。有很多原油露出并被冲上了美国路易斯安那州的一些小岛，该州超过160km的海岸受到泄漏原油的污染，污染范围超过密西西比州和阿拉巴马州海岸线的总长。相关专家指出，墨西哥湾沿岸生态环境正在遭遇“灭顶之灾”，污染可能导致墨西哥湾沿岸1000英里[③]长的湿地和海滩被毁，渔业受损，脆弱的物种灭绝。有关方面估计，油污的清理工作将会耗时近10年。有关人士还表示，墨西哥湾在长达10年的时间里将成为一片废海，造成的经济损失将以数千亿美元计。英国石油公司表示，该公司为应对漏油事故已耗费了9.3亿美元，其中包括控制漏油的措施和事故赔付等。

2015年10月5日，美国联邦法院新奥尔良地方法院判决，认定英国石油公司在2010年的墨西哥湾深水地平线钻井平台爆炸及原油泄漏事故中有“重大疏忽”，并最终处以208亿美元的罚款。

2. 赤潮防治

水体富营养化（eutrophication）是指在人类活动的影响下，生物所需的氮、磷等营养物质大量进入湖泊、河口、海湾等缓流水体，引起藻类及其他浮游生物迅速繁殖，水体溶解氧量下降，水质恶化，鱼类及其他生物大量死亡的现象。水体出现富营养化现象时，浮游藻类大量繁殖，形成水华。因占优势的浮游藻类的

① 1加仑=3.785L。
② 1平方英里=2.59km^2。
③ 1英里=1.609km。

颜色不同，水面往往呈现蓝色、红色、棕色、乳白色等，这种现象在海洋中称为赤潮。

赤潮的长消过程，大致可分为起始、发展、维持和消亡四个阶段。赤潮的成因首先是携带大量无机营养盐和有机物的工业废水和生活污水排入海洋所引起的海水富营养化，它是赤潮形成的物质基础。赤潮是袭扰许多沿海国家的一种新的海洋灾害。加强对赤潮监测和预防防治是标本兼治的良策。一方面，需要严格控制污水和污染物的入海量，控制海域的富营养化；另一方面，需要建立赤潮防治和监测监视系统，对有迹象出现赤潮的海区，进行连续的跟踪监测，及时掌握引发赤潮环境因素的消长动向，为预报赤潮的发生提供信息。对已发生赤潮的海区则可采取必要的治理措施。关于赤潮的治理方法，有工程物理法、化学法及生物法等多种方法。

物理法：国际上公认的一种方法是撒播黏土法，利用黏土微粒对赤潮生物的絮凝作用去除赤潮生物。撒播黏土浓度达到 1000mg/L 时，赤潮藻去除率可达到 65%左右。20 世纪 80 年代初，日本在鹿儿岛海面上进行过具有一定规模撒播黏土治理赤潮的实验。1996 年韩国曾用 6 万 t 黏土制剂治理 100km^2 的海域赤潮。

化学除藻法是利用化学药剂对藻类细胞产生的破坏和抑制生物活性的方法进行杀灭控制赤潮生物，具有见效快的特点。已有多种化学制剂用于赤潮治理的实验研究：如硫酸铜和缓释铜离子除藻剂、臭氧、二氧化氯及新洁尔灭、碘附、异噻唑啉酮等有机除藻剂。

生物法治理赤潮主要有三个方面：一是以鱼类控制藻类的生长；二是以水生高等植物控制水体富营养盐及藻类；三是以微生物来控制藻类的生长。其中，由于微生物易于繁殖的特点，使得微生物控藻成为生物控藻中最有前途的一种方式。杀藻微生物主要包括细菌（溶藻细菌）、病毒（噬菌体）、原生动物、真菌和放线菌等五类。多数溶藻细菌能够分泌细胞外物质，对宿主藻类起抑制或杀灭作用。因此，通过溶藻细菌筛选高效、专一，能够生物降解的杀藻物质，是灭杀赤潮藻的一个新的研究方向。治理中比较现实的方法就是利用海洋微生物对赤潮藻的灭活作用，及其对藻类毒素的有效降解作用，可使海洋环境长期保持稳定的生态平衡，从而达到防治赤潮的目的。

4.7.3 红树林的保护

红树林（mangrove）指生长在热带、亚热带海岸潮间带上，受周期性潮水浸淹，以红树植物为主体的常绿灌木或乔木组成的潮滩湿地木本生物群落。组成的物种包括草本、藤本红树，它们生长于陆地与海洋交界带的滩涂浅滩，是陆地向海洋过渡的特殊生态系统。它在净化海水、抵挡风浪、保护海岸、改善生态状况、维护生物多样性和沿海地区生态安全等方面发挥着重要作用，因此红树林又被称为“海岸卫士”。我国的红树林主要分布在的海南、广西、广东、福建及台湾、香港、澳门等地。

红树林生态系统可视为低成本高效率的污水处理系统。红树林是一个“红树林—细菌—藻类—浮游动物—鱼类”等生物群落构成的兼有厌氧-需氧的多级净化系统，对工业、生活污水等起有效的净化作用，对污水中的重金属和氮、磷营养物等有较强的吸收容纳力，具有处理陆地径流带出的有机物质和含油废水等其他污染物的生态功能。红树林可有效缓解近海水体的富营养化效应，减少赤潮的发生。有研究发现，红树林植物吸收污染物中的重金属与有机氯农药，均富集在不易转移扩散的树根或树干部位，可避免通过食物链向其他海洋生物及人类传递。

由于许多沿海地区对自然资源的过度利用，围海造田、围海养殖、随意砍伐和发展旅游业等人为因素破坏红树林的现象时有发生，不少地区红树林的面积迅速减少，甚至已经消失。红树林已面临濒危境地，并对海岸带生态环境带来严重后果，红树林湿地的管理和保护已成为全社会乃至全人类十分紧迫的任务，因为红树林转换性开发导致的红树林湿地资源濒危及其后果在东南亚（世界红树林分布中心区）及世界其他各地同样存在和同样十分严重。一般认为，我国红树林面积在历史上曾达 25 万 hm^2，20 世纪 50 年代初约有 4.8 万 hm^2，但 2002 年全国红树林资源调查时红树林面积已锐减为 2.2 万 hm^2。2000 年以来，随着人们对红树林价值与生态功能的逐步认识，环境保护意识的提高和法制的健全，直接的、大规模的破坏已经很少发生，大部分红树林大部分被纳入保护区范围，使得中国红树林保护进入了一个新的历史阶段。但由于对红树林的认识不足和宣传力度不够，目前，破坏红树林的事情仍时有发生，有些地方的红树林面积仍有减少。急需加强红树林的科学管理、保护与宣传，处理好红树林保护与经济发展的关系。

思 考 题

1. 什么是水资源？它由哪儿部分水组成？世界和我国的水资源数量是多少？
2. 水体的含义是什么？什么是水体污染？
3. 什么是水体自净？
4. 用哪些指标表示水质？
5. 水体的主要污染源和主要污染物是哪些？
6. 污水的物理处理法对象是什么？根据去除污染物的机制不同，污水的固液分离可以分为哪儿类？

7. 请列举化学处理的主要方法，并说明其各自的使用场合。

8. 请简述活性污泥法和生物膜法的基本原理。

9. 请设计一个简单的废水二级处理系统，说明其中各处理单元在系统中所起的作用，并作出流程图。

10. 简述饮用水安全的基本要求。

11. 日常饮用水的污染物来源可能有哪些?

12. 饮用水的消毒副产物有哪些?

13. 简述酸性矿山废水中的主要污染物及其危害。

14. 简述酸性矿山废水污染的控制技术。

15. 简述海洋污染的分类及来源。

16. 简述海上溢油事故的处理方法。

主要参考文献

陈梅芹. 2015. 硫酸根在金属硫化物矿区 AMD 污染河流中的迁移过程及其作用机制[D]. 广州: 华南理工大学.

陈英旭. 2001. 环境学[M]. 北京: 中国环境科学出版社.

党志, 刘云, 卢桂宁, 等. 2014. 金属矿山尾矿钝化技术与原理[M]. 北京: 科学出版社.

党志, 卢桂宁, 杨琛, 等. 2012. 金属硫化物矿区环境污染的源头控制与修复技术[J]. 华南理工大学学报(自然科学版), 40(10): 83-89.

党志, 郑刘春, 卢桂宁, 等. 2015. 矿区污染源头控制——矿山废水中重金属的吸附去除[M]. 北京: 科学出版社.

高廷耀. 顾国维. 1999. 水污染控制工程(下册)[M]. 北京: 高等教育出版社.

何强. 井文涌, 王翊亭. 2004. 环境学导论[M]. 北京: 清华大学出版社.

黄润华, 贾振邦. 1997. 环境科学基础教程[M]. 北京: 高等教育出版社.

黄廷林, 从海兵, 柴蓓蓓. 2009. 饮用水水源水质污染控制[M]. 北京: 中国建筑工业出版社.

蒋家超, 招国栋, 赵由才. 2007. 矿山固体废物处理与资源化[M]. 北京: 冶金工业出版社.

梁好, 盛选军, 刘传胜. 2006. 饮用水安全保障技术[M]. 北京: 化学工业出版社.

刘宏远, 张燕. 2005. 饮用水强化处理技术及工程实例[M]. 北京: 化学工业出版社.

牟林, 赵前. 2011. 海洋溢油污染应急技术[M]. 北京: 科学出版社.

舒小华. 2014. 金属硫化物矿山尾矿钝化及机理研究[D]. 广州: 华南理工大学.

王淑莹. 高春娣. 2004. 环境学导论[M]. 北京: 中国建筑工业出版社.

尹华, 陈烁娜, 叶锦韶, 等. 2015. 微生物吸附剂[M]. 北京: 科学出版社.

张自杰. 1999. 排水工程(下册)[M]. 北京: 中国建筑工业出版社.

邹家庆. 2003. 工业废水处理技术[M]. 北京: 化学工业出版社.

第5章 大气环境及污染控制

本章导读： 大气环境是人类和一切生命体赖以生存的基本条件之一。本章主要介绍了大气的结构和组成、大气污染物及其来源与危害，阐述了环境空气质量控制标准及空气质量指数；在总结颗粒污染物和气态污染物的控制技术的基础上，详细分析了硫氧化物、氮氧化物、挥发性有机物和细颗粒物等典型大气污染物的治理技术；最后简述了室内空气污染的来源及净化技术与设备。

5.1 大气结构与组成

大气和空气两词，从自然科学角度来看，并没有实质性的差别，常常作为同义词。但在环境科学中，为了便于说明问题，有时候这两个词分别使用。一般对于室内和特指的某个地方（如车间、厂区等）供动植物生存的气体，习惯上称为空气。对这类场所的空气污染就用空气污染一词，并规定相应的质量标准和评价方法。在大气物理、大气气象和自然地理的研究中，是以大区域或全球性的气流作为研究对象，因此常用大气一词，同时，将这种范围的空气污染称为大气污染，并也对它规定相应的质量标准和评价方法。上述两类污染，也可统称为大气污染。

5.1.1 大气的结构

我们把随地球引力而旋转的大气层称为大气圈。大气圈最外层的界限是很难确切划定的，但大气圈也不能认为是无限的。在一般情况下，可以将从地球表面到 1000～1400km 称为大气圈，超出 1400km 以外，气体非常稀薄，就是宇宙空间了。地球大气圈的总质量估计为 6×10^{15}t，只占地球总质量的百万分之一。大气质量在垂直方向上分布是不均匀的，受重力的影响，大气质量主要集中在下部，越往高空，空气越稀薄，因此 90%集中在 30km 以下。

根据大气在垂直方向上温度、化学成分、荷电等物理性质的差异，同时考虑大气的垂直运动状况，可将大气分为五层，即对流层、平流层、中间层、热成层、逸散层，如图 5-1 所示。

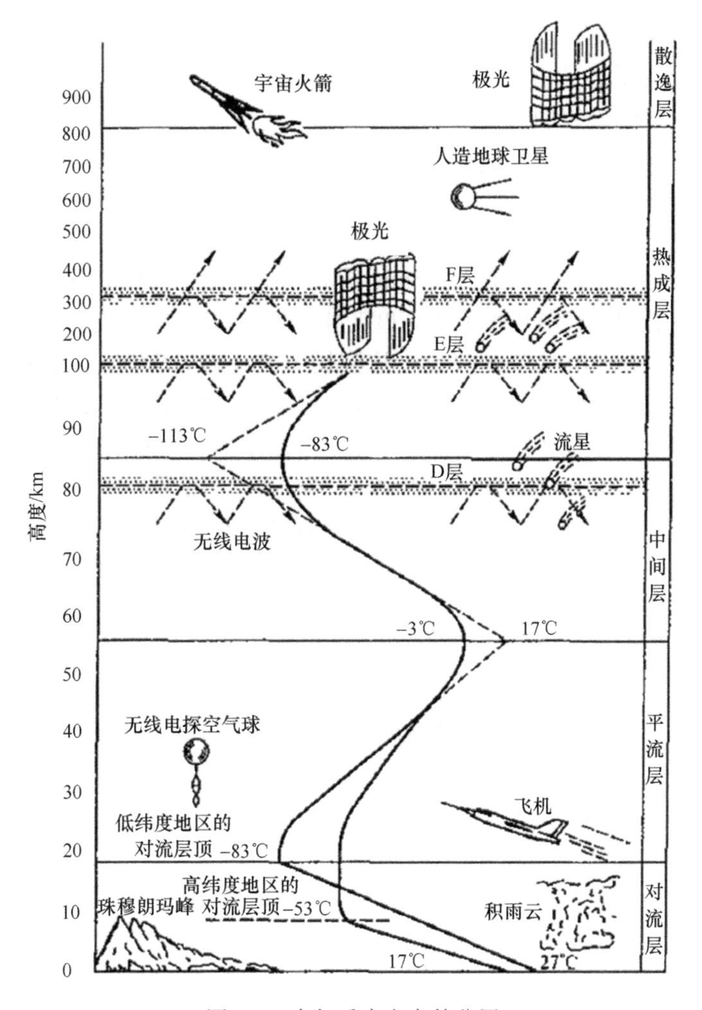

图 5-1　大气垂直方向的分层

1. 对流层

对流层是大气的最低层，底界是地面，其厚度随纬度和季节变化。在赤道低纬度地区为 17～18km，中纬度地区为 10～12km，两极附近高纬度地区为 8～9km；夏季较厚，冬季较薄。整个大气圈质量有 80%～90%集聚在这一层。从地面到 50～100m 的一层又称为近地层。地面以上厚度 1～2km 的大气称为大气边界层。大气边界以上称为自由大气。对流层的特点有：① 温度变化大，气温随高度增加而下降，上冷下热，下降速率为 0.65℃/100m；② 空气具有强大的对流运动，主要由于下垫面受热不均及其本身特性不同而造成的；③ 温度和湿度的水平分布不均匀；④ 存在着极其复杂的气象条件，形成云、雾、雨、雪、雹、霜、露等天气现象。

大气污染主要也是在这一层发生，该层与人类关系最密切，是我们进行研究的主要对象。不同地表面处的低层空气的温度也千差万别，从而形成了垂直和水平方向的对流。这是对流层的一个重要特性。

2. 平流层

平流层指对流层顶之上到约 55km 的大气层，其厚度约为 38km。35～40km 的一层称为同温层，气温几乎不随高度变化，为–55℃。该层集中了地球大气中大部分的臭氧，并在 20～25km 高度上达到最大值，形成臭氧层，而臭氧能强烈吸收太阳的紫外线（200～300nm）能量，从而使其温度随高度的增加而上升。40～55km 为逆温层，温度由–55℃上升到–3℃。平流层的特点有：① 平流层内的空气主要做水平运动，对流十分微弱，几乎没有水蒸气和尘埃，所以大气透明度好，极少出现狂风暴雨等现象，是超音速飞机飞行的理想场所；② 气温随温度增加而上升；③ 污染物停留时间长，大气污染物进入平流层后，一般难以消除，会较长时间地存在。

3. 中间层

从平流层顶到 80km 高度，其厚度约为 35km。由于该层缺少加热机制，气温随高度增加而下降，中间层顶温度由–3℃降至–83℃再到–113℃。中间层的特点有：① 气温随高度增加而下降；② 垂直对流运动强烈。

4. 热成层

又称暖层或电离层（85～800km），上界达 800km，厚度约为 630km。该层下部基本上由分子氮组成，上部由原子氧组成。在太阳辐射的作用下，大部分气体分子发生电离，而且有较高密度的带电离子的稠密带，称为电离层。电离层能将电磁波反射回地球，对全球性的无线电通讯有重大意义。电离后的氧能强烈地吸收太阳的短波辐射，温度随高度增加而迅速上升。本层会出现独特的极光现象。暖层的特点有：① 温度随高度增加而迅速升高；② 存在大量的离子和电子。

5. 逸散层

逸散层是大气圈的最外层，高度达 800km 以上，厚度有上万千米。在太阳紫外线和宇宙射线的作用下，大部分分子发生电离。空气极为稀薄，地心引力减弱，气体及微粒很容易摆脱地心引力场而逸散到太空。逸散层的特点有：① 温度随高度增加而升高；② 地心引力小，气体分子易逃逸，空气稀薄。

5.1.2　大气的组成

大气是多种物质的混合物，自然状况下，大气有干洁空气、水汽、悬浮颗粒物和杂质组成。

大气中除去水汽和杂质的空气称为干洁空气（干燥清洁空气）。由于空气的垂直运动，水平运动和分子扩散作用，使得近地面干洁空气的组成是相对比较稳定的，直到距离地面 90～100km 的高度还基本保持不变，因此可视为大气中的恒定组分，其组成及停留时间见表 5-1。干洁空气的主要成分是氮（N_2）、氧（O_2）、氩（Ar），三者共占干洁空气总体积的 99.96%以上；其余少量成分所占体积则不到 0.04%，包括微量成分和痕量成分。

表 5-1　干洁空气的组成成分

类别	成分	相对分子质量	停留时间/年	体积分数/%
主要成分	氮（N_2）	28.01	$\approx 10^6$	78.08
	氧（O_2）	32.00	$\approx 10^6$	20.95
	氩（Ar）	39.94	$\approx 10^7$	0.934
次要成分（微量成分）	二氧化碳（CO_2）	44.01	5～15	0.033
	氖（Ne）	20.18	$\approx 10^7$	1.8×10^{-3}
	氦（He）	4.003	$\approx 10^7$	5.2×10^{-4}
	甲烷（CH_4）	16.04	2.5～8	1.7×10^{-4}
	氪（Kr）	83.70	$\approx 10^7$	1.1×10^{-4}
痕量成分	一氧化二氮（N_2O）	44.01	>10	3.0×10^{-5}
	氢（H_2）	2.016	6～8	5.0×10^{-5}
	氙（Xe）	131.30	$\approx 10^7$	8.7×10^{-6}
	臭氧（O_3）	48.00	≈ 2	1.0×10^{-6}～4.0×10^{-6}
	平均	28.966	—	—

水汽是大气中含量最易变的组分，99%的水汽出现于距离地面 10～12km 的高度空间以下，90%集中在 6km 以下的空间，而 50%集中在 2km 以下空间。大气中的水汽含量随时间、地域、气象条件的不同而变化。水汽含量在干旱地区可低至 0.02%，而在温湿地带可高到 6%。大气成分中的水汽含量虽然不大，但对天气变化却起着重要的作用，因而也是大气的重要组分之一。

除了气体成分以外，大气中还有很多液体和固体杂质、微粒，这些悬浮在大气中的固体和液体微粒称为气溶胶粒子，也称大气颗粒物。气溶胶粒子多集中在大气的底层，是底层大气的重要组成部分，是自然现象和人类活动的产物。

大气中不定组分的来源有二：①自然界的火山爆发、森林火灾、海啸、地震等自然灾害，岩石风化、宇宙落物、海水溅珠等自然现象，由此形成的污染物有尘、硫、硫化氢、硫氧化物、氮氧化物、盐类及恶臭气体，一般来说，这些不定组分进入大气中，可造成局部和暂时性的污染；②由于人类社会生产的发展，城市的增多和扩大，人口密集，或由于城市工业布局不合理，环境管理不完善等人为因素，大气中增加或增多了某些不定组分，如煤烟、尘、硫氧化物、氮氧化物等，这是空气中不定组分的最主要来源，也是造成空气污染的主要根源。

5.2　大气污染及其危害

5.2.1　大气污染

在洁净的大气中，痕量气体的含量是微不足道的。但是在一定范围的大气中，出现了原来没有的微量物质，其数量和持续时间，都有可能对人、动物、植物及物品、材料产生不利影响和危害。当大气中污染物质的浓度达到有害程度，以至破坏生态系统和人类正常生存发展，对人或物造成危害的现象称为大气污染。

1. 造成大气污染的因素

造成大气污染的因素既有自然因素又有人为因素。自然因素包括火山活动、森林火灾、岩石和土壤风化、动植物尸体的腐烂等，自然过程的污染往往不会超过自然的承受容量。目前人们所关注的主要是人为因素（如工业废气、燃料燃烧、汽车尾气和核爆炸等）造成的空气污染。随着人类经济活动和生产活动的发展，在大量消耗能源的同时，也将大量的废气、烟尘等物质排入大气，严重影响了大气环境的质量，特别是在人口稠密的城市和工业区域。人为因素又可以分为生产性污染、生活性污染和交通运输性污染。

生产性污染：生产性污染是大气污染的主要来源，包括以下内容：①燃料的燃烧，主要是煤和石油燃烧过程中排放的大量有害物质，如烧煤可排出烟尘和二氧化硫，烧石油可排出二氧化碳和一氧化碳等；②生产过程排出的烟尘和废气，以火力发电厂、钢铁厂、石油化工厂、造纸厂、水泥厂等对大气的污染最为严重；③农业生产过程中因喷洒农药而产生的粉尘和雾滴。

生活性污染：生活炉灶和取暖锅炉耗用煤炭，特别是对低品位煤炭的使用，容易产生烟尘、二氧化硫等有害气体。

交通运输性污染：汽车、火车、轮船和飞机等均排出尾气，其中汽车排出有害尾气距呼吸带最近，能被人直接吸入，其污染物主要是氮氧化合物、碳氢化合物、一氧化碳和铅尘等。

2. 大气污染的特点

大气具有良好的流动性，因此具有较大的稀释容量，与受到边界条件约束的水体和固体污染相比，情况复杂，既表现出局部严重性，又表现出全球性的特点。

局部严重性是指一般情况下，大气污染严重的地区往往出现在污染源附近，污染的急性效应往往随着扩散距离的增加而迅速衰减。同时局部的污染与地形、地理位置、气象条件等密切相关。

大气污染的全球性体现在大气无国界：那些在大气中具有较长停留时间的污染物可以扩散到全球各地，并在迁移转化的过程中，发生新反应，产生新变化，进而影响全球气候，对生态系统产生慢性效应，如全球气候变暖、臭氧层破坏和酸雨等。

5.2.2　大气污染物

大气污染物是指由于人类活动或自然过程排入大气的、并对人和环境产生有害影响的物质。大气污染物的种类很多，按其存在状态可概括为两大类：气溶胶状态污染物和气体状态污染物。

1. 气溶胶状态污染物

气体介质和悬浮在其中的分散粒子所组成的系统称为气溶胶。在大气污染中，气溶胶粒子是指沉降速率可以忽略的小固体粒子、液体粒子或固液混合粒子。从大气污染控制的角度，按照气溶胶粒子的来源和物理性质，可将其分为如下几种。

（1）粉尘：粉尘系指悬浮于气体介质中的小固体颗粒，受重力作用能发生沉降，但在一段时间内能保持悬浮状态。它通常是由于固体物质的破碎、研磨、分级、输送等机械过程，或土壤、岩石的风化等自然过程形成的。颗粒的形状往往是不规则的。颗粒的尺寸范围，一般为1～200μm。属于粉尘类大气污染物的种类很多，如黏土粉尘、石英粉尘、煤粉、水泥粉尘及各种金属粉尘等。

（2）烟：烟一般指由冶金过程形成的固体颗粒的气溶胶。它是由熔融物质挥发后生成的气态物质的冷凝物，在生成过程中总是伴有氧化之类的化学反应。烟颗粒的尺寸很小，一般为0.01～1μm。产生烟是一种较为普遍的现象，如有色金属冶炼过程中产生的氧化铅烟、氧化锌烟，以及在核燃料后处理厂中的氧化钙烟等。

（3）飞灰：飞灰是指随燃料燃烧产生的烟气排出的分散得较细的灰分。

（4）黑烟：黑烟一般是指由燃料燃烧产生的可见气溶胶。

（5）霾（或灰霾）：霾天气是大气中悬浮的大量微小尘粒使空气浑浊，能见度降低到 10km 以下的天气现象，易出现在逆温、静风、相对湿度较大等气象条件下。

（6）雾：雾是气体中液滴悬浮体的总称。在气象中，雾是指造成能见度小于 1km 的小水滴悬浮体。

在某些情况下，粉尘、烟、飞灰、黑烟等小固体颗粒的界限很难明显区分开，在各种文献特别是工程中，使用得较混乱。根据我国的习惯，一般可将冶金过程和化学过程形成的固体颗粒称为烟尘；在不需仔细区分时，将燃料燃烧过程产生的飞灰和黑烟也称为烟尘。在其他情况下或泛指小固体颗粒时，则通称为粉尘。在工程中，雾一般泛指小液体粒子悬浮体，它可能是由于液体蒸气的凝结、液体的雾化及化学反应等过程形成的，如水雾、酸雾、碱雾、油雾等。在我国的环境空气质量标准中，根据粉尘颗粒的大小，将其分为总悬浮颗粒物、可吸入颗粒物和可入肺颗粒物。

总悬浮颗粒物（TSP）：指悬浮在空气中，空气动力学当量直径≤100μm 的颗粒物。

可吸入颗粒物（PM_{10}）：指悬浮在空气中，空气动力学当量直径≤10μm 的颗粒物。

可入肺颗粒物（$PM_{2.5}$）：指悬浮在空气中，空气动力学当量直径≤2.5μm 的颗粒物，又称细粒或细颗粒。它能较长时间悬浮于空气中，其在空气中含量浓度越高，就代表空气污染越严重。虽然 $PM_{2.5}$ 只是地球大气成分中含量很少的组分，但它对空气质量和能见度等有重要的影响。与较粗的大气颗粒物相比，$PM_{2.5}$ 粒径小、表面积大、活性强，易附带有毒、有害物质（如重金属、微生物等），且在大气中的停留时间长、输送距离远，因而对人体健康和大气环境质量的影响更大。

2. 气体状态污染物

气体状态污染物是以分子状态存在的污染物，简称气态污染物。气态污染物的种类很多，总体上可以分为五大类：以二氧化硫为主的含硫化合物、以一氧化氮和二氧化氮为主的含氮化合物、碳的氧化物、有机化合物及卤素化合物等，如表 5-2。

表 5-2 气体状态污染物分类

污染物类型	一次污染物	二次污染物
含硫化合物	SO_2、H_2S	SO_3、H_2SO_4、MSO_4
含氮化合物	NO、NH_3	NO_2、HNO_3、MNO_3
碳的氧化物	CO、CO_2	无
有机化合物	C_1～C_{10} 化合物	醛、酮、过氧乙酰硝酸酯、O_3
卤素化合物	HF、HCl	无

注：MSO_4、MNO_3 分别为硫酸盐和硝酸盐。

对于气态污染物，又可以分为一次污染物和二次污染物。一次污染物又称“原生污染物”，是由污染源直接排放进入环境的，其物理和化学性质未发生变化的污染物质。环境污染主要是由一次污染物造成的，其来源清楚，可以采取措施加以控制。二次污染物也称“次生污染物”，是一次污染物在物理、化学因素或生物作用下发生变化，或与环境中的其他物质发生反应，所形成的物化特征与一次污染物不同的新污染物，通常比一次污染物对环境和人体的危害更为严重，如水体中无机汞化合物通过微生物作用可转变为更有毒的甲基汞化合物，进入人体易被吸收、不易降解、排泄很慢、容易在脑中积累；大气中的二氧化硫和水蒸气可氧化为硫酸，进而生成硫酸雾，其刺激作用比二氧化硫强 10 倍。

在大气污染控制中，受到普遍重视的一次污染物主要有硫氧化物（SO_x）、氮氧化物（NO_x）、碳氧化物（CO、CO_2）及有机化合物（C_1～C_{10} 化合物）等；二次污染物主要有硫酸烟雾和光化学烟雾。上述主要气态污染物简介如下。

1）硫氧化物

硫氧化物中主要有 SO_2，它是目前大气污染物中数量较大、影响范围较广的一种气态污染物。大气中的 SO_2 来源很广，主要来自含硫化石燃料的燃烧过程，以及硫化物矿石的焙烧、冶炼等热过程。

人类使用的燃料里面含有一定量的硫。木材的含硫量大约是 0.1%，大多数煤炭在 0.5%～3%，平均为 1%左右，石油的含硫量在木材和煤之间。在燃烧的时候，燃料中的硫大部分转化为 SO_2。

$$S + O_2 \longrightarrow SO_2$$

每 1g 的硫可以产生 2g 二氧化硫，一般情况下，大约有 5%的硫会以灰分的形式存在，相当于每 1g 的硫燃烧会产生 1.9g 二氧化硫排放。

2）氮氧化物

氮和氧的化合物有很多种，可用 NO_x 表示，主要包括：NO、NO_2、N_2O、N_2O_3、N_2O_4 和 N_2O_5。其中污染大气的主要是 NO 和 NO_2。NO 毒性不太大，但进入大气后可被缓慢地氧化成 NO_2，当大气中有 O_3 等强氧化剂存在时，或在催化剂作用下，其氧化速率会加快。NO_2 的毒性约为 NO 的 5 倍。人类活动产生的 NO_2，主要来自各种炉窑、机动车和柴油机的排气，其次是硝酸生产、硝化过程、炸药生产及金属表面处理等过程。其中由燃料燃烧产生的 NO，约占 83%。

3）碳氧化物

CO 和 CO_2 是各种污染物中产生量最大的一类污染物，主要来自于燃料燃烧和汽车尾气排放。CO 是一种窒息性气体，进入大气后，由于大气的扩散，一般对人体没有伤害作用。但在城市冬季取暖季节或在交通繁忙的十字路口，当气象条件不利于排气稀释时，CO 的浓度有可能达到危害人体健康的水平。CO_2 本身是无毒气体，但当其在大气中的浓度过高时，氧气含量会相对减小，便会对人产生不良影响。地球上 CO_2 浓度的增加，能产生“温室效应”，因此迫使各国政府开始实施控制。

4）有机化合物

有机化合物种类很多，从甲烷到长链聚合物的烃类。大气中的挥发性有机化合物（VOCs），一般是 C_1～C_{10} 化合物，它不完全等同于严格意义上的碳氢化合物，因为它除了含有碳和氢原子外，还常含有氧、氮和硫原子。

5）硫酸烟雾

硫酸烟雾是大气中的 SO_2 等硫氧化物，在水雾、含有重金属的悬浮颗粒物或氮氧化物存在时，发生一系列化学或光化学反应而生成的硫酸雾或硫酸盐气溶胶。硫酸烟雾引起的刺激作用和生理反应等危害，要比 SO_2 气体大得多。

伦敦型烟雾就是硫酸烟雾中最常见的一种。烧煤过程中排放大量的煤尘和 SO_2，SO_2 经光化学氧化、液相氧化和颗粒表面反应（SO_2 被颗粒物吸附后再氧化）等作用，氧化为硫酸盐气溶胶。伦敦烟雾最严重的一次发生在 1952 年 12 月 5 日～8 日，由于英国南英格兰一带上空有大型移动性高压脊，地处泰晤士河谷的伦敦，近地层完全处于无风、逆温状态，烟尘和 SO_2 在逆温条件下形成烟雾，持续 4 天不散，几千市民感到胸闷、咳嗽、喉痛、呕吐，老人与病患者死亡达 4000 多人。

6）光化学烟雾

光化学烟雾是汽车、工厂等污染源排入大气的碳氢化合物（HC）和氮氧化物（NO_x）等一次污染物在阳光（紫外光）作用下发生光化学反应生成二次污染物，参与光化学反应过程的一次污染物和二次污染物的混合物（其中有气体污染物，也有气溶胶）所形成的烟雾污染现象。其主要成分有臭氧、过氧乙酰硝酸酯、酮类和醛类等。光化学烟雾的刺激性和危害要比一次污染物强烈得多。光化学烟雾可随气流漂移数百千米，使远离城市的农作物也受到损害。光化学烟雾多发生在阳光强烈的夏秋季节，随着光化学反应的不断进行，反应生成物不断蓄积，光化学烟雾的浓度不断升高，在 3～4h 后达到最大值。光化学烟雾对大气的污染造成很多不良影响，对动植物有影响，甚至对建筑材料也有影响，并且大大降低了能见度以致影响出行。

阅读材料：城市雾霾

——依互联网资料整理

雾霾，顾名思义是雾（fog）和霾（haze）的组合词，常见于城市或城市群。雾和霾相同之处都是视程障碍物，但是雾和霾的区别很大。雾是由悬浮在大气中微小水滴或冰晶构成的气溶胶(aerosol)。大气中因悬浮的水汽凝结，能见度低于 1km 时，气象学称这种天气现象为雾。霾是悬浮在大气中的大量微小尘粒、烟粒或盐粒的集合体，使空气浑浊，水平能见度降低到 10km 以下的一种天气现象，这种由空气中的灰尘、硫酸、硝酸等非水成物组成的气溶胶系统造成的视程障碍称为霾或灰霾，香港天文台则称烟霞。

雾霾的形成主要是空气中悬浮的大量微粒和气象条件共同作用的结果。雾的形成条件要具备较高的水汽饱和因素。一般相对湿度小于 80%时的大气浑浊，视野模糊导致的能见度恶化是霾造成的；相对湿度大于 90%时的大气浑浊，视野模糊导致的能见度恶化是雾造成的；相对湿度 80%～90%时的大气浑浊，视野模糊导致的能见度恶化是雾和霾的混合物共同造成的，但其主要成分是霾。中国不少地区将雾并入霾一起作为灾害性天气现象进行预警预报，统称为“雾霾天气”。雾霾天气期间，能见度较差，空气质量明显下降，给人们的交通出行、生产生活，以及身体健康造成严重的不良影响。

雾霾的源头多种多样，如汽车尾气、工业排放、建筑扬尘、垃圾焚烧，甚至火山喷发等，雾霾天气通常是多种污染源混合作用形成的。但各地区的雾霾天气中，不同污染源的作用程度各有差异。雾霾天气发生时，大气中的颗粒物特别是细颗粒物（$PM_{2.5}$）是导致能见度降低的主要因素。$PM_{2.5}$ 的来源可分为一次源（直接排放）和二次源（二次生成）。一次源又可分为自然排放源和人为排放源。自然来源包括扬尘、海浪飞沫、植物花粉、孢子、细菌、火山灰等；人为来源包括固定源和流动源，固定源包括各种工业、供热、烹调过程中燃煤、燃气、燃油排放的烟尘，流动源主要是各类交通工具在运行过程中造成的道路扬尘及使用燃料时向大气中排放的尾气。$PM_{2.5}$ 的二次生成是指排放到大气中的气态污染物通过多种化学物理过程产生的二次细颗粒物。人类活动排放的大量气态污染物，如 SO_2、NO_x、NH_3、挥发性有机污染物（VOCs）等，都能在大气中被氧化产生硫酸盐、硝酸盐、铵盐和二次有机气溶胶（SOA）。这些新生成的细颗粒物是大气中 $PM_{2.5}$ 的重要来源。全球范围内，二次颗粒物贡献率在 20%～80%，在我国中东部地区常常高达 60%，在成霾时往往二次颗粒物所占比例更高。

2013 年，“雾霾”成为年度关键词。这一年的 1 月，4 次雾霾过程笼罩 30 个省（区、市），在北京，仅有 5 天不是雾霾天。2013 年环保部的城市空气质量监测结果显示，京津冀区域的空气污染最重（平均达标天数比例仅为

37.5%），该地区纳入监测范围的有 13 个城市，2013 年年均 $PM_{2.5}$ 浓度无一达标，部分城市空气重度及以上级别的污染天数占全年的 40%左右。研究表明，京津冀地区雾霾天气突出是内外因叠加的结果。内因是主要污染物排放量持续增加，大气污染负荷常年在高位变化。外因则是不利的气象条件频繁出现。京津冀地区地形和气象条件总体不利于污染物扩散，静稳态天气的发生频次远大于其他区域，自 20 世纪 60 年代以来，四季地面风速整体呈明显下降趋势，一旦遇到静稳态天气等气象条件，污染快速累积，容易发生雾霾天气。

5.2.3 大气污染的危害

1. 对人和动物的危害

大气污染对任何动物健康的直接危害主要表现为呼吸道疾病。在突然的高浓度环境下，可以造成急性中毒，甚至在短时间内死亡。长期接触低浓度的污染物会引起支气管炎、支气管哮喘、肺气肿，甚至肺癌等疾病。这种直接危害的途径主要有三种：皮肤表面接触、食入含污染物的食物和水、直接吸入被污染的空气，其中第三种途径最为主要。

大气污染对人和动物的健康还可能产生间接危害。臭氧层是地球最好的保护伞，它吸收了来自太阳的大部分紫外线。然而近二十年的科学研究和大气观测发现：每年春季南极大气中的臭氧层一直在变薄，事实上在极地大气中存在一个臭氧“洞”。阳光紫外线 UV-B 的增加对人类健康有严重的危害作用。潜在的危险包括引发和加剧眼部疾病、皮肤癌和传染性疾病。对有些危险（如皮肤癌）已有定量的评价，但其他影响（如传染病）等目前仍存在很大的不确定性。

2. 对植物的危害

生物界中，植物比动物更容易受到大气污染的影响和危害。这是因为植物具有庞大的叶面积与空气接触并进行着活跃的气体交换；其不能像高等动物那样具有优秀的循环系统，可有效缓解外界影响，为其细胞和组织提供较为稳定的内环境；此外，植物的分布一般是固定不动的，不像动物可以通过移动避开污染。

植物受大气污染物伤害一般分为两类：植物若受高浓度大气污染的袭击，短期内即在叶片上出现坏死斑，称为急性伤害；若长期与低浓度污染物接触而使植物生长受阻，发育不良，出现失绿、早衰等现象，称为慢性伤害。也就是说，只要大气污染的浓度超过了植物的忍耐程度，就会使植物的细胞和组织器官受到伤害，生理功能不协调和生长发育受阻，使得产量下降，品质变坏，甚至造成植物群落组成发生变化、植物个体死亡、种群消失。

3. 对材料与设备的危害

被污染的空气会对材料和设备造成损害，如污染的空气会加快金属的腐蚀，从而减少寿命；油漆在被污染的空气中也会更容易脱落；橡胶制品也会被氧化而失效不能用。尤其是酸雨，对人类社会影响更为恶劣。

4. 对气候的影响

大气污染对气候影响很大，大气中的污染物对局部地区和全球气候都会产生一定影响，尤其对全球气候的影响，从长远的观点看，这种影响将是很严重的。其影响之一是温室效应。燃料中含有碳，完全燃烧产生二氧化碳，大量燃烧燃料使大气中的二氧化碳浓度不断增加，破坏了自然界二氧化碳的平衡，以致可能引发“温室效应”，致使全球气温上升。

阅读材料：雾霾缩短中国北方人五年半寿命

——摘自英国《金融时报》2013 年 7 月 8 日

根据一项突破性研究，空气污染使中国北方居民寿命平均缩短 5.5 年，并且提高了肺癌、心脏病和中风的发病率。2013 年 1 月，北京空气污染达到创纪录的严重程度，忧心忡忡的居民纷纷购买空气净化器，戴上口罩。此后，中国北方日益糟糕的雾霾变成了全国关注的问题。为体育运动建造的空气过滤穹顶也越来越普遍。

美国麻省理工学院、中国清华大学和北京大学及耶路撒冷希伯来大学的教授最近进行了一次联合调研。他们利用中国各地数十年来的污染数据推算出，20 世纪 90 年代，北方的空气污染已经减少了人们合计 25 亿年的寿命。

清华大学教授、研究报告合著者之一李宏彬说：“这是我们第一次获取长期空气污染对人类健康造成影响的数据。这些数据不仅能反映出空气污染对寿命的影响，还能反映出空气污染带来的疾病种类。这一数据表明人类寿命因空气污染付出了高昂代价。”最近 30 年来，中国经济迅猛增长的同时，也带来了日益严重的空气、水和土壤污染。对环境的担忧，特别是对健康问题的担忧，现在逐渐变成了社会不稳定和公众抗议的越来越主要的原因之一。面对这种情况，中国政府已经收紧了环境方面的法律法规，但就目前来看，这些工作没能扭转中国数十年来对环境的破坏局面。

研究报告发表在美国《国家科学院学报》上，研究比较了淮河以北和淮河以南的污染情况，结果显示，淮河以北污染更为严重，因为北方人在冬季供暖。

研究者通过研究 1981~2000 年的污染数据和 1991~2000 年的健康数据，发现每立方米空气每增加 100μg 的颗粒物，就会让人均寿命相应减少 3 年。和淮河以南相比，淮河以北每立方米空气含有的颗粒物要多约 185μg。麻省理工学院教授、研究报告合著者之一迈克尔·格林斯通说："我们发现，淮河以北的居民人均寿命少 5.5 年。这项研究是建立在真实的中国污染数据、中国居民的预期寿命数据之上，所以这不仅仅是推断。"

5.2.4 我国大气污染现状和展望

我国大气污染的特点主要是由能源结构决定的，属于煤烟型污染。我国能源结构中有 75%是以煤为原料组成的。二氧化硫严重超标、酸雨态势扩大、出现酸雨的城市占全国城市半数以上，从分布来看，主要集中在南方。

严重的大气污染问题已经使我国呼吸道疾病发病率居高不下。慢性障碍性呼吸道疾病，包括肺气肿和慢性支气管炎，已成为现代中国人致死的重要原因，我国每年在这方面的花费是发展中国家平均水平的 2 倍。空气污染同样对工农业的发展造成影响，酸雨造成农作物大幅度减产，腐蚀大量钢材建筑和仪器设备，还造成大面积森林破坏。

目前我国已经开始严格管理环境，已明确规定禁止使用氟利昂生产制冷设备的工艺，改善能源结构已列为工作日程，全国大部分城市的汽车尾气已达欧洲一号标准，北京等城市已开始实行欧洲二号标准。北方地区治理沙尘暴的工作已全面展开，相信不久的将来，祖国的天空会更蓝，清新的空气会更宜人。能源工业在给中国经济发展提供了重要基础的同时，也带来了环境污染，尤其是空气污染问题。因此，发展天然气工业，开发可再生能源，开发新的高效清洁的能源，是新世纪提出的希望和要求。

我国早已颁布大气污染防治法，里面严格规定了粉尘、废气的排放措施与标准。《中华人民共和国大气污染防治法》明文规定："向大气排放污染物的单位，对经过验收投入使用的大气污染防治设施，应当加强管理、定期检修或者更新，保证设施的正常运行"、"向大气排放污染物的单位，必须按规定向排污所在地的环境保护部门提交《排污申报登记表》。申报登记后，排放污染物的种类、数量、浓度需作重大改变时，应当在改变的十五天前提交新的《排污申报登记表》；属于突发性的重大改变，必须在改变后的 3 天内提交新的《排污申报登记表》”等。

5.3　空气质量控制标准

5.3.1　环境空气质量控制标准

环境空气质量控制标准是执行环境保护法和大气污染防治法、实施环境空气质量管理及防治大气污染的依据和手段。环境空气质量控制标准按其用途可分为环境空气质量标准、大气污染物排放标准、大气污染控制技术标准和大气污染警报标准。

1. 环境空气质量标准

空气质量标准是以保护生态环境和人群健康的基本要求为目标而对各种污染物在环境空气中的允许浓度所做的限制规定。我国 1982 年制定了《环境空气质量标准》，并分别于 1996 年和 2000 年进行了两次修订。《环境空气质量标准》规定了二氧化硫、总悬浮颗粒物、可吸入颗粒物、二氧化氮、一氧化碳、臭氧、铅、苯并[a]芘（B[a]P）和氟化物 9 种污染物的浓度限值。2012 年，根据国家经济社会发展状况和环境保护要求，我国发布了第三次修订的环境空气质量标准，即《环境空气质量标准》（GB 3095—2012）。新的标准增设了可入肺颗粒物（$PM_{2.5}$，粒径小于等于 2.5μm）浓度限值和臭氧 8h 平均浓度限值，调整了可吸入颗粒物（PM_{10}，粒径小于等于 10μm）、二氧化氮、铅和苯并[a]芘等的浓度限值。

该标准根据对空气质量要求的不同，将环境空气质量分为两级。一级标准是为了保护自然生态和人群健康，在长期接触情况下，不发生任何危险性影响的空气质量要求；二级标准是为了保护人群健康和城市、乡村的动植物在长期和短期的接触情况下，不发生伤害的空气质量要求；保护人群不发生急慢性中毒和城市一般动植物正常生长的空气要求。

该标准将环境空气质量功能区分为两类：一类区为自然保护区、风景名胜区和其他需要特殊保护的区域；二类区为居住区、商业交通居民混合区、文化区、工业区和农村地区。一类区适用一级浓度限值，二类区适用二级浓度限值。一、二类环境空气功能区质量要求见表 5-3 和表 5-4。

表 5-3　环境空气污染物基本项目浓度限值（μg/m³）

序号	污染物项目	平均时间	浓度限值	
			一级	二级
1	二氧化硫（SO_2）	年平均	20	60
		24h 平均	50	150
		1h 平均	150	500
2	二氧化氮（NO_2）	年平均	40	40
		24h 平均	80	80
		1h 平均	200	200
3	一氧化碳（CO）	24h 平均	4 000	4 000
		1h 平均	10 000	10 000
4	臭氧（O_3）	日最大 8h 平均	100	160
		1h 平均	160	200
5	可吸入颗粒物（PM_{10}）	年平均	40	70
		24h 平均	50	150
6	可入肺颗粒物（$PM_{2.5}$）	年平均	15	35
		24h 平均	35	75

表 5-4　环境空气污染物其他项目浓度限值（μg/m³）

序号	污染物项目	平均时间	浓度限值	
			一级	二级
1	总悬浮颗粒（TSP）	年平均	80	200
		24h 平均	120	300
2	氮氧化物（NO_x）	年平均	50	50
		24h 平均	100	100
		1h 平均	250	250
3	铅（Pb）	年平均	0.5	0.5
		季平均	1	1
4	苯并[a]芘（B[a]P）	年平均	0.001	0.001
		24h 平均	0.002 5	0.002 5

2. 大气污染物排放标准

大气污染物排放标准是以实现空气质量标准为目标，对从污染物排入大气的污染物浓度（或数量）所做的限制规定，它是控制大气污染物的排放量和进行净化装置设计的依据。我国目前的相关大气标准有：GB 16297—1996《大气污染物综合排放标准》、GB 4915—2013《水泥工业大气污染物排放标准》、GB 29620—2013《砖瓦工业大气污染物排放标准》、GB 13223—2011《火电厂大气污染物排放标准》、GB 28665—2012《轧钢工业大气污染物排放标准》、GB 28664—2012《炼钢工业大气污染物排放标准》、GB 28663—2012《炼铁工业大气污染物排放标准》、GB 26453—2011《平板玻璃工业大气污染物排放标准》、GB 20950—2007《储油库大气污染物排放标准》、GB 20952—2007《加油站大气污染物排放标准》等。

3. 大气污染控制技术标准

大气污染控制技术标准是根据污染物排放标准引申出来的辅助标准，是为了保证达到污染物排放标准而从某一方面做出的具体技术规定，目的是使生产、设计和管理人员容易掌握和执行，如燃料、原料使用标准，净化装置选用标准，排气筒高度标准及卫生防护距离标准等。

4. 大气污染警报标准

大气污染警报标准是为保护环境空气质量不致恶化或根据大气污染发展趋势，预防发生污染事故而规定的污染物含量的极限值。达到这一极限值时就发出警报，以便采取必要的措施。警报标准的制定，主要建立在对人体健康的影响和生物承受限度的综合研究基础之上。

5.3.2 空气质量指数

空气质量指数（air quality index，AQI）是定量描述空气质量状况的无量纲指数。针对单项污染物还规定了空气质量分指数（individual air quality index，IAQI）。我国 2012 年上半年出台规定，将用 AQI 替代原有的空气污染指数（API）。AQI 与原来发布的 API 有着很大的区别，AQI 分级计算参考的标准是新的环境空气质量标准（GB 3095—2012），参与评价的污染物为 SO_2、NO_2、PM_{10}、$PM_{2.5}$、O_3和 CO 共六项；而 API 分级计算参考的标准是旧的环境空气质量标准（GB 3095—1996），评价的污染物仅为 SO_2、NO_2和 PM_{10}共三项，且 AQI 采用分级限制标准更严。因此 AQI 较 API 监测的污染物指标更多，其评价结果更加客观。

空气质量按照 AQI 大小分为六级，相对应空气质量的六个类别，分别为一级优、二级良、三级轻度污染、四级中度污染、五级重度污染、六级严重污染。指数越大、级别越高说明污染的情况越严重，对人体的健康危害也就越大（表 5-5）。

表 5-5　环境空气质量指数分级

空气质量指数	空气质量指数级别	空气质量指数类别及颜色	对健康影响情况	建议采取措施
0～50	一级	优，绿色	空气质量令人满意，基本没有空气污染	各类人群可正常活动
51～100	二级	良，黄色	空气质量可接受，但某些污染物可能对极少数异常敏感人群健康有较弱影响	极少数异常敏感人群应减少户外活动
101～150	三级	轻度污染，橙色	易感人群症状有轻度加剧，健康人群出现刺激症状	儿童、老年人及心脏病、呼吸系统疾病患者应减少长时间、高强度的户外锻炼
151～200	四级	中度污染，红色	进一步加剧易感人群症状，可能对健康人群心脏、呼吸系统有影响	儿童、老年人及心脏病、呼吸系统疾病患者避免长时间、高强度的户外锻炼，一般人群适量减少户外运动
201～300	五级	重度污染，紫色	心脏病和肺病患者症状显著加剧，运动耐受力降低，健康人群普遍出现症状	儿童、老年人及心脏病、肺病患者应停留在室内，停止户外运动，一般人群减少户外运动
＞300	六级	严重污染，褐红色	健康人群运动耐受力降低，有明显强烈症状，提前出现某些疾病	儿童、老年人和病人应留在室内，避免体力消耗，一般人应避免户外活动

AQI 计算与评价的过程大致可分为三个步骤：第一步是对照各项污染物的分级浓度限值，以细颗粒物（$PM_{2.5}$）、可吸入颗粒物（PM_{10}）、二氧化硫（SO_2）、二氧化氮（NO_2）、臭氧（O_3）、一氧化碳（CO）等各项污染物的实测浓度值（其中 $PM_{2.5}$、PM_{10} 为 24h 平均浓度）分别计算得出空气质量分指数（individual air quality index，IAQI）。第二步是从各项污染物的 IAQI 中选择最大值确定为 AQI，当 AQI 大于 50 时将 IAQI 最大的污染物确定为首要污染物，若 IAQI 最大的污染物为两项或两项以上时并列为首要污染物；IAQI 大于 100 的污染物为超标污染物。第三步是对照 AQI 分级标准，确定空气质量级别、类别及表示颜色、健康影响与建议措施。

污染物项目 P 的空气质量分指数（$IAQI_P$）按照式（5-1）计算：

$$IAQI_P = \frac{IAQI_{Hi} - IAQI_{Lo}}{BP_{Hi} - BP_{Lo}}(C_P - BP_{Lo}) + IAQI_{Lo} \tag{5-1}$$

式中，C_P 为污染物项目 P 的质量浓度值；BP_{Hi} 为表 5-6 中与 C_P 相近的污染物浓度限值的高位值；BP_{Lo} 为表 5-6 中与 C_P 相近的污染物浓度限值的低位值；$IAQI_{Hi}$ 为表 5-6 中与 BP_{Hi} 对应的空气质量分指数；$IAQI_{Lo}$ 为表 5-6 中与 BP_{Lo} 对应的空气质量分指数。

以 $PM_{2.5}$ 为例，当 $PM_{2.5}$ 日均值浓度达到 150μg/m^3 时，IAQI 即达到 200；当

$PM_{2.5}$日均浓度达到 250μg/m^{3}时，IAQI 即达 300；$PM_{2.5}$日均浓度达到 500μg/m^{3}时，对应的 AQI 指数达到 500。值得一提的是，$PM_{2.5}$折算成 IAQI 为 500 的浓度限值刚好是 500μg/m^3。也就是说，一旦 $PM_{2.5}$ 的日均浓度超过 500μg/m^3，IAQI 随即达到 500，无论浓度再怎么高，IAQI 也还是 500。因此，严重雾霾期间，$PM_{2.5}$日均浓度超过 500μg/m^{3}的地方，就是所谓的“爆表”了。

表 5-6　空气质量分指数及对应的污染物项目浓度限值（μg/m^3）

空气质量分指数（IAQI）	污染物项目浓度限值									
	二氧化硫（SO_2）24h 平均值	二氧化硫（SO_2）1h 平均值	二氧化氮（NO_2）24h 平均值	二氧化氮（NO_2）1h 平均值	可吸入颗粒物（PM_{10}）24h 平均值	一氧化碳（CO）24h 平均值	一氧化碳（CO）1h 平均值	臭氧（O_3）1h 平均值	臭氧（O_3）8h 滑动平均值	可入肺颗粒物（$PM_{2.5}$）24h 平均值
0	0	0	0	0	0	0	0	0	0	0
50	50	150	40	100	50	2000	5000	160	100	35
100	150	500	80	200	150	4000	10000	200	160	75
150	475	650	180	700	250	14000	35000	300	215	115
200	800	800	280	1200	350	24000	60000	400	265	150
300	1600	—	565	2340	420	36000	90000	800	800	250
400	2100	—	750	3090	500	48000	120000	1000	—	350
500	2620	—	940	3840	600	60000	150000	1200	—	500

注：（1）二氧化硫、二氧化氮和一氧化碳的 1h 平均浓度限值仅用于实时报，在日报中需使用相应污染物的 24h 平均浓度限值。

（2）二氧化硫 1h 平均浓度值高于 800μg/m^{3}的，不再进行其空气质量分指数计算，二氧化硫空气质量分指数按 24h 平均浓度计算的分指数报告。

（3）臭氧 8h 平均浓度值高于 800μg/m^{3}的，不再进行其空气质量分指数计算，臭氧空气质量分指数按 1h 平均浓度计算的分指数报告。

阅读材料：同一站点 $PM_{2.5}$浓度高于 PM_{10}浓度正常吗？

——依互联网资料整理

如果有人仔细看中国天气网或手机软件的实时数据的话，有时会发现 $PM_{2.5}$的浓度高于 PM_{10}。例如，2013 年 2 月 8 日晚上 22 点北京的 $PM_{2.5}$和 PM_{10}浓度分别为 196μg/m^{3}和 170μg/m^3，而第二天早上 9 点该地 $PM_{2.5}$和 PM_{10}浓度则分别为 142μg/m^{3}和 90μg/m^3，$PM_{2.5}$比 PM_{10}的浓度高 52μg/m^3。可是科普宣传是这样说的：PM_{10}是环境空气中空气动力学当量直径小于等于

10μm 的颗粒物，也称为可吸入颗粒物；$PM_{2.5}$是环境空气中空气动力学当量直径小于等于 2.5μm 的颗粒物，也称为细颗粒物。那样的话 $PM_{2.5}$ 不应该是 PM_{10} 的一部分吗？

按照我国的《环境空气质量标准》（GB 3095—2012）中的规定，$PM_{2.5}$ 和 PM_{10} 浓度的测量都采用称量法。就是把一定体积的空气过滤，收集其中的颗粒物称量。称量法测量有一个加热的过程，会导致颗粒物中的水分丧失。专家表示：在一开始制定 PM_{10} 测试方法的时候，没有把丧失的水分算进去，而根据新标准测量 $PM_{2.5}$ 浓度时，增加了一个湿度补偿装置，可以把丧失掉的水分质量再补回来。因此，当某个点位的空气湿度较大时，大量细微水分子会被 $PM_{2.5}$ 凝聚在一起，形成水性气溶胶。湿灰比干灰要重，“注水”的 $PM_{2.5}$ 浓度比较为干燥的 PM_{10} 浓度高，也就不难理解了。特别是在南方湿润地区，在湿度较大的天气时就经常会出现 $PM_{2.5}$ 和 PM_{10} 的“浓度倒挂”现象，公众无需质疑数据的可靠性。

5.4　大气污染控制技术

5.4.1　颗粒物污染物的控制

大气污染控制中涉及的颗粒物，一般是指所有大于分子的颗粒物，但实际的最小界限为 0.01μm 左右。颗粒物的存在状态，既可单个地分散于气体介质中，也可因凝聚等作用使多个颗粒集合在一起，成为集合体的状态，它在气体介质中就像单一个体一样。此外，颗粒物还能从气体介质中分离出来，呈堆积状态存在，或本来就呈堆积状态。一般将这种呈堆积状态存在的颗粒物称为粉体，也通称为粉尘。从气体中去除或捕集固态或液态微粒的设备称为除尘装置，或除尘器。根据主要除尘机理，目前常用的除尘器可分为四种：机械除尘器、电除尘器、袋式除尘器和湿式除尘器。

1. 机械除尘器

机械除尘器通常指利用质量力（重力、惯性力和离心力等）的作用使颗粒物与气流分离的装置，包括重力沉降室、惯性除尘器和旋风除尘器等。

1）重力沉降室

重力沉降室是通过重力作用使尘粒从气流中沉降分离的除尘装置，其原理是：当气体由进风管进入沉降室时，由于气体流动通道断面积突然增大，气体流速下降，粉尘便借本身重力作用逐渐沉落，最后落入下面的集灰斗中，经输送机械送出。它的结构如图 5-2 所示。

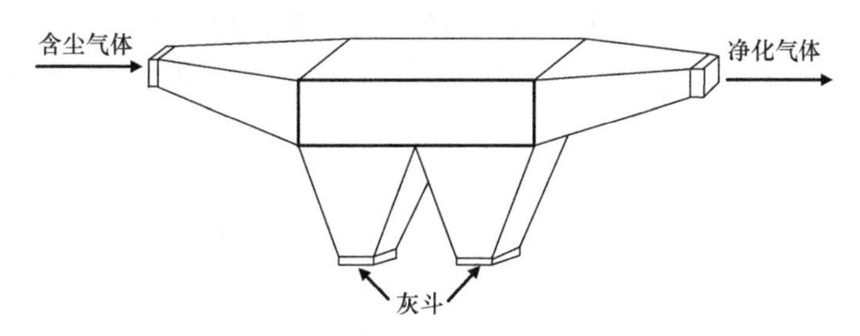

图 5-2　简单的重力沉降室

重力沉降室适用于净化密度大、颗粒粗的粉尘，特别是磨损性很强的粉尘。它能有效地捕集 50μm 以上的尘粒，但不宜于捕集 20μm 以下的尘粒。重力沉降室体积虽大，效率不高，一般仅为 40%～70%。但它具有结构简单、投资少、压力损失小（50～100Pa）及维护管理方便等优点，一般作为第一级或预处理设备。

2）惯性除尘器

惯性除尘器是在沉降室内设置各种形式的挡板，含尘气流冲击在挡板上，气流方向发生急剧转变，借助尘粒本身的惯性作用使其与气流分离。图 5-3 所示是含尘气流冲击在两块挡板上时尘粒分离的机理。

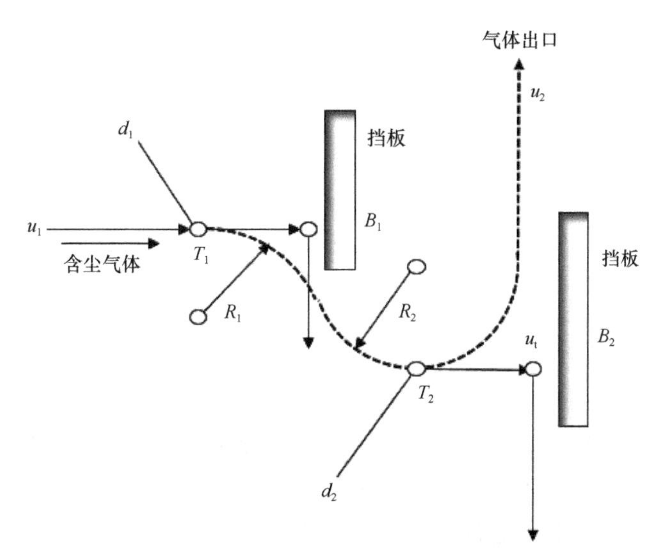

图 5-3　惯性除尘器的分离机理

一般惯性除尘器的气流速率越高，气流方向转变角度越大，转变次数越多，净化效率越高，压力损失也越大。惯性除尘器用于净化密度和粒径较大的金属或矿物粉尘时具有较高的除尘效率；对黏结性和纤维性粉尘，则因易堵塞而不宜采用。由于惯性除尘器的净化效率不高，故一般只用于多级除尘中的第一级除尘，捕集 10～20μm 以上的粗尘粒。压力损失依类型而定，一般为 100～1000Pa。

3）旋风除尘器

旋风除尘器是利用旋转气流产生的离心力使尘粒从气流中分离的装置。用来分离粒径 5～10μm 以上的颗粒物。其结构如图 5-4 所示。其特点是结构简单、占地面积小、投资低、操作维修方便、压力损失较大、动力消耗也较大，可用于各种材料制造，能用于高温、高压及腐蚀性气体，并可回收干颗粒物；缺点为效率在 80%左右、捕集小于 5μm 颗粒的效率不高，一般作预除尘用。

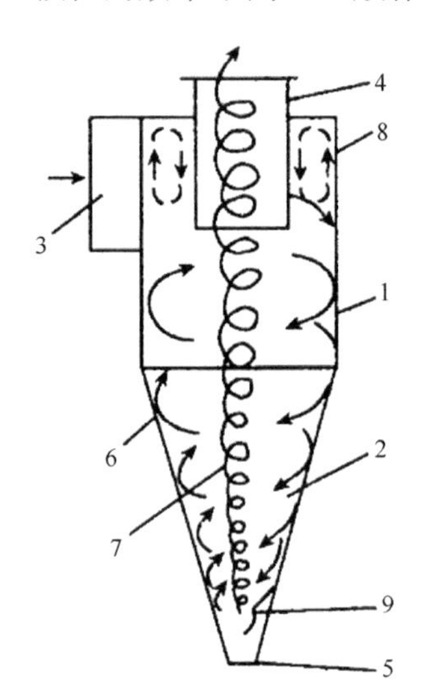

图 5-4　普通旋风除尘器的结构及其内部气流

1. 筒体；2. 锥体；3. 进气管；4. 排气管；5. 排灰口；6. 外旋流；7. 内旋流；8. 二次流；9. 回流区

2. 电除尘器

电除尘器是含尘气体在通过高压电场进行电离的过程中，使尘粒荷电，并在电场力的作用下使尘粒沉积在集尘极上，将尘粒从含尘气体中分离出来的一种除尘设备。电除尘过程与其他除尘过程的根本区别在于，分离力（主要是静电力）直接作用在颗粒上，而不是作用在整个气流上。

电除尘器的原理包括悬浮粒子荷电、带电粒子在电场内迁移和将捕集物从集尘表面上捕集这三个过程。

电除尘器的主要优点是：压力损失小，一般为 200～500Pa；处理烟气量大，每小时可达 10^5～10^6m^3；能耗低，每处理 10000m^3 烟气需 2～4 度电；对细粉尘有很高的捕集效率，可高于 99%；可在高温或强腐蚀性气体下操作。缺点是：一次性投资费用高；对粉尘性质要求较严，最适宜比电阻在 $1\times10^{4}\sim5\times10^{10}\Omega\cdot cm$；制造、安装、运行要求严格。

由于电除尘器具有高效、低阻等特点，所以广泛应用于各工业部门中，特别是火电厂、冶金、建材、化工及造纸等工业部门。随着工业企业的日益大型化和自动化，对环境质量控制日益严格，电除尘器的应用数量仍不断增长，新型高性能的电除尘器仍在不断地研究、制造并投入使用。

3. 袋式除尘器

过滤式除尘器是利用多孔介质分离捕集含尘气体中微粒的净化装置，多用于工业原料气的精制、固体粉料的回收、特定空间内的通风和空调系统的空气净化及工业排放尾气或烟尘中粉尘粒子的去除等。袋式除尘器是过滤式除尘器的一种，是以纤维或织物为滤料，对含尘气体进行过滤，使粉尘阻留在滤料上，及达到除尘目的的分离捕集装置。

袋式除尘器的主要优点是：除尘效率高，除尘效率可达到 99.9%以上；适应性强，可以捕集不同性质的粉尘，如高比阻的粉尘等；使用灵活；结构简单，一次投资较小；操作稳定，便于回收干料，无污泥处理、设备腐蚀等问题，维护简单。

缺点是：应用范围受滤料限制，在耐温、耐腐蚀方面有较大的局限；不适宜于黏结性强及吸湿性强的粉尘，烟气温度不得低于露点，否则会产生结露，导致滤袋堵塞；处理风量大时，占地面积大。

4. 湿式除尘器

湿式除尘器是使含尘气体与液体（一般为水）密切接触，利用水滴和尘粒的惯性碰撞及其他作用捕集尘粒或使粒径增大的装置。可以有效去除直径为 0.1～20μm 的液态或固态粒子，也能脱除气态污染物。

根据湿式除尘器的净化机理，大致分为重力喷雾洗涤器、旋风洗涤器、自激喷雾洗涤器、板式洗涤器、填料洗涤器、文丘里洗涤器等。

湿式除尘器的优点主要有：在耗用相同能耗时，除尘效率比干式机械除尘器高；除尘效率可与静电除尘器和布袋除尘器相比，而且还可适用于它们不能胜任的条件，如能够处理高温、高湿气流，高比电阻粉尘及易燃易爆的含尘气体；在去除粉尘粒子的同时，还可去除气体中的水蒸气及某些气态污染物。

缺点是：排出的污水污泥需要处理，澄清的洗涤水应重复回用；净化含有腐蚀性的气态污染物时，洗涤水具有一定程度的腐蚀性，因此要特别注意设备和管道腐蚀问题；不适用于净化含有憎水性和水硬性粉尘的气体；寒冷地区使用湿式除尘器，容易结冻，应采取防冻措施。

5.4.2　气态污染物的控制

气态污染物是指能与大气形成均相混合体系的污染物，占排入大气污染物种类的75%，包括硫氧化物、氮氧化物、碳氧化物、有机化合物（挥发性、多环芳烃）、金属挥发物（汞）。从废气中去除气态污染物，控制气态污染物向大气的排放，常常涉及气体吸收、吸附、催化转化等。

1. 吸收法

利用气体混合物各组分在液体中溶解性的不同，将其与适当的液体接触，混合气体中易溶的一个或几个组分便溶于该液体内形成溶液，而不能溶解的组分则仍留在气相，从而实现气体混合物的分离，这种过程称为吸收。

吸收操作所用的液体称为吸收剂或溶剂，混合气中被溶解吸收的组分称为吸收质或溶质，不被吸收的组分称为惰性组分或载体，所得到的溶液称为吸收液，称排出的气体为吸收尾气，其主要成分为惰性气体及残余的溶质。

吸收操作广泛用于气体混合物的分离，吸收过程中溶质与吸收剂发生化学反应的吸收称为化学吸收；不发生化学反应的吸收称为物理吸收。吸收过程是物质由气相到液相的两相传递过程，可以分为三个步骤：溶质由气相主体扩散到气、液两相界面的气相一侧；溶质在界面上溶解，并由气相转入液相；溶质由相界面的液相一侧扩散到液相主体。

吸收设备的基本要求：① 气液之间有较大的接触面积和一定的接触时间；② 气液之间扰动剧烈，吸收阻力小，吸收效率高；③ 操作稳定并有合适的弹性；④ 气流通过时的压降小；⑤ 结构简单，制造维修方便，造价低廉；⑥ 针对具体情况，要求具有抗腐蚀和防堵塞功能。

1）填料塔

填料塔是以塔内的填料作为气液两相间接触构件的传质设备。填料塔的塔身是一直立式圆筒，底部装有填料支承板，填料以乱堆或整砌的方式放置在支承板上，如图5-5所示。填料的上方安装填料压板，以防填料被上升气流吹动。液体从塔顶经液体分布器喷淋到填料上，并沿填料表面流下。气体从塔底送入，经气体分布装置（小直径塔一般不设气体分布装置）分布后，与液体呈逆流并连续通过填料层的孔隙，在填料表面上，气液两相密切接触进行传质。填料塔属于连续接触式气液传质设备，两相组成沿塔高连续变化，在正常操作状态下，气相为连续相，液相为分散相。

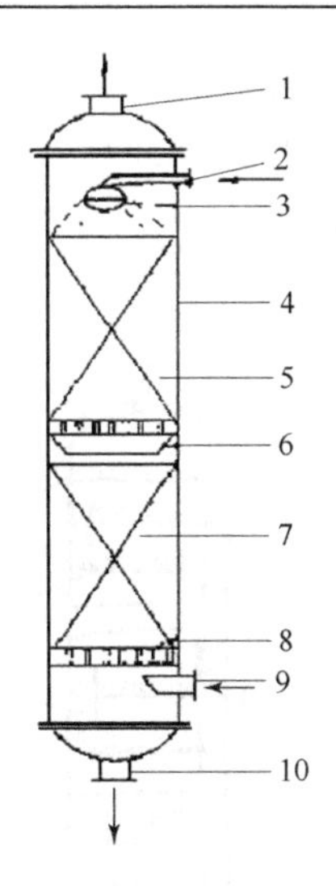

图 5-5　填料塔的结构图

1. 气体出口；2. 液体入口；3. 液体分布装置；4. 塔壳；5. 填料；6. 液体再分布器；
7. 填料；8. 支撑栅板；9. 气体入口；10. 液体出口

当液体沿填料层向下流动时，有逐渐向塔壁集中的趋势，使得塔壁附近的液流量逐渐增大，这种现象称为壁流。壁流效应造成气液两相在填料层中分布不均，从而使传质效率下降。因此，当填料层较高时，需要进行分段，中间设置再分布装置。液体再分布装置包括液体收集器和液体再分布器两部分，上层填料流下的液体经液体收集器收集后，送到液体再分布器，经重新分布后喷淋到下层填料上。

填料塔具有生产能力大、分离效率高、压降小、持液量小、操作弹性大等优点。填料塔也有一些不足之处，如填料造价高；当液体负荷较小时不能有效地润湿填料表面，使传质效率降低；不能直接用于有悬浮物或容易聚合的物料；对侧线进料和出料等复杂精馏不太适合等。

2）板式塔

板式塔通常是由一个呈圆柱形的壳体、沿塔高按一定的间距水平设置的若干层塔板所组成，如图 5-6 所示。在操作时，液体靠重力作用由顶部逐板流向塔底排出，并在各层塔板的板面上形成流动的液层；气体则在压力差推动下，由塔底向上经过均布在塔板上的开孔依次穿过各层塔板由塔顶排出。塔内以塔板作为气、液两相接触传质的基本构件，气、液两相在塔内进行逐级接触，气、液两相的组成沿塔高呈阶梯式变化。

板式塔的类型很多，这主要是由于塔内所设置的塔板结构不同。板式塔的塔板可分为有降液管和无降液管两大类。在有降液管式的塔板上，有专供液体流通的降液管，每层板上的液层高度可以由适当的溢流挡板调节。在塔板上气、液两相呈错流方式接触。常用的板型有泡罩塔、浮阀塔、筛板塔等。在无降液管式的塔板上，没有降液管，气、液两相同时逆向通过塔板上的小孔，故称穿流板。常用的板型有筛孔及栅缝式穿流板等。

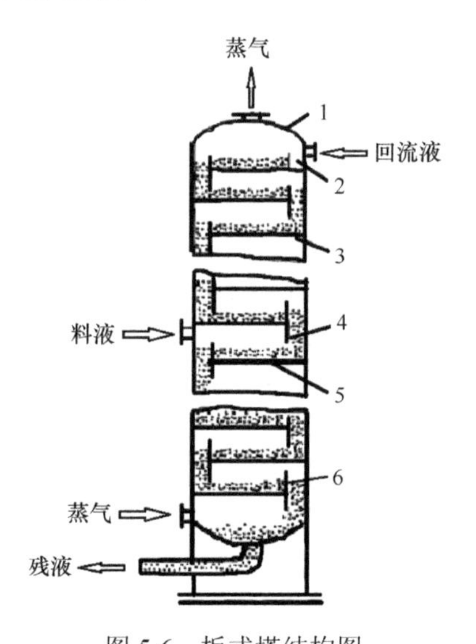

图 5-6　板式塔结构图

1. 塔体；2. 进口堰；3. 受液盘；4. 降液管；5. 塔板；6. 出口堰

板式塔的空塔速率较高，因而生产能力较大，塔板效率稳定，操作弹性大，且造价低，检修、清洗方便。缺点是压力损失大，操作弹性小。

3）文丘里洗涤器

文丘里洗涤器由文丘里管凝聚器和气液分离器组成。文丘里管由收缩段、喉管和扩散段组成。含污染物气体进入收缩段后，流速增大，进入喉管时达到最大值。吸收剂从收缩段或喉管加入，气液两相间相对流速很大，液滴在高速气流下雾化，形成气液接触界面。在扩散段，气液速率减小，压力回升，细小的雾滴凝聚成较大液滴，后经气液分离除去。液气比取值范围为 0.3～1.5L/m^3，适用于吸收剂用量小的吸收操作。文丘里洗涤器的优点是体积虽小，但处理能力很大，又可兼作冷却除尘设备；缺点是压力损失大、能耗高。

2. 吸附法

气体吸附是用多孔固体吸附剂将气体（或液体）混合物中一种或数种组分浓集于固体表面，而与其他组分分离的过程。被吸附到固体表面的物质称为吸附质，能够附着吸附的物质称为吸附剂。吸附过程能够有效脱除一般方法难以分离的低浓度有害物质，具有净化效率高、可回收有用组分、设备简单、易实现自动化控制等优点；其缺点是吸附容量较小、设备体积大。

1）吸附类型

根据吸附剂表面与被吸附物质之间作用力的不同，吸附可分为物理吸附和化学吸附。

物理吸附是由于分子间范德华力引起的，它可以是单层吸附，也可以是多层吸附。物理吸附的特征有：吸附质与吸附剂间不发生化学反应；吸附过程极快，参与吸附的各相间常常瞬间达到平衡；吸附为放热反应；吸附剂与吸附质间的吸附力不强，当气体中吸附质分压降低或温度升高时，被吸附的气体易于从固体表面逸出，而不改变气体原来的性质。工业上的吸附操作正是利用这种可逆性进行吸附剂的再生及吸附质的回收。

化学吸附是由吸附剂与吸附质间的化学键作用力而引起的，是单层吸附，吸附需要一定的活化能。化学吸附的吸附力较强，主要特征有：吸附有很强的选择性；吸附速率较慢，达到吸附平衡需要相当长时间；升高温度可提高吸附速率。

2）吸附剂

吸附是吸收剂的表面现象引起的，表面能越大，吸收力越强；比表面积越大，表面能越大，吸收越强。主要吸附剂有活性炭、活性氧化铝、硅藻土、硅胶、沸石分子筛等。

吸附剂的选择：比表面积大；良好的选择性；良好的再生性；吸附容量大；良好的机械强度、热稳定及化学稳定性；廉价易得。

吸附剂再生：吸附剂饱和后需要再生，主要方法有加热解吸再生、降压或真空解吸再生、萃取、置换再生、化学转化再生等。

3）影响气体吸附的主要因素

操作条件：低温有利于物理吸附、适当高温有利于化学吸附、增大气体压力有利于吸收、固定床气流速率控制在0.2～0.6m/s。

吸附剂的性质：孔隙率、孔径、粒度等影响比表面积，从而影响吸收效果。

吸附质的性质和浓度：主要吸收与吸附剂微孔直径大小相当的气体分子、吸附质的相对分子质量、沸点、饱和性也影响吸附量。

3. 催化转化

催化转化法是利用催化剂的催化作用将废气中的有害物质转化成各种无害化合物，或者转化为比原来的状态更容易被除去的化合物而加以净化的方法。催化转化法对不同浓度的污染物都有较高的转化率，无需使污染物与主气流分离，避免了其他方法可能产生的二次污染，并使操作过程简化。

催化作用具有两个特征：①催化剂只能改变化学反应速率，对于可逆反应而言，其对正、逆反应速率的影响是相同的，因而只能缩短达到平衡的时间，而不能使平衡移动，也不能使热力学上不可能发生的反应发生；②催化作用具有选择性，这是由催化剂的选择性决定的。

催化剂的类型：①含有金属单质的催化剂（如铂、银、铝、铁、铜等）；②以化合物为主要活性组分的催化剂（如氧化物和硫化物）。

5.4.3 典型大气污染物治理技术

1. 硫氧化物的治理

控制硫氧化物的排出比控制微粒的排出更为困难。目前可以考虑使用的方法很多，例如，改用含硫低的燃料，特别是在浓雾时期；少烧煤或不烧煤而改用其他能源，如原子能或水力等；加高烟囱，加强空气的稀释扩散作用；通过提高燃料效率和控制入口空气，减少燃料的耗用量；从烟囱排气中除硫；从燃料中预先脱硫。

1）湿法

湿法脱硫主要包括钠碱液吸收法、氨吸收法、石灰乳吸收法。

钠碱液吸收法是以氢氧化钠、氢氧化钾或碳酸钠水溶液作为吸收剂。钠碱吸收剂吸收能力大，不易挥发，对吸收系统不存在结垢、堵塞等问题。此法工艺成熟简单、吸收效率高，所得副产品纯度高，但耗碱量大、成本高，因此只适用于中小气量烟气的治理。

氨吸收法是氨水作吸收剂，由于氨易挥发，实际上此法是以氨水与 SO_2 反应后生成的亚硫酸铵水溶液作为吸收 SO_2 的吸收剂。

含有 0.9% SO_2 的制酸尾气（或烟气）在吸收塔内，与氨和亚硫酸铵溶液作逆流吸收，其吸收反应有

$$SO_2 + 2NH_3 + H_2O \longrightarrow (NH_4)_2SO_3$$
$$(NH_4)_2SO_3 + SO_2 + H_2O \longrightarrow 2NH_4HSO_3$$
$$NH_4HSO_3 + NH_3 \longrightarrow (NH_4)_2SO_3$$

经二次吸收后，废气中 SO_2 的浓度可降到 0.03%。

吸收过程中，要用 NH_3 的加入量控制溶液中亚硫酸铵与亚硫酸氢铵的比例，才能得到较好的吸收效率。

上述吸收液可用 93% 的浓硫酸分解其中的亚硫酸铵和亚硫酸氢铵，分解反应如下

$$2NH_4HSO_3 + H_2SO_4 \longrightarrow 2SO_2\uparrow + 2H_2O + (NH_4)_2SO_4$$
$$(NH_4)_2SO_3 + H_2SO_4 \longrightarrow SO_2\uparrow + H_2O + (NH_4)_2SO_4$$

从而得到浓度达 95%的 SO_2 气体。将此气体冷冻至−10℃，便得 SO_2 液体；它可

在制酸装置中制得硫酸。而含 40%的$(NH_4)_2SO_3$底液，经蒸发后便可得到结晶硫铵肥料。或于吸收液中通入空气，使亚硫酸铵全部氧化成硫铵，其反应为

$$2(NH_4)_2SO_3 + O_2 \longrightarrow 2(NH_4)_2SO_4$$

氨法工艺成熟，流程设备简单，操作方便，副产品SO_2可生产液态SO_2或制备硫酸，硫铵可作化肥，亚硫酸铵代替烧碱可用于制浆造纸，是一种较好的方法。该法适用于处理硫酸生产尾气，但由于氨易挥发，吸收剂消耗量大，因此缺乏氨源的地方不宜采用此法。

石灰乳吸收法是用石灰石、生石灰或消石灰的乳浊液作为吸收剂，在吸收塔中吸收烟气中的 SO_2。吸收液再经空气氧化制成石膏，除硫后的烟气经过除雾和加热后送入烟囱排放于大气。本法是一个较老的方法，其流程简单，无需氧化器，可在吸收塔内直接得到硫酸钙；而且石灰的来源方便，价格便宜，除硫效率在 98%以上，产品石膏目前在我国有较广泛的用途。因此，此法应用于低浓度的排烟除硫方面有很大的实际意义，但其缺点是生产过程中析出的晶体容易堵塞吸收器及其管道，石灰的循环量大，设备的体积和操作费用都较大。

2）干法

由于湿法脱硫后烟气温度降低、湿度加大，排出后影响烟气的上升高度，往往笼罩在烟囱周围地区难以扩散。为克服这些缺陷，采用固体粉末或非水的液体作为吸收剂或催化剂进行烟气脱硫。这种脱硫法又可分为吸附法、化学吸收法和催化氧化法。

吸附法一般采用活性炭法。利用活性炭的活性和较大的比表面积，使烟气中的SO_2在活性炭表面上与氧及水蒸气反应生成硫酸而被吸附：

$$2SO_2 + O_2 + 2H_2O \longrightarrow 2H_2SO_4$$

然后通入热的具有还原性的气体，如 CO、H_2等，将SO_2解吸出来：

$$H_2SO_4 + CO \longrightarrow SO_2 + H_2O + CO_2$$

化学吸收法是使用活性氧化锰、碱性氧化铝等为吸收剂来吸收 SO_2。催化氧化法则使用钒系催化剂等将SO_2氧化为SO_3，并回收硫酸来达到净化的目的。

2. 氮氧化物的治理

控制氮氧化物排出的方法有两类：①靠改革工艺或改进燃烧条件，如改用两段燃烧法，借延长燃烧时间来降低温度，或借降低空气与燃料的配比来降低炉温，以减少氮氧化物的生成与排出；②借催化还原法或吸收法净化排烟中的氮氧化物。

1）吸收法

根据所使用的吸收剂，又可分为碱吸收法、熔融盐吸收法、硫酸吸收法和硝

酸吸收法。碱吸收法常用的碱液有氢氧化物、碳酸钠、氨水等，该法设备简单、操作容易、投资少，但吸收效率较低，特别是对 NO 吸收效果差，只能消除 NO_2 所形成的黄烟，达不到去除所有 NO_x 的目的。用“漂白”的稀硝酸吸收硝酸尾气中的 NO_x，不仅能净化排气，还可以回收 NO_x 用于制备硝酸，但此法只能应用于硝酸的生产过程中，应用范围有限。

2）吸附法

此法一般采用的吸附剂为活性炭与沸石分子筛，目前用吸附法吸附 NO_x 已经有了工业规模的生产装置。活性炭对低浓度 NO_x 具有很高的吸附能力，并且经解吸后可回收浓度高的 NO_x，但由于温度高时，活性炭有可能燃烧，给吸附和再生造成困难，限制了该法的适用。沸石分子筛是一种极性很强的吸附剂，废气中极性较强的 H_2O 分子和 NO_2 分子被选择性地吸附在表面上，并进行反应生成硝酸放出 NO，NO 再与被吸附的 O_2 生成 NO_2，NO_2 再重复以上步骤，多次重复后，废气中的 NO_x 即可被去除。本法适于净化硝酸尾气，并且回收 NO_x 用于 HNO_3 的生产，因此是一个很有前途的方法。该法的主要缺陷在于吸附剂吸附容量较小，因而需要频繁再生，限制了它的应用。

3）催化还原法

催化还原法是在催化剂的作用下，用还原剂将废气中的 NO_x 还原为无害的 N_2 和 H_2O 的方法。根据还原剂与废气中的 O_2 发生作用与否，可分为非选择性催化还原（SNCR）和选择性催化还原（SCR）两类。

非选择性催化还原是在铂作为催化剂的作用下，还原剂不加选择地与废气中的 NO_x 与 O_2 同时发生反应。常用还原剂为 H_2 和 CH_4 等。该法由于存在与 O_2 的反应过程，放热量大，因此反应中必须使还原剂过量并严格控制废气中的氧含量。

选择性催化还原则是以贵重金属铂等的氧化物作催化剂，常用还原剂为 NH_3、H_2S、CO 和 Cl_2-NH_3 等。该法适用于硝酸尾气与燃烧烟气的治理，可处理大气量的废气、技术成熟、净化效率高。但它存在催化剂价格昂贵、不能回收有用物质等缺点。

3. 挥发性有机物的治理

挥发性有机物（volatile organic compounds，VOCs）是指在室温下饱和蒸气压大于 70.91Pa，常压下沸点小于 260℃的有机化合物。从环境监测角度来讲，指以氢火焰离子检测器测出的非甲烷烃类的总称，包括烷类、芳烃类、烯类、卤烃类、酯类、酮类和其他化合物等。挥发性有机物的治理技术有燃烧法、冷凝法、吸附法、吸收法等。

1）燃烧法

将有害气体、蒸气、液体或烟尘通过燃烧转化为无害物质的过程称为燃烧。燃烧法净化时所发生的化学反应主要是高温下的热分解及燃烧氧化作用。因此这种方法适用于净化可燃的或在高温情况下可以分解的有机物。在燃烧过程中，有机物质剧烈氧化，放出大量的热，因此可以回收热量。对化工、喷漆、绝缘材料等行业的生产装置中所排出的有机废气处理时广泛采用燃烧法净化。燃烧法还可以用来消除恶臭。

2）冷凝法

冷凝法利用物质在不同温度下具有不同饱和蒸气压这一性质，采用降低温度、提高系统的压力，或者既降低温度又提高压力的方法，使处于蒸气状态的污染物冷凝并与废气分离。该法适用于废气体积分数在 10^{-2} 以上的有机蒸气。常作为其他方法的前处理。

3）吸附法

吸附法就是含 VOCs 的气态混合物与多孔性固体接触时，利用固体表面存在的未平衡的分子吸引力或化学键作用力，把混合气体中 VOCs 组分吸附在固体表面的分离过程。吸附操作已经广泛应用于石油化工、有机化工的生产部门，成为一种重要的操作单元。

4）吸收法

吸收法是采用低挥发或不挥发溶剂对 VOCs 进行吸收，再利用有机分子和吸收剂物理性质的差异将二者分离的净化方法。吸收效果主要取决于吸收剂性能和吸收设备的结构特征。

4. 颗粒物的治理

2012 年冬季，我国很多大、中城市相继受到雾霾污染，其中的“细颗粒物”（PM_{10} 和 $PM_{2.5}$）是这些雾霾的主要成分。它们不仅能通过消光作用造成大气能见度下降，而且还是聚集大量有毒有害物质的复杂污染物，会对人体的健康造成危害，已经引起了民众的极大关注。环境空气中由于人类活动产生的细颗粒物主要有两个方面：一是各种污染源向空气中直接释放的细颗粒物，包括烟尘、粉尘、扬尘、油烟等；二是部分具有化学活性的气态污染物（前体污染物）在空气中发生反应后生成的细颗粒物，这些前体污染物包括硫氧化物、氮氧化物、挥发性有机物和氨等。防治环境空气细颗粒物污染应针对其成因，全面而严格地控制各种细颗粒物及前体污染物的排放行为。防治细颗粒物污染应将工业污染源、移动污染源、扬尘污染源、生活污染源、农业污染源作为重点，强化源头削减，实施分区分类控制。

1）工业污染源防治技术

细颗粒物和前体污染物排放量较大的行业（火电、冶金、建材、石油化工、合成材料、制药、塑料加工、表面涂装、电子产品与设备制造、包装印刷等）是工业污染源治理的重点。主要防治技术：有组织排放颗粒物（烟、粉尘）污染防治技术，包括袋式除尘、湿式电除尘技术、电袋复合除尘技术；前体污染物（NO、SO_2、VOCs、NH_3 等）净化技术，包括各种脱硫技术、氮氧化物的催化还原技术及烟气脱硝技术、挥发性有机物的燃烧净化与吸附回收技术、氨的水洗涤净化技术；无组织排放颗粒物和前体污染物治理技术，包括适用于大气颗粒物及其前体物污染控制的密闭生产技术、粉状物料堆放场的遮风与抑尘技术。

2）移动污染源防治技术

移动污染源包括各种采用内燃机或外燃机为动力装置，以汽油、柴油、煤油、天然气、液化石油气及其他可燃液体、气体为燃料的交通工具（车辆、船舶、航空器等）、机械、发电装置。防治移动源污染，应针对其使用方式和污染防治要求，采取不同的技术措施，主要包括：燃料清洁化技术，降低重金属等影响排放控制装置效能的各种有害物质含量，控制烯烃等光化学活性成分含量；发动机高效燃烧及燃料精确注入技术；发动机排气中氮氧化物、一氧化碳、碳氢化合物、颗粒物净化技术；汽油蒸发控制技术，包括在车辆、加油站、油库、油罐车上实施的各种油气回收技术；车载发动机及排放控制系统诊断技术。

3）扬尘污染源防治技术

扬尘污染源应以道路扬尘、施工扬尘、粉状物料储存场扬尘、城市裸土起尘等为防治重点。主要防治技术有：遮风技术，适用于各种露天堆场和施工工地遮挡措施；抑尘技术，包括喷洒水雾和抑尘剂，适用于施工场所、堆场、装卸作业等场地；施工物料运输车辆清洗技术，适用于上路行驶的物料、渣土运输车辆；道路清扫技术，包括人工清扫、机械清扫。

4）生活污染源防治技术

生活污染来源复杂、分布广泛，治理工作应调动社会各界的积极性，鼓励公众参与，减少细颗粒物及其前体污染物（VOCs 等）的排放量。主要防治技术有：饮食业油烟净化技术，包括采用各种原理的净化技术；环境友好产品生产技术，包括各种替代有害物质的消费品生产技术；密闭式衣物干洗技术。

5）农业污染源防治技术

农业污染源防治技术主要有：农业耕作和裸土起尘防治技术，包括留茬免耕、秸秆覆盖、固沙技术；秸秆等农业废物综合利用技术，包括制备沼气、热解气化、生物柴油等技术；合理施肥技术，包括配方施肥技术和施用硝化抑制剂。

阅读材料：广东14市全面完成国Ⅴ标准油品置换

——摘自《羊城晚报》2014年7月1日

经过1年多的前期筹备、40天的紧张置换，自2014年6月30日零时起，中国石化在广东14市27座油库、1700多座加油站全面完成国Ⅴ油品置换，广东正式迈入“Ⅴ”时代。国Ⅴ（又称国五）是当前世界最高车用汽油标准，广州、深圳、珠海等市的车主有幸饮“头啖汤”，未来国Ⅴ92号、95号汽油将分别取代现有的粤Ⅳ93号、97号汽油，调整不会影响车辆的使用和保养。

据了解，广东率先“喝”上国Ⅴ汽油的城市包括广州、深圳、珠海、佛山、惠州、东莞、中山、江门、肇庆、阳江、湛江、茂名、清远、云浮等珠三角及粤西地区14市。按照广东省政府要求，上述14市的车用汽油在2014年7月1日前全面达到国五标准。全省其他地区包括粤东、粤北地区7市（汕头、潮州、揭阳、梅州、汕尾、河源、韶关）2014年10月1日前全面升级国五汽油。届时，广东将成为我国高等级汽油使用范围最大、消费量最大的地区。

本次广东省国五汽油升级，是国家正式发布国五汽油标准后，首个全面实施国五汽油标准的省份。目前全国只有北京、上海及江苏省部分地区供应国Ⅴ标准油品。

据了解，新的标号与北京、上海及江苏部分地区的汽油标号一致。之所以降低汽油标号，是因为在油品炼制脱硫和无锰化过程中会造成辛烷值的损失。

国Ⅴ是当前世界最高车用汽油标准，与粤Ⅳ汽油相比，国Ⅴ汽油硫含量下降80%（从不大于50mg/L下降为不大于10mg/L），锰含量下降75%（从不大于8mg/L降低为不大于2mg/L）。

广东省是全国最大的成品油消费市场，成品油年消费量约占全国的1/10，按年消耗1300万t汽油计算，本轮升级后广东省全年可减少汽车尾气硫排放520t。以同等排量汽车计算，5辆使用国Ⅴ汽油的汽车与1辆使用粤Ⅳ汽油的二氧化硫排放量相当。

5.5　室内空气污染控制

5.5.1　室内空气污染及来源

1. 室内空气污染概况

室内包括人居住所、办公室、教室、医院病房等室内环境和宾馆、餐馆、剧院、商场、车站候车室等各种室内公共场所及交通工具（如私人汽车、公共汽车、地铁、火车、轮船和飞机）内等封闭空间。现代人约 90%的时间是在室内度过，室内的建筑、设计和装饰不仅要满足人的生存和审美的需要，还要满足人的健康和安全需求。然而近年来，室内空气污染事件频发，成为一个值得关注的问题。

室内空气污染（indoor air pollution）是指在封闭空间内的空气中存在对人体健康有害的物质，并且浓度已经超过规定标准（我国执行《室内空气质量标准》GB/T 18883—2002），达到可以伤害人的健康程度，我们把此类现象称为室内空气污染。人体呼吸系统的免疫力比消化系统脆弱很多，室内空气质量对人体健康的重要性不言而喻，并且对处于室内人们的舒适度及工作和学习效率也有重要的影响。

近年来，室内空气污染已成为世界范围内备受关注的问题。据统计，全球范围内，有超过 3 亿人依赖于生物质和燃煤来进行烹饪和取暖，由此带来的室内空气污染对人体造成诸多危害，包括呼吸系统疾病、肺结核、哮喘、心血管疾病等急慢性疾病。随着居住条件的不断改善，在家庭装饰装修发展迅猛的同时，室内空气污染已成为影响人体健康的隐形杀手。大量建筑装饰材料和复合材料制成的室内用品（家具等）被广泛使用，其中不乏会散发较多化学污染物的材料和产品。建筑装修引发的居民致癌、致死现象屡见报道，特别是甲醛、苯系物等挥发性有机化合物对暴露人群造成的健康危害已成为严重的社会问题，受到人们的广泛关注。

2. 室内空气污染源

室内空气污染来源主要分为室内源和室外源。

室内源主要为室内用品、建筑装饰材料及人的室内活动。例如，室内建筑、装饰材料、家具和家用化学品释放出的甲醛和挥发性有机化合物等及放射性物质；燃料燃烧、烹调油烟及吸烟产生的 CO、CO_2、NO_2、SO_2、悬浮颗粒物、多环芳烃等；家用电器和办公设备产生的臭氧及电子辐射等；人体呼出气、汗液、大小便等排出的 CO_2、苯、甲苯、氨类化合物、硫化氢等化学污染物；通过咳嗽、喷嚏等排出的流感病毒、结合杆菌、链球菌等生物污染物；室内用具产生在床褥、地毯中孳生的尘螨等生物性污染。

室外源包括室外空气中通过空气流动而进入室内的各种污染物质，如颗粒物、CO、NO、NO_2、SO_2、VOCs 等；人为带入室内的污染物，如通过服装、用具等将工作环境或其他室外环境中的污染物带入室内；一些致病菌随空调冷却水、加湿器用水甚至淋浴喷头的水柱进入室内形成气溶胶，进入人体呼吸道造成肺部感染，如嗜肺炎军团杆菌。

研究表明，室内空气污染主要来源于燃煤、燃气、室内吸烟、装修、家用电器、室内烹调、化妆品及生活化学品的使用。总的来说，室内空气中的典型污染物主要有甲醛、苯系物、多环芳烃、氨、颗粒物、微生物、氡及其子体等。

阅读材料：室内装修污染大调查

——摘自《南京晨报》2012 年 4 月 19 日

2011 年元旦，南京市钱女士一家搬到了位于江宁的新房，房子变宽敞了，7 岁的儿子也有了自己的房间，全家都沉浸在乔迁新家的喜悦中。结果住进新房不到 3 个月，钱女士的儿子童童就经常咳嗽、发烧。全家人起初以为是孩子抵抗力差，并没太在意，但随后几个月，童童的病情更加严重了，有时发烧一个礼拜都好不了，去医院检查后被确诊为急性白血病，这让钱女士一家陷入了极大的痛苦当中。医生了解情况后，怀疑童童的病是钱女士新房装修污染所致。钱女士回家后请来一家专业的检测机构对其室内空气进行检测，检测结果让他们大吃一惊，甲醛超标近 3 倍。钱女士十分疑惑："装修时特意考虑到环保，买的都是价格不菲的家具，有些家具还有绿色环保标志，怎么还会有如此严重的污染呢？"

专家表示，虽然如今人们的环保意识越来越高，但市场上打着"环保"旗号的劣质材料和家具还有很多，而且即便使用环保材料，有害物质依然存在，环保只是限定在单位面积释放标准内，由于装修材料及家具的叠加效应，最终导致新装修的室内空气污染超标。例如，用环保材料做成的家具，刷了油漆和黏合剂还会产生污染。

专家指出，室内装修污染会对人体造成很大的伤害，且这种伤害很难补救。例如，装修建材和涂料油漆等含有的甲醛和苯系物都是致癌物，而儿童的抵抗力与大人相比要弱很多，装修污染已经成为严重影响孩子健康成长的

"头号杀手"。

5.5.2 污染控制

室内空气污染控制可分为源头控制和污染空气净化两个方面。室内空气净化，是指从室内空气中将一种或多种污染物分离或去除的技术。通过空气净化技术改善室内空气质量，为居住者创造健康舒适的室内环境。

1. 源头控制

1）控制污染源

室内空气污染物很大一部分是来自建筑材料、装饰材料、家具、日用化学品等物品的释放，如装修时使用的刨花板、胶合板、纤维板等板材中的胶黏剂中的甲醛会慢慢地释放到空气中，造成室内甲醛浓度超标；室内装修材料、油漆、黏合剂等也会释放总挥发性有机物、苯等有害物质。因此，从源头控制污染物的释放，对控制室内空气污染至关重要。

用无污染或低污染的材料取代高污染材料，推广绿色建筑和使用绿色建材是防治室内空气污染的根本途径。绿色建筑指包括居住、工业及公共建筑的结构从设计、建筑到装饰装修直至拆卸都符合环保的建筑。绿色建材指对人体和周边环境无害的健康型、环保型、安全型建筑材料，包括低挥发性有机物的地毯及用可回收物料做成的地毯，墙体及屋顶使用可回收的材料，无毒性的油漆及低挥发性有机物的油漆等。发达国家十分重视对绿色建材的研究与开发。

2）通风

开窗通风或依靠通风换气设备是最简单且经济有效的方法，保持良好的通风状态是减轻室内空气污染的关键性措施，通过通风可以将室内空气中的污染物转移至室外，使室外清新空气进入室内，从而降低室内污染物的浓度。但运用通风降低室内空气污染要考虑季节性。

在污染源控制不能满足要求时，就需要利用通风控制的方法对污染物进行稀释，提高室内空气质量。对装修好的新房，至少要通风 15 天以上，最好是 3 个月后再入住。

2. 室内空气净化技术

1）空气过滤技术

空气过滤的主要目的是过滤掉空气中的颗粒物、烟雾、灰尘和微生物等。空气过滤技术采用石棉类材料、无纺布、化学纤维和玻璃纤维等过滤材料制作加工而成不同级别（如粗效、中效、高效和超高效）的过滤器，安装于一般空调系统中或洁净室空调系统中去除空气中的污染物。过滤材料过滤是表面过滤和深层过滤的组合，过滤机理包括拦截效应、惯性效应、扩散效应、重力效应和静电效应等。空气过滤装置由于其稳定的过滤性能，在普通空调系统和洁净室空调系统中得到广泛应用，是目前建筑领域最主要的颗粒物净化方式。其过滤效果稳定可靠，投资较低，是目前使用最广泛、最重要的空气净化技术。

2）吸附净化技术

吸附法是利用某些有吸附能力的物质（如活性炭、硅胶和分子筛等材料）吸附空气中有害成分从而消除有害污染物的方法，吸附技术是目前去除室内挥发性有机物最常用的控制技术。

吸附分为物理吸附和化学吸附两种。物理吸附是可逆过程，当条件改变时，被吸附的物质可以重新被脱附下来，挥发性有机物、尼古丁、焦油、臭气、氡等适合采用此种方法。化学吸附是不可逆过程，吸附的效率受环境中温度和湿度的影响，对甲醛、氨、一氧化碳、二氧化硫、氮氧化物等适用。常用吸附剂一般有活性炭、沸石、分子筛、多孔黏土矿石、活性氧化铝及硅胶等。研究表明活性炭在去除碳氢化合物、多种醛类、有机酸、二氧化氮等方面具有很高的效率。

3）催化净化技术

催化净化法是在催化剂的作用下，将室内空气中的有害气体氧化分解成无害物质的一类方法的总称。目前，主要应用于室内空气净化的方法是光催化和化学催化。

光催化空气净化技术主要是通过紫外线照射某些半导体材料（如 TiO_2），使其激发产生带负电的电子及带正电的空穴，这些电子或空穴能够与吸附在材料表面的污染物产生氧化反应或还原反应，将有害的污染物分解成无害的 CO_2 和 H_2O。光催化反应的本质是光电转换中进行氧化反应还原反应。该方法几乎能分解所有室内挥发性有机化合物，包括芳香烃、烷烃、烯烃等，同时由于使用紫外灯，因此对微生物也有一定的杀灭作用。一般的建筑材料、装饰材料及化学品都会释放出种类繁多的挥发性有机物和无机物，如甲醛、苯、氨、二氧化硫、硫化氢等物质，经过类似二氧化钛的半导体材料的催化作用，使得这些有害气体绝大多数被分解破坏。化学催化则是利用铂、锰氧化物等活性组分具有的室温无光条件下高效催化氧化甲醛的特性，去除室内空气中的低浓度甲醛。室温化学催化设备简单，不需要加热和光照，反应产物对人体无害。

现在已有以光催化净化技术为基础开发研制的洁净灯等家具用品，在传统的器件上附加光催化净化功能，使其成为新一代高效、绿色、健康的家具用品。

4）负离子净化技术

空气负离子的形成是由于大气中的中性分子或原子在自然界电离源的作用下，外层电子脱离原子核的束缚而成为自由电子，自由电子很快会附着在气体分子或原子上，特别容易附在氧分子和水分子上，从而成为空气负离子。负离子能凝结和吸附固相或液相空气污染物微粒，从而达到降低空气污染物浓度及净化空气的目的。负离子也可使细菌蛋白质表层的电性两极颠倒过来，从而促使细菌死亡，达到消毒和灭菌的目的。空气负离子的发射技术主要有电晕放电、水发生和放射发生。

5）臭氧净化技术

臭氧由于其强氧化性被广泛应用于水的消毒、空气的消毒、物体表面的消毒及环境的除臭除异味等领域。人为产生臭氧的方法有光化学法、电化学法、电晕放电、高频陶瓷沿面放电法等。

臭氧靠其强氧化性能快速分解产生臭味及其他气味的物质，如胺、硫化氢、甲硫醇等，臭氧对其氧化分解，生成无毒无气味的小分子物质。臭氧作为消毒剂对空气中细菌等微生物也具有很强的杀灭效果。臭氧杀灭微生物作用机制是破坏细菌或病毒的多肽链，使核糖核酸（RNA）受到损伤；臭氧还可与氨基酸残基、色氨酸、蛋氨酸和半胱氨酸发生反应而直接破坏蛋白质；可与细菌细胞壁脂类双键反应，穿入菌体内部，作用于脂蛋白和脂多糖，改变细胞的通透性，从而导致细胞溶解、死亡；破坏或分解细菌的细胞壁，迅速扩散入细胞内，氧化破坏细胞内的酶，使之失去生存能力。但是臭氧本身是一种刺激性气体，能与人体肺部组织发生反应，并引发哮喘、咳嗽、气管炎等病症。

6）紫外杀菌技术

波长在240～280nm范围内的紫外线具有破坏细菌病毒中DNA（脱氧核糖核酸）或RNA的分子结构的能力，造成生长性细胞死亡和（或）再生性细胞死亡，达到杀菌消毒的效果。尤其是波长为253.7nm的紫外线杀菌作用最强，此波段与微生物细胞核中的脱氧核糖核酸的紫外线吸收、光化学敏感性范围重合。紫外线能改变和破坏结构突变，改变了细胞的遗传转录特性，使生物体丧失蛋白质的合成和繁殖能力，其他的蛋白质吸收也可对紫外线的杀菌过程发挥作用。紫外线杀菌作用较强，但对物体的穿透能力很弱，因此紫外杀菌技术适用于室内空气或物品的表面消毒灭菌。

7）生物净化技术

生物净化技术是处理空气污染物的新型技术，生物法净化空气是利用表面覆盖生物膜的多孔性材料作为过滤装置，在膜中的微生物与室内空气中的污染物接触的过程中，污染物在膜中微生物的作用下降解为CO_2和H_2O的过程。基本的生物净化方法有生物过滤法、生物吸收法和生物洗涤法等。目前，已有利用生物过滤技术处理低浓度的挥发性有机物和臭气的实际应用，尤其是对苯、甲苯、乙苯、二甲苯等污染物。

8）植物净化技术

除上述的方法净化室内空气外，在居室、办公室或其他公共场所摆放一些花卉植物，既可以美化环境，又同样可以净化空气。一些植物具有特殊功能，可吸收室内空气中的某些污染物质，因此可以用来净化室内空气。室内空气中的污染物质可通过植物叶片背面的孔进入植物体内，植物根部共生的微生物也能够分解污染物，并且分解产物被根部所吸收利用。

在品种繁多的花草中，净化室内空气最好的当属吊兰和虎皮兰，它们能够吸收氮氧化物、甲烷、一氧化碳和甲醛等有害气体；肾蕨、贯众等也能吸收一氧化碳和甲烷。在有较多这些污染气体的房间，或有人吸烟、新装修的房间，摆放几盆这样的花卉，能有效地改善室内空气质量。月季、玫瑰、紫薇、丁香等可以吸收二氧化硫；玉兰、桂花等可以减少空气中汞的含量；桂花、夹竹桃的枝叶也有较强的吸尘作用；薄荷含有挥发油，不但对臭氧有抵抗作用，而且还能杀菌，可以降低呼吸道疾病的发病率。

3. 室内空气净化设备

室内空气污染对人体健康有着重要的影响，大量的研究结果表明：使用了上述空气净化技术的净化设备有助于降低室内空气中某一种或多种污染物的浓度，有益于室内生活或工作的人群。因此，为了改善室内空气质量，各种各样的空气净化产品应运而生，已被越来越多人重视，是目前改善室内空气质量的常用设备。

室内空气净化设备是指将一种或多种室内空气净化技术融入装置中，能够吸附、分解或转化各种空气污染物，有效提高空气清洁度的产品。空气净化设备从用途上主要分为两大类：一类是集中调用模块式空气净化装置，包括各类空气过滤器和空气净化器，通常不自带动力；另一类是单体式空气净化器，一般为便携式或室内机，通常自带动力。

思 考 题

1. 干洁空气中 N_2、O_2、Ar 和 CO_2 气体所占的质量分数是多少？
2. 大气在垂直方向上是如何分布的？各层分别有什么特点？
3. 大气中的主要污染物有哪些？
4. 谈谈你对雾霾天气的理解。

5. 大气污染有哪几方面的危害？
6. 我国大气污染的特点及我国大气环境质量标准有哪些？
7. 如何计算空气质量指数并确定首要污染物和超标污染物？
8. 简述颗粒物污染物的控制技术。
9. 简述气体状态污染物的控制技术。
10. 谈谈你对减少 $PM_{2.5}$ 污染排放的建议。
11. 简述室内空气的主要污染源。
12. 简述室内空气污染净化的主要技术及原理。

主要参考文献

陈景文, 全燮. 2009. 环境化学[M]. 大连: 大连理工大学出版社.
韩旸, 白志鹏, 裘著革. 2013. 室内空气污染与防治[M]. 北京: 化学工业出版社.
郝吉明, 马广大, 王书肖. 2010. 大气污染控制工程[M]. 3 版. 北京: 高等教育出版社.
胡长龙. 2013. 室内植物净化与设计[M]. 北京: 机械工业出版社.
黄伟. 2010. 环境化学[M]. 北京: 机械工业出版社.
廖雷, 解庆林, 魏建文. 2012. 大气污染控制工程[M]. 北京: 中国环境科学出版社.
邵敏, 唐孝炎, 张远航. 2006. 大气环境化学[M]. 北京: 高等教育出版社.
沈伯雄. 2007. 大气污染控制工程[M]. 北京: 化学工业出版社.
史得, 苏广和. 2005. 室内空气质量对人体健康的影响[M]. 北京: 中国环境科学出版社.
吴忠标, 赵伟荣. 2005. 室内空气污染及净化技术[M]. 北京: 化学工业出版社.
张寅平, 邓启红, 钱华等. 2012. 中国室内环境与健康研究进展报告[M]. 北京: 中国建筑工业出版社.
中华人民共和国环境保护部. 2012. 环境空气质量指数(AQI)技术规定[S]. 国家环境保护标准, HJ 633—2012.
中华人民共和国环境保护部. 2013. 环境空气细颗粒物污染综合防治技术政策[Z]. 环境保护部公告第 59 号.
中华人民共和国质量监督检验检疫总局. 2002. 室内空气质量标准[S]. 北京: 中国标准出版社, GB/T 18883—2002.

第 6 章　土壤污染控制与修复

本章导读：本章主要介绍了土壤的定义、基本组成、形成过程及土壤的性质和分类；在土壤污染的环节中详细介绍了土壤污染的定义和危害，以及土壤环境质量标准和国内外土壤污染的现状；系统介绍了物理、化学、生物等不同类别的修复方法，并着重介绍了几种具有代表性的污染土壤联合修复技术和污染土壤修复工作程序；最后分析了镉米的健康风险及控制镉米产生的基本思路。

6.1　土 壤 概 述

6.1.1　土壤的定义

土壤是孕育万物的摇篮，人类文明的基石。我们生活在地球上，每时每刻都与土壤发生着密切的关系，“土壤”一词在世界上任何民族的语言中均可找到，但不同学科的科学家对什么是土壤有着各自的观点和认识，工程专家将土壤看作建筑物的基础和工程材料的来源；生态学家从生物地球化学观点出发，认为土壤是地球系统中生物多样性最丰富、能量交换和物质循环最活跃的层面；经典土壤学和农业科学家则强调土壤是植物生长的介质，含有植物生长所必需的营养元素、水分等适宜条件，他们将土壤定义为“地球陆地表面能生长绿色植物的疏松层，具有不断地、同时地为植物生长提供并协调营养条件和环境条件的能力”；环境科学家认为，土壤是重要的环境要素，是具有吸附、分散、中和、降解环境污染物功能的缓冲带和过滤器。

随着科学的发展，人们对土壤的认识和理解也在不断地深化与拓展，运用当代土壤圈物质循环的观点对土壤的功能、作用等方面的论述更接近于土壤本质的反映，认为它是“地球系统的组成部分，既是该系统的产物，又是该系统的支持者，它支持和调节生物圈中的生物过程，提供植物生长必要的条件；它影响大气圈的化学组成、水分与热量平衡；它影响水圈的化学组成、降水在陆地和水体的重新分配；它作为地球的皮肤，对岩石圈有一定的保护作用，而它的性质又受到岩石圈的影响”。土壤除了陆地区域以外，尚包括湿地、沼泽区域及湖泊的底部，由此可以认为土壤具有下列特征。

（1）生产力：含有植物生长所必需的营养元素、水分等，是建筑物的基础和工程材料。

（2）生命力：生物多样性最丰富，能量交换、物质循环最活跃的地球表层。

（3）环境净化力：是具有吸附、分散、中和、降解环境污染物功能的环境仓。

（4）中心环境要素：土壤是由矿物颗粒、有机质、水、空气和生物组成的地球表层，它是一个开放系统，是自然环境要素的中心环节。

基于上述认识，可将土壤作如下定义，即“土壤是历史自然体，是位于地球陆地表面和浅水域底部的具有生命力、生产力的疏松而不均匀的聚积层，是地球系统的组成部分和调控环境质量的中心要素”。这是一个相对来说比较综合性的定义，较为充分地反映了土壤的本质和特征。

6.1.2　土壤的基本组成

土壤是一个混合物。土壤体系中含有固体、液体和气体，图 6-1 为一般土壤的结构。固体部分主要由矿物质和有机质组成。在固相颗粒间存在孔隙，孔隙中充满着液体和气体。液体主要来自大气降水，这些水以薄膜状存在于固相颗粒的周围，也存在于较小的孔隙中。当土壤没有被水分饱和时，较大的孔隙里则充满了气体。

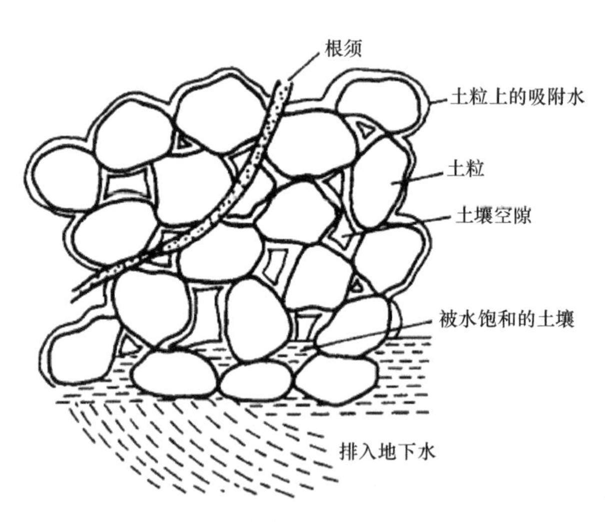

图 6-1　土壤中固、液、气相结构图

1. 土壤矿物质

土壤矿物质是岩石经过风化作用形成的大小不同的矿物颗粒（砂粒、土粒和胶粒），包括原生矿物和次生矿物。原生矿物是岩石受物理风化作用的产物，其化学组成和结晶结构都未改变；次生矿物则由原生矿物经化学风化作用形成，其化学组成和结晶结构都发生了改变。土壤矿物是土壤固相的主体物质，构成了土壤的"骨骼"，占土壤固相总质量的90%以上。土壤矿物质种类很多、化学组成复杂，它直接影响土壤的物理、化学性质，是作物养分的重要来源。

2. 土壤有机质

土壤有机质是土壤中含碳有机化合物的总称，它与矿物质一起构成土壤的固相部分。土壤中有机质的含量并不多，一般只占固相总质量的10%以下，耕作土壤大部分在5%以下，但它却是土壤的重要组成，对土壤性质有着重大影响。有机质含量的多少是衡量土壤肥力高低的一个重要标志，它和矿物质紧密地结合在一起。由于它对土壤的重要性，农民常把含有机质较多的土壤称为"油土"。土壤有机质按其分解程度分为新鲜有机质、半分解有机质和腐殖质。腐殖质一般占土壤有机质总量的90%以上，是地表分布最广的天然有机物，是动植物残体在土地微生物的作用下，通过复杂的反应转化而成的暗色、无定形、难于分解、组成复杂的高分子有机物，包括富里酸、胡敏酸、胡敏素。

3. 土壤生物

土壤生物是栖居在土壤（还包括枯枝落叶层和枯草层）中的生物体的总称，主要包括土壤动物、土壤微生物和高等植物根系。它们有多细胞的后生动物，单细胞的原生动物，真核细胞的真菌（酵母、霉菌）和藻类，原核细胞的细菌、放线菌和蓝细菌及没有细胞结构的分子生物（如病毒）等。土壤生物是土壤具有生命力的主要成分，在土壤形成和发育过程中起主导作用。同时，它也是净化土壤有机污染物的主力军。因此，生物群体是评价土壤质量和健康状况的重要指标之一。

4. 土壤水

土壤学中的土壤水是指在一个大气压、105℃条件下能从土壤中分离出来的水分［土壤质量含水量如式（6-1）所示］。土壤中的水主要来源于大气降水、灌溉水和地下水，土壤水分并非纯水，实际上是土壤中各种成分和污染物溶解形成的溶液，即土壤溶液。也就是说，这些物质随同液态的土壤水一起运动，同时，土壤水在很大程度上参与了土壤内进行的许多物质转化过程，如矿物质风化、有机化合物的合成和分解等。不仅如此，土壤水是作物吸水的最主要来源，也是自然界水循环的一个重要环节，它处于不断的变化和运动中，势必影响到作物的生长和土壤中许多化学、物理学和生物学过程。

$$\text{土壤质量含水量（\%）}=\left(\frac{\text{湿土质量}-\text{干土质量}}{\text{干土质量}}\right)\times 100\% \tag{6-1}$$

式中的“干土”指在105℃条件下烘干的土壤。

5. 土壤空气

空气和水分共存于土壤的孔隙系统中，在水分不饱和的情况下，孔隙中总有空气存在。土壤空气主要从大气中渗透进来，土壤内部进行的生物化学过程也能产生一些气体。土壤空气的含量取决于土壤的孔隙状况和含水量。在土壤固、液、气三相体系中，土壤空气存在于土体内未被水分占据的孔隙中，在一定容积的土体内，如果孔隙度不变，土壤含水量增加，则空气含量必然减少，所以在土壤孔隙状况不变的情况下，二者是相互消长关系。土壤空气成分与大气有一定的区别（表6-1）。由于土壤生物（植物根系、土壤动物、土壤微生物）的呼吸作用和有机质的分解等原因，土壤空气的 CO_2 含量一般高于大气，为大气 CO_2 含量的5～20倍；同样由于生物消耗，土壤空气中的 O_2 含量则明显低于大气。当土壤通气不良时，或当土壤中的新鲜有机质状况及温度和水分状况有利于微生物活动时，都会进一步提高土壤空气中 CO_2 的含量和降低 O_2 的含量。同时，当土壤通气不良时，微生物对有机质进行厌氧性分解，产生大量的还原性气体，如 CH_4、H_2 等，而大气中一般还原性气体极少。此外，在土壤空气的组成中，经常含有与大气污染相同的污染物质。

表6-1 土壤空气与大气组成的差异

气体	O_2 含量/%	CO_2 含量/%	N_2 含量/%	其他气体含量/%
近地表的大气	20.94	0.03	78.05	0.98
土壤空气	18.00～20.03	0.15～0.65	78.80～80.24	0.98

6.1.3 土壤的形成

土壤形成过程也称为成土过程，是指在各种成土因素的综合作用下，土壤发育的过程。它是土壤中各种物理、化学和生物作用的总和，包括岩石的崩解，矿物质和有机质的分解、合成，以及物质的淋失、淀积、迁移和生物循环等。成土过程实质是矿质营养元素的物质地质循环与物质生物循环之间的矛盾统一过程，即矿质营养元素的地质淋溶过程与生物积累过程的矛盾统一。前者是土壤形成过程的基础，后者是土壤肥力形成和发展的支柱。主要的成土过程包含着土体内矿物的形成和破坏（如黏化过程、富铁铝过程、灰化过程、漂洗过程和潜育过程）、有机质的积聚和分解（如始成过程、有机质累积过程）、元素的交换和迁移及土体结构的形成和破坏（如钙化过程、盐化过程、碱化过程和淋溶过程）。

6.1.4 土壤的性质

1. 土壤的物理性质

土壤的物理性质指土本身由于三相组成部分的相对比例不同所表现的物理状态及固、液两态相互作用时所表现出来的性质。前者称土壤的基本性质，主要指土的轻重、干湿、松密和不同大小直径的矿物颗粒的组合状况等，具体用土的质量、含水性、孔隙及土壤质地等指标来说明；后者主要包括细粒土的稠度、塑性、胀缩性及各种土的透水性和毛细性等。

1）土壤质地

土壤质地指土壤中不同大小直径的矿物颗粒的组合状况。土壤质地可在一定程度上反映土壤矿物组成和化学组成，同时，土壤颗粒大小与土壤的物理性质有密切关系，并且影响土壤孔隙状况，从而对土壤水分、空气、热量的运动和物质的转化均有很大的影响。因此，质地不同的土壤表现出不同的性状。

2）土壤孔性和结构性

土壤孔隙性质（简称孔性）是指土壤孔隙总量及大、小孔隙分布。其好坏决定于土壤的质地、松紧度、有机质含量和结构等。土壤结构性是指土壤固体颗粒的结合形式及其相应的孔隙性和稳定度。可以说，土壤孔性是土壤结构性的反映，结构好则孔性好，反之亦然。

3）土壤水分特征

描述土壤水分特征涉及土壤学中的一个重要概念——土壤水分特征曲线，它是土壤水的基质势或水吸力与土壤含水量的关系曲线，反映了土壤水的能量和数量之间的关系及土壤水分基本物理特性。

4）土壤通气性

土壤通气性是指气体透过土体的性能，它反映土壤特性对土壤空气更新的综合影响。土壤通气性对于保证土壤空气的更新有重大意义。如果土壤没有通气性，土壤空气中的氧在很短时期内就会被全部消耗，而 CO_2 含量则会过高地增加，以致危害作物的生长。土壤空气与大气的交换，主要决定于气体的扩散作用，而扩散作用只能在未被水占据的空气孔隙中进行。因此，土壤通气性的好坏，主要取决于土壤的总孔度，特别是空气孔度的大小。

5）土壤力学性质与耕性

土壤受外力作用（如耕作）时，显示出一系列动力学特性，统称为土壤力学性质（又称物理机械性），主要包括黏结性、黏着性和塑性等。耕性是土壤在耕作时所表现的综合性状，如耕作的难易、耕作质量的好坏、宜耕期的长短等。土壤耕性是土壤力学性质的综合反映。

2. 土壤的化学性质

1）土壤胶体特性

土壤胶体是指土壤中粒径小于 2μm 或小于 1μm 的颗粒。它是土壤中最活跃的部分，其构造由微粒核及双电层两部分构成，这种构造使土壤胶体产生表面特性及电荷特性，表现为具有较大的表面积并带有电荷，能吸走各种重金属污染元素，有较大的缓冲能力，对土壤中元素的保持、忍受酸碱变化及减轻某些毒性物质的危害有重要的作用。此外，受其结构的影响，土壤胶体还具有分散、絮凝、膨胀、收缩等特性，这些特性与土壤结构的形成及污染元素在土壤中的行为有密切的关系。而它所带的表面电荷则是土壤具有一系列化学、物理化学性质的根本原因。土壤中的化学反应主要为界面反应，这是由于表面结构不同的土壤胶体所产生的电荷，能与溶液中的离子、质子、电子发生相互作用。土壤表面电荷数量决定着土壤所能吸附的离子数量，而由土壤表面电荷数量与土壤表面积所确定的表面电荷密度，则影响着对这些离子的吸附强度。所以，土壤胶体特性影响着重金属元素、有机污染物等在土壤面相表面或溶液中的积聚、滞留、迁移和转化，是土壤对污染物有一定自净作用和环境容量的基本原因。

2）土壤酸碱性

土壤中存在着各种化学和生物化学反应，表现出不同的酸性或碱性。土壤酸碱性的强弱，常以酸碱度来衡量。土壤之所以有酸碱性，是因为在土壤中存在少量的氢离子和氢氧根离子。当氢离子的浓度大于氢氧根离子的浓度时，土壤呈酸性；反之呈碱性；两者相等时则为中性。

3）土壤的氧化性和还原性

与土壤酸碱性一样，土壤氧化性和还原性是土壤的又一个重要化学性质。电子在物质之间的传递引起氧化还原反应，表现为元素价态的变化。土壤中参与氧化还原反应的元素有碳、氢、氮、氧、硫、铁、锰、砷、铬及其他一些变价元素，较为重要的是氧、铁、锰、硫和某些有机化合物，并以氧和有机还原性物质较为活泼，铁、锰和硫等的转化则主要受氧和有机质的影响。土壤中的氧化还原反应在干湿交替下进行得最为频繁，其次是有机物质的氧化和生物机体的活动。土壤氧化还原反应影响着土壤形成过程中物质的转化、迁移和土壤剖面的发育，控制着土壤元素的形态和有效性，制约着土壤环境中某些污染物的形态、转化和归趋。因此，氧化还原性在环境土壤学中具有十分重要的意义。

4）土壤中的配位反应

金属离子和电子供体结合而成的化合物，称为配位化合物。如果配位体与金属离子形成环状结构的配位化合物，则称为螯合物，它比简单的配合物具有更大的稳定性。在土壤这个复杂的化学体系中，配位反应广泛存在。一些元素，如具有污染性的金属离子，在形成配合物后，其迁移、转化等特性发生改变，螯合态可能是其在溶液中的主要形态。据此，已有许多研究涉及人工螯合剂的开发，并通过其在土壤中的施用，以降低污染元素在土壤中的生物毒性。

3. 土壤的生物学性质

土壤的生物学性质包括土壤酶特性、土壤微生物特性和土壤动物特性。

1）土壤酶特性

在土壤成分中，酶是最活跃的有机成分，驱动着土壤的代谢过程，对土壤圈中养分循环和污染物质的净化具有重要的作用，土壤酶活性值的大小可以较灵敏地反映土壤中生化反应的方向和强度，它的特性是重要的土壤生物学性质之一。土壤中进行的各种生化反应，除受微生物本身活动的影响外，实际上是在各种相应的酶参与下完成的。同时，土壤酶活性的大小还可综合反映土壤理化性质和重金属浓度的高低，特别是脲酶的活性，可用于监测土壤重金属污染。

2）土壤微生物特性

土壤中普遍分布着数量众多的微生物。土壤微生物是土壤有机质、土壤养分转化和循环的动力。同时，土壤微生物对土壤污染具有特别的敏感性，它们是代谢降解有机农药等有机污染物和恢复土壤环境的最先锋者。土壤微生物特性特别是土壤微生物多样性是土壤的重要生物学性质之一。

3）土壤动物特性

与土壤酶特性及微生物特性一样，土壤动物特性也是土壤生物学性质之一。土壤动物作为生态系统物质循环中的重要分解者，在生态系统中起着重要的作用。一方面积极同化各种有用物质以建造其自身，另一方面又将其排泄产物归还到环境中不断地改造环境。它们同环境因子间存在相对稳定、密不可分的关系。土壤动物特性包括土壤动物组成、个体数量或生物量、种类丰富度、群落的均匀度、多样性指数等，是反映环境变化的敏感生物学指标。

6.1.5　土壤的分类

土壤分类是土壤科学知识的有机融会、系统组织和科学表达，它是土壤科学研究水平的体现。近数十年来，土壤分类研究虽有很大的进展，但至今仍没有一个公认的土壤分类原则和系统，目前依然是多种分类系统并存。根据土壤中砂粒和黏土粒组合比例的不同（即土壤质地）一般分为三大类：砂质土、黏质土和壤土。

现行作为世界土壤分类重要依据的美国十二土纲，是美国农业部于1975年所建立的土壤分类系统（美国旧土壤分类系统中则有灰壤、红壤、黄壤等名称），并且成为美国与部分欧亚国家主要实行的土壤分类系统。美国土壤系统分类中土壤是按照土纲、亚纲、土类（大土类）、亚类、土族、土系等六个级别依序去做各级别属性的分类。土纲为最高土壤分类级别，根据主要成土过程产生的性质或影响主要成土过程的性质划分。根据主要成土过程产生的性质划分的有有机质土、淋淀土、灰烬土（或火山灰土）、氧化物土、膨转土、旱境土、极育土、黑沃土、淋溶土、弱育土、新成土、冰冻土。

中国土壤分类系统中的土纲与美国有些差异，现行中国土壤系统中，共计有十四个土纲：有机土、人为土、灰土、火山灰土、铁铝土、变性土、干旱土、盐成土、潜育土、均腐土、富铁土、淋溶土、雏形土、新成土。以上十四个土纲的分类系统有别于旧土纲分类系统（1998），但旧土纲分类系统在目前学术界仍有人使用，并时常作为农业生产上的参考依据，它将土壤大致分为淋溶土、半淋溶土、铁铝土、钙层土、干旱土、漠土、初育土、半水成土、水成土、盐碱土、人为土、高山土等十二个土纲。

6.2　土壤污染及其危害

6.2.1　土壤污染概述

1. 土壤污染的定义

土壤污染的定义目前尚不统一，一种看法认为，人类的活动向土壤添加有害化合物，此时土壤受到了污染，这个定义的关键是存在可鉴别的人为添加污染物，可视作为“绝对性”定义；第二种是以特定的参照数据来加以判断的，如以背景值加两倍标准差为临界值，若超过这一数值，即认为该土壤为某元素所污染，这可视为“相对性”定义；第三种定义不但要看含量的增加，还要看后果，即加入土壤的物质给生态系统造成了危害，此时才能称为污染，这可视为“综合性”定义。这三种定义的出发点虽然不同，但有一点是共同的，即认为土壤中某种成分的含量明显高于原有含量时即构成了污染。综上所述，土壤污染就是指人为因素有意或无意地将对人类本身和其他生命体有害的物质施加到土壤中，使其某种成分的含量明显高于原有含量，并引起现存的或潜在的土壤环境质量恶化的现象。

2. 土壤污染的来源

土壤污染的来源可分为天然污染源和人为污染源。天然污染源是指自然界自行向环境排放有害物质造成有害影响的场所，如正在活动的火山；人为污染源是指人类活动所形成的污染源，是土壤污染研究的主要对象，而在这些污染源中，化学物质对土壤的污染是人们最为关注的。按照污染物进入土壤的途径所划分的土壤污染源可分为污水灌溉、固体废弃物的利用、农药和化肥、大气干/湿沉降等。

1）污水灌溉

灌溉水特别是污水灌溉常引起土壤污染。污水灌溉是指利用城市污水、工业废水或混合污水进行农田灌溉。由于在一个相当长的时间内，我国污水的处理率和排放达标率均较低，用这样的污水灌溉后，使一些污水灌溉区土壤中有毒有害物质明显累积。

2）固体废物的利用

固体废物包括工业废渣、污泥、城市垃圾等多种来源。由于污泥中含有一定的养分，因而可用来作肥料使用，但混入工业废水的污泥或工业废水处理厂的污泥，其成分比生活污泥要复杂得多，特别是重金属的含量很高。这样的污泥如果在农田中施用不当，势必造成土壤污染。

3）农药和化肥的施用

农药在生产、储存、运输、销售和使用过程中都会产生污染，施在作物上的杀虫剂大约有一半流入土壤中。进入土壤中的农药虽然经历着生物、光和化学降解，但对于像有机氯农药这样的持久性有机污染物来说，其降解速率十分缓慢。土壤中的农药结合残留问题，更应特别注意，因为它具有更大的潜在危害性。而对于化肥污染，主要是由于不合理施用和过量施用化肥，导致土壤物理性质恶化。长期过量、单纯施用化学肥料，会使土壤酸化。土壤溶液中和土壤微团上有机、无机复合体的铵离子量增加，并替换钙离子、镁离子等，使土壤胶体分散，土壤结构破坏，土地板结，并直接影响农业生产成本和作物的产量、质量。

4）大气干/湿沉降

大气中的污染物可通过干沉降或降水进入土壤。气源重金属微粒是土壤重金属污染的途径之一，它的构成主要是金属飘尘。在金属加工过程中、交通繁忙的地区，往往有金属尘埃进入大气，其种类视污染源的不同而异。这些飘尘自身降落或随着雨水接触植物体或进入土壤，随之被植物或动物吸收，在大气污染严重的地区，作物也有明显的影响。

5）矿产资源的开发利用

我国的矿业活动主要指矿石采掘、选矿及冶炼三部分。矿业活动对环境尤其是对土壤和水体的破坏极其严重。例如，开采活动对土地的直接破坏，如露天开采直接破坏地表土层和植被；矿山开采过程中的废弃物（如尾矿、矸石等）需要大面积的堆置场地，从而导致对土地的过量占用和对堆置场原有生态系统的破坏；矿石、废渣等固体废物中含酸性、碱性、毒性、放射性或重金属等成分，通过地表水体径流、大气飘尘，污染周围的土地、水域和大气，而其中水体和大气的污染物最终通过各种途径又重新回归土壤，其影响范围将远远超过废弃物堆置场的地域和空间，污染影响要花费大量人力、物力、财力并经过很长时间才能恢复，而且很难恢复到原有的水平。

3. 土壤污染的特点

1）隐蔽性和潜伏性

水体和大气的污染比较直观，严重时通过人的感官即能发现；而土壤作为一种缓冲体系，其污染往往要通过农作物，包括粮食、蔬菜、水果或牧草，以及摄食的人或动物的健康状况才能反映出来，从遭受污染到产生恶果有一个逐步积累的过程。

2）不可逆性和长期性

土壤一旦遭到污染后极难恢复，重金属元素对土壤的污染是一个不可逆过程，而许多有机化学物质的污染也需要一个比较长的降解时间。例如，1976 年冬季至 1977 年春季，沈阳抚顺一个污水灌区发生的石油、酚类及后来张士灌区的镉污染，造成大面积的土壤毒化、水稻矮化、稻米异味。经过很多年的艰苦努力，包括施用改良剂、深翻、清灌、客土和选择品种等各种措施，才逐步恢复其部分生产力，并付出了大量的劳动力和代价。

3）后果的严重性

由于土壤污染的隐蔽性或潜伏性及它的不可逆性或长期性，往往通过食物链危害动物和人体的健康。化学物质在土壤中的累积与储存，在一定时间内并不表现出它的危害；但当累积储存量超过土壤或沉积物承受能力的限度，即超过其负载容量时，或者当气候、土地利用方式发生改变时，就会突然活化，导致严重灾害。20 世纪 80 年代末至 90 年代初，奥地利人 W. M. Stigliani 根据环境污染的延缓效应及其危害，用“化学定时炸弹”的概念来形象化地描述这一过程，其含义是在一系列因素的影响下，使长期储存于土壤中的化学物质活化，而导致突然爆发的灾害性效应。化学定时炸弹包括两个阶段，即累积阶段（往往经历数十年或数百年）和爆炸阶段（往往在几个月、几年或几十年内造成严重灾害）。

4. 土壤污染的类型

土壤污染的类型目前并无严格的划分，若从污染物的属性来考虑，一般可分为有机物污染、无机物污染、生物污染和放射性物质污染。

1）有机物污染

有机污染物可分为天然有机污染物和人工合成有机污染物，这里主要是指后者，它包括有机废弃物（工农业生产及生活废弃物中生物易降解和生物难降解有机毒物）、农药（包括杀虫剂、杀菌剂和抗蒸腾剂等）污染。有机污染物进入土壤后，可危及农作物的生长和土壤生物的生存，如稻田因施用含二苯醚的河泥造成稻苗的大面积死亡，泥鳅、鳝鱼绝迹。人体接触污染土壤后，手脚出现红色皮疹，并有恶心、头昏现象。农药在农业生产上的应用尽管收到了良好的效果，但其残留物却污染了土壤。进入土壤中的农药主要来自直接施用和叶面喷施，也有一部分来自回归土壤的动植物残体。近年来，塑料地膜地面覆盖栽培技术发展很快，部分地膜弃于田间，已成为一种新的有机污染物。

2）无机物污染

无机污染物有的是随着地壳变迁、火山爆发、岩石风化等天然过程进入土壤，有的是随着人类的生产和消费活动而进入的。采矿、冶炼、机械制造、建筑材料、化工等生产部门，每天都排放大量的无机污染物，包括有害的氧化物、酸、碱和盐类及重金属元素（如锰、锌、镉、汞、镍、钴等）。

3）生物污染

土壤生物污染是指一个或几个有害的生物种群，从外界环境侵入土壤，大量繁衍，破坏原来的动态平衡，对人类健康和土壤生态系统造成不良影响。造成土壤生物污染的主要物质来源是未经处理的粪便、垃圾、城市生活污水、饲养场和屠宰场的污物等。其中危害最大的是传染病医院未经消毒处理的污水和污物。进入土壤的病原体能在其中生存较长的时间，如痢疾杆菌能在土壤中生存 22～142 天，结核杆菌能生存一年左右，蛔虫卵能生存 315～420 天。土壤生物污染不仅能危害人体健康，而且有些长期在土壤中存活的植物病原体还能严重地危害植物，造成农业减产。

4）放射性物质污染

土壤放射性物质的污染是指人类活动排放出的放射性污染物，使土壤的放射性水平高于天然本底值。放射性污染物是指各种放射性核素，它的放射性与其化学状态无关。每一种放射性核素都有一定的半衰期，能放射具有一定能量的射线，除了在核反应条件下，任何化学、物理或生化处理都不能改变放射性核素的这一特性。放射性核素可通过多种途径污染土壤。放射性废水排放到地面上、放射性固体废物埋藏在地下、核企业发生放射性排放事故等，都会造成局部地区土壤的严重污染。大气中的放射性沉降，施用含有铀、镭等放射性核素的磷肥和用放射性污染的河水灌溉农田也会造成土壤放射性污染，这种污染一般程度较轻，但污染的范围较大。

6.2.2　土壤环境质量标准

土壤环境质量标准是土壤中污染物的最高容许含量，以污染物在土壤中的残留积累，造成作物的生育障碍、在籽粒或可食部分中的过量积累（不超过食品卫生标准）、影响土壤和水体等环境质量为界限。标准按土壤应用功能、保护目标和土壤主要性质，规定了土壤中污染物的最高允许浓度指标值及相应的监测方法。各个国家的土壤环境质量标准并不相同，主要是依据各国自己的国情、发展水平和污染现状来制定适应本国的土壤环境质量标准。

我国 1995 年颁布的《土壤环境质量标准》（GB 15618—1995）中根据土壤应用功能和保护目标，将土壤划分为三类：Ⅰ类主要适用于国家规定的自然保护区（原有背景重金属含量高的除外）、集中式生活饮用水源地、茶园、牧场和其他保护地区的土壤，土壤质量基本保持自然背景水平；Ⅱ类主要适用于一般农田、蔬菜地、茶园、果园、牧场等土壤，土壤质量基本上对植物和环境不造成危害和污染；Ⅲ类主要适用于林地土壤及污染物容量较大的高背景值土壤和矿产附近等地的农田土壤（蔬菜地除外），土壤质量基本上对植物和环境不造成危害和污染。同时将土壤质量标准分为三级：一级标准为保护区域自然生态，维持自然背景的土壤环境质量的限制值；二级标准为保障农业生产，维护人体健康的土壤限制值；三级标准为保障农林业生产和植物正常生长的土壤临界值。土壤中不同污染物的各级标准值见表 6-2。

表 6-2　土壤环境质量标准值（GB 15618—1995）（mg/kg）

级别 / 土壤 pH / 项目	一级	二级			三级
	自然背景	<6.5	6.5～7.5	>7.5	>6.5
镉（≤）	0.20	0.30	0.30	0.60	1.0
汞（≤）	0.15	0.30	0.50	1.0	1.5
砷　水田（≤）	15	30	25	20	30
旱地（≤）	15	40	30	25	40
铜　农田等（≤）	35	50	100	100	400
果园（≤）	—	150	200	200	400
铅（≤）	35	250	300	350	500
铬　水田（≤）	90	250	300	350	400
旱地（≤）	90	150	200	250	300
锌（≤）	100	200	250	300	500
镍（≤）	40	40	50	60	200
六六六（≤）	0.05	0.50			1.0
滴滴涕（≤）	0.05	0.50			1.0

注：（1）重金属（铬主要是三价）和砷均按元素量计，适用于阳离子交换量大于 0.05mol/kg 的土壤，若小于等于 0.05mol/kg，其标准值为表内数值的半数。

（2）六六六为四种异构体总量，滴滴涕为四种衍生物总量。

（3）水旱轮作地的土壤环境质量标准，砷采用水田值，铬采用旱地值。

为了贯彻《中华人民共和国环境保护法》，落实国务院关于保护农产品质量安全的精神，我国还建立了食用农产品产地环境质量系列标准，如《食用农产品产地环境质量评价标准》（HJ 332—2006）、《温室蔬菜产地环境质量评价标准》（HJ 333—2006）。另外，鉴于我国核设施退役的迫切需要制定了《拟开放场址土壤中剩余放射性可接受水平规定（暂行）》（HJ/T 53—2000），为确保展览会建设用地的环境安全性而制定了《展览会用地土壤环境质量评价标准（暂行）》（HJ/T 350—2007）。

我国《土壤环境质量标准》（GB 15618—1995）的制定历时六年，做了大量的科研和调查工作，在许多方面都取得了令人满意的成果。例如，由于不同 pH 条件下重金属离子的存在形式差别较大，酸性土壤中其生物可利用性较大，因此在二级标准中根据土壤的酸碱性对重金属的含量进行了限定。但由于土壤的复杂性和科研工作的不足，一些标准值的制定缺乏可靠的依据，土壤的区域性特点也使本标准在各地使用中产生不同的效果。各标准值在有些地方误差较小，在另一些地方却误差很大，难以反映当地的土壤环境状况。其存在的问题主要有以下几个方面。

1）一级标准的制定过分强调统一

我国地域辽阔，气候类型复杂多样，因而各地土壤性质差异也较大。同样的污染物进入不同土壤，其迁移转化规律必然不同，很难用一种标准来界定某种污染物质的临界含量。国家土壤标准中要求一类标准采用全国统一的背景值，在实际应用时，显然会出现有许多地区土壤背景值高于国家标准值，即使土壤在没有受到任何污染的情况下也会超出标准，而认为不符合一类土地的使用要求，影响土地的正常利用；而有些地方背景值低于国家标准的土壤可能已有污染物累积，但却仍然不超出标准，而被认为无污染，不能引起有关部门的重视。

2）二级标准难以操作

《土壤环境质量标准》中二级标准值是从全国众多土壤类型中选最小的土壤环境临界含量经综合考虑而制定的。这样来说，低于国家二级标准值，说明土壤没有受到污染，但如果高于二级标准值，土壤是否受到污染就难以确定。在实际工作中，大多数需要进行土壤环境质量评价和影响评价的土壤多为受到污染的土壤，污染物含量一般偏高，其实测值大多会高于国家标准值，如按本标准执行，把它定为污染，则对一些污染物含量未超过其临界含量的土壤来说，难以反映其实际情况，对农业生产也会产生一些不利影响。

3）标准中有机污染物种类过少

我国农业生产中由于大量施用化肥、农药，使土壤污染物中有机物占很大比例。有机污染已成为我国目前土壤中的重要污染物质。但我国土壤环境标准仅列有六六六和滴滴涕两项，而近年来一些新型持久性有机污染物并未提及，如石油、多环芳烃、多氯联苯、多溴联苯醚和四溴双酚A等。另外，本标准选择六六六和滴滴涕作为环境标准也不大合理。由于六六六、滴滴涕均作为高残留率农药，我国于1983年已停止生产这两种农药，尽管原有库存在一些地区仍有使用，但影响范围已经很小，大部分在这几十年内已经降解。随着时间的推移，土壤中这两种农药的影响会越来越小，而其他种类有机化合物的影响会越来越大。因而，应积极重视新的有机物对土壤环境的影响。

4）重金属形态选用单一

由于土壤的复杂性，重金属在土壤中的存在状态较多，但土壤污染主要由有效态部分造成，因而，在评定土壤中污染物影响时，应主要考虑有效态的数量。本次土壤环境质量标准的制定均采用总量为指标这种定值方式，对于大多数有效态含量较高的土壤重金属具有一定的代表性，但对一些有效态含量较低的土壤重金属，采用总量则会产生较大差异，不能反映土壤受到的实际影响。因而，对这些重金属应进行深入的研究，制定相应的有效态指标作为土壤环境质量标准。

鉴于我国现行土壤环境质量标准存在的诸多问题，为了适应国家经济社会发展和环境保护工作的需要、保护生态环境和人体健康、完善国家环境质量标准体系，我国现已启动土壤环境质量标准的修订工作，拟将引入国外的风险防范概念，考虑土地的具体用途和需求，将标准进一步细化并增加污染物项目。

6.2.3 国内外土壤污染状况

1. 国外土壤污染

目前，全球对于污染物的释放数量及毒理特性、对人类健康的影响及安全暴露限度，还缺乏充分的信息来评价其对环境和人类健康的影响。虽然可以通过残留物水平和物质的空间浓度测量或估计化学污染程度，但是，在全球范围和许多地区都缺乏完整的数据。仅仅能提供一些信息的替代数据包括化学品总产量，杀虫剂和化肥的使用总量，城市、工业和农业废物产生量，以及与化学品相关的多边环境协议的执行状况。

工业和农业化学废物是一个主要污染源，尤其在发展中国家和经济转型国家。在非洲撒哈拉沙漠以南许多地区观测到的持久性有毒物质的浓度表明，工农业化学污染在该地区十分广泛。资料显示，非洲曾堆放着含有至少3万t废弃杀虫剂的存货。这些堆放物常常会渗漏，而且堆放了有40年，它们含有的某些杀虫剂是工业化国家在很久以前就禁用的。在仍然大量使用这些杀虫剂的国家（如尼日利亚、南非和津巴布韦）和对使用这些物质尚未采取有效管制的国家，环境中有毒化学品的浓度将增加。此外，有毒废物还在不断地出口并转移到发展中国家。危险废物倾倒仍是一个重要问题。例如，2006 年象牙海岸阿比让就发现含有硫化氢和有机氯的炼油厂有毒废物被倾倒在那里。过去的所有旧工业中心都遗留下了工业和城市污染问题，这一现象在美国、欧洲和苏联特别突出。例如，20 世纪下半叶，美国经济发生了深刻的变革，经济和工作重心经历了从城市到郊区、由北向南、由东向西的转移，许多企业在搬迁后留下了大量的“棕色地块”(brown field)，具体包括工业用地、汽车加油站、废弃的库房、废弃的可能含有铅或石棉的居住建筑物等，这些遗址在不同程度上被工业废物所污染，这些污染地点的土壤和水体的有害物质含量较高，对人体健康和生态环境造成了严重威胁。另外，欧洲有 200 多万处这样的污染场地，这些地方含有的有害物质包括重金属、氰化物、矿物油和氯代烃类等。

2. 我国土壤污染

环境保护部和国土资源部2014年4月向媒体发布了全国土壤污染状况调查公报。调查结果显示，全国土壤环境状况总体不容乐观，部分地区土壤污染较重，耕地土壤环境质量堪忧（图 6-2），工矿业废弃地土壤环境问题突出（表 6-3）。全国土壤总的超标率为 16.1%，其中无机污染物镉、汞、砷、铜、铅、铬、锌、镍 8 种无机污染物点位超标率分别为 7.0%、1.6%、2.7%、2.1%、1.5%、1.1%、0.9%、4.8%，固体废物集中处理处置场地土壤点位超标率为 21.3%。有机污染物六六六、滴滴涕、多环芳烃三类有机污染物点位超标率分别为 0.5%、1.9%、1.4%。污染类型以无机型为主，有机型次之，复合型污染比例较小，无机污染物超标点位数占全部超标点位的 82.8%。从污染分布情况看，南方土壤污染重于北方；长江三角洲、珠江三角洲、东北老工业基地等部分区域土壤污染问题较为突出；西南、中南地区土壤重金属超标范围较大；镉、汞、砷、铅 4 种无机污染物含量分布呈现从西北到东南、从东北到西南方向逐渐升高的态势。

本次调查是我国首次开展的全国范围土壤环境质量综合调查，填补了我国土壤环境领域的空白。通过调查，初步掌握了全国土壤环境质量总体状况及变化趋势、污染类型、污染程度和区域分布；初步查清了典型地块及其周边土壤污染状况，建立了土壤样品库和调查数据库。通过调查，提升了各地土壤环境监测能力，为建立全国土壤环境监测网络、优化土壤环境监测点位、开展土壤环境质量例行监测奠定了坚实的基础；调查数据为完善我国土壤环境质量标准、开展土壤环境功能区划与规划、确定土壤污染治理重点区域、加强土壤污染风险管控提供了科学依据；调查成果对加强我国土壤环境保护和污染治理，合理利用和保护土地资源，指导农业生产，保障农产品质量安全和人体健康，促进经济社会可持续发展具有重要意义。

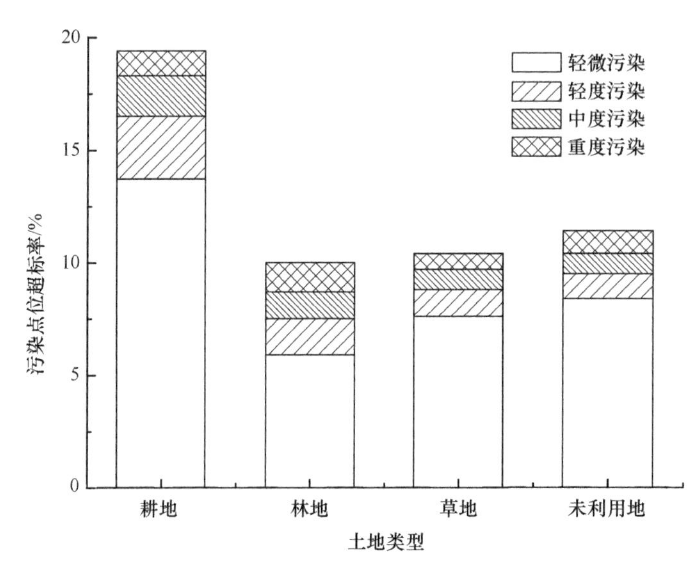

图 6-2　不同土地利用类型土壤的环境质量状况

表 6-3　典型地块及其周边土壤污染状况

典型区域	点位超标率/%
重污染企业用地	36.3
工业废弃地	34.9
工业园区	29.4
固体废物集中处置场地	21.3
采油区	23.6
采矿区	33.4
污水灌溉区	26.4
干线公路两侧	20.3

6.2.4　土壤污染的影响和危害

1. 导致农作物减产和农产品品质降低

土壤污染会导致农作物污染、减产，带来严重的经济损失。对于各种土壤污染造成的经济损失，目前尚缺乏系统的调查资料。仅以土壤重金属污染为例，全国每年就因重金属污染而减产粮食 1000 多万吨，另外被重金属污染的粮食每年也多达 1200 万吨，合计经济损失至少 200 亿元。不仅如此，土壤污染还导致农产品品质不断下降。我国大多数城市近郊土壤都受到了不同程度的污染，有许多地方粮食、蔬菜、水果等食物中镉、铬、砷、铅等重金属含量超标和接近临界值。土壤污染除影响食物的卫生品质外，也明显地影响到农作物的其他品质。有些地区污灌已经使得蔬菜的味道变差，易烂，甚至出现难闻的异味；农产品的储藏品质和加工品质也不能满足深加工的要求。

2. 危害人体健康

土壤污染会使污染物在植（作）物体中积累，并通过食物链富集到人体和动物体中，危害人体健康，引发癌症和其他疾病等。以重金属为例，植物生长发育过程也需要一定的金属离子，但不能超出一定限度。超出限度就会在植物及果实中存积并传递给食用的生物，包括人类。重金属进入人体后，不易排泄，逐渐蓄积，当超过人体的生理负荷时，就会引起生理功能改变，导致急慢性疾病或产生远期危害。其危害主要有慢性中毒、致癌、致畸、变态反应及对免疫功能产生影响。

3. 土壤污染危及人类的可持续发展

土壤资源是人类赖以生存和发展的重要自然资源，是社会经济持续发展的必要物质保障。人类每一阶段的发展，都与土壤息息相关，可以说土壤承载了人类的一切。但是，如今人类的活动使土壤遭到严重的污染，破坏了我们的后代必要的生存条件，使人与自然的和谐被打破，照这样的趋势发展下去势必会危及人类自身的生存。如果不采取必要的措施来限制这种趋势的发展，人类可持续发展的愿望将会难以实现。

4. 土壤污染导致其他环境问题

土地受到污染后，含重金属浓度较高的污染表土容易在风力和水力的作用下分别进入大气和水体中，导致大气污染、地表水污染、地下水污染和生态系统退化等其他次生生态环境问题。土壤污染还影响植物、土壤动物（如蚯蚓）和微生物（如根瘤菌）的生长和繁衍，危及正常的土壤生态过程和生态服务功能，不利于土壤养分转化和肥力保持，影响土壤的正常功能。

阅读材料：北京宋家庄地铁站施工中毒事件

——依互联网资料整理

2004年4月28日，北京地铁5号线宋家庄地铁站施工过程中发生一起工人中毒事件。宋家庄地铁站所在地点原是北京一家农药厂，始建于 20 世纪 70 年代。尽管已搬离多年，但仍有部分有毒有害气体遗留在地下。当挖掘作业到达地下 5m 处时，3 名工人急性中毒，后被送往医院治疗，该施工场地随之被关闭。北京市环保局随后开展了场地监测并采取了相关措施，之后污染土壤被挖出运走进行焚烧处理。该事件标志着中国重视工业污染场地修复与再开发的开始。

宋家庄地区新中国成立前是荒郊野外的贫民区，20 世纪 50 年代初宋家庄被规划为城南化工区，连片的菜地让位给了气派的大厂房，并于 1956 年开始建设北京化工三厂。除了化工三厂外，北京红狮油漆厂、北京助剂二厂、北京制胶厂和北京铜厂等化工企业都是京城百姓耳熟能详的宋家庄的地标性企业。然而，北京市 1995 年实施大规模企业搬迁后，宋家庄化工区就遗留了大片的受污染土地。近年来，宋家庄地区在改造与升级的过程中已实施了多个土壤修复项目，如 2007 年宋家庄经适房地块土壤修复工程、2007 年北京市红狮涂料厂土壤修复工程、2009 年北京地铁 10 号线二期宋家庄地铁站土壤修复工程、2010 年宋家庄交通枢纽污染场地修复工程等。

6.3　土壤污染控制与修复

土壤污染具有隐蔽性，即从开始污染到导致后果有一个长时间、间接、逐步积累的过程，污染物往往通过农作物吸收，再通过食物链进入人体引发人们的健康变化，才能被认识和发现。由于进入土壤的污染物移动速度缓慢，土壤污染和破坏后很难恢复，费时、费力、费钱。因此，对于土壤污染必须贯彻“预防为主，防治结合”的环境保护方针。首先要控制污染源，即控制进入土壤中的污染物的数量和速度，通过土壤的自然净化作用而不致引起土壤污染。对已经污染的土壤，要采取一切有效措施，清除土壤中的污染物，或控制土壤中污染物的迁移转化，使其不能进入食物链。

6.3.1　土壤污染控制

从源头上控制土壤污染是防止污染的根本措施。根据土壤污染的来源，一般控制土壤污染源的措施有以下几种。

1）控制工业“三废”排放

大力推广闭路循环、无毒工艺，以减少或消除污染物的排放。对工业“三废”

进行回收处理，化害为利。对排放的“三废”要进行净化处理，并严格控制污染物的排放量和浓度，使之符合排放标准。

2）加强土壤污灌区的监测和管理

对用污水进行灌溉的地区，要加强对灌溉污水的水质监测，了解水中污染物质的成分、含量及其动态，避免带有不易降解的高残留的污染物随水进入土壤，引起土壤污染。因此在利用废水灌溉农田之前，应按照《农田灌溉水质标准》（GB 5084—2005）规定的标准进行净化处理，这样既可利用污水，又可避免对土壤的污染。

3）合理使用化肥和农药

禁止或限制使用剧毒、高残留性农药，大力发展高效、低毒、低残留农药，发展生物防治措施。例如，禁止使用虽是低残留，但急性、毒性大的农药；禁止使用高残留的有机氯农药。根据农药特性，合理施用，制订使用农药的安全间隔期。采用综合防治措施，既要防治病虫害对农作物的威胁，又要做到既高效又经济地把农药对环境和人体健康的影响限制在最低程度。同时，为保证农业的增产，合理使用化学肥料是必需的，使用过量也会造成土壤或地下水的污染。

4）对生活垃圾进行有效的管理

据统计，我国每年产生垃圾30亿t，约有2万m^2耕地被迫用于堆置存放垃圾。土地退化、荒漠化现象非常严重。更是由于大量塑料袋、废金属等有毒物质直接填埋或遗留土壤中，难以降解而严重腐蚀土地，致使土质硬化、碱化，保水保肥能力下降，农作物减产，甚至绝产影响农作物质量。对生活垃圾进行有效管理，防止垃圾随意堆放的现象，合理回收、处理，也是从源头上控制土壤污染的途径。

6.3.2　土壤污染修复

污染土壤的修复可分为原位或异位物理/工程措施、化学措施、生物措施、农业措施及改变土地利用方式。异位物理/化学措施所需时间较短，而且更能确定处理的一致性，但挖掘土壤常导致花费和工程量增大，因而不适宜于大面积的土壤治理。

污染土壤修复方法的种类颇多，从修复的原理来考虑大致可分为物理方法、化学方法及生物方法三大类。物理修复是指以物理手段为主体的移除、覆盖、稀释、热挥发等污染治理技术。化学修复是指利用外来的、或土壤自身物质之间的、或环境条件变化引起的化学反应来进行污染治理的技术。生物修复包含了广义和狭义两种类型。广义的生物修复是指一切以利用生物为主体的环境污染治理技术，它包括利用植物、动物和微生物吸收、降解、转化土壤中的污染物，使污染物的浓度降到可接受的水平；或将有毒、有害污染物转化为无害的物质。在这一概念下，可将生物修复分为植物修复、动物修复和微生物修复三种类型。狭义的生物修复是特指通过微生物的作用消除土壤中的污染物，或是使污染物无害化的过程。然而，在修复实践中，人们很难将物理、化学和生物修复截然分开，这是因为土壤中所发生的反应十分复杂，每一种反应基本上均包含了物理、化学和生物学过程，因而上述分类仅为一种相对的划分。

1. 物理修复技术

污染土壤的物理修复是指用物理的方法进行污染土壤的修复，主要有翻土、客土、热处理、淋洗、固化、填埋等。这些工程措施治理效果通常较为彻底、稳定，但其工程量较大，投资大面积的污染区时，易引起土壤肥力减弱，因此目前它仅适用于小污染区。

1）翻土和客土

土壤污染通常集中在土壤表层。翻土（soil tilling）就是深翻土壤，使聚积在表层的污染物分散到较深的层次，达到稀释的目的。该法适用于土层较深厚的土壤，且要配合增加施肥量，以弥补根层养分的减少。客土（soil replacement）是指非当地原生的、由别处移来用于置换原生土的外地土壤，通常是指质地好的壤土（沙壤土）或人工土壤。制作满足这些条件的客土，仅依靠自然土壤是不够的，还需人工添加其他物质。

虽然翻土法和客土法治理轻污染土壤的效果显著，但需大量人力、物力，投资大，且土壤肥力和初级生产力会有所降低，应注意施肥。对换出的土壤应妥善处理，以防止二次污染。它可按固体废弃物的方法进行填埋处理，即将挖掘出的污染土壤填埋到采用水泥、黏土、石板、塑料板等防渗材料进行防渗处理的填埋场中，从而使污染土壤与未污染土壤分开，以减少或阻止污染物扩散到其他土壤中。

2）热脱附技术

热脱附（thermal desorption）是用直接或间接的热交换，加热土壤中挥发性和半挥发性的污染物组分到足够高的温度，使其蒸发并与土壤介质相分离的过程。热脱附技术具有污染物处理范围宽、设备可移动、修复后土壤可再利用等优点，特别对 PCBs 这类含氯有机物，非氧化燃烧的处理方式可以显著减少二噁英的生成。目前欧美国家已将土壤热脱附技术工程化，广泛应用于高污染的场地进行土壤异位或原位修复，但是相关设备价格昂贵、脱附时间过长、处理成本过高等问题尚未得到很好的解决，限制了热脱附技术在污染土壤修复中的应用。发展不同污染类型土壤的前处理和脱附废气处理等技术、优化工艺并研发相关的自动化成套设备正是土壤修复工作者们共同努力的方向。

3）真空/蒸汽抽提

土壤蒸气抽提技术（soil vapor extraction）的基本原理是通过降低土壤孔隙内的蒸气压把土壤介质中的化学污染物转化为气态而加以去除。它可用于去除不饱和土壤中的挥发性或半挥发性有机污染物。该技术一方面需要把清洁空气连续通入土壤介质中；另一方面，土壤中的污染物以气体的形式随之被排出。这一过程主要通过固态、水溶态和非水溶性液态之间的浓度差，以及通过土壤真空浸提过程引入的清洁空气进行驱动，因此有时也将其称为“土壤真空浸提”。

4）固化和卫生填埋

土壤固化（soil solidification）技术是将污染的土壤按一定比例与固化剂混合，经熟化最终形成渗透性很低的固体混合物高炉矿渣、石灰、窑灰、粉煤灰。固化剂种类繁多，主要有水泥、硅酸盐、沥青等。而卫生填埋（sanitary landfill）是指对城市垃圾和废物在卫生填埋场进行的填埋处置。为防止对环境造成污染，根据排放的环境条件，采取适当而必要的防护措施，以达到被处置废物与环境生态系统最大限度的隔绝，称为固体废物“最终处置”或“无害化处置”。

2. 化学修复技术

化学修复主要是基于污染物土壤化学行为的改良措施，如添加改良剂、抑制剂等化学物质来降低土壤中污染物的水溶性、扩散性和生物有效性，从而使污染物得以降解或者转化为低毒性或移动性较低的化学形态，以减轻污染物对生态和环境的危害。化学修复的机制主要包括沉淀、吸附、氧化-还原、催化氧化、质子传递、脱氯、聚合、水解和 pH 调节等。其中，氧化-还原法能够修复包括有机污染物和重金属在内的多种污染物污染的土壤，它主要是通过氧化剂和还原剂的作用产生电子传递，从而降低土壤中存在的污染物的溶解度或毒性。

1）化学钝化及改良

该方法是通过向污染土壤添加一些活性物质（钝化修复剂），以降低重金属在土壤中的有效浓度或改变其氧化还原状态，从而有效降低其迁移性、毒性及生物有效性。目前广泛使用的钝化修复剂主要有黏土矿物、磷酸盐、有机堆肥及微生物材料等。钝化修复剂的可能作用机制主要包括沉淀反应、化学吸附与离子交换、表面沉淀、有机络合和氧化还原等。该法具有成本低、操作简单的优点，是较具有发展前景的方法之一。

2）淋洗/萃取

土壤淋洗（soil leaching）是指用淋洗剂去除土壤污染物的过程。但这一过程并非只有化学过程，可能还会有物理过程和物理化学过程。例如，用螯合剂或表面活性剂来淋洗电子垃圾拆解场地被污染的土壤，此过程中既包括物理过程，又有化学过程。对于重金属的洗脱而言，主要发生的是螯合作用，螯合作用是具有两个或两个以上配位原子的多齿配体与同一个金属离子形成螯合环的化学反应，图 6-3 为一种 Cu(Ⅱ)螯合物的结构。而对于土壤有机污染物来说，其洗脱过程主要为物理化学作用。由于大部分有机污染物不溶于水，所以用水洗脱土壤中的有机物就变得十分困难，但如果加入表面活性剂后，洗脱就变得比较容易。这是因为表面活性剂在水中形成了胶束，其亲脂尾端聚于胶束内部，将污染物包裹在其中（图 6-4），而分子的极性亲水头端则露于外部，与极性的水分子发生作用，并对胶束内部的憎水基团产生保护作用，使得这些原本不溶于水的物质溶解在表面活性剂溶液内，得以洗脱出来。

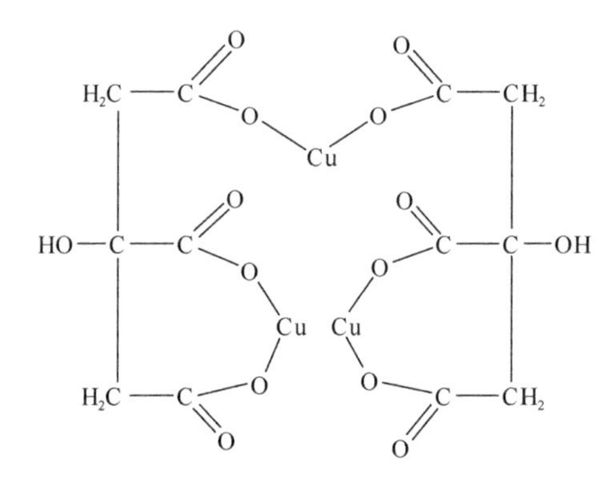

图 6-3　一种 Cu(Ⅱ)螯合物

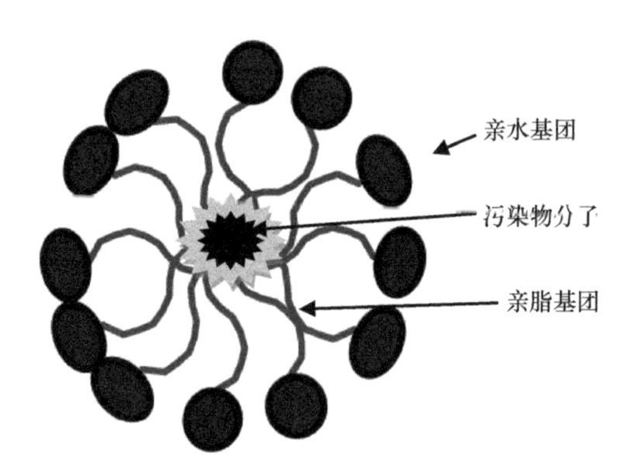

图 6-4　表面活性剂形成的胶束结构

土壤萃取（soil extraction）是指利用萃取剂的解吸和溶解作用把重金属或有机污染物从土壤转移到液相中，从而使重金属从土壤中分离出来。技术的关键在于使用的萃取剂性质和萃取条件，既要去除污染物，又能尽量不损害土壤结构造成二次污染。土壤萃取不仅可单独应用于小面积污染土壤的治理，还可作为其他污染土壤修复方法的前期处理技术。土壤萃取被普遍认为是一项高效的治理土壤污染的技术。

3）电动修复

电动修复（electrokinetic remediation）是通过在污染土壤两侧施加直流电压形成电场梯度，土壤中的污染物质在电场作用下通过电迁移、电渗流或电泳的方式被带到电极两端，从而使污染土壤得以修复的方法。当电极池中的污染物达到一定浓度时，便可通过收集系统排入废水池按废水处理方法进行集中处理。

土壤电动修复原理如图 6-5 所示。阳离子和阴离子污染物分别向阴极和阳极方向移动，最终在电极富集。其装置主要包括：提供直流电压的电源，阴、阳极电解池和阴、阳电极，处理导出污染液体的处理装置等。电解池通常设有气体出口，用来分别导出阴、阳两极产生的氢气和氧气。实验装置中的电极可选择铂电极、钛合金电极，也可采用较便宜、易得的石墨电极。

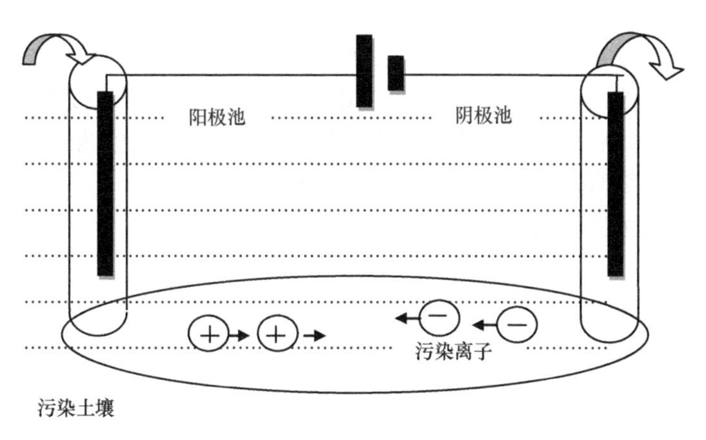

图 6-5　污染土壤电动修复示意图

4）氧化-还原技术

土壤化学氧化-还原技术是通过向土壤中投加化学氧化剂（芬顿试剂、臭氧、过氧化氢、高锰酸钾等）或还原剂（SO_2、Fe^0、气态 H_2S 等），使其与污染物质发生化学反应来实现净化土壤的目的。通常，化学氧化法适用于土壤和地下水同时被有机物污染的修复。此外，运用化学还原法修复对还原作用敏感的有机污染物是当前研究的热点。例如，纳米级粉末零价铁的强脱氯作用已被接受并被运用于土壤与地下水的修复。但是，目前零价铁还原脱氯降解含氯有机化合物技术的应用还存在一些问题，如铁表面活性的钝化、被土壤吸附产生聚合失效等，需要开发新的催化剂和表面启动技术。

5）光催化降解技术

光催化是一种在光的照射下，自身不起变化，却可以促进化学反应的物质，就像植物光合作用中的叶绿素。土壤光催化降解（光解）技术是一项新兴的深度土壤氧化修复技术，可应用于农药等污染土壤的修复。土壤质地、粒径、氧化铁含量、土壤水分、土壤 pH 和土壤厚度等对光催化氧化有机污染物有明显的影响：高孔隙度的土壤中污染物迁移速率快，黏粒含量越低光解越快；自然土中氧化铁对有机物光解起着重要调控作用；有机质可以作为一种光稳定剂；土壤水分能调解吸收光带；土壤厚度影响滤光率和入射光率。

3. 生物修复技术

生物修复技术是 20 世纪 80 年代以来出现并发展的清除和治理环境污染的生物工程技术，其主要利用生物特有的分解有毒有害物质的能力，去除污染环境如土壤中的污染物，达到清除环境污染的目的。在该技术的萌芽阶段，主要应用于环境中石油烃污染的治理，并取得成功。实践结果表明生物修复技术是可行的、有效的和优越的，此后该技术被不断扩大，应用于环境中其他污染类型的治理。按生物类群可把生物修复分为微生物修复、植物修复、动物修复，而微生物修复通常称为狭义上的生物修复。

1）微生物修复

微生物修复是指利用天然存在的或人工培养的功能微生物群，在适宜环境条件下，促进或强化微生物代谢功能，从而降低有毒污染物活性或降解成无毒物质，减少或避免生态风险的生物修复技术，它已成为污染土壤生物修复技术的重要组成部分。在实际运用中就是利用微生物的代谢作用降解土壤中的有机污染物，或者通过生物吸附和生物氧化、还原作用等改变有毒元素的存在形态，所以微生物修复既可以用于修复受有机物污染的土壤，也可以修复某些受重金属污染的土壤。

与传统的污染土壤治理技术相比，土壤微生物修复技术的主要优点是：①微生物降解较为完全，可将一些有机污染物降解为完全无害的无机物，二次污染问题较小；②处理形式多样，操作相对简单，有时可进行原位处理；③对环境的扰动较小，不破坏植物生长所需要的土壤环境；④与物理、化学方法相比，微生物修复的费用较低，为热处理费用的 1/4～1/3；⑤可处理多种不同种类的有机污染物，如石油、炸药、农药、除草剂、塑料等，无论污染面积的大小均适用，并可同时处理受污染的土壤和地下水。

对微生物修复而言，主要存在下述三方面的限制：①当污染物溶解性较低或者与土壤腐殖质、黏土矿物结合得较紧时，微生物难以发挥作用，污染物不能被微生物降解；②专一性较强，特定的微生物只降解某种或某些特定类型的化学物质，污染物的化学结构稍有变化，同一种微生物就可能不起作用；③有一定的浓度限制，当污染物浓度太低且不足以维持降解细菌的群落时，微生物修复不能很好地发挥作用。

2）植物修复

植物修复（phytoremediation）利用绿色植物来转移、容纳或转化污染物，降低其对环境的危害。植物修复的对象是重金属、有机物、放射性元素污染的土壤及水体。研究表明，通过植物的吸收、挥发、根滤、降解、稳定等作用，可以净化土壤或水体中的污染物，达到净化环境的目的，因而植物修复是一种很有潜力、正在发展的清除环境污染的绿色技术。由于这种方法成本低、效果较好、不破坏环境，因而受到了广泛的关注。植物修复系统，可以看成是以太阳能为动力的“水泵”和进行生物处理的“植物反应器”，植物可吸收转移元素和化合物，可以积累、代谢和固定污染物，是一条从根本上解决土壤污染的重要途径，因而植物修复在土壤污染治理中具有独特的作用和意义。在实际操作时，先将植物种植于被污染的土壤中，然后收获其地上部分。土壤中的污染物在种植过程中或被转化为低毒或无毒的形态或化合物、或被植物吸收随收获而从土中带走，然后再将收获的植物进行利用和处理。

根据污染物的类型、污染场地的条件、污染物的数量及植物种类，植物修复过程可以具体分为两大过程：植物去除和植物稳定过程。其中植物去除过程又分为植物提取（phytoextraction）、植物挥发（phytovolatilization）、植物降解（phytodegradation）、根际降解（rhizodegradation）和根滤作用（rhizofiltration）。在植物修复系统中，植物虽然先天具有对某种生物异型物质解毒的特性，但与微生物相比通常缺乏彻底降解有毒化合物所必需的机制。因此，植物修复不是单纯依赖植物的功能，而必须考虑根际微生物的联合作用。

对于有机污染土壤的修复，植物从土壤中直接吸收有机物，然后将没有毒性的代谢中间体储存在植物组织中，这是植物去除环境中中等亲水性有机污染物（辛醇-水分配系数 $\lg K_{ow}$ 为 0.5～3）的一个重要机制。疏水有机化合物（$\lg K_{ow}>3.0$）易于被根表强烈吸附而难以运输到植物体内，而比较容易溶于水的（$\lg K_{ow}<0.5$）有机物不易被根表吸附而易被运输到植物体内。当化合物被吸收到植物体内后，植物根部对有机物的吸收与有机物的相对亲脂性有直接关系。这些化合物一旦被吸收后，会有多种去向：植物可将其分解，并通过木质化作用使其成为植物体的组成部分；也可通过挥发、代谢或矿化作用使其转化成 CO_2 和 H_2O；或转化成为无毒性的中间代谢物如木质素，储存在植物细胞中，达到去除环境中有机污染物的目的（图 6-6）。环境中大多数苯系物化合物、有机氯化剂和短链脂肪族化合物都是通过植物直接吸收途径去除的。

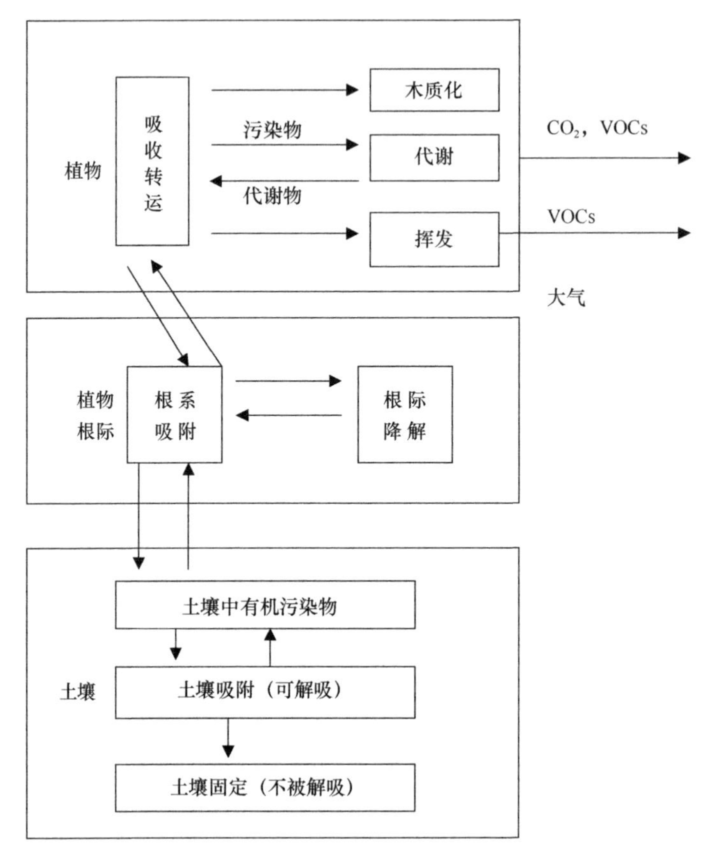

图 6-6　有机污染土壤植物修复主要原理示意图

植物对污染物的吸收取决于植物的吸收效率、蒸腾速率及污染物在土壤中的浓度。而吸收率反过来取决于污染物的物理化学特征、污染物的形态及植物本身特性。蒸腾率是决定污染物吸收的关键因素，其又取决于植物的种类、叶片面积、营养状况、土壤水分、环境中风速和相对湿度等。

阅读材料：让污染农田土壤“边生产-边修复”

【材料一：广州日报 2012 年 3 月 28 日 A4 版节选】（记者黄蓉芳 通讯员刘慧婵摄影报道）由于废水、废气、固体废弃物的污染和化肥、农药、污泥的施用，致使重金属在珠江三角洲的城市郊区农业土壤中形成了一定的积累，土壤中各重金属含量普遍较高，土壤污染已成为制约现代农业健康持续发展的瓶颈。由华南理工大学等单位合作完成的《污染物在土壤中的环境化学行为与修复机理研究》项目，围绕土壤中的毒害重金属和有机污染物，开展了重金属和有机污染物从释放、迁移、转化到去除等过程的环境化学行为及修复机理研究，种玉米可以修复被重金属和有机污染物污染的土壤，从而开发出一项利用经济作物玉米对重金属-有机物复合污染土壤进行“边生产-边修复”的修复技术。

【材料二：种玉米如何实现“边生产-边修复”】笔者所在的华南理工大学生态修复团队的研究表明：该玉米品种不仅能够吸收土壤中的镉等重金属，还能够促进土壤中的石油、多环芳烃等有机污染物的降解去除。通过种植该玉米品种，污染物被降解或积累在玉米的非食用部位，玉米收成后土壤中污染物浓度明显降低，且玉米籽粒中的污染物浓度不超标，从而实现“边生产-边修复。”

3）动物修复

土壤动物修复技术是利用土壤动物及其肠道微生物在人工控制或自然条件下，在污染土壤中生长、繁殖、穿插等活动过程中对污染物进行破碎、分解、消化和富集的作用，从而使污染物降低或消除的一种生物修复技术。土壤动物在土壤中的活动、生长、繁殖等都会直接或间接地影响到土壤的物质组成和分布。特别是土壤动物对土壤中的有机污染物有机械破碎、分解作用。它们还分泌许多酶通过肠道排出体外，与此同时，大量的肠道微生物也转移到土壤中来，它们与土著微生物一起分解污染物或转化其形态，使得污染物浓度降低或污染物消失。

土壤动物养殖技术的进一步成熟，为土壤动物修复提供了基础；同时土壤动物修复技术的应用也促进了土壤动物养殖技术的发展。这不仅会开发出一个新的产业，同时生物修复技术也改变了人们环境生态保护意识，增强了人们对环境土壤动物的保护。

农牧业产生的大量废弃物正是土壤动物最好的食物。通过土壤动物的大规模养殖，粪便不出畜禽养殖场的门就能快速地处理完，秸秆也能快速地被处理，而不用担心秸秆焚烧污染大气和浪费大量有机质；同时通过发展土壤动物养殖，还可以产生大量的有机肥料。土壤动物的蛋白质含量都在55%～65%，都是上好的蛋白饲料。对于含有沼渣、纸浆废渣及其他工业及生活有机垃圾等污染的土壤都可以用土壤动物单独地进行修复。有的时候还需要结合工程技术进行土壤污染治理。

当污染物中含有大量重金属及农药残留时，用于土壤修复的动物则需要进行特别的处理。往往土壤中含的重金属或农药超出土壤动物的半致死浓度时，可以通过工程措施、农艺措施等降低其浓度后再进行动物修复。

6.3.3 污染土壤修复技术集成

协同两种或两种以上的修复方法，形成联合修复技术，不仅可以提高单一污染土壤的修复速率与效率，而且可以克服单项修复技术的局限性，实现对多种污染物的复合污染土壤的修复。这已成为土壤修复技术中的重要研究内容。

1. 微生物/动物-植物联合修复技术

微生物（细菌、真菌）-植物、动物（蚯蚓）-植物联合修复是土壤生物修复技术研究的新内容。筛选有较强降解能力的菌根真菌和适宜的共生植物是菌根生物修复的关键。种植紫花苜蓿可以大幅度降低土壤中多氯联苯的浓度。根瘤菌和菌根真菌双接种能强化紫花苜蓿对多氯联苯的修复作用。利用能促进植物生长的根际细菌或真菌，发展植物降解菌群协同修复、动物微生物协同修复及其根际强化技术，促进有机污染物的吸收、代谢和降解将是生物修复技术新的研究方向。

2. 化学/物化-生物联合修复技术

发挥化学或物理化学修复的快速优势，结合非破坏性的生物修复特点，发展基于化学-生物修复技术是最具应用潜力的污染土壤修复方法之一。化学淋洗-生物联合修复是基于化学淋溶剂作用，通过增加污染物的生物可利用性而提高生物修复效率。利用有机络合剂的配位溶出，增加土壤溶液中重金属浓度，提高植物有效性，从而实现强化诱导植物吸取修复。化学氧化-生物降解和臭氧氧化-生物降解等联合技术已经应用于污染土壤中多环芳烃的修复。电动力学-微生物修复技术可以克服单独的电动技术或生物修复技术的缺点，在不破坏土壤质量的前提下，加快土壤修复进程。电动力学-芬顿联合技术已用来去除污染黏土矿物中的菲，硫氧化细菌与电动综合修复技术用于强化污染土壤中铜的去除。应用光降解-生物联合修复技术可以提高石油中 PAHs 污染物的去除效率。总体上，这些技术多处于实验室研究的阶段。

3. 物理-化学联合修复技术

土壤物理-化学联合修复技术是用于污染土壤离位处理的修复技术。溶剂萃取-光降解联合修复技术是利用有机溶剂或表面活性剂提取有机污染物后进行光解的一项新的物理-化学联合修复技术。例如，可以利用环己烷和乙醇将污染土壤中的多环芳烃提取出来后进行光催化降解。此外，可以利用催化-热脱附联合技术或微波热解-活性炭吸附技术修复多氯联苯污染土壤；也可以利用光调节的 TiO_2 催化修复农药污染土壤。

6.3.4 污染土壤修复工作程序

污染土壤修复工作按照图 6-7 规定的程序进行，即评估预设修复目标，筛选

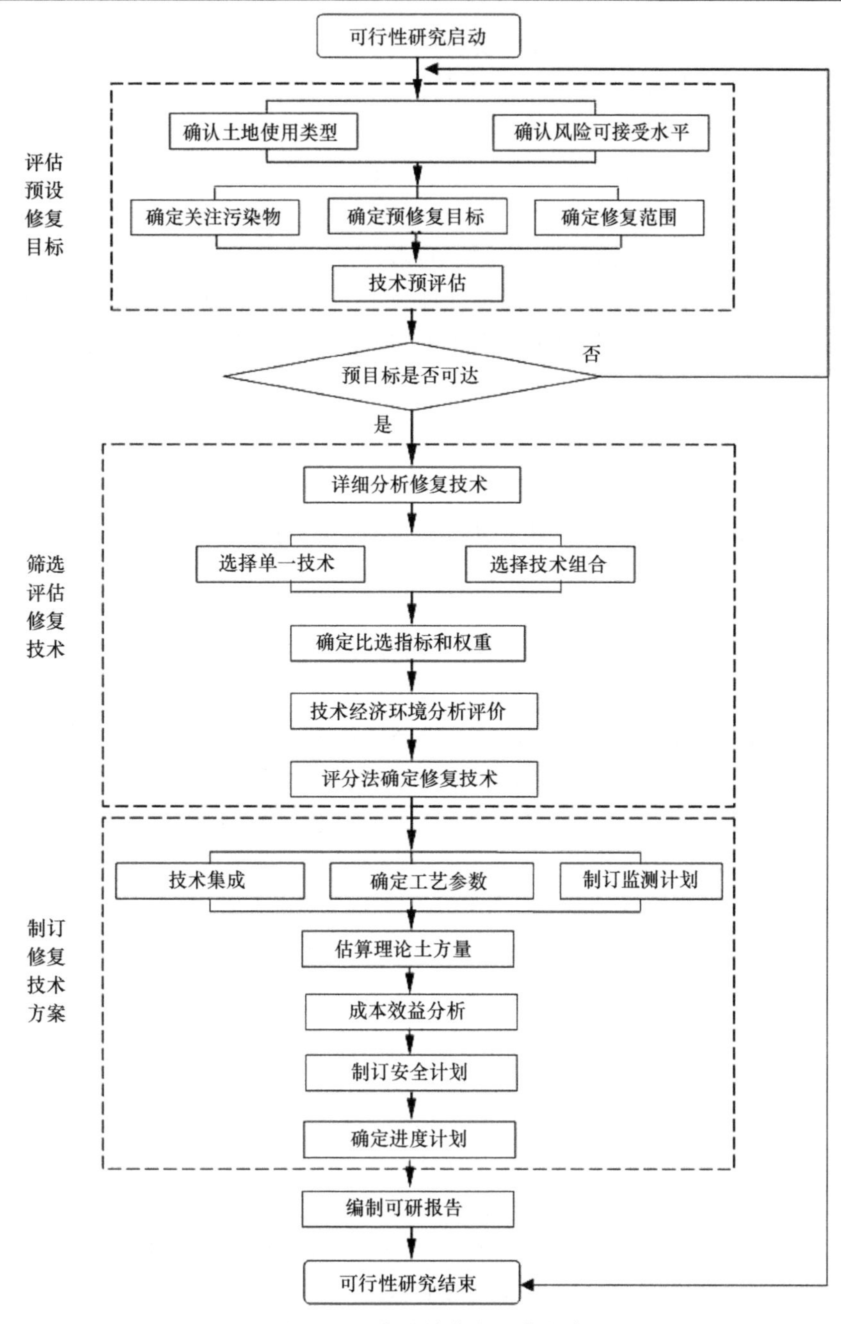

图 6-7　污染土壤修复工作程序

评估修复技术和制订修复技术方案三个部分。其中筛选评估修复技术需要充分考虑以下条件。

（1）场地特征依赖性：指标主要包括土壤温度依赖性、土壤湿度依赖性、土壤颗粒粒径、渗透性/黏土含量、空间需求等。

（2）资源需求：指标主要包括修复前的预处理、对水电消耗、添加剂或酶、修复监测、运输、技工、土壤气体处理和后处理。

（3）环境影响、安全和健康因素：指标主要包括修复工程对环境的影响程度、二次污染的危险程度、对周边人群健康的影响。

（4）经济因素：指标主要包括预处理成本、劳动力成本、监测成本、燃料成本、装置成本、安装和拆卸成本、操作维护成本、处理成本、运输成本、水电成本、专利成本、后处理成本等。

阅读材料：奥运场馆见证土壤修复奇迹

——依互联网资料整理

2012 年 7 月，第 30 届夏季奥林匹克运动会在英国伦敦拉开帷幕，健康向上的体育精神在鼓舞人们的同时，其伴随的健康环保理念也应受到人们的关注。而鲜为人知的事实是，伦敦奥运会的很多主办场地大部分土壤曾被汽油、石油及重金属重度污染的荒废工业地段，经过生态修复工程后，其现状让人难以想象其过往的“劣迹斑斑”。这其实是伦敦奥运组委会用自己的行动兑现伦敦承办 2012 奥运会的承诺——“伦敦奥运会将成为世界上最佳可持续的体育赛事”。

在英国著名侦探小说家柯南 · 道尔（Conan Doyle）笔下，雾中伦敦最危险之处就莫过于东区。相比伦敦西区的繁荣和贵族气，伦敦东区在历史上被看成是贫民区，早在 17 世纪和 18 世纪，东区是集纺织、印刷、汽油、化学品等工业工厂的聚集地。工业革命时期给东区留下了一大片“创伤”——被工业企业污染过的“毒土”。可持续发展的理念使英国在进行奥运场馆的选址时，将目光投向荒废的东区工业地段。伦敦奥林匹克中心坐落于伦敦东部的斯特拉特福德，位于东伦敦的泰晤士河的支流 River Lea（利河）河岸。这块 2.5km^2 的土地曾被数十年的工业严重污染。奥林匹克公园选址垃圾填埋场和工业园区，旨在通过这一项目改造老城区，体现环保用意。

这块地被确定为伦敦奥运会的“主战场”后，从 2006 年 10 月开始，伦敦当局便对这块地进行了超过 3000 次的取样调查，结果发现此地含有大量的污染物，其中包括燃油、氯化物、砷和铅等，并且已有大量有毒工业溶剂渗入地下水，一些重金属甚至渗入地下40m的地下水和基岩中。尽管该地污染非常严重，但是为了最终实现伦敦奥运会的“最佳可持续性”的目标，英国还是在最短的时间内完成了伦敦东区的土壤修复。伦敦奥运交付管理局采用包括土壤淋洗、生物修复和土壤稳定-固定化等多种技术对其进行治理，其中最重要的就是土壤淋洗技术——将污染土壤与水、化学添加剂混合，随后污染土壤的污染物被水洗出，之后再对水进行处理，干净的土壤还可再利用。该工程从2006～2010年总共治理毒土约200万t并回收于奥林匹克公园的建设，除此之外还有近2千万加仑（1加仑=4.54609L）的污染地下水也同时被治理。这成为伦敦历史上最大的一次土壤清洁工程。

其实，早在2004年悉尼奥运会场馆的规划与开发，也把棕地修复完全纳入区域环境整治和可持续发展之中，追求环境、经济和社会效益的最大化和统一。悉尼奥林匹克公园大部分地方前身是一个工业废弃地，见证了百年来的工业与军事投机活动。那里曾经是造砖厂、屠宰场、军备仓库及悉尼其中八个垃圾场的所在地。

6.4　镉米风波与农产品安全

6.4.1　镉米风波

镉米是指镉含量超过食品安全标准的大米。按照我国食品标准，每千克大米镉含量超过0.2mg，这种米就俗称为镉米。镉，属于有毒的重金属，长期摄入将会影响人的造血、神经、肾脏和其他生理活动或器官的功能，给人体健康带来极大危害，对儿童的危害尤为严重。镉被人体吸收后，容易造成骨质疏松、变形等一系列症状。四大公害病之一的“痛痛病”就是慢性镉中毒最典型的例子。与以往的瘦肉精、三聚氰胺这类食品安全问题不同，在大米流通的任一环节加入镉都无利可图，那么大米中的镉就应该是从产地环境中转移而来的。土壤中的镉主要来自矿山开采，采矿过程产生的废水不经处理排入河流，下游农田用这种水灌溉就会被污染。另外，冶炼厂排放的含镉废气会通过烟尘污染周边农田。污水灌溉、肥料施用也会增加土壤中的镉。

中国稻米的镉污染由来已久，早在1974年中国科学院沈阳应用生态研究所（原森林土壤研究所）对沈阳市张士灌区调查表明，由于灌区利用含镉工业污水灌田，污染面积达2800hm^2，土壤含镉量为5～10mg/kg，而稻米含镉0.4～1.0mg/kg，最高达2.6mg/kg。20世纪八九十年代，一些污染矿区（如阳朔铅锌矿、大余的铅锌矿、广东大宝山矿等）及一些冶炼厂（如温州冶炼厂等）的污染调查和人体健康效应评估都得到了较多的报道，但大多见于国内外的科研文章上，很少引起公众和政府的关注。2011年2月《新世纪》周刊刊发《镉米杀机》的专题报道，使大米的镉安全迅速进入公众视野。

2013年2月27日，南方日报刊发题为《湖南问题大米流向广东餐桌？》的报道，再次挑动了2011年的《镉米杀机》制造的紧张神经。广东、湖南两省闹出的镉米风波自2月起，酝酿、发酵达三个多月。2013年5月17日，广州市食品药品监督管理局公布2013年第一季度抽检结果，抽检的18批次中只有10批次合格，查出8批次镉超标米及米制品，大米及米制品镉含量超标率达44.4%，其中6批次大米均来自湖南。在此期间，广东省官方抽检广东市场上流通的大米及米制品4600多批次，截至5月24日，总计公布155批次镉含量超标大米的名单，超过半数（至少85批次）的不合格大米产地为湖南省，其中来自湖南省攸县的镉米占34批次，为此次抽检出的镉超标大米产地之最，高达0.6mg/kg，而我国《食品中污染物限量》规定大米中镉限量标准是0.2mg/kg，即镉含量最高批次超过现行国家标准3倍。

6.4.2　农产品安全

1. 镉米的健康风险分析

关于镉米标准，在国际食品法典委员会的标准中，精白米的镉含量标准是0.4mg/kg，日本和台湾地区的标准与之一致；中国和欧盟的标准则严格些，镉米标准为0.2mg/kg；泰国和澳大利亚的标准更严格（0.1mg/kg），美国则没有标准。但是，是不是说超过标准的大米就不能食用呢？决定大米能否食用不是看镉是否超标，而主要是看人体食用大米后镉的摄入量。

联合国粮食及农业组织（FAO）和世界卫生组织（WHO）所属的食品添加剂专家联合委员会（JECFA），是通过人体对镉的摄入量来判断食物中镉对人体健康的影响。该委员会曾经规定人体通过饮食摄入镉的暴露上限为0.8μg Cd/（kg BW·d）或7μg Cd/（kg BW·周）。如果按照这种标准，一个体重60kg的人每天或每周的镉的摄入量分别是48μg和420μg，相当于每天或每周食用含镉量为0.35mg/kg的大米约137g或1.2kg。按照这种标准，食用市场上的镉米就有一定风险。

但是，后来许多新的流行病学研究发现，人体通过环境暴露而在尿液中出现了与镉相关的生物标志物，因此2010年第73届国际食品添加剂联合专家委员会对镉进行了重新评估。考虑到镉在人体中的半衰期特别长，以及一天或一周的饮食摄入对人体总镉暴露的影响很小，甚至可以忽略不计，因此委员会取消了镉的可忍受每周吸收值（PTWI）[7μg Cd/（kg BW·周）] 来表示人体对镉的可忍受吸收量，并决定采用镉的临时可忍受每月吸收值（PTMI）[即 25μg Cd/（kg BW·月）] 来表示人体每个月对镉的可忍受吸收量。委员会考察的所有年龄群体，包括高暴露消费者和具有特殊饮食习惯的群体（如素食者），通过饮食摄入途径对镉的暴露剂量均低于 PTMI。

按照这一新标准，判断吃了多少镉米就会对人体健康产生影响，不再是看每天或每周镉的摄入量，而是看每个月镉的摄入量，即每个月镉的摄入量不得超过 25μg/kg BW。对于一个体重 60kg 的人来说，一个月对镉的总吸入量不能超过 1500μg，这相当于含镉量为 0.35mg/kg 的大米约 4.25kg，如果在这个摄入量之内就不存在健康风险。当然镉的来源除了食物和水外，其他海产品、菇类，甚至二手烟都有可能。

市场上的镉米一般含量都在 0.35mg/kg 以下。对于北方地区的人来说，膳食基本上以面食为主，每个月不可能吃到 4.25kg 含量都在 0.35mg/kg 的大米，所以基本是安全的。对于一天三餐吃大米的南方人来说，如果他吃的大米是去市场上买的，也不大可能买的都是含量在 0.35mg/kg 的大米，因此总体来说也是安全的。有些人饮食结构非常单一，吃饭多、吃菜少、饮食中蛋白质少，长期只吃某个产地的单一的稻米品种，若此品种恰恰又是“镉超标”的话，就会有健康风险。尤其是在镉污染土地上种植水稻的农民，自种自食，面临的健康风险更大。因此，买大米的时候，选择不同产地、不同品牌的稻米品种，可以降低镉超标影响的风险。

从某种意义上讲，镉米只是土壤重金属污染问题的一个缩影。根据各个污染区的不同情形，稻米中超标的有害重金属不只是镉，可能还包括砷、汞、铅等。除了稻米，其他农作物同样可能受到重金属超标的影响。无论如何，以镉米为代表的农产品安全问题，都值得全社会警惕。

2. 影响农产品中重金属含量的因素

1）土壤中重金属有效性对农产品中重金属含量的影响

万物土中生，食以土为本。虽然多种因素可以影响农产品的安全性，但归根到底还是土壤的问题，毕竟除了叶片的次要吸收途径外，根系是重金属进入作物体内最重要的途径。

越来越多的科学证明，影响作物生长和吸收重金属的是土壤中的植物有效性部分的重金属含量，而并非其总量。而重金属的有效性则很大程度上取决于土壤的性质。最典型的三个矿区的例子，即英国的 Shipham 矿区、日本神冈铅锌矿下游发生痛痛病的神通川污染区和广东大宝山矿区下游的上坝村污染区即可印证这一点。三者土壤中的含镉量各相差一个数量级，即最高分别是 998mg/kg、6.65mg/kg 和 1.0mg/kg 左右，但由于土壤中的 pH 分别是 7.5、5.0 和 4.5 左右，前者高含碳酸钙和氢氧化物，后两者分别低含和不含，日本的土壤有机质有 10%左右，上坝的土壤 1%左右，这些差别导致三者土壤中镉的有效性分别是 0.04%、4%和 85%，也导致了不同的结局，虽然英国 Shipham 矿区土壤高镉，刚公布时一度哗然，也被建议居民搬离，但到 2000 年得出结论是没有明显的证据证明对当地居民的健康产生影响。而日本的神通川成为“痛痛病”公害地，上坝村则被媒体称为“癌症村”。

土壤酸碱度对重金属特别是镉的有效性有着决定性的影响。在土壤 pH<4.5，土壤中的铁氧化物对镉几乎没有吸附能力，但土壤 pH 约 6.0 时，则可以吸附大部分镉。虽然土壤有机质在酸化环境对镉有一定的吸附能力，但镉同时受到土壤溶液中离子强度的影响，在高强度的施肥条件下，土壤中的离子强度高，镉的有效性明显增强。因此，虽然我国在 1995 年制定了几乎是全世界最严格的《土壤环境质量标准》（GB 15618—1995），这体现在土壤镉含量上，在 pH<6.5 的耕地，土壤全镉量不能超过 0.3mg/kg。但在现实的高强度的耕作制度下，0.3mg/kg 在一些区域并不能确保稻米的镉安全。

研究者在多个区域检测到镉不超标的土壤所生产的稻米的镉含量超标的现象，如在 pH=5.33、全镉含量 0.22mg/kg 的情况下，所有进行的 39 个试验水稻品种的镉含量都超过了 0.2mg/kg 的标准。在不超标的土壤生产出超标的农产品并非水稻所独有，事实上花生、蔬菜等作物也有报道。有研究表明，在土壤镉含量不超标的情况下，供试花生籽实际的镉含量在 0.21～0.75mg/kg，测定值全部超标，且达食品镉限量标准的 1～4 倍；而花生籽实种皮中的镉浓度更是高达 1.10～1.95mg/kg。

以上例证表明：单纯的土壤重金属全量数值并不一定能实现农产品的安全，土壤酸化是影响农产品重金属超标的重要因素。

2）气象条件对农产品中重金属含量的影响

气候因素通过温度改变植物根系的吸收能力、温湿度改变植物的蒸腾作用而会影响植物对重金属的吸收，这种影响不单表现在年度上，也表现在季度上，甚至表现在大尺度的气候变化上。有科学家研究了毛叶山樱花等六种牧草在春夏秋三季中镉含量的变化，总体平均夏天的比春天的降低了 47%，而秋天的比夏天的增加了 29%。而在英国的 Shipham 的铅锌矿区，冬天蔬菜平均含镉量为 0.23mg/kg，夏天蔬菜平均含镉量为 0.52mg/kg，夏天的蔬菜平均值是冬天的两倍以上。对于我国南方的早晚两季稻，往往早稻的镉含量远远低于晚稻，且超标率也大幅度降低。这类结果在我国广东、广西、台湾以及韩国都有过报道。

3）作物类别与品种对农产品中重金属含量的影响

不同作物、同一作物不同品种间的重金属积累差异很大是一个众所周知的事实。不同农作物不仅对重金属的富集系数不同，转移系数也有差异。玉米和小麦根系及茎叶等营养器官富集镉的能力较强，但果实富集量却很低。同一植物不同器官对镉的富集系数也不同，一般为根系＞茎叶＞果实。镉主要集中在根部，这与镉进入根的皮层细胞后和根内蛋白质、多糖、核糖、核酸等化合形成稳定的大分子络合物，或形成不溶性有机大分子而沉积下来有关。

对于污染程度不高的土壤，农产品的安全可以通过改变种植结构而得到保障。基于作物的品种特性，很多科学家力图通过筛选获得低重金属吸收的品种，在轻微污染的土壤可以获得不超标的农产品。在加拿大，成功找到了镉的低吸收的硬质小麦品种，并得到了大面积的推广。但对于水稻，虽然很多研究单位也找到了很多镉低吸收的品种，但在实际生产中却鲜有成功的例子。这是因为水稻生长的土壤环境多变，加上元素间的相互作用，低镉品种的表现并不稳定。早稻的低镉品种在晚稻可能就高镉，一个地方的低镉品种到另一个地方就高镉了，必须因地制宜地进行选择，所谓“合适的才是最好的”。

3. 重金属污染农田土壤修复的思路

污染土壤修复的技术原理可概括为：①以降低污染风险为目的，即通过改变污染物在土壤中的存在形态或同土壤的结合方式，降低其在环境中的可迁移性与生物可利用性；②以削减污染总量为目的，即通过处理将有害物质从土壤中去除，以降低土壤中有害物质的总浓度。基于上述基本原理，人们提出物理、化学、生物和农艺调控等多种修复类型。与工业场地重金属污染相比，农田土壤重金属污染面积巨大，但主要以中轻度污染为主，其修复技术与方式的选择需要首先考虑农业生产方式和类型，其次兼顾有效性、经济性和推广性。目前，可用于农田重金属污染修复技术主要包括如下四种：工程措施、农艺调控措施、钝化修复技术和植物修复技术。在目前实际开展的农田重金属污染修复中，主要以化学钝化修复为主、辅助农艺调控措施等，以达到重金属污染农田的安全利用，控制稻米等农产品中的重金属不超标。

思 考 题

1. 土壤的定义是什么？

2. 简述土壤的化学性质。
3. 《土壤环境质量标准》(GB 15618—1995) 存在哪些问题?
4. 什么是土壤污染?土壤污染的来源有哪些?
5. 简述如何控制和消除污染源。
6. 简述污染土壤的几种物理修复技术。
7. 简述污染土壤的几种化学修复技术。
8. 微生物修复的优点和不足有哪些?
9. 请列举几种主要的联合修复技术。
10. 影响农产品中重金属含量的因素有哪些?
11. 简述重金属污染农田土壤的修复思路。

主要参考文献

陈怀满. 2005. 环境土壤学[M]. 北京: 科学出版社.
陈能场, 郑煜基, 雷绍荣, 等. 2015. 种植业农产品中重金属超标的成因分析[J]. 农产品质量与安全, (2): 54-60.
陈岳. 2012. 环境科学概论[M]. 上海: 华东理工大学出版社.
洪坚平. 2011. 土壤污染与防治[M]. 北京: 中国农业出版社.
贾建丽. 2012. 环境土壤学[M]. 北京: 化学工业出版社.
鞠美庭. 2010. 环境学基础[M]. 北京: 化学工业出版社.
刘克锋, 张颖. 2012. 环境学导论[M]. 北京: 中国林业出版社.
万洪富. 2016. 镉米值得全社会关注[J]. 民主与科学, (6): 23-25.
王红旗. 2007. 土壤环境学[M]. 北京: 高等教育出版.
袁建新, 王云. 2000. 我国《土壤环境质量标准》现存问题与建议[J]. 中国环境监测, 16(5): 41-44.
中华人民共和国环境保护部, 中华人民共和国国土资源部. 2014. 全国土壤污染状况调查公报[Z].
AECOM Inc. 2013. 棕地治理与再开发[M]. 北京: 中国环境出版社.

第 7 章　固体废物污染控制

本章导读：固体废物污染已经成为当今世界各国所共同面临的一个重大环境问题。本章从固体废物的概念出发，简单介绍了固体废物的性质、分类、污染途径及其危害；简述了无害化、减量化、资源化处理与处置固体废物的原则，在此基础上详细讲述了固体废物的预处理、生物处理和热处理技术及最终的陆地处置和海洋处置方法；最后分析了生活垃圾和电子垃圾带来的环境问题及其对策。

7.1　固体废物及其污染

7.1.1　固体废物概述

1. 固体废物的定义

《中华人民共和国固体废物污染环境防治法》（2016 年修订版）中规定：固体废物（solid wastes），是指在生产、生活和其他活动中产生的丧失原有利用价值或者虽未丧失利用价值但被抛弃或者放弃的固态、半固态和置于容器中的气态的物品、物质，以及法律、行政法规规定纳入固体废物管理的物品、物质。

根据物质的存在状态划分，废物包括固态、液态和气态废弃物。在液态和气态废弃物中，若其污染物质混杂在水和空气中直接或经处理后排入水体或者大气，习惯上，将它们称为废水和废气，纳入水环境或者大气环境管理范畴；而对于其中不能排入水体的液态废物和不能排入大气的置于容器中的气态废物，因其具有较大的危害性，则将其归入固体废物管理体系。

2. 固体废物的性质

1）资源和废物的相对性

从固体废物的定义可知，它是在某一时间和地点丧失原有价值甚至未丧失利用价值而被丢弃的物质，是在一定时间放错地方的资源。因此，此处的“废”具有明显的时间和空间特征。

从时间方面来看，固体废物仅仅相对于目前的科技水平还不够高、经济条件还不允许的情况下暂时无法加以利用。随着时间的推移，科技水平的提高，经济的发展，资源滞后于人类的矛盾将日益突出，今天的废物势必成为明天的资源。

从空间角度来看，废物仅仅相对于某一过程或者某一方面没有价值，但并非在一切过程或者一切方面都没有使用价值，某一过程的废物，往往会成为另一个过程的原料，如煤矸石发电、高炉渣生产水泥、电镀污泥中回收贵重金属等。

事实上，进入经济体系中的物质，仅有 10%～15%以建筑物、工厂、装置器具等形式积累起来，其余都变成了所谓废物。因此固体废物成为一类量大而面广的新的资源将是必然趋势。资源和废物的相对性是固体废物最主要的特征。

2）成分的多样性和复杂性

固体废物成分复杂，种类繁多，大小各异，既有有机物又有无机物，既有非金属又有金属，既有有味的又有无味的，既有有毒物又有无毒物，既有单质又有化合物，既有单体又有聚合物，既有边角料又有设备配件。其构成可谓五花八门、琳琅满目。

3）危害的潜在性、长期性和灾难性

固体废物对环境的污染不同于废水、废气和噪声。它呆滞性大、扩散性小，对环境的影响主要通过水、气和土壤进行。其中由于污染成分在环境介质中的迁移转化使其危害更大并在较短的时间内难以发现，如浸出液在土壤中的迁移，是一个比较缓慢的过程，其危害可能在数年乃至数十年后才能呈现。从某种意义上讲，固体废物，特别是有害废物对环境的危害可能要比水、气造成的危害严重得多。

4）污染源头和富集终态的双重性

废水和废气既是水体、大气和土壤环境的污染源，又是接受其所含污染物的环境。固体废物则不同，它们往往是许多污染成分的终极状态。例如，一些有害气体或飘尘，通过治理，最终富集成废渣；一些有害溶质和悬浮物，通过治理最终被分离出来成为污泥或残渣；一些含重金属的可燃固体废物，通过焚烧处理，有害重金属浓集于灰烬中。但是，这些终态物质中的有害成分，在长期自然因素作用下，又会转入大气、水体和土壤，再次成为大气、水体和土壤环境污染的源头。

3. 固体废物的来源和分类

固体废物主要来源于人类的生产和消费活动。人们在资源开发和产品制造过程中必然有废物产生，任何产品经过使用和消费后，都会变成废物。

固体废物有多种分类方法，可以根据其性质、状态和来源等进行分类。按其化学性质可分为有机废物和无机废物；按其危害状况可分为有害废物和一般废物；按其来源可分为矿业固体废物、工业固体废物、城市垃圾、农业固体废物和有害废物五类（表 7-1）。

表 7-1　固体废物的分类、来源和主要组成部分

分类	来源	主要组成物
矿业固体废物	矿山、选冶	废矿石、尾矿、金属、废木、砖瓦石块等
工业固体废物	冶金、交通、机械、金属加工等工业	金属、矿渣、砂石、陶瓷、边角料、涂料、管道、绝热和绝缘材料、胶黏剂、废木、塑料、橡胶、烟尘等
	煤炭	矿石、木料、金属
	食品加工	肉类、谷物、果类、蔬菜、烟草
	橡胶、皮革、塑料等工业	橡胶、皮革、塑料、布、纤维、燃料、金属等
	造纸、木材、印刷等工业	刨花、锯末、化学药剂、金属填料、塑料、木质素
	石油化工	化学药剂、金属、塑料、橡胶、陶瓷、沥青、石棉
	电器、仪表仪器等工业	金属、玻璃、木材、橡胶、塑料、化学药剂、研磨料、陶瓷、绝缘材料
	纺织服装业	布头、纤维、橡胶、塑料、金属
	建筑材料	金属、水泥、黏土、陶瓷、石膏、石棉、砂石、纸、纤维
	电力工业	炉渣、粉煤灰、烟灰
城市垃圾	居民生活	食物垃圾、纸屑、布料、木料、庭院植物修剪物、金属、玻璃、塑料、陶瓷、燃料、灰渣、碎砖瓦、废器具、杂品
	商业、机关	管道、碎砌体等其他建筑材料、废汽车、废电器、废器具、含有易爆、易燃、腐蚀性、放射性的废物
	市政维护、管理部门	碎砖瓦、树叶、死禽畜、金属锅炉灰渣、污泥、脏土
农业固体废物	农林	稻草、秸秆、蔬菜、水果、人畜粪便、农药、落叶等
	水产	腐烂鱼、腥臭死禽畜、虾、贝壳、水产加工污水
有害废物	核工业、核电站、放射性医疗单位、科研单位	含放射性废渣、金属、污泥、器具、劳保用品、建筑材料
	其他有关单位	含有易燃性、易爆性、腐蚀性、反应性、有毒性、传染性的固体废物

我国从固体废物管理的角度出发，将其分为工业固体废物、生活垃圾和危险废物三类，本章主要讲述工业固体废物和城市垃圾的处理、处置及利用。

工业固体废物（industrial solid wastes）是指在工业生产、加工过程中产生的固体废物，包括废渣、粉尘、碎屑、污泥，以及在采矿过程中产生的废石、尾砂等。一般工业固体废物指不具毒性和有害性的工业固体废物。

生活垃圾（municipal wastes）是指在日常生活中或者为日常生活提供服务的

活动中产生的固体废物，以及法律、行政法规规定视为生活垃圾的固体废物。主要是来自居民的生活消费、商业活动、市政建设和维护、机关办公等过程中产生的固体废物，包括城乡生活垃圾、城建渣土、商业固体废物、粪便等。

危险废物（hazardous wastes）是指列入国家危险废物名录或者根据国家规定的危险废物鉴别标准和鉴别方法认定的具有危险特性的固体废物。它对人类、动植物现在和将来会构成危害的，没有特殊的预防措施不能进行处理或处置的废弃物，具有毒性（如含重金属的废物）、爆炸性（如含硝酸铵、氯化铵等的废物）、易燃性（如废油和废溶剂等）、腐蚀性（如废酸和废碱）、化学反应性（如含铬废物）、传染性（如医院临床废物）等一种或几种以上的危害特性。在我国，危险废物根据其毒性、爆炸性、易燃性、腐蚀性、化学反应性、传染性进行分类管理，而具有放射性的废物作为一类特殊的有害固体废物，则自成体系，进行单独专门管理。

7.1.2　固体废物的污染途径及危害

固体废物对环境的危害很大，其污染是多方面的，其污染途径如图 7-1 所示。具体的危害有如下四方面。

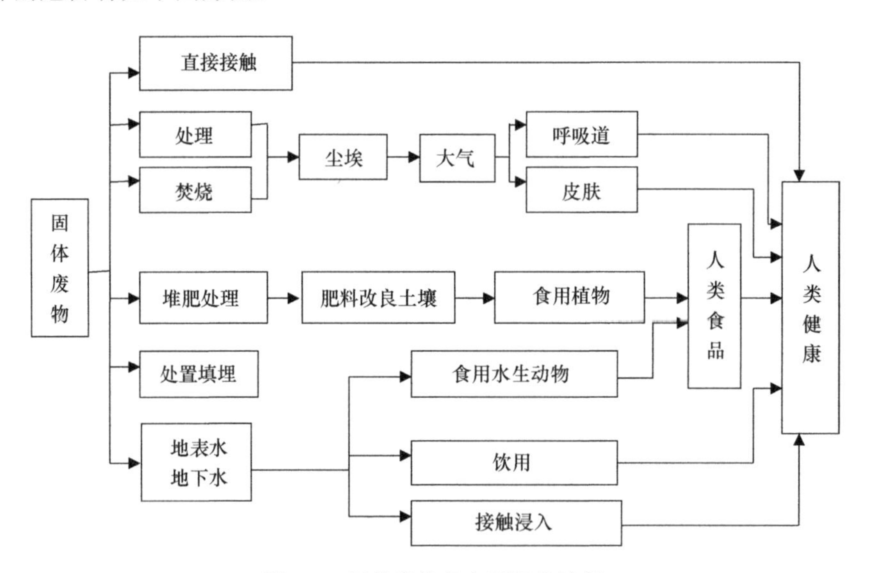

图 7-1　固体废物的主要污染途径

1. 污染大气

固体废物对大气的污染表现在以下三个方面：①废物的细粒被风吹起，增加了大气中的粉尘含量，加重了大气的尘污染；②生产过程中由于除尘效率低，使大量粉尘直接从排气筒排放到大气环境中，污染大气；③堆放的固体废物中的有害成分由于挥发及化学反应等，产生有毒气体，导致大气的污染。

2. 污染水体

固体废物对水体的污染表现在以下两个方面：①大量固体废物排放到江河湖海会造成淤积，从而阻塞河道、侵蚀农田、危害水利工程。有毒有害固体废物进入水体，会使一定的水域成为生物死区。②与水（雨水、地表水）接触，废物中的有毒有害成分必然被浸滤出来，从而使水体发生酸化、碱化、富营养化、矿化、悬浮物增加，甚至毒化等变化，危害生物和人体健康。

在我国，固体废物污染水的事件已屡见不鲜。例如，锦州某铁合金厂堆存的铬渣，使近20km^{2}范围内的水质遭受重金属六价铬污染，致使7个自然村屯1800眼水井的水不能饮用。又如，湖南某矿务局的含砷废渣由于长期露天堆存，其浸出液污染了民用水井，造成308人急性中毒、6人死亡的严重事故。

3. 污染土壤

固体废物露天堆存，不但占用大量土地，而且其含有的有毒有害成分也会渗入土壤中，使土壤碱化、酸化、毒化，破坏土壤中微生物的生存条件，影响动植物生长发育。许多有毒有害成分还会经过动植物进入人的食物链，危害人体健康。一般来说，堆存一万吨废物就要占地一亩（1 亩=666.67m^2），而受污染的土壤面积往往比堆存面积大1～2倍。这些垃圾一般很难分解，必将长久地留在土壤里，危害环境和人体健康，如玻璃瓶实际上在任何时候都不会分解、塑料瓶约需450年、易拉罐需200～250年、普通马口铁罐头盒约需100年、经油漆粉刷的木板约需13年、帆布制品约需1年、绳索需3～14个月、棉织物需1～5个月、火车票等纸屑约需半个月等。这表明，现在造成的环境污染可能会影响到好几代人。

4. 影响环境卫生，广泛传染疾病

我国生活垃圾、粪便的清运能力不高，无害化处理率低，很大一部分垃圾堆存在城市的一些死角，影响市容和城市环境卫生，对市容和景观产生“视觉污染”，给人们带来了不良刺激。在垃圾转运站或堆放场周围，老鼠遍地，蚊蝇成团，一些传染性的病毒、病菌也在这里繁殖、传播。垃圾会快速传播疾病尤其是医疗垃圾。有害废物会导致恶疾，如畸变、癌变、基因突变等。水体、大气和土壤等受到固体废物污染后都会导致疾病的产生和传播，产生怪异疾病，严重的能够致死。

7.1.3 固体废物污染控制原则

我国固体废物污染的控制工作起步较晚，始于20世纪80年代初期。80年代中期，为了更好地规范和指导我国的固体废物管理、处理、处置和利用，提出“无害化、减量化、资源化”为固体废物污染控制的政策，并确定在今后相当长的一段时间内应以“无害化”为主，并逐渐向“资源化”过渡，“无害化”和“减量化”应以“资源化”为条件。为了达到这“三化”，首先要转变观念，要保护环境、控制污染，就要首先选择减少固体废料产生的“减量化”（前端预防），而不是选择废物产生以后的“无害化”（末端处理）；其次要在法规、标准、政策和管理体制上采取一系列重大步骤和措施加以保证“减量化”的实施。

1. 无害化

固体废物的无害化，是指经过适当的处理或处置，使固体废物或其中的有害成分无法危害环境，或转化为对环境无害的物质，这个处置过程即为固体废物的无害化。无害化是固体废物污染治理的核心，基本任务是将固体废物通过工程处理，达到不损害人体健康、不污染周围自然环境的目的。

目前，固体废物无害化处理已经发展为多学科参与的崭新的工程技术。仅以城市生活垃圾为例，就有焚烧、填埋、堆肥、沼气化等工程技术手段，这些技术在我国已日臻完善，并建立了相应的技术规范。还应指出的是，固体废物的资源化已经被广泛认为是最理想的无害化途径。由于固体废物的极其多样性，其无害化的难度和技术方面的提升空间都非常显著。

2. 减量化

废物减量化也称为废物最少化，指将产生的或随后处理、储存、处置的有害废物量减少到可行的最低程度。其结果使有害废物的总体积或数量减少了，或者有害废物的毒性降低了，只要这种减少与将有害废物对人体健康和环境目前及将来的威胁减少到最低限度的目标相一致。废物减量化包括源削减和有效利用、重复利用及再生回收，不包括用来回收能源的废物处置和焚烧处理。由于城市生活垃圾的产生量难以控制，因此减量化主要是针对工业生产中产生的废物而言。减少污染源的废物产生量是解决工业固体废物的最佳方案，它不仅可减少废物向空气、土地和水体等各种介质中的排放量，而且对固体废物的管理控制也有重大意义。当前减少废物产生在理论上已经被认为是解决固体废物问题最好的方法，得到广泛的接受。美国环保局已经制订废物管理实施方案，采取第一选择即是减少废物的产生，其次是废物的重复利用，第三个选择才是处理。

报告称，美国有44份减少废物的首创经验，这显示出减量化策略的巨大潜力。其中工厂废物产量减少了50%～80%，甚至更多。工厂减少固体废物的实践涉及五种改革：①改变生产过程；②革新工厂设备；③重新调整化学品的配方；④无害化化学品代替有毒化学品；⑤简化操作和改善运行管理。实施这些改革，不仅减轻了工厂对人体健康和环境的影响，而且许多部门还提高了经济效益。例如，博登公司在加利福尼亚州经营的树脂制造厂成功地减少了 93%的苯废物，从减少原料损失和控制污染费用中节省了几百万美元。

适应这种减量化要求一种新的工业发展方式——清洁生产工艺，20 世纪 90 年代开始在国际上兴起。清洁生产在不同的发展阶段或者不同的国家有不同的叫法，如“废物减量化”、“无废工艺”、“污染预防”等。但其基本内涵是一致的，即对产品和产品的生产过程、产品及服务采取预防污染的策略来减少污染物的产生。

联合国环境规划署工业与环境规划中心综合各种说法，采用了“清洁生产”这一术语，来表示从原料、生产工艺到产品使用全过程的广义的污染防治途径，给出了以下定义：清洁生产是一种新的创造性的思想，该思想将整体预防的环境战略持续应用于生产过程、产品和服务中，以增加生态效率和减少人类及环境的风险。

对生产过程，要求节约原材料与能源，淘汰有毒原材料，减降所有废弃物的数量与毒性；对产品，要求减少从原材料提炼到产品最终处置的全生命周期的不利影响；对服务，要求将环境因素纳入设计与所提供的服务中。由此可见，其目的在于解决自然资源的合理利用和环境保护问题。实现清洁生产的主要途径是：①原料的综合利用；②改革原有工艺或者开发全新流程；③实现物料的闭路循环；④工业废料转化成二次资源；⑤改进产品的设计，加强废品的回收利用。

近年来开发的无焦炼铁工艺就是清洁生产工艺的一个例证。传统的钢铁生产工艺是相当复杂的，一般包括四个大部分：矿石烧结制备烧结矿，煤炼焦制备焦炭，高炉熔炼生产生铁，最后用平炉或转炉炼钢。整个过程的能耗和物耗都十分可观，用水、气量也极大，产生的各种废料数量惊人。而新型的无焦炼铁工艺就是用氢气或者天然气转化气直接从铁精矿制铁，不用焦炭，也不用高炉。从传统中革除了烧结、炼焦和熔炼三大程序，使用水量减少到 1/3，基本上没有废渣和废气的产生，而且具有很高的经济效益。

3. 资源化

固体废物的处理处置技术自 20 世纪 80 年代以来有了很大的发展，处理处置的固体废物量也在不断增加。但是，由于固体废物排放量的急剧增加，人们虽然投入了巨大的人力、物力和财力，仍没有从根本上解决问题。实际上，我们所说的“废物”中含有许多可利用的资源，如果将它们分离出来并加以充分利用，实现固体废物的资源化，才是解决固体废物污染环境的根本途径。

固体废物的资源化是指对固体废物资源进行综合利用使其成为可利用的二次资源的过程。不少国家都通过经济杠杆和行政强制性政策来鼓励和支持固体废物资源化技术的开发和应用，从消极的污染治理转变为回收利用，向废物索取资源，使之成为固体废物处理的替代技术措施。例如，美国已建立了废物交换中心，服务于5000多个企业，使固体废物的综合利用率得到提高。许多国家固体废物管理法规中也都强调了废物中有用资源和能源的回收利用，并且作为环境保护、保护自然资源的重要技术手段和政策。

固体废物的资源化和其他的生产过程相似，也是由一些基本过程组成，把这些基本过程组成的综合系统称为固体废物的资源化系统。资源化系统的构成如图7-2所示。根据循环经济思想，整个系统可以分为两大类：第一类称为前端系统，被应用于该系统内的有关技术如分选、破碎等的物理方法称为前端技术或前处理技术；第二类称为后端系统，被应用于后端技术如燃烧、热解、堆肥等化学和生物的方法称为后端技术或者后端处理技术。

1）前端系统

在资源化前端系统中，物质的性质不会改变，是利用物理的方法，对废物中的有用物质进行分离提取型的回收。这一系统又分为两类，一类是保持废物的原形和成分不变的回收利用。例如，对空瓶、空管、设备的零部件等只需经分选、清洗及简单的修补即可直接再利用。另一类是破坏废物原型，从中提取有用成分加以利用。例如，从固体废物中回收金属、玻璃、废纸、塑料等基本原料。

2）后端系统

它是把前端系统回收后的残余物质用化学的或生物的方法，使废物的物性发生改变而加以回收利用。这一系统显然比前端系统复杂，实现资源化较为困难，成本也比较高。其中的生物学方法使废物原材料化、产品化而再生利用；另一类是以回收能源为目的，包括制得燃料气、油、微粒状燃料、发电等可储存或迁移型的能源回收的燃烧、发电、水蒸气、热水等不能储存或随即使用型的能源回收。对于物质回收和能源回收有时不能截然区分，应用某一技术处理废物时，有时既能回收能源也能回收物质，则应视其主要作用而分类。

资源化系统是指从原材料制成的成品，经过市场的消费，最后成为废物又引入新的生产—消费循环系统。就整个社会而言，就是生产—消费—废物的一个不断循环的系统。值得注意的是，由于工业固体废物不同于城市生活固体废物，其成分复杂性随不同的生产行业而具有显著的差异。因此对工业固体废物的回收，必须根据具体的行业生产特点而定。

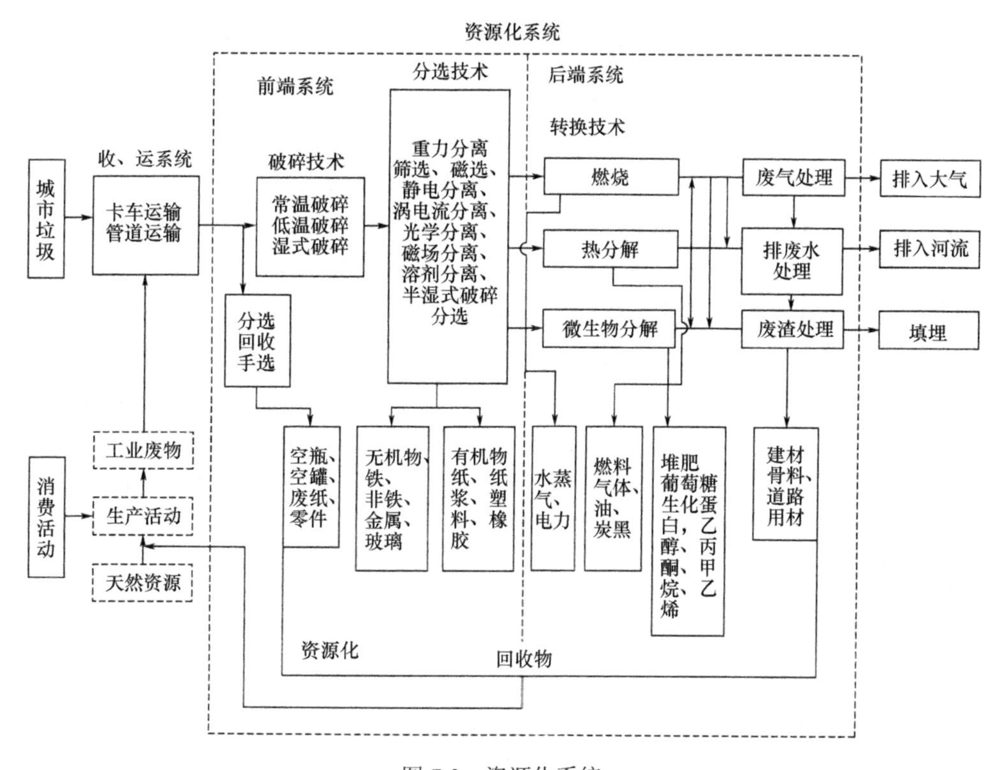

图7-2　资源化系统

资料来源：张小平. 2010. 固体废物污染控制工程[M]. 北京：化学工业出版社

在进行资源回收系统的开发、规划、评价时还要注意以下问题：①资源化技术应该是可行的；②固体废物资源化的经济效益应该是较大的；③废物应尽可能在排放源地就近利用，以便节省废物收储、运输等过程的投资，从而提高资源化的经济效益；④固体废物资源化的产品，应具有与相应的原材料所制得的产品相竞争的能力，才能使技术持久。

总之，理想的资源化系统要综合地进行技术、经济和社会的论证才能实现。

7.2　固体废物处理技术

7.2.1　固体废物的预处理技术

固体废物的预处理技术是指将固体废物转变成适于运输、利用、储存或最终处置的过程。固体废物预处理的方法有压实、破碎、分选、脱水、固化等。

1. 压实

压实（compaction）又称压缩，即利用机械的方法增加固体的聚集程度，增大容量和减小体积，便于装卸、运输、储存和填埋。固体废物中适合压实处理的主要是压缩性能大而复原性小的物质。固体废物经过压实处理后，体积减小的程度称为压缩比。废物压缩比取决于废物的种类及施加的压力，一般的压缩比为3～5。压实的原理主要是减少孔隙率，将孔隙压小。若采用高压压实，除减少孔隙外，在分子之间可能产生晶格的破坏使物质变性。

压实机器由容器单元和压实单元构成。容器单元接受废物，压实单元具有液压和气压操作的压实，利用高压使废物致密。压实器有固定和移动两种形式。移动的压实器一般安装在收集垃圾的车上，接受废物后立即进行压缩，随后送往处置场地；固定压实器一般设在废物转运站、高层住宅垃圾滑道的底部，以及需要压实废物的场合。常见的几种压实器械有水平式压实器、三向联合式压实机和回转式压实机。

2. 破碎

固体废物的破碎（shredding）就是利用外力克服固体废物质点间的内聚力而使大块固体废物分裂成小块的过程。磨碎是使小块的固体废物颗粒分裂成细粉的过程。破碎的处理通常不是最终处置，它往往会作为运输、储存、焚烧、热分解、熔融、压缩和磁选等的预处理。

破碎的目的主要是使固体废物的体积减小，以便于运输和储存；为固体废物的分选提供所要求的入选粒度，以便有效地回收固体废物中的某些成分；使固体废物的比表面积增加，提高焚烧、热分解、熔融等处理的稳定性和热效率；为固体废物的下一步加工做准备；用破碎后的生活垃圾进行填埋处置使压实密度高而均匀，可以加快覆土还原；防止粗大、锋利的固体废物损坏分选、焚烧和热结等设备或炉膛。

在破碎过程中，原废物粒度与破碎产物粒度的比值称为破碎比。破碎比表示废物粒度在破碎过程中减小的倍数，即表示废物被破碎的程度。

按照破碎固体废物的所用的外力，破碎的方法可分为机械能破碎和非机械能破碎两类。机械能破碎是利用破碎工具对固体废物施加外力而将固体废物破碎；非机械能是利用电能、热能等对固体废物进行破碎。目前广泛应用的机械能破碎主要有剪切破碎、冲击破碎、挤压破碎和磨碎等。非机械能破碎主要有低温破碎、湿式破碎、半湿式选择性破碎等。许多传统的工业破碎机械可用于处理固体废物，如颚式破碎机、锤式破碎机、辊式破碎机和撕裂机等。在欧美、日本等地区和国家还开发了专门以城市垃圾和工业垃圾的大型固体废物为对象的破碎机。这些破碎机往往兼有剪切破碎和冲击破碎的功能。

3. 分选

固体废物分选（separation）是实现固体废物资源化、减量化的重要手段，通过分选将有用的成分选出来加以利用，将有害的成分分离出来，另一种是将不同粒度级别的废弃物加以分离。分选的基本原理是利用物料的某些性质方面的差异，将其分选开。例如，利用废弃物中的磁性和非磁性差别进行分离，利用粒径尺寸差别进行分离和利用密度差别进行分离等。根据不同性质，可以设计制造各种机械对固体废弃物进行分选。分选包括手工捡选、筛选、重力分选、磁力分选、涡电流分选、光学分选等。

4. 脱水与干燥

有些固体废物中含有较高的水分，从而影响了废物的处理。为减少废物的体积或提高废物的热值等目的，对固体废物进行脱水和干燥（dehydration and drying）是废物预处理中常用的方法。其中，污泥是半固态物质，含水量高，脱水主要是针对污泥的一种预处理工艺。为了有效而经济地进行污泥干燥、焚烧及进一步处置，必须充分地脱水达到减量化，使污泥成为固态物质来处理。脱水方法有浓缩和过滤脱水等。

污泥浓缩的目的是降低污泥中水分，减小污泥体积，但仍然保持其流体性质。浓缩后污泥含水率仍高于 90%，可以用泵输送。污泥浓缩的方法主要有重力浓缩法、气浮浓缩法和离心浓缩法三种。

污泥调理是污泥浓缩或机械脱水前的预处理，其目的是改善污泥浓缩和污泥脱水的性能，提高机械脱水设备的处理能力。污泥调理的方法有化学调理、淘洗、加热加压调理、冷冻融化调理等。在现实处理中有多种脱水方法包括真空过滤脱水、压滤脱水、滚压脱水、离心脱水、造粒脱水。

经过脱水处理的污泥泥饼仍含有 55%～80%的水分，为解决在进一步的使用和处理中水分偏高的问题，干燥室是其中重要的方法。固体废物干燥室利用加热使物料中水分蒸发，也就随着相变化使水分分离出去，同时进行传热和传质扩散过程的操作。干燥处理后含水率降至 20%～40%。在处理中使用的干燥器主要有通风干燥器、喷雾干燥器、气流干燥器、旋转干燥器、传导加热型干燥器、真空干燥器等。

5. 固化

固化（solidification）是采用物理或者化学的方法，将有害固体废物固定或者包容在固体基质中，使之呈现化学稳定性或者密封性的一种无害化处理方法。理想的固化产物应具有良好的力学性能，良好的抗渗透、抗浸出、抗干湿、抗冻融特性，以便进行最终处置或加以利用。固化处理技术目前主要是针对固体废物的有害物质和放射性物质的无害化处理。

目前采用的方法，有的是使污染物化学转变或引入某种稳定的晶格中去；有的是通过物理过程把污染成分直接掺入惰性基材中进行包封；有的则是两种过程兼有。就其方法本身而言，往往只适用于一种或几种类型的废物，主要用于处理无机废物，对有机废物的处理效果欠佳。近年来由于固化处理技术不断发展，对核工业废物的处理和一些一般工业废物的处理已经形成一种理想的废物无害化的处理方法，如电镀污泥、铬渣、砷渣、汞渣、氰渣、锡渣和铅渣等的固化。

固化处理的方法按原理可分为包胶固化、自胶固化和玻璃固化。包胶固化是采用某种固化基材对废物进行包裹处理的一种方法。按使用的基材可分为水泥固化、石灰固化、热塑材料固化和有机聚合物固化。自胶固化是指利用废物本身的胶结黏性进行固化处理的一种方法，主要是用于处理硫酸钙和亚硫酸钙废物。玻璃固化的基质为玻璃原料。将待固化的废物首先在高温下煅烧，使之形成氧化物，再与加入的添加剂和熔融的玻璃料混合，在1000℃温度下烧结，冷却后形成十分坚固而稳定的玻璃体。

7.2.2 固体废物的生物处理技术

利用微生物的分解作用处理固体废物的技术，应用最广泛的是堆肥化。堆肥化是在人工控制条件下，利用微生物技术使生物类有机废物稳定化的工艺过程。其产品为堆肥，也称腐殖土，是一种土壤改良的有机肥。堆肥化过程按照需氧的程度分为好氧堆肥和厌氧发酵。堆肥工艺是一种古老的有机性固体废物的生物处理技术，随着科学技术的不断进步，堆肥技术已经发展到以城市生活垃圾、污水处理厂的污泥、人畜粪便、农业废物及食品加工业废物等为原料，以机械化代替传统的手工操作，不断发展新工艺、新技术，使堆肥处理工艺走向现代化。

1. 好氧堆肥

好氧堆肥（aerobic composting）是在有氧的条件下，好氧菌对废物进行吸收、氧化、分解。微生物通过自身的生命活动，把一部分被吸收的有机物氧化成最简单的有机物，同时释放出可供微生物生长活动所需的能量，而另一部分有机物则用来维护其生命活动和生长繁殖。这个过程可用图7-3表示。

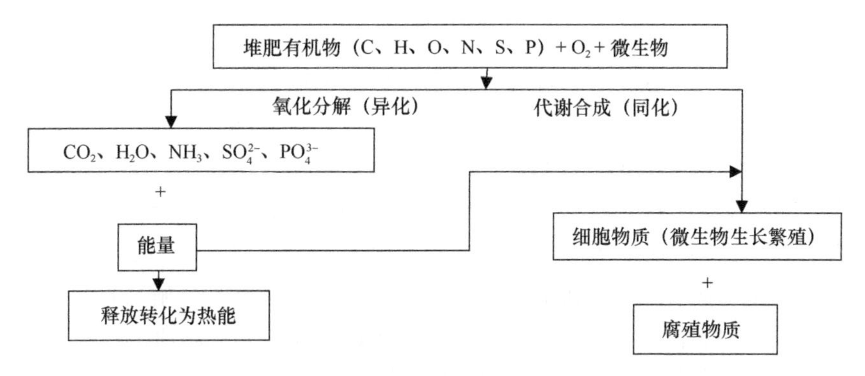

图 7-3 微生物代谢过程

原料的预处理包括分选、破碎及含水率、碳氮比的调整。首先去除废物中的金属、玻璃、塑料和木材等杂质，并破碎到 40mm 左右的粒度，然后选择堆肥原料进行配料，以便调整水分和碳氮比，可以使用纯垃圾，垃圾和粪便之比为 7∶3 或者垃圾与污泥之比为 7∶3 进行混合堆肥。

好氧堆肥化过程分为三个阶段，如图 7-4 所示。

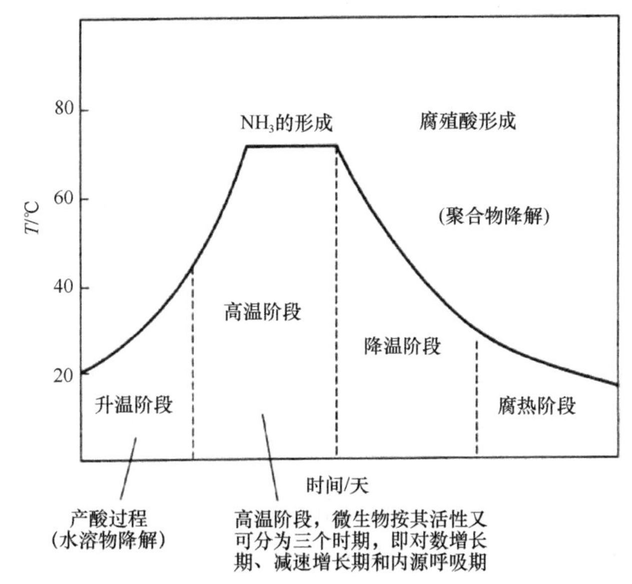

图 7-4 好氧堆肥化过程的三个阶段

资料来源：张小平. 2010. 固体废物污染控制工程[M]. 北京：化学工业出版社

（1）升温阶段（14～45℃，1～3 天）。升温阶段，也称中温阶段、产热阶段、起始阶段等。它是堆肥化过程的初期阶段，在此阶段，堆层基本呈 15～45℃的中温，微生物以中温、需氧型为主，嗜温性微生物（嗜温菌）较为活跃，这些微生物分解利用堆肥中可溶性易降解的有机物（如葡萄糖、脂肪、碳水化合物）进行旺盛的繁殖。它们在转换和利用化学能的过程中，有一部分变成热能，由于堆料有良好的保温作用，温度不断上升。该时段为1～3天。

（2）高温阶段（45～65℃，3～8天）。当堆肥温度上升到45℃时，即进入高温堆肥阶段。在该阶段，嗜温菌受到抑制甚至死亡，取而代之的是嗜热性微生物（嗜热菌）。堆肥中残留的和新形成的可溶性有机物质继续被分解转化，复杂的有机化合物（如半纤维素、纤维素和蛋白质）开始被强烈分解。通常，在50℃左右进行活动的主要是嗜热真菌和放线菌；当温度上升到60℃时，真菌几乎完全停止活动，仅有嗜热性放线菌与细菌活动；温度升高到70℃以上时，对绝大多数嗜热菌已不适宜，微生物大量死亡或进入休眠状态。高温阶段的适宜温度通常为45～65℃，最佳温度为55℃，需时3～8天。

（3）降温阶段或腐熟阶段（<50℃，20～30 天）。在内源呼吸后期，只剩下部分较难分解的有机物和新形成的腐殖质，此时微生物的活性降低，发热量减少，温度下降，此时嗜温菌又占优势，对残余的较难分解的有机物作进一步分解，腐殖质不断增多且稳定化，此时堆肥化过程进入腐熟阶段，需氧量大大减少，含水率也降低，堆肥物孔隙增大，氧扩散能力增强，只需自然通风。该阶段温度通常在50℃以下，需时20～30天。

2. 厌氧发酵

厌氧发酵（anaerobic fermentation）时废物在厌氧的条件下通过微生物的代谢活动被稳定化，同时伴有甲烷和二氧化碳的产生。厌氧消化法的基本原理与废水的厌氧生物处理相似，是在完全隔绝空气的条件下，利用各种厌氧菌的生物转化作用使废物中可生物降解有机物分解为稳定的无毒物质，同时产生沼气，而沼气液、沼气渣又是理想的有机肥料。如图7-5所示，厌氧发酵分为两个阶段。

厌氧消化工艺按消化温度分为高温消化工艺和自然温度消化工艺。高温发酵是在密闭的发酵罐中进行的，发酵过程需要不断地搅拌，发酵最佳温度范围一般在47～55℃。高温发酵消化快、物料停留时间短，适于城市垃圾、城市下水污泥、农业固体废物和粪便的处理。自然消化是指在自然温度下进行消化，这种工艺消化池结构简单、成本低，便于推广。

7.2.3　固体废物的热处理技术

1. 焚烧

焚烧（incineration）是一种非常有效的固体废物处理方法，可以同时收到无害化、减量化和资源化的效果，在处理生活垃圾时，其体积减容可达到 90%以上，还可以回收焚烧产生的热能。目前，焚烧工艺的处理对象主要是城市垃圾和可燃性固体废物。后者主要是受铅污染的废油、含重金属的润滑油、废可燃溶剂、多氯联苯、氟利昂、醇类、甲苯、医用垃圾等。

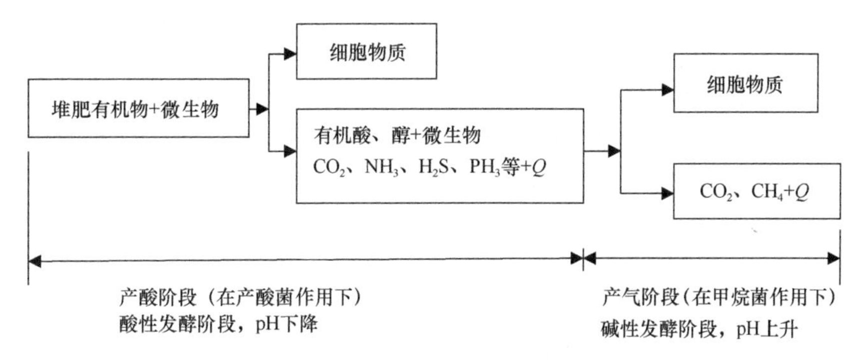

图 7-5　厌氧发酵的两个阶段

固废的焚烧设备种类繁多，传统的焚烧炉有两种类型，即采用一次燃烧工艺焚烧炉和采用两次燃烧工艺的焚烧炉。后者是在第二燃烧室或第二、第三燃烧室中燃烧在第一燃烧室中产生的可燃气体。除传统的焚烧炉外，近年又有许多处理特殊废物（如危险固体废物）的新型焚烧炉问世。

新型的焚烧炉多用于处理有机废物和危险废物。例如，催化焚烧炉，用于处理有害气体或气化的液态废物；纯氧焚烧炉，用于处理有害废物；湿式氧化设备，采用高温、高压氧化，使污染物留在水相，特别适宜与污泥的焚烧；熔盐焚烧炉，对有害的有机废物破坏去除率可达 99.99%以上。此外，还有熔融玻璃反应器、等离子温度焚烧电子反应器、Shirco 红外焚烧炉等，处理危险废物和有机废物都有很好的效果。

焚烧气中污染物种类繁多，可分为四类：酸性气态污染物，主要有 HCl、Cl_2、HF、SO_2、NO_x、P_2O_5、H_3PO_4 等；不完全燃烧的产物（简称 PCI），主要有 CO、C_xH_y、醇、酮、有机酸、二噁英（PCDDs/PCDFs）等；颗粒污染物，包括惰性金属盐类、金属氧化物或不完全燃烧产物，其中粒径小于 3μm 的颗粒会含有一定量的重金属；重金属污染物，包括铅、铬、镉、汞、砷等金属的气化物，如汞蒸气。

垃圾不完全燃烧时会产生 CO、C_xH_y 和二噁英等污染物，其中二噁英是目前已知的毒性最大的污染物之一，二噁英污染已成为世界性的敏感问题。二噁英包括多氯代二苯并噁英（PCDDs）和多氯代二苯并呋喃（PCDFs）两个系列的化合物，它们分别有 75 个和 135 个异构体。有研究认为，在有氯和金属存在的条件下有机物燃烧均会产生二噁英。二噁英的形成途径可归纳为以下三条：①垃圾中本身含有的二噁英在燃烧过程中释放；②在垃圾的干燥和焚烧的初期，因供氧不足，形成二噁英前驱体，这些前驱体通过其他反应形成二噁英；③二噁英前驱体和废气中的 HCl 和 O_2 等，在烟尘中飞灰的催化作用下（实际上是飞灰中的金属）形成二噁英。有研究表明 250～350℃是最易生成二噁英的温度范围。

为了减少焚烧过程中 CO、C_xH_y 和二噁英的产生量，应可能使垃圾中可燃成分充分燃烧，达到这一目的的途径有：①控制来源，即通过垃圾分类收集，进行资源回收，避免含有二噁英的物质和含氯高的物质进入焚烧炉，是减少二噁英产生的最有效的措施；②将烟气快速降温至 300℃以下，防止二噁英的再度合成；③维持较高的焚烧温度（至少 800℃），供氧量要充足；④使焚烧气与空气充分混合，维持炉膛内良好的传质条件；⑤垃圾要在炉膛内维持足够的停留时间，一般不少于 2s。

城市固体废物的环保标准，因国家、地区、年代不同而不同。经济发达国家的环保标准通常相对欠发达国家要严格一些，同一国家不同年代也不相同，一般随经济、技术的发展日益严格。我国 2014 年制定了的焚烧厂标准《生活垃圾焚烧污染控制标准》（GB 18485—2014），自 2014 年 7 月 1 日起实施，代替 2001 年修订的 GB 18485—2001。表 7-2 为我国 2014 年开始实施的垃圾焚烧厂的焚烧炉烟气排放标准。

表 7-2　生活垃圾焚烧炉排放烟气中污染物限值

序号	污染物项目	限值	取值时间
1	颗粒物（mg/m^3）	30	1h 均值
		20	24h 均值
2	氮氧化物（mg/m^3）	300	1h 均值
		250	24h 均值
3	二氧化硫（mg/m^3）	100	1h 均值
		80	24h 均值
4	氯化氢（mg/m^3）	60	1h 均值
		50	24h 均值
5	汞及其化合物（以 Hg 计，mg/m^3）	0.05	测定均值
6	镉、铊及其化合物（以 Cd +Tl 计，mg/m^3）	0.1	测定均值
7	锑、砷、铅、铬、钴、铜、锰、镍及其化合物（以 Sb+As+Pb+Cr+Co+Cu+Mn+Ni 计，mg/m^3）	1.0	测定均值
8	二噁英类（ng TEQ/m^3）	0.1	测定均值
9	一氧化碳（mg/m^3）	100	1h 均值
		80	24h 均值

阅读材料：垃圾焚烧风波及其出路

——依互联网资料整理

中国超过三分之一的城市，正深陷垃圾围城的困局。北京每天产生的垃圾量，如果用 2.5t 的卡车装载，能从天安门一直排到河北廊坊；上海每半个月的垃圾量能堆出一座 88 层的金茂大厦。与此同时，城市周边已无垃圾“葬身”之地，而垃圾焚烧项目又屡遭抵制，地方政府面临巨大的压力。据不完全统计，过去几年，我国先后有北京、上海、天津、广州、武汉、南京、南昌、杭州等众多城市发生居民反对修建垃圾焚烧厂事件，广大环保志愿者和 NGO 组织也一直在密切注视，“主烧”和“反烧”两派针锋相对。

焚烧，曾是世界上许多大城市的首选。对于人口密集、土地资源稀缺、经济发达的城市，应优先考虑垃圾焚烧。通过焚烧垃圾来发电，既最大限度地减少了垃圾的体积，又利用其产生了新能源。尽管垃圾焚烧具有众多比较优势，但公众最担心的就是焚烧过程中产生的污染物——二噁英。经过多年的发展，垃圾焚烧技术已有了飞跃式的进步，已经实现了对二噁英的高效处理。虽然低于 400℃时焚烧会产生大量二噁英，但焚烧温度超过 850℃，99%的二噁英会被分解掉，当温度达到 1000℃以上，二噁英就全部分解了。经过多年的科普，公众对于垃圾焚烧的技术原理、环境影响都已经越来越清晰。与此同时，人们在认同“技术无害”的同时，仍在担心“监管有漏”。“不要称垃圾焚烧在日本、德国如何，他们的监管体制那么完备，人员素质那么高，我们能做到吗？”这是民众的一种担忧。要让百姓对垃圾焚烧有信心，垃圾场必须要主动与社会沟通。垃圾焚烧企业应该接受市民与社会团体监督、建议，并将与政府、市民的沟通全公开。

无论技术和管理上多先进，垃圾焚烧厂还是扰民设施，垃圾焚烧企业必须要承认这种环境影响，不能总寄希望于公众自愿牺牲既得利益，而要考虑利用补偿机制让居民感受到利益平衡。“这是一个烟囱，烟囱的形状有点怪，上边红色的是一部电梯，烟囱有 120m 高，相当于 40 层楼高，这个电梯是透明的，烟囱上面有一个观景台，还有一个旋转餐厅。就是说你在这吃饭闻到的是香味，没有臭味，也看不到什么烟。”这是台北市环境工程技师公会的工程师林斌龙对台北市的北投垃圾焚烧厂的描述（图 7-6）。现在，这个地方不仅早已不像人们印象中垃圾焚化厂那样让人闻之色变，还成了知名的观光景点。这里除了焚烧垃圾，厂区内还建起了健身中心等娱乐休闲设施，供附近居民使用。在1985年前，台北市的垃圾都是露天堆置，形成基隆河旁的“内湖垃圾山”。垃圾填埋产生的臭味影响到附近的居民，居民开始抗争，这是早期的环保抗争。后来当地政府决定在垃圾堆旁边建一座焚烧厂来解决这个问题，经过居民与政府的抗争、妥协，后来达成了很多协议。例如，当地居民用电可以申请电费补助，因为这个焚烧厂可以发电；水费也有补助，居民去焚烧厂的温水游泳池不要钱。为了减轻焚化厂的处理压力，台北市1992年即开始推动资源垃圾回收，1997年实施“垃圾不落地”及“三合一资源回收计划”，规定市民必须将垃圾直接交给垃圾车收运，采取定时、定点、定线清运垃圾方式，方便市民将“垃圾分类”、“资源回收”与“垃圾清运”一次完成。这些也许值得我们的政府和垃圾焚烧企业去借鉴。

图7-6　台北市北投垃圾焚烧厂外景

2. 热解

热解（pyrolyzation）是一种低污染的固体废物处理与资源化技术，是利用大分子有机物的热不稳定性，使其在无氧或缺氧的条件下，受热分解为小分子有机物的过程。其产物主要是可燃的气、液、固态的化合物。气态的有氢、甲烷、一氧化碳；液态的有甲醇、乙醛、丙酮、乙酸及焦油和溶剂油等；固态的主要是炭黑。

热解的影响因素主要有温度和压力。常压、高温的产物以气为主，常温高压时则以液态燃料居多。由于高压条件下操作难度较大，故常采用高温、高压工艺条件。固废热解的处理对象主要是废塑料、废橡胶、污泥、城市垃圾和农用固体废物。

3. 湿式氧化

湿式氧化（wet air oxidation）又称湿式燃烧法，是有水存在的有机物料在适当的温度和压力下快速进行氧化，排放的尾气中主要含有二氧化碳、氮气、过剩的氧气等，残余液中有残留的金属盐类和未反应完全的有机物。由于该过程是放热反应，所以一旦反应开始，过程就会在有机物氧化放出的热量作用下自动进行，不需要辅助燃料。

湿式氧化法的优点是耗能少，反应速率快，参与的氧化液容易脱水，消毒灭菌彻底，可以处理未经脱水处理的污泥或其他方法难以处理的高浓度有害有机废水。

7.3　固体废物最终处置

固体废物最终处置是指为把固体废物最大限度地与生物圈隔离而采取的措施，以确保废物中的有毒、有害物质现在和将来都不会对人类和环境造成危害，因此是解决固体废物最终归宿的措施。固体废物的最终处置可以分为陆地处置和海洋处置两大类：前者有深井灌注、土地耕作和土地填埋等，后者有远洋焚烧和海洋倾倒。

7.3.1　固体废物的陆地处置

1. 深井灌注

深井灌注是将固体废物液体化，用强制性措施注入与饮用地下水层隔绝的可渗性岩层内。这种方法适用于各种相态的废物处置，但必须使废物液化，形成真溶液或乳浊液。

适于深井灌注的地层必须满足下述条件：必须位于地下水饮用水层之下；岩层孔隙率大，有足够的液体吸收容量、面积与厚度，能在适当的压力下将灌注液以适宜速度注入；不透性岩层或土层与含水层相隔；岩层中原有的液体能和注入液相溶。灌注区的钻探与灌注井的施工类似于石油钻探和建井技术。钻探的目的是探明地层结构，寻找适宜的灌注岩层。图 7-7 为灌注井的结构形式，这种结构比石油井复杂而严密。

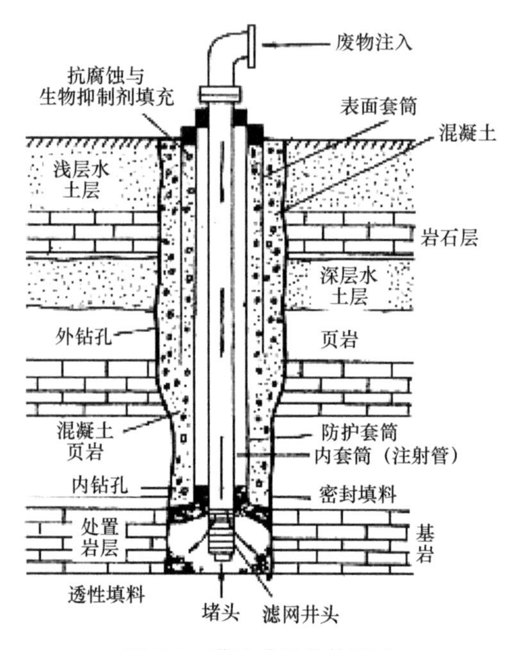

图 7-7　灌注井的结构形式

在灌注前应对废物进行适当预处理，防止灌后堵塞岩层孔隙。一般的预处理是固液分离，使易堵塞的固体沉出。另一种方法是先向井中注入缓冲剂，如一定浓度的盐水等。灌注操作在控制的压力下恒速进行，灌注速率一般每分钟 0.3～4m^3。深井灌注系统需配置连续监测装置，记录压力与注速，并需监测井泄漏情况。

2. 土地耕作

土地耕作处置是利用表层土壤的离子交换、吸附、微生物降解及渗滤水浸出、降解产物的挥发等综合作用机制处置工业固体废物的一种方法。该技术具有工艺简单、费用适宜、设备易于维护、对环境影响小、能够改善土壤结构、增长肥效等优点，主要用于处置含盐量低、不含毒物、可生物降解的有机固体废物。

3. 土地填埋

土地填埋处置具有工艺简单、成本较低、适于处置多种类型固体废物的优点，是固体废物最终处置的一种主要方法。根据处置的废物种类，土地填埋方法分惰性废物填埋、工业废物土地填埋、卫生土地填埋和安全土地填埋。其中惰性废物填埋最为简单，只需把建筑废石等直接埋入地下，这种方法又分为浅埋和深埋两种类型。工业固体废物填埋适宜处置工业无害废物，对其填埋基底的防渗性能要求不高。

1）卫生土地填埋

卫生土地填埋的处置对象主要是城市垃圾和一般固体废物。按照填埋物降解时的好氧程度，卫生土地填埋又分为厌氧、好氧和准好氧填埋三种类型。其中后两者虽然分解速度快、杀菌效果好、渗透液产生量少，但由于结构复杂、施工困难、造价高而不便推行使用。我国卫生填埋基本上都采用厌氧填埋。图 7-8 所示为卫生填埋场的剖面示意图。

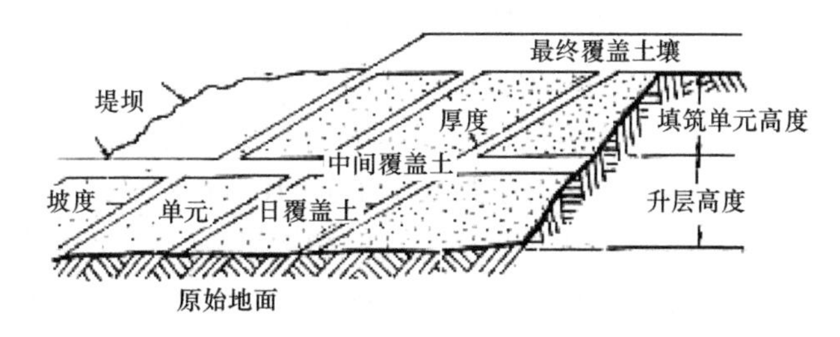

图 7-8　卫生填埋场的剖面图

垃圾填埋场设计和施工的首要任务是选址。影响选址的因素有很多，主要应从工程学、环境学、经济学及社会和法律等方面来考虑。这几个因素是相互影响、相互联系、相互制约的。在选址的过程中，应满足以下基本的原则。

第一，从经济学方面考虑。首先场址要满足一定的库容量要求。任何一个卫生填埋场，其建设均必须满足一定的服务年限。一般填埋场合理使用年限不少于 10 年，特殊情况下不少于 8 年。其次场址应交通方便、运距合理，具有能在各种气候条件下运输的全天候公路，宽度合适，承载适宜，尽量避免交通堵塞。根据有关资料，垃圾填埋处理费用当中 60%～90%为垃圾清运费。缩短清运距离，对降低垃圾处理费用起关键作用。再次场址周围应有相当数量的土石料。所选场地附近，用于天然防渗层和覆盖层的黏土及用于排水层的砂石等应有充足的可采量和质量来保证能达到施工要求；黏土的 pH 和离子交换能力越大越好，同时要求土壤易于压实，使土具有充分的防渗能力。

第二，从工程学方面考虑。一是地形、地貌及土壤条件，场地地形坡度应有利于填埋场施工和其他建筑设施的布置，不宜选在地形坡度起伏较大的地方和低洼汇水处。二是地质条件，场址应选在工程地质性质有利的最密实的松散或坚硬的岩层之上，它的工程地质力学性质应保证场地基础的稳定性并使沉降量最小，有利于填埋场边坡稳定性的要求。三是气象条件，场址宜位于具有较好的大气混合扩散作用的下风区，白天人口不密集的地区。

第三，从环境学方面考虑。对地表水保护、对地下水保护、对居民的影响要降到最低。在垃圾填埋场中高密度聚乙烯土工膜是防渗的灵魂材料。土工膜的质量好坏对保护地表水地下水起着关键性的作用。

第四，从政策法规方面考虑。垃圾填埋场的选址应服从当地城市总体规划，符合当地城市区域环境总体规划要求，符合当地城市环境卫生事业发展规划要求。

2）安全土地填埋

安全土地填埋的主要处置对象是一些有害固体废物，包括矿物油类。因此，安全填埋对防止二次污染的要求更为严格，除了要铺设更为完善的渗沥液收集、排放设施以外，还要求必须设置人造或者天然的防渗层，且要求基地的黏土层厚度须大于 5m，渗透系数要小于 1.0×10^{-7}cm/s，天然基层的饱和渗透系数为 $1.0\times10^{-7}\sim1.0\times10^{-6}$cm/s 时，需选用复合衬层，所用的高密度聚乙烯膜的厚度不得小于 1.5mm，如果天然基础层的渗透系数大于 1.0×10^{-6}cm/s 时，需采用双复合衬层作为防渗层。封场用的覆盖层也需采用类似的防渗措施。对于有浸出毒性或反应性的危险废物，填埋前还要进行固化处理。图 7-9 所示为安全填埋场结构。

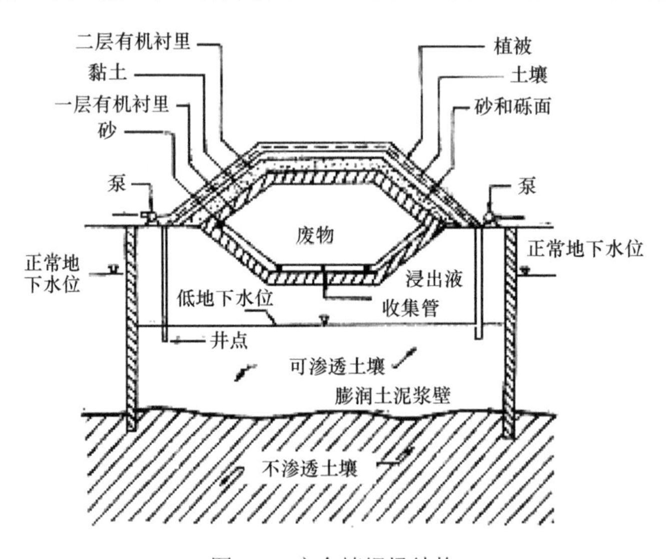

图 7-9　安全填埋场结构

7.3.2　固体废物的海洋处置

固体废物的海洋处置至今仍然是一种有争议的处置方法。海洋处置能做到将有害废物与人类生存、生活环境隔离，是一种高效、经济的最终处置方法。但对于有害固体废物，特别是放射性废物，不管采用何种方式投放海中，也许短期内很难发现其危害，长期并不加控制的投放必将造成海洋污染、杀死鱼类、破坏海洋生物、最终祸及人类自身。

为保护海洋、防止海洋污染、加强对固体废物海洋处置的管理，国际上已制定了许多相应法规、标准和国际性协议，明确海洋固体废物处置的范围和处置量。由于海洋有很大的受纳容量，因此只要符合相关的法规，经济上有利可图，并充分考虑到对生态的影响，这种方法还是可供选择的处置途径之一。但随着人们对保护环境生态重要性认识的加深和总体环境意识的提高，海洋处置已受到越来越多的限制。

1. 海洋倾倒

海洋倾倒的依据是海洋具有极大的容量和对污染物的稀释能力。但是从环境的安全角度考虑，禁止倾倒以下废物：含有有机卤素、镉及其化合物的废物；强放射性废物；原油、石油炼制的残油及废弃物；妨碍航行、捕鱼和其他活动或危害海洋生物、能在海面漂浮的废物。需要特殊许可证的严格限制倾倒的废物有：含砷、铜、锌、铬、铅、镍、钒等物质及化合物；含氰化合物、氟化物及有机硅化物；弱放射性有机废物；易沉入海底的严重妨碍航行或捕鱼的笨重废弃物。对于低毒和无毒的废弃物需要普通的许可证。

海洋倾倒有两种方法：一种是将固体废物如垃圾、含有重金属的污泥等有害废弃物及放射性废弃物等直接投入海中，借助于海水的扩散稀释作用使浓度降低；另一种方法是把含有有害物质的重金属废弃物和放射性废弃物用容器密封，用水泥固化，然后投放到约5000m深的海底。固化方法有两种，一种是将废物按一定配比同水泥混合，搅匀注入容器，养护后进行处置；另一种方法是先将废物装入桶内，然后注入水泥或涂覆沥青，以降低固化体的浸出率。由于海洋有足够大的接受能力，且又远离人群，污染物的扩散不容易对人类造成危害，因而是处置多种工业废物的理想场所。处置场的海底越深，处置就越有效。海洋倾倒不需覆盖物，只需将废物倒入海中，因此该方法为一种最经济的处置方法。

固体废物海洋倾倒的工作次序是：按法律规定选择处置场；按照处置区域海洋学特性、海洋保护水质标准和废物种类选择倾倒方式；进行技术上可行性分析及经济效益分析；按照设计方案进行投弃。投弃前对放射性及重金属废物都要进行固化，对放射性废物要设置辨识标志。

2. 远洋焚烧

远洋焚烧是利用焚烧船在远海对固体废物进行焚烧处置的一种方法，适于处置各种含卤素的有机废物。由于海水中含有大量的氯化物，氯平衡不会因焚烧污染物而受到破坏；此外，由于海水中碳酸盐的缓冲作用，也不会由于吸收大量HCl而改变pH。因此，远洋焚烧适宜于处理各种含卤素的有机废物，其突出特点在于焚烧产生的残渣及冷凝后的HCl可以直接入海。

焚烧在远海利用焚烧船、焚烧平台或人工构筑物进行。要求燃烧温度高于1250℃，燃烧效率至少为99.95%±0.05%；灶台上不应该有黑烟或火焰延露。远洋焚烧也须获得特别的许可证。

阅读材料：太平洋垃圾大板块

——依互联网资料整理

在21世纪的今天，垃圾对环境造成破坏则越来越难以回避。在夏威夷海岸与北美洲海岸之间出现了一个“太平洋垃圾大板块”，可称为世界“第八大洲”。这个“垃圾洲”由数百万吨被海水冲积于此的塑料垃圾组成。在地球的这一地区，顺时针流动的海水形成了一个可让塑料垃圾飞旋的永不停歇的强大漩涡。数年来，北太平洋亚热带涡流将来自海岸或船队的塑料垃圾聚集起来，卷入漩涡，再通过向心力将它们逐渐带到涡流中心，形成了垃圾大陆。它相当于两个美国得克萨斯州，约4个日本大小，是中国香港特别行政区的1000倍。这就是“臭名昭著”的“太平洋垃圾大板块”。这个垃圾堆由数百万吨被海水冲积于此的塑料废物组成，充满了被丢弃的鞋子、瓶子、牙刷、奶嘴、塑料包装，以及其他所能想象得到的垃圾。数年来，在海洋涡流的推动下，这些海船碎片和海洋垃圾聚集起来，形成了这块略低于水面的松散区域。在这一水域的主要部分，塑料垃圾的厚度可达30m。

这些海面上漂浮的塑料垃圾，将对水生生物构成严重威胁。例如，鸟类会错误地将塑料当成食物，导致消化系统受到阻塞。在阳光的照射和海浪的拍打下会慢慢分解，变成小碎片，这些微小的塑料碎片造成的破坏，比那些较大的塑料垃圾导致的危害更大。这些塑料碎片在被小鱼误食以前，就像海绵一样会不断吸附重金属和污染物。它们通过较大的鱼、鸟类和海洋哺乳动物向食物链的上层移动过程中，毒性会不断被浓缩。

2009年华盛顿的一份报告又一次让我们看到了海洋的垃圾之困：从废弃渔网到塑料袋、香烟过滤嘴，危害全球海洋和海岸海洋垃圾问题正在愈演愈烈。报告指出除了少数几个国际、区域和国家在减少海洋污染上有所努力外，倾入海洋垃圾数量已经达到了警戒位置，进一步在全球危害人类健康安全、伤害野生动物、损坏海中设备和破坏海岸环境。

7.4　生活垃圾处理与资源化

7.4.1　生活垃圾概述

1. 生活垃圾的特性及危害

生活垃圾是人类社会的必然产物，是指在日常生活中或者为日常生活提供服务的活动中产生的固体废物及法律、行政法规规定视为生活垃圾的固体废物。主要是来自居民的生活消费、商业活动、市政建设和维护、机关办公等过程中产生的固体废物，包括城乡生活垃圾、城建渣土、商业固体废物、粪便等。具有如下特性：①无主性，即被丢弃后不易找到具体负责者；②分散性，丢弃后分散在各处，需对其进行收集；③危害性，给人们的生产和生活造成不便，危害人体健康；④错位性，一个时空领域的废物在另一个时空领域可能是宝贵的资源。

生活垃圾中存在对人体有危害的物质，包括有害微生物（如致病菌、病毒等），有机污染物（如氯化烃、碳氢化合物气体等），无机污染物（如汞、镉、铅、砷、铜、铬等），物理性污染物（如放射性污染物）及其他污染物（如寄生虫、害虫、臭气等）。这些污染物污染着土壤、空气与水体，并通过多种渠道危害人体健康。

2. 生活垃圾的分类

垃圾分类，指按一定规定或标准将垃圾分类储存、分类投放和分类搬运，从而转变成公共资源的一系列活动的总称。分类的目的是提高垃圾的资源价值和经济价值，力争物尽其用。垃圾在分类储存阶段属于公众的私有品，垃圾经公众分类投放后成为公众所在小区或社区的区域性准公共资源，垃圾分类驳运到垃圾集中点或转运站后成为没有排除性的公共资源。从国内外各城市对生活垃圾分类的方法来看，大致都是根据垃圾的成分构成、产生量，结合本地垃圾的资源利用和处理方式来进行分类的，如日本一般分为塑料瓶类、可回收塑料、其他塑料、资源垃圾、大型垃圾、可燃垃圾、不可燃垃圾、有害垃圾等；澳大利亚一般分为可堆肥垃圾、可回收垃圾、不可回收垃圾；我国台湾地区则分为一般垃圾、可回收垃圾和厨余垃圾；我国大多数地区生活垃圾一般分为厨余垃圾、可回收垃圾、有害垃圾和其他垃圾四大类。

（1）厨余垃圾：厨房产生的食物类垃圾及果皮等。主要包括剩菜剩饭与西餐糕点等食物残余、菜梗菜叶、动物骨骼内脏、茶叶渣、水果残余、果壳瓜皮、盆景等植物的残枝落叶、废弃食用油等。

（2）可回收垃圾：再生利用价值较高，能进入废品回收渠道的垃圾。主要包括纸类（报纸、传单、杂志、旧书、纸板箱及其他未受污染的纸制品等）、金属（铁、铜、铝等制品）、玻璃（玻璃瓶罐、平板玻璃及其他玻璃制品）、除塑料袋外的塑料制品（泡沫塑料、塑料瓶、硬塑料等）、橡胶及橡胶制品、牛奶盒等利乐包装、饮料瓶（可乐罐、塑料饮料瓶、啤酒瓶等）等。

（3）有害垃圾：含有有毒有害化学物质的垃圾。主要包括电池（蓄电池、纽扣电池等）、废旧电子产品、废旧灯管灯泡、过期药品、过期日用化妆品、染发剂、杀虫剂容器、除草剂容器、废弃水银温度计、废油漆桶、废打印机墨盒、硒鼓等。

（4）其他垃圾：除去可回收垃圾、有害垃圾、厨房垃圾之外的所有垃圾的总称，主要包括受污染与无法再生的纸张（纸杯、照片、复写纸、压敏纸、收据用纸、明信片、相册、卫生纸、尿片等）、受污染或其他不可回收的玻璃、塑料袋与其他受污染的塑料制品、废旧衣物与其他纺织品、破旧陶瓷品、妇女卫生用品、一次性餐具、贝壳、烟头、灰土等。

2016年施行的《广东省城乡生活垃圾处理条例》将城乡生活垃圾分为以下四类：可回收物、有机易腐垃圾、有害垃圾、其他垃圾，并明确普通无汞电池属于其他垃圾，而非有害垃圾。

阅读材料：白色污染与“限塑令”

——依互联网资料整理

白色污染（white pollution）是对废塑料污染环境现象的一种形象称谓，是指用聚苯乙烯、聚丙烯、聚氯乙烯等高分子化合物制成的包装袋、农用地膜、一次性餐具、塑料瓶等塑料制品使用后被弃置成为固体废物，由于随意乱丢乱扔，难于降解处理，给生态环境和景观造成的污染。

塑料购物袋是日常生活中的易耗品，中国每年都要消耗大量的塑料购物袋。塑料购物袋在为消费者提供便利的同时，由于过量使用及回收处理不到位等原因，也造成了严重的能源、资源浪费和环境污染。特别是超薄塑料购物袋容易破损，大多被随意丢弃，成为“白色污染”的主要来源。我们日常使用的塑料袋的主要原料是聚乙烯和聚氯乙烯，都是不可降解的。这些塑料袋废弃后，如果焚烧，会产生大量有毒有害气体污染空气；如果掩埋地下，大约200年才能腐烂，会对土壤的酸碱度产生不良影响。因此，越来越多的国家和地区已经限制塑料购物袋的生产、销售、使用。例如，澳大利亚2008年开始在各超级市场逐步分阶段实施停止使用塑料购物袋的措施；美国旧金山市议会2007年通过了禁止超市、药店等零售商使用塑料袋的法案。

为落实科学发展观，建设资源节约型社会和环境友好型社会，从源头上采取有力措施，督促企业生产耐用、易于回收的塑料购物袋，引导、鼓励群众合理使用塑料购物袋，促进资源综合利用，保护生态环境，进一步推进节能减排工作，2007年12月31日，中华人民共和国国务院办公厅下发了《国务院办公厅关于限制生产销售使用塑料购物袋的通知》，该通知被群众称为“限塑令”。该通知中规定，从2008年6月1日起，在全国范围内禁止生产、销售、使用厚度小于0.025mm的塑料购物袋；从2008年6月1日起，在所有超市、商场、集贸市场等商品零售场所实行塑料购物袋有偿使用制度，一律不得免费提供塑料购物袋”。

据报道，节假日期间是塑料袋使用的高峰期，而“限塑令”在我国实施以来，效果并不明显。有统计显示，全球每年塑料总消费量约4亿t，而中国消费6000万t以上。“限塑令”规定塑料购物袋有偿使用的主要目的是通过价格的杠杆调节机制来提高公众环保意识，但在很多消费者看来，相比便携的需求，塑料袋几毛钱的成本感受不明显，在不少超市，每年仅出售塑料袋就能赚上千万元，“限塑令”甚至沦为了“卖塑令”。为减少使用塑料袋产生的污染，多地提倡使用“环保袋”“菜篮子”，甚至推行“禁塑令”，试图破解塑料袋的难题。吉林省于2015年1月1日起正式施行“禁塑令”，规定全省范围内禁止生产、销售不可降解塑料购物袋、塑料餐具，这也成为中国施行“限塑令”后首个全面“禁塑”的省份。

7.4.2 生活垃圾处理

生活垃圾处理专指日常生活或者为日常生活提供服务的活动所产生的固体废弃物及法律法规所规定的视为生活垃圾的固体废物的处理，包括生活垃圾的源头减量、清扫、分类收集、储存、运输、处理处置及相关管理活动。处理的目的是减少垃圾产量，使垃圾的“质”（成分与特性）与“量”更适于后续处理或最终处置的要求。垃圾处理遵循减量化、无害化、资源化、节约资金、节约土地和居民满意等准则，因地制宜、综合处理、逐级减量。例如，为了便于运输和减少费用，常进行压缩处理；为了回收有用物质，常需加以破碎处理和分选处理。发达国家生活垃圾治理已经从末端处置向全量资源化方向发展，而我国目前还处于以末端处置为主、资源化为辅的初级阶段。

随着我国社会经济的快速发展、城市化进程的加快及人民生活水平的迅速提高，城市生产与生活过程中产生的垃圾废物也随之迅速增加，生活垃圾占用土地，污染环境的状况及对人们健康的影响也越加明显。城市生活垃圾的大量增加，使垃圾处理越来越困难，由此而来的环境污染等问题逐渐引起社会各界的广泛关注。

中国环境保护产业协会的统计数据表明：2014 年全国 653 个设市城市生活垃圾清运量 1.79 亿 t，有各类生活垃圾处理设施 818 座，处理能力为 53.3 万 t/d，无害化处理量约为 1.64 亿 t/a。在 818 座城市生活垃圾处理设施中，填埋场有 603 座，处理能力 33.5 万 t/d，实际处理量为 1.07 亿 t/a；城市生活垃圾焚烧发电厂有 188 座，处理能力 18.6 万 t/d，实际处理量 5330 万 t/a；城市生活垃圾堆肥厂（含综合处理）有 26 座，处理能力 1.2 万 t/d，实际处理量为 320 万 t/a。生活垃圾处理焚烧处理进一步增加，以堆肥处理为主的各类综合处理处于萎缩状态，卫生填埋场的数量和处理能力略有增长。按生活垃圾清运量统计分析填埋、堆肥和焚烧处理比例分别占 60.2%、1.8%（其中包括综合处理厂数据）和 29.8%，其余 8.2% 为堆放和简易填埋处理。

7.4.3 生活垃圾资源化

垃圾资源化，是将废弃的垃圾分类后，作为循环再利用原料，使其成为再生资源。垃圾资源化是未来城市垃圾处理的重要方向。在城市化进程中，垃圾作为城市代谢的产物曾经是城市发展的负担，世界上许多城市均有过垃圾围城的局面。而如今，垃圾被认为是最具开发潜力的、永不枯竭的“城市矿藏”，是“放错地方的资源”。这既是对垃圾认识的深入和深化，也是城市发展的必然要求。

生活垃圾虽然成分复杂，但是所有的垃圾都是工农业制品。如果将垃圾按照不同的类别进行分选处理，分为不同的类型，就能够实现循环再利用。例如，将垃圾中的塑料分选出来，塑料造粒后循环再利用；将垃圾中的金属分选出来，冶炼后循环再利用；将垃圾中的纸、木制品分选出来，造纸后循环再利用；将垃圾中的有机物（餐厨垃圾等）分选出来，可以制成有机肥料再利用；将垃圾中的无机物（砖头、瓦块、玻璃、陶瓷等）分选出来，可以制成免烧砖循环再利用等。

垃圾资源化的难点在于：首先是分离分选技术，能否将不同类型和属性的物料分离出来，是决定垃圾资源化的基本保障。如果垃圾的分离分选精度不高，就会造成后期资源化再利用的困难和失败。其次是循环再利用技术，能否将分离分选出来的物料，再加工为质量合格的再循环利用产品。

我国生活垃圾处理现阶段主要是以卫生填埋为主，而且垃圾分类细分不强、执行不到位，没有形成较有效的循环利用路线。目前垃圾的分离分选技术没有统一标准，国外的垃圾分离分选技术对国内的垃圾适应性不强。近些年国内企业不断研发各类新型技术，以满足国内日益增长的市场需求。

7.5　电子垃圾污染控制

7.5.1　电子垃圾污染概述

电子垃圾（E-waste），也称电子废物，是指废旧的电子产品，包括电脑、打印机、复印机、电视、手机及混合有塑料金属及其他材料的精密玩具。2012 年全球电子垃圾产量为 4890 万 t，并以约 4%的年增长势头持续增加，电子垃圾已成为全球增长速度最快的固体垃圾。

电子垃圾虽然名为“垃圾”，但从资源可循环的角度来看，电子垃圾中含有大量可以回收利用的器材和贵重的金属。电子垃圾中 80%～90%的物质是有价值的，可以循环再利用，其中含有大量的铜、铝、铅、锌等有色金属和金、银等贵金属。平均 1t 随意收集的电脑及其部件中，约有 0.9kg 黄金、128.7kg 铜、58.5kg 铅、31kg 铁、19.8kg 锑、9.6kg 锡、270kg 塑料，还有钯、铂等贵重金属；废弃线路板中仅铜的含量即高达 20%。因电子垃圾具有比普通城市垃圾高得多的价值，提取回收电子垃圾中的这些成分，不仅可以节省日益枯竭的自然资源，同时还能获取巨大的经济效益。

电子垃圾所含化学成分复杂，除了含有大量的贵重金属外，也含有大量的有毒重金属和持久性有机污染物（POPs），包括多氯联苯（PCBs）、多环芳烃（PAHs）、多溴联苯醚（PBDEs）和二噁英与呋喃类（PCDDs/Fs）等。电子垃圾中半数以上的材料对人体有害，有一些甚至是剧毒的。例如，一台电脑有 700 多个元件，其中有一半元件含有汞、砷、铬等各种有毒化学物质；电视机、电冰箱、手机等电子产品也都含有铅、铬、汞等重金属；激光打印机和复印机中含有碳粉等。

电子垃圾被填埋或者焚烧时，其中的重金属渗入土壤，进入河流和地下水，将会造成当地土壤和地下水的污染，直接或间接地对当地的居民及其他的生物造成损伤；有机物经过焚烧，释放出大量的有害气体，对自然环境和人体造成危害；铅会破坏人的神经、血液系统及肾脏，影响幼儿大脑的发育；铬化合物（特别是六价铬）会破坏人体的 DNA，引发哮喘等疾病。

电路板似乎更加贵重，在它们身上下的工夫也最多。工人通常首先把能用的元件收集起来重新出售，然后把集成电路芯片投入王水，以溶解里面的金；废旧电路板也会投到酸溶液，以提取铜等有色金属。最后剩下的废物就是无用的玻璃纤维基板，它们随后会被焚烧，释放出PCDD/Fs等剧毒物质。

电池、开关、传感器、移动电话中都可能含有汞，在微生物的作用下，无机汞会转变为甲基汞，通过食物链的富集进入人体，会严重破坏神经系统，重者会引起死亡。遗弃后的空调和制冷设备中的氟利昂排放到大气中后将会破坏臭氧层，引起温室效应，并增加皮肤癌的发生概率。溴系阻燃剂和含氯塑料低水平的填埋或不适当的燃烧和再生将会排放有毒有害物质。

电子垃圾的压碎、拆解过程也会造成重金属和持久性有机污染物的泄漏。在粗放式电子垃圾回收处理过程中，这些有毒有害物质被释放到环境，造成重金属和持久性有机污染物在空气、水、底泥和土壤等环境介质的富集，对生态环境和人体健康产生潜在危害。电子垃圾拆解、回收地区的人群存在两种污染暴露方式，即直接参与拆解、回收工作人员的职业暴露和当地居民的环境暴露。污染物质通过人体呼吸、皮肤接触、摄食等多种途径进入人体，从而危害人体健康。重金属会对人体神经系统产生危害，导致智力发育迟滞，肾脏受损，甚至死亡。而POPs会在人体内蓄积，引起内分泌失调、扰乱生殖、诱发癌症等。

7.5.2　电子垃圾处理与处置

电子垃圾包含多种有害物质，所以不能简单地将它送到垃圾焚烧炉进行焚烧。另外，电子垃圾中也包含可以回收再利用的部分，属于可回收垃圾，做好回收利用，可以变废为宝。通过人工拆解和机械拆解分拣，对电子垃圾进行综合处理，不仅会保护自然环境，而且能够对某些资源进行回收再利用，达到降低元器件制造成本的目的。

电子垃圾品种类型非常复杂，各厂家所生产的同种功能的产品从材料选择、设计、生产上也各不相同，一般拆分为印刷电路板、电缆电线、显像管等，其回收处理一直是一个相当复杂的问题。20世纪70年代以前，废电路板的回收技术主要着重于对贵金属回收。但随着技术的发展和资源再利用的要求，已发展为对铁磁体、有色金属、贵金属、有机物质等的全面回收利用。许多国家都对它的处理处置做了很多的研究，开发出了很多的资源化处理处置工艺，以回收其中的有用组分，稳定或去除有害组分，减少对环境的影响。处理处置电子垃圾的方法主要有化学处理方法、火法、机械处理法、电化学法微生物处理法或几种方法相结合。

目前我国已进入电器淘汰高峰期。根据工业和信息化部的统计数据，近年来我国手机、计算机、彩电、冰箱等主要电器电子产品年产量超过20亿台，每年的报废量超过2亿台，质量超过500万t，我国已经成为世界第一大电器电子产品生产和废弃大国，而且未来数年这种淘汰速度还会加快。以手机为例，2014 年，国内手机用户约 50%的换机时间为 18 个月，截至 2015 年年初，我国手机使用数量超过 13 亿部。另外，废旧汽车、电动车等也是电子垃圾的一个重要来源。联合国的一份报告指出，欧美发达国家生产的电子垃圾大约 90%流向亚洲，其中又有 80%流向中国，中国已经成为世界最大的电子“垃圾场”，并在浙江台州、广东汕头和清远等地形成全球著名的电子垃圾拆解集散地。

随着当今全球矿产资源的日益匮乏和环境污染治理的迫切需要，世界各国特别是西方发达国家都视电子垃圾为一个可再生的资源，并刺激和鼓励电子垃圾的回收利用，形成一个较为完善的回收处理体系。美国每年产生 300 多万吨电子垃圾，这些废弃物所带来的环境问题日益严重，美国人不得不开始考虑建立专门的电子垃圾回收中心来解决这个问题。而在欧洲，一些国家要求生产厂商负责回收这些废弃物，同时，他们还要求产品的设计更加的环保，尽量减少使用有害物质。

虽然我国已正式发布了《废弃电器电子产品回收处理管理条例》，并于 2011 年 1 月 1 日开始实施，但由于人们缺乏对电子废弃物回收的意识及处理与处置水平落后，导致电子废弃物的回收率非常低。有调查显示，我国废旧手机回收率仅 1%；人民网对网友如何处理家中旧家电进行了调查，结果表明仅有 19.8%的人选择返厂回收，其他处理均给了小商贩流入二手市场。另外，存在一些规模较大的企业，将电子垃圾集中分离后从中获取原料，残余物送往电子垃圾厂处理，但这类企业数量很少。目前，国内大部分的电子垃圾主要涌向了两个渠道：收垃圾的小贩和拆解作坊。小贩收来的旧电器一般有两个出路：能用的改装之后再卖到农村，这些电器既存在安全隐患，又给家电市场带来冲击；不能用的，把玻璃、塑料等能卖钱的卖了，其余的当垃圾扔掉。最后，这些包含大量有害物质的废物多会被当做普通垃圾填埋或焚烧。拆解作坊相对于小贩来说比较高级一些，但也不外乎采用最原始的人工敲打办法，把拆下的电机等价值较高的零件集中卖掉，其余的按废铁、塑料等废品出售；对完全不能用的电子废弃物，如冰箱、空调机中的制冷剂则任意倾倒。

阅读材料：清远——从家庭作坊到工业园建设

——依互联网资料整理

电子垃圾处理不仅是一个环保问题，也是一个资源战略问题。为此，清远政府创办了循环经济区，让分散的电子垃圾拆解户都进园区，进行集中拆解。2002年，清远市政府提出“入园经营、圈区管理”的整体部署。清远市委、市政府在龙塘镇和石角镇规划建设了清远华清循环经济工业园，将清远市数千个体拆解户和拆解、回收、深加工企业逐步集中到园区发展，进行入园统一监督、统一管理。清远市委、市政府进一步引进全新的拆解模式，不用再焚烧，而是通过剥皮、搅碎来获取里面具有利用价值的铜。

2005年，清远被国家发展和改革委员会等6部委作为再生资源集散市场，列为首批国家循环经济试点单位。2010年5月，清远华清循环经济工业园被国家发展和改革委员会和财政部列为国家首批“城市矿产”示范基地。这是继2005年被国家发展和改革委员会等6部委列为国家首批循环经济试点、2007年被国家标准化管理委员会列为国家首批循环经济标准化试点后，华清园区承担的又一国家级示范基地建设项目，这也是广东省唯一入选首批试点的示范园区。

目前，清远已完成了循环经济标准体系的建立，内容覆盖了再生资源回收、拆解、初加工和深加工，包括废杂有色金属分类、回收、分选和拆解，废旧物资储存和运输，污水处理，有毒有害及危险品处理处置等方面。

7.5.3 电子垃圾污染场地修复

2000年以来，我国一些地方的电子垃圾拆解区相继出现了严重的环境污染问题，由此科学界对电子垃圾的污染及防控等问题进行了大量的研究，明确了电子垃圾对生态环境的污染特点，并开展了电子垃圾污染防控的对策研究。随着国家相应法律法规和政策的逐步完善，大量电子垃圾拆解作坊将升级改造或搬迁。因此，将有大量的电子垃圾污染场地土壤亟须修复。电子垃圾污染场地的污染物类别多且复杂、毒性高、污染程度严重、污染直径范围大。此外污染场地中除了重金属和传统有机污染物外，还存在多类新型有机污染物，特性复杂且污染程度同样严重。因此有必要采取合适的修复技术净化该类污染场地。然而，目前国内外对电子垃圾污染土壤的研究主要集中在污染物调查、暴露水平和风险评估方面，而对电子垃圾污染场地的修复研究尚不多。

与一般的工业场地污染相比，电子垃圾拆解区的污染土壤有其特殊之处，呈现多种毒害重金属和持久性有机物共存的特点。这两类不同性质的物质共存会产生多种交互作用，使得修复难度大大增加。对于重金属和有机物复合污染土壤的修复，物理填埋法成本高；化学氧化仅对有机物有效；生物修复对电子垃圾拆解区重度污染土壤的修复很难达到理想的效果，一般仅适用于拆解区周边大面积低浓度污染土壤的修复。淋洗修复由于操作简便、可控性好、修复速度快和处理条件温和等优点，在小面积、高浓度污染场地土壤修复中受到很大重视。针对电子垃圾拆解场地中存在的重度重金属和有机物复合污染土壤，笔者所在团队近年来开展了典型重金属（Cu、Pb、Cd）和毒害有机物（PAHs、PCBs、PBDEs）污染土壤的同步洗脱研究，筛选了以天然有机酸螯合剂柠檬酸为代表的重金属洗脱药剂和以绿色无毒的非离子型表面活性剂吐温 80 为代表的疏水性有机污染物洗脱药剂，筛选了以生物表面活性剂皂素为代表的重金属-PCBs 复合污染洗脱药剂，在此基础上将柠檬酸、吐温 80 和皂素进行复配，研制了可同步脱除土壤中重金属和 PCBs 的复合淋洗剂，复合淋洗剂对土壤中 Cu、Pb、Cd 和 PCBs（初始浓度分别为 5000mg/kg、1967mg/kg、51mg/kg 和 12mg/kg）的单次洗脱率均可达到 80%以上；针对洗脱后的废液处理和淋洗药剂的回收利用问题，研发了以粉末活性炭选择性吸附去除污染物和回收洗脱液的技术。

思　考　题

1. 什么是固体废物？固体废物的主要特点是什么？
2. 固体废物按照来源的不同分为哪几类？各举两三种固体废物说明。
3. 简述固体废物的污染特点及对环境的危害。
4. 简述固体废物的处理、处置方法和污染控制途径。
5. 固体废物压实的目的是什么？设备有哪几种？
6. 固体废物热解处理的原理是什么？试比较热解处理与焚烧处理的区别及各自优缺点？
7. 试述好氧与厌氧堆肥的原理和各自的影响因素。
8. 何为固体废物的卫生填埋？试述卫生填埋场场址的选择要求。
9. 从个人自身角度考虑，举例说明在日常生活中，我们应如何减少固体废物的产生？如何对固体废物进行综合利用？
10. 结合你所在地区实际，简述当地的垃圾分类情况。
11. 简述电子垃圾中主要的污染物种类。

主要参考文献

韩宝平，王子波. 2013. 环境科学基础[M]. 北京：高等教育出版社.

环境保护部环境工程评估中心. 2010. 环境影响评价技术导则与标准[M]. 北京：中国环境科学出版社.

鞠美庭，邵超峰，李智. 2010. 环境学基础[M]. 2 版. 北京：化学工业出版社.

孔昌俊，杨凤林. 2004. 环境科学与工程概论[M]. 北京：科学出版社.

廖侃. 2016. 混合洗脱剂对土壤中重金属和多氯联苯的同步高效洗脱[D]. 广州: 华南理工大学.
刘克峰, 张颖. 2012. 环境学导论[M]. 北京: 中国林业出版社.
卢桂宁, 邓冰露, 周兴求, 等. 一种土壤洗脱液中多氯联苯去除和吐温-80回收的方法及应用[P]. 中国发明专利, ZL 201510136840.5.
邢宇. 2014. 电子垃圾污染场地土壤中重金属的淋洗去除研究[D]. 广州: 华南理工大学.
王淑莹, 高春娣. 2003. 环境导论[M]. 北京: 中国建筑工业出版社.
张方立. 2014. 多氯联苯重度污染土壤的淋洗修复技术研究[D]. 广州: 华南理工大学.
张小平. 2010. 固体废物污染控制工程[M]. 2 版. 北京: 化学工业出版社.
赵景联, 梁勇. 2005. 环境科学导论[M]. 北京: 机械工业出版社.
中国环境保护产业协会城市生活垃圾处理专业委员会. 2016. 城市生活垃圾处理行业 2015 年发展报告[J]. 中国环保产业, (8): 5-10.

第 8 章　环境物理性污染控制

本章导读： 环境物理性污染是指由物理因素引起的环境污染。本章讲述了噪声污染、振动污染、放射性污染、电磁污染、光污染和热污染等环境物理性污染的基本概念、特点和分类，阐述了这些物理性污染对人体健康和环境的影响和危害，并简要介绍了各种物理性污染的防范措施和控制技术。

物理环境中的声、光、热、电磁等都是人类生活活动和生产活动所必需的物理因素，但当这些因素中任何一项的强度过高或过低，都可能会对人类生活产生不利影响，甚至还可能对人体的健康造成危害。这种由物理因素引起的对人或环境的不利影响就称为环境物理性污染。

环境物理性污染是指由物理因素引起的环境污染，如噪声污染、振动污染、光污染、放射性辐射、电磁辐射、热污染等。物理性污染同化学性污染和生物性污染相比，不同之处表现在以下两个方面：一是物理性污染具有瞬时性，它是以能量形式存在的，在环境中不产生残留物质，一旦污染源消除，污染也消失；二是物理性污染具有局部性，区域或全球性较大范围层面的污染较为少见。

8.1　噪声污染

8.1.1　噪声概述

1. 噪声的定义与分类

古代《说文》中提到：噪，扰也。从物理角度上看，噪声是声波的频率、强弱变化无规律、杂乱无章的声音；而从心理学角度上看，凡是令人生理或心理上觉得不舒服的、不悦的、不想要的声音，或给人带来烦恼的、不受人们欢迎的声音，又或是影响人的交谈或思考、工作学习休息的声音，都可称为噪声。由于噪声会妨碍人的休息和健康、降低工作效率，因此它对周围环境造成的不良影响称为噪声污染（noise pollution）。例如，听音乐会时，演员和乐队以外的声音都可能被当作噪声；又如，再悦耳的音乐到了睡觉的时候也可能被当作噪声。由此可见，判断一种声音是否为噪声，不单独取决于该声音本身的物理性质，而且和人类的生活状态有关。噪声大致可分为以下四种：①过响声，如喷气发动机发出的轰隆声；②妨碍声，此种声音虽不太响，但它妨碍人的交谈、思考、学习、睡眠和休息；③不愉快声，如摩擦声、刹车声等属此类；④无影响声，日常生活中，人们习以为常的声音，如户外风吹树叶的沙沙声等。

噪声会妨碍人的休息和健康、降低工作效率，它对周围环境造成的不良影响称为噪声污染。一般人们用分贝（dB）来衡量噪声的强度，用信噪比（*S/N*）来衡量噪声对有用信号的影响程度。噪声的可能来源十分广泛，有飞机、汽车、工厂、建筑工地、日常生活等。

2. 噪声的特点

噪声污染同水、气、固等物质形式的污染相比，具有显著的特点。

（1）能量性。噪声污染是能量的污染，它不具有物质的累积性。声源关闭，污染便消除。

（2）波动性。声能是以波动的形式传播的，因此噪声特别是低频声具有很强的绕射能力。噪声可以说是“无孔不入”。

（3）局限性。由于声音波束发散、吸收、反射、散射等原因，声波能量在传播过程中会不断衰减，因此一般的噪声源只能影响它周围的一定区域，其扩散和危害具有局限性。

（4）难避性。突发的噪声是难以逃避的，“迅雷不及掩耳”就是这个意思。人耳这个器官，不会像眼睛那样迅速合闭来防止光污染，也不会像鼻子遇有异味屏气以待。即使在睡眠中，人耳也会受到噪声的污染。

（5）危害隐蔽性。有人认为，噪声污染死不了人，因而不重视噪声的防治。多数暴露在90dB左右噪声条件下的职工，也认为能够忍受，实际上这种“忍受”是以听力偏移为代价的。生活环境的噪声污染，主要带来的是语言干扰、睡眠干扰和烦恼效应，由此会引起神经衰弱及其他非特异性疾病。可见，噪声的危害不可低估。

3. 噪声的分类

按噪声的来源，可分为工业噪声、交通噪声和生活噪声。

按噪声产生的机理，工业交通噪声又可分为空气动力性噪声、机械性噪声和电磁性噪声：①空气动力性噪声，又称气流噪声，是因气体流动时的压力、速度波动产生的，如喷气式飞机、风机叶片旋转、管道噪声等；②机械性噪声，由固体振动、金属摩擦、构件碰撞、不平衡旋转零件撞击等产生，如冲击力做功等；③电磁性噪声，由电磁作用引起振动产生，如变压器、励磁机噪声等。

按噪声产生的机理，生活噪声又可分为电声性噪声、声乐性噪声和人类语言性噪声。

按声音的频率大小，可分为小于 400Hz 的低频噪声、400～1000Hz 的中频噪声及大于 1000Hz 的高频噪声。

4. 噪声的度量

空气中传播的声是一种疏密波，描述波动的三个物理量是波长 λ（m）、频率 f（Hz）和声速 c（m/s），它们之间的关系是

$$\lambda=c/f \tag{8-1}$$

对噪声的量度，主要有噪声强弱的量度，主要包括声压、声强、声功率、声强级、声压级、声功率级。

1）声压

声压是指声波传播时，在垂直于其传播方向的单位面积上引起的大气压的变化，用符号 P 表示，单位为 Pa 或 N/m^2。

当没有声波存在时，空气处于静止状态，这时大气的压强即为大气压。当有声波存在时，局部空气被压缩或发生膨胀，形成疏密相间的空气层，被压缩的地方压强增加，膨胀的地方压强减少，这样就在大气压上叠加了一个压力变化。声压的大小与物体的振动状况有关，物体振动的幅度越大，即声压振幅越大，所对应的压力变化越大，声压也就越大，我们听起来就越响。因此声压的大小反映了声波的强弱。对于 1000Hz 纯音，人耳刚能觉察到声音存在时的声压称为听阈压，听阈压为 2×10^{-5}Pa（基准声压）。同样对于 1000Hz 的纯音，人耳感觉到疼痛时的声压称为痛阈压，其大小为 20Pa。

2）声强

在单位时间内，通过垂直声波传播方向单位面积的声能量称为声强，用符号 I 表示，单位为 W/m^2。

声强和声压一样，都是用来衡量声音强弱的物理量。声波的传播除引起大气压力的变化外，还伴随着声音能量的传播，声压使用的是压力，而声强使用的是能量。正常人耳对 1000Hz 纯音的听阈为 $10^{-12}W/m^2$（基准声强），痛阈为 $1W/m^2$。

当声波在自由声场中以平面波或球面波传播时，声强与声压的关系为

$$I=\frac{P^2}{\rho c} \tag{8-2}$$

式中，I 为声强，W/m^2；P 为声压，N/m^2；ρ 为空气密度，kg/m^3；c 为声速，m/s。

3）声功率

声源在单位时间内向外辐射的总声能量称为声功率，用符号 W 表示，单位

为 W。

声功率是表示声源特性的重要物理量，它反映了声源本身的特性，而与声波传播的距离及声源所处的环境无关。一旦声源确定，在单位时间内向外辐射的噪声能量就不会改变，对一个固定的声源，声功率是一个恒量。声功率同样存在听阈和痛阈，正常人耳对纯音的听阈和痛阈分别为 10^{-12}W 和 1W。

在自由声场中，声波向四面八方均匀辐射，此时声功率与声强之间的关系为

$$W = SI = 4\pi r^2 I \tag{8-3}$$

式中，W 为声源辐射的声功率，W；I 为距离声源 r（m）处的声强，W/m^2；S 为声波传播的面积，m^2；r 为离开声源的距离，m。

由于声压的听阈与痛阈的绝对值之比为 $1:10^6$，声强或声功率的听阈与痛阈之比为 $1:10^{12}$，使用声压或声强的绝对值表示声音的大小极不方便，而且人对声音强弱的感觉不是与声压、声强的绝对值成正比，而是与其对数成正比。为此，引入“级”的概念来表示声音的强弱，这样既避免计算中数位冗长的麻烦，并使表达更加简洁，又符合人耳听觉分辨能力的灵敏度要求。

4）声压级

声压级定义为：该声音的声压 P 与基准声压 P_0 的比值取以 10 为底的对数再乘以 20，记作 L_P。声压级的数学表达式为

$$L_P = 20 \times \lg \frac{P}{P_0} \tag{8-4}$$

式中，L_P 为声压级，dB；P 为声压，Pa；P_0 为基准声压，$P_0=2\times10^{-5}$Pa。

将听阈压、痛阈压分别代入式中，即可得出用声压级表示的听阈和痛阈为 0dB 和 120dB，大大简化了计算，同时又符合人耳的听觉特性。

5）声强级

一个声音的声强级是这个声音的声强 I 与基准声强 I_0 之比取以 10 为底的对数再乘以 10，记作 L_I。其数学表达式为

$$L_I = 10 \times \lg \frac{I}{I_0} \tag{8-5}$$

式中，L_I 为声强级，dB；I 为声强，W/m^2；I_0 为基准声强，$I_0=10^{-12}W/m^2$。

用声强级表示的听阈和痛阈分别为 0dB 和 120dB。在通常情况下，声压级与声强级相差较小，两者近似相等。

6）声功率级

一个声源的声功率级等于这个声源的声功率与基准声功率的比值的常用对数乘以 10，记作 L_W。其表达式为

$$L_W = 10 \times \lg \frac{W}{W_0} \tag{8-6}$$

式中，L_W 为声功率级，dB；W 为声源的声功率，W；W_0 为基准声功率，$W_0=10^{-12}$W。

用声功率级表示的听阈和痛阈分别为 0dB 和 120dB。

声压级、声强级、声功率级的单位都是分贝。分贝是一个相对单位，它没有量纲，其物理意义表示一个量超过另一个量（基准量）的程度，单位为贝尔（Bel）。由于贝尔太大，为了使用方便，便采用分贝，1 贝尔=10 分贝。值得注意的是，一定要了解其标准的基准值。在声压级、声强级、声功率级中分别采用人耳对 1000Hz 纯音的听阈声压、听阈声强和听阈声功率为基准值。

噪声在测量的时候其频率计权一般有 A、C、E、L 四种形式。所以，一般在书写结果的时候，分贝的后面会表示出测量噪声的时候使用的频率计权。一般来说，噪声监测的计权方式是 A 计权。

5. 噪声标准

环境噪声不但干扰人们的工作、学习和休息，使正常的工作生活环境受到影响，而且还危害人们的身心健康。噪声对人的影响既与噪声的物理特性（如声强、频率、噪声持续时间等）有关，也与噪声暴露时，个体差异因素有关。因此，必须对环境噪声加以控制，但控制到什么程度，是一个很复杂的问题。它既要考虑对听力的保护，对人体健康的影响，以及噪声对人们的困扰，又要考虑目前的经济、技术条件的可能性。为此，通过采用调查研究和科学分析的方法，应对不同行业、不同领域、不同时间的噪声暴露分别加以限制，这一限制值就是噪声标准。国家权力机关根据实际需要和可能性，颁布了各种噪声标准。

1）工业企业噪声卫生标准

我国于 1979 年颁发了试行标准。标准规定：对于新建、扩建和改建的工业企业，8h 工作时间内，工人工作地点的稳态连续噪声级不得大于 85dB，对于现有工业企业，考虑到技术条件和实际条件，则不得大于 90dB，并逐步向 85dB 过渡。当工人每天噪声暴露时间不足 8h，噪声暴露值可作相应放宽。反之，当工人工作地点的噪声级超过标准时，噪声暴露的时间相应减少。

2）城市环境噪声标准

根据城市中不同的社会功能，按照环境噪声控制的要求可划分为若干类不同控制限制的区域。根据 2008 年 10 月 1 日起实施的《声环境质量标准》（GB 3096—2008），声环境功能区分为以下五种类型：0 类声环境功能区指康复疗养区等特别需要安静的区域。1 类声环境功能区指以居民住宅、医疗卫生、文化体育、科研设计、行政办公为主要功能，需要保持安静的区域。2 类声环境功能区指以商业金融、集市贸易为主要功能，或者居住、商业、工业混杂，需要维护住宅安静的区域。3 类声环境功能区指以工业生产、仓储物流为主要功能，需要防止工业噪声对周围环境产生严重影响的区域。4 类声环境功能区指交通干线两侧一定区域之内，需要防止交通噪声对周围环境产生严重影响的区域，包括 4a 类和 4b 类两种类型。4a 类为高速公路、一级公路、二级公路、城市快速路、城市主干路、城市次干路、城市轨道交通（地面段）、内河航道两侧区域；4b 类为铁路干线两侧区域。

8.1.2 噪声的危害

40dB 是正常的环境声音，一般被认为是噪声的卫生标准。在此以上便是有害的噪声，它影响睡眠和休息、干扰工作、妨碍谈话、使听力受损伤，甚至引起心血管系统、神经系统、消化系统等方面的疾病。归纳起来，噪声的危害主要表现在以下几个方面。

1. 噪声对人类及生物的危害

1）损伤听力

噪声可以使人造成暂时性的或持久性的听力损伤，后者即耳聋。一般说来，85dB 以下的噪声不至于危害到听觉，而超过 85dB 的可能发生危险。平常所说的环境噪声值和噪声级是（A）声级，（A）声级能够较好地反映人耳对噪声强度和频率的主观感觉。表 8-1 列出不同噪声级下长期工作时，耳聋发病率的统计情况。

表 8-1 工作 40 年后噪声性耳聋发病率

噪声级（A）值/dB	国际统计/%	美国统计/%
80	0	0
85	10	8
90	21	18
95	29	28
100	41	40

由表 8-1 可见，85dB 的噪声，耳聋发病率明显增加。但是，即使高至 90dB 的噪声，也只能产生暂时性的病患，休息后即可恢复。因此噪声的危害，关键在于它的长期作用。

2）干扰睡眠语言交流、引发烦恼

睡眠是人消除疲劳、恢复体力和维持健康的一个重要条件。但是噪声会影响人的睡眠质量和数量，老年人和患者对噪声干扰更为敏感。当睡眠受干扰而辗转不能入睡时，就会出现呼吸频繁、脉搏跳动加剧、神经兴奋等现象，第二天会觉得疲劳、易累，从而影响工作效率。久而久之，就会引起失眠、耳鸣多梦、疲劳无力、记忆力衰退，在医学上为神经衰弱症候群。在高噪声环境下，这种病的发病率可达 60%以上。噪声会干扰人们交流的能力。很多噪声即使没有达到引起听力损伤的程度，也会干扰语言交流。噪声引起的烦恼是人们对听觉经历做出的一种反应。在被噪声扰乱或打断的活动中，在对噪声的生理反应及对噪声所带来信息含义上的反应方面，产生的烦恼均有一定规律可循。例如，同样的声音，在晚上听起来可能比白天更令人烦恼。

3）影响工作效率和视力

当工作需要用到听觉信号、语言或非语言时，任何强度的噪声，当其足以妨碍或干扰人们对这些信号的认知时，该噪声将影响工作效率。不规律的噪声爆发比稳定的噪声更具有破坏性。高于 2000Hz 的高频噪声对工作效率的影响比低频噪声更严重。噪声不仅影响听力，还影响视力。长时间处于噪声环境中的人很容易产生视疲劳、眼痛、眼花和视物流泪等眼损伤现象。同时，噪声还会使色觉、视野发生异常。

4）影响胎儿和儿童的发育

研究表明，噪声会使母亲产生紧张反应，引起子宫血管收缩，以致影响供给胎儿发育所必需的养料和氧气。噪声还影响胎儿的体重，此外因儿童发育尚未成熟，各组织器官十分娇嫩和脆弱，无论是体内的胎儿还是刚出生的孩子，噪声均可损伤其听觉器官，使听力减退或丧失。噪声会影响少年儿童的智力发展，有人做过调查，吵闹环境下儿童智力发育比安静环境中低 20%。

5）影响其他生物生长发育

噪声对自然界的生物也是有影响的。例如，强噪声会使鸟类羽毛脱落、不产卵，甚至会使其内出血或死亡。

2. 噪声对设备和建筑物的损坏

除上述影响外，噪声还可能损坏物质结构。140dB 以上的噪声可使墙震裂、瓦震落、门窗破坏，甚至使烟囱及古老的建筑物发生倒塌，使钢产生“声疲劳”而损坏。强烈的噪声使自动化、高精度的仪表失灵，当火箭发出的低频率噪声引起空气振动时，会使导弹和船产生大幅度的偏离，导致发射失败。

高强度和特高强度噪声能损害建筑物和发声体本身。航空噪声对建筑物的影响很大，如超音速低空飞行的军用飞机在掠过城市上空时，可导致民房玻璃破碎、烟囱倒塌等损害。美国统计了 3000 件喷气飞机使建筑物受损的事件，其中抹灰开裂的占 43%、窗损坏的占 32%、墙开裂的占 15%、瓦损坏的占 6%。

在 160dB 以上的特高强度的噪声影响下，不仅建筑物受损，发声体本身也可能因声疲劳而损坏，并使一些自动控制和遥控仪表设备失效。

8.1.3 噪声污染控制

噪声从声源出发，经过一定的传播途径达到接受者，才能发生危害作用。因此，噪声污染涉及噪声源、传播途径和接受者三个环节的声学系统。噪声控制方法可以分为三类：防止噪声产生、阻断噪声传播、防止噪声进入耳朵。这三个途径分别从噪声源、传播途径和接收者防护三方面对噪声进行控制。

1. 噪声源控制

从声源入手，改进声源结构的设计、减小声源发出的噪声等级是噪声控制中最有效、最直接的方法。但如今噪声来源数量庞大且种类繁多，从成本和技术方面考虑都不可能将所有的声源结构进行改进设计，因此还不能从根本上杜绝噪声源。随着社会的发展，人们对声音舒适度要求的提高，声源的优化设计也在逐步改进中，如电机冷却风扇结构的变化，改变叶片和风叶直径、叶片数量减少，使风扇发出的噪声等级得到降低；改变柴油发动机燃烧室喷嘴的提前角、采用高阻尼材料和壳上加筋等方式一定程度上减少机械外壳表面的振动等，都能够一定程度上降低声源发出噪声的等级，达到抑制噪声的效果。有时也可以利用人为地发出次级噪声控制原始噪声，达到消除原始噪声的目的。这种方法适用于消除 1500Hz 以下低频无规噪声，以弥补被动隔音的不足。

2. 传播途径控制

噪声控制中大部分方法都属于传播途径的控制，传播途径控制也是噪声控制中最易实现的控制方式，它包括吸声降噪、隔声降噪和消声降噪。下面分别介绍这三种不同的降噪方式。

1）吸声降噪

吸声是利用某些吸声材料、结构吸声，来降低噪声强度。吸声材料多是一些多孔材料，当声波进入多孔材料的孔隙中，引起孔隙间空气分子、纤维振动，由于空气与孔隙的摩擦阻力、空气的黏滞阻力、热传导等作用，使大部分声能变为热能耗散，起到吸声作用。

常见的效果好的吸声材料是多孔纤维材料，这种材料内部有大量的微小孔隙或空腔，孔隙或空腔彼此沟通，声波入射时引起其中空气分子振动，空气分子不断撞击材料分子，将部分声能转换成热能而被吸收，常见的有矿棉、玻璃棉、泡沫塑料、聚酯纤维吸音板、羊毛毡、棉麻、微孔吸声砖等。

2）隔声降噪

隔声是指利用隔声材料或隔声结构阻挡声音的传播，把噪声源发出的噪声限制在局部范围内，不辐射到有噪声声级要求的室内。建筑物墙体、道路声屏障等在声音传播路径上的障碍物都可以阻挡、隔离声音。在噪声源控制由于成本和技术受到限制情况下，往往在易产生噪声的电机等设备外加隔声罩隔绝声音，防止声音外泄，相比噪声源控制来说，更加经济和方便，且隔音效果良好。隔声材料与吸声材料不同，其一般为闭孔结构，密度越大隔音效果越好。常见的隔声材料包括钢材、玻璃、钢筋混凝土、实心砖、花岗岩、大理石、石膏板、橡木、胶合板等。

3）消声降噪

消声降噪是通过消声器对噪声进行消除。消声器是一种既能使气流通过又能有效地降低噪声的设备。通常可将消声器放置在各种空气动力设备进出口或管道的进出口，对其中噪声进行消防。在通风机、内燃机、鼓风机及各种高气流排放的噪声控制中广泛使用消声器，能达到一定的消声效果。

3. 接收者防护控制

接收者防护是指暴露在噪声环境中的人们人为地采取一定的措施保护自己不受到噪声的伤害，属于人们自我保护的行为。一般可采用以下防护措施：①佩戴护耳器，如耳塞、耳罩等；②减少暴露在噪声环境中的时间；③定期做一次听力检测，如听力显著降低，需要立刻调离噪声环境。

阅读材料：噪声利用

——依互联网资料整理

噪声一向为人们所厌恶，但是随着现代科学技术的发展，人们创造性地使噪声化害为利，为人类服务。

1. 噪声除草

科学家发现，不同的植物对不同的噪声敏感程度不一样。根据这个道理，人们制造出噪声除草器。这种噪声除草器发出的噪声能使杂草的种子提前萌发，这样就可以在作物生长之前用药物除掉杂草，用“欲擒故纵”的妙策，保证作物的顺利生长。

2. 噪声诊病

美妙、悦耳的音乐能治病，这已为大家所熟知。但噪声怎么能用于诊病呢？自 21 世纪初以来，科学家制成一种激光听力诊断装置，它由光源、噪声发生器和电脑测试器三部分组成。使用时，它先由微型噪声发生器产生微弱短促的噪声，振动耳膜，然后微型电脑就会根据回声，把耳膜功能的数据显示出来，供医生诊断。它测试迅速，不会损伤耳膜，没有痛感，特别适合儿童使用。此外，还可以用噪声测温法来探测人体的病灶。

3. 噪声发电

噪声是一种能量的污染，例如，噪声达到 160dB 的喷气式飞机，其声功率约为 10000W；噪声达 140dB 的大型鼓风机，其声功率约为 100W。“聚沙可成塔”，这自然引起新能源开发者的兴趣。科学家发现人造铌酸锂具有在高频高温下将声能转变成电能的特殊功能。科学家还发现，当声波遇到屏障时，声能会转化为电能，英国的学者就是根据这一原理，设计制造了鼓膜式声波接收器，将接收器与能够增大声能、集聚能量的共鸣器连接，当从共鸣器来的声能作用于声电转换器时，就能发出电来。

4. 噪声制冷

大家都知道，电冰箱能制冷，但令人鼓舞的是，截止到 2013 年，有调查显示，世界上正在开发一种新的制冷技术，即利用微弱的声振动来制冷的新技术，第一台样机已在美国试制成功。在一个结构异常简单，直径不足 1m 的圆筒里叠放着几片起传热作用的玻璃纤维板，筒内充满氦气或其他气体。筒的一端封死，另一端用有弹性的隔膜密闭，隔膜上的一根导线与磁铁式音圈连接，形成一个微传声器，声波作用于隔膜，引起来回振动，进而改变筒内气体的压力。由于气体压缩时变热，膨胀时冷却，这样制冷就开始了，不难设想，今后的住宅、厂房等建筑物如能加以考虑这些因素，即可一举降伏噪声这一无形的祸害，为住宅、厂房等建筑物降温消暑。

5. 噪声除尘

美国科研人员研制出一种功率为 2kW 的除尘报警器，它能发出频率 2000Hz、声强为 160dB 的噪声，这种装置可以用于烟囱除尘，控制高温、高压、高腐蚀环境中的尘粒和大气污染。

6. 噪声克敌

利用噪声还可以制服顽敌，截至 2013 年已研制出一种“噪声弹”，能在爆炸间释放出大量噪声波，麻痹人的中枢神经系统，使人暂时昏迷。

8.2　振动污染

8.2.1　振动概述

1. 振动的定义

物体的运动状态随时间在极大值和极小值之间交替变化的过程称为振动。过量的振动会使人不舒适、疲劳，甚至导致人体损伤。振动污染（vibration pollution）是指振动超过一定的界限，从而对人体的健康和设施产生损害，对人的生活和工作环境形成干扰，或使设备和仪表不能正常工作。

环境振动的物理量可分为两类：一类是描述振动大小的量，有位移、速度、加速度。对于稳定态振动，常用振动量大小的有效值表达；对于冲击性振动，有时用振动量的峰值或平均值来表达。另一类是描述震动变化率的量，有周期、频率、频率谱或功率谱密度等。

2. 振动的特点

振动污染与噪声污染是一对孪生兄弟，从物理学角度来看，两者都是因物体振动而产生的一种波，只不过传播的途径不同：噪声污染是通过空气传播的，振动污染则是通过固体传播的。振动污染特点：①主观性，是一种危害人体健康的感觉公害；②局限性，仅涉及振动源邻近的地区；③瞬时性，是瞬时性能量污染，在环境中无残余污染物，不积累；振源停止，污染即消失。

3. 振动的分类

按能否用确定的时间函数关系式描述，将振动分为两大类，即确定性振动和随机振动（非确定性振动）。确定性振动能用确定的数学关系式来描述，对于指定的某一时刻，可以确定一个相应的函数值。随机振动具有随机特点，每次观测的结果都不相同，无法用精确的数学关系式来描述，不能预测未来任何瞬间的精确值，只能用概率统计的方法来描述它的规律。例如，地震就是一种随机振动。

确定性振动又分为周期振动和非周期振动。周期振动包括简谐周期振动和复杂周期振动。简谐周期振动只含有一个振动频率。而复杂周期振动含有多个振动频率，其中任意两个振动频率之比都是有理数。

8.2.2 振动的危害

环境中存在着各种各样的振动现象。振动还是噪声的主要来源，振动是以弹性波的形式在地板、墙壁中传播，并在传播过程中向外辐射噪声，这也是一种噪声污染，会造成危害。振动与噪声相结合严重影响人们的生活，降低工作效率，有时会影响到人的身体健康，造成各种事故。振动会引起机械设备内部构件和人体内部器官的振动或共振，从而导致机械损坏和身体疾病的发生，对机械设备和人体造成危害，严重时会影响机械设备的质量及使用寿命和人们的生命安全，因此振动污染是一种不可忽略的公害。

1. 振动对机械设备的危害和对环境的污染

在工业生产中，机械设备运转发生的振动大多是有害的。振动使机械设备本身疲劳和磨损，从而缩短机械设备的使用寿命，甚至使机械设备中的构件发生刚度和强度破坏。对于机械加工机床，如振动过大，可使加工精度降低；飞机机翼的颤振、机轮的摆动和发动机异常振动，都有可能造成飞行事故。各种机器设备、运输工具会引起附近地面的振动，并以波动形式传播到周围的建筑物，造成不同程度的环境污染，从而使振动引起的环境公害日益受到人们的关注。

2. 振动对人体的影响

人体具有弹性组织，对振动的反应与一个弹性系统相当。振动对人体的影响不仅决定于振动强度，也与振动的频率和作用的方向有关。根据振动作用于人体的部位，分为全身振动和局部振动。如坐车、乘船会出现晕车、晕船等现象，都属于全身振动。由于使用油锯、凿岩机、砂轮等振动工具而引起的手指麻木、疼痛等症状，即属于局部振动。但有时全身振动与局部振动对机体的反应很难严格区分。能使人感觉到的最小振动称为振动感觉阈。随着振动的增加使人们感到不舒适，继而引起疲劳。对于超过疲劳阈的振动不但有心理反应，而且会有生理反应。

阅读材料：地铁振动扰民之忧

——依互联网资料整理

据媒体报道，上海地铁一号线开通后，每有地铁列车开来，凤阳路上的老宅住户家碗柜里的碗碟便开始抖动，列车经过时，抖动最烈，瓷器彼此碰撞，铃铃作响，直到列车开过。此外，广州地铁一号线长寿路站到中山七路站的隧道线路，穿过了一座 9 层住宅楼的地基，虽然成功进行了桩基础托换，有效控制了房屋的沉降变形，但列车经过时，楼内的居民仍能感到较大的振动与噪声，晚上尤为明显。

开通或正在修建地铁的消息，正从北京、上海、广州、沈阳、无锡等中国许多大城市乃至中型城市陆续传来。当首都成为"首堵"，成都变身"堵城"，我们看到越来越多备受交通拥堵困扰的城市，正不约而同地开始大规模发展地铁，以破解城市交通难题。然而不容忽视的是，在以便捷、快速为关键词的地铁发展背景下，地铁振动和噪声扰民问题正在成为地铁建设大潮中的突出问题。

精密仪器对振动往往非常敏感，很微小的工业振动或交通振动都会对仪器的正常工作造成影响。北京地铁 16 号线是城区西部的南北干线，此前规划的线路距离北京大学主校区精密仪器楼较近。北大反映建成后将会对北大科研工作产生严重影响，要求调整地铁 16 号线规划方案。为保证北大高精密仪器的正常使用，2013 年调整了西苑至苏州街这一段的线路走向，本来要经过北大西南墙外颐和园路下方的线路，此时向西移动一定距离。此外，2016 年 1 月广州市地铁 10 号线规划方案公开征集意见。根据规划，10 号线将穿越中山大学南校区中轴线。中山大学对此表示担忧，认为该规划将对校内国家重点实验室、国家实验教学示范中心及测试中心的实验造成严重影响，中山大学进而建议，将地铁 10 号线的线路调到校园外围。

8.2.3 振动污染控制

在实际工程中，振动现象是不可避免的，因为有许多产生振源（激振力）的因素难以避免。例如，机械设备中的转子不可能达到绝对的平衡（包括静平衡或动平衡）、往复机械的惯性力无法平衡。又如，涡轮机械中气流对叶片的冲击、在机床上加工零件时产生的振动等都是产生振动的来源。机械振动的根本治理方法是通过改变机械的结构，来降低甚至消除振动的发生，但实践中很难达到这一点，人们在长期的实践中，积累了丰富的控制振动的有效方法。任何一个振动系统都可概括为三部分：振源、振动途径和接受体，并按照振源、振动途径（传递介质）、接受体这一途径进行传播。根据振动的性质及其传播的途径，振动的控制可通过以下途径。

1. 修改结构

这是一个高技术手段，目前非常引人注目。它实际上是通过修改受控对象的动力学特性参数使振动满足预定的要求，不需要附加任何子系统的振动控制方法。所谓动力学特性参数是指影响受控对象质量、劲度与阻尼特性的那些参数，如惯性元件的质量、转动惯量及其分布等。

2. 控制振动源振动

控制振动源振动，即振源消振。消除或减弱振源，这是最彻底和最有效的办法，因为受控对象的响应是由振源激励引起的，振源消除或减弱，响应自然也消除或减弱，如改善机器的平衡性能、改变扰动力的作用方向、增加机组的质量、在机器上装设动力吸振器等。这里要特别强调的是要控制共振。共振是振动的一种特殊状态，当振动机械所受到扰动力的频率与设备固有频率相一致的时候，就会使设备振动得更加厉害，甚至起到放大作用，它可能成为主要噪声源或引起结构疲劳损伤。

3. 隔振

使振动传输不出去，从而消除振动的不良影响。通常是在振源与受控对象之间串加一个子系统来实现隔振，用以减小受控对象对振源激励的响应，这是一个应用非常广泛的减振技术。具体来说，可以分为以下几种方法实现隔振：①采用大型基础，这是最常用、最原始的办法；②防振沟，在机械振动基础的四周开设一定宽度和深度的沟槽，里面填以松软物质（如木屑、沙子等），用来隔离振动的传递；③采用隔振元件，通常在振动设备下安装隔振器，如隔振弹簧、橡胶垫等，使设备和基础之间的刚性连接变成弹性支撑。

4. 吸振

在受控对象上附加一个子系统使得某一频率的振动得到控制，称为吸振，又称动力吸振，也就是利用吸振器产生吸振力以减小受控对象对振源激励的响应，这种技术的应用也十分广泛。其原理是在振动物体上附加质量弹簧共振系统，这种附加系统在共振时产生的反作用力可使振动物体的振动减小。当激发力以单频为主，或频率很低，不宜采用一般隔振器时，动力吸振器特别有用。

5. 阻振

阻振又称阻尼减振。即在薄板或管道上紧贴或喷涂上一层内摩擦大的材料，如沥青、软橡胶或其他高分子涂料。通过消耗能量使响应最小，也常用外加阻尼材料的方法来增大阻尼。阻尼可使沿结构传递的振动能量衰减；还可减弱共振频率附近的振动。主要原因是它减弱了金属板中传播的弯曲波。即当薄板发生弯曲振动时，振动能量迅速传递给紧贴在薄板上内摩擦耗损大的阻尼材料，于是引起薄板和阻尼层之间相互摩擦和错动，阻尼材料忽而被拉伸，忽而被压缩，将振动能量转化为热能被消耗。

8.3　光　污　染

8.3.1　光污染概述

光是一切生物赖以生存的能源。它的作用很多，人类获得的90%以上信息是通过眼睛获得的光信息。除了视觉作用外，环境光能把足够的光量穿透哺乳动物的颅骨，使得埋在大脑组织中的光电细胞活跃起来，自然界就是利用光通过皮肤、眼睛的组织、大脑本身影响整个身体。光还能使血管扩张增加循环，从而排出身体的毒素，减轻肾的负担。光对人有离心作用，即把人的组织器官引向环境。环境中高亮度的照明、暖色、明快的色调可使人的注意力吸引到外部，会增加人的敏捷性和外向性。光对人还有一种向心作用，即把人从环境引向本人的内心世界。较柔和的环境、冷的色调、低亮度的照明使人的精神不易涣散，能更好地把注意力集中在难度较大的视觉任务和脑力劳动上，增进人的内向性。

1. 光污染的定义

光污染（light pollution）是由不合理的人工光照或者不恰当反射的自然光导致的违背人的生理与心理需求、有损于生理与心理健康，或对生态环境产生负面影响的现象。在日常生活中，人们常见的光污染多为导致行人和司机产生眩晕感的镜面建筑反光，以及夜晚给人体造成的生理和心理上不适感的灯光。

2. 光污染的分类

国际上一般将光污染分成三类，即白亮污染、人工白昼和彩光污染。有些学者还根据光污染所影响的范围的大小将光污染分为室外视环境污染、室内视环境污染和局部视环境污染。其中，室外视环境污染包括建筑物外墙、室外照明等；室内视环境污染包括室内装修、室内不良的光色环境等；局部视环境污染包括书簿纸张和某些工业产品等。

1）白亮污染

当太阳光照射强烈时，城市里建筑物的玻璃幕墙、釉面砖墙、磨光大理石和各种涂料等装饰反射光线，明晃白亮、炫眼夺目。研究发现，长时间在白色光亮污染环境下工作和生活的人，视网膜和虹膜都会受到不同程度的损害，视力急剧下降，白内障的发病率高达 45%。白亮污染还使人头昏心烦，甚至发生失眠、食欲下降、情绪低落、身体乏力等类似神经衰弱的症状。

2）人工白昼

夜幕降临后，商场、酒店上的广告灯、霓虹灯闪烁夺目，令人眼花缭乱。甚至有些强光束直冲云霄，使得夜晚如同白天一样，即所谓的人工白昼。在这样的“不夜城”里，光入侵造成过强的光源影响了他人的日常休息，使夜晚难以入睡，扰乱人体正常的生物钟，导致白天工作效率低下。过度照明对能源的无意义使用造成浪费，美国每天由于“过度照明”所浪费掉的能源相当于 200 万桶石油。人工白昼还对生态环境产生破坏，如伤害鸟类和昆虫，强光可能破坏昆虫在夜间的正常繁殖过程。

3）彩光污染

舞厅、夜总会安装的黑光灯、旋转灯、荧光灯及闪烁的彩色光源构成了彩光污染。据测定，黑光灯所产生的紫外线强度大大高于太阳光中的紫外线，且对人体有害影响持续时间长。人如果长期接受这种照射，可诱发流鼻血、脱牙、白内障，甚至导致白血病和其他癌变。彩色光源让人眼花缭乱，不仅对眼睛不利，而且干扰大脑中枢神经，使人感到头晕目眩，出现恶心呕吐、失眠等症状。要是人们长期处在彩光灯的照射下，其心理积累效应，也会不同程度地引起倦怠无力、头晕、神经衰弱等身心方面的病症。

8.3.2 光污染的危害

1. 光污染使人们不见星空

流光溢彩的夜景曾使众多的游人流连忘返。然而，光污染也正伴随着夜间炫目的灯光开始蔓延。据美国最新调查研究显示，夜晚的华灯造成的光污染已使全世界 1/5 的人对银河视而不见，约有 2/3 的人生活在光污染里。

过度的城市照明对天文观测的负面影响受到天文学界的普遍重视。国际天文学联合会就将光污染列为影响天文学工作的现代四大污染之一。各种光污染直接作用于观测系统使天文系统观测的数据变得模糊，甚至做出错误的判断。由于光污染的影响，洛杉矶附近的威尔逊山天文台几乎放弃了深空天文学的研究，无独有偶，我国南京紫金山天文台也因为同样的原因导致部分机构不得不迁出市区。

2. 光污染造成交通危害

墙体外部采用玻璃钢是目前城市建筑流行的一种新时尚，但它们造成的交通危害不可忽视。金碧辉煌的玻璃幕墙在烈日的照射下仿佛是一个巨大的探照灯，影响周边居民的生活，而在交通繁忙地段建筑物的强烈反光又会有碍司机的视觉。曾有市民在骑自行车外出时，突然发觉眼前一亮，一束强光让她差点摔倒，原来是一辆汽车的水银玻璃惹的祸，光污染已经在悄无声息地影响着市民的日常生活。

3. 光污染加剧热岛效应

光彩照人的建筑物群虽然让城市更加现代繁华，却将热量反射到四周，加剧城市热岛现象。深圳市气象台表示，因为城市热岛现象的加剧，深圳的年平均气温十年来提高了整整两度，相当于把整个城市南移 300km。而形成被戏称为“人造火山”现象的“元凶”之一就是作为“反光镜”的玻璃建筑物。大面积的建筑物玻璃墙由于反照太阳光，使之辐射到周围地区，导致辐射区气温升高，造成光热污染。

4. 光污染危害动植物生长发育

光污染影响了动物的自然生活规律，受影响的动物昼夜不分，使得其活动能力出现问题。此外，其辨位能力、竞争能力、交流能力及心理皆会受到影响，更甚的是猎食者与猎物的位置互调。

光污染还会破坏植物体内的生物钟节律，有碍其生长，导致其茎或叶变色，甚至枯死；对植物花芽的形成造成影响，并会影响植物休眠和冬芽的形成。

5. 眩光污染的危害

过大的亮度对比或过高的亮度，可以引起视觉上的不舒适、烦恼或视觉疲劳，这种现象称为“眩光”。按眩光产生的来源和过程可分为直接眩光、反射眩光、间接眩光和光幕眩光。

（1）直接眩光指眼睛直视光源时感到刺眼眩光，如直视太阳或夜间对视来车的车灯、阅读时的直接眩光即看灯管时的刺眼眩光。

（2）间接眩光是当不在观看物体的方向存在着发光体时，由这个发光体引起的眩光。例如，在视野中存在着高亮度的光源，却不在观察物体的方向，这时它引起的眩光就是间接眩光。与直接眩光不同的是，由于间接眩光不在观察物体的方向出现，它对视觉的影响不像直接眩光那样严重。

（3）光幕眩光是指在光环境中由于减少了亮度对比，以致本来呈现扩散反射的表面上，又附加定向反射，于是遮蔽了要观看的物体细部的一部分或整个部分。眼睛在有失能眩光的环境中进行视觉工作时，在视野内会产生光幕。光幕是由眩光光源发射的光在眼睛里发生散乱而掩盖视网膜的映像。举个例子，当光照照射在用光滑的纸打印的文件表面且大部分的光反射到观看者的眼睛内时，如果文章的字是黑亮的，而且也反射到观看者的眼睛内，就会出现光幕反射，使观看者看不清文字。

眩光的出现会严重影响视度，轻者降低工作效率，重者完全丧失视力，从而导致无法工作，甚至引起工伤事故。例如，在工业建筑的车间、实验室、控制室等场所出现了眩光，会降低工作人员眼睛的视觉功效，导致眼睛疲劳、注意力涣散，对于细微复杂的识别工作非常不利，而且眼睛感觉不舒适会造成心绪烦躁、反应迟钝。而在展览馆、美术馆、博物馆、纪念馆、体育馆、大型百货公司、其他展览设施等一些大型公共建筑或有特殊功能的建筑中，都需要限制或防止眩光，因为眩光会大大降低这些建筑的使用价值。

8.3.3 光污染的防治

光污染已经成为现代社会的公害之一，已经引起政府及社会的足够重视，并开始积极控制和预防光污染，改善城市环境。光污染很难像其他环境污染那样通过分解、转化和稀释等方式消除或减轻。因此，其防治应从源头着手，以预防为主。

1. 合理的城市规划和建筑设计可有效地减少可见光污染

在城市规划和建设时，加强预防性卫生监督，竣工验收时卫生、环保部门要积极参与，并且要开展日常的监督检测。限建或少建带有玻璃幕墙的建筑，已经建成的高层建筑则尽可能减少玻璃幕墙的面积，并尽量让这些玻璃幕墙建筑远离交通路口、繁华地段和住宅区。此外，还应选择反射系数较小的材料。特殊部门在建设选址（如天文台）时要注意光环境因素，避免选址错误。人们已经普遍开始注意预防可能产生的光污染，北京市 1999 年否决玻璃幕墙设计方案就有 30 多起，上海和南京等城市也对高层建筑的设计施工提出限制，防止产生新的光污染。对城市广告牌、霓虹灯等应加强科学指导和管理，应采用发光系数小的材料制作。

2. 对有红外线和紫外线污染的场所采取必要的安全防护措施

如加强管理和制度建设，对产生红外线、紫外线的设备定期检查、维护，严防误照；确保紫外消毒设施在无人状态下进行消毒，杜绝将紫外灯作为照明灯使用。

3. 提高市民素质，倡导大家保护环境，以预防为主

教育人们科学合理的使用灯光，注意调整亮度，白天提倡使用自然光。强化自我保护意识，注意工作环境中的紫外、红外及高强度眩光的损伤，劳逸结合，夜间尽量少到强光污染的场所活动。

采用个人防护措施，主要是戴防护眼镜和防护面罩。对于从事电焊、玻璃

加工、冶炼等产生强烈眩光、红外线和紫外线的工作人员，应十分重视个人防护工作，可根据具体情况佩戴反射型、光化学反应型、反射-吸收型、爆炸型、吸收型、光电型和变色微晶玻璃型等不同类型的防护镜、防护面罩。使用电脑、电视时，要注意保护眼睛，距光源保持一定的距离并适当休息，同时采取一定的防辐射措施。

4. 加强绿化和恰当的美化

根据暗色吸光、浅色反光、粗糙瓦解光的原理，适当地增加地面、物体表面的粗糙度，以减少光的反射程度。如在建筑物和娱乐场所的周围做合理规划，进行绿化和减少对反射系数大的装饰材料的使用。

8.4　放射性污染

8.4.1　放射性污染概述

自从 1895 年威海尔姆·康拉德·伦琴发现 X 射线和 1898 年居里夫妇发现镭元素后，原子能科学飞速发展。1942 年 12 月，美国科学家首次实现了铀的链式核裂变反应，标志着人类“原子时代”的开端。

1. 放射性污染相关定义与分类

放射性（radioactivity）是一种不稳定的原子核自发地发生衰变的现象，在放射的过程中同时释放出射线，即原子在裂变的过程中释放出射线的物质属性。具有这种性质的物质称为放射性物质。

发生放射性衰变的物质称为放射性核素，根据其来源可分为天然和人工放射性核素。天然存在的放射性核素或同位素（同位素指不包括作为核燃料、核原料、核材料的其他放射性物质）具有自发放出放射线的特征，而人工放射线核素或同位素虽然也具有衰变性质，但核素本身必须通过核反应才能产生。

放射性污染主要是指因人类的生产、生活活动排放的放射性物质所产生的电离辐射超过放射环境标准时，产生污染而危害人体健康的一种现象，主要指对人体健康带来危害的人工放射性污染。放射性物质种类很多，铀、钍和镭就是常见的放射性物质。放射性物质衰变时可从原子核中释放出对人体有危害的 α 射线、β 射线、γ 射线等。

α 射线：其本质是氦的原子核，是具有高速运动的 α 粒子。因此，射线是氦核流，它在空气中的行径很短，天然放射性物质释放的 α 粒子，一般射程只有 2～10cm，最远不超过 12cm，在固体或生物组织中只有 30～130μm。它的穿透力虽弱，但电离作用很强。

β 射线：它是一种电子流。其粒子质量只有 α 粒子的万分之几。在空气中的行径最长可达十多米，在生物组织中可达数十毫米，它的穿透力较粒子强，但电离作用则较 α 射线小得多。

γ 射线：它是波长在 10^{-8}cm 以下的电磁波。运动速率等于光速（3×10^{8}km/s），不带电荷，但具有很强的穿透力，对生物组织造成的损伤最大。

2. 核辐射剂量的单位及换算

贝可（Bq，贝可勒尔）：表示每秒一个粒子发生核变，这个单位太小。日本国家原子能安全委员会所设定的辐射污染基准值为：每千克自来水中放射性碘含量 300 贝可、放射性铯含量 200 贝可。

居里（Ci）：定义为 1 居里$=3.7\times10^{10}$ 贝可。贝可勒尔和居里其实是核辐射源强度的单位。

戈瑞（Gy）：吸收剂量单位，适合于 γ 射线、β 射线、中子等任何辐射。吸收剂量指被照射物单位质量中所吸收的核辐射能量值。定义为每千克被照射物吸收辐射的能量为 1 焦耳，即 1 戈瑞=1 焦耳/千克。但是，吸收剂量与暴露在核辐射环境中的时间长度有线性关系的。所以环保部发布的全国辐射环境自动监测站空气吸收剂量率，单位就是“毫戈瑞/小时”。

拉德（rad）：辐射吸收剂量的专用单位，但是它不属于国际单位。1 拉德等于 1 千克物质吸收 0.01 焦耳能量，故 1 拉德=0.01 戈瑞。

西弗（Sv）：衡量核辐射吸收剂量对生物组织的伤害（剂量当量），和人体暴露部位有关。

3. 放射性污染的特点

放射性污染之所以受到人们的强烈关注，主要是由于放射性污染同人类生存环境中的其他污染相比，具有以下特点。

（1）一旦产生和扩散到环境中，就不断对周围发出放射线。只是遵循各种放射性核同位素内在固定速率不断减少其活性，其半衰期即活度减少到一半所需的时间从几分钟到几千年不等。

（2）自然条件的阳光、温度无法改变放射性核同位素的放射性活度，人们也无法用任何化学或物理手段使放射性核同位素失去放射性。

（3）放射性污染对人类作用有累积性。放射性污染是通过发射 α、β、γ 或中子射线来伤害人，α、β、γ、中子等辐射都属于致电离辐射。经过长期深入研究，已经探明致电离辐射对于人（生物）危害的效果（剂量）具有明显的累积性。尽管人或生物体自身有一定对辐射伤害的修复功能，但极弱。实验表明，多次长时间较小剂量的辐照所产生的危害近似等于一次辐照该剂量所产生的危害（后者危害稍大些）。这样一来，极少的放射性核同位素污染发出的很少剂量的辐照剂量率如果长期存在于人身边或人体内，就可能长期累积对人体造成严重危害。

（4）放射性污染既不像化学污染一样多数有气味或颜色，也不像噪声、振动、热、光等污染一样，公众可以直接感知其存在。放射性污染的辐射，哪怕强到直接致死水平，人类的感官对它都无任何直接感觉，从而采取躲避防范行动，只能继续受害。

（5）绝大多数放射性核素毒性，按致毒物本身质量计算，均远远高于一般的化学毒物。并且辐射损伤产生的效应，可能影响遗传，给后代带来隐患。

4. 放射性污染的来源

1）天然辐射源的正常照射

自从人类在地球上出现以来，就一直受到天然辐射源的照射。其中，天然辐射源对人类的照射剂量最大，占总剂量的 90%以上。因此，了解所受照射剂量、天然辐射剂量的变化情况具有重要的实际意义。

在地球上的任何一点，来自宇宙射线的剂量率是相对稳定的。但它随纬度和海拔高度而变化。在海平面中纬度地区通常每年受到 28 毫雷姆（100 雷姆=1 西弗）的照射。在海拔数千米以内，高度每增加 1.5km，剂量率增加约 1 倍。

外环境中的放射性物质，可以通过呼吸道、消化道和皮肤三个途径进入人体，人体遭受过量的放射性照射时，会损害健康。环境中的放射性污染会对人体产生外照射剂量，同时经过转移而沉积在人的体内产生内照射剂量，从而使广大公众接受额外附加照射。放射性物质进入人体造成放射性污染典型的污染通路如图 8-1 所示。

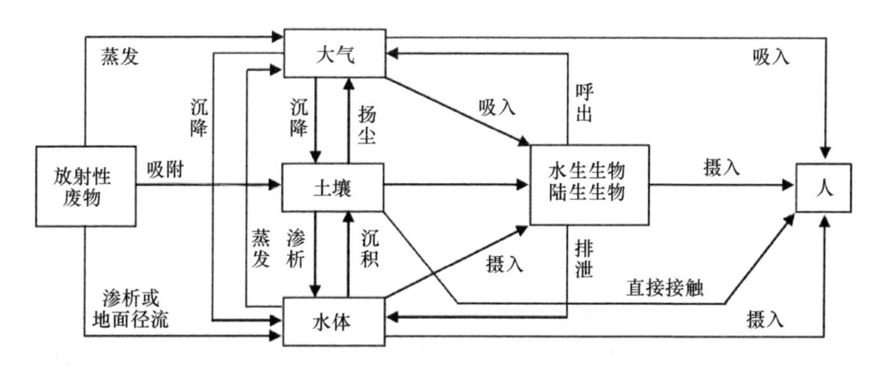

图 8-1　放射性物质进入人体的典型的污染通路

2）由于技术发展使天然辐射源增加的照射

现代科学技术的迅速发展，使居民所受的天然辐射源的照射剂量增加。照射剂量的增加主要来源于以下方面。

（1）与建筑有关。人们的生活消费品（如玻璃、陶瓷、建筑材料等）不同程度地存在放射性物质。四川一户人家使用一种花岗岩装饰地面后，由于这种花岗岩的放射性太高，严重损害人体造血功能，一家三口在一个月内先后患上再生障碍性贫血。沈阳一户居民进行家庭装修后，由于使用的陶瓷洁具有严重的放射性污染，导致父子两人都得了鼻癌。

（2）与燃料燃烧有关。在煤动力工业中，煤炭含有一定量的铀、钍和镭，通过燃烧可使放射性核素浓缩而散布于环境中。

（3）磷酸盐肥料的使用。人们在探求农作物增产途径的过程中，广泛地开发天然肥源，其中磷肥的开发量最大。磷矿通常与铀共生，因此随着磷矿的开采、磷肥的生产和使用，一部分铀系的放射性核素就从矿层中转到环境中来，通过生物链进入人体。

（4）飞行乘客。每年世界上大约有 10 亿旅客在空中旅行超过 1h。在平均日照条件下，由于空中旅行所致的年集体剂量为 3000 戈瑞，高空飞行的超音速飞机驾驶员应注意在大的太阳闪光发生时，减少宇宙射线的危害。

3）消费品的辐射

含有各种放射性核素的消费品是为满足人们的各种需要而添加的。应用最广泛的具有辐射的消费品有夜光钟表、罗盘、发光标志、烟雾检出器和电视等。

4）核工业造成的辐射

在核工业中，生产的各个环节都会向环境释放少量的放射性物质。它们的半衰期都较短，很快就会衰变消失。只有少数半衰期较长的核素，才能扩散到较远的地区，甚至全球。

5）核爆炸沉降物对人群造成的辐射

据估计，1976 年以前所有核爆炸造成全球总的剂量负荷为 100（性腺）～200 毫拉德（骨衬细胞）。

6）医疗照射

放射诊断治疗设备可对人造成有遗传作用的剂量。

8.4.2　放射性污染的危害

放射性核素排入环境中后，造成对大气、水、土壤的污染，可被生物富集，使某些动、植物特别是一些水生生物体内的放射性核素比环境中的增高许多倍。放射性物体或放射源缺少防护措施，会导致放射性污染。同时核工业中产生的放射性废水、废气、固体废物等污染物也会带来放射性污染。当核电站发生事故时，也会导致严重的环境污染，典型案例如苏联切尔诺贝利事件、日本福岛核电站泄漏事件等。

放射性污染看不见，摸不着，早期很难察觉。人一旦受到污染，无法隔离。即使受到小剂量的辐射污染，也可能造成不良后果。放射性元素产生的电离辐射能杀死生物体的细胞，妨碍正常的细胞分裂和再生，并且引起细胞内遗传信息的突变。受辐射的人在数年或数十年后，可能出现白血病、恶性肿瘤、白内障、生长发育迟缓、生育力降低等远期躯体效应；还可能出现胎儿性别比例变化、先天性畸形、流产、死产等遗传效应。人体受到射线过量照射所引起的疾病，称为放射性病，它可以分为急性和慢性两种。

1）急性放射性危害

急性放射性病是由大剂量的急性辐射所引起的，只有意外放射性事故或核爆炸时才可能发生。例如，1945 年在日本长崎和广岛的原子弹爆炸中，病者在原子弹爆炸后 1h 内就出现恶心、呕吐、精神萎靡、头晕、全身衰弱等症状。经过一个潜伏期后，再次出现上述症状，同时伴有出血、毛发脱落和血液成分严重改变等现象，严重的造成死亡。急性放射性病还有潜在的危险，会留下后遗症，而且有的患者会把生理病变遗传给子孙后代。

2）慢性放射性危害

慢性放射病是由于多次照射、长期累积的结果。全身的慢性放射病，通常与血液病变相联系，如白细胞减少、白血病等；局部的慢性放射病。例如，当手受到多次照射损伤时，指甲周围的皮肤呈红色，并且发亮，同时，指甲变脆、变形、手指皮肤光滑、失去指纹、手指无感觉，随后发生溃烂。

放射性照射对人体危害的最大特点是远期的影响。例如，因受放射性照射而诱发的骨骼肿瘤、白血病、肺癌、卵巢癌等恶性肿瘤，在人体内的潜伏期可长达 10～20 年，因此把放射线称为致癌射线。此外，人体受到放射线照射还会出现不育症、遗传疾病、寿命缩短现象。

8.4.3 放射性污染的防治

对于放射性污染的防治，可以从控制污染排放、建立监测机制和加强防范意识三方面入手。

1. 控制污染排放

目前主要依据废物的形态，即废水、废气、固体废物，分别进行放射性污染的治理。放射性废物处理系统全流程包括废物的收集、废液废气的净化浓集和固体废物的减容、储存、固化、包装及运输处置等。放射性废物处理流程示意图见图 8-2。放射性废物的处置是废物处理的最后工序，所有的处理过程均应为废物的处置创造条件。

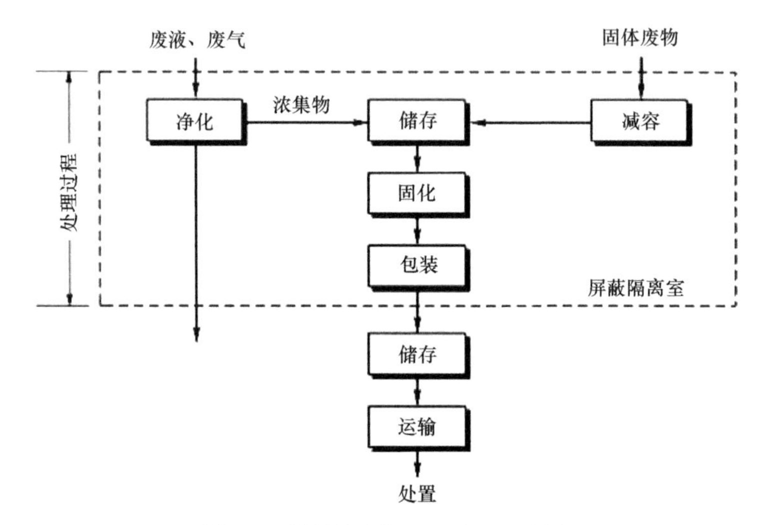

图 8-2　放射性废物处理流程示意图

1）控制放射性废液排放

放射性废液的处理非常重要。现在已经发展起来很多有效的废液处理技术，如化学处理、离子交换、吸附法、膜分离法、生物处理、蒸发浓缩等。根据放射性比活度的高低、废水量的大小及水质和不同的处置方式，可选择上述一种方法或几种方法联合使用，达到理想的处理效果。

放射性废液处理应遵循以下原则：处理目标技术可行、经济合理和法规许可，废液应在产生场地就分类收集，处理方法应与处理方案相适应，尽可能实现闭路循环，尽量减少向环境排放放射性物质，在处理运行和设备维修期间应使工作人员受到的照射降低到“可合理达到的最低水平”。

2）放射性固态废弃物处理处置

放射性核素固体废物的处理处置方法主要有焚烧法、压缩法、包装法和去污法等。

核工业废渣，一般指采矿过程的废石碴及铀前处理工艺中的废渣。这种废渣的放射性活度很低而且体积庞大，处理的方法是筑坝堆放、用土壤或岩石掩埋、种上植被加以覆盖，或者将它们回填到废弃矿坑。

放射性沾染的固体废物，指被放射性沾污而不能再使用的物品，如工作服、手套、废纸、塑料和报废的设备、仪表、管道、过滤器等。对此应根据放射性活度，将高、中、低及非放射性固体废物分类存放，然后分别处理。对可燃性固体废物采用专用的焚烧炉焚烧减容，其灰烬残渣密封于专用容器，贴上放射性标准符号标签，并写上放射性含量、状态等。对不可燃的固体废物，经压缩减容后置于专用容器中。对中低放射性废液处理后的浓集废液及残渣，可以用水泥、沥青、玻璃、陶瓷及塑料固化方法使其变成固化块。将这些固化块以浅地层埋藏为主，作半永久性或永久性的储存。

高放固体废物，主要指的是核电站的乏燃料、后处理厂的高放废液固化块等。这些固体废物的最终处置是将其完全与生物圈隔绝，避免其对人类和自然环境造成危害。然而，它的最终处置是至今尚未解决的重大问题。世界各学术团体和不少学者经过多年研究提出过不少方案，如深地层埋葬、投放到深海或在深海钻井的处置方案、投放到南极或格陵兰岛冰层以下、用火箭运送到宇宙空间等。

3）放射性废气处理

放射性污染物在废气中存在的形态包括放射性气体、放射性气溶胶和放射性粉尘，对挥发性放射性气体可以用吸附或者稀释的方法进行治理。对于放射性气溶胶，可用除尘技术进行净化。通常，放射性污染物用高效过滤器过滤、吸附等方法处理使空气净化后经高烟囱排放，如果放射性活度在允许限值范围，可直接由烟囱排放。

2. 建立监测机制

应对工作现场和周围环境中的空气、水源、岩石土壤和有代表性的动、植物进行常规监测，以便及时发现和处理污染事故。加强科学研究，建立环境放射性污染地理信息系统，为科学决策提供技术和信息支撑。

3. 加强防范意识

其实放射性污染很有可能发生在身边，只不过由于剂量微小，人们未意识到罢了。氡是铀和镭的衰变产物，由于铀和镭广泛存在于地壳内，因此在通风不良的情况下，几乎任何空间都可能有不同程度的氡的积累，如矿井、隧道、地穴，甚至普通房间内也有氡。当然，氡浓度最高的场所是矿井，特别是铀矿井。而居室环境中，也常会有氡及其子体存在。居民室内氡的主要来源是建筑材料、室内地面泥土、大气等。预防室内氡气辐射应当引起人们的重视。可以从以下几个方面采取措施：①慎重选择建材，例如，最近我国对花岗岩中的放射性核素含量制定了分类标准，一类只适用于空气流通的过道与大厅，另一类适用于室内；②要保持室内通风，稀释氡的室内浓度，这是最简便、最有效的方法；③采用国外已得到推广应用的一种检测片，放在室内，如果氡浓度过大，则检测片变色，可及时提醒主人采取预防措施。

医院里的X光片及放射治疗、电视机、夜光手表等都含有放射性，应慎重接触。现在有些医院、工厂和科研单位因工作需要而使用的放射棒或放射球，有时会因保管不当而遗失。这种放射棒或放射球制作精细，还会在夜晚发出各种荧光，所以有人捡到后收藏起来，但却不知它会造成放射性污染，轻者得病，重者甚至死亡，这应当特别引起注意。

阅读材料：福岛核电事故

——依互联网资料整理

2011年3月11日，日本本州岛附近海域发生里氏9.0级强震，地震及其引发的海啸导致了日本福岛核电站一站1～4号反应堆发生事故，并引发可能的核辐射危机。日本福岛核电站是世界最大的核电站之一，由福岛一站、福岛二站组成，共有10台机组（一站6台，二站4台）。福岛核电站是20世纪70年代建成并投入商业运行的沸水反应堆。沸水堆核电站的冷却剂流过堆芯后直接变成高压蒸汽和水的混合物，经过汽水分离器和蒸汽干燥器，将分离出的蒸汽用来推动汽轮发电机组发电。地震发生时，福岛一站的1～3号机组正在运行，4～6号机组处于停堆检修状态。地震和海啸发生后，1～3号机组立即自动停堆。但电站的外电网全部瘫痪，同时备用柴油发电机由于被海啸摧毁未能正常工作，致使反应堆停堆余热排出系统完全失效，无法排出1～3号反应堆堆芯及4号堆乏燃料的衰变余热，导致1～4号机组相继发生氢气爆炸或大火。12日下午13时左右，日本原子能安全保安院宣布，在福岛第一核电站附近探测到放射性铯元素，确定已出现核燃料棒破损、核燃料泄漏情况，根据国际核事件分级表将福岛核事故定为最高级7级。福岛核电站核泄漏事件造成的环境危害包括以下内容。

1. 放射性核素全球扩散造成空气污染

由于核电站反应堆核燃料部分熔化，放射性物质大量扩散，造成日本福岛附近严重的空气污染。这些泄漏的放射性物质随大气环流在北半球地区广泛扩散。美国、加拿大、冰岛、瑞典、英国、法国、俄罗斯、韩国、中国和菲律宾等国在空气中均检测到放射性碘-131、铯-137和铯-134等物质。部分国家在饮用水、牛奶和蔬菜中也检测到了放射性碘-131、铯-137和铯-134等物质。由此可见，福岛核泄漏事故已造成了全球性的空气污染。

2. 大量放射性污水直接排入海中造成水体污染

由于地震造成了核电站设施的损坏，加上早期处置反应堆降温引入大量海水，造成大量含放射性物质的污水泄漏。此外，东京电力公司 4 月 4 日宣布，将把福岛第一核电站厂区内 1.15 万 t 含低浓度放射性物质的污水排入海中，为储存高辐射性污水腾出空间。此举引起当地渔民与国际环保人士的抗议与反对。

3. 地下水污染与放射性物质沉降污染附近土壤

福岛核电站周围 40km 地区的土壤核污染水平超标 400 多倍，已与 1986 年 4 月 26 日乌克兰普里皮亚季邻近的切尔诺贝利事故相当。有分析称，核泄漏依然在持续，核电站周边的土地很可能无法再继续使用。福岛核电站泄漏的放射性物质随时间的推移会降落到地面，造成地面、建筑物表面与土壤的污染，由于放射性物质超标将被限制使用。

8.5　电磁辐射污染

8.5.1　电磁辐射污染概述

广义地说，一切由电磁辐射而产生的对环境的影响，都可以看成环境电磁污染。电磁波谱的范围相当大，从长波、中波、短波、超短波等无线电波，到以热辐射为主的远红外及红外线，再到可见光、紫外光，直至 X 射线、γ 射线等放射性辐射，都属于电磁波范围。这里只讨论狭义的环境电磁污染，即由无线电波范围内的辐射所引起的环境污染，以及以似稳态电磁场形式存在的工频电磁污染。

电磁污染（electromagnetic pollution）是指天然的和人为的各种电磁波干扰，以及对人体有害的电磁辐射。在环境保护研究中，电磁污染主要是指其强度达到一定程度、对人体机能产生不利影响的电磁辐射。

影响人类生活环境的电磁污染源可分为天然污染源和人为污染源两大类。随着科学技术的进步，工业的高速发展，除了自然界的电磁现象以外，通信、电视及交通运输、大功率用电设备运行带来的人为电磁骚扰，也会导致局部环境的电磁污染，且日益严重。在电磁干扰方面，不但会引发事故，还会导致民事纠纷。由于电磁辐射污染使环境质量变差、变坏，对公众健康方面的危害更是值得重视，此种健康效应可分为驱体效应和种群效应，而驱体效应又可分为热效应和非热效应。因此我国国家环境保护部门已将电磁辐射确定为重要的环境污染要素，电磁辐射环境保护工作是环境保护的重要内容。

1. 天然电磁污染源

天然电磁污染源是某些自然现象引起的，表 8-2 表示天然电磁污染源。最常见的是雷电，所辐射的频带分布极宽，从几百兆赫兹到几千赫兹，雷电除了可能对电气设备、飞机、建筑物等直接造成危害外，还会在广大地区产生严重的电磁干扰。此外，火山喷发、地震和太阳黑子活动引起的磁爆等都会产生电磁干扰。通常情况下，天然辐射的强度一般对人类影响不大，即使局部地区雷电在瞬间的冲击放电可使人、畜伤亡，但发生的概率较小。因此，可以认为自然辐射源对人类并不构成严重的危害，然而天然电磁辐射对短波通信的影响特别严重。

表 8-2　天然电磁污染源

分类	来源
大气与空气污染	自然界的火花放电、雷电、台风、火山喷烟等
太阳电磁源	太阳的黑子活动与黑体放射
宇宙电磁污染源	银河系恒星的爆发、宇宙间电子移动

2. 人工电磁污染源

人工电磁污染产生于人工制造的若干系统、电子设备与电气装置（表 8-3）。

表 8-3　人工电磁污染源

<table>
<tr><th colspan="2">污染源类别</th><th>产生污染源设备名称</th><th>污染源</th></tr>
<tr><td rowspan="4">放电所致的污染源</td><td>电晕放电</td><td>电力线（送配电线）</td><td>由高电压、大电流而引起静电感应、电磁感应、大地泄漏电流所造成</td></tr>
<tr><td>辉光放电</td><td>放电管</td><td>白炽灯、高压汞灯及其放电管</td></tr>
<tr><td>弧光放电</td><td>开关、电气铁道</td><td>大电流低电压电路系统</td></tr>
<tr><td>火花放电</td><td>电气设备、发动机、冷藏车、汽车</td><td>整流器、发电机、放电管、点火系统</td></tr>
<tr><td colspan="2">工频辐射场源</td><td>大功率输电线、电气设备、电气铁路</td><td>污染来自高电压、大电流的电力线、电气设备</td></tr>
<tr><td colspan="2" rowspan="3">射频辐射场源</td><td>无线电发射机、雷达</td><td>广播、电视与通风设备的振荡与发射系统</td></tr>
<tr><td>高频加热设备、热合机、微波干燥剂</td><td>工业用射频利用设备的电路与振荡系统</td></tr>
<tr><td>理疗机、治疗仪</td><td>医学用射频利用设备的工作电路与振荡系统</td></tr>
<tr><td colspan="2">建筑物反射</td><td>高层楼群以及大的金属构件</td><td>墙壁、钢筋、吊车</td></tr>
</table>

人工电磁污染源主要有以下三种：①脉冲放电，如切断大电流电路时产生的火花放电，由于电流强度的瞬时变化很大，产生很强的电磁干扰，它在本质上与雷电相同，只是影响区域较小；②工频交变电磁场，如大功率电机、变电器及输

电线等附近的电磁场；③射频电磁辐射，如广播、电视、微波通讯等。目前，射频电磁辐射已成为电磁污染环境的主要因素。

工频场源和射频场源同属人工电磁污染源，但频率范围不同。工频场源中，以大功率输电线路所产生的电磁污染为主，同时也包括若干种放电型的污染源，频率变化范围为数十赫兹至数百赫兹。射频场源主要指由于无线电设备或射频设备工作过程中所产生的电磁感应和电磁辐射，频率变化范围为 0.1～3000MHz。

8.5.2 电磁辐射污染的危害

电磁辐射污染的危害主要包括对电器设备的干扰和对人体健康的负面影响两大方面。

1. 对电器设备的干扰

无线通信发展迅速，但发射台、站的建设缺乏合理规划和布局，使航空通信受到干扰。例如，1997 年 8 月 13 日，深圳机场由于附近山头上的数十家无线寻呼台发射的电磁辐射对机场指挥塔的无线电通信系统造成严重干扰，使地对空指挥失灵，机场被迫关闭两小时。

一些企业使用的高频工业设备对广播电视信号造成干扰，使周围居民无法正常收看电视而导致严重的群众纠纷。例如，北京市东城区文具厂就曾因该厂的高频热合机干扰了电视台的体育比赛转播，被愤怒的群众砸坏了工厂的玻璃。

一些原来位于城市郊区的广播电台发射站，后来随着城市的发展被市区所包围，周围环境也从人烟稀少变为人口密集，电台发射出的电磁辐射干扰了当地居民收看电视。

2. 对人体健康的影响

（1）电磁辐射是心血管疾病、糖尿病、癌突变的主要诱因。美国一癌症治疗基金会对一些遭电磁辐射损伤的患者抽样化验，结果表明在高压线附近工作的人，其癌细胞生成速度比一般人快 24 倍。

（2）电磁辐射对人体生殖系统、神经系统和免疫系统造成直接伤害。损害中枢神经系统，头部长期受电磁辐射影响后，轻则引起失眠多梦、头痛头昏、疲劳无力、记忆力减退、易怒、抑郁等神经衰弱症，重则使大脑皮细胞活动能力减弱，并造成脑损伤。

（3）电磁辐射是造成孕妇流产、不育、畸胎等病变的诱发因素。电磁辐射对人体的危害是多方面的，女性和胎儿尤其容易受到伤害。调查表明：1～3 个月为胚胎期，受到强电磁辐射可能造成肢体缺陷或畸形；4～5 个月为胎儿成长期，受电磁辐射可导致免疫力功能低下，出生后身体弱，抵抗力差。

（4）过量的电磁辐射直接影响儿童组织发育、骨骼发育、视力下降、肝脏造血功能下降、严重都可导致视网膜脱落。伤害眼睛功率密度与形成白内障的时间的阈值曲线不是直线，在每一个频率上照射兔眼似乎都需要一个微波功率密度阈值，低于这个曲线，即使连续照射也不会产生眼损伤。在 500 MHz 以上，白内障形成的最小功率密度约 150mW/cm^2，低于 500MHz 的频率引起眼损害的可能性不能完全排除。

（5）电磁辐射可使男性性功能下降，女性内分紊乱、月经失调。1998 年，世界卫生组织在有关电脑屏幕与工人健康问题的最新修正意见中指出：在电脑屏幕工作环境下，有些因素可能影响妊娠结果。首先受到影响的是男方，长期受到电磁波辐照，有可能使男性精子减少，使精子基因畸形并可能变成不育或者畸胎；其次是孕妇，有报道说在电脑前 1 周工作 20h 以上的孕妇生畸形的概率要比普通孕妇高 2～3 倍，而生女孩的概率大。

8.5.3 电磁辐射污染控制

电磁辐射防护与治理的目的是为了减少、避免或者消除电磁辐射对人体健康和各种电子设备产生的不良影响或危害，以保护人群身体健康、保护环境。基于此目的，就要对各种产生电磁辐射的设备，从设计、制造到使用都要特别注意电磁辐射的污染问题，既要做到制造出各种低电磁辐射设备，或符合电磁辐射产品标准的设备，又要对运行中的设备检查并完善其防护与治理。

1. 电磁辐射防护的基本原则

电磁辐射防护的基本原则主要包括：①屏蔽辐射源或辐射单元；②屏蔽工作点；③采用吸收材料，减少辐射源的直接辐射；④清除工作现场二次辐射，避免或减少二次辐射；⑤屏蔽设施必须有很好的单独接地；⑥加强个人防护，如穿具屏蔽功能的工作服、戴具屏蔽功能的工作帽等。

2. 电磁辐射污染的治理措施

1）强化电磁辐射立法，统一电磁辐射相关国家标准

《电磁辐射环境保护管理办法》于 1997 年 3 月 25 日由国家环保局第十八号局令发布。内容滞后，具有明显局限性，已不适应电磁辐射监管的工作需求。适时制定电磁辐射相关的专项法律势在必行。另外，应该尽快出台一个合理、协调、统一的电磁辐射标准。建立统一的电磁辐射相关标准是提高电磁辐射监管能力的基础。

2）积极开展部门协作，建立部门联席会议

通过积极开展相关部门的交流与协作，建立部门联席会议方式等共同加强电磁辐射监管工作，有助于发挥各自优势，相互支持，建立起高效的管理机制。

3）加强环保队伍自身素质建设，运用科学建立电磁辐射监测网络

电磁辐射污染作为一个专业的重要的环境污染要素出现，对我们的管理提出了更高的要求。加强环保队伍自身的素质建设，尤其对从事电磁辐射环境管理人员的知识层面、业务水平应当予以拓宽和提高。另外，可以运用先进的环境实时分析监测技术，如 GIS 等实时发现和控制某些可控污染源辐射状况变化，有效控制电磁辐射污染。

4）宣传普及电磁辐射知识是电磁辐射监管工作长效的根本

无线通讯终端及基站、高压输变电线路及设备等电子电气设备与产品越来越多，各种各样的电器深入工厂、实验室、办公室及普通居民家庭，这些设备的电磁场对人体健康是否有影响，是人们一直比较关注的问题。由于缺乏必要的防护知识，人们往往对电磁辐射产生的危害很恐慌。对此应该正确引导舆论媒体，加大正面宣传，普及电磁辐射防护常识，消除人们在电磁辐射方面的错误认识。

阅读材料：日常生活中电磁辐射防护要点

——依互联网资料整理

◆各种家用电器、办公设备、移动电话等都应尽量避免长时间操作。如电视、电脑等电器需要较长时间使用时，应注意每小时离开一次，采用眺望远方或闭上眼睛的方式，以减少眼睛的疲劳程度和所受辐射影响。

◆当电器暂停使用时，最好不让它们处于待机状态，因为此时可产生较微弱的电磁场，长时间也会产生辐射积累。

◆对各种电器的使用，应保持一定的安全距离。如眼睛离电视荧光屏的距离，一般为荧光屏宽度的 5 倍左右；微波炉开启后要离开 1m 远，孕妇和小孩应尽量远离微波炉；手机在使用时，应尽量使头部与手机天线的距离远一些，最好使用分离耳机和话筒接听电话。

◆居住、工作在高压线、雷达站、电视台、电磁波发射塔附近的人，佩带心脏起搏器的患者及生活在现代化电气自动化环境中的人，特别是抵抗力较弱的孕妇、儿童、老人等，有条件的应配备阻挡电磁辐射的防辐射产品。

◆电视、电脑等有显示屏的电器设备可安装电磁辐射消除器。显示屏产

生的辐射可能导致皮肤干燥，加速皮肤老化甚至导致皮癌，因此在使用后应及时洗脸。

◆手机接通瞬间释放的电磁辐射最大，为此最好在手机响过一两秒或电话两次铃声间歇中接听电话。

◆多吃胡萝卜、西红柿、海带、瘦肉、动物肝脏等富含维生素A、C和蛋白质的食物，加强肌体抵抗电磁辐射的能力。

8.6 热 污 染

8.6.1 热污染概述

热污染（thermal pollution）是指自然界和人类生产、生活产生的废热对环境造成的污染。热污染通过使受体水和空气温度升高的增温作用污染大气和水体。火力发电厂、核电站和钢铁厂的冷却系统排出的热水及石油、化工、造纸等工厂排出的生产性废水中均含有大量废热。在工业发达的美国，每天所排放的冷却用水达4.5亿m^3，接近全国用水量的1/3；废热水含热量约10450亿kJ，足够2.5亿m^3的水温升高10℃。水体和大气环境的热污染，改变了自然界原有的热平衡，带来一系列问题，已经引起了人们广泛的关注。

热污染是一种能量污染，是指人类活动危害热环境的现象。若把人为排放的各种温室气体、臭氧层损耗物质、气溶胶颗粒物等所导致直接的或间接的影响全球气候变化的这一特殊危害热环境的现象除外，常见的热污染有：①因城市地区人口集中，建筑群、街道等代替了地面的天然覆盖层，工业生产排放热量，大量机动车行驶，大量空调排放热量而形成城市气温高于郊区农村的热岛效应；②因热电厂、核电站、炼钢厂等冷却水所造成的水体温度升高，使溶解氧减少，某些毒物毒性提高，鱼类不能繁殖或死亡，某些细菌繁殖，破坏水生生态环境进行而引起水质恶化的水体热污染。

8.6.2 热污染的危害

1. 污染大气

人类使用的全部能源最终将转化为一定的热量进入大气环境，这些热量会对大气产生严重影响。进入大气的能量会逸向宇宙空间。在此过程中，废热直接使大气升温；同时煤、石油、天然气等矿物燃料在利用过程中产生大量CO_2所导致的“温室效应”也会使气温上升。大气层温度升高将会导致极地冰层融化，造成全球范围的严重水患。据观测，近 100 年间海平面升高了约 10cm。

一般城区的年平均气温比城郊、周边农村要高 0.5～3℃，这种现象在近地面气温分布图上表现为以城市为中心形成一个封闭的高温区，犹如一个温暖而孤立的岛屿。英国气候学家赖壳·霍德华把这种气候特征称为“热岛效应”。由于热岛中心区域近地面气温高，大气做上升运动，与周围地区形成气压差异，周围地区近地面大气向中心区辐射，从而形成一个以城区为中心的低压旋涡，造成人们生活、工业生产、交通工具运转等产生的大量大气污染物（硫氧化物、氮氧化物、碳氧化物、碳氢化合物等）聚集在热岛中心，危害人们的身体健康甚至生命（图 8-3）。

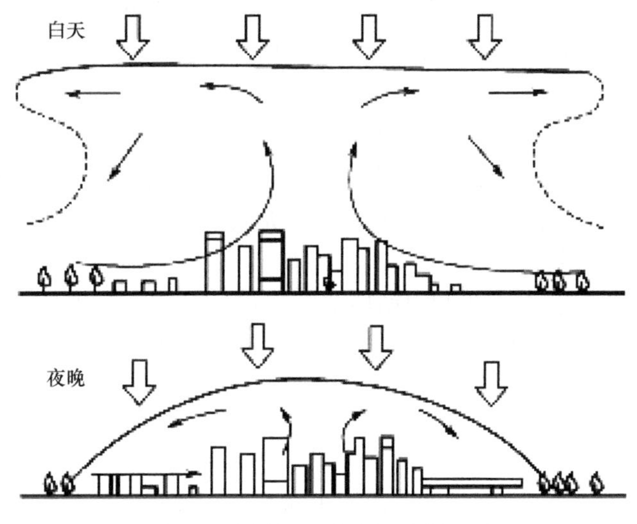

图 8-3　城市热岛效应形成模式图

2. 污染水体

1）影响水质

温度变化会引起水质发生物理、化学和生物化学的变化。温度升高，水的黏度降低、密度减小，水中沉积物的空间位置和数量会发生变化，导致污泥沉积量增多。水温增加，还会引起溶解氧减少，氧扩散系数增大。水质的改变会引发一系列问题。

2）影响水中生物

溶解氧的减少，会使存在的有机负荷因消化降解过程加快而加速耗氧，出现亏氧，鱼类会因缺氧而死亡。温度升高还会使水中化学物质的溶解度增大，生化反应加速，影响水生生物的适应能力。

3）使水体富营养化

水体的富营养化是以水体有机物和营养盐（氮和磷）含量的增加为标志的，它会引起水生生物大量繁殖，藻类和浮游生物爆发性生长。这不仅破坏了水域的景色，而且影响了水质，并对航运带来不利影响。例如，海洋中的赤潮使水中溶解氧急剧减少，破坏水资源，使海水发臭，造成水质恶化，致使水体丧失养殖的价值。水温升高，生化作用加强，有机残体的分解速率加快，营养元素大量进入水体，更易形成富营养化。

4）使传染病蔓延，有毒物质毒性增大

水温的升高为水中含有的病毒、细菌形成了一个人工温床，使其得以滋生泛滥，造成疫病流行。水中含有的污染物，如毒性比较大的汞、铬、砷、酚和氰化物等，其化学活动性和毒性都因水温的升高而加剧。

5）加快水分蒸发

水温的升高使水分子热运动加剧，也使水面上的大气受热膨胀而上升，加强了水汽在垂直面上的对流运动，从而导致液体蒸发加快。陆地上的液态水转化为大气水，使陆地上失水增多，这在贫水地区尤其不利。

6）增加能量消耗

冷却水水温升高，给许多利用循环水生产的工厂在经济和安全方面带来危害。水温直接影响电厂的热机效率和发电的煤耗、油耗，水温超过一定限度，将严重影响发电机的负荷，成为发电机组安全的巨大障碍。

8.6.3　热污染的防治

人类的生活永远离不开热能，但人类面临的问题是，如何在利用热能的同时减少热污染。这是一个系统问题，但解决问题的切入点应在源头和途径上。随着现代工业的发展和人口的不断增长，环境热污染将日趋严重。然而，人们尚未用一个量值来规定其污染程度，这表明人们并未对热污染有足够重视。防治热污染可以从以下方面着手。

（1）有关职能部门应加强监督管理，制定法律、法规和标准，严格限制热排放。

（2）提高热能转化和利用率及对废热的综合利用，减少废热排放。像热电厂、核电站的热能向电能的转化、工厂及人们平时生活中热能的利用上，都应提高热能的转化和使用效率，把排放到大气中的热能和 CO_2 降低到最小量。在电能的消耗上，应使用节能、散发额外热能少的电器等。这样做，既节省能源，又有利于环境。另外，产生的废热可以作为热源加以利用，如用于水产养殖、农业灌溉、冬季供暖、预防水运航道和港口结冰等。

（3）加强绿化，增加森林覆盖面积。绿色植物具有光合作用，可以吸收 CO_2、释放 O_2，还可以产生负离子。植物的蒸腾作用可以释放大量水汽，增加空气湿度，降低气温。林木还可以遮光、吸热、反射长波辐射，降低地表温度。绿色植物对防治热污染有巨大的可持续生态功能。具体措施有：提高城市行道树木建设水平，加强机关、学校、小区等的绿化布局，发展城市周边及郊区绿化等。

思　考　题

1. 什么是环境物理性污染？环境物理性污染有何特点？
2. 什么是噪声？美妙的音乐是噪声吗？
3. 噪声污染源有哪些？噪声对人体有什么危害？如何控制噪声污染？
4. 什么是放射性污染？放射性污染有什么特点？
5. 什么是电磁污染？电磁污染源有哪些？对人体有哪些危害？
6. 光污染是什么？光污染都有哪些？
7. 热污染是什么？热污染是如何产生的？
8. 热污染对环境有哪些危害？如何防治？

主要参考文献

陈杰瑢. 2007. 物理性污染控制[M]. 北京：高等教育出版社.
陈亢利，钱先友，许浩瀚. 2006. 物理性污染与防治[M]. 北京：化学工业出版社.
程发良，常慧. 2002. 环境保护基础[M]. 北京：清华大学出版社.
李连山，杨建设. 2009. 环境物理性污染控制工程[M]. 武汉：华中科技大学出版社.
乔玮. 2005. 环境保护基础[M]. 北京：北京大学出版社.
任连海. 2008. 环境物理性污染控制工程[M]. 北京：化学工业出版社.
盛美萍，王敏庆，孙进才. 2001. 噪声与振动控制技术基础[M]. 北京：科学出版社.
王建龙. 2000. 环境工程导论[M]. 北京：清华大学出版社.
许兆义，杨成永. 2002. 环境科学与工程概论[M]. 北京：中国铁道出版社.
战友. 2004. 环境保护概论[M]. 北京：化学工业出版社.
张宝杰，乔英杰，赵志. 2003. 环境物理性污染控制[M]. 北京：化学工业出版社.
张辉，刘丽，李星. 2005. 环境物理教育[M]. 北京：科学出版社.

第 9 章　环境管理及技术支撑

本章导读： 环境管理是解决环境问题的必要手段。本章简述了环境管理的内涵与手段，阐述了我国环境管理的九项基本制度和环境法组成体系的基本内容，介绍了环境监测、环境评价、环境规划和环境统计等支撑环境管理的技术概况，最后讨论了环境管理体系的发展历程及 ISO14000 系列标准的基本内容。

9.1　环境管理概述

新中国成立以来，我国的社会经济得到了快速发展，但由于忽视了环境管理，自 20 世纪 80 年代以来，我国的大气、水体、土壤等环境介质都不同程度地遭到污染和破坏。目前，解决环境问题的难点就其本质而言不仅在于技术层面，更重要的在于管理层面。环境管理在环境问题的原因识别、治理方案的提出及实施保障等环节都起着重要作用，强化环境管理是解决环境问题的必要手段。

9.1.1　环境管理的内涵

环境管理（environmental management）是环境保护工作的主要组成部分，运用行政、法律、经济、教育和科学技术等手段，协调社会经济发展同环境保护之间的关系，使社会经济发展在满足人们物质和文化生活需要的同时，防治环境污染和维护生态平衡。

环境管理着力于对损害环境质量的人类活动进行干预、协调发展与环境的关系、以环境制约生产。其核心问题是遵循生态规律与经济规律，正确处理发展与环境的关系，使人与环境和谐共处。发展可能为环境带来污染和破坏，但环境质量的改善也只有在经济、技术发展的基础上才能得以实现。所以，关键在于通过全面规划和合理开发利用自然资源，使经济、技术、社会相结合，发展与环境相协调。

环境管理的直接对象是人类作用于环境的行为，包括政府行为、企业行为和公众行为。通过管理人的行为，进而间接管理物质对象，即作为客体的环境，包括水环境、大气环境、土壤环境、生物环境、景观环境、人居环境等。因此，就其本质而言，环境管理就是通过规范和管制人的行为，来调整人与环境的关系。环境管理的主体就是人类社会行为的主体，包括政府、企业和公众，这里的公众包括个人和各种社会群体（也称非政府组织或非营利组织）。

环境管理的内容从管理范围可划分为资源管理、区域环境管理和部门环境管理；从管理的性质可划分为环境计划管理、环境质量管理和环境技术管理。下面从管理的性质划分展开阐述。

（1）环境计划管理：通过计划协调发展与环境的关系。环境计划管理首先是制订好环境规划，使环境规划成为整个经济发展规划的必要组成部分，用规划内容来指导环境保护工作，并在实践中根据情况不断调整和完善规划。

（2）环境质量管理：组织制定各种质量标准、各类污染物排放标准和监督检查工作，对环境质量的现状进行监测和评价，对未来环境质量的变化趋势进行预测和评价。

（3）环境技术管理：主要包括确定环境污染和破坏的防治技术路线和技术政策、确定环境科学技术发展方向、组织环境保护的技术咨询和情报服务、组织环境科学技术合作交流等。

9.1.2　环境管理的手段

1. 以政府为主体的环境管理手段

一直以来，世界上所有国家的环境管理（包括以市场为导向的国家，如美国）都主要采用以政府为主体的命令控制型的直接管理手段，包括法律手段、行政手段和环境标准的执行等（表 9-1）。

表 9-1　环境管理手段分类

类型	手段	管理主体	基本内容
命令控制型	法律手段	政府	宪法、环境保护基本法、环境保护单行法、环境保护条例与部门规章、国家条约和公约等
	行政手段	政府	行政审批或许可、环境监测/处罚、环境影响评价等
	环境标准	政府	环境质量标准、污染物排放标准、环境监测方法标准、环境标准样品标准、环境基础标准等
经济激励型	经济手段	政府	非市场经济手段：排污收费制度、税收减免制度、财政补贴制度、贷款优惠制度等
		企业	市场经济手段：排污权交易制度、环境责任保险制度、使用者收费制度等
自愿鼓励型	自组织与自管理	环境使用者	环境使用者间的合约/协议、环境管理认证等
	公众参与	环境使用者和影响对象	利益相关方的伙伴关系

从20世纪80年代起，经济激励型的手段作为能与市场经济发展相适应、行之有效的环境管理手段，成为行政和法律手段的必要补充。在市场经济体制下采用经济手段，可以提高环境管理的效率并降低成本。基于市场进行环境管理的前提条件是建立私有的产权。实行市场经济的经济手段，必须根据资源环境的具体特征和条件，避免盲目崇尚私有化。我国有关环境管理的现行经济手段主要有排污收费制度、税收减免制度、财政补贴制度、贷款优惠制度、生态补偿制度等，这些都属于非市场经济手段；此外，借鉴国外的成功经验，我国自20世纪90年代，引入和尝试市场经济手段——排污权交易制度。排污权交易是指在一定区域内，在污染物排放总量不超过允许排放量的前提下，内部各污染源之间通过货币交换的方式相互调剂排污量，从而达到减少排污量、保护环境的目的。

2. 以资源环境的直接使用者为主体的环境管理手段

除了上述以政府为主体的命令控制型和经济激励型环境管理手段，以资源环境使用者为主体的自愿鼓励型环境管理手段越来越受到重视，它包括两个层次的内容：直接使用者的自组织与自管理、公众参与。公众参与强调的是不同利益相关方之间伙伴式的关系。通过两个或多个公共、私人或非政府组织之间相互达成共识的一种约定，以实现共同决定的目标，或完成共同决定的活动，从而有利于环境和社会的可持续发展。

阅读材料：农村环境污染与环境管理缺失

——依互联网资料整理

农村环境作为城市生态系统的支持者一直是城市污染的消纳方。近年来，我国在城市环境日益改善的同时，农村污染问题却越来越严重，在工业化、城镇化程度较高的东部发达地区的农村尤为突出。人们记忆中的“美丽乡愁”已渐行渐远，反倒是废弃塑料、建筑和生活垃圾、污水随处可见。各种污染不仅威胁到了数亿农村人口的健康，甚至通过水、大气和食品等渠道最终影响到城市。

由于我国长期实施城乡二元体制，在发展战略和政策上长期存在着严重的“城市偏向”，“农业、农村、农民”问题一直是我国经济发展中比较突出的结构性矛盾。同时，伴随着“工厂下乡、农民进城”，农村的环境污染问题越发严重，并已经发展为一个突出的社会问题。究其根源，症结还在于城乡二元体制和环境保护与治理上的“城市偏向”。我国的环境管理体系是基于城市和重点污染源防治建立起来的，长期以来对农村环境污染防治重视不够，对农村污染防治的难度认识不足，农村环境立法缺乏，环境管理机构不健全，职责权限分割严重，环境防治财政投入严重不足，与面源、线源、点源污染交叉的新形势、新特征不适应，由此造成了在环境保护与污染防治上新的“重城轻乡”，在政府和社会聚焦于城市环境保护和污染防治的同时，农村环境却日趋恶化。

9.2　环境管理的法制建设

9.2.1　环境法的产生及作用

环境法（environmental law）或环境立法（environmental legislation）是指由国家制定或认可的，并由国家强制保证执行的关于保护环境和自然资源、防治污染和其他公害的法律规范的总称。人类社会早期的环境问题，主要是农业生产活动引起的对自然环境的破坏，古代文明国家已经有关于保护自然环境的法律规定，例如，中国《秦律·田律》中就有相关规定。产业革命后，随着工业发展，出现了大规模的工业污染，从19世纪中叶开始，一些资本主义国家陆续制定防治污染的法规。环境法的迅速发展，是从20世纪五六十年代开始的。这时，环境污染和生态破坏日益严重，甚至发展成灾难性的公害，迫使各国政府不得不认真对待并采取各种有力的措施，其中包括制定一系列环境保护法规。

环境法的保护对象是一个国家管辖范围内的人的生存环境，主要是自然环境，包括土地、大气、水、森林、草原、矿藏、野生动植物、自然保护区、自然历史遗迹、风景游览区和各种自然景观等，也包括人们用劳动创造的生存环境，即人为的环境，如运河、水库、人造林木、名胜古迹、城市及其他居民点等。

环境法的作用，是通过调整人们（包括组织）在生产、生活及其他活动中所产生的同保护和改善环境有关的各种社会关系，协调社会经济发展与环境保护的关系，把人类活动对环境的污染与破坏限制在最小限度内，维护生态平衡，达到人类社会同自然的协调发展。环境法所调整的社会关系可分为两类：一类是同保护、合理开发和利用自然资源有关的各种社会关系；一类是同防治工业废气、废水、固体废物、放射性物质、恶臭物质、有毒化学物质、生活垃圾等有害物质和废弃物对环境的污染，以及同防治噪声、振动、电磁辐射、地面沉降等公害有关的各种社会关系。

9.2.2 环境法的体系与实施

1. 环境法体系

各种具体的环境法律法规，其立法机关、法律效力、形式、内容、目的和任务等往往各不相同，但从整体上看，又必然具有内在的协调性、统一性，组成一个完整的有机体系。而这种由有关开发、利用、保护和改善环境资源的各种法律规范所共同组成的相互联系、相互补充、内部协调一致的统一整体，就是所谓的环境法体系。

关于环境法体系的类型，可以从不同角度加以划分。例如，按照国别来分，包括中国环境法和外国环境法；按照法律规范的主要功能来分，包括环境预防法、环境行政管制法和环境纠纷处理法；按照传统法律部门来分，主要包括环境行政法、环境刑法（或称公害罪法）、环境民法（主要是环境侵权法和环境相邻关系法）等；按照中央和地方的关系来分，包括国家级环境法和地方性环境法等。

从法律效力的层级来看，我国的国家级环境法体系主要包括如下几个组成部分：宪法中关于环境资源保护的规定、环境保护基本法、环境资源单行法、环境标准、其他部门法中关于环境资源保护的法律规范。此外，我国缔结或参加的有关环境资源保护的国际条约，也是我国环境法体系的有机组成部分。

1）宪法中关于环境资源保护的规定

宪法中关于环境资源保护的规定在整个环境法体系中具有最高法律地位和法律权威，是环境立法的基础和根本依据。例如，我国现行《宪法》第26条规定："国家保护和改善生活环境与生态环境，防治污染与其他公害"；第9条规定："矿藏、水流、森林、山岭、草原、荒地、滩涂等自然资源，都属于国家所有，即全民所有；由法律规定属于集体所有的森林和山岭、草原、荒地、滩涂除外。国家保障自然资源的合理利用，保护珍贵的动物和植物。禁止任何组织或个人用任何手段侵占或者破坏自然资源"。

2）环境保护基本法

环境保护基本法是对环境保护方面的重大问题做出规定和调整的综合性立法，在环境法律体系中，具有仅次于宪法性规定的最高法律地位和效力。我国于1979年颁布了《中华人民共和国环境保护法（试行）》，此后于1989年12月26日通过了《中华人民共和国环境保护法》，该法确立了我国环境保护的目的、任务、对象、基本原则和制度等。2014年4月24日审议通过了环境保护法修订案，修订后的《中华人民共和国环境保护法》自2015年1月1日起施行。修订后的环境保护法增加了政府、企业各方面的责任和处罚力度，被称为“史上最严的环保法”，对保护和改善环境，保障民众健康，推进生态文明建设，促进经济社会可持续发展具有重要意义。

3）环境资源单行法

环境资源单行法是针对某一特定的环境要素或特定的环境社会关系进行调整的专门性法律法规，具有量多面广的特点，是环境法的主体部分，主要由以下几个方面的立法构成：土地利用规划法，包括国土整治、城市规划、村镇规划等法律法规；环境污染和其他公害防治法，包括大气污染防治法、水污染防治法、噪声污染防治法、固体废物污染防治法、有毒化学品管理法、放射性污染防治法、恶臭污染防治法、振动控制法等；自然资源保护法，包括土地资源保护法、矿产资源保护法、水资源保护法、森林资源保护法、草原资源保护法、渔业资源保护法等；自然生态保护法，包括野生动植物保护法、水土保持法、湿地保护法、荒漠化防治法、海岸带保护法、绿化法及风景名胜、自然遗迹、人文遗迹等特殊景观保护法等。

4）环境标准

环境标准是由行政机关根据立法机关的授权而制定和颁发的，旨在控制环境污染、维护生态平衡和环境质量、保护人体健康和财产安全的各种法律性技术指标和规范的总称。环境标准一经批准发布，各有关单位必须严格贯彻执行，不得擅自变更或降低。作为环境法的一个有机组成部分，环境标准在环境监督管理中起着极为重要的作用，无论是确定环境目标、制定环境规划、监测和评价环境质量，还是制定和实施环境法，都必须以环境标准这一“标尺”作为其基础和依据。我国的环境标准由五类两级组成，即在类别上包括环境质量标准、污染物排放标准、环境保护基础标准、环境标准样品标准和环境监测标准方法标准五类，在级别上包括国家级和地方级两级。

环境标准在使用时地方标准优先于国家标准，凡向已有地方污染物排放标准的区域排放污染物时，应当执行地方污染物排放标准；综合性排放标准与行业排放标准不交叉执行，有行业性排放标准的执行行业排放标准，没有行业性排放标准的执行综合性排放标准。例如，汽车维修企业水污染物排放标准应遵守《汽车维修业水污染物排放标准》（GB 26877—2011），而不是《污水综合排放标准》（GB 8978—1996）。

5）其他部门法中有关保护环境资源的法律规范

在行政法、民法、刑法、经济法、劳动法等部门法中也有一些有关保护环境资源的法律规范，其内容较为庞杂。例如，《治安管理处罚条例》第 25 条第 7 款关于对“在城镇使用音响器材，音量过大，影响周围居民工作或休息，不听制止者”处以50元以下罚款或者警告的规定；《民法通则》第124条关于环境污染侵权的规定；《对外合作开采石油资源条例》第24条关于作业者、承包者在实施石油作业中应当保护渔业资源和其他自然资源，防止对大气、海洋、河流、湖泊、陆地等环境的污染和损害的规定；《刑法》第六章第六节关于“破坏环境资源保护罪”的规定等，均属于环境法体系的重要组成部分。

6）我国缔结或参加的有关保护环境资源的国际条约、国际公约

为了协调世界各国的环境保护活动，保护自然资源和应付日趋严重的气候变暖、酸雨、臭氧层破坏、生物多样性锐减等全球性环境问题，产生了国际环境法。它是调整国家之间在开发、利用、保护和改善环境资源的活动中所产生的各种关系的有拘束力的原则、规则、规章、制度的总称。

中国本着对国际环境与资源保护事业积极负责的态度，参加或者缔结了许多环境与资源保护国际公约和条约，如《联合国海洋法公约》（1982）、《保护臭氧层维也纳公约》（1985）、《关于消耗臭氧层物质的蒙特利尔议定书》（1987）及其修正案、《控制危险废物越境转移及其处置的巴塞尔公约》（1989）、《联合国气候变化框架公约》（1992）、《生物多样性公约》（1992）、《核安全公约》（1994）、《京都议定书》（1997）、《卡特赫纳生物安全议定书》（2000）、《关于持久性有机污染物的斯德哥尔摩公约》（2001）等。另外，中国还积极支持有关国际环境与资源保护的许多重要文件，并把这些文件的精神引入中国的法律和政策之中。这些文件包括1972年在瑞典斯德哥尔摩发表的《联合国人类环境宣言》、1980年世界许多国家同时发表的《世界自然资源保护大纲》、1982年在肯尼亚内罗毕发表的《内罗毕宣言》和1992年在巴西里约热内卢发表的《关于环境与发展的里约热内卢宣言》和《二十一世纪议程》等。

2. 环境法的实施

环境法的实施，就是在现实社会生活中具体运用、贯彻和落实环境法，使环境法主体之间抽象的权利、义务关系具体化的过程。通过环境法的实施，使义务人自觉地或者被迫地履行其法律义务，将人们开发、利用、保护和改善环境资源的活动调整、限制在环境法所允许的范围内，从而协调人类与自然环境之间的关系，实现环境法的目的和任务。根据实施主体的不同，可以将环境法的实施分为公力实施和私力实施两大类别。

公力实施（也称国家实施），是指国家机关依照法定权限和程序，凭借国家暴力进行的环境法的实施活动，包括行政机关通过依法行使行政权对环境资源进行的监督管理，司法机关通过行使司法权进行的实施活动，检察机关通过行使检察权进行的实施活动，以及立法机关通过对行政机关、司法机关、检察机关等遵守

环境法情况的监督所进行的实施活动。其中行政机关对环境法的实施活动发挥着最为重要、最为基础的作用，而许多国家的环境法也都明文规定设立专门的环境行政机关，由环境行政机关负责环境法的执行和实施。

私力实施（也称公民实施），是指公民个人或公民组织依据法律规定所进行的环境法的实施活动，其主要形式包括依法参与环境行政决策，依法对违反环境法的国家机关、企事业单位或公民个人提起环境诉讼或进行检举、控告，与排污者签订污染防治协议，通过立法机关的民意代表对行政机关等遵守和实施环境法的活动进行监督，以及针对环境犯罪、环境侵害行为实施正当防卫和其他自力救济等。

由于公众是环境公害的直接受害者，对环境状况最了解、最敏感，是完善和实施环境法制的根本动力来源。因此，无论在理论上还是在实践中，国际社会与世界各国都十分重视社会公众在环境法实施过程中的重要作用，强调维护公众正当环境权益，特别是知情权、参与权和获得救济权等程序意义上的环境权，使行政机关、司法机关等的公力实施与公民私力实施密切配合，以求收到良好的实施效果。

9.2.3　环境法律责任

所谓环境法律责任，是指环境法主体因违反其法律义务而应当依法承担的，具有强制性否定性法律后果。按其性质可以分为环境行政责任、环境民事责任和环境刑事责任三种。环境行政责任，是指违反了环境法，实施破坏或者污染环境的单位或者个人所应承担的行政方面的法律责任，包括行政处罚和行政处分两类；环境民事责任，是指单位或者个人因污染危害环境而侵害了公共财产或者他人的人身、财产所应承担的民事方面的责任；环境刑事责任，是指行为人故意或过失实施了严重危害环境的行为，并造成了人身伤亡或公私财产的严重损失，已经构成犯罪要承担刑事制裁的法律责任。环境保护法第六十九条规定："违反本法规定，构成犯罪的，依法追究刑事责任。"刑法第六章第六节对"破坏环境资源保护罪"的刑事责任作了具体规定。例如，第三百三十八条对"污染环境罪"规定如下："违反国家规定，排放、倾倒或者处置有放射性的废物、含传染病病原体的废物、有毒物质或者其他有害物质，严重污染环境的，处三年以下有期徒刑或者拘役，并处或者单处罚金；后果特别严重的，处三年以上七年以下有期徒刑，并处罚金。"

阅读材料：紫金矿业重大环境污染事故案

——摘自《人民法院报》2013 年 6 月 19 日第 3 版

【基本案情】

自2006年10月以来，被告单位紫金矿业集团股份有限公司紫金山金铜矿（以下简称“紫金山金铜矿”）所属的铜矿湿法厂清污分流涵洞存在严重的渗漏问题，虽采取了有关措施，但随着生产规模的扩大，该涵洞渗漏问题日益严重。紫金山金铜矿于2008年3月在未进行调研认证的情况下，违反规定擅自将6号观测井与排洪涵洞打通。在2009年9月福建省环保厅明确指出问题并要求彻底整改后，仍然没有引起足够重视，整改措施不到位、不彻底，隐患仍然存在。2010年6月中下旬，上杭县降水量达349.7mm。2010年7月3日，紫金山金铜矿所属铜矿湿法厂污水池高密度聚乙烯防渗膜破裂造成含铜酸性废水渗漏并流入6号观测井，再经6号观测井通过人为擅自打通的与排洪涵洞相连的通道进入排洪涵洞，并溢出涵洞内挡水墙后流入汀江，泄漏含铜酸性废水9176m^3，造成下游水体污染和养殖鱼类大量死亡的重大环境污染事故，上杭县城区部分自来水厂停止供水1天。

2010年7月16日，用于抢险的3号应急中转污水池又发生泄漏，泄漏含铜酸性废水500m^3，再次对汀江水质造成污染。致使汀江河局部水域受到铜、锌、铁、镉、铅、砷等的污染，造成养殖鱼类死亡达370.1万斤（1斤=0.5kg），经鉴定鱼类损失价值人民币2220.6万元；同时，为了网箱养殖鱼类的安全，当地政府部门采取破网措施，放生鱼类3084.44万斤。

【裁判结果】

福建省龙岩市新罗区人民法院一审判决、龙岩市中级人民法院二审裁定认为：被告单位紫金山金铜矿违反国家规定，未采取有效措施解决存在的环保隐患，继而发生了危险废物泄漏至汀江，致使汀江河水域水质受到污染，后果特别严重。被告人陈家洪（2006年9月至2009年12月任紫金山金铜矿矿长）、黄福才（紫金山金铜矿环保安全处处长）是应对该事故直接负责的主管人员，被告人林文贤（紫金山铜矿湿法厂厂长）、王勇（紫金山铜矿湿法厂分管环保的副厂长）、刘生源（紫金山铜矿湿法厂环保车间主任）是该事故的直接责任人员，对该事故均负有直接责任，各被告人行为均已构成重大环境污染事故罪。

据此，综合考虑被告单位自首、积极赔偿受害渔民损失等情节，以重大环境污染事故罪判处被告单位紫金山金铜矿罚金人民币3000万元；被告人林文贤有期徒刑三年，并处罚金人民币30万元；被告人王勇有期徒刑三年，并处罚金人民币30万元；被告人刘生源有期徒刑三年六个月，并处罚金人民币30万元。对被告人陈家洪、黄福才宣告缓刑。

9.2.4 环境管理的基本制度

从1973年第一次全国环境保护会议以来，我国在环境管理实践中，根据国情逐步制定和实施了九项环境管理制度。通过推行这些管理制度来控制环境污染、防止生态破坏、有目标地改善环境质量，实现环境保护的总原则和总目标。同时，这些管理制度也是环境保护部门依法行使管理职能的主要方法和手段。

1. “三同时”制度

“三同时”制度是在中国最早出台的一项环境管理制度。它是中国的独创，来自20世纪70年代初防治污染工作的实践。根据我国《环境保护法》第四十一条规定：“建设项目中防治污染的设施，应当与主体工程同时设计、同时施工、同时投产使用。防治污染的设施应当符合经批准的环境影响评价文件的要求，不得擅自拆除或者闲置”。

2. 环境影响评价制度

环境影响评价是指对规划和建设项目实施后可能产生的环境影响进行分析、预测和评估，提出预防或者减轻不良影响的对策和措施，进行跟踪监测的方法和制度。环境影响评价制度是环境管理中贯彻预防为主的一项基本原则，也是防止新污染、保护生态环境的一项重要法律制度。美国是世界上第一个建立环境影响评价制度的国家，1969年就把环境影响评价用法律制度形式固定下来。

3. 排污收费制度

排污收费制度是指向环境排放污染物或超过规定的标准排放污染物的排污者，依照国家法律和有关规定，按标准交纳一定费用的制度。我国的排污收费制度是在20世纪70年代末期，根据“谁污染谁治理”的原则，借鉴国外经验，结合我国国情开始实行的。排污费专款专用，主要用于重点污染源治理、区域性污染防治、污染防治新技术和新工艺的开发及示范应用等。

4. 排污许可制度与排污申报登记制度

排污许可制度是指凡是需要向环境排放各种污染物的单位或个人，都必须事先向环境保护部门办理申领排污许可证手续，经环境保护部门批准获得排污许可证后方能向环境排放污染物的制度。排污许可制度是以改善环境质量为目标、以污染物总量控制为基础，对排污的种类、性质、数量、方式、去向等的具体规定，是一项具有法律意义的行政管理制度。实施污染物排放许可制度后，容许排污权交易是我国环保制度的重大创新。排污单位经治理或产业（包括产品）调整，其实际排放物总量低于所核准的允许排放污染物总量部分，经环保部门批准，允许进行有偿转让。

排污申报登记是要求具有排污活动行为的单位按一定规格形式就其生产经营活动中的生产工艺设备、原材料产品、污染物排放处理设施，以及污染物排放种类、性质、数量、方式、去向等定期或不定期地向所在地环境主管部门呈报的过程。它是各国环境管理中普遍采取的一项制度，是排污许可制度的组成部分。

5. 环境保护目标责任制

环境保护目标责任制是我国环境体制中的一项重大举措。它是通过签订责任书的形式，具体落实到地方各级人民政府和有污染的单位对环境质量负责的行政管理制度。一个区域、一个部门乃至一个单位环境保护的主要责任者和责任范围，运用目标化、定量化、制度化的管理方法，把贯彻执行环境保护这一基本国策作为各级领导的行为规范，推动环境保护工作的全面、深入发展，是责、权、利、义的有机结合，从而使改善环境质量的任务能够得到层层分解落实，达到既定的环境目标。

6. 城市环境综合整治定量考核制度

所谓城市环境综合整治，就是把城市环境作为一个系统、一个整体，运用系统工程的理论和方法，采取多功能、多目标、多层次的综合战略、手段和措施，对城市环境进行综合规划、综合管理、综合控制，以最小的投入换取城市质量优化，做到经济建设、城乡建设、环境建设同步规划、同步实施、同步发展，从而使复杂的城市环境问题得以解决。这项制度要对环境综合整治的成效、城市环境质量制定量化指标，进行考核。城市环境综合整治定量考核工作自 1989 年 1 月 1 日起实施，每年评定一次城市各项环境建设与环境管理的总体水平。

7. 污染集中控制制度

污染集中控制是在一个特定的范围内，为保护环境所建立的集中治理设施和采用的管理措施，是强化环境管理的一种重要手段。污染集中控制，应以改善流域、区域等控制单元的环境质量为目的，依据污染防治规划，按照废水、废气、固体废物等的性质、种类和所处的地理位置，以集中治理为主，用尽可能小的投入获取尽可能大的环境、经济和社会效益。

8. 限期治理污染制度

限期治理污染制度是指对严重污染环境的企业事业单位和在特殊保护的区域内超标排污的生产、经营设施和活动，由各级人民政府或其授权的环境保护部门决定、环境保护部门监督实施，在一定期限内治理并消除污染的法律制度。对经限期治理逾期未完成治理任务的企业事业单位，除加收超标准排污费外，可以处以罚款，或者责令停业、关闭。

9. 污染物排放总量控制制度

污染物排放总量控制是将某一控制区域（如行政区、流域、环境功能区等）作为一个完整的系统，采取措施将排入这一区域的污染物总量控制在一定数量之内，以满足该区域的环境质量要求。总量控制包括三个方面的内容：①污染物的排放总量；②排放污染物的地域；③排放污染物的时间。我国“十二五”期间污染物排放总量控制指标包括二氧化硫、氮氧化合物、化学需氧量和氨氮，其中前两个为大气污染物总量控制指标，后两个为水污染物总量控制指标。

“总量控制”是相对于“浓度控制”而言的。浓度控制是指以控制污染源排放口排出污染物的浓度为核心的环境管理方法体系，其核心内容为国家环境污染物排放标准（主要是浓度排放标准）。随着环境管理工作的发展和不断深入，人们越来越意识到，对污染源仅实行排放浓度控制根本无法达到控制环境污染、确保环境质量的目标，必须同时实行污染物排放总量控制，才能有效控制和消除污染。

综合上述九项环境管理基本制度，环境保护目标责任制是其他各项制度的龙头。在防治新的污染方面，主要有两项制度：环境影响评价制度、“三同时”制度；在治理老的污染方面，主要有五项制度：排污申报和排污许可制度、排污收费制度、限期治理制度、集中控制制度、污染物排放总量控制制度；而城市环境综合整治定量考核制度则是全面检查和保证这些制度在城市管理中的执行情况。

9.3　环境管理的技术支撑

9.3.1　环境监测

环境监测（environmental monitoring）指运用物理的、化学的和生物的技术手段，对环境中的污染物及其有关的组成成分进行定性、定量和系统的综合分析，确定环境质量（或污染程度）及其变化趋势。

环境监测具有两大特征：一是综合性，它以分析化学和数理统计学为基础，互相渗透，又相互结合的自然科学和社会科学知识组成。二是社会性，一方面，环境监测分析研究环境，造福人民，有初具规模的社会机构；另一方面，环境监测分析有广泛的社会服务性。有效的环境监测分析数据，是环境监测部门的基本产品。它是环境规划、管理、评价的基石，也是执行环境保护法规、进行排污收费、监督污染治理的科学依据。

环境监测的过程一般为现场调查→监测计划设计→优化布点→样品采集→运送保存→分析测试→数据处理→综合评价。从信息技术角度看，环境监测是环境信息的捕获→传递→解析→综合的过程。只有在对监测信息进行解析、综合的基础上，对各种有关污染因素、环境因素在一定范围、时间、空间内进行测定，分析其综合测定数据，才能全面、客观、准确地揭示监测数据的内涵，对环境质量及其变化做出正确的评价。环境监测的对象包括反映环境质量变化的各种自然因素、对人类活动与环境有影响的各种人为因素、对环境造成污染危害的各种成分。

通常环境监测内容以监测的介质（环境要素）为对象来分，可分为空气污染监测、水体污染监测、土壤污染监测、生物监测、生态监测、物理性污染监测（包括噪声污染、振动污染、光污染等）；以监测目的来分，可分为监视性监测、特定目的监测和研究性监测。以下根据不同的监测目的展开论述。

1. 监视性监测

监视性监测又称为例行监测或常规监测，是纵向指令性任务，包括对污染源的监测和环境质量监测，以确定环境质量及污染源状况，评价控制措施的效果、衡量环境标准实施情况和环境保护工作的进展。这是监测工作中量最大、面最广的工作。

2. 特定目的监测

特定目的监测又称为特例监测或应急监测，是横向服务性任务，包括以下几个方面。

（1）污染事故监测：在发生污染事故时及时深入事故地点进行应急监测，确定污染物的种类、扩散方向、速率和污染程度及危害范围，查找污染发生的原因，为控制污染事故提供科学依据。这类监测常采用流动监测（车、船等）、简易监测、低空航测、遥感等手段。

（2）纠纷仲裁监测：主要针对污染事故纠纷、环境执法过程中所产生的矛盾进行监测，提供公证数据。

（3）考核验证监测：包括人员考核、方法验证、新建项目的环境考核评价、排污许可制度考核监测、“三同时”项目验收监测、污染治理项目竣工时的验收监测。

（4）咨询服务监测：为政府部门、科研机构、生产单位所提供的服务性监测。为国家政府部门制订环境保护法规、标准、规划提供基础数据和手段。如建设新企业应进行环境影响评价，需要按评价要求进行监测。

3. 研究性监测

研究性监测又称为科研监测，针对特定目的科学研究而进行的高层次监测，是通过监测了解污染机理、弄清污染物的迁移变化规律、研究环境受到污染的程度，例如，环境本底的监测及研究、有毒有害物质对从业人员的影响研究、为监测工作本身服务的科研工作的监测（如统一方法和标准分析方法的研究、标准物质研制、预防监测）等。这类研究往往要求多学科合作进行。

为了达到监测计划所规定的监测质量而对监测过程采用有效措施进行控制，所采用的这些措施就是环境监测质量控制。环境监测质量控制包括实验室内部控制和实验室外部控制。实验室内部控制包括空白试验、仪器设备的定期标定、平行样分析、加标回收率分析、密码样分析、质量控制图等，控制结果反映实验室监测分析的稳定性，一旦发现异常情况，及时采取措施进行校正，是实验室自我控制监测分析质量的程序；实验室外部控制包括分析监测系统的现场评价、分发标准样品进行实验室间的评价等，目的在于找出实验室内部不易发现的误差，特别是系统误差，及时予以校正，提高数据质量。

9.3.2　环境评价

环境评价又称环境质量评价（environmental quality assessment），即按照一定的评价标准和评价方法对一定区域范围内的环境质量进行描述和分析，以便查明该区域环境质量的历史和现状，确定影响环境质量的主要因素，掌握该区域环境质量的变化规律，预测未来的发展趋势及评价人类活动对环境的影响。从广义上说，环境评价是对环境系统状况的价值进行评定、判断和提出对策。

根据环境管理的要求，环境评价可以分为多种不同的类型。按照环境要素可分为大气环境评价、水环境评价、土壤环境评价、噪声环境评价等；从评价内容可分为经济影响评价、社会影响评价、区域环境评价、生态影响评价、环境风险评价等；从评价层次上可分为项目环境评价、规划环境评价、战略环境评价；从时间上可分为环境回顾评价、环境现状评价和环境影响评价。

环境质量评价的主要目的包括：较全面揭示环境的质量状况及其变化趋势；找出污染治理重点对象；为制定环境综合防治方案和城市总体规划及环境规划提供依据；研究环境质量与人群健康的关系；预测和评价拟建的工业或其他建设项目对周围环境可能产生的影响。比较全面的区域环境质量评价，应包括对污染源、环境质量和环境效应三部分的评价，并在此基础上做出环境质量综合评价，提出环境污染综合防治方案，为环境污染治理、环境规划制定和环境管理提供参考。

9.3.3 环境规划

环境规划（environmental planning）是人类为使环境与经济、社会协调发展而对自身活动和环境所做的空间和时间上的合理安排。其目的是指导人们进行各项环境保护活动，按既定的目标和措施合理分配排污削减量、约束排污者的行为、改善生态环境、防止资源破坏、保障环境保护活动纳入国民经济和社会发展计划、以最小的投资获取最佳的环境效益、促进环境及经济和社会的可持续发展。

环境规划是环境管理工作的一个重要组成部分，可分为多种不同的类型。按照环境组成要素可分为大气环境规划、水环境规划、固体废物环境规划、噪声及物理性污染防治规划等；按规划地域可分为国家、省域、城市、流域、区域、乡镇乃至企业环境规划；从规划性质可分为污染综合防治规划、生态建设规划、自然保护规划、环境保护科技与产业发展规划等；按规划的时间可分为长期环境规划、中期环境规划、短期环境规划和年度环境保护计划。

环境规划种类较多，内容侧重点各不相同，因此环境规划的编制没有一个固定模式，但其基本内容有许多相近之处，主要为环境调查与评价、环境预测、环境功能区划、环境规划目标、环境规划方案的设计、环境规划方案的选择和实施、环境规划的支持与保证等。

9.3.4 环境统计

环境统计（environmental statistics）是用数字反映并计量人类活动引起的环境变化和环境变化对人类影响的工作。环境统计的任务是对环境状况和环境保护工作情况进行统计调查、统计分析，提供统计信息和咨询，实行统计监督。在环境统计调查中，污染物排放量数据应当按照自动监控、监督性监测、物料衡算、排污系数及其他方法综合比对获取。环境统计的内容包括环境质量、环境污染及其防治、生态保护、核与辐射安全、环境管理及其他有关环境保护事项。环境统计的类型有普查和专项调查、定期调查和不定期调查。定期调查包括统计年报、半年报、季报和月报等。

我国国务院环保办与国家统计局于1980年联合建立了环境保护统计制度。环境统计是国民经济和社会发展统计的重要组成部分，是环境保护事业的一项十分重要的基础工作。在环境管理中要做出正确的决策，编制合乎实际的规划和计划，搞好科学分析预测，以进行有效的环境监督和检查，就必须掌握准确、丰富、灵通的环境统计信息，因此，环境统计数据在综合反映环境状况、服务环境管理和科学决策方面起到了重要的基础性作用，可客观反映环境状况和环境保护事业发展的现状和变化趋势，为环境决策、计划和管理提供科学依据。

我国环境统计内容主要包括：①土地环境统计，以反映土地及其构成的现有量、利用量和保护情况；②自然资源环境统计，以反映食物、森林、水、矿物资源及文化古迹、自然保护区、风景游览区、草原、水生生物等现有量、利用量和保护情况；③能源环境统计，以反映能源及其构成的现有量，开采、消耗、回收和利用情况及对环境的影响；④人类居住区环境统计，以反映人群健康状况、营养状况、劳动条件、居住条件、娱乐和文化条件及公用设施等方面的状况；⑤环境污染统计，包括大气、水、土壤等污染状况及污染源排放和治理状况；⑥环境保护机构自身建设统计：反映环境保护专业人员的组成和工作发展情况的统计。

9.4　环境管理体系

环境管理体系（environmental management system）是一个组织内全面管理体系的组成部分，它包括为制定、实施、实现、评审和保持环境方针所需的组织机构、规划活动、机构职责、惯例、程序、过程和资源。还包括组织的环境方针、目标和指标等管理方面的内容。

9.4.1　环境管理体系发展历程

伴随着 20 世纪中期发达国家爆发的公害事件，人类开始认识到环境问题的出现及其严重性。环境污染与公害事件的产生使人们从治理污染的过程中逐步认识到，要有效地保护环境，人类必须对自身的经济发展行为加强管理。因此世界各国纷纷制定各类法律法规和环境标准，并试图通过如许可证等手段强制企业执行这些法律法规和标准来改善环境。

从 20 世纪 80 年代起，美国和西欧的一些公司为了响应持续发展的号召、减少污染、提高在公众的形象以获得商品经营支持，开始建立各自的环境管理方式，这是环境管理体系的雏形。1985 年荷兰率先提出建立企业环境管理体系的概念，1990 年进入标准化和许可制度。1990 年欧盟在慕尼黑的环境圆桌会议上专门讨论了环境审核问题。英国也在质量体系标准（BS 750）基础上，制定 BS 7750 环境管理体系。英国的 BS 7750 和欧盟的环境审核实施后，欧洲的许多国家纷纷开展认证活动，由第三方予以证明企业的环境绩效。这些实践活动奠定了 ISO 14000 系列标准产生的基础。1992 年在巴西里约热内卢召开“环境与发展”大会，各国政府领导、科学家和公众认识到要实现可持续发展的目标，就必须改变工业污染控制的战略，从加强环境管理入手，建立污染预防的新观念。通过企业的“自我决策、自我管理”方式，把环境管理融于企业全面管理之中。

在这种环境管理国际大趋势下，考虑到各国、各地区、各组织采用的环境管理手段工具及相应的标准要求不一致，可能会为一些国家制造新的“保护主义”和技术壁垒提供条件，从而对国际贸易产生影响，国家标准化组织（ISO）为响应联合国实施可持续发展的号召，于 1993 年 6 月成立了 ISO/TC207 环境管理技术委员会，正式开展环境管理系列标准的制定工作，期望通过环境管理工具的标准化工作，规范企业和社会团体等组织的自愿环境管理活动，促进组织环境绩效的改进，支持全球的可持续发展和环境保护工作。

ISO 14000 系列标准是国际标准化组织 1996 年推出的一个环境管理体系标准，该标准是由 ISO/TC207 的环境管理技术委员会制定，包括了环境管理体系（EMS）、环境管理体系审核（EA）、环境标志（EL）、生命周期评价（LCA）、环境绩效评价（EPE）、术语和定义（T&D）等国际环境管理领域的研究与实践的焦点问题，向各国政府及各类组织提供统一的环境管理体系、产品的国际标准和严格、规范的审核认证办法。ISO 14000 系列标准有 14001~14100 共 100 个号，其中 ISO 14001 是环境管理体系标准的主干标准，它是企业建立和实施环境管理体系并通过认证的依据。ISO 14001 规定了对环境管理体系的要求，使一个组织能够根据法律法规和它应遵守的其他要求，以及关于重要环境因素的信息，制定和实施环境方针与目标。它适用于那些组织确定能够控制、有可能施加影响的环境因素，要求组织通过建立环境管理体系来达到支持环境保护、预防污染和持续改进的目标，并可通过取得第三方认证机构认证的形式，向外界证明其环境管理体系的符合性和环境管理水平。由于 ISO 14000 环境管理体系可以带来节能降耗、增强企业竞争力、赢得客户、取信于政府和公众等诸多好处，所以自发布之日起即得到了广大企业的积极响应，被视为进入国际市场的“绿色通行证”。同时，由于 ISO 14000 的推广和普及在宏观上可以起到协调经济发展与环境保护的关系、提高全民环保意识、促进节约和推动技术进步等作用，因此也受到了各国政府和民众越来越多的关注。为了更加清晰和明确 ISO 14001 标准的要求，ISO 国际标准化组织对标准进行了修订，并于 2004 年 11 月 15 日颁布了新版标准，即 ISO 14001：2004。

许多国家明确规定生产产品的企业应通过 ISO 14001 认证，未通过 ISO 14001 认证已成为企业争取国内更大的市场份额，以及进行国际贸易的技术障碍，因此只有实施 ISO 14001 环境管理体系，以此提高企业综合管理水平和改善企业形象，降低环境风险，企业才能更好地占领国内外市场。通过 ISO 14001 标准认证，可以有效地促进企业环境与经济的协调持续发展，使企业走向良性和长期发展的道路。当前环境污染给人类生存造成了极大威胁，引起世界各国的关注。保护人类赖以生存的环境是全世界全社会的责任，每个企业都有责任为使环境影响最小化而努力。通过 ISO 14001 标准认证，可以减少由于污染事故或违反法律、法规所造成的环境风险，增加企业获得优惠信贷和保险政策的机会。

9.4.2　环境管理体系审核方法

环境管理体系审核是指组织内部对环境管理体系的审核，是组织的自我检查与评判。内审的过程应有程序控制，定期开展。内审应判断环境管理体系是否符合预定安排，是否符合 ISO 14001 标准要求，环境管理体系是否得到了正确实施和保持，并将审核结果向管理者汇报。在我国是采取第三方独立认证来验证组织（公司、企业）对环境因素的管理是否达到改善环境绩效的目的，在满足相关方要求的同时，也要满足社会对环境保护的要求。

环境管理体系审核对象是环境管理体系，一次完整的内审应全面完整地覆盖组织的所有现场及活动，覆盖 ISO 14001 环境管理体系标准的所有要素，并包括组织的重要环境因素受控情况、目标批标的实现程度等内容。

环境管理体系审核应保证其客观性、系统性和文件化的要求，应按审核程序执行。内审的程序应对以下内容进行规定：①审核的范围，可包括审核的地理区域、部门或体系要素；②审核的频次，应根据组织自身的管理状况和外部机构要求确定；③审核的方法，一般可包括检查文件及记录，观察现场及操作，与相关人员面谈等；④审核组的要求和职责，如审核组长及组员的能力与职责等；⑤审核报告及结果的要求和报送办法等。

在开展每次审核前应制定审核计划（方案），包括人员与时间的安排。审核的内容应立足于所涉及活动的环境重要性和以前审核的结果。

9.4.3　环境管理体系指导原则

ISO 14000 环境管理体系标准是创建绿色企业的有效工具，而且它是一个国际通用的标准，可以通过标准的认证，对企业持续地开展环境管理工作及对企业的可持续发展起到有效的推动作用。ISO 14000 是一个适用于任何组织的标准，由于行业之间，组织之间具体情况的差异，使许多组织不能理解标准的这一特点。标准的这一广泛适用性正反映了该标准是一个基本标准，是一个管理的框架。每个组织首先要理解标准的精要，才能在此基础上实施标准。尤其 ISO 14000 是一个有关环境管理的标准，如何把握环境效益、社会效益和企业效益是一个难题。根据实践工作的经验，实施 ISO 14001 的指导原则主要有五个方面。

1. 环境管理服务于社会的环境问题的改善

一般情况，一个组织的经营管理服务于组织自身发展的需要，但是环境管理工作的根本目标是满足社会环境保护和持续发展的需要。在许多情况下，环境保护和企业发展是一对尖锐的矛盾，企业为了生存和发展会选择后者而不顾及环境保护。随着全球环境状况的恶化，保护环境、改善环境急不可待，公众的环境意识逐渐提高，政府的环境管理法律法规日趋严厉，因此，企业必须实施环境管理。

2. 领导的作用

企业的最高管理层的高度重视和强有力的领导是企业实施环境管理的保障，也是取得成功的关键。由于最高管理层是组织的决策层，决定和控制着组织的发展情况，同时为管理活动提供资金、人力等方面的保障，并在实施过程中起到协调和引导作用，所以领导的作用是重要的。在环境管理中，领导作用不能很好地发挥有两个主要表现：一是领导不能很好地了解环境问题，无法在这方面做出决策判断，只是把这一工作交给某个部门去做，这样的工作往往会发生较大的偏离，二是领导不力，不能较好的协调各部门的管理，使环境管理工作障碍很大，往往中途失败。

3. 全员参与环境管理工作

环境管理是一项管理工作，但并不意味着管理工作只是管理层的事。员工参与管理若能很好地把握，对管理是很有帮助的。在企业环境管理中发现，管理者并不与员工进行有效沟通，只是对员工下命令，所以员工对命令不理解甚至抵触，这使命令得不到有效执行。当命令得不到有效执行时，管理者更愿意把它归结为员工素质低，造成这一问题不能解决。

4. 实施过程控制

过程是指将输入转化为输出所使用资源的各项活动的系统。过程的目的是提高其价值。任何一项活动都可以作为一个过程来管理。过程管理能够极大地提高效率。要真正解决污染问题需要实施过程控制，减少污染的产生，从根本上解决环境问题。

5. 持续改进

持续改进是一个组织积极寻找改进的机会、努力提高有效性和效率的重要手段。由于环境问题是一个不断发展，不断改进的问题，所以，环境管理的目标是持续改进，这也符合可持续发展的原则。

思　考　题

1. 简述环境管理、环境监测、环境评价、环境规划和环境统计的概念。
2. 环境管理的手段有哪些？
3. 简述我国环境法体系的组成。
4. 简述我国环境管理的基本制度。
5. 环境管理需要哪些技术支撑？
6. 简述 ISO 14000 系列标准的基本内容。
7. 组织（公司、企业）为什么需 ISO 14001 标准认证？

主要参考文献

韩德培. 2015. 环境保护法教程[M]. 7 版. 北京：法律出版社.
刘利，潘伟斌，李雅. 2013. 环境规划与管理[M]. 2 版. 北京：化学工业出版社.
刘绮，潘伟斌. 2005. 环境监测[M]. 广州：华南理工大学出版社.
刘绮，潘伟斌. 2008. 环境质量评价[M]. 2 版. 广州：华南理工大学出版社.
龙湘犁，何美琴. 2007. 环境科学与工程概论[M]. 上海：华东理工大学出版社.
钱易，唐孝炎. 2010. 环境保护与可持续发展[M]. 2 版. 北京：高等教育出版社.
许兆义，李进. 2010. 环境科学与工程概论[M]. 2 版. 北京：中国铁道出版社.
叶文虎，张勇. 2006. 环境管理学[M]. 北京：高等教育出版社.

第 10 章　环境保护职业与产业

本章导读： 社会环保呼声的高涨和人们环境意识的提高极大地推动了世界环保事业的发展。本章简要介绍了环保行政机构、企事业单位和民间组织等环保组织机构的发展情况，概述了节能环保产业的定义、分类及其特征，分析了节能环保产业的发展现状、发展趋势及人才需求，并归纳了节能环保相关的执业资格考试种类。

环境保护（environmental protection，简称环保）是指人类为解决现实或潜在的环境问题，协调人类与环境的关系，保护人类生存环境、保障经济社会的可持续发展而采取的各种行动的总称。在 1972 年联合国人类环境会议以后，“环境保护”这一术语被广泛采用。例如，苏联将“自然保护”这一传统用语逐渐改为“环境保护”；中国在 1956 年提出了“综合利用”工业废物方针，20 世纪 60 年代末提出“三废”处理和回收利用的概念，到 20 世纪 70 年代改用“环境保护”这一比较科学的概念。

1973 年第一次全国环境保护会议确定了“全面规划、合理布局、综合利用、化害为利、依靠群众、大家动手、保护环境、造福人民”的环境保护 32 字方针。1983 年第二次全国环境保护会议制定了我国环境保护事业的大政方针，明确提出“环境保护是我国的一项基本国策”，确定了“经济建设、城乡建设与环境建设同步规划、同步实施、同步发展，实现经济效益、社会效益和环境效益的统一”的战略方针。近年来，持续的雾霾天气及反常的气候灾害严重影响着老百姓的日常生活，人们通过自身的经历和新闻媒体的报道，深刻地感受到环境危机给人类带来的种种灾难。严峻的环境形势迫使我们必须做出选择：是持续发展还是自我毁灭？

10.1　环保组织机构

随着社会环保呼声的高涨和人们环境意识的提高，世界各国政府和人民都积极投入到环境保护事业中，出现越来越多的环保志愿者和环保组织机构。组织机构是指把人力、物力和智力等按一定的形式和结构，为实现共同的目标、任务或利益有秩序、有成效地组合起来而开展活动的社会单位，一般包括国家机关、企业和事业单位、社会团体及其他依法设立的组织。

10.1.1　环保行政机构

环境保护是由于生产发展导致的环境污染问题过于严重，首先引起发达国家的重视而产生的，利用国家法律法规约束和舆论宣传而逐步引起全社会重视，由发达国家到发展中国家兴起的一个保卫生态环境和有效处理污染问题的措施。

1962 年美国生物学家蕾切尔·卡森写的《寂静的春天》一书中阐释了农药杀虫剂滴滴涕对环境的污染和破坏，由于该书的警示，美国政府开始对剧毒杀虫剂进行调查，并于 1970 年成立了环境保护局，各州也相继通过禁止生产和使用剧毒杀虫剂的法律。1972 年 6 月 5 日至 16 日由联合国发起，在瑞典斯德哥尔摩召开“第一届联合国人类环境会议”，提出了著名的《人类环境宣言》，是环境保护事业正式引起世界各国政府重视的开端。目前世界上绝大多数国家和地区的政府机构均设立了环境保护相关的职能部门，如美国环境保护署（Environmental Protection Agency）、英国环境署（Environment Agency）、日本环境省（Ministry of the Environment）、澳大利亚环境与能源部（Department of the Environment and Energy）等。

中国的环境保护事业也是从 1972 年开始起步的，国务院成立了官厅水系水源保护领导小组，北京市成立了官厅水库保护办公室，河北省成立了三废处理办公室，这些是我国成立最早的环保部门。1973 年开始成立了国务院环境保护领导小组办公室，该办公室以中华人民共和国政府的名义加入了联合国环境规划署。1982 年国务院环境保护领导小组撤销，其办公室并入新成立的中华人民共和国城乡建设环境保护部，下设环境保护局，1984 年更名国家环保局。1988 年改为由国务院直属的副部级国家环境保护局。1998 年国家环境保护局升格为正部级的国家环境保护总局。2008 年国家环境保护总局升格为环境保护部（Ministry of Environmental Protection），变成了国务院的组成部门。

目前，我国县（区）级以上政府均设有环境管理职能的部门（如环境保护厅/局、国土环境资源厅/局、人居环境委员会、环境运输和城市管理局等），部分基层政府（乡镇、街道）设置有环保所。政府的环境保护部门主要职责是执行各级人民代表大会制定的控制污染物排放政策，鼓励开发污染物排放控制技术以控制污染，保护和改善环境。2016 年起，我国开始试点省以下环保机构监测监察执法垂直管理制度，市级环保局作为市级政府工作部门，实行以省级环保厅（局）为主的双重管理；县级环保局调整为市级环保局的派出分局，由市级环保局直接管理。

此外，2008年起，我国不少地方试点设立了环保警察，负责侦办所管辖范围内环境保护领域犯罪案件；参与环境保护部门集中专项整治行动；分析、研究环境犯罪信息和规律，制定预防、打击对策；查处违反国家规定运输、处置有毒有害污染物行为；建立信息共享，鼓励群众举报环境违法线索，完成联合执法、日常巡查等。

10.1.2　环保企事业单位

企业单位一般是自负盈亏的生产性单位，它的特点是自收自支，通过成本核算，进行盈亏配比，通过自身的盈利解决自身的人员供养、社会服务、创造财富价值。事业单位一般是国家设置的带有一定的公益性质的机构，但不属于政府机构，它参与社会事务管理，履行管理和服务职能，其上级部门多为政府行政主管部门或者政府职能部门，其行为依据有关法律，所做出的决定多具有强制力。一般情况下国家会对事业单位予以财政补助，分为全额拨款事业单位、差额拨款事业单位，还有一种是国家不拨款的自主事业单位。环保企事业单位是指直接从事环境保护相关业务的单位，如为数众多的环保企业和从事环境监测、环境督查、环境规划、环保科研、环保宣教等业务的各级各类事业单位。2013年中国环保上市公司峰会上，环保部官员透露，当前我国环境保护相关产业的年营业收入在3万亿元左右，从业单位约2.4万家，比2004年时的4572亿元和1000多家分别增长近6倍和23倍，涌现出大量的中小企业。

尽管大多数企事业单位从事的业务可能与环境保护无直接关系，但他们都有环境保护的义务。我国环境法规定：一切单位和个人都有保护环境的义务。企事业单位和其他生产经营者应当防止、减少环境污染和生态破坏，并对所造成的损害依法承担责任；还应当按照国家有关规定制定突发环境事件应急预案，报环境保护主管部门和有关部门备案；在发生或者可能发生突发环境事件时，企事业单位应当立即采取措施处理，及时通报可能受到危害的单位和居民，并向环境保护主管部门和有关部门报告。随着人们环境意识的提高，越来越多的非环保领域的企事业单位建立起自己的环境管理体系和负责单位内部环境保护工作的组织部门。

10.1.3　环保民间组织

民间组织是指除党政机关、企事业单位以外的社会中介性组织，包括社会团体、民办非企业单位和基金会的总称。社会团体是指公民自愿组成，为实现会员共同意愿，按照其章程开展活动的非营利性社会组织。民办非企业单位是指企事业单位、社会团体和其他社会力量及公民个人利用非国有资产举办的，从事非营利性社会服务活动的社会组织。基金会是指利用自然人、法人或其他组织捐赠的财产，以从事公益事业为目的而成立的非营利性法人。

环保民间组织是以环境保护为主旨，不以营利为目的，不具有行政权力并为社会提供环境公益性服务的民间组织。中国环保民间组织自 1978 年开始起步，其职能和作用在社会发展中表现的日渐重要。目前，中国环保民间组织已经形成了一个完整的系统体系，成为了推动中国和全球环境保护事业发展与进步的重要力量。中国环保民间组织主要经历了 3 个阶段。

（1）中国环保民间组织诞生和兴起阶段：1978 年 5 月，“中国环境科学学会”成立，这是最早由政府部门发起成立的环保民间组织。1991 年辽宁省盘锦市“黑嘴鸥保护协会”注册成立，1994 年“自然之友”在北京成立，从此，我国环保民间组织相继成立。

（2）中国环保民间组织发展阶段：1995 年，“自然之友”组织发起了保护滇金丝猴和藏羚羊行动，这是我国环保民间组织发展的第一次高潮。这一时期，环保民间组织从公众关心的物种保护入手，发起了一系列的宣传活动，树立了环保民间组织良好的公众形象。1999 年，“北京地球村”与北京市政府合作，成功进行了绿色社区试点工作，中国环保民间组织开始走进社区，把环保工作向基层延伸，逐步为社会公众所了解和接受。

（3）中国环保民间组织成熟阶段：2003 年的“怒江水电之争”和 2005 年的“26 度空调”行动，让多家环保民间组织开始联合起来，为实现环境与经济发展的一致目标而行动。中国环保民间组织已由初期的单个组织行动，进入相互合作的时代。环保民间组织活动领域也从早期的环境宣传及特定物种保护等，逐步发展到组织公众参与环保、为国家环保事业建言献策、开展社会监督、维护公众环境权益、提起环境公益诉讼、推动可持续发展等诸多领域。例如，2004 年 9 月，圆明园湖底防渗工程开始施工，国家环境保护总局举行听证会，“自然之友”、“地球纵观”、“地球村”等环保民间组织在听证会上发言，建议实施圆明园防渗整改工程，最终圆明园防渗进行整改，恢复了水面。

我国现有各类环保民间组织数千家，具有年轻人多、学历层次高、奉献精神强、影响面广等显著特点。我国环保民间组织可分为四种类型：一是由政府部门发起成立的环保民间组织，如中华环保联合会、中华环保基金会、中国环境文化促进会、各地环境科学学会、环保产业协会、野生动物保护协会等；二是由民间自发组成的环保民间组织（如自然之友、地球村等）和以非营利方式从事环保活动的其他民间机构；三是学生环保社团及其联合体，包括学校内部的环保社团（如清华大学学生绿色协会、北京大学环境与发展协会、华南理工大学 Fresh 环保协会等）和多个学校环保社团联合体（如中国绿色校园社团联盟、首都大学生环保志愿者协会、广西绿色联盟、广州市绿点公益环保促进会等）；四是国际环保民间组织驻华机构，如世界自然保护联盟（International Union for Conservation of Nature and Natural Resources，IUCN）、国际绿色和平组织（Greenpeace）、国际环境保护组织协会（International Environmental Protection Organization Association，IEPOA）、全球环境基金（Global Environment Facility，GEF）、世界自然基金会（World Wide Fund for Nature，WWF）、国际地球之友（Friends of the Earth International，FoEI）、湿地国际（Wetlands International）、太平洋环境组织（Pacific Environment）等。

阅读材料：地球一小时

——依互联网资料整理

地球一小时（earth hour）是世界自然基金会应对全球气候变化所提出的一项倡议，希望家庭及商界用户关上不必要的电灯及耗电产品一小时。来表明他们对应对气候变化行动的支持。过量二氧化碳排放导致的气候变化目前已经极大地威胁到地球上人类的生存。公众只有通过改变全球民众对于二氧化碳排放的态度，才能减轻这一威胁对世界造成的影响。地球一小时在 3 月的最后一个星期六 20:30 ~ 21:30 期间熄灯。

地球一小时活动首次于 2007 年 3 月 31 日在澳大利亚的悉尼展开，一下子吸引了超过 220 万悉尼家庭和企业参加；随后，该活动以惊人的速度迅速席卷全球。2013 年，包括悉尼歌剧院、帝国大厦、东京塔、迪拜塔、白金汉宫在内的各国标志性建筑也在当地时间晚八点半熄灯一小时。而在中国北京，鸟巢、水立方、世贸天阶等标志性建筑同时熄灯；同一时段，从上海东方明珠到武汉黄鹤楼，从台北 101 到香港天际 100 观景台，中国各地多个标志性建筑均熄灯一小时，全国共有 127 个城市加入地球一小时活动。

地球一小时活动的最主要目标的不是节电的问题，而是如何遏制气候变化，让全球社会民众了解到气候变化所带来的威胁。熄灯一小时，对于节约能源、减少发电造成的温室气体和其他污染性气体排放或许只是杯水车薪。但是，当由此激发的环保意识深入人心化为思想，当思想化为行动，当行动变成习惯，那对于全球环保事业的贡献，将绝不限于数字。

我国环保民间组织的不断崛起，对环境保护和可持续发展都起着重大的作用。

2015年1月起实施的新环保法规定，依法在设区的市级以上人民政府民政部门登记、专门从事环境保护公益活动连续5年以上且无违法记录的社会组织，对污染环境、破坏生态、损害社会公共利益的行为，可以向人民法院提起诉讼。社会组织参与环境公益诉讼主体资格被正式确认。在未来，环保民间组织将在我国环境保护历程中继续发挥积极的作用，成为推动我国环保事业发展的不可或缺的重要力量。但是，随着环保民间组织的不断发展，他们面临的困难和尴尬也接踵而至。

首先，资金紧张是最大的问题。由于缺乏完善的税制，环保民间组织在国内筹资非常困难。这些组织资金最普遍的来源是会费，其次是成员和企业捐赠、政府及主管单位拨款。很多组织一直没有固定的经费来源，学生环保社团的经费来源则更加困难。相对市场经济成熟的发达国家而言，我国政府对民间组织的资助极少，国家对公益捐助缺乏必要的财税鼓励政策支持，社会公益捐助意识淡薄，以环境公益事业为主旨的我国环保民间组织生存和发展的费用问题尤为突出。中华环保联合会2005年的调查数据表明，我国76.1%的环保民间组织没有固定经费来源。由于经费不足，超过60%的环保民间组织没有自己的办公场所，96%的全职人员薪酬在当地属中等以下水平，其中43.9%的全职人员基本没有薪酬。

其次，是注册的问题。我国现行《社会团体登记管理条例》中规定：民间组织“应当经其业务主管单位审查同意”和“有50个以上的个人会员或者30个以上的单位会员”方可在民政部门注册登记。中华环保联合会2005年的调查数据表明，限于上述条件，我国环保民间组织在各级民政部门正式注册登记率较低，仅为23.3%；有63.9%的在单位内部登记（学生环保社团在学校登记）或在工商注册为民办非企业；仍有部分环保民间组织未办理任何注册登记手续。

最后，是覆盖面小的问题。我国环保民间组织主要分布在北京、天津、上海及东部沿海地区，其次是湖南、湖北、四川、云南等生态资源丰富地区，其他地区的环保民间组织相对较少。

10.2　节能环保产业

20世纪以来，全球人口规模的急剧膨胀和工业化进程的持续推进，资源和能源消耗日益剧增，致使人类福祉所依的生态环境日渐恶化。随着人们对环境问题认识的进一步提高，以及国际社会环保呼声的高涨，环境保护已成为席卷全世界的热潮，越来越多的国家正在抛弃传统的工业发展模式，而代之以经济与环境相协调的“可持续发展”战略。在此宏观背景下，以金属、塑料、纸张等废旧资源的回收、加工再次利用为基础的资源循环利用产业迅速发展；以末端治理为目标的污染治理技术与装备、环保服务业相继涌现，并形成环保产业；

另外，以降低能耗、节约能源为目标的技术与设备、产品与服务先后出现，逐渐发展为节能产业。

在多次全球性会议（1972年联合国人类环境会议、1992年联合国环境与发展大会、2009年哥本哈根世界气候大会等）的大力推动下，资源循环利用产业、环保产业及节能产业都取得了长足的发展。目前，这些行业由于目标一致、相互关联、相互依赖，逐渐发展成为一种融合高新技术的战略性新兴产业——通称“节能环保产业”。节能环保产业的形成和发展是在有限的资源和能源及脆弱的生态环境条件下，人类社会寻求可持续发展的必然结果。

10.2.1　节能环保产业概述

环保产业，在美国称为“环境产业”，在日本称为“生态产业”或“生态商务”，是一个跨产业、跨领域、跨地域，与其他经济部门相互交叉、相互渗透的综合性新兴产业。国际上有狭义和广义的两种理解。对环保产业的狭义理解是终端控制，即在环境污染控制与减排、污染清理及废物处理等方面提供产品和服务；广义的理解则包括生产中的清洁技术、节能技术，以及产品的回收、安全处置与再利用等。在我国与环境保护相关的产业称为“节能环保产业”。所谓节能环保产业，是以节能环保技术、装备及产品为对象的研究开发、生产制造、销售和相关配套服务等行业的总和。

我国《“十二五”节能环保产业发展规划》（国发〔2012〕19号）中将节能环保产业分为节能产业、环保产业和资源循环利用三个领域，每个细分产业领域均包含装备、产品和服务三个方面的内容。为满足统计上测算战略性新兴产业的发展规模、结构和速度的需要，2012年国家统计局印发了《战略性新兴产业分类(2012)》（试行），明确了节能环保产业的行业分类：将节能环保产业划分为高效节能、先进环保、资源循环利用等三大产业类型，同时将节能环保综合管理服务单列为第四类产业（具体细分子行业见表10-1）。

表10-1　国家统计局节能环保产业分类

细分产业	细分子行业
高效节能产业	• 高效节能通用设备制造 • 高效节能专用设备制造 • 高效节能电气机械器材制造 • 高效节能工业控制装置制造 • 新型建筑材料制造
先进环保产业	• 环境保护专用设备制造 • 环境保护监测仪器及电子设备制造 • 环境污染处理药剂材料制造 • 环境评估及监测服务 • 环境保护及污染治理服务

续表

细分产业	细分子行业
资源循环利用产业	• 矿产资源综合利用 • 工业固体废物、废气、废液回收和资源化利用 • 城乡生活垃圾综合利用 • 农林废弃物资源化利用 • 水资源循环利用与节水
节能环保综合管理服务	• 节能环保科学研究 • 节能环保工程勘察设计 • 节能环保工程施工 • 节能环保技术推广服务 • 节能环保质量评估

节能环保产业的特征简述如下。

1. 节能环保产业具有明显的政策法规驱动特征

节能环保产业区别于其他产业的一个突出特点在于它是政策法规驱动型产业。纵观世界各国环保的发展历史，可以看到，环保法规越健全、环境标准与环境执法越严格的国家，环保产业就越发达，也就越具有在国际市场占有优势的环保技术。因此可以说政府的环境法规、环境标准与环境执法因素是环保产业发展的首要驱动因素，原因如下：第一，环保产业主要是由公众需求驱动的，即根源于社会公众对环境质量的需求，不是由个体需求驱动的；第二，社会公众对环境质量的需求，只有经过政府制定的环境法规、标准和各种环保方针政策及强化执法力度，才会转化成为巨大的现实市场需求，才会形成产业发展的土壤，由此形成了环保产业所特有的政府驱动机制；第三，政府通过制定有关的环境标准并采取经济刺激手段（包括财政补贴、减免税、低息贷款、折旧优惠、奖励制度、处罚制度、贸易许可证等），以此引导环保产业投资方向与投资强度，使该产业发展具有原动力；第四，政府的环保政策还引导着社会公众的消费方式和消费习惯，使公众的环保意识不断增强，成为推动该产业发展的重要力量；第五，随着世界经济一体化的发展潮流，各国在环境保护法规和政策方面的相互影响越来越大，国际环境条约和发达国家的环境法规体系对很多国家特别是新兴工业化国家、地区的经济和环境保护产生了很大影响，对各国环保产业的发展构成了重要的压力和推动力。

环保产业是服务于社会经济发展的产业，其产出的装备、产品和服务的消费受到区域社会经济发展状况的影响，同时也会对社会经济发展产生正面推动作用。在当今的社会里，环保不再仅仅是一种理念，而且是需要通过付诸行动来补偿能源短缺和解决环境污染的一种方式。随着社会和经济的发展，传统产业的不环保性和不经济性逐渐显露出来，大量能源和资源的消耗给环境带来巨大的伤害。从环保产品的概念可知，环保产品需要符合国家环境保护标准，以利于环境的整治、社会的可持续发展，实现社会经济效益和环境生态效益的“双赢”。

2. 节能环保产业是先进制造业和生产服务业紧密结合的综合性产业

节能环保产业是一个跨行业、跨领域、跨地域，与其他经济部门相互交叉、相互渗透的综合性新兴产业。从产业组织的角度来看，节能环保产业是先进制造业和生产服务业紧密结合的综合性产业，它表现出来的产业链和价值创造关系显得尤为复杂。产业链是基于最终交易产品或服务生产需要和最终用户需求而向上下游或旁侧延伸的企业集合，一般是由制造商、经销商、分销商、最终用户等若干企业依据产业的前后关系组成的经济系统。图 10-1 简明地概括了目前节能环保产业中比较典型的一些企业类型和这些企业所呈现出来的上下游关系。节能环保产业的上游是以装备制造、产品生产企业和技术研发机构形成的以产品供应为主的单位，它所面对的市场是一些经销商、工程实施单位和服务提供商；在产业链的中游，是一个以项目或工程分包为主要形式的市场，一些第三方服务机构参与其中；在产业链的下游，是以业主和公共机构向总集成、总承包商发包项目为主的市场，是整个产业链形成的最终目标，也是价值增值最为关键的环节。从企业数量上的分布来看，节能环保产业的市场结构呈一个倒金字塔的形状（图 10-2）。

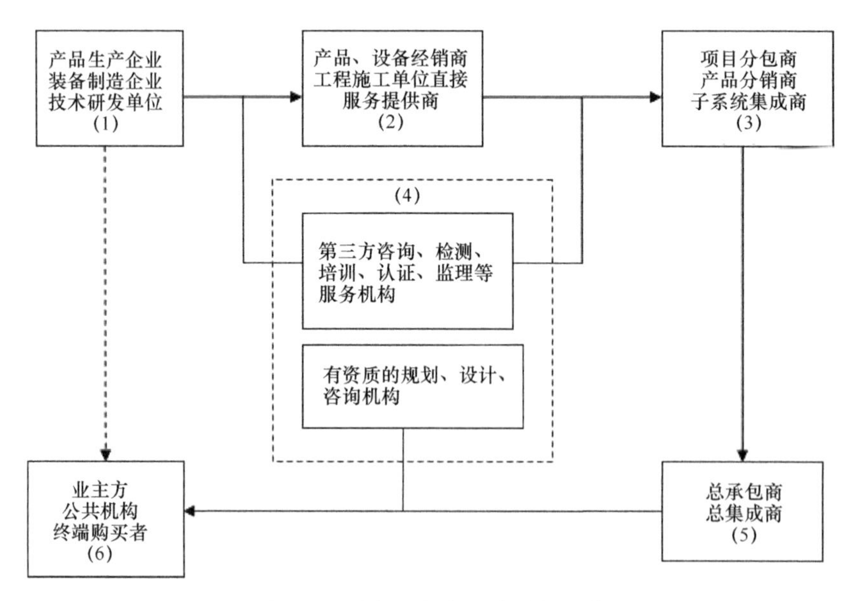

图 10-1　节能环保产业典型产业链

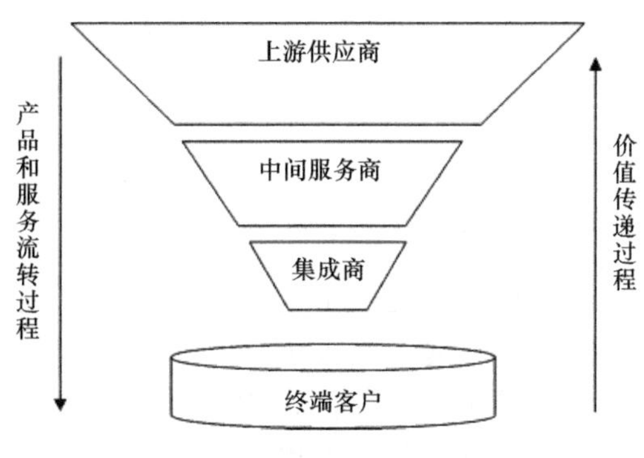

图 10-2　节能环保产业市场结构

10.2.2　节能环保产业的发展意义

在全球性能源危机和生态环境恶化的大背景下，节能环保产业成为 21 世纪最具发展潜力的产业。2010 年 10 月我国发布《国务院关于加快培育和发展战略性新兴产业的决定》，其将节能环保放在七大战略性新型产业的首位。积极推动节能环保产业发展对我国的经济发展和经济增长方式转变意义深远。

1. 加快发展节能环保产业，有利于产业结构调整

产业结构调整包括高级化和合理化两部分内容，是当今各国发展经济的重要课题。2008 年全球金融危机之后，世界各国为应对各种经济、资源、环境等问题提出了一系列策略和措施。然而，全球经济体系的深层次结构问题难以在短时期内解决，单纯依靠资源消耗、牺牲生态环境的经济增长模式难以为继，这已成为各国共识。调整和建立合理的产业结构，目的是促进经济、环境和社会的协调持续发展，进一步改善人类物质文化生活境况。目前，世界范围内经济呈现出以高新技术和服务业为主的发展趋势。节能环保产业作为高新技术、综合服务和循环经济的集成，备受各国青睐。在能源危机不断加深和生态环境日趋恶化的刺激下，节能环保产业发展迅速，市场规模逐年扩大，成为各国争先发展的重点行业。加快节能环保产业发展可以促进产业的调整和经济增长方式的转变，实现经济的可持续发展。

2. 加快发展节能环保产业，有利于培植经济增长点

节能环保产业将成为我国，乃至全球的新兴经济增长点。发达国家利用新兴产业技术优势抢占未来发展的制高点，并借生态环境保护为理由要求发展中国家承担与发达国家相似的环境义务。因此我国应该大力发展节能和环保技术，争取新兴产业市场空间，以抢占新兴经济发展的制高点与增长点。节能环保产业的发

展将有利于带动研发、设计、制造加工、施工运营和维护服务等整个产业链，培植出新的经济增长点，带动相关产业特别是传统行业的转型升级，提升我国整体经济发展水平。

3. 加快发展节能环保产业，有利于保护生态环境

节能环保产业的产生和发展是由于世界范围内能源危机和生态环境持续恶化。节能环保产业的迅速发展，将大力推动一系列能源节约和环境保护项目的实施，在一定程度上缓解能源危机和改善人类居住的生态环境。发达国家的工业化过程导致了严重的生态破坏和环境污染问题。近40年来，发达国家环境管理制度的完善和环境标准的逐步提高推动了节能环保产业的兴起，其环境状况得到一定程度上的改善。然而，发展中国家目前正处于工业化过程，能源利用效率不高，环境保护工作相对滞后，导致能源与环境问题日益严峻。我国作为发展中的大国，更应加快发展节能环保产业，支持我国生态环境保护工作的开展，提高整体能源利用效率。此外，生态环境恶化是影响社会和谐的因素，落实科学发展观、构建和谐社会必须大力发展节能环保事业，加强生态环境建设。

4. 加快节能环保产业发展，有利于科技人才培养

技术进步是推动节能环保产业发展的重要因素。换言之，大力开展节能环保技术研发和科技创新，是加速产业发展的重要举措。通过大力发展节能环保产业，势必会开展节能环保技术研发并有望突破一系列关键共性技术，推动整个行业产业链和技术链的升级。在此过程中可以培养一大批科研、管理、施工、运营维护等技术人才，形成有竞争力的科研技术团队，提升行业整体竞争力。通过节能环保产业的技术创新可以提高我国整体科研水平和创新能力，有利于培养科研和高新技术人才。

10.2.3 节能环保产业的市场规模

随着环境问题越来越受关注，环保概念不断升温，各国政府加大了对节能环保产业的扶持力度。近30多年来，全球节能环保产业保持稳定增长，在国民经济中所占的份额不断上升，对经济发展的促进作用越来越大。2009年全球节能环保产业规模已达到6520亿美元，同比增速远高于全球经济发展，是当今世界的“朝阳产业”。当前全球节能环保产业贸易额在国际贸易各类商品的排名中已上升到第4位，仅排在信息产品、石油和汽车之后。

节能环保产业已成为全球经济的重要组成部分。经济合作与发展组织

（OECD）研究表明，世界环保产业发展速度明显高于其他产业，美国、加拿大、德国、法国、英国、日本等发达国家是全球节能环保产业的主导国家，占据了国际市场大部分份额。其中，北美地区 2009 年环保产业收入约占全球总收入的 37%，排名世界第一；欧洲约占 29%，亚洲上升到 27%；拉丁美洲、大洋洲、非洲的比例较小，总计约为 7%。近年来，由于发达国家环保产业增长速度有所放缓，同时发展中国家，尤其是除日本以外的亚洲地区的环保市场成长迅速，逐渐改变了全球环保产业格局。全球环保产业在地域上已经形成了北美、欧洲、亚洲三足鼎立的局面。

2000 年以来，我国加大了环保基础设施的建设投资，有力拉动了相关产业的市场需求，节能环保产业总体规模迅速扩大，产业领域不断拓展，产业结构逐步调整，产业水平明显提升。例如，2000 年我国节能环保产业总产值仅为 0.17 万亿元；2008 年我国节能环保产业总产值则为 1.41 万亿元，从业人数 2500 多万人；而 2015 年总产值已达 4.55 万亿元，从业人数 3000 万人，涌现出 70 多家年营业收入超过 10 亿元的节能环保龙头企业，形成了一批节能环保产业基地。产业领域不断扩大，技术装备迅速升级，产品种类日益丰富，服务水平显著提高，初步形成了门类较为齐全的产业体系。在节能领域，干法熄焦、纯低温余热发电、高炉煤气发电、炉顶压差发电、等离子点火、变频调速等一批重大节能技术装备得到推广；高效节能产品推广取得较大突破，市场占有率大幅提高；节能服务产业快速发展，到 2010 年，采用合同能源管理机制的节能服务产业产值达 830 亿元。在资源循环利用领域，“三废”（废水、废气、固体废弃物）综合利用技术装备广泛应用，再制造表面工程技术装备达到国际先进水平，再生铝蓄热式熔炼技术、废弃电器电子产品和包装物资源化利用技术装备等取得一定突破，无机改性利废复合材料在高速铁路上得到应用。在环保领域，已具备自行设计、建设大型城市污水处理厂、垃圾焚烧发电厂及大型火电厂烟气脱硫设施的能力，关键设备可自主生产，电除尘、袋式除尘技术和装备等达到国际先进水平；环保服务市场化程度不断提高，大部分烟气脱硫设施和污水处理厂采取市场化模式建设运营。

我国环保产业发展规模较大的区域主要有以江苏、浙江、上海为主的华东长三角区域，以广东、湖南为主的华南泛珠三角区域和以北京、天津为主的京津唐地区。江苏省节能环保产业规模全国领先，在苏州、南京、无锡等市形成了几个初具规模的节能环保产业聚集区。目前我国常规节能环保技术水平与国际基本同步，各类节能环保装备已广泛应用于工程实践，合同能源管理、环境污染第三方治理等服务模式得到广泛应用，一批生产制造型企业快速向生产服务型企业转变。

但是，部分关键技术及设备与国际先进水平有一定差距，部分高端产品尚依赖进口及节能环保产品质量保证方面还达不到国际一流水平。

10.2.4 节能环保产业的发展趋势

由于全球范围环保意识的提升、各国环境保护法规和环境标准的日益严格，世界节能环保市场仍保持快速、稳健发展，目前世界节能环保市场大部分份额仍被日本、美国和欧洲发达国家占据。由于发达国家节能环保技术水平相近，市场竞争异常激烈。日本的除尘和垃圾处理技术、美国的脱硫和脱氮技术、德国的污水处理技术，在世界上遥遥领先。在资源回收上日本和欧洲展开了争夺、美国和欧洲在无氟制冷技术方面进行角逐。发展中国家由于节能环保技术明显落后，发达国家纷纷采取措施，鼓励节能环保技术的输出，致使其市场容量也成了发达国家争夺的对象。例如，日本政府提出以21世纪绿色地球为新主题的“绿色地球百年行动计划”，积极扶持其节能环保产业。美国政府公开表示，环保产品享受出口免税、出口信贷优惠，并在美国商务部下设环保产品出口办公室，专门负责环保产品的全球促销。德国历届政府都把环境保护和新能源置于优先发展的地位。荷兰、澳大利亚、意大利等国家在节能环保技术上也都拥有各自的优势。在争夺国外市场的同时，发达国家不断以“环境标准”、“能耗标准”等手段设立新的贸易壁垒。美国、欧盟都以保护环境和高能耗为由扩大了禁止进口污染较重、能耗高的产品，提高进口产品的环境质量标准。德国、法国、荷兰等国已率先提出对进口的纺织品染料必须符合不含偶氮物质的检验要求。

节能环保产业是知识和技术密集型产业，其发展很大程度依赖技术革新，企业竞争力及国家间的市场争夺也取决于技术高下。由于发达国家环境和能耗标准的愈加严格，以及国内市场的日趋饱和，引进高新技术、增强产品的环保效果和降低能耗成为了节能环保企业保持竞争优势的主要途径。随着发达国家节能环保产业逐步进入成熟期，为了保持竞争优势，电子及计算机技术、新材料技术、生物工程技术已广泛应用于节能环保产业各个领域，其技术正逐步向深度化、尖端化方面发展，产品不断向普及化、标准化、成套化、系列化方向发展。从企业发展规模看，将呈现大型企业和小型企业并存的局面，主要发达国家的节能环保企业正逐步向着综合化、大型化、集团化方向发展。伴随着全球第三次大规模的产业转移浪潮，越来越多的环保设备制造厂商选择将设备制造环节安置在发展中国家。与此同时，发展中国家对环境保护的认识日益加深，大规模环境治理工程的开展造成环保设备需求不断扩大。发达国家渐趋饱和的国内市场和发展中国家新兴市场的日益成长，将加快全球环保产业的重心向发展中国家转移。

阅读材料：日企组团到南海推介节能环保产业

——摘自《佛山日报》2010年3月5日

昨日，南海区召开新闻发布会宣布，本月8～10日，一批日本院校和企业将组团到南海举行节能环保产业展示交流会，将先进节能环保技术与企业对接，推动节能环保产业在南海发展。此次活动由南海区政府和日本早稻田大学社会体系工学研究所联合举办，日本经济产业省、早稻田大学及20多家节能环保企业等单位将组团到南海参加推介活动。与其他的外商考察活动和展示交流活动不同的是，此次交流系列活动不仅由日本企业主动提出，并且活动期间日方企业全程的费用都自行承担，体现出日本企业对南海环保市场的关注和对南海节能环保产业发展的信心。

提高资源利用效率、保护和改善生态环境，是人类社会发展的永恒主题，也是我国发展面临的紧迫任务。我国资源环境形势严峻，有世界上最强烈的环境改善诉求、有最大的节能环保市场、有良好的产业发展基础，节能环保产业将大有可为。“十二五”以来，我国各类促进节能环保产业发展的重磅政策层出不穷，以大气、水、土壤三大领域为例，2013年以来先后公布了《大气污染防治行动计划》（简称“大气十条”，国发〔2013〕37号）、《水污染防治行动计划》（简称“水十条”，国发〔2015〕17号）、《土壤污染防治行动计划》（简称“土十条”，国发〔2016〕31号）等政策文件。因此，节能环保产业规模将持续扩大，成为国民经济的一大支柱产业。2016年的中国环保产业高峰论坛指出，未来十年我国环保产业的增速有望达GDP增速2倍以上，成为国家和投资者共同关注的明星产业。

绿色发展是《中国制造2025》（国发〔2015〕28号）指导思想的核心内容之一。《中国制造2025》指出，加大先进节能环保技术、工艺和装备的研发力度，加快制造业绿色改造升级；积极推行低碳化、循环化和集约化，提高制造业资源利用效率；强化产品全生命周期绿色管理，努力构建高效、清洁、低碳、循环的绿色制造体系。随着《中国制造2025》战略的实施，我国将利用先进节能环保技术与装备，组织实施传统制造业能效提升、清洁生产、节水治污、循环利用等专项技术改造，开展重大节能环保、资源综合利用、再制造、低碳技术产业化示范，必将大幅提高节能环保产业的渗透力。

10.2.5 节能环保产业的人才需求

伴随着我国工业化、城市化的高速发展，高能耗、高污染等带来的环境负担与日俱增，环境污染问题亟须治理。我国对环境类专业人才存在四方面的需求：一是在很长一段时间内仍需实施末端治理为主的措施；二是对一些新建、待建项目，需要实行从规划、项目论证、可行性研究到项目实施与验收等全过程进行环境污染预防、治理和管理；三是中国加入世界贸易组织（WTO）必将刺激 ISO 14000 认证等环境服务业的快速发展；四是随着人民环境保护意识的提高，对环境质量的关注度加大，环境管理部门、相关企业必须加大对环境科学专业人才的吸纳，加强环境管理、加大污染控制与治理的力度。

节能环保产业每年提供的就业岗位处于稳定快速增长的趋势，除了环境类专业，节能环保产业的人才需求重点是会计、经管类、人力资源类、营销类，对热能、机械、电气、土建、化工、材料等专业也有一定需求。以节能环保行业的就业状况来看，以下三类人才是节能环保行业青睐的对象：具有跨学科知识、跨行业经验和广阔视野的自主创新型领军式人才，掌握高新技术或先进工艺的高级技能人才和具有专业优势的经营管理人才。目前比较缺乏的人才包括专业技术人员、市场营销人员、环境咨询人员。

（1）专业技术人员：包括从事技术创新，给工程项目提供技术支持的技术研发人员；有一定技术背景，依托技术说明进行市场开拓，有商务技术沟通能力的商务技术支持人员；进行工程设计、工程实施、系统调试等工作的工程技术人员。节能环保产业是个高技术含量的产业，企业需要优秀的技术人才来研制高附加值、高技术含量、满足特种工艺污染治理需求的产品。现在的环保人才中，能够驾驭大工程，有同时承担多项大型环境工程设计项目的能力，可独立设计多项大型环境工程项目的技术人才非常缺乏。

（2）市场营销人员：有了高技术环保人才设计制造的产品，但是没有优秀的营销人员，也难以开辟国内外市场。如今了解国际对环境污染控制的立法和标准、能开展海外营销的销售类环保人才也非常缺乏。

（3）环境咨询人才：目前环境服务业的份额还比较低，随着市场需求的增长，对能为政府部门制定政策、规划及为大型项目的设计方案、可行性研究等方面提供咨询的人才需求将扩大。

执业资格制度是国家对某些承担较大责任，关系国家、社会和公众利益的重要专业岗位实行的一项管理制度。这项制度在发达国家已实行了近百年，对保证执业人员素质、促进市场经济有序发展具有重要作用。改革开放后，执业资格制度作为国际通行的管理制度在我国应运而生。1986 年，我国颁布《注册会计师条例》，建立起第一项专业技术执业资格制度。1994 年，我国开始制定各类职业的资格标准和录用标准，实行学历文凭和职业资格两种证书制度，在涉及国家和人民生命财产安全及公共利益的专业技术领域，积极稳妥、有步骤地推行专业技术执业资格制度。目前我国节能环保类执业资格考试种类见表 10-2。执业资格考试由国家定期举行，考试实行全国统一大纲、统一命题、统一组织、统一时间。经执业资格考试合格的人员，由国家授予相应的执业资格证书。取得执业资格证书后，要在规定的期限内到指定的注册管理机构办理注册登记手续。所取得的执业资格经注册后，在全国范围内有效。超过规定的期限不进行注册登记的话，执业资格证书及考试成绩就不再有效。

表 10-2　节能环保类执业资格考试种类

序号	执业资格证书名称	基本介绍
1	环境影响评价工程师	环境影响评价工程师是指取得《中华人民共和国环境影响评价工程师职业资格证书》，并经登记后，从事环境影响评价工作的专业技术人员
2	注册环保工程师	注册环保工程师是指经考试取得 《中华人民共和国注册环保工程师资格证书》，并依法注册取得《中华人民共和国注册环保工程师注册执业证书》和执业印章，从事环保专业工程设计及相关业务活动的专业技术人员
3	注册公用设备工程师	是指取得《中华人民共和国注册公用设备工程师执业资格证书》和《中华人民共和国注册公用设备工程师执业资格注册证书》，从事公用设备专业工程设计及相关业务的专业技术人员
4	注册核安全工程师	注册核安全工程师是指取得《中华人民共和国注册核安全工程师执业资格证书》并经注册登记后，从事核安全相关专业技术工作的人员
5	咨询工程师（投资）	指合法取得《中华人民共和国咨询工程师（投资）职业水平证书》后，在中国工程咨询协会登记合格并取得《中华人民共和国咨询工程师（投资）登记证书》的人员
6	二级建造师	指从事建设工程项目总承包和施工管理关键岗位的执业注册人员。建造师是懂管理、懂技术、懂经济、懂法规，综合素质较高的复合型人员，既要有理论水平，也要有丰富的实践经验和较强的组织能力
7	一级建造师	

思　考　题

1. 简述环境保护组织机构的类型及其职能。
2. 简述我国环保民间组织的发展历程与分类。
3. 什么是节能环保产业？节能环保产业有哪些特征？
4. 节能环保产业包括哪些领域？

5. 简述节能环保产业的发展意义和发展趋势。
6. 节能环保产业的发展需要什么样的人才?

主要参考文献

李博洋, 李金惠. 2011. 我国节能环保产业发展回顾与展望[J]. 中国科技投资, 10(2): 23-26.
刘芳. 2012. 中国民间环保组织[M]. 合肥: 安徽文艺出版社.
刘芳. 2012. 世界环保组织[M]. 合肥: 安徽文艺出版社.
刘利, 伍健东, 党志. 2014. 广东节能环保产业及促进政策研究[M]. 广州: 华南理工大学出版社.
张其仔, 张拴虎, 于远光. 2015. 环保产业现状与发展前景[M]. 广州: 广东经济出版社.
中华环保联合会. 2006. 中国环保民间组织发展状况报告[J]. 环境保护, 34(10): 60-69.
中华人民共和国国家统计局. 2012. 战略性新兴产业分类(2012)(试行)[Z]. 国家统计标准.

主编简介

吕晓东，女，1966年出生，主任医师，博士生导师，二级教授，享受国务院政府特殊津贴，辽宁省政协委员，国家卫生计生突出贡献中青年专家，辽宁省名中医，辽宁省百千万人才“百人层次”，第六届沈阳市优秀专家。历任辽宁省中医院院长、辽宁中医药大学副校长，现任辽宁中医药大学党委副书记。兼任国家中医药管理局重点学科肺病和络病学科学术带头人、世界中医药学会联合会肺病康复委员会副主任委员、中华中医药学会络病专业委员会副主任委员和疼痛康复委员会副主任委员、中国中西医结合学会康复医学委员会副主任委员、辽宁中医药学会络病委员会主任委员、辽宁省医学会和中医药学会副会长、国自然基金和国家科技奖励评审专家、中华中医药学会科技奖励评审专家、全国博士后基金评审委员会专家。担任《世界科学技术——中药现代化》《世界中医药》《中国中医基础医学杂志》《中华中医药杂志》等杂志编委。

吕晓东教授从事中西医结合临床与科研等工作二十余载，以中医药防治心肺疾病为研究方向，主持国家自然科学基金项目1项，科技部中医药行业专项、重大课题新药开发各1项，省部级课题10项，专利4项，发表学术论文60余篇，主编著作10部，主编“十三五”教育部研究生规划教材1部，获省科技进步二等奖1项、三等奖4项，市级二等奖1项、三等奖3项，省医学会三等奖1项，中华中医药学会三等奖1项，省教学成果一等奖1项，省市自然科学学术成果奖8项。曾荣获辽宁省巾帼建功标兵、省三八红旗手、省五一劳动奖章，市劳模、沈阳十大杰出青年创新人才、市五四奖章和市红旗手等荣誉称号。

主编简介

于睿，女，1969年9月生。博士生导师，教授，主任医师，医学双博士，全国名老中医李德新教授学术经验传承人，辽宁省“百千万人才工程”百人层次人才。现任中华中医药学会心病分会委员，辽宁中医心病专业委员会秘书长，辽宁省中西医结合心血管病专业委员会常务委员，辽宁省中西医结合学会重症医学专业委员会副主任委员，辽宁省康复医学会中西医结合心脑血管病专业委员会副主任委员，辽宁省中医药学会亚健康专业委员会常务委员，辽宁省医学会全科医学分会委员，国家中医药管理局医师资格认证考试中心实践技能审命题专家，辽宁省医疗事故技术鉴定专家，中华中医药学会继续教育分会常务委员，中医药高等教育学会临床教育研究会常务理事。

深入研究李德新教授“调脾胃安五脏”理论，全面总结其在治疗难治性疾病方面的经验。在临床中以中医理论为指导，灵活应用“调脾胃安五脏”之理论观点，辨证论治，达到扶本固元、治病求本之功效，从而提高临床治愈率，提高患者生存质量。研究方向为中西医结合防治心血管系统疾病。根据多年临床经验结合中医基础理论之“肝主疏泄”，提出基于“从肝论治”防治血脂异常、消退动脉粥样硬化斑块，根据这一理论开发出的新药正进行临床前研究；深入研究“络病学说”与现代临床的关系，总结出“以络论治”心肌循环障碍的新方法。

先后获得专利2项；获辽宁省科学技术奖励一等奖1项，二等奖1项、三等奖1项，中华医学会科技进步奖4项，辽宁省自然科学学术成果奖二等奖1项，沈阳市科学技术进步奖2项；发表50余篇论文，主编和参编著作16部。

序

中医药作为我国独具特色的医学科学，为中华民族的繁衍昌盛做出了重要贡献，至今仍在为维护民众健康发挥着重要作用。现代中医亦面临着几千年来从未遇到的诸多新问题，如人类疾病谱的改变、老年病的增多、代谢病的普遍等等。面对这些随时代应运而生的新问题，中医必须积极探索，努力寻求解决问题的新方法。

我从事络病研究二十余年，已然认识到古今临床的巨大变异，也曾为此而困惑，但通过读经典、做临床，历经实践—理论—再实践，长期反复锤炼，终于有所突破，亦有所领悟。继承以利创新，源于实践，古方以治今病，重在变通。现代临床凸显的种种特征要求我们既要溯本求源、阐幽探赜，又要圆机活法、通古达变。中医络病理论为心血管疾病、脑血管疾病、呼吸系统疾病、风湿类疾病、恶性肿瘤等的治疗带来全新视觉，正是基于以上种种，余将二十余年临证心得汇之于书，旨在为现代临床疾病提供诊疗思路，不求显赫于临床，但求抛砖引玉，对临床有所裨益。

伴随着现代科学的发展，中医络病学说历经数十载，在一大批优秀专家学者的努力推动下，硕果累累，络病学科建设、科学创新逐渐创立，建立了定性与定量、宏观与微观相结合的“络病证治”体系，实现了产—学—研的有机结合。基于临床、创新理论、践行临床、创新药物的“理论—临床—新药”的中医药学科模式赋予了中医络病学科发展新的生命力，也将推动中医络病学科后续的全面发展。

此次编写的三本图书《络病理论与肺脏病治疗》《络病理论与心脏病治疗》《络病理论与痹证治疗》，从数千年中医理论积淀入手，对络脉概念、生理特点、临床表现、辨证要点、治则治法、药物分类等均进行深入细致的阐释，更以大量的临床验案作为实证，行证相印，不作虚言。本书在编写过程中难免有不足之处，甚或错漏之处，敬请各位专家、学者在阅读中发现问题及时提出，以便我们及时修改，不断提高质量，谨致衷心感谢！

吕晓东

2017 年 5 月 26 日

序

络病之流传，源远流长，然后世之习承，几有疏漏。随西学之东渐，中医几度浮沉，学子几疑中医济世之功，多有彷徨，然吾辈未敢有所懈怠，勉力勤学，希冀承众医家之大成，广传络学之大道，解苍生之疾苦！

近几十年来，络病学在诸位中医专家的不断努力下，才崭露头角，成为中医学的一个重要分支。吾辈溯《灵》《素》之源，集众医家之成，乘中医药发展之历史性机遇——国务院《中医药发展战略规划纲要（2016—2030年）》、国务院《中国的中医药》白皮书——希望将络病理论与心脏病治疗相紧密结合，为心络学的理论研究、心脏病的治疗提供了新思路与新方法。

吾辈授业于师，常受其耳提面命、谆谆教诲，自觉当以德行为先，担济世之任，修身养性，博览汇通。今恰逢中医药发展之契机，吾辈当竭尽薄力，丰络病之羽翼，富心络之概要，展心络之风采！

古往今来，心络之研究、心络病之证治，多为零星收载、难成体系。吾辈深知己任，悉心向学，通读古籍，择其优言，融会贯通，集众零星之收载，注吾辈之心血、体悟，修纂汇编成册。

因吾辈之才难免有所不济，加之时间仓促，虽三易其稿，仍恐有未尽之意、未明之言，其间如有疏漏，敬请同仁批评指正。

于睿

2017年5月26日

目　录

绪　论

第一章　中医临床研究方略浅议　2

第二章　中医心络病证治的内涵与外延　4

第三章　中医心络病源流概说　7

　第一节　中医心络病证治与各家学说　7

　第二节　中医心络病证治与络病理论　13

上篇　基础篇

第一章　心络生理　18

　第一节　心络构效　18

　第二节　心络生理联系　20

第二章　心络病理　24

　第一节　心络病病因　24

　第二节　心络病病机　25

　第三节　心络病传变　26

第三章　心络病证治　28

　第一节　心络病辨证分型及临床表现　28

　第二节　心络病证治法　30

　第三节　心络病治疗方药　32

下篇　临床篇

第一章　心悸　44

　第一节　疾病概述　44

第二节 历史沿革 44
第三节 病因病机 45
第四节 诊查要点 48
第五节 类证鉴别 49
第六节 辨证论治 49
第七节 以络论治 54
第八节 专病论治——心律失常 55
第九节 特殊治法 63
第十节 预防与调护 64
第十一节 现代研究 64
第十二节 医案选读及文献摘要 65
第二章 胸痹 67
第一节 疾病概述 67
第二节 历史沿革 67
第三节 病因病机 68
第四节 诊查要点 69
第五节 类证鉴别 70
第六节 辨证论治 70
第七节 治疗发微 73
第八节 专病论治——真心痛 75
第九节 调护与预防 77
第十节 医案选读及文献摘要 78
第三章 眩晕 80
第一节 疾病概述 80
第二节 历史沿革 80
第三节 病因病机 81
第四节 诊查要点 83
第五节 类证鉴别 84
第六节 辨证论治 84
第七节 治疗发微 86
第八节 专病论治——原发性高血压病 88
第九节 预防与调护 90
第十节 医案选读 91
第四章 不寐 94
第一节 疾病概述 94

第二节　历史沿革　94
第三节　病因病机　95
第四节　诊查要点　99
第五节　类证鉴别　100
第六节　辨证论治　100
第七节　治疗发微　102
第八节　以络论治　104
第九节　专病论治——失眠　105
第十节　预防与调护　107
第十一节　医案选读及文献摘要　108
第五章　厥证　110
第一节　疾病概述　110
第二节　历史沿革　110
第三节　病因病机　111
第四节　诊查要点　112
第五节　类证鉴别　113
第六节　辨证论治　113
第七节　治疗发微　116
第八节　专病论治——心源性晕厥　117
第九节　预防与调护　118
第十节　医案选读及文献摘要　119

绪论

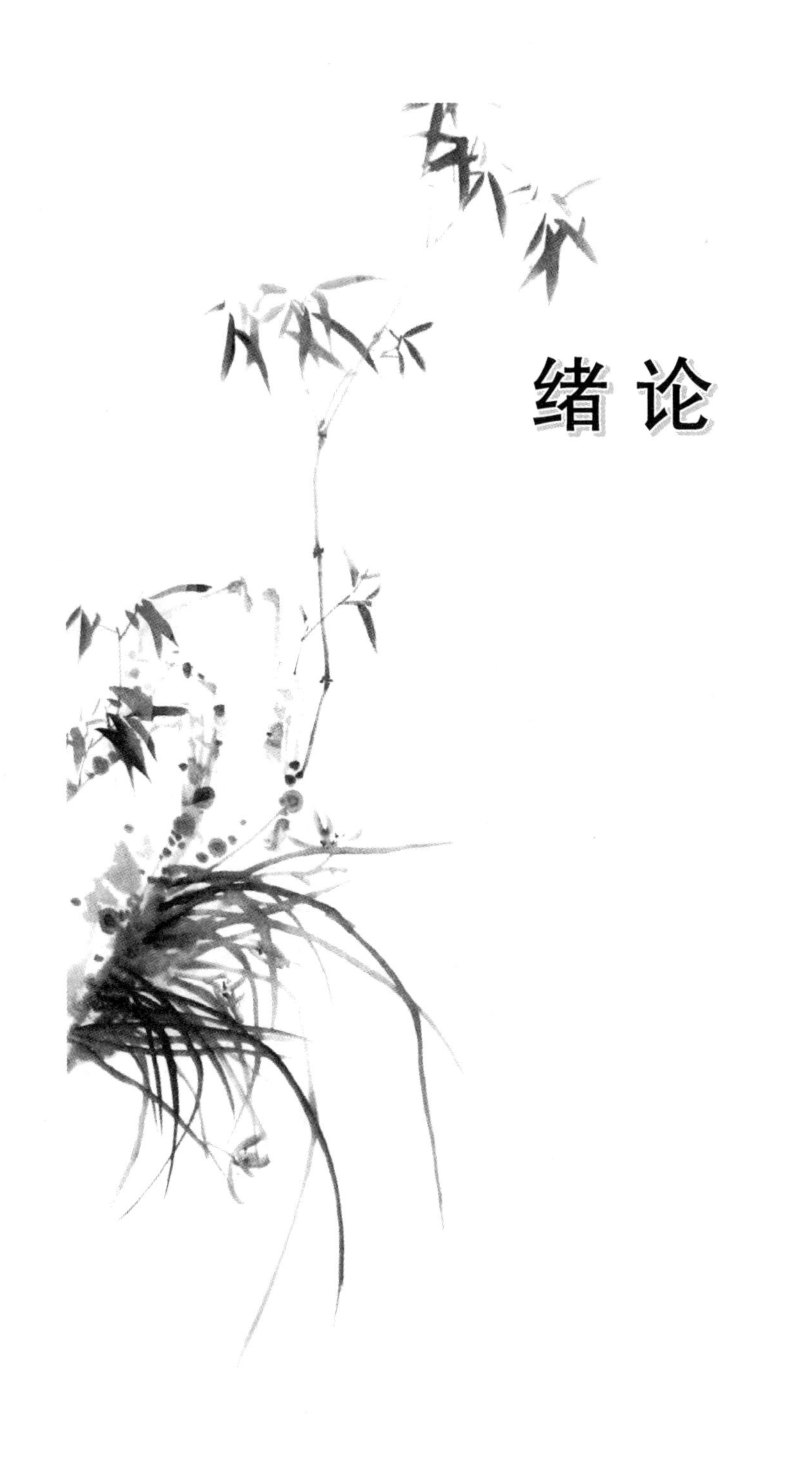

第一章　中医临床研究方略浅议

中医作为我国的传统医学，有着几千年的历史，在其漫长的发展过程中，不断有着突破性的创造，其在各历史时期都有着不同的学术思想与学术流派，创立了具有各自时代特征的学术著作，且涌现了众多名医。中医以其独有的包容性容纳了众多医家之所成，使得中医具有浓厚的文化底蕴，呈现出学术争鸣、百家齐放的状态。

医学大都是从人体解剖术开端的，中医也不例外，不得不提的是中医学也曾在世界医药领域处于领先地位，但是随着现代医学的涌入与其研究的深入，其迅速地超越了中医药在世界医药领域的千年领先地位，成为世界上公认的主流医学。现代医学主要是以还原分析哲学理论为指导，借助自然科学的研究成果，现代医学将人体还原为器官、组织、细胞、分子、基因等水平，全面系统地研究人体生理、病理及疾病的诊断、治疗及预防等。与之相较，中国的医学理论来源于“心-血液-经脉-经络”体系，这便是“藏于内，象于外”的“脏（藏）象”体系这一中医学基本组成内容的原始模型。相对于现代医学的“细化”来说，中医学则更多讲究的是整体观念与辨证论治。由于技术水平和分子水平等多方面的制约，现代医学的研究遇到了瓶颈：人体基因、细胞、组织等不同水平的结构功能特性并不能解释整体生命状态，还原分析的结果往往不能构成对复杂疾病多环节发病的整体认识；即便对于某些复杂疾病的某一发病环节有着较为清晰的认识，研制出的西药又因其作用靶点的单一造成疗效不佳、毒副作用大、服药依从性差等问题；对于病因病机尚未认识清晰的复杂疾病更是难以形成有效的干预措施等。

当现代医学陷入瓶颈期一筹莫展之时，中医学的整体观念开始显现优势与作用，整体观念是中国古代哲学思想和方法在中医学中的具体体现，是同源异构及普遍联系思维方法的具体表达，要求人们在观察、分析、认识和处理有关生命、健康和疾病等问题时，必须注重人体自身的完整性及人与自然社会环境之间的统一性和联系性。中医的整体观念不单一着眼于人体的单一组分，更注重人体本身之间的联系与统一，从而能在整个疾病的诊治过程中取得良好的疗效。其把人体看作是一个有机的整体，认为人体是由若干脏腑、形体、官窍组成，而各个脏腑、形体、官窍各有不同的结构和功能，但它们不是孤立的、肢解的、彼此互不相关的，而是相互关联、相互制约和相互为用的。作为有着数千年历史的中医学，已在长期的医疗实践中积累了丰富的经验，并在此基础上形成了各家各派的不同学术思想与独特的理论体系。随着对中医临床研究的不断深入，我们已不应只着眼于自身千年历史，更应着眼于世界，取现代医学之精华为己所用，在中医临床研究中继承与创新，呈现出学术争鸣、百家齐放的状态。

第二章　中医心络病证治的内涵与外延

尽管中医学不仅以其独特的包容性容纳各家各派的不同学术思想与独特的理论体系，更取现代医学之精华为己所用，使得中医临床研究在继承中创新，呈现出学术争鸣、百家齐放的状态，但真正实践起来依然存在着巨大的困难。吴以岭院士立足于中医特色与优势，取众家之所长与现代医学之精华，在系统整理、继承、创新中医络病学说和脉络学说的过程中，取得了“1+1>2”的巨大成功，同时，也发展了络病学说，系统地建立了脉络学说，为临床防治复杂性疾病提出了新的思路和方法。《黄帝内经》首载了络脉的概念、循行分布、生理功能、病机特点等；张仲景则承经旨，示例了络病的理法方药，所创旋覆花汤被誉治络之祖方。然《内经》微言大义，言辞隐约，多处混淆“经络”“经脉”“络脉”等概念，后世学者多所承袭，为络病研究带来不便，加之《伤寒杂病论》为外感内伤诸病立法，不独言络，终致形成中医发展史重经轻络现象，诚如叶天士所言：“遍阅医药，未尝说及络病”。迨至清代，喻嘉言、王清任、叶天士、吴鞠通等人继承和发展了络病理论，叶天士更是奇悟别开，力倡“久病入络”“久痛入络”说，认为“经主气，络主血”“初为气结在经，久则血伤入络”，在络病治疗上，强调“络以辛为泄”“大凡络虚，通补最宜”，并倡虫类药的应用，认为可“搜剔络中混处之邪”等，络病理论体系至此初步形成。及至当代，吴以岭院士提出了络病理论研究的“三维立体网络系统”，将散于典籍的络病证治相关内容予以总结，并结合现代医学知识，成功开创了络病学说，建立了络病证治体系，指出络脉的结构特点：支横别出，逐层细分；络体细窄，网状分布；络分阴阳，循行表里。络脉的生理功能：气络运行经气，血络运行血液。络病的病因：外邪袭络，内伤七情，痰瘀阻络，病久入络，饮食起居、跌仆、金刃伤络。络病的病机特点：易滞易瘀，易入难出，易积成形。络病的病机：络气郁滞（虚滞）、络脉瘀阻、络脉绌急、络脉瘀塞、络息成积、热毒滞络、络脉损伤、络虚不荣。亦全面介绍了络脉病变的临床表现，辨证规律、方法，治疗方药及常见疾病等。在络病学说的基础上，吴以岭院士又进一步深入研究，提出脉络学说概念，即：脉络学说是研究“脉络—血管系统病”发生发展规律、基本病理变化、临床证候特征、辨证治疗用药的学说。脉络学说是络病学说体系的有机组成部分，络病学说主要研究符合络病特点的多种内伤疑难杂病和外感重症的辨证治疗规律，而脉络学说则以“脉络-血管系统病”为主要研究领域，包括心脑血管病、心律失常、慢性心力衰竭、周围血管病、糖尿病血管并发症等。脉络学说指出，脉络的形态学特点是中空有腔、与心肺相连、动静脉有别、逐层细分、网状分布。生理学特点“藏精气而不泻”，保持血液量和质的相对恒定，运动状态为伴随心脏搏动而发生舒缩运动。功能特点为运行血液至全身发挥渗灌、濡养代谢、津血互换作用。在“营卫承制调平”这一脉络学说的核心理论的指导下，指出“脉络-血管系统病”的主要病因为：气候变化异常、社会心理应激、环境污染影响、生活起居异常、代谢产物蓄积等，其病机特点为“血脉相传，壅塞不通”，基本病理变化和证候类型为：络气郁滞（虚滞）、脉络瘀阻、脉络绌急、脉络瘀塞、络息成积、热毒滞络、脉络损伤、络虚不荣八种。并确立了“络以通为用”的治疗总则，创新了常见血管系统病变的理法方药。另外，在络病学说和脉络学说的指导下，经临床及实验研究，发现通络药物能够调和营卫，通过影响神经-内分泌-免疫（NEI）调节系统，改善血管外膜、内皮病理改变及相关信号通路，从而修复血管病变和调节全身稳态。运用中医络病理论探讨心脑血管疾病的中医病理机制和治疗取得突破性进展，在预防心脑血管疾病，治疗冠心病心绞痛、心肌梗死、脑梗死、慢性心衰、心律失常，改善心肌缺血、心肌梗死的预后、脑梗死后遗症等方面取得了骄人的疗效。络病理论代表方药通心络胶囊的研制成功并广泛应用于临床取得的显著疗效，充分证实了络病学说的重大临床价值。由此可见，络病学说不仅具有重要的学术价值和临床实践指导作用，也为中医药的继承创新做了较好的示范。

络脉内连脏腑，外络肢节，全身几无不到，前文已言，络脉分为气络、血络，血络（脉络）运行血液，而心主血脉，故络病理论无疑可指导脉络-心血管系统，尤其是心络疾病的诊疗，因心络的重要地位，故实应予以专门研究。今撰《络病理论与心脏病治疗》一书，主要阐述心络系统的络病内涵。另外，以络论治冠心病心绞痛、心肌梗死、心力衰竭、各种心律失常，改善心肌缺血、心肌梗死等心脏病的临床及实验研究已颇具声势，但系统研讨心络病证治的相关文献和著作却很少见到。有鉴于此，特撰《络病理论与心脏病治疗》一书，以络病理论及脉络学说的研究为基础和启示，结合心脏本身的生理特性、生理功能，心脏辨证论治规律以及现代医学的相关研究，总结心络病的病种、病因、病机、传变、治法、方药等应用特点，初步构建心络病证治的理论体系。在此基础上，提出心络相关数据库建立以及采用数据挖掘技术对数据库进行分析、整理、总结的思路，并联合问卷调查、构成比等方法，进行心络病证治的前瞻性研究探索，明确心络病证候要素、证候特征、证候演变规律的研究思路。同时，推进心络病内外治法的成果转化和推广应用。

第三章　中医心络病源流概说

第一节　中医心络病证治与各家学说

心络学说伴随着络病学说和经络学说的创立而逐步发展起来，探寻心络学说发展的历史进程有利于我们更清晰地认识心络学说的科学内涵，进一步明确心络学说的大体研究方向，从而为解除人类之病痛带来福祉。纵观心络学说发展史，共有三次转折点，一是在春秋战国时期，作为中医学奠基之作的《黄帝内经》中首次提出“络”的概念，奠定了络脉与络病的相关理论基础；二是东汉时期，张仲景所著的《伤寒杂病论》中，首创“辛温通络”“虫药通络”等用药之先河，“络病证治”微露端倪；三是清代名医叶天士提出“久病入络”“久痛入络”，发展络病治法用药，将络病学说推到新的高度。三次大发展可谓络病学说发展史上的三个里程碑。近年由于运用中医络病学说指导心脑血管病防治取得显著疗效[1]，引起医学界的广泛关注和重视，成为研究的焦点和热点。

一、中医心络病证治与《黄帝内经》

《黄帝内经》作为中医学理论体系之源头，对于络脉学说的发展起到举足轻重的作用。《内经》首次创立经络系统，明确“络”的概念及属性分类；确定了络脉循行规律；阐述其生理功能；并辅以治疗方法，为后世络病学说的发展奠定了坚实的理论基础。

（一）提出“络”的概念

《灵枢·九针十二原》：“经脉十二，络脉十五，凡二十七气以上下。”指出人体脏腑共有十二经脉，每经各有一络，加脾之大络和任脉、督脉二络，共计十五络，十二经加十五络之气上下循行出入于全身。《灵枢·针解》：“节之交三百六十五会者，络脉之渗灌诸节者也。”指出络脉将气血渗灌全身三百六十五穴。《灵枢·邪气脏腑病形》：“十二经脉，三百六十五络，其血气皆上面而走空窍。”指出人体十二经脉，三百六十五络脉的血气，都上注于面而走七窍。《灵枢·经脉》："经脉十二者，伏行分肉之间，深而不见……诸脉之浮而常见者，皆络脉也。"指出手足阴阳十二经脉均隐伏行于分肉之间，位置较深，从体表不易看见；其他各脉浮露表浅能够看到的，都是络脉。《灵枢·脉度》："经脉为里，支而横者为络""当数者为经，其不当数者为络。"指出经脉隐伏循行人体深部，从经脉分出支脉横行的是络脉；经脉在体内是有数的并且可以计算其长度的，络脉是无数的也不计其长度，以上原文明确阐述可见《内经》之"经络"包括运行经气和运行血液的两大功能系统。

（二）提出了络脉的属性与分类

《内经》中提到了大络、孙络、浮络、脏腑之络、血络、气络。《灵枢·邪气脏府病形》："三焦病者……小腹尤坚……候在足太阳之外大络，大络在太阳少阳之间"，指出大络的位置。《灵枢·脉度》："络之别者为孙"，指出孙络是络脉之细小分支。《灵枢·经脉》："诸脉之浮而常见者，皆络脉也。"指出浮络是位于人体浅表而易见之络脉。脏腑之络包括：肺络、心络、心包络、肝络、脾络、肾络、胃络、胆络、大肠络、小肠络、膀胱络、三焦络。《灵枢·血络论》："黄帝曰：愿闻其奇邪而不在经者。岐伯曰：血络是也。"指出病邪不在经脉时，就是留滞在血络。《灵枢·卫气》："其气内干五脏，而外络肢节。"指出卫气内连脏腑而外络肢节，形成气络。

（三）确定络脉循行规律

《灵枢·经脉》中说："经脉十二者，伏行分肉之间，深而不见；其常见者，足太阴过于内踝之上，无所隐故也。诸脉之浮而常见者，皆络脉也。""诸络脉皆不能经大节之间，必行绝道而出入，复合于皮中，其会皆见外。"可见经脉大多行经于脏腑较深部位，为里；络脉大多行于浅表部位，沟通内外，能达经脉所不至。按照支络—别络—孙络—浮络顺序，由大到小，由粗到细，由局部到广泛，层层分布，遍达全身，呈网状扩散，布散气血。

（四）络脉的生理功能

1. 渗濡灌注作用《灵枢·本脏》曰："经脉者，所以行血气而营阴阳，濡筋骨，利关节者也。"经脉的这种作用，主要是通过络脉来实现的，特别是孙络，具有一种渗濡灌注作用，将经脉中运行的气血渗注到全身脏腑组织中去。

2. 沟通表里经脉作用　《灵枢·经脉》曰："手太阴之别，名曰列缺，起于腕上分间……别走阳明也。"指络脉中的十五别络，从本经别出后，走向相表里的经脉，具有沟通表里经脉的作用。

3. 贯通营卫作用　《灵枢·邪气脏腑病形》载："阴之与阳也，异名同类，上下相会，经络之相贯，如环无端。"营卫由于其性质不同，一行于脉外，一行于脉内，但营卫之气并不是互不相涉，各自为政，二者通过络脉相贯通，以实现"阴阳相贯，如环无端"。

4. 津血互渗作用　津血同源，二者在布运过程中不断互渗互化，润泽周身，即津液可入于络而充血脉，血液亦可出于络而荣肌腠。《灵枢·痈疽》云："中焦出气如露，上注溪谷，而渗孙脉，津液和调，变化而赤为血"，《灵枢·血络论》道："新饮而液渗于络，而未合和于血也，故血出而汁别焉"，意为中焦营气如同雾露布洒大地般，流注于人体的肌肉缝隙，并渗入孙脉，加上津液调和，奉心而化赤。刚饮水时水液渗于络脉，尚未与血调和，因而血出时由水液夹杂。可见，络脉为水谷精微化生血液的重要场所。

5. 诊络方法　《内经》初步记载了望络、扪络诊断法，以络脉色泽、形态等方面的异常变化作为诊断络病的依据。《灵枢·经脉》说："经脉者常不可见也，其虚实也以气口知之，脉之见者皆络脉也。"指出经脉深伏而难见，络脉浅显而易察，故二者病变的诊察方法有所不同，经脉病变，以诊气口知之，络脉病变，以察络脉知之。《素问·经络论》："阴络之色应其经，阳络之色变无常，随四时而行也。"《素问·经络论》："夫络脉之见也，其五色各异，青黄赤白黑不同"，说明疾病属性不同，络脉颜色也会发生相应的变化。《灵枢·经脉》："凡诊络脉，脉色青则寒且痛，赤则有热。胃中有寒，手鱼之络多青矣；胃中有热，鱼际络赤；其暴黑者，留久痹也；其有赤有黑有青者，寒热气也；其青短者，少气也。"详细介绍了依据络脉色泽变化诊断疾病性质的方法。

6. 络病治疗　《黄帝内经》根据其病变位置以及性质的不同，提出了不同的治疗措施。《素问·调经论》："视其血络，刺出其血，无令恶血得入于经，以成其疾。"《灵枢·热病》："风痉身反折，先取足太阳之腘中及血络出血。"《灵枢·经脉》："凡刺寒热者，皆多血络，必间日而一取之，血尽而止，乃调其虚实。"《素问·缪刺论》："视其皮部有血络者尽取之。"《灵枢·癫狂》："补足少阴，去血络也。"《素问·调经论》提出"病在脉，调之血，病在血，调之络"。《素问·三部九候论》指出："经病者治其经，孙络病者治其孙络血，血病身有痛者治其经络。其病者在奇邪，奇邪之脉则缪刺之，留瘦不移，节而刺之。上实下虚，切而从之，索其结络脉，刺出其血，以见通之。"指出刺络放血是浅刺浅表络脉出血，使病邪得以外泄的疗法。《灵枢·经脉》说："故刺诸络脉者，必刺其结上，甚血者虽无结，急取之，以泻其邪而出其血，留之发为痹也。"《灵枢·寿夭刚柔》："病在阴之阳者，刺络脉。”《灵枢·官针》：“经刺者，刺大经之结络经分也……络刺者，刺小络之血脉也。”《灵枢·杂病》说：“腰脊强，取足太阳腘中血络”，都是关于刺络出血的记载；对于久病入络，络道瘀滞者，刺之有祛其瘀血、疏通经络的作用。《灵枢·寿夭刚柔》说：“久痹不去身者，视其血络，尽出其血。”指出用缪刺治疗久痹。《素问·缪刺论》曰：“邪客大络者，左注右，右注左，上下左右与经相干，而布于四末，其气无常处，不入于经俞，命曰缪刺。”指出由于病邪侵入络脉后，邪气多布于四末的特点，治疗以取患者对侧肢体末端的穴位为主，以起到调整气血阴阳的目的。

二、中医心络病证治与《伤寒杂病论》

东汉时期，《伤寒杂病论》的问世将原先零散的络病医学知识和医疗经验上升到系统理论，并建立起独特的医学理论框架，历代医家都十分重视对《伤寒杂病论》的学习与研究，称其“启万世之法程，诚医门之圣书”。络脉学说作为中医学重要理论分支之一，在辨证、治疗方面也愈发成熟。张仲景在继承前人学术理论的基础上，创立“六经辨证”作为内伤疑难杂病的辨证论治方法也初露端倪。

张仲景上承《素问·热论》，以六经为纲，与脏腑相结合，全面分析外感热性病发生发展过程，将外感热病发展过程中不同阶段所呈现的各种综合症状概括为六个基本类型，即太阳病、阳明病、少阳病、太阴病、少阴病、厥阴病，开创了六经辨证。通过六经体系的归纳，可分清主次，认识证候的属性及其变化，进而在治疗上攻守从容，三阳病以攻邪为主，三阴病以扶正为重，表里同病、虚实错杂之证，又强调标本缓急之辨，既中规中矩，亦有活法。“观其脉证，知犯何逆，随证治之”即是张仲景对辨证论治原则最精辟的表述。这里提到的六经即手足三阴、三阳经的总称，宋代朱肱在《南阳活人书》中称之为“三阴三阳六条经络”。六经的实质就是指经脉以及经脉所属络的脏腑，这是六经在《内经》中的本义。六经病证可概括为三阳证和三阴证两大类，基本上都是十二经脉手足同名经病候的精简或补充，其内涵是对病因、病位、病性以及病情传变趋势等各种情况进行全面的分析。只不过“经、络、筋脉，类皆十二，配三阴三阳，而总以六经称”（方有执《伤寒论条辨》）。所以我们不能简单地把六经病证仅仅视为六种病或六种“证候群”，而应该看成是《内经》经络辨证思想的补充和发展。或许是张仲景《伤寒杂病论》年代久远，内容散失，“络病证治”论述尚欠完善。汉后唐宋元明千余年间偶有论及，如唐代孙思邈《备急千金要方》记载“耳后完骨上有青络盛，卧不静，是痫候”“手白肉鱼际脉黑者是痫候”，指出诊察耳后和鱼际络脉可早期判断痫证发作，对临床有一定参考价值。宋代《太平惠民和剂局方》则记载了活络丹，用于治疗“诸般风邪湿毒之气，留滞经络”所致病证，亦为现代临床通络治疗的常用方药。但总的看来这段时期络脉及络病研究取得了重大突破与进展。

三、中医心络病证治与《金匮要略》

《金匮要略》中论述了血痹、虚劳、积聚、疟母、阴狐疝、腹痛、月经不利诸证皆与络脉瘀阻密切相关，并创立了大黄䗪虫丸、鳖甲煎丸、蜘蛛散、下瘀血汤、抵当汤等活血通络方，行气活血通络之旋覆花汤等诸多方剂，较《内经》有论无方，又有了更大的飞跃，尤其是其首创的活血化瘀通络法、虫蚁搜剔通络法、行气活血通络之法，实发前人之所未发，对络病理论的发展起到了承前启后的重要作用。

《金匮要略·血痹虚劳病脉证并治》中大黄䗪虫丸方的组方开启了辛温通络、虫药通络之先河，“五劳虚极……经络营卫气伤，内有干血，肌肤甲错，两目黯黑，缓中补虚，大黄䗪虫丸主之。”方中大黄、桃仁活血去瘀；水蛭、䗪虫咸寒，虻虫苦寒，蛴螬甘温，为虫类吸血之品，协甘温之干漆以破干血；黄芩、杏仁祛湿清热，以利肺气；芍药、地黄滋阴行血；甘草调和诸药，以缓中急。诸药合用，峻剂丸服，以冀缓图，祛瘀生新，扶正而不留瘀，祛瘀而不伤正。正如《临证指南医案·积聚》所赞：“考仲景于劳伤血痹诸法，其通络方法，每取虫蚁迅速飞走之诸灵，俾飞者升、走者降，血无凝著，气可宣通，与攻积除坚，徒入脏腑者有间。”

《金匮要略·胸痹心痛短气病脉证治》中论述胸痹心痛，若胸阳不振，阴寒乘虚居阳位，胸络痹阻，痞塞不通，“喘息咳唾，胸背痛，短气，寸口脉沉而迟，关上小紧数，栝蒌薤白白酒汤主之”；痰气阻滞，气机不畅，“胸痹不得卧，心痛彻背者，栝蒌薤白半夏汤主之”；寒饮上逆，结聚胸胁，“胸痹心中痞，留气结在胸，胸满，胁下逆抢心，枳实薤白桂枝汤主之”。

《金匮要略》的遣方用药所体现的活血化瘀通络、虫蚁搜剔通络、行气活血通络等治法与代表方剂皆为后世治疗络病所常用，已具络病治法用药之梗概。

四、中医心络病证治与《温病条辨》

吴鞠通所著《温病条辨》论述了络病的病机，并创制了以清络法、宣络法、活络法、温络法、补络法、搜络法、透络法为纲的一整套较为完善的络病治法，为后世络病治疗奠定了坚实基础。

从《温病条辨》可以看出吴氏判断络病病机，以辨别虚实为首务，认为络病“初病在络”者病机以实证居多，而“久病入络”者则既可见虚证，又可见实证。具体而言，其所论络病病机属实者，多为邪客络中，如气滞、热搏、瘀阻、损伤、寒滞、痰阻、蕴毒等；而虚证病机则有气、血、阴、阳不足之别。络脉是渗灌气血，沟通表里，贯通营卫的通道，因而外邪入侵，或脏腑疾病反映于络，必然会引发络脉异常而致络病发生，《温病条辨》中论述的病机尤以络中气滞、络中热搏、络脉瘀阻、寒湿滞络、络脉损伤、络脉痰阻、络中蕴毒最为多见。

在疾病发展过程中，络病的病机并不是始终保持不变，而是在一定条件作用下会发生转化，如虚实转化、实证之间互化，也正是由于络病病机类型所发生的诸多转化，才为我们呈现了络病的多样性和复杂性，提示我们在络病的辨证和治疗过程中，既要把握以上规律使我们在辨证时有所遵循，同时亦应预见络病病机可能发生的变化，从而及时采取相应的治疗措施，取得更好疗效。

五、中医心络病证治与其他医家学说

清代著名医家叶天士，较为系统地提出了“络病”学说。自叶天士在其《临证指南医案》中首次提出“久病入络”“久痛入络”的络病理论及倡导“络以通为用”至今，通络法已广泛地应用于中医药防治痹证、痿证、痉证、颤证、癥瘕、中风等难治性病症中，且显示了较好的临床效果。

叶氏创造性地继承和发扬了前代的学术成果，明确提出了“久病入络”和“久痛入络”的科学命题。强调“初为气结在经，久则血伤入络”，从全新的角度揭示了一般疾病的特征，认为络病分虚实，总以络脉阻滞为特点，其主要病变为络中气滞、血瘀或痰阻，并创立了辛味通络诸法，从而形成了较系统的络病理论。叶氏“久病入络”说和“久痛入络”说及其理、法、方、药，是对内伤杂病理论和治疗学上的一大发展，也为后世活血化瘀疗法的研究提供了重要的借鉴，启发了新的辨证思路和用药规律，予后世医家以巨大影响。叶天士在《临证指南医案》中，从气滞血结、络脉瘀滞、痰瘀阻络、络脉空虚等方面立论，创立了辛味通络、虫药通络、藤药通络及补虚通络等通络诸法，较为系统地全面总结和发挥了络病辨治特色，这为我们以后诊治内伤杂病提供了新的理论认识和临床指导，值得我们进一步挖掘、传承。

吴以岭院士，作为中医络病学学科创立者和学科带头人，他致力于络病学研究30余载，发表论文数十篇，编著有《脉络论》、新世纪全国高等中医院校创新教材《络病学》，首提“络病辨证八要”，创立“三维立体网络系统”，络脉在体内的空间位置呈现出：络脉是由经脉支横别出的分支呈树状网络状分布，又逐层细分的“三维立体网络系统”，经脉系统按其运行气血的不同分为：经气环流系统——（末端）经络之络（气络）-神经、内分泌、免疫调节系统，称为“气络-NEI网络”；心脉血液循环系统——脉络之络（脉络）-中、小血管、微循环，为“脉络-血管系统”。承担国家“973”计划项目，“863”计划项目、“十五”和“十一五”科技攻关计划、科技部国际科技合作计划、国家自然科学基金等多项国家及重大课题，以络病理论为指导的神经肌肉类疾病、心脑血管疾病、慢性心衰、心律失常、流感和SARS、肿瘤病机与治疗的相关研究逐步深入，使络病学说研究不断趋于科学化、现代化，如络病病理、证候、病症复合模型的构建、相关药物临床疗效研究等，并诞生了一大批以络病理论为基础的新一代药物，广泛应用于临床。

第二节　中医心络病证治与络病理论

心血管疾病多属于中医心络病中“胸痹”“心悸”“眩晕”“头痛”“昏厥”等病范畴，严重者可出现“真心痛”“厥脱”等病症。中医心络的诊疗应立足于脏腑辨证、经络辨识，扶正与通络共施，临床疗效会进一步提高。心为五脏六腑之大主，心通过经络与其他脏腑相联系，张景岳说：“心系有五，上系连肺，肺下系心，心下系脾肝肾，故心通五脏之气而为之主也。”故《医原》说：“夫人周身经络，皆根于心。”

一、基于“以络论治”理论的心络学说基本特点及临床意义

清代著名医家叶天士曰：“经主气，络主血。”《素问·五脏生成》说：“诸血者，皆属于心。”《素问·痿论》曰：“心主身之血脉”，又《素问·六节脏象论》曰：“心者，其充在血脉”。脉，即血脉，为血之府，是血液运行的通道，脉道的通利与否，营气和血液的功能健全与否，直接影响着血液的正常运行，故《灵枢·决气》说：“壅遏营气，令无所避，是谓脉。”脉络，即《灵枢》中所说的血络，指血脉的分支。可见，络脉中的血络，与心脏所主之血脉是有密切联系的。整个心脏、脉和血液组成的系统即心系的生理功能，都有赖于心脏的正常搏动。也就是说，络脉正常生理功能的发挥，必须依靠心脏来完成。“心主身之血脉”，而脉为血之府；“络主血”，是气血汇聚之处，具有贯通营卫、环流经气、渗灌气血、互化津血等生理功能。络脉中的血络部分，作为血脉的分支，其生理功能的正常发挥，势必受到心脏功能状态的影响。心气充沛，脉道通利，血液充盈，血液才得以正常运行，络脉的功能也才能够正常发挥。相反，络脉受病，必然也会影响到心脏的功能。邪气由表及里，由气及血，由经入络，阻滞络中气

血的循行及津血的互化，络脉瘀滞，出现疼痛。血脉不畅，血行瘀滞，也会影响心脏的正常功能，以致心主血脉的功能不能正常发挥，势必继续加重血脉的瘀滞，造成恶性循环。因此，络脉与心脏的生理功能，只有在二者功能正常、相互协调的条件下，才得以正常发挥[2]。

《诸病源候论》中提到，心脏与营养心脏的经脉，包括“正经及支别脉络”，指出：“心为诸脏主而藏神，其正经不可伤，伤之而痛为真心痛，朝发夕死，夕发朝死”“若伤心之支别脉络而痛者，则乍间乍盛，休作有时也”“其久心痛者，是心支别络为风冷邪热所乘痛也，故成疢不死”。《证治准绳》认为：“心……其受伤者，乃乎心主包络也……心痛……血因邪泣在络而不行者痛。”《沈氏尊生书》指出：“就经所言病，皆在血脉，而不在心……其在血脉，必先于经络者病之也。若心经络病者，动则嗌干、心痛……所谓经络病而及心如此。”《医学入门》进一步指出：“厥心痛，因内外邪犯心之包络，或他脏犯心之支络。”这些论述均从病位上说明了局部心之络脉凝滞、心失所养，是导致心络疾病发作的直接原因。络脉的通畅及渗布功能是心血得以正常运行和发挥营养作用的基本保证；久病入络是心络疾病的病理转归。

二、心络学说相关文辞训释

古今典籍，言经、络、脉者汗牛充栋，不乏错讹相传，前后矛盾者，或因历史原因，或因个人用词喜好，或经络、经脉论为一物，或络脉、脉络混为一谈，作者或可自知其义，但多不自释，览者只能据其文义，前后揣度，多所不便。故现对本书的相关文辞予以训释，一来便于论述，二来便于览阅，其要兹列如下：

1. 经与络　东汉许慎《说文解字》释：经，织从（纵）丝也；络，絮也。意谓经为织布的纵线，而络为细微的网状联系物。在水利学方面，“经”言河流主干，“落”（“络”）言与河流主干相互贯通的蓄灌网络旁支，并有落差之义。后人“经”“络”二字之用，多承上义，如经纬之经，承“纵行”演化；网络之络，取细微网状联系物之义。古人取类比象，言地有江海河川，故人有经脉络脉，明代李梴《医学入门》有云：“经，径也，径直者为经，经之支派旁出者为络。”所以医学之“经”，纵行、径直之谓；医学之“络”，言网状联系，亦赅“落差”、逐层分支之义，言络中气血较经中为弱为缓、络脉形态较经为细为小也。此皆宗《说文》、水利“经”“络”之旨。

2. 脉　从“脉”字的字形构造可看出，古人是将水流现象比拟血流，“脉”字在演变过程中主要与水流、血液和人体组织肌肉等发生联系。《足臂十一脉灸经》之前，人们通过医学实践，并取类比象，将“脉”作为医学概念，主要指能够像沟渠约束水流一样约束血液运行的脉道，如江陵张家山《脉书》云：“血者濡也，脉者渎也”，“渎”，即沟渠之义。《足臂十一脉灸经》在言脉时，主要指循经感传的走行路线，相当于今日所言的“经脉”。故《内经》以前，脉至少有两种释义：①运行血液的脉管；②循经感传的路线。及至《内经》，其将“脉”明确定义为运行营血的脉道，即血脉，如《素问·脉要精微论》：“夫脉者，血之府也”，《灵枢·决气》：“壅遏营气，令无所避，是为脉”。《内经》对脉原来具有的“循经感传路线”之义则另置一词：经络。

3. 经络、血脉、经脉、络脉　实际上，经络有广义、狭义之分，广义的经络，是经脉与络脉的总称，是运行全身气血，联系脏腑形体官窍，沟通上下内外，感应传导信息的通路系统，是人体组织结构的重要组成部分。本书为便于比较和论述，则取经络狭义之谓，即经络是运行全身经气，能够循经感传，沟通表里上下，联系全身各个部位的网状结构，十二正经、十二经别、八大奇经及其下级的逐层分支结构等皆属其范畴。与狭义经络相对的一个概念是“血脉”（即吴以岭院士所言之“脉络”），“血脉”是指运行全身血液的，中空有腔的网状通道，沟通脏腑百骸，无处不到，类似于今人所说的“血管”。不难发现，广义的经络范畴正是由血脉和狭义的经络范畴共同组成。再言“经脉”，此处的“经”，纵行、径直之谓；此处的“脉”，则既指血脉又指循经感传的路线。所以，经脉之义，乃指经络（狭义）和血脉中纵行径直的部分。与之对应，络脉则是指经络（狭义）和血脉中纵行径直部分的各级分支。关于二者的结构关系，《灵枢·脉度》指出：“经脉为里，支而横者为络，络之别者为孙。”清·喻嘉言《医门法律·络病论》记载更详，其言：“十二经生十二络，十二络生一百八十系络，系络生一百八十缠络，缠络生三万四千孙络”。此所言系络、缠络、孙络皆属络脉范畴，本书不予细分，均以络脉称。可见，络脉是从经脉支横别出、逐层细分、纵横交错、遍布全身、广泛分布于脏腑组织间的网络结构，是维持生命活动和保持人体内环境稳定的网络系统。

4. 气络、血络与阴络、阳络　“血络”一词首见于《灵枢》，“气络”一词却于明·张介宾《类经》中首载，《类经》亦首次并论了“气络”“血络”，《类经·四卷·藏象类》曰：“血脉在中，气络在外，所当实其阴经而泻其阳络”。血络、气络共同组成络脉，是络脉的功能分类法，血络以行营血为主，养本脏，化生神气；气络以行气津为主，温养机体，感信息。

络脉按照其空间结构来分，又分为阴络、阳络。阴络是指循行于人体分肉之里，布散于脏腑，成为相应脏腑组织结构的有机组成部分的络脉，按照其部位不同，又可分为肝络、心络、脾络、肺络、肾络、脑络等，正如叶天士《临证指南医案》曰："阴络乃脏腑隶下之络"。阳络则是指分布于体表或在外可视的黏膜部位的络脉。《灵枢·经脉》"诸脉之浮而常见者，皆络脉也"中"络脉"即指"阳络"而言。

5. 络病与病络　随着络病理论研究的兴起，"络病""病络"的概念应运而生，简单来讲，络病就是指络脉的病变，其内涵是指疾病的发展过程中不同致病因素伤及络脉导致的络脉功能障碍及结构损伤的自身病变，其外延包括导致络脉病变的致病因素及络脉病变引起的继发性脏腑组织病理变化。"病络"一词，则首见于《金匮要略浅注·惊悸吐衄下血胸满瘀血病脉证治》，其云："以由病络而涉于经，宜从治络血之法"，及至现代，王永炎院士等首次对病络的概念进行了明确诠释，指出：病络是中医学的一个重要病机基础，是指邪气侵袭络脉或正虚以及络脉本身的病变，导致络脉的形质改变或功能异常，造成相应脏腑组织器官损伤，引起种种疾病或病证的一种基本病机。

6. 心络及其相关名词　心络，即"心之络脉"简称，有广义、狭义之分，广义心络是指心之经脉支横别出的所有部分；而狭义之心络则是指布散于心之络脉。本书所指心络，取广义心络之义，至于狭义心络，本书暂称为"心本络"。至于心经络、心血脉、心经脉、心络脉、心气络、心血络、心阴络、心阳络、心络病、心病络等概念，参详本节大义，自可知晓，此不赘述。

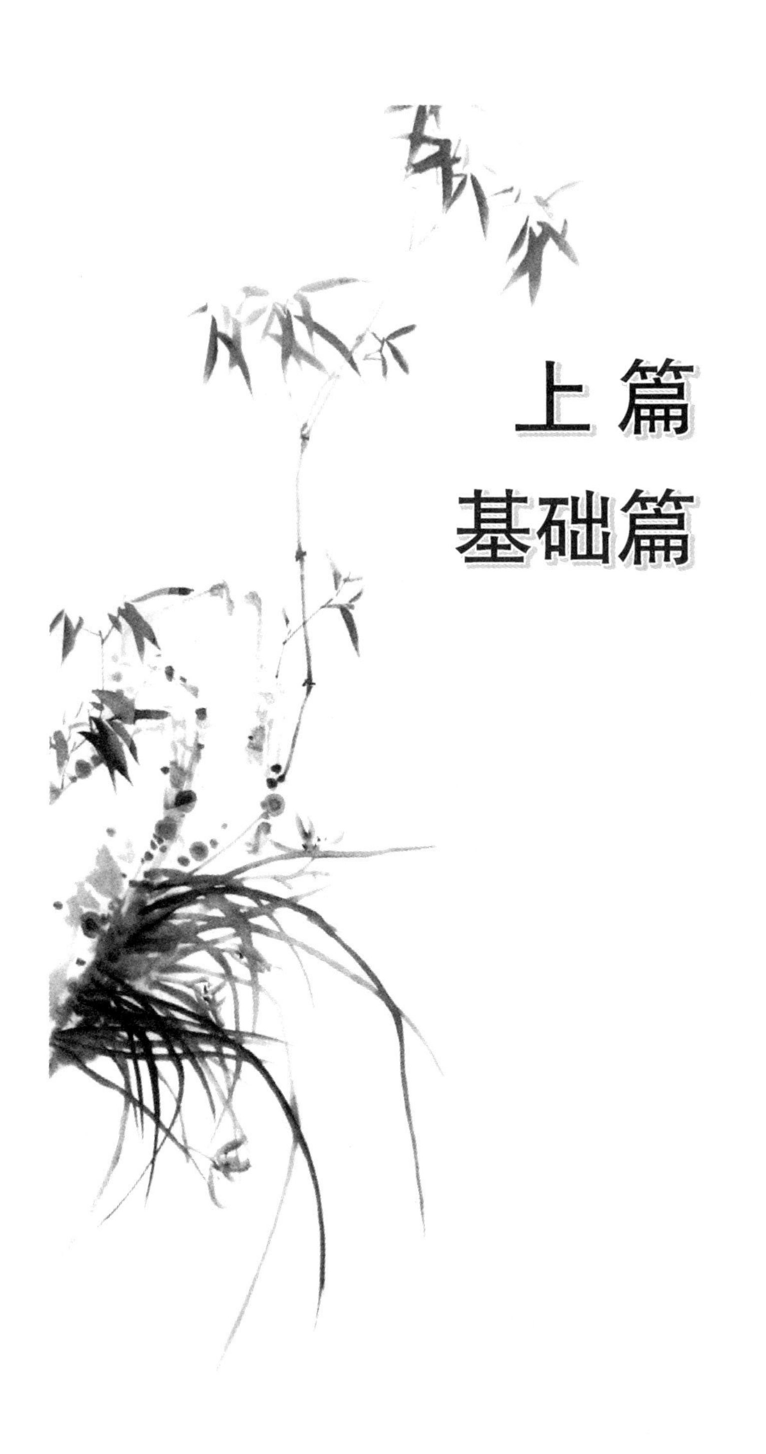

上 篇
基础篇

第一章　心络生理

第一节　心络构效

一、心络生理特性

络脉是一个“三维立体网格系统”[3]，这是从时间、空间、功能等角度对全身络脉的高度概括，人体内的络脉广泛分布于脏腑之间，庞大复杂，有着高度细化的分层和空间分布规律。络脉与气血阴阳有着密切的联系，因此络脉在理论上有气血阴阳之分，在里在脏谓之阴络，在表在腑谓之阳络，《血证论》中提到：“阴络者，谓躯壳之内，脏腑、油膜之脉络；阳络者，谓躯壳之外，肌肉、皮肤之络脉。”阴络多分布于体内的脏腑，根据其分布区域的不同可分为心络、脑络、肝络、肾络等，其敷布气血的功能助各个脏腑功能的形成。络脉中也有气血之分，经主气，络主血，气络主功能，血络主形质，气络与血络相伴而行，共同成为气血运行的载体。心络作为络脉的重要组成部分，也分气血阴阳，具备络脉的多层次性、广泛性、网络性的一般结构特点以及双向流动、满溢灌注等特性。但因其络属于心，其络属脏腑的生理功能及生理特性有其独特之处，本篇根据络病理论以及心的生理功能、生理特性来归纳总结心络的生理特性和生理功能。

（一）阳络在外，濡养温煦

络脉从部位上有阴阳之分，浮现于体表可见者即为阳络，《灵枢·经脉》：“经脉十二者，伏行分肉之间，深而不见……诸脉之浮而常见者，皆络脉也。”指出浮露表浅能够看到的皆为络脉，即阳络。心居上焦，为五脏六腑之大主，心之阳络参与全身皮部的组成，与皮下毛细血管伴行，遍布全身，在体表形成心络网格。心为阳脏，五行属火，为阳中之太阳，有温暖温热之意，十二经之气血通过心络传输至体表来温煦濡养全身皮肤，以保持人体正常的体温，抵御外邪，助体内脏腑发挥其正常的生理功能。

（二）阴络在内，细密量多

在结构上隐藏于纵深之处，横贯行走于脏腑内部，与脏腑联系紧密者即为阴络，心络之阴络散布于脏腑区域，循行于脏腑，成为该脏腑组织结构的重要组成部分，脏腑通过络脉发挥其生理功能并形成与其他脏腑和外界的联系，从心脏的经脉主干上支横别出，呈树状网络状分布，又逐层细分，《灵枢·脉度》："经脉为里，支而横者为络""当数者为经，其不当数者为络也。"且现代研究表明，由于微循环与络脉的渗灌气血以及营、血、津的互渗作用相似，故认为络脉与微循环也有相似之处，其物质基础包括微动脉、毛细血管、后微动脉、毛细淋巴管等微小血管及其功能调节机构。心脏大血管依次分出中、小血管，微血管，直至全身约有400亿根毛细血管，而冠脉微循环血管细密，数量众多，为气血汇聚之处，内连脏腑，成为五脏六腑结构与功能的有机组成部分。心为五脏六腑之大主，心络亦与五脏六腑联系甚密，其数量众多，渗透至脏腑之间，在体内脏腑间架起桥梁，沟通内外。

（三）收缩交替，鼓动有力

心主血，心主脉，心与脉直接相连，形成一个密闭循环的运行系统，心脏的正常搏动可鼓动血液，心络之有形的气络与血络随着心脏血脉的鼓动而动，维持心脏正常的生理功能，输送血液至全身各处，营养全身脏腑。心络之血络有形，中空有腔，气络无形无腔，在伴随心脏鼓动这个过程中共同完成其疏散营血以营养、布散气津以调神导气的作用，即渗灌气血的作用，经络系统运行气血的功能主要是通过心络舒缩鼓动来协助完成的。心脏舒张时，血液经有形之血络聚于心，心脏收缩时，血液又经血络布散至全身，此一收一张，无形之气络的气津与血络中的营血互渗，将脉内外的营养物质交换综合，散布至全身。

（四）心络上承于肺，散于心系

络脉是经脉支横别出的分支，《灵枢·经脉》中关于心经曾这样记载："心手少阴之脉，起于心中，出属心系""其直者，复从心系，却上肺"。心络是由心经别出的分支，心经从心中出发，出属心系，故心络也随之散于心系，这里的心系指心脏与其他脏器相联系的组织，主要指与心连接的大血管及其功能性联系。心络经心系汇聚气血，综合百脉之气血汇聚于肺，肺经向下转输于心，再由心经与心络协调之舒缩调节散布于全身，四肢百骸，濡养全身脏腑。故曰心络上承于肺，散于心系。

二、心络生理功能

（一）津血互渗，助心生血

心主血，有生血的作用，即所谓的"奉心化赤"，营气与津液入脉，经心的作用化生为血液。心之气络与血络在生理功能上相互协调，相互配合，共同完成其津血互渗的作用，经脉若满则可外溢于络脉，津血得以储存，经脉若空则络脉予以补充，共同发挥经主气，络主血的作用，使津血始终处于充盈的状态，不至于流失，以提供和保证脉内津、气、血的基本原料，为心化生血液起到辅助的作用，助心行血。

（二）面性弥散，敷布经气

心络包括气络与血络，气络为经络之络，心主血，心气能够推动气血的运行，输送营养物质于全身，心之气络有弥散敷布经气的作用，且流动缓慢，类似于心脏收缩泵血、心脏传导系统功能以及神经系统、内分泌激素与血管舒缩的调节功能。此过程中心之搏动非常重要，心络的作用将经气由经脉中线状流动的状态，进入心络随着搏动将经气输布全身，循行表里上下，无处不在，在体内呈现片状、面状、立体网状结构，面性弥散。心络呈一闭合的网状系统，在四肢末端广泛地联系在一起，经气在这个闭合的网状系统中层层渗灌，与机体进行充分的营养交换，经气作为沟通和维持脏腑联系和平衡的重要介质，也是通过广泛分布于脏腑之间的气络相互流通，双向流动，实现脏腑之间信息的传递和功能的协调，维持人体内环境的稳定。

（三）渗灌津血，贯通营卫

心络之血络为脉络之络，心之脉络主要指渗灌血液到心肌组织的冠脉循环系统，包括分布于心肌的微循环。心络系统是营卫气血、津液贯通的最小的基本单位，营卫气化以津血为基础，而心络渗灌津血，促进营卫气化。心络渗灌津血还可濡养全身，《灵枢·本脏》曰：“经脉者，所以行血气而营阴阳、濡筋骨、利关节者也。”经脉的这种作用主要依靠络脉来实现。心络从经脉中支横别出，逐层细分，把经脉通道中纵向运行的气血横向弥散渗灌到全身各个组织脏腑中去，维持人体的正常生命活动和保持人体内环境的稳定，发挥着《难经·二十二难》中提到的“气主煦之，血主濡之”的作用。

第二节 心络生理联系

一、心络与脏腑

心络是由心经为主体，从其上支横别出，向外伸展，呈树状、网状广泛分布于脏腑组织，与经脉共同形成一个网格全身的网络系统，使脏腑之间的联系更加紧密，加强表里两脏之间的相互联系。

在中医的藏象学说中，络具有延续、贯通、承接、交换之意，五脏的生克，脏腑的表里，皆靠经络维系，从而实现整个机体的稳定状态。心为五脏六腑之大主，心络散于脏腑之间，成该脏腑组织结构的重要组成部分，脏腑也是通过心络发挥其生理功能并形成与其他脏腑和外界的联系，心络是脏腑内外通行气血、协调阴阳及交换信息的重要结构。

二、心络与精气血津液

心络有气络、血络、阴络、阳络之分，从功能上讲，因营行脉中，卫行脉外，气络与血络相伴而行，共同成为气血运行的载体，《灵枢·卫气失常》曰："血气之输，输于诸络"，心络亦行使着运行气血的功能，具有支横别出、逐层细分、网状分布的空间结构特点及气血流缓、面性弥散、双向流动、末端连通、功能调节的气血运行特点。心络既能使经脉中的气血流溢积于心络，又能反向流通，心络在渗灌的同时，又不断地将脏腑器官的代谢废物吸收入血液中，实现气血的回流，将代谢废物移除，实现代谢排出作用。

络系统是营卫气血、津液输布贯通的最小、最广泛的基本单位[4]，络脉贯通营卫，为营卫气化的场所，营卫气化以津血为基础，以络脉为主要场所，《灵枢·经脉》中讲到："饮酒者，卫气先行皮肤，先充络脉，络脉先盛，故卫气已平，营气乃满，而经脉大盛。"心络中的血气在循行过程中流注，脉外的津液与脉内之血处于不断地交换过程中，而实现渗灌气血，营阴阳以"濡筋骨，利关节"的功能。人体气血生化之源在脏腑，其运行灌注及各种功能的行使依靠内在的基本单位络系统来完成，心居上焦，心主血脉，心脏的鼓动将气血灌注于体内各处，心络协从灌注气血，内灌脏腑，外濡腠理。

三、心络与经络

络有广义与狭义之分，广义的络包涵"经络"的络与"脉络"的络，经络之络是对经脉支横别出的分支部分的统称，主管运行经气；脉络之络指血脉的分支部分，主管运行血液。狭义的络仅指经络分支的络脉部分，心络一般指广义的络，即包括心经别出的络脉与心脉中分支的络脉，心络于心经伴行，助心经发挥其作用。

《灵枢·百病始生》详细论述了络病病理层次："是故虚邪之中人也，始于皮肤，皮肤缓则腠理开，开则邪从毛发入，入则抵深，深则毛发立，毛发立则淅然，故皮肤痛。留而不去，则传舍于络脉，在络之时，痛于肌肉，其痛之时息，大经乃代，留而不去，传舍于经，在经之时，洒淅喜惊。

留而不去，传舍于输，在输之时，六经不通四肢，则肢节痛，腰脊乃强。留而不去，传舍于伏冲之脉，在伏冲之时，体重身痛。留而不去，舍于肠胃，在肠胃之时，贲响腹胀，多寒则肠鸣飧泄，食不化，多热则溏出糜。留而不去，传舍于肠胃之外，募原之间，留著于脉。稽留而不去，息而成积，或著孙脉，或著络脉……不可胜论。”可以看出外来之邪侵袭机体，侵袭顺序由络脉继而侵袭经脉，邪气侵犯两者呈顺序的关系。络系统与经脉有这样的关系，决定了它在功能上、生理上、病理上具有由外而内、由内而外的双向性。叶天士在《临证指南医案》中指出：“凡经脉直行，络脉横行，经气注络，络气还经，是其常度。”

四、心络与体质

体质现象是人类生命活动的一种重要的表现形式，体质的分类也是多种多样，其中以阴阳分类法最为多见[5]。

偏阳质体质的人对风、暑、热等阳邪易感性较强，受邪后多表现为热证、实证，并易化燥伤阴，容易发生出血等倾向，因此易损伤心络之血络，使血络内外阴液津液缺失，脏腑脉络失于濡养，或血络妄行，脉络失约，血行逆乱。

偏阴质体质的人对寒、湿等阴性的易感性较强，受邪发病后多表现为寒证、虚证，表证易传里，容易发生湿滞、水肿、痰饮、瘀血等病证。这些病证的发病机制与络病的病理机制极其相似，因此在疾病发生发展的过程当中，瘀、虚、痰等会损伤心络，导致气机瘀滞，血行不畅，络脉失养，津凝痰结，络毒蕴结等病理变化，致络病疾病的发生。

而体质的强弱决定着发病与否，正气旺盛者，体质强健，抗病能力强；正气虚弱者，体质羸弱，抵抗力差，因此，心络是否感邪受损而发病与个人之状况密切相关。

五、心络与养生

中医讲究“治未病”，即未病先防，络脉为疾病传变的中心环节，张仲景的《金匮要略》中论述了肝着、黄疸、水肿、痹证、虚劳等络脉病证的发生与络脉瘀阻的病机有关。络系统受损致病越来越得到人们的重视，络病的病理机制总结起来为瘀、虚、痰、毒，即络是内外之邪侵袭的通道与途径，邪气犯络，导致络中气机瘀滞，血行不畅，络脉失养，津凝痰结，络毒蕴结等病理变化。其病理机制皆与心络的生理特性及生理功能密切相关，现代研究表明：冠心病心绞痛、高血压、急性冠状动脉综合征、血管性痴呆、脉管病、类风湿关节炎、骨关节炎、骨质疏松症、头痛、胃病、肺纤维化、药物性肝病、慢性肾衰竭、糖尿病、糖尿病脑病、糖尿病肾病等，都与络系统有关，其中心血管疾病、脑血管疾病及周围血管病等与心络联系紧密。心血管疾病的发病率日趋年轻化，危害越来越严重。

因此，应注重关注心络健康未病先防[6]，首先应正常对待日常生活中的各种刺激和突发事件，节制七情，保持不生气、不发火、少激动。规律生活习惯，充足睡眠，定时做各种保健运动，运动能够增强心脏的功能，改善血管弹性，促进全身的血液循环，增加脑的血流量。运动能够扩张血管，使血流加速，并能降低血液黏稠度和血小板的聚集性，从而减少血栓的形成，保证血络的通畅性。运动还可以促进脂质代谢，提高血液中高密度脂蛋白胆固醇的含量，从而预防动脉硬化，保证心络脉管内外渗灌气血的收缩性。合理的膳食，控制胆固醇和脂肪的摄入量，多吃富含维生素 C 的食物和增加膳食纤维的摄入，保护心络。

第二章　心络病理

关于心络的病因，本书则在三因分类法的基础上，结合文献中关于心络疾病病因的认识，以络病病因为参照，总结心络病变的病因为：①外因：外感六淫；②内因：七情内伤、饮食失宜、劳倦内伤、年迈体虚；③不内外因：痰饮血瘀及其他。对于心络病机而言，本书总结为：①络伤心虚，包括络伤气虚、络伤血虚、络伤阴虚、络伤阳虚等；②邪伏心络，包括痰凝心络、血瘀心络、心络成积等。

第一节　心络病病因

一、外因

心络病外因主要与六淫中之寒、暑、火相关。

1. 寒　寒为阴邪，性凝滞、收引，寒邪客心，有形心络挛缩，抑遏阳气，所谓暴寒折阳，又可使血行瘀滞或血络绌急不通，为瘀为痛，《素问·举痛论》云："寒气客于脉外则脉寒，脉寒则缩蜷，缩蜷则脉绌急，绌急则外引小络，故卒然而痛"。《素问·调经论》曰："寒气积于胸中而不泻，不泻则温气去，寒独留，则血凝泣，凝则脉不通。"气络血络挛缩，影响心络之主血脉、主阳气之生理功能，故日久可见气虚、血虚、血瘀证候。

2. 暑、火　心属火，通于夏气，火、暑邪皆属阳邪，与寒邪性反，其邪炎上，易伤津耗气，入心扰神、动血成痈等，暑邪可燔灼心之气络、血络，扰神动风，则致烦躁，昏仆，神昏谵语，颈项强直，四肢抽搐等症；火热上扰心神，则心烦失眠，重者狂乱妄动，神昏谵语，还可加速血行或迫血妄行，引起脉滑数、斑疹和各种急性出血症，极易影响心络之主血脉之生理功能。

二、内因

外因伤肺之阳络，进而随邪正盛衰而进退，内因则多先发于心之阴络，传于经脏或延络感传。内因主要包括内伤七情、饮食失宜、劳逸失度、年迈体虚四方面。

1. 内伤七情　在正常情况下，七情是人对外界环境各种刺激的生理反应。如果精神刺激过度，常可引起体内阴阳、气血以及脏腑功能活动失调而产生疾病。心与喜应，喜则气缓，心络失充则其性能失宜而致心系各种病症；心藏神，《类经》中说："心为脏腑之主，而总统魂魄，并赅意志，故忧动于心则肺应，思动于心则脾应，怒动于心则肝应，恐动于心则肾应，此所以五志唯心所使也"，故情志伤脏，先伤心，后伤相应之脏。可见，心为君主之脏。

2. 饮食失宜　饮食不节，过饥则气血生化乏源，心络失养；过饱则气机阻滞，心络壅塞。偏嗜肥甘厚味、辛辣炙煿，或饮酒成性，或素体脾虚，则痰湿、痰热内生，痰火上扰心神则为悸。正如清代吴澄《不居集》所谓："心者，身之主，神之舍也。心血不足，多为痰火扰动。"暴饮暴食，宿食停滞，脾胃受损，酿生痰热，壅遏于中，痰热上扰，胃气失和，而不得安寐。《张氏医通》阐述其原因："脉滑数有力不得卧者，中有宿滞痰火，此为胃不和则卧不安也。"劳倦内伤：劳倦伤脾，脾虚转输失能，气血生化乏源，无以濡养心络。积劳伤阳，心神阳微，鼓动无力，胸阳失展，阴寒内侵，血行滞涩，痹阻心络。

3. 年迈体虚　年过半百，肾气自半，精血渐衰，气血阴阳亏乏，脏腑功能失调。肾阳虚衰，则不能鼓舞五脏之阳，可致心气不足或心阳不振，血脉失于温运，痹阻不畅；肾阴亏虚，则不能润养五脏之阴，水不涵木，因而心肝火旺，心阴耗伤，心脉失于濡养，损伤心络；心阴不足，心火炽盛，下汲肾水，又可进一步耗伤心阴；心肾阳虚，阴寒痰饮乘于阳位，阻滞心络。凡此均可在本虚的基础上形成标实，导致寒凝、气滞、痰浊……而使胸阳失运，心脉阻滞，导致络病。

三、不内外因

在疾病过程中形成的病理产物，又可成为新的病证发生的病因，此称为病理产物性病因，也称继发性病因。常见的病理产物性病因有"痰饮""瘀血""结石"三大类，这些与先天不足、寄生虫等致病因素都可以损伤脏腑气血，形成各种病证，本书则将其统归于不内外因。

第二节　心络病病机

机由因生，根据以上心络病因的致病特点和过程，结合心络的生理特性和功能，以虚实病机分类为总纲，可将心络病病机分为心络失荣和邪伏心络两类。其中，心络失荣包括络伤气虚、络伤血虚、络伤阴虚、络伤阳虚等；邪伏心络包括痰凝心络、血瘀心络、心络成积等。

心络病病位在心，但与肝、脾、肾三脏功能的失调有密切的关系。因心主血脉的正常功能，有赖于肝主疏泄，脾主运化，肾藏精主水等功能正常。其病性有虚实两方面，常常为本虚标实，虚实夹杂，虚者多见气虚、阳虚、阴虚、血虚，尤以气虚、阳虚多见；实者不外气滞、寒凝、痰浊、血瘀，并可交互为患，其中又以血瘀、痰浊多见。但虚实两方面均以心络痹阻不畅，不通则痛为病机关键。发作期以标实表现为主，血瘀、痰浊为突出，缓解期主要有心、脾、肾气血阴阳之亏虚，其中又以心气虚、心阳虚最为常见。以上病因病机可同时并存，交互为患，病情进一步发展，可见下述病变：瘀血闭阻心络，心胸猝然大痛，而发为真心痛；心阳阻遏，心气不足，鼓动无力，而表现为心动悸，脉结代，甚至脉微欲绝；心肾阳衰，水邪泛滥，凌心射肺而为咳喘、水肿，多为病情深重的表现，要注意结合有关病种相互参照。

第三节　心络病传变

一、传变的形式

疾病的传变，不外两种形式：一是病位传变，二是病性转化。

（一）病位传变

病位，指疾病发生的部位或场所。病位传变，是指在疾病的发展变化过程中，其病变部位发生相对转移和变化的病理过程。人是一个有机的整体，人体的脏腑经络、肢体官窍，以及精、气、血、津液等，都可以成为病变所在的部位，但不同类别的疾病或具体的病证，各有其不同的病位转变规律。如心火炽盛可移热于小肠，而小肠有热亦能循经上熏于心等。

（二）病性转化

病性，即疾病的性质或属性。一切疾病及其各阶段的证候，其基本性质不外乎寒、热、虚、实四种。疾病是一个复杂的矛盾运动过程，随着致病因素、病理改变和机体的反应性的不断变化，疾病的性质也会随之发生变化。

真心痛是胸痹进一步发展的严重病证，其特点为剧烈而持久的胸骨后疼痛，伴心悸、水肿、肢冷、喘促、汗出、面色苍白等特征，甚至危及生命。寒凝气滞，血瘀痰浊，闭阻心脉，心脉不通，出现心胸疼痛（心绞痛），严重者部分心脉突然闭塞，气血运行中断，可见心胸猝然大痛，而发为真心痛（心肌梗死）。若心气不足，运血无力，心脉瘀阻，心血亏虚，气血运行不利，可见心动悸，脉结代（心律失常）；若心肾阳虚，水邪泛滥，水饮凌心射肺，可出现心悸、水肿、喘促（心力衰竭），或亡阳厥脱（心源性休克），或阴阳俱脱，最后导致阴阳离决。

二、影响传变的因素

邪正斗争及其盛衰变化决定着疾病的传变，它不仅决定疾病传变与否，而且还影响传变的方向和速度，并有一定的规律可循。如正盛邪衰，则传变缓慢或不发生传变，病易趋向痊愈；邪盛正衰，则传变迅速而病情趋于恶化；正邪俱盛，虽临床表现剧烈，但病情不易恶化；正邪俱衰，疾病传变较慢，易于稽留缠绵[7]。可见，决定疾病传变的因素不外正邪两个方面，而正邪两个方面又常常受到地域、气候和生活等因素的影响，正气的强弱则主要取决于体质和精神状态。

第三章　心络病证治

邪气侵入心络，不仅会引起不同程度的心络中气滞、血瘀或津凝等病理变化，而且日久延虚，虚气留滞、血瘀津凝等常常相互影响，互结互病，积久蕴毒，毒损络脉，败坏形体，继而又常加重病情，变生诸病，形成恶性循环，此即叶氏“邪与气血两凝，结聚络脉”之谓也。由此而言，脏腑内伤外感，由气累血，因虚致瘀或伤络致瘀，络因瘀阻，停痰互结，痰瘀并阻络道，蕴久化毒为害，则可形成一系列入血入络的病理变化；而虚滞、瘀阻、毒损络脉则是心络阻滞中的基本病理变化，也是导致病络的重要因素和病理机转[8]。

第一节　心络病辨证分型及临床表现

心络病的主要临床表现可概括为：痛、瘀、复、杂。

痛：疼痛是心络病最常见的临床表现，正如《临证指南医案·诸痛》说：“络中气血，虚实寒热，稍有留邪，皆能致痛”。各种致病因素引起心络的绌急、毒滞而致血液运行障碍，络脉失于通畅，《医学三字经》说：“痛不通，气血壅，通不痛，调和奉”，即所谓“不通则痛”；若由于气血阴阳亏虚而致心络失荣，可出现“不荣则痛”。两者临床上大都可见心前区闷痛、刺痛、压榨性疼痛，有时可沿心之络脉循行路线而放射。

瘀：临床上多数心络病患者可表现为疼痛如刺如绞，痛有定处，伴舌质暗或有瘀斑，舌下静脉变暗或曲张，脉象多为涩而不畅。

复：心络病常反复发作，经久不愈，每因劳累、受寒或情志变化等诱因而发作或加重。

杂：心络病病变部位较深较广，有时还可涉及多个脏腑，临床表现复杂多样，如不典型心绞痛，可出现牙痛、头痛、胃痛、腹痛等。

一、心络气虚

汉代张仲景在《金匮要略·中风历节病脉证并治第五》言“心气不足，

邪气入中，则胸满而短气”，指出胸中心气不足，易受外邪干犯，从而引发胸闷等症状。所谓络脉气虚证即络脉之气化功能减退，运血乏力所表现的一类证候。由于络脉之气来源于脏腑并运血于脏腑，故络脉气虚证多伴有相应的脏腑组织器官功能失常的表现。

心络气虚者临床常见心悸怔忡，活动后加重，疲乏无力，自汗懒言，舌质淡红，苔薄白，脉结代或细数等症状。

二、心络血虚

《临证指南医案》指出“初为气结在经，久则血伤入络”“痛久入血络，胸痹引痛”。清·林珮琴亦指出“虚痛久，痛必入络，宜理营络”。虚劳损伤血脉，致令心气不足，因为邪气所乘，则使惊而悸动不定。虚劳患者，血脉受损，会令心气亏虚，从而出现精神方面的症状。

心络血虚患者临床常见失眠多梦，眩晕健忘，面白无华，舌淡脉细或结代等症状。

三、心络郁滞

《素问·举痛论》中言“怒则气上，喜则气缓，悲则气消，恐则气下，惊则气乱，思则气结。”然情志虽分属五脏，但却为心所主。心神清明，五脏安定，有利于气血畅行。

心络郁滞患者临床上常见左胸膺或膻中处憋闷而痛，胸胁胀满，纳呆汗出，心烦，善太息，舌淡红，苔薄白，脉弦，遇情志刺激胸闷加重等症状。

四、心络瘀阻

《本草求真》有云：“心无气不行，无血不用；有气以运心，则心得以坚其力；有血以运心，则心得以神其用。”阐明了血对于心的重要性。《脉经》中言“心者，脉之合也。脉不通则血不流”。《诸病源候论》云：“疝者，痛也。有阴气积于内，寒气不散，上冲于心，故使心痛，谓之心疝也。其痛也，或如锥刀所刺，或阴阴（隐隐）而痛，或四支逆冷，或唇口变青，皆其候也。”“心疝”即心痛，是因阳虚阴盛，其疼痛性质可表现为“如锥刀所刺”的刺痛，极似冠心病心绞痛和急性心肌梗死瘀血痹阻心脉而致的疼痛。

心络瘀阻证的患者临床上通常出现心胸憋闷疼痛，痛引肩背内臂，时发时止。由瘀血引起者，疼痛以针刺为特点，伴见舌紫黯或瘀斑瘀点，脉细涩或结代等症。

五、心络绌急

《素问·痹论》提到“脉痹不已，复感于邪，内舍于心”“所谓痹者，各以其时重感于风寒湿之气也”“心痹者，脉不通，烦则心下鼓，暴上气而喘……”，《金匮要略·胸痹心痛短气病脉证治》中有“夫脉当取太过不及，阳微阴弦，即胸痹而痛，所以然者，责其极虚也。今阳虚知在上焦，所以胸痹、心痛者，以其阴弦故也。”《素问·举痛论》说：“寒则气收”“寒气客于脉外则脉寒，脉寒则缩蜷，缩蜷则脉绌急，绌急则外引小络，故卒然而痛”。

心络绌急证患者临床常见突然性的胸闷或胸痛发作，痛引肩背内臂，突发心痛，痛势剧烈，持续时间可达数十分钟，几小时或几天，自觉难以忍受压迫感、窒息感、烧灼样，伴有大汗。疼痛可放射至后背、上肢。常因受寒或情志刺激而诱发，因受寒诱发者可肢冷，得温痛减，舌淡苔白，脉沉迟或沉紧；因情志过极而发者，发作前常有精神刺激史。

六、络息成积

心积之病，早在《内经》中便有提及，如《素问·逆调论》云“夫不得卧，卧则喘者，是水气之客也”。而《金匮要略·水气病脉证并治》“心水者，其身重而少气，不得卧，烦而躁，其人阴肿”，首提“心水”的病名，并进一步阐述到“水在心，心下坚筑，短气，恶水不欲饮”。又《金匮要略·水气病脉证并治》“血不利则为水”论述了瘀血阻络，水饮滞络而致水肿的情况。

络息成积证患者临床常见心悸怔忡，呼吸气短，动则更甚，口唇发绀，颈部青筋怒张，虚里按之微弱欲绝，或按之弹手洪大而搏，动而应衣、搏动移位，下肢水肿，苔薄腻或白腻，舌质暗或有紫斑，脉涩或结代等症状。

第二节 心络病证治法

一、心络病内治法

叶天士云：“医不知络脉治法，所谓愈究愈穷矣。”治络之法，总以疏通络脉为主，根据病情的深浅轻重之不同，而辨证用药施治。

（一）以辛味之药疏通瘀滞

辛主散，既通阳络，又疏阴络。叶天士谓“络以辛为泄”“酸苦甘腻不能入络”，故治络病者以辛为主。临证用辛温通络之品如桂枝、小茴香、羌活、独活等与活血药配伍，既能引诸药直达病灶而发挥药效，又可借其辛香理气、温通血脉以推动气血运行，有利于瘀阻络脉等证的消除。对络脉绌急因寒而致者，则加辛温散寒之品如川乌、草乌、附子、细辛等温阳散寒，其疗效更佳。

（二）以虫类药物搜剔络脉

宿疾沉饮，凝痰败瘀，混处络中，汗、吐、下法难以奏效，又非草本类药物攻逐可获效；而虫类走窜，擅入络脉，能搜邪剔络，灵动迅速，擅长搜剔络中瘀浊，使血无凝著。气可宣通，从而祛除络中宿邪，药如全蝎、蜈蚣、地龙、穿山甲、水蛭、虻虫、蝉蜕、僵蚕等。虫类搜剔，佐以补剂，则可达到祛邪而不伤正的效果。

（三）以藤类药品畅通络滞

《本草便读》曰："凡藤类之属，皆可通经入络。"盖藤类缠绕蔓延，犹如网络，纵横交错，无所不至，其形如络脉。因此，对于久病不愈，邪气入络，络脉瘀阻者，可加藤类药以理气活血、散结通络，药如鸡血藤、络石藤、海风藤、忍冬藤、天仙藤、伸筋草等。

（四）以血肉之品通补络道

络病日久，营卫失常，气血不充，络道失养。大凡络虚，通补最宜，血肉有情之物皆通灵含秀，擅于培植人身之生气，如鹿茸、龟甲、紫河车、猪脊髓、阿胶、海狗肾、羊肾之属。以阳气生发之物壮阳气，至阴聚秀之物补阴精，培补络道。

二、心络病外治法

（一）体针

毫针针刺治疗心络病方法较多，今选择介绍。

1. 主穴　膻中、内关。

2. 辨证配穴　气滞心胸证：加中院、足三里、太冲。痰浊痹阻证：加间使、丰隆、阴陵泉。心血瘀痹证：加三阴交、太冲、心俞。寒凝心脉证：加足三里、三阴交、关元、太溪（针灸并用）。心阳不振证：百会、曲池、足三里、三阴交、气海（除百会外针灸并用）。心阴亏虚证：少府、郄门、太溪、足三里、三阴交。气阴两虚证：足三里、三阴交、列缺、后溪。

上述针灸疗法可缓解或解除心痛症状，但对急重患者，当采取中西医结合方法抢救。

（二）耳针

近年有不少报道选择耳郭"心穴"针刺治疗冠心病，具有缓解心绞痛，改善临床症状和心电图及心功能的效果。具体刺法有多种，如：针刺心穴配胃穴，每次捻转 1~2 分钟，留针 30 分钟。以不刺透耳郭为度，每日 1

次，针 6 天休 1 天，4 周一疗程。

第三节 心络病治疗方药

一、心络病治疗代表药

1. 人参

【药性】甘、微苦，微温。

【归经】归肺、脾、心经。

【功效】补肺荣络，生津止渴，安神益智。

【药论】

（1）《薛氏医案》："人参但入肺经，助肺气而通经活血，乃气中之血药也。"

（2）《用药法象》："人参能补肺中之气，肺气旺则四脏之气皆旺，肺主诸气故也。"

【主治】治疗元气虚极欲脱，气短神疲等危重证候；治疗肺气耗伤，久咳虚喘者，脾虚不运，脾气虚衰，心悸怔忡，胸闷气短；治疗肺肾两虚，摄纳无权，咳嗽虚喘者；治疗热伤气津。

2. 五味子

【药性】酸、甘，温。

【归经】归肺、心、肾经。

【功效】收敛固涩，益气生津，补肾宁心。

【药论】

《本经》："主补五脏，安精神，止惊悸，除邪气，明目，开心益智。"

《别录》："疗肠胃中冷，心腹鼓痛，胸肋逆满，霍乱吐逆，调中，止消渴，通血脉，破坚积，令人不忘。"

《药性论》："主五脏气不足，五劳七伤，虚损瘦弱，吐逆不下食，止霍乱烦闷呕哕，补五脏六腑，保中守神。""消胸中痰，主肺痿吐脓及痫疾，冷气逆上，伤寒不下食，患人虚而多梦纷纭，加而用之。"

【主治】大补元气，复脉固脱，补脾益肺，生津，安神。用于体虚欲脱，肢冷脉微，脾虚食少，肺虚喘咳，津伤口渴，内热消渴，久病虚羸，惊悸失眠，阳痿宫冷；心力衰竭，心源性休克。

3. 麦冬

【药性】甘、微苦，微寒。

【归经】肺、胃、心经。

【功效】润肺濡络，养阴生津。

【药论】

(1)《本经疏证》:“其味甘中带苦，又合从胃至心之妙，是以胃得之而能输精上行，肺得之而能敷布四脏，洒陈五腑，结气自尔消熔，脉络自尔联续，饮食得为肌肤，谷神旺而气随之充也。”

(2)《本草汇言》:“清心润肺之药，主心气不足，惊悸怔忡，健忘恍惚，精神失守；或肺热肺燥，咳声连发，肺痿叶焦，短气虚喘，火伏肺中，咯血咳血。”

【主治】治疗热伤胃阴，口干舌燥者；治疗阴虚肺燥所致的鼻燥咽干，干咳少痰，痰中带血，咽喉肿痛者；治疗心阴虚有热之心烦、失眠多梦、健忘、心悸怔忡等。

4. 龙眼肉

【药性】甘，温。

【归经】归心、脾经。

【功效】补益心脾，养血安神。

【药论】

(1)《本草汇言》:“甘温而润，恐有滞气，如胃热有痰有火者；肺受风热，咳嗽有痰有血者，又非所宜。”

(2)《药品化义》:“甘甜助火，亦能作痛，若心肺火盛，中满呕吐及气膈郁结者，皆宜忌用。”

【主治】用于气血不足，心悸怔忡，健忘失眠，血虚萎黄。

5. 酸枣仁

【药性】甘、酸，平。

【归经】归肝、胆、心经。

【功效】补肝，宁心，敛汗，生津。

【药论】

《本草图经》:“酸枣仁，《本经》主烦心不得眠，今医家两用之，睡多生使，不得睡炒熟，生熟便尔顿异。而胡洽治振悸不得眠，有酸枣仁汤，酸枣仁二升，茯苓、白术、人参、甘草各二两，生姜六两。六物切，以水八升煮取三升，分四服。深师主虚不得眠，烦不可宁，有酸枣仁汤，酸枣仁二升，蝭母、干姜、茯苓、芎藭各二两，甘草一两炙，并切，以水一斗，先煮枣，减三升，后纳五物煮，取三升，分服。一方，更加桂一两。二汤酸枣并生用，疗不得眠，岂便以煮汤为熟乎。”

朱震亨：“血不归脾而睡卧不宁者，宜用此（酸枣仁）大补心脾，则血归脾而五藏安和，睡卧自宁。”

【主治】用于虚烦不眠，惊悸多梦，体虚多汗，津伤口渴。

6. 山茱萸

【药性】酸、涩，微温。

【归经】归肝、肾经。

【功效】补益肝肾，涩精固脱。

【药论】

《本经》："心下邪气寒热，温中，逐寒湿痹，去三虫"。

《雷公炮炙论》："壮元气，秘精。"

【主治】用于眩晕耳鸣，腰膝酸痛，阳痿遗精，遗尿尿频，崩漏带下，大汗虚脱，内热消渴。

7. 柏子仁

【药性】甘，平。

【归经】归心、肾、大肠经。

【功效】养心安神，止汗，润肠。

【药论】

《纲目》："柏子仁，性平而不寒不燥，味甘而补，辛而能润，其气清香，能透心肾，益脾胃，盖上品药也，宜乎滋养之剂用之。"

《本草正》："柏子仁，气味清香，性多润滑，虽滋阴养血之佳剂，若欲培补根本，乃非清品之所长。"

【主治】用于虚烦失眠，心悸怔忡，阴虚盗汗，肠燥便秘。

8. 旋覆花

【药性】咸，温。

【归经】入肺、肝、胃经。

【功效】消痰，下气，软坚，行水。

【药论】

《本草衍义》："旋覆花，行痰水，去头目风，亦走散之药也。"

《纲目》："旋覆所治诸病，其功只在行水、下气、通血脉尔。"

【主治】治胸中痰结，胁下胀满，咳喘，呃逆，唾如胶漆，心下痞，噫气不除，大腹水肿。

9. 薤白

【药性】辛、苦，温。

【归经】归肺、胃、大肠经。

【功效】通阳散结，舒畅肺络，行气导滞。

【药论】

(1)《本草求真》："薤，味辛则散，散则能使在上寒滞立消；味苦则降，降则能使在下寒滞立下；气温则散，散则能使在中寒滞立除；体滑则通，通则能使久痼寒滞立解。”

（2）《长沙药解》：“薤白辛温通畅，善散壅滞，故痹者下达而变冲和，重者上达而化轻清。”

【主治】

（1）治疗寒痰阻滞、胸阳不振所致痹证者，常与瓜蒌、半夏、枳实等同用，如瓜蒌薤白白酒汤（《金匮要略》）。

（2）治疗胃寒气滞之脘腹痞满胀痛，可与高良姜、砂仁、木香等药同用；治疗胃肠气滞，泻痢里急后重，单用有效，或与木香、枳实配伍使用。

10. 川芎

【药性】甘、辛，温。

【归经】归肝、心、脾经。

【功效】补血和血，调经止痛，润燥滑肠。

【药论】

《本经》：“主咳逆上气，温疟寒热洗洗在皮肤中，妇人漏下，绝子，诸恶疮疡金疮，煮饮之。”

《别录》：“温中止痛，除客血内塞，中风痉、汗不出，湿痹，中恶客气、虚冷，补五藏，生肌肉。”

【主治】治月经不调，经闭腹痛，癥瘕结聚，崩漏；血虚头痛，眩晕，痿痹；肠燥便难，赤痢后重；痈疽疮疡，跌仆损伤。

11. 水蛭

【药性】咸、苦，平；有小毒。

【归经】归肝经。

【功效】破血，逐瘀，通经。

【药论】

（1）《汤液本草》：“水蛭，苦走血，咸胜血，仲景抵当汤用虻虫、水蛭，咸苦以泄畜血，故《经》云有故无殒也。”

（2）《本草经疏》：“水蛭，味咸苦气平，有大毒，其用与虻虫相似，故仲景方中往往与之并施。咸入血走血，苦泄结，咸苦并行，故治妇人恶血、瘀血、月闭、血瘕积聚，因而无子者。血蓄膀胱，则水道不通，血散而膀胱得气化之职，水道不求其利而自利矣。堕胎者，以具有毒善破血也。”

【主治】用于癥瘕痞块，血瘀经闭，跌仆损伤。

12. 鸡血藤

【药性】苦、甘，温。

【归经】归肝、肾经。

【功效】补血，活血，通络。

【药论】

(1)《本草纲目拾遗》："活血，暖腰膝，已风瘫。"

(2)《本草再新》："补中燥胃。"

【主治】用于月经不调，血虚萎黄，麻木瘫痪，风湿痹痛。

13. 郁金

【药性】辛、苦，寒。

【归经】归肝、心、肺经。

【功效】行气化瘀，清心解郁，利胆退黄。

【药论】

(1)《本草经疏》："郁金本入血分之气药，其治已上诸血证者，正谓血之上行，皆属于内热火炎，此药能降气，气降即是火降，而其性又入血分，故能降下火气，则血不妄行。"

(2)《本草汇言》："郁金，清气化痰，散瘀血之药也。其性轻扬，能散郁滞，顺逆气，上达高巅，善行下焦，心肺肝胃气血火痰郁遏不行者最验，故治胸胃膈痛，两胁胀满，肚腹攻疼，饮食不思等证。又治经脉逆行，吐血衄血，唾血血腥。此药能降气，气降则火降，而痰与血，亦各循其所安之处而归原矣。前人未达此理，乃谓止血生肌，错谬甚矣。"

【主治】用于经闭痛经，胸腹胀痛、刺痛，热病神昏，癫痫发狂，黄疸尿赤。

14. 赤芍

【药性】苦，微寒。

【归经】归肝经。

【功效】清热凉血，散瘀止痛。

【药论】

(1)陶弘景："芍药赤者小利，俗方以止痛，乃不减当归。"(《本草经集注》)

(2)李东垣："赤芍药破瘀血而疗腹痛，烦热亦解。仲景方中多用之者，以其能定寒热，利小便也。"(《用药法象》)

【主治】用于温毒发斑，吐血衄血，目赤肿痛，肝郁胁痛，经闭痛经，癥瘕腹痛，跌仆损伤，痈肿疮疡。

15. 桂枝

【药性】辛、甘，温。

【归经】归肺、心、膀胱经。

【功效】发汗解肌，宣畅肺络，温通经脉，助阳化气。

【药论】

(1)《本草经疏》:"实表祛邪。主利肝肺气，头痛，风痹骨节疼痛。"

(2)《本经疏证》:"桂枝能利关节，温经通脉，此其体也……盖其用之道有六：曰和营，曰通阳，曰利水，曰下气，曰行瘀，曰补中。"

【主治】

治疗外感风寒、表实无汗者；治疗胸阳不振，心脉瘀阻，胸痹心痛者；若妇女寒凝血滞，月经不调，经闭痛经，多与当归、吴茱萸等同用。治疗脾阳不运，水湿内停所致的痰饮眩晕、心悸、咳嗽者，常与茯苓、白术同用，如苓桂术甘汤(《金匮要略》)；若膀胱气化不行，水肿、小便不利者，每与茯苓、猪苓、泽泻等同用，如五苓散(《伤寒论》)；治疗心悸动、脉结代属心阳不振，不能宣通血脉者，多与甘草、人参、麦冬等同用，如炙甘草汤(《伤寒论》)。

16. 全蝎

【药性】辛，平；有毒。

【归经】归肝经。

【功效】息风镇惊，攻毒散结，通络止痛。

【药论】

(1)《开宝本草》:"疗诸风瘾疹，及中风半身不遂，口眼㖞斜，语涩，手足抽掣。"

(2)《本草图经》:"治小儿惊搐。"

【主治】用于小儿惊风，抽搐痉挛，中风口㖞，半身不遂，破伤风，风湿顽痹，偏正头痛，疮疡，瘰疬。

17. 葶苈子

【药性】辛、苦，大寒。

【归经】归肺、膀胱经。

【功效】泻肺平喘，行水消肿。

【药论】

《本草衍义》:"葶苈用子，子之味有甜苦两等，其形则一也。《经》既言味辛苦，则甜者不复更入药也。大概治体皆以行水走泄为用，故曰久服令人虚，盖取苦泄之义，其理甚明。《药性论》所说尽矣，但不当言味酸。"

李杲:"葶苈大降气，与辛酸同用以导肿气。本草十剂云：泄可去闭，葶苈、大黄之属。此二味皆大苦寒，一泄血闭，一泄气闭。盖葶苈之苦寒，气味俱厚，不减大黄，又性过于诸药，以泄阳分肺中之闭，亦能泄大便，为体轻象阳故也。"

【主治】用于痰涎壅肺，喘咳痰多，胸胁胀满，不得平卧，胸腹水肿，小便不利；肺源性心脏病水肿。

18. 紫河车

【药性】甘、咸，温。

【归经】归肺、肝、肾经。

【功效】益精养血，荣养肺络。

【药论】

（1）《本草经疏》："人胞乃补阴阳两虚之药，有反本还原之功。然而阴虚精涸，水不制火，发为咳嗽吐血，骨蒸盗汗等证，此属阳盛阴虚，法当壮水之主，以制阳光，不宜服此并补之剂。以耗将竭之阴也。"

（2）《本经逢原》："紫河车禀受精血结孕之余液，得母之气血居多，故能峻补营血，用以治骨蒸羸瘦，喘嗽虚劳之疾，是补之经味也。"

【主治】

（1）治疗肾阳不足，精血衰少者，单用有效，亦可与鹿茸、杜仲等补益药同用；治疗腰膝酸软、头昏耳鸣、男子遗精、女子不孕等属于肾阳虚衰，精血不足者，常与龟板、杜仲、牛膝等药配伍，如大造丸（《诸证辨疑》）。

（2）治疗产后乳汁缺少、面色萎黄消瘦、体倦乏力等属气血不足者，可单用本品，或随证与人参、黄芪、当归等同用。

（3）治疗肺肾两虚，摄纳无权，呼多吸少者，单用有效，亦可与人参、蛤蚧、冬虫夏草、五味子等同用。

19. 阿胶

【药性】甘，平。

【归经】归肺、肝、肾经。

【功效】补血止血，润肺养络。

【药论】

（1）《本草纲目》："疗吐血、衄血、血淋、尿血、肠风下痢、女人血痛血结。"

（2）《神农本草经》："主心腹内崩，劳极洒洒如疟状，腰腹痛，四肢酸痛，女子下血，安胎。"

【主治】

（1）治疗出血而导致血虚者，单用有效，亦常配伍熟地、当归、芍药等，如阿胶四物汤（《杂病源流犀烛》）。

（2）治疗阴虚血热吐衄，常配伍蒲黄、生地黄等药；治疗肺破嗽血，配人参、天冬、白及等药，如阿胶散（《仁斋直指方》）；治疗血虚血寒之崩漏下血等，可配伍熟地、芍药、当归等，如胶艾汤（《金匮要略》）。

（3）治疗肺热阴虚，燥咳痰少，咽喉干燥，痰中带血者，可配伍马兜铃、牛蒡子、杏仁等，如补肺阿胶汤（《小儿药证直诀》）；治疗燥邪伤肺，干咳无痰，心烦口渴，鼻燥咽干者，常配伍桑叶、杏仁、麦冬等药，如清燥救肺汤（《医门法律》）。

（4）治疗热病伤阴，肾水亏而心火亢，心烦不眠者，常与黄连、白芍等同用，如黄连阿胶汤（《伤寒论》）。

二、心络病治疗代表方

1. 生脉散

【来源】《医学启源》。

【组成】人参 9g，麦门冬 9g，五味子 6g。

【功用】益气生津，敛阴止汗。

【主治】

（1）温热、暑热，耗气伤阴证。汗多神疲，体倦乏力，气短懒言，咽干口渴，舌干红少苔，脉虚数。

（2）久咳伤肺，气阴两虚证。干咳少痰，短气自汗，口干舌燥，脉虚细。用法：长流水煎，不拘时服（现代用法：水煎服）。

【方论】

方中人参甘温，益元气，补肺气，生津液，是为君药。麦门冬甘寒养阴清热，润肺生津，用以为臣。人参、麦冬合用，则益气养阴之功益彰。五味子酸温，敛肺止汗，生津止渴，为佐药。三药合用，一补一润一敛，益气养阴，生津止渴，敛阴止汗，使气复津生，汗止阴存，气充脉复，故名“生脉”。《医方集解》说：“人有将死脉绝者，服此能复生之，其功甚大。”至于久咳肺伤，气阴两虚证，取其益气养阴，敛肺止咳，令气阴两复，肺润津生，诸症可平。

【临床应用】

本方常用于肺结核、慢性支气管炎、神经衰弱所致咳嗽和心烦失眠，以及心脏病心律不齐属气阴两虚者。生脉散经剂型改革后制成的生脉注射液，经药理研究证实，具有毒性小、安全度大的特点，临床常用于治疗急性心肌梗死、心源性休克、中毒性休克、失血性休克及冠心病、内分泌失调等病属气阴两虚者。

2. 定心汤

【来源】《医学衷中参西录》。

【组成】龙眼肉 30g，酸枣仁（炒捣）15g，净萸肉 15g，柏子仁（炒捣）12g，生龙骨（捣细）12g，生牡蛎（捣细）12g，生明乳香 3g，生明没药 3g。

【原方】龙眼肉（一两），酸枣仁（五钱，炒捣），萸肉（五钱，去净核），柏子仁（四钱，炒捣），生龙骨（四钱，捣细），生牡蛎（四钱，捣细），生明乳香（一钱），生明没药（一钱）。

【用法】水煎服。

【功用】治心虚怔忡。

【主治】心劳虚寒，惊悸，恍惚多忘，梦寐惊魇，神志不定。

【方论】龙眼肉以补心血，枣仁、柏仁以补心气，更用龙骨入肝以安魂，牡蛎入肺以定魄。魂魄者心神之左辅右弼也，且二药与萸肉并用，大能收敛心气之耗散，并三焦之气化亦可因之团聚。特是心以行血为用，心体常有舒缩之力，心房常有启闭之机，若用药一味补敛，实恐于舒缩启闭之运动有所妨碍，故又少加乳香、没药之流通气血者以调和之。其心中兼热用生地者，因生地既能生血以补虚，尤善凉血而清热，故又宜视热之轻重而斟酌加之也。

【临床应用】

本方常用于治疗心悸、失眠、心房纤颤属气阴两虚者。

3. 旋覆花汤加减

【组成】旋覆花 12g，薤白 12g，菖蒲 12g，郁金 12g，降香 9g，川芎 9g，葱管 3 根，茜草 9g。

【用法】用水 600 毫升，煮取 200 毫升，顿服之。

【功用】理气通阳，活血散瘀。

【主治】本方用于冠心病早期，胸闷不舒，甚或胀痛，用手按捺捶击稍舒，喜热饮。

【方论】闷、胀、半产等皆为郁结之象。旋覆花，诸花性升、此花独降，大量用之通降上、中、下三焦之郁结，郁结祛除则诸症皆消。薤白，葱管，性温，味辛，通阳散结，行气导滞。茜草，苦，寒，归肝经，化瘀活血，在此助旋覆花化郁通结。降香、川芎、郁金行气活血，止痛，止血。菖蒲通窍除痰。

【临床应用】常用来治疗顽固性心绞痛，吐血，呕血。

4. 血府逐瘀汤

【来源】《医林改错》

【组成】当归三钱（9g），生地三钱（9g），桃仁四钱（12g），红花三钱（9g），枳壳二钱（6g），赤芍二钱（6g），柴胡一钱（3g），甘草二钱（6g），桔梗一钱半（4.5g），川芎一钱半（4.5g），牛膝三钱（9g）。

【用法】水煎服。

【功用】活血祛瘀，行气止痛。

【主治】治上焦瘀血，头痛胸痛，胸闷呃逆，失眠不寐，心悸怔忡，瘀血发热，舌质暗红，边有瘀斑或瘀点，唇暗或两目暗黑，脉涩或弦紧。

【方论】桃仁、红花、川芎活血祛瘀为主药；当归、赤芍养血活血，牛膝祛瘀通脉并引血下行，三药助主药以活血祛瘀为辅药；生地黄配当归养血和血，使祛瘀而不伤阴血，柴胡、枳壳、桔梗宽胸中之气滞，治疗气滞兼证，并使气行血亦行，共为方中佐药；甘草协调诸药为使。合而用之，使血行瘀化诸症之愈。

【临床应用】常用于冠心病心绞痛、风湿性心脏病、血栓闭塞性脉管炎等证属气滞血瘀者。

5. 枳实薤白桂枝汤

【来源】《金匮要略》

【组成】枳实四枚（12g），厚朴四两（12g），薤白半升（9g），桂枝一两（6g），瓜蒌一枚，捣（12g）。

【用法】水煎服。

【功用】通阳散结，祛痰下气。

【主治】主治胸痹，心中痞气，气结在胸，胸满，胁下逆抢心。

【方论】本方证因胸阳不振，痰浊中阻，气结于胸所致。胸阳不振，津液不布，聚而成痰，痰为阴邪，易阻气机，结于胸中，则胸满而痛，甚或胸痛彻背；痰浊阻滞，肺失宣降，故见咳唾喘息、短气；胸阳不振则阴寒之气上逆，故有气从胁下冲逆，上攻心胸之候。治当通阳散结，祛痰下气。

方中的枳实、厚朴开痞散结，下气除满；桂枝上以宣通心胸之阳，下以温化中下二焦之阴气，既通阳又降逆。降逆则阴寒之气不致上逆，通阳则阴寒之气不致内结。瓜蒌苦寒润滑，开胸涤痰。薤白辛温通阳散结气。因此，无论是气机阻滞导致的胸中阳气不得通达，还是阴寒之邪凝结胸胃、阻遏阳气畅达的病证，皆可治之。

【临床应用】常用于冠心病心绞痛、慢性支气管炎证属胸阳不振，痰阻气滞者。

6. 救心解痉汤

【来源】《络病学》

【组成】人参12g（另煎），水蛭9g，全蝎6g，蜈蚣2条，桃仁10g，元胡12g，降香10g，乳香5g。

【用法】水煎服。

【功用】益气通络，解痉止痛。

【主治】心络瘀堵，突发胸痛，痛势剧烈。

【方论】人参大补元气，全蝎、蜈蚣搜风通络，水蛭、桃仁、元胡活血祛瘀。降香、乳香行气活血止痛。

【临床应用】治疗急性心肌梗死证属心络瘀堵者。

7. 益心散结汤

【来源】《络病学》

【组成】人参 12g，黄芪 30g，桂枝 12g，茯苓 12g，水蛭 8g，全蝎 6g，葶苈子 12g，泽泻 12g。

【用法】水煎服。

【功用】益气通络，活血利水。

【主治】心悸怔忡、呼吸气短，动则更甚，口唇发绀，颈部青筋怒张，下肢水肿。

【方论】人参、黄芪益气固本，桂枝、茯苓、泽泻通阳利水；葶苈子泻肺平喘，行水消肿；水蛭、全蝎通络祛瘀。

【临床应用】常用于慢性心力衰竭证属络息成积者。

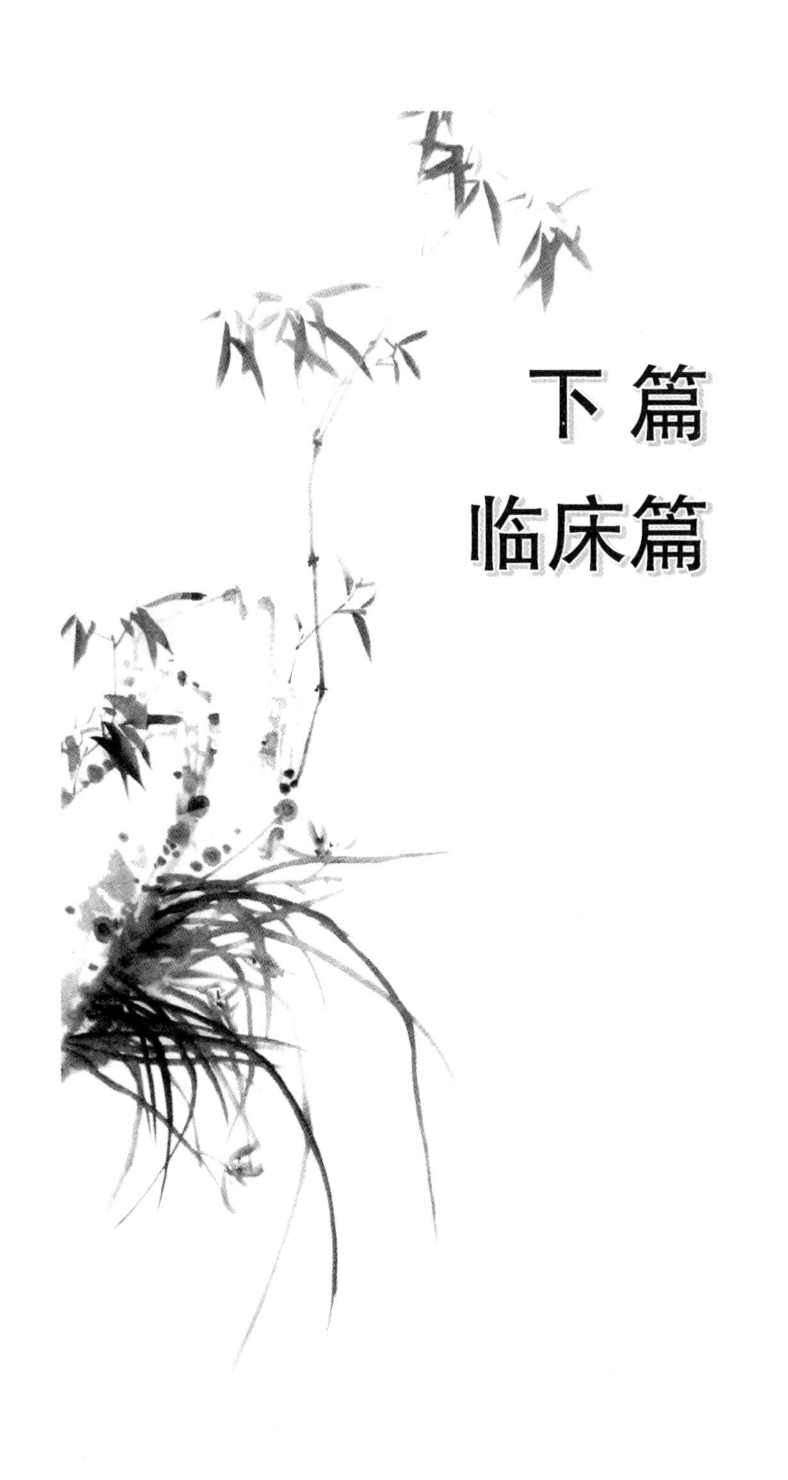

下 篇
临床篇

第一章　心　　悸

第一节　疾病概述

心悸，是指病人自觉心中悸动，惊惕不安，甚则不能自主的一种病证，临床一般多呈反复发作，每因情志波动或劳累而发作，且常伴胸闷、气短、失眠、健忘、眩晕、耳鸣等症[9]。病情较轻者为惊悸，病情较重者为怔忡，可呈持续性。基本病机为气血阴阳亏虚，心失所养，或邪扰心神，心神不宁。其病位在心，而与肝、脾、肾、肺四脏密切相关。病理性质主要有虚实两方面。虚者为气、血、阴、阳亏损，使心失滋养，而致心悸；实者多由痰火扰心，水饮上凌或心血瘀阻，气血运行不畅所致。虚实之间可以相互夹杂或转换。辨证分型主要有心虚胆怯证、心血不足证、阴虚火旺证、心阳不振证、水饮凌心证、瘀阻心脉证和痰火扰心证。治疗应分虚实论治，虚证分别予以补气、养血、滋阴、温阳；实证则应祛痰、化饮、清火、行瘀，但本病以虚实错杂为多见，故治当相应兼顾。心悸预后转归主要取决于本虚标实的程度、邪实轻重、脏损多少、治疗当否及脉象变化情况。

第二节　历史沿革

一、关于病名

《内经》有惊、惕、惊骇、惊惑、惊躁等名称。《金匮要略》和《伤寒论》中称“惊悸”“心动悸”“心中悸”“心下悸”。宋·严用和在《济生方》首次提出“怔忡”之病名。

二、关于病因病机

《内经》认为病因为宗气外泄，心脉不通，突受惊恐，复感外邪等。《素问·平人气象论》：“乳之下其动应衣，宗气泄也”。《素问·举痛论》：“惊则心无所倚，神无所归，虑无所定，故气乱也”。《素问·痹论》：“脉痹不已，复感于邪，内舍于心”“心痹者，脉不通，烦则心下鼓。”

《诸病源候论》：外感、情志失调：“风惊悸者，由体虚，心气不足，心之府为风邪所乘，或恐悸忧迫，令心气虚，亦受于风邪，风邪搏于心，则惊不自安，惊不已，则悸动不定”。

唐宋以后医家对心悸的认识，一般有以下几种：

（1）认为心悸为水停于心下所致。宋·陈无择：“五饮停蓄，闭于中脘，使人惊悸，属饮家。”

（2）认为心悸是水停于心下及心气虚所致。成无己：“心悸之由，不越二种，一者气虚也，二者停饮也。”

（3）情志所致。宋·杨士瀛：“夫惊悸者，心虚胆怯之所致也。”

（4）张景岳《景岳全书·怔忡惊恐》认为怔忡由阴虚劳损所致。

（5）心血不足加痰郁。清·李用粹：“心血一虚，神气失守，神去则舍空，舍空则郁而成痰，痰居心位，此惊悸之所肇端也。”《丹溪心法·惊悸怔忡》也责之虚与痰：“惊悸者血虚，惊悸有时，从朱砂安神丸”“怔忡者血虚，怔忡无时，血少者多，有思虑便动属虚，时作时止，痰因火动。”

（6）清·王清任《医林改错》强调瘀血内阻导致心悸怔忡。

三、关于治疗

《金匮要略》提出了基本治则，并以炙甘草汤治疗“心动悸，脉结代”，为后世医家所沿用。《诸病源候论》强调应用气功治疗。清·李用粹《证治汇补·惊悸怔忡》：“痰则豁痰定惊，饮则逐水蠲饮，血虚者调养心血，气虚者和平心气，痰结者降下之，气郁者舒畅之，阴火上炎者，治其肾则心悸自已，若外物卒惊，宜行镇重。”王清任首倡活血化瘀治疗本病[10]，以血府逐瘀汤治疗本病有殊效：“心跳心慌，用归脾、安神等方不效，用此方百发百中。”

第三节　病因病机

一、病因

（一）体虚劳倦

禀赋不足，素体虚弱，或久病伤正，损耗心之气阴，或劳倦太过伤脾，生化之源不足，气血阴阳亏虚，脏腑功能失调，致心神失养，发为心悸。如《丹溪心法·惊悸怔忡》所言：“人之所主者心，心之所养者血，心血一虚，神气不守，此惊悸之所肇端也。”心气心阳是心脏赖以维持其生理功能，鼓动血液循行的动力，阴血是神志活动的物质基础。劳累及运动时出现心悸者大多为心脏器质性变化，一般包括冠心病、心功能不全或者贫血等；相反活动时或者剧烈活动后心悸症状减轻或消失者多为功能性改变。

可见于急性或慢性失血患者，如吐血、便血、咯血、妇女月经过多等都可引起心血亏虚、心失所养而致心悸。

（二）七情所伤

平素心虚胆怯，突遇惊恐，触犯心神，心神动摇，不能自主心悸。《素问·举痛论》："惊则心无所倚，神无所归，虑无所定，故气乱矣。"长期忧思不解，心气郁结，阴血暗耗，不能养心而心悸；或化火生痰，痰火扰心，心神不宁而心悸。此外大怒伤肝，大恐伤肾，怒则气逆，恐则精却，阴虚于下，火逆于上，心神扰动亦可发为心悸。

常见于各种原因的心脏疾患、甲亢、贫血、神经官能症、更年期综合征。

（三）感受外邪

风、寒、湿三气杂至，合而为痹。痹证日久不愈复感外邪，内舍于心，心脉痹阻。心血运行受阻，发为心悸。或风寒湿热之邪，由血脉内侵于心，耗伤心气心阴，亦可引起心悸。温病、疫毒均可灼伤营阴，心失所养，或邪毒内扰心神，如春温、风温、暑温、白喉、梅毒等病，往往伴见心悸。《素问·痹论》："脉痹不已，复感于邪，内舍于心""心痹者，脉不通，烦则心下鼓"。

常见于风湿性心脏病、心肌及瓣膜发生病变或是出现心脏房室大小改变或是心脏功能受损者。亦可见于病毒性心肌炎、细菌性心内膜炎、梅毒性心脏病等。还可因于寒冷刺激而发病，大多属于缺血性心血管疾患，常伴有心胸憋闷疼痛等症；外受寒凉导致发热后出现者，又多与心肌炎症、心功能不全等有关。

（四）药食不当

嗜食肥甘厚味，蕴热化火生痰，痰火上扰心神则为心悸。正如清代吴澄《不居集·怔忡惊悸健忘善怒善恐不眠》所谓："心者，身之主，神之舍也。心血不足，多为痰火扰动。"或因药物过量、毒性较剧，耗伤心气，损伤心阴，引起心悸。

如中药附子、乌头、洋金花、麻黄、雄黄、蟾酥等，西药洋地黄、奎尼丁、阿托品、肾上腺素、锑剂，补液过快、过多等，浓茶、浓咖啡、大量吸烟等可导致交感神经功能亢进而出现心悸。饱餐加重心脏负担，也是冠心病常见诱因之一。

二、病机

（一）基本病机

气血阴阳亏虚，心失所养，或邪扰心神，心神不宁[11]。

（二）病位

病位在心，与肝、脾、肾、肺密切相关。病位主要在心，心神失养或不宁，心神动摇，悸动不安。脾不生血，心血不足，心失所养；或脾失健运，痰湿内生，扰动心神。肾阴不足，不能上制心火，或肾阳亏虚，心阳失于温煦。肺气亏虚，不能助心行血，心脉运行不畅；或热毒犯肺，肺失宣肃，内舍于心，血行失常。肝气郁滞，气滞血瘀，心脉不畅，心神被扰，或气郁化火，扰动心神，均可导致心悸。

（三）病理性质

病理性质有虚实两端。虚者为气血阴阳亏虚，使心神失养，而致心悸。实者多由痰火扰心、水饮凌心、瘀血阻脉、气血运行不畅所致。

（四）病理演变

虚实之间可以相互夹杂或转化，实证日久，正气耗伤，可分别兼见气血阴阳亏虚，而虚证可因虚致实，兼实证表现。临床上阴虚者常兼火盛或痰热；阳虚者易夹水饮、痰湿；气血不足者易兼气血瘀滞；瘀血者兼见痰浊。

（五）转归与预后

心悸初起以心气虚为常见，可表现为心气不足、心血亏虚、心脾两虚、心虚胆怯、气阴两虚等证；病久阳虚者则表现为心阳不振、脾肾阳虚，甚或水饮凌心之证；阴血亏虚者多表现为肝肾阴虚、心肾不交等证。若阴损及阳，或阳损及阴，可出现阴阳两虚之候。若病情恶化，心阳暴脱，可出现厥脱等危候。

心悸预后转归主要取决于本虚标实的程度、邪实轻重、脏损多少、治疗当否及脉象变化情况。如患者气血阴阳虚损程度较轻，未见瘀血、痰饮之标证，病损脏腑单一，呈偶发、短暂、阵发，治疗及时得当，脉象变化不显著者，病症多能痊愈；反之，脉象过数、过迟、频繁结代或乍疏乍数，反复发作或长时间持续发作者，治疗颇为棘手，预后较差、甚至出现喘促、水肿、胸痹心痛、厥证、脱证等变证、坏病，若不及时抢救治疗，预后极差，甚至猝死。

（六）现代意义

心神经官能症，系心神经功能失调，引起心脏血管功能紊乱所引起。病理解剖心脏本身无器质性损伤，心血管系统受神经内分泌的影响调节，其中神经系统起主导作用。高级神经中枢通过交感和副交感神经组成自主神经系统，调节心血管系统的正常活动，由于外来和本身内部各种因素作用，使中枢兴奋和抑制过程失调，受自主神经调节的心血管系统的活动也受影响，逐步产生心神经官能症。

第四节 诊查要点

一、中医辨病辨证要点

（一）主症

自觉心慌不安，心跳剧烈，神情紧张，不能自主，心搏异常，或快速，或缓慢，或心跳过重，或忽跳忽止，呈阵发性或持续性。

（二）兼症

胸闷不舒，易激动，心烦，少寐多汗，颤动，头晕乏力。中老年发作频繁者，可伴有心胸疼痛，甚则喘促，肢冷汗出，或见晕厥。

（三）诱因

情志刺激、惊恐、紧张、劳倦过度、寒冷刺激、饮酒饱食等。

（四）脉象

数、疾、促、结、代、沉、迟等。

二、西医诊断关键指标

（一）心电图

心电图是检测心律失常有效、可靠、方便的手段，它可以区分是快速性心律失常或是缓慢性心律失常；识别过早搏动的性质，如房性期前收缩、结性期前收缩、室性期前收缩、阵发性室上性心动过速及室性心动过速，判断Ⅰ度、Ⅱ度、Ⅲ度房室传导阻滞，心房扑动与心房颤动，心室扑动与心室颤动，病态窦房结综合征等。

（二）24小时动态心电活动

即动态心电图检测，也是心律失常诊断的重要方法。

（三）食道心房调搏，阿托品试验

对评价窦房结功能，诊断病态窦房结综合征也有重要意义。

（四）心室晚电位检测

判断缺血性心脏病与心梗后恶性心律失常及猝死有一定价值。

（五）其他检查

测血压、X线胸部摄片、心脏超声检查有助于明确诊断。

第五节 类证鉴别

1. 惊悸与怔忡 心悸可分为惊悸和怔忡。大凡惊悸发病多与情绪因素有关，可由骤遇惊恐、忧思恼怒、悲哀过极、过度紧张诱发，呈阵发性，时作时止，实证居多，可自行缓解，病情较轻，不发时如常人。怔忡多由久病体虚，心脏受损所致，无精神等因素亦可发作，持续心悸，心中惕惕，不能自控。虚证居多，或虚中夹实。病来虽渐，病情较重，不发时亦可兼见脏腑虚损症状。惊悸日久不愈，亦可形成怔忡。

2. 心悸与奔豚 奔豚发作时，也有心胸躁动不安。《难经·五十六难》云："发于少腹，上至心下，若豚状，或上或下无时"，称之为肾积。故本病与心悸的鉴别要点为：心悸为心中剧烈跳动，发自于心；奔豚乃上下冲逆，发自少腹。

3. 心悸与卑惵 卑惵为以神志异常为主的病证，症见"痞塞不欲食，心中常有所歉，爱处暗室，或依门后，见人则惊避"。一般无促、结、代、疾、迟等脉象变化，其病因为心血不足所致。心悸以心跳不安，不能自主，但不避人，无情志异常。

第六节 辨证论治

一、辨证要点

（一）辨虚实

心悸者首应辨虚实，虚者是指脏腑气血阴阳亏虚；实者多为痰饮、瘀血、火邪上逆。

（二）辨病位

病位在心，但也可导致其他脏腑功能失调或亏损；其他脏腑的病变也可直接或间接影响到心。

（三）辨脉象变化

1. 脉率快速型心悸 一息六至为数脉；一息七至为疾脉；一息八至为极脉；一息九至为脱脉；一息十至以上为浮合脉。

2. 脉率过缓型心悸 一息四至为缓脉；一息三至为迟脉；一息二至为损脉；一息一至为败脉；二息一至为奇精脉。

3. 脉率不整型心悸 数时一止，止无定数为促脉；缓时一止，止无定数为结脉；脉来更代，几至一止，止有定数为代脉。

阳盛则促，数为阳热（脉数或促，而沉细、微细，伴面浮肢肿，动则气短，形寒肢冷，舌淡为虚寒）。阴盛则结，迟而无力为虚寒，迟、结、代多属虚寒（结多为气血凝滞；代多为元气虚衰，脏气衰微）。

二、治疗原则

心悸应分虚实论治。虚证分别予以补气、养血、滋阴、温阳；实证则应祛痰、化饮、清火、行瘀。但本病以虚实错杂为多见，且虚实的主次、缓急各有不同，故治当扶正祛邪兼顾。同时，由于心悸均有心神不宁的病理特点，故应酌情配合养心安神或重镇安神之法。

注意事项：①急性发作者应以西药为主，对于慢性相对平稳者可以西医辨病与中医辨证相结合。②出血性心悸慎用活血化瘀药物，以活血止血药物为好。③对抗心律失常的药物可能会引起心律失常也要注意向患者交代清楚。

三、证治分类

（一）心虚胆怯证

心悸不宁，善惊易恐，坐卧不安，不寐多梦而易醒，恶闻声响，食少纳呆，苔薄白，脉细略数或细弦。

证机概要：气血亏损，心虚胆怯，心神失养，神摇不安。

治法：镇惊定志，养心安神。

代表方：安神定志丹加减。本方益气养心，镇惊安神，用于心悸不宁，善惊易恐，少寐多梦，食少，纳呆者。

常用药：龙齿、琥珀镇惊安神；酸枣仁、远志、茯神养心安神；人参、茯苓、山药益气养心；天冬、生地黄、熟地黄滋阴养血；配伍少许肉桂，有鼓舞气血生长之效；五味子收敛心气。兼心阳不振者，肉桂易桂枝，加附子；兼心血不足者加阿胶、首乌、龙眼肉；兼心气郁结，心悸烦闷，精神抑郁加柴胡、郁金、合欢皮、绿萼梅；兼气虚夹湿者加泽泻，重用白术、茯苓；兼气虚夹瘀者加丹参、桃仁、红花、川芎；兼自汗者加麻黄根、浮小麦、山萸肉、乌梅。

临证备要：本证常因惊恐所伤，动摇心神所致，故治疗以重镇安神、益气养心为主，同时提高心理素质，避免不良精神刺激。

心气不足者常有不同程度的心功能减退，可加人参皂苷片，福寿草苷片或生脉注射液、人参注射液静滴，或重用黄芪至30克。

冠心病伴心律失常（朱锡祺）[12]：七分益气，三分活血，以党参、黄芪、丹参、益母草、麦冬为基本方。

（二）心血不足证

心悸气短，失眠多梦，面色无华，头晕目眩，纳呆食少，倦怠乏力，腹胀便秘，舌淡红，脉细弱。

证机概要：心血亏耗，心失所养，心神不宁。

治法：补血养心，益气安神。

代表方：归脾汤加减。本方益气补血，健脾养心，重在益气，意在生血，适用于心悸怔忡，健忘失眠，头晕目眩之证。

常用药：人参、黄芪、白术、炙甘草益气健脾，以资气血生化之源；熟地黄、当归、龙眼肉滋阴养血；茯神、远志、酸枣仁宁心安神；木香理气醒脾，使补而不滞。兼阳虚（汗出肢冷）者加附子、煅龙牡、浮小麦、山萸肉；兼阴虚者加沙参、玉竹、石斛；纳呆腹胀者加陈皮、谷麦芽、神曲、山楂、鸡内金；失眠多梦者加合欢皮、夜交藤、莲子心。热病后期损及心阴合生脉散。

备选方：炙甘草汤，适用于气阴两虚者，症见五心烦热，自汗盗汗，胸闷心烦，舌淡红少津，脉细数。炙甘草汤对顽固性过早搏动，反复出现二联率、三联率，加茯苓、泽泻，重用炙甘草至30克，长期服用无副作用，可用至早搏消失一个月后，再缓慢停药。对房颤，用炙甘草汤合甘麦大枣汤，有报道可使心律转为窦性，但劳累后易复发，故在心律正常后，继用一段时间，复发者再用仍有效。

临证备要：本证多因思虑劳倦过度，脾虚气血生化乏源以及心血暗耗所致，临床常为功能性心律失常，因此起居有节、劳逸有度，睡前避免不良刺激，为辅助治疗措施。

（三）阴虚火旺证

心悸易惊，心烦失眠，头晕目眩，耳鸣、口燥咽干，五心烦热，盗汗，急躁易怒，舌红少津，苔少或无，脉细数。

证机概要：肝肾阴虚，水不济火，心火内动，扰动心神。

治法：滋阴降火，养心安神。

代表方：天王补心丹合朱砂安神丸。前方滋阴养血，补心安神，适用于阴虚血少，心悸不安，虚烦神疲，手足心热之证。后方清心降火，重镇安神，适用于阴血不足，虚火亢盛，惊悸怔忡，心烦神乱，失眠多梦等证。

常用药：生地、玄参、天冬、麦冬滋阴清热；当归、丹参补血养心；人参、炙甘草补益心气；黄连清热泻火；朱砂、柏子仁、炒枣仁、远志安神定志；五味子收敛心气；桔梗载药上浮，以通心气。

备选方：黄连阿胶汤。肾阴亏虚，虚火妄动，遗精腰酸者加知母、黄柏、龟板、熟地；阴虚兼瘀热者加赤芍、丹皮、桃仁、红花、郁金。

临证备要：本证多为甲亢、心肌炎、风心病、自主神经功能紊乱等引起的快速性心律失常，临床以滋阴降火、养心安神、交通心肾为法，但应据阴虚与火旺之轻重，治疗以滋阴或以清心降火为主。

治疗禁忌：朱砂为汞制剂，不宜用量过大及长期服用。滋阴药物大量使用容易碍胃，注意配合理气药物。

（四）心阳不振证

心悸不安，胸闷气短，动则尤甚，形寒肢冷，面色苍白，舌淡苔白，脉象虚弱或沉细无力。

证机概要：心阳虚衰，无以温养心神。

治法：温补心阳，安神定悸。

代表方：桂枝甘草龙骨牡蛎汤合参附汤。前方温补心阳，安神定悸。适用于心悸不安、自汗盗汗等症。后方益心气，温心阳，适用于心悸气短、形寒肢冷等症。

常用药：桂枝、附子温补心阳；人参、黄芪益气助阳；麦冬、枸杞子滋阴（阳得阴助则生化无穷）；炙甘草益气养心；龙骨、牡蛎重镇安神定悸。形寒肢冷者重用人参、黄芪、附子、肉桂（温阳散寒）；大汗出者加黄芪、煅龙牡、山萸肉、浮小麦，或用独参汤；水饮内停者加葶苈子、五加皮、车前子、泽泻；夹瘀血者加桃仁、红花、赤芍、川芎；阴伤者加麦冬、玉竹、枸杞子、五味子；心阳不振，心动过缓（窦房结功能低下）者加炙麻黄、补骨脂、细辛，重用桂枝，或用麻黄附子细辛汤合四逆汤。

临证备要：桂枝、炙甘草同用，能复心阳，对心动过缓有效，桂枝一般可从10克开始，逐步加量，常用至20克，最多用30克，直服至心率接近正常，或有口干舌燥时再减量，继服以资巩固。

治疗禁忌：①麻黄（尤为生麻黄）用量一般10克，先煎，去上沫，因含有麻黄碱，可导致血压升高、异位心率增快、期前收缩，需要特别注意。②生附子因含有乌头碱有心脏毒性，如引起心率减慢、传导阻滞、室性期外收缩，一般不用，用量3~15克，需先煎至口尝无麻舌感为度。③炙甘草大量长期服用易导致水肿，不适宜于湿盛胀满及心功能不全患者。④红参虽可以改善心功能及心律失常，但易致血压升高，对合并高血压者慎用，同时注意另煎兑服。⑤北五加皮性温，能强心、利尿、止痛，常用于心功能不全者，因有毒一般用量3~6克，不可过量或长期服用，以免蓄积中毒，尤其与洋地黄制剂同用时更应谨慎。

（五）水饮凌心证

心悸眩晕，胸闷痞满，渴不欲饮，小便短少，或下肢浮肿，形寒肢冷，伴恶心呕吐，流涎，舌淡胖，苔白滑，脉象弦滑或沉细而滑。

证机概要：脾肾阳虚，水饮内停，上凌于心，扰乱心神。

治法：振奋心阳，化气行水，宁心安神。

代表方：苓桂术甘汤加减。本方通阳利水，适用于痰饮为患，胸胁支满，心悸目眩等症。

常用药：茯苓、猪苓、泽泻、车前子淡渗利水；桂枝、炙甘草通阳化气；人参、白术、黄芪健脾益气助阳；远志、茯神、酸枣仁养心安神。兼见恶心呕吐者加半夏、陈皮、生姜；肺气不宣，肺有水湿加杏仁、前胡、桔梗、葶苈子、五加皮、防己；兼瘀血者加当归、川芎、刘寄奴、泽兰、益母草；肾阳虚衰，不能制水，水气凌心（心悸、喘咳、不能平卧，尿少浮肿）用真武汤加猪苓、泽泻、五加皮、葶苈子、防己。

临证备要：本证见于各种原因引起的心功能不全而伴有浮肿、尿少、夜间阵发性咳嗽或端坐呼吸等患者，治应温阳利水。对病情危重者，可应用独参注射液、生脉注射液，可反复大量应用（不必稀释）。

（六）瘀阻心脉证

心悸不安，胸闷不舒，心痛时作，痛如针刺，唇甲青紫，舌质紫黯，或有瘀斑，脉涩，或结或代。

证机概要：血瘀气滞，心脉瘀阻，心阳被遏，心失所养。

治法：活血化瘀，理气通络。

代表方：桃仁红花煎合桂枝甘草龙骨牡蛎汤。前方养血活血，理气通脉止痛，适用于心悸伴阵发性心痛，胸闷不舒，舌质紫黯等症。后方温通心阳，镇心安神，用于胸闷不舒，少寐多梦等症。

常用药：桃仁、红花、丹参、赤芍、川芎活血化瘀；香附、延胡索、青皮行气和血，通脉止痛；当归、生地养血滋阴；桂枝、甘草以通心阳；龙骨、牡蛎、琥珀粉、磁石重镇安神。兼见气滞血瘀者加柴胡、枳壳；因虚致瘀、气虚者加黄芪、党参、黄精；血虚者加何首乌、枸杞子、熟地黄；阴虚者加麦冬、玉竹、女贞子；阳虚者加附子、肉桂、淫羊藿；络脉痹阻，胸部窒闷者加沉香、檀香、降香；胸痛甚者加乳香、没药、蒲黄、五灵脂、三七粉；夹痰浊（胸满闷痛，苔浊腻）者加瓜蒌、薤白、半夏、陈皮。

（七）痰火扰心证

心悸时作时止，受惊易作，烦躁不安，失眠多梦，痰多、胸闷、食少、泛恶，口干口苦，大便秘结，小便短赤，舌红，苔黄腻，脉弦滑。

证机概要：痰浊停聚，郁久化火，痰火扰心，心神不安。

治法：清热化痰，宁心安神。

代表方：黄连温胆汤加减。本方清心降火，化痰安中，用于痰热内扰，心悸时作，胸闷烦躁，尿赤便秘，失眠多梦等症。

常用药：黄连、栀子苦寒泻火，清心除烦；半夏辛温，和胃降逆，燥湿化痰；橘皮理气和胃，化湿除痰；生姜祛痰和胃；竹茹、胆南星、全瓜蒌、贝母涤痰开郁，清热化痰；枳实下气行痰；甘草和中；远志、石菖蒲、酸枣仁、生龙牡、珍珠母、石决明宁心安神。痰热互结，大便秘结者加大黄；火郁伤阴者加天麦冬、玉竹、天花粉、生地黄；兼脾虚者加党参、白术、谷麦芽、砂仁。

第七节 以络论治

中医经络学说认为经络由经脉和络脉组成，经络是运行全身气血，联络脏腑肢节，沟通上下内外的通路。经，指经脉，有路径的意思；络，指络脉，有网络的含义。经脉有一定的循行路线，而络脉则较经脉细小，纵横交错，网络全身。从经脉分出的支脉称为别络，从别络分出逐层细化的络脉称为系络、缠络和孙络，遍布全身，使循行于经脉中的气血，由线状流注扩展为面性弥散，从而发挥对整个机体的渗灌濡养作用，构成机体功能活动的内环境。络脉有广义和狭义之分，广义的络脉包括从经脉支横别出的运行气血的所有络脉，络病学说之络系指广义络脉；从狭义的角度，络脉又分为经络之络和脉络之络，经络之络运行经气，脉络之络运行血液。络脉作为经络的组成部分在运行气血、络属脏腑等主要功能方面有其共性，但络脉作为从经脉支横别出、逐层细化的网络，不像十二经脉那样具有明确的起止循行路线及发病演变过程而易于被人们认识和把握，因此造成中医学术发展史上的重经轻络现象，这也是尽管在秦汉时代就有络脉及络病的论述，清代名医叶天士亦疾呼重视络病，而络病学说始终未能系统建立的原因所在。因此加强络脉与络病病机演变特点及其诊断治疗规律的研究应当是络病学研究的重要内容，“络病证治”则是络病理论运用于临床的辨证论治体系。

心脏位居胸中，司神明，主血脉，而血脉的运行，靠宗气以推动。宗气“走息道以行呼吸，贯心脉以行气血”。心除主全身血脉外，其本身络脉丰富。此络脉“阴络”，逐级细分，呈网状布散于心脏区域，成为心脏结构和功能的有机组成部分。只有络中气血调畅，才能“气主煦之，血主濡之”，心脏本身也才能维持其正常的传导和舒缩功能。我们在临床中除辨证用药外，综合运用多种通络药，如辛温的行气通络药细辛，《本草正义》谓：“细辛，芳香最烈，故善开结气，宣泄郁滞，而能上达巅顶，通利耳目，旁达百骸，无微不至，内之宣络脉而疏通百节，外之行孔窍而直透肌肤。”故用之可直透心络，宣通瘀滞。化痰通络药白芥子，《本草经疏》谓：“白芥子，味极辛，气温，能搜剔内外痰结，及胸膈寒痰，冷涎壅塞者殊效。”用之可入络祛痰，使心络通，心阳宣。破瘀通络药水蛭，《本草经百种录》谓：“水蛭最喜食人之血，而性又迟缓善入，迟缓则生血不伤，善入则坚积易破，借其力以攻积久之滞，自有力而无害也。”用之可破络中之瘀，祛除凝痰败血，使心络复通。养血和血通络药鸡血藤，《饮片新参》谓：“去瘀血，生新血，流利经脉。”鸡血藤虽药性平和，但疏通脉络无伤血之弊，而有养血之功。总之，只有针对病机联合运用多种通络药，才能深入心之最细小脉络，祛除凝痰败血，使络脉通畅，心之传导系统功能恢复，遂能使脉律如常。

第八节 专病论治——心律失常

一、病名归属

心律失常指心脏冲动的起源部位、频率、节律、传导速度及激动次序等的任何一项异常。按其临床和心电图特点可分为冲动形成失常、冲动传导失常和冲动形成与传导均失常三类，并根据冲动发生或传导失常的部位进一步分为窦性心律失常、房性心律失常、房室交界性（结性）心律失常、室性心律失常、预激综合征等。根据心率的快慢可将其分为快速性心律失常和缓慢性心律失常。

心律失常属中医学“心悸”“怔忡”“脉结代”等范畴。《灵枢·经脉》记载的“心中憺憺大动”和《灵枢·本神》记载的“心怵惕”均与心律失常发生时的症状表现相类似。《伤寒论》《金匮要略》中称其为“心动悸”“心中悸”“惊悸”等，《济生方》则提出“怔忡”之名。近年提出从络病论证心律失常，反映了络病理论防治心脑血管病的最新学术进展。

二、病因病机

（一）西医病因病理

心律失常可见于各种器质性心脏病，其中以冠状动脉粥样硬化性心脏病、心肌病、心肌炎和风湿性心脏病为多见，心力衰竭或心肌梗死时多见恶性心律失常；发生在基本健康者或者自主神经功能失调患者中的心律失常也不少见。部分患者病因不明。

心律失常的电生理机制主要包括冲动发生异常、冲动传导异常以及两者合并存在。冲动发生异常常见于正常自律性状态、异常自律性状态和一次动作电位后除极触发激动。冲动发生异常合并冲动传导异常时，二者相互作用可改变异常冲动的传入或传出阻滞程度，使异常冲动发生加速、减速、阻滞或完全抑制，临床上表现为快慢不等的各种心律失常。

（二）中医病因病机

根据络病理论研究的“三维立体网络系统”，分布在心脏区域的络脉包括心之气络和心之脉络。心之气络弥散敷布经气的作用涵盖由窦房结发出的心脏传导系统、参与搏动的自主神经及部分高级中枢神经功能；心之脉络主要系指渗灌血液到心肌组织的冠脉循环系统，包括广泛分布于心肌的中小血管及微循环。心悸发生的根本原因在于心之气络失荣引起的心脏传导系统、参与搏动的自主神经及部分高级中枢神经功能失常。

心悸以气阴两虚为常见，这也是导致心律失常心络病变的病理基础。《内经》云“年四十而阴气自半”，指出随着年龄的增长，40岁出现气阴两虚，与西医学40岁左右为冠心病发病高峰的始发期认识基本一致；二为感受温疫邪毒，耗伤人体气阴，东汉张仲景《伤寒论》之“伤寒，心动悸，脉结代”即记载了外感热性病中出现的心中动悸不安及脉律不整的心律失常表现，与各种感染性、传染性疾病引起的心律失常，如病毒性心肌炎心律失常的临床表现相吻合，此外长期情志刺激，郁而化火亦可伤阴耗气。气阴两虚，络脉失养则可产生气络络虚不荣的病理表现，与西医学心脏的自律性及自主神经功能失常的改变基本一致。同时气虚运血无力，阴虚血行涩滞则可引起脉络痹阻而致气络失养，则与心肌的供血供氧不足有关。综上所述，在气阴两虚的基础上产生的络虚不荣为从络病论治心律失常的基本病理环节，络脉痹阻为其重要影响因素。此外，亦有心络气虚、血虚、阳虚及痰饮水湿等影响心之气络，导致心神不安而发为心悸。

三、中医辨证论治

（一）辨证要点

1. 辨虚实　本病证候特点多为虚实相兼，虚者指脏腑气血阴阳亏虚，心络失荣；实者多为痰饮瘀血阻滞心络和火邪上扰心络。同时应注意分清正虚和邪实的程度，正虚程度与脏腑虚损情况有关，一脏虚损者轻，多脏虚损者重；在邪实方面，一般来说，单见一种者较轻，多种合并夹杂者重。

2. 辨脉象与辨病结合　辨脉象变化是心悸辨证中的重要内容，促脉，脉来急促，时而一止，止无定数，见于心率快而不齐如心房颤动、频发早搏；结脉，脉来缓慢，时而一止，止无定数，见于心率慢而有间歇者，如各种早搏、窦房传导阻滞、二度房室传导阻滞；代脉为脉来中止，良久复动，止有定数，见于早搏二联律、三联律等；迟脉也是常见的脉象，属阳虚心络失煦的脉象；数脉常见于快速心律失常。

（二）治则治法

心悸由脏腑气、血、阴、阳亏虚，心络失养所致者，治当补益气血，调整阴阳，养心安神；心悸因于痰饮、瘀血、痰火等邪实所致者，治当化痰通络，祛饮通络，清火宁络，重镇安神；久病入络者，病情较为复杂，临床上常表现为虚中有实，宜标本兼治，补虚、通络并施。

四、辨病辨证论治

（一）辨病与辨证相结合

明确引起原发病的诊断以提高辨证准确性。功能性心律失常致心悸为心率快速性心悸，多为心虚胆怯、心神动摇。冠心病心悸多为气虚血瘀或痰瘀交阻。风心病之心悸以心脉闭阻为主。病毒性心肌炎心悸，毒邪外侵，内舍于心，气阴两虚，瘀阻络脉。

（二）辨证治疗

1. 心虚胆怯

证候：心悸不宁，善惊易恐，恶闻巨响，坐卧不安，少寐多梦而易惊醒，舌苔薄白或如常，脉细略数或弦细。

证候分析：本证以心悸不宁、善惊易恐和恶闻巨响为特征，其发病多与惊吓、情绪波动等因素有关。惊则气乱，心神不能自主，故发为心悸；心不藏神，心中怵惕，则善惊易恐，坐卧不安，少寐多梦而易惊醒；脉象细数或弦细为心神不安，气血逆乱之象。

治法：镇惊定志，养心安神。

方药：安神定志丸（《医学心悟》）组方加减。

琥珀 0.5g（冲服）　磁石 20g　龙齿 20g　茯神 20g　菖蒲 15g　远志 10g　人参 6g

方解：龙齿、琥珀、磁石以镇惊宁神；茯神、菖蒲、远志安神定志；人参益气荣养心络。

加减：心阴不足者加柏子仁、五味子、酸枣仁以养心安神，收敛心气；心血不足者加熟地、阿胶滋阴补血，荣养心络；痰热内扰，胃失和降者，可用黄连温胆汤（《六因条辨》）以化痰清热，通络宁心，并可加入酸枣仁、远志等以安神养心。

2. 心络气虚

证候：心悸怔忡，气短自汗，神疲懒言，活动后加重，舌淡，脉细弱或结代。

证候分析：本证以心悸怔忡、气短自汗、神疲懒言、活动后加重为特征，每因先天禀赋不足或后天劳伤过度，失于调养，心络气虚，心神失养而出现惊悸，常伴气短自汗、神疲懒言等气虚表现；心络气虚，血行失其鼓动，则脉见细弱或结代。

治法：补气荣络。

方药：参芪生脉饮。

人参 9g（另煎） 黄芪 30g 麦冬 12g 五味子 9g

方解：方中人参、黄芪补益络气，五味子、麦冬养阴安心。

加减：若气虚兼见阳虚而肢冷畏寒者合保元汤（《兰室秘藏》）；若阳虚气化失利尿少水肿者，合用苓桂术甘汤（《金匮要略》）。

3. 心络血虚

证候：心悸，眩晕健忘，失眠多梦，面白无华，脉细或结代。

证候分析：本证以心悸、面色无华为特征。心络血虚失荣故发心悸；心主血脉，其华在面，心络血虚不能上荣于面故见面色无华；不能上养脑络，故见眩晕健忘；心主血脉，心络血虚，脉络失充，则脉象细弱或结代。

治法：补血养络。

方药：定心汤（《医学衷中参西录》）。

酸枣仁 15g 龙眼肉 30g 山萸肉 15g 柏子仁 12g 生龙骨 12g（先煎） 生牡蛎 12g（先煎） 生明乳香 3g 生明没药 3g

方解：酸枣仁、龙眼肉、柏子仁补心络血虚，生龙骨入肝安魂，生牡蛎入肺定魄，魂魄安则心神宁；配合山萸肉收敛耗散之心神；更益乳香、没药活血通络，助心行血。

加减：若心血亏耗日久损及心阴，见少寐多梦、心中灼热、健忘、盗汗者合用黄连阿胶汤（《伤寒论》）或天王补心丹（《摄生秘剖》）。

4. 气阴两虚

证候：心慌气短乏力，口干欲饮，自汗怕风，舌质淡苔薄白或舌质偏红少苔，脉沉细结代。

证候分析：心之气阴两虚，心神失养，故见心慌气短乏力，阴津匮乏不能上承，故见口干欲饮；劳累及感冒后耗气伤阴，故心悸加重；舌脉俱为气阴两虚，心神失养的典型表现。

方药：参松养心方。

人参 6g 黄连 6g 甘松 6g 山茱萸 9g 桑寄生 10g 酸枣仁 15g 赤芍 15g 麦冬 12g 五味子 10g 土鳖虫 6g 龙骨 30g（先煎） 丹参 12g

方解：人参、麦冬、五味子益气养阴，桑寄生补宗气助络气，山茱萸、酸枣仁益心阴，丹参、赤芍、土鳖虫、甘松活血通络，黄连清心安神，龙骨重镇安神。

加减：若阴虚火旺征象明显，见头晕目眩，失眠盗汗，五心烦热，耳鸣腰酸，口干咽燥，舌红少津等症者，上方合以黄连阿胶汤（《伤寒论》），以滋阴清热，养心安神；若心络瘀阻明显，见胸闷不舒，心痛时作，痛如针刺，唇甲青紫，舌质紫黯或有瘀斑，脉涩或结代等，合用通心络以化瘀通络。

5. 心阳不振

证候：心悸不安，胸闷气短，面色苍白，形寒肢冷，舌质淡白，苔白或滑，脉象虚弱或沉细而数。

证候分析：本证以胸闷气短、面色苍白、形寒肢冷为主要特征。多因久病体虚，损伤心阳，心络失于温煦，故悸而不安；胸中阳气不足，故胸闷气短；心阳虚衰，血液运行迟缓，肢体脉络失于温煦，则见面色苍白，形寒肢冷；舌质淡白，脉象虚弱或沉细而数，均为心阳不足，鼓动无力之征。

治法：温补心阳，安神定悸。

方药：桂枝甘草龙骨牡蛎汤（《伤寒论》）加味。

桂枝 10g 甘草 10g 龙骨 20g（先煎） 牡蛎 20g（先煎） 人参 6g 附子 6g（先煎）

方解：桂枝、甘草辛甘化阳，温阳煦络；龙骨、牡蛎重镇安神，宁心定悸；人参、附子温阳益气，补虚荣络。

加减：若病情严重、汗出肢冷、面青唇紫、喘不得卧者，上方重用人参、附子加服黑锡丹（《太平惠民和剂局方》）以回阳救逆。

6. 痰湿阻络

证候：心悸时发时止，受惊易作，痰多，胸闷，烦躁，少寐多梦，食少泛恶，口干苦，大便秘结，小便黄赤，舌苔黄腻，脉象弦滑或滑数。

证候分析：痰火互结，扰及心神，则心悸，受惊易作，烦躁不安，少寐多梦，痰浊中阻，故痰多、胸闷、食少泛恶；痰火内郁，津液被灼，则口干苦，大便秘结，小便黄赤。舌苔黄腻，脉弦滑或滑数，均为痰热内蕴之象。

治法：化痰清火，宁心安神。

方药：黄连温胆汤（《六因条辨》）加味。

黄连 6g 半夏 10g 陈皮 10g 茯苓 12g 竹茹 10g 枳实 10g 甘草 6g 大枣 6 枚 栀子 10g 瓜蒌 15g 酸枣仁 20g 珍珠母 20g

方解：方中黄连、栀子清心降火除烦；半夏、陈皮、茯苓燥湿化痰；竹茹、瓜蒌、枳实清热涤痰，除烦宽胸；酸枣仁、珍珠母宁心安神；甘草、大枣和中。

加减：若大便秘结者加大黄；惊悸不安重者加龙齿、牡蛎；火郁伤阴，舌红少津者加麦冬、天冬、玉竹、生地。

7. 水饮凌心

证候：心悸乏力，恶心眩晕，胸脘痞闷，形寒肢冷，尿少，或下肢浮肿，渴不欲饮，吐涎，舌苔白滑，脉象滑或沉。

证候分析：本证以心悸肢肿、形寒尿少、胸脘痞闷为特征。水为阴邪，赖阳气化之，水饮内停，上凌于心，故见心悸；阳气不能达于四肢，故形寒肢冷；饮阻于中，清阳不升，脑络失养，则见眩晕；气机不利，故常胸脘痞闷；气化不利，水液内停，则渴不欲饮，尿少，或水饮阻于下肢之络则下肢浮肿；饮邪上犯，则恶心吐涎；舌苔白滑，脉滑或沉，亦为饮邪阻络之征。

治法：振奋心阳，化气行水。

方药：苓桂术甘汤（《金匮要略》）加减。

茯苓 30g 桂枝 10g 白术 10g 甘草 10g 半夏 10g 陈皮 10g 生姜 6g

方解：茯苓健脾化痰、淡渗利水；桂枝、甘草温阳通络、化气利水；白术益气健脾燥湿；半夏、陈皮、生姜和胃降逆，化痰通络。

加减：尿少肢肿者加泽泻、猪苓、车前子以利水湿；兼瘀血内停者，加当归、川芎、益母草活血通络；如肾阳虚衰不能制水，水气凌心，心悸喘咳，不得平卧，小便不利，浮肿较甚者，合用真武汤（《伤寒论》）。

8. 心络瘀阻

证候：心悸不安，胸闷不舒，心痛时作，痛如针刺，唇甲青紫，舌质紫黯或有瘀斑，脉涩或结代。

证候分析：本证以心悸而胸闷作痛、舌质紫黯或有瘀斑、脉涩为特征。心主血脉，心络瘀阻，心失所养，故心悸不安；血瘀气滞，心阳被遏，则胸闷不舒；心络瘀阻，则心痛时作，痛如针刺，唇甲青紫；舌质紫黯或有瘀斑，脉涩或结代为络脉瘀阻之征。

治法：化瘀通络。

方药：通心络。

人参 12g（另煎） 水蛭 10g 土鳖虫 6g 全蝎 10g 蜈蚣 2 条 蝉蜕 6g 赤芍 10g 降香 10g 酸枣仁 18g

方解：人参补益络气，益气通络；水蛭、土鳖虫化瘀通络；蜈蚣、全蝎解痉通络；赤芍制人参温燥之性，亦具活血之功；降香辛香通络；酸枣仁养心安神。

加减：若气虚明显者，加黄芪；兼阳虚者，加附子、桂枝；兼气滞者加玫瑰花、檀香；夹痰浊者加瓜蒌、薤白；心痛较甚者加三七粉、乳香、没药。

五、专方辨证论治

（一）过早搏动

1. 心率 1 号 黄芪、党参、五味子、炙甘草、当归、熟地黄、丹参、降香（后入）、石菖蒲各 30g。水 1200ml 浓煎成 600ml，分 3 次服，10 天为一疗程。功用：益气滋阴，理气活血，养血安神。

药理研究：黄芪、党参调节细胞的代谢功能，促进心肌细胞内 cAMP 的增加，间接改善心肌细胞的电生理特性；丹参、当归、降香增加冠脉血流量和心肌营养血量，利于消除局部缺血、损伤、炎症、瘢痕引起的异位自律性；甘草能增强心肌功能，提高中枢神经的兴奋性，有利于抑制异位自律点；地黄浸膏中等浓度时有强心作用，并能通过影响心脏的电生理特性来抗心律失常；五味子能调节中枢神经及自主神经的功能；菖蒲具有明显的抗心律失常作用。合之具有控制心肌细胞自律性、改善心肌传导功能的作用。

2. 益气活血、温阳补肾方　生黄芪、党参、补骨脂、麦冬各 15~30g，桂枝 9~12g，炙甘草、赤芍、淫羊藿、鹿衔草各 15g，五味子 9g，红花 6g，生地 30~45g，丹参 30g。水煎服，日 1 剂，1 个月 1 疗程。功用：益气活血，温阳补肾。

3. 养心定搏汤　生地 30~60g　麦冬 12~24g　桂枝 15~30g　党参 15~30g　炙甘草 12~30g　麻子仁 10~20g　生姜 3~8 片　红枣 10~20 枚　阿胶 10~20g（烊冲）　生龙牡各 30g　生龙齿 30g　川芎 10~15g　丹参 15~30g　琥珀粉 1.0~1.5g（吞）。用水约 1500ml，黄酒 250~500ml，浸泡 30 分钟以上，然后煎头汁 600ml（或煎头汁 400ml，二汁 200ml 混合）。煎煮到最后几分钟，可将锅盖打开，使酒气散尽，乘药汁热时溶入阿胶，分 2~3 次服，每次 200~300ml，琥珀宜以蜂蜜适量调服，日 1 剂，症状减轻后可隔日 1 剂。

4. 三参稳律汤　红参 6g　丹参 30g　苦参 15~30g　当归 30g　麦冬 12g　五味子 12g　薤白 9g　茯苓 15g　炒枣仁 30g　琥珀粉 3g（冲）。水煎服，日 1 剂，2 次分服。功用：益气化瘀，养阴宁心。

（二）阵发性室上性心动过速

1. 炙甘草汤合生脉散加减　太子参 15g　麦冬 12g　黄芪 12g　炙甘草 9g　生地 12g　五味子 10g　阿胶 10g（烊）　大枣 3 枚　酸枣仁 10g　丹参 10g　红花 10g。水煎服，日 1 剂。功用：益气养阴，养血安神。

2. 定心汤　龙眼肉 30g　酸枣仁 15g　山茱萸 15g　柏子仁 12g　生龙骨 12g　生牡蛎 12g　乳香 3g　没药 3g。水煎服，日 1 剂。功用：补益心脾，养血安神。

3. 三参汤　苦参 20g　丹参 15g　党参 20g　大枣 6 枚。水煎服，日 1 剂，2 次分服。功用：益气活血安神。

药理：苦参的有效成分主要是生物碱、黄酮类、甾醇、氨基酸等，其抗心律失常作用机制可能与其抑制心肌细胞的自律性和兴奋性，延长有效不应期有关。丹参主要成分为丹参酮。其作用主要是扩张冠状动脉，增加冠脉血流量，改善心脏功能，同时还能抗凝，促进纤维蛋白原溶解，并能扩张周围血管而降血压，另外还有镇静、镇痛作用[13]。党参主要成分为皂苷、糖类及微量生物碱，具有升高红、白细胞，升高血糖，增强机体抵抗力，降低心肌兴奋性，扩张周围血管而降压等作用。大枣能降低血中胆固醇，增加血清蛋白，同时具有营养心肌细胞的作用。

（三）心房扑动和心房颤动

1. 复脉散　肉桂1.5g　人参2g　三七2g　沉香2g　阿胶5.5g　北五加皮0.5g　大黄0.5g　朱砂0.5g　珍珠0.5g　川贝3g　元胡5g　琥珀粉1g。研粉，每剂含生药24g，每日8g，3次冲服，治疗1~4周，温阳复脉，宁心安神。

2. 重镇安神方　生龙牡（先煎）各24g　首乌藤24g　鸡血藤24g　紫石英（先煎）18g　紫贝齿（先煎）18g　当归18g　炒枣仁12g　远志12g　柏子仁20g　合欢皮20g　炙百合20g　丹参15g　琥珀粉3g（冲）　朱砂1g（冲）。水煎服，日1剂。益气养心，安神定悸。

3. 宁心复律汤　人参9g（另煎）　麦冬5g　五味子9g　桂枝6~9g　赤白芍各6~9g　丹参30g　甘草9g　生龙牡各25g（先煎）　琥珀粉6~9g（冲）。水煎服，日1剂，分2次服。双补气阴，调和阴阳，活血通络，安神定悸，通调血脉，调整心率。（银川市中医医院主任医师董平）

（四）房室传导阻滞

1. 温通复脉汤　党参10~15g　黄芪10~15g　柴胡10g　干姜10g　升麻10g　肉桂1.5~3g（后下）　白术10g　当归10g　陈皮10g　麻黄3~6g　细辛3~6g　制附子10g　炙甘草10g。水煎服，日1剂或作丸剂，每次3g，日3次。益气补阳，温经散寒，提高脉率。（中国中医科学院西苑医院及老年医学研究所陈可冀）

2. 强心饮　党参、黄芪、丹参、麦冬各15g　益母草30g　附子9~15g　淫羊藿12g　黄精12g　甘草6g。水煎服，每日1剂。温阳益气，活血通脉。

现代研究：附子、麦冬有明显的强心作用。附子注射剂还能对抗垂体后叶素所引起的大鼠心肌缺血和心律失常；黄芪对正常心脏有加强其收缩的作用，对因疲劳而陷于衰竭的心脏，其强心作用更为明显；丹参具有抗心肌缺血，扩张冠状动脉及抗动脉粥样硬化作用，并对心律紊乱有较好疗效；黄精有防止动脉粥样硬化的作用；小量益母草碱能增强离体蛙心的收缩力；淫羊藿有扩张冠状动脉作用，对垂体后叶素引起的大鼠急性心肌缺血有保护作用，并能明显缩短肾上腺素或毒毛旋花子苷K所引起的实验性心律失常。

3. 参附汤合冠心Ⅱ号加减　党参12g　附子10g（先煎）　仙灵脾12g　桃仁、丹参、红花、川芎、当归各10g。水煎服，日1剂。温阳益气，活血化瘀。动物实验及临床观察均发现附子能增强心肌收缩力，改善窦房结及房室传导阻滞，希氏束心电图证实附子能缩短 A-K 间期，有类似于 β 受体兴奋剂异丙肾上腺素的作用。

4. 生脉饮合补阳还五汤　黄芪 30～60g　丹参 30～60g　地龙、太子参各 20～30g　五味子、当归各 10～15g　川芎、桃仁、红花各 10g。水煎服，日 1 剂。温养心肾，通阳复脉。

第九节　特殊治法

一、单验方

1. 苦参煎剂　苦参、益母草各 20g，炙甘草 15g。水煎服，适用于心悸而脉数或促者。

2. 珍合灵　每片含珍珠粉 0.1g，灵芝 0.3g，每次 2～4 片，日 3 次。

二、应急措施

（一）脉率快速型心悸

1. 生脉注射液 20～30ml+50%葡萄糖注射液 20～40ml，静注，连用 3～4 次，多能控制病情，继以每日 2 次巩固疗效。

2. 强心灵 0.125～0.25mg，或福寿草总苷 0.6～0.8mg，或铃兰毒苷 0.1mg。万年青苷 2～4ml+50%葡萄糖注射液 20～40ml，静注，缓，每日 2～4 次。

3. 苦参注射液 2ml，肌注，每日 2～3 次；苦参浸膏片 3～5 片，每日 2～3 次。

（二）脉率过缓型心悸

1. 参附注射液 10～20ml+50%葡萄糖注射液 20～40m，静注，缓，每日 2～3 次，或以大剂量静滴。

2. 人参注射液 10～20ml+50%葡萄糖注射液 20～40ml，静注，每日 2～3 次。

（三）脉率不整型心悸

1. 常洛林 0.2g，每日 3～4 次，病情控制后，改为每日 1～2 次。

2. 福寿草片每次 1 片，病情顽固者每次 2 片，每日 2～3 次，病情控制后每次 1/3～1/2 片。

三、名老中医经验

（一）功能性心律失常（朱锡祺）

心动过速：太子参 15g　麦冬 15g　五味子 6g　淮小麦 30g　甘草 6g

大枣 7 枚　丹参 15g　百合 15g　生龙牡各 30g　磁石 30g。心悸甚加生铁落 30g，便秘加生大黄 3~4.5g。

（二）阵发性心动过速（费一峰）

三参珍灵汤：太子参、丹参各 18g　苦参 18~24g　珍珠母 30g　磁石 30g 缬草（可用甘松代）、桑寄生各 15g　炙甘草 6g。阴虚者加生脉饮；胸阳不振，痰浊瘀阻者加瓜蒌、薤白、桂枝、半夏等；气滞血瘀者重用丹参，加黄芪、赤芍、桃仁、红花等。

（三）过早搏动（夏翔）

活血宽胸汤：丹参 15g　川芎、葛根、玄参、麦冬、玉竹各 15g。适用于心脉瘀阻，心阴亏损，多属于器质性早搏。

养血宁心汤：当归、党参各 12g　麦冬 10g　五味子 5g　淮山药 30g　大枣 5 枚　炙甘草 9g　远志 5g　茯神 9g。适用于气血不足，心神不宁，多属于功能性早搏。

（四）房室传导阻滞（顾宜文）

麻辛附子汤加味：麻黄 30g　熟附子 15g　细辛 9g　肉桂 15g　龙骨 30g　牡蛎 30g　檀香 9g　郁金 12g　红花 12g　川芎 12g　炙甘草 10g。体会：麻黄用量宜大，可由 30g 增至 120g，并采用多次分服法，使药力持续而稳定在一定的水平上，在治疗中并无发汗之弊。

第十节　预防与调护

1. 调情志　经常保持心情愉快，精神乐观，情绪稳定，避免精神刺激。

2. 节饮食　饮食宜营养丰富而易消化，低脂、低盐饮食。忌过饥过饱、辛辣炙煿、肥甘厚味之品。

3. 慎起居　生活规律，注意寒温交错，防止外邪侵袭；注意劳逸结合，避免剧烈活动及体力劳动；重症卧床休息。

4. 长期治疗　本病病势缠绵，应坚持长期治疗。配合食补、药膳疗法等，增强抗病力；积极治疗原发病：胸痹、痰饮、肺胀、喘证、痹病等；及早发现变证、坏病的先兆症状，结合心电监护，积极准备作好急救治疗。

第十一节　现 代 研 究

为了提高中药抗心律失常的疗效，探讨其作用机制，近年来国内对抗心律失常的中药进行了深入的研究。根据药理作用，大致可分为以下几种类型：

1. 阻滞心肌细胞膜钠通道类　苦参、缬草、当归、石菖蒲、山豆根、甘松、田七、延胡索、地龙、卫茅等，能对抗乌头碱引起的快速心律失常。

2. 兴奋β受体类　麻黄、附子、细辛、吴茱萸、蜀椒、丁香等。能对抗缓慢性心律失常。

3. 抑制 Na^{+}-K^{+}-ATP 酶类　福寿草、万年青、罗布麻、夹竹桃、铃兰、蟾酥等。大多具有洋地黄样作用，可对抗室上性心动过速及快速房颤心室率。

4. 阻滞受体类　佛手甾醇苷、淫羊藿、葛根等，能治疗快速型心律失常及降血压、缓解心绞痛。

5. 主要阻滞钙通道类　粉防己碱、小檗胺等，可能有阻滞组织胺受体及扩张冠状动脉、拮抗喹巴因及氯化钙诱发的心律失常的作用。

6. 主要延长动作电位过程类　黄杨碱 D、延胡索碱Ⅰ[14]、木防己碱[15]，通过延长动作电位过程，抑制异位节律点的自律性或消除折返而具有抗心律失常的作用。

第十二节 医案选读及文献摘要

一、医案选读

李某，男，患关节痛七八年，目前出现心悸、胸口压迫感，心电图示：窦性心动过速，不完全性右束支传导阻滞，Ⅰ度房室传导阻滞。就诊时症见：心悸，胸口压迫感，关节痛，面肿，疲乏无力，睡眠只有两三个小时，纳食一般，舌淡嫩，苔白，脉细数而涩促。

由风湿病引起的心悸，可见于风湿性心脏炎及慢性风湿性心脏病。此病除按痹证辨证外，还应重视心悸的辨证，注意邪与正的矛盾关系。此属标实而本虚之证，治以攻补兼施，以攻为补，寓攻于补，是治疗本病的关键。本虚为气阴两虚，标实是风湿夹瘀。治宜益气养阴为主，兼以祛湿活血。方以生脉散加味。

太子参 21g　麦冬 9g　五味子 9g　桑葚 12g　女贞子 15g　沙参 12g　丹参 15g　玉竹 15g　甘草 6g　枳壳 4.5g　桑寄生 30g

二诊：服药 21 剂，诸症改善，舌脉同前，因虚象有所改善，稍增治标之药。

桑寄生 30g　白蒺藜 12g　威灵仙 12g　太子参 24g　麦冬 9g　丹参 12g　五味子 9g　炙甘草 4.5g　山药 12g　茯苓 9g　鸡血藤 15g

三诊：服前药 30 剂，心悸一直未再发，精神食欲均佳，关节仍痛，舌嫩，舌上有针头样红点，苔薄，脉细数，已无促脉。治疗仍以祛风为主。

桑寄生 30g　白蒺藜 12g　威灵仙 12g　鸡血藤 18g　太子参 24g　麦冬

9g　五味子9g　炙甘草4.5g　山药12g　茯苓9g

追踪3年，未再复发。

（邓铁涛．邓铁涛医集［M］．北京：人民卫生出版社，1995.）

二、文献摘要

《素问·平人气象论》："乳之下其动应衣，宗气泄也。"

《素问·三部九候论》："参伍不调者病""中部乍疏乍数者死，其脉代而钩者，病在络脉"。

《伤寒论·辨太阳病脉证并治》："伤寒脉结代，心动悸，炙甘草汤主之。"

《金匮要略·惊悸吐衄下血胸满瘀血病脉证治》："寸口脉动而弱，动即为惊，弱则为悸""心下悸者，半夏麻黄丸主之"。

《丹溪手镜·悸》："有痰饮者，饮水多必心下悸，心火恶水，心不安也""有气虚者，由阳明内弱，心下空虚，正气内动，心悸脉代，气血内虚也，宜炙甘草汤补之""又伤寒二三日，心悸而烦，小建中汤主之"。

《证治准绳·惊悸恐》："人之所主者心，心之所养者血，心血一虚，神气失守，失守则舍空，舍空而痰入客之，此惊悸之所由发也""心悸之由，不越二种，一者虚也，二者饮也。气虚者由阳气内虚，心下空虚，火气内动而为悸也。血虚者亦然。其停饮者，由水停心下，心为火而恶水，水既内停，心不自安，故为悸也"。

《景岳全书·怔忡惊恐》："怔忡之病，心胸筑筑振动，惶惶惕惕，无时得宁者是也……此证惟阴虚劳损之人乃有之，盖阴虚于下，则宗气无根，而气不归源，所以在上则浮撼于胸臆，在下则振动于脐旁，虚微者动亦微，虚甚者动亦甚。凡患此者，速宜节欲节劳，切戒酒色"。

《医林改错·血府逐瘀汤所治证目》："心跳心慌，用归脾、安神等方不效，用此方百发百中"。

《医学衷中参西录·论心病治法》："有其惊悸恒发于夜间，每当交睫于甫睡之时，其心中即惊悸而醒，此多因心下停有痰饮。心脏属火，痰饮属水，火畏水迫，故作惊悸也。宜清痰之药与养心之药并用。方用二陈汤加当归、菖蒲、远志煎汤送服朱砂细末三分，有热者加玄参数钱，自能安枕熟睡而无惊悸矣。"

第二章　胸　　痹

第一节　疾病概述

胸痹是指以胸部闷痛，甚则胸痛彻背，喘息不得卧为主症的一种疾病，轻者仅感胸闷如窒，呼吸欠畅，重者则有胸痛，严重者心痛彻背，背痛彻心。

胸痹的临床表现最早见于《内经》，《灵枢·五邪》篇指出："邪在心，则病心痛"，《素问·脏气法时论》亦说："心病者，胸中痛，胁支满，胁下痛，膺背肩胛间痛，两臂内痛"。《素问·缪刺论》又有"卒心痛""厥心痛"之称。《灵枢·厥病》把心痛严重，并迅速造成死亡者，称为"真心痛"，谓："真心痛，手足青至节，心痛甚，旦发夕死，夕发旦死。"

本病多在中年以后发生，如治疗及时得当，可获较长时间稳定缓解，如反复发作，则病情较为顽固。病情进一步发展，可见心胸卒然大痛，出现真心痛证候，甚则可"旦发夕死，夕发旦死"。

第二节　历史沿革[16]

汉代·张仲景《金匮要略》正式提出"胸痹"的名称，并进行了专门的论述。把病因病机归纳为"阳微阴弦"，即上焦阳气不足，下焦阴寒气盛，认为乃本虚标实之证。在治疗上，根据不同证候，制定了栝蒌薤白白酒汤等方剂，以取温通散寒，宣痹化湿之效，体现了辨证论治的特点。

宋金元时代有关胸痹的论述更多，治疗方法也十分丰富。如《圣济总录·胸痹门》有"胸痹者，胸痹痛之类也……胸脊两乳间刺痛，甚则引背胛，或彻背膂"的症状记载。《太平圣惠方》将心痛、胸痹并列。在"治卒心痛诸方""治久心痛诸方""治胸痹诸方"等篇中，收集治疗本病的方剂甚丰，观其制方，芳香、温通、辛散之品，每与益气、养血、滋阴、温阳之品相互为用，标本兼顾，丰富了胸痹的治疗内容。

迨明清时期，对胸痹的认识有了进一步提高，如《玉机微义·心痛》

对心痛与胃脘痛进行了明确的鉴别。后世医家总结前人的经验，提出了活血化瘀的治疗方法，如《证治准绳・诸痛门》提出用大剂桃仁、红花、降香、失笑散等治疗死血心痛，《时方歌括》以丹参饮治心腹诸痛，《医林改错》以血府逐瘀汤治胸痹心痛等，至今沿用不衰，为治疗胸痹开辟了广阔的途径。

第三节 病因病机

一、病因

（一）寒邪内侵

寒主收引，既可抑遏阳气，所谓暴寒折阳，又可使血行瘀滞，发为本病。《素问・调经论》曰："寒气积于胸中而不泻，不泻则温气去，寒独留，则血凝泣，凝则脉不通。"《医学正传・胃脘痛》："有真心痛者，大寒触犯心君。"素体阳衰，胸阳不足，阴寒之邪乘虚侵袭，寒凝气滞，痹阻胸阳，而成胸痹。诚如《医门法律・中寒门》所说："胸痹心痛，然总因阳虚，故阴得乘之。"《类证治裁・胸痹》也说："胸痹，胸中阳微不运，久则阴乘阳位，而为痹结也。"

（二）饮食失调

饮食不节，如过食肥甘厚味，或嗜烟酒而成癖，以致脾胃损伤，运化失健，聚湿生痰，上犯心胸清旷之区，阻遏心阳，胸阳失展，气机不畅，心脉闭阻，而成胸痹。如痰浊留恋日久，痰阻血瘀，亦成本病证。

（三）情志失节

忧思伤脾，脾运失健，津液不布，遂聚为痰。郁怒伤肝，肝失疏泄，肝郁气滞，甚则气郁化火，灼津成痰。无论气滞或痰阻，均可使血行失畅，脉络不利，而致气血瘀滞，或痰瘀交阻，胸阳不运，心脉痹阻，不通则痛，而发胸痹。《杂病源流犀烛・心病源流》曰："总之七情之由作心痛，七情失调可致气血耗逆，心脉失畅，痹阻不通而发心痛。"

（四）劳倦内伤

劳倦伤脾，脾虚转输失能，气血生化乏源，无以濡养心脉，拘急而痛。积劳伤阳，心肾阳微，鼓动无力，胸阳失展，阴寒内侵，血行涩滞，而发胸痹。

（五）年迈体虚

本病多见于中老年人，年过半百，肾气自半，精血渐衰。如肾阳虚衰，则不能鼓舞五脏之阳，可致心气不足或心阳不振，血脉失于温运，痹阻不畅，发为胸痹；肾阴亏虚，则不能濡养五脏之阴，水不涵木，又不能上济于心，因而心肝火旺，心阴耗伤，心脉失于濡养，而致胸痹；心阴不足，心火燔炽，下汲肾水，又可进一步耗伤肾阴；心肾阳虚，阴寒痰饮乘于阳位，阻滞心脉。凡此均可在本虚的基础上形成标实，导致寒凝、血瘀、气滞、痰浊，而使胸阳失运，心脉阻滞，发生胸痹。

二、病机

胸痹的主要病机为心脉痹阻，病位在心，涉及肝、肺、脾、肾等脏。心主血脉，肺主治节，两者相互协调，气血运行自畅。心病不能推动血脉，肺气治节失司，则血行瘀滞；肝病疏泄失职，气郁血滞；脾失健运，聚生痰浊，气血乏源；肾阴亏损，心血失荣，肾阳虚衰，君火失用，均可引致心脉痹阻，胸阳失旷而发胸痹。其临床主要表现为本虚标实，虚实夹杂。本虚有气虚、气阴两虚及阳气虚衰；标实有血瘀、寒凝、痰浊、气滞，且可相兼为病，如气滞血瘀、寒凝气滞、痰瘀交阻等。

胸痹轻者多为胸阳不振，阴寒之邪上乘，阻滞气机，临床表现胸中气塞，短气；重者则为痰瘀交阻，壅塞胸中，气机痹阻，临床表现不得卧，心痛彻背。同时亦有缓作与急发之异，缓作者，渐进而为，日积月累，始则偶感心胸不舒，继而心痹痛作，发作日频，甚则心胸后背牵引作痛；急作者，素无不舒之感，或许久不发，因感寒、劳倦、七情所伤等诱因而猝然心痛欲窒。

胸痹病机转化可因实致虚，亦可因虚致实。痰踞心胸，胸阳痹阻，病延日久，每可耗气伤阳，向心气不足或阴阳并损证转化；阴寒凝结，气失温煦，非惟暴寒折阳，日久寒邪伤人阳气，亦可向心阳虚衰转化；瘀阻脉络，血行滞涩，瘀血不去，新血不生，留瘀日久，心气痹阻，心阳不振。此三者皆因实致虚。心气不足，鼓动不力，易致气滞血瘀；心肾阴虚，水亏火炎，炼液为痰；心阳虚衰，阳虚外寒，寒痰凝络。此三者皆由虚而致实。

第四节 诊查要点

1. 胸痹以胸部闷痛为主症，患者多见膻中或心前区憋闷疼痛，甚则痛彻左肩背、咽喉、胃脘部、左上臂内侧等部位，呈反复发作性，一般持续几秒到几十分钟，休息或用药后可缓解。

2. 常伴有心悸、气短、自汗，甚则喘息不得卧，严重者可见胸痛剧烈，持续不解，汗出肢冷，面色苍白，唇甲青紫，脉散乱或微细欲绝等危候，可发生猝死。

3. 多见于中年以上，常因操劳过度、抑郁恼怒、多饮暴食或气候变化而诱发，亦有无明显诱因或安静时发病者。

第五节 类证鉴别

1. 胸痹与悬饮　悬饮、胸痹均有胸痛，但胸痹为当胸闷痛，并可向左肩或左臂内侧等部位放射，常因受寒、饱餐、情绪激动、劳累而突然发作，历时短暂，休息或用药后得以缓解。悬饮为胸胁胀痛，持续不解，多伴有咳唾，转侧、呼吸时疼痛加重，肋间饱满，并有咳嗽、咳痰等肺系证候。

2. 胸痹与胃脘痛　心在脘上，脘在心下，故有胃脘当心而痛之称，以其部位相近。胸痹之不典型者，其疼痛可在胃脘部，极易混淆。但胸痹以闷痛为主，为时极短，虽与饮食有关，但休息、服药常可缓解。胃脘痛与饮食相关，以胀痛为主，局部有压痛，持续时间较长，常伴有泛酸、嘈杂、嗳气、呃逆等胃部症状。

3. 胸痹与真心痛　真心痛乃胸痹的进一步发展，症见心痛剧烈，甚则持续不解，伴有汗出、肢冷、面白、唇紫、手足青至节、脉微或结代等危重急症。

第六节 辨证论治

一、辨证思路

（一）辨标本虚实

胸痹总属本虚标实之证，辨证首先辨别虚实，分清标本。标实应区别气滞、痰浊、血瘀、寒凝的不同，本虚又应区别阴阳气血亏虚的不同。标实者：闷重而痛轻，兼见胸胁胀满，善太息，憋气，苔薄白，脉弦者，多属气滞；胸部窒闷而痛，伴咳吐痰涎，苔腻，脉弦滑或弦数者，多属痰浊；胸痛如绞，遇寒则发，或得冷加剧，伴畏寒肢冷，舌淡苔白，脉细，为寒凝心脉所致；刺痛固定不移，痛有定处，夜间多发，舌紫暗或有瘀斑，脉结代或涩，由心脉瘀滞所致。本虚者：心胸隐痛而闷，因劳累而发，伴心慌、气短、乏力，舌淡胖嫩，边有齿痕，脉沉细或结代者，多属心气不足；若绞痛兼见胸闷气短，四肢厥冷，神倦自汗，脉沉细，则为心阳不振；隐痛时作时止，缠绵不休，动则多发，伴口干，舌淡红而少苔，脉沉细而数，则属气阴两虚表现。

（二）辨病情轻重

疼痛持续时间短暂，瞬息即逝者多轻；持续时间长，反复发作者多重；若持续数小时甚至数日不休者常为重症或危候。疼痛遇劳发作，休息或服药后能缓解者为顺症；服药后难以缓解者常为危候。

二、治疗原则

基于本病病机为本虚标实，虚实夹杂，发作期以标实为主，缓解期以本虚为主的特点。其治疗原则应先治其标，后治其本，先从祛邪入手，然后再予扶正，必要时可根据虚实标本的主次，兼顾同治。标实当泻，针对气滞、血瘀、寒凝、痰浊而疏理气机，活血化瘀，辛温通阳，泄浊豁痰，尤重活血通脉治法；本虚宜补，权衡心脏阴阳气血之不足，有无兼见肺、肝、脾、肾等脏之亏虚，补气温阳，滋阴益肾，纠正脏腑之偏衰，尤其重视补益心气之不足。

三、辨证分型

（一）心血瘀阻证

心胸疼痛，如刺如绞，痛有定处，入夜为甚，甚则心痛彻背，背痛彻心，或痛引肩背，伴有胸闷，日久不愈，可因暴怒、劳累而加重，舌质紫暗，有瘀斑，苔薄，脉弦涩。

证机概要：血行瘀滞，胸阳痹阻，心脉不畅。

治法：活血化瘀，通脉止痛。

代表方：血府逐瘀汤加减。本方祛瘀通脉，行气止痛，用于胸中瘀阻，血行不畅，心胸疼痛，痛有定处，胸闷心悸之胸痹。

（二）气滞心胸证

心胸满闷，隐痛阵发，痛有定处，时欲太息，遇情志不遂时容易诱发或加重，或兼有胃脘胀闷，得嗳气或矢气则舒，苔薄或薄腻，脉细弦。

证机概要：肝失疏泄，气机郁滞，心脉不和。

治法：疏肝理气，活血通络。

代表方：柴胡疏肝散加减。本方疏肝理气，适用于肝气抑郁，气滞上焦，胸阳失展，血脉失和之胸胁疼痛等。

（三）痰浊闭阻证

胸闷重而心痛微，痰多气短，肢体沉重，形体肥胖，遇阴雨天而易发作或加重，伴有倦怠乏力，纳呆便溏，咯吐痰涎，舌体胖大且边有齿痕，苔浊腻或白滑，脉滑。

证机概要：痰浊盘踞，胸阳失展，气机痹阻，脉络阻滞。

治法：通阳泄浊，豁痰宣痹。

代表方：栝蒌薤白半夏汤合涤痰汤加减。两方均能温通豁痰，前方偏于通阳行气，用于痰阻气滞，胸阳痹阻者，后方偏于健脾益气，豁痰开窍，用于脾虚失运，痰阻心窍者。

（四）寒凝心脉证

卒然心痛如绞，心痛彻背，喘不得卧，多因气候骤冷或骤感风寒而发病或加重，伴形寒，甚则手足不温，冷汗自出，胸闷气短，心悸，面色苍白，苔薄白，脉沉紧或沉细。

证机概要：素体阳虚，阴寒凝滞，气血痹阻，心阳不振。

治法：辛温散寒，宣通心阳。

代表方：枳实薤白桂枝汤合当归四逆汤加减。两方皆能辛温散寒，助阳通脉。前方重在通阳理气，用于胸痹阴寒证，见心中痞满，胸闷气短者；后方以温经散寒为主，用于血虚寒厥证，见胸痛如绞，手足不温，冷汗自出，脉沉细者。

（五）气阴两虚证

心胸隐痛，时作时休，心悸气短，动则益甚，伴倦怠乏力，声息低微，面色㿠白，易汗出，舌质淡红，舌体胖且边有齿痕，苔薄白，脉虚细缓或结代。

证机概要：心气不足，阴血亏耗，血行瘀滞。

治法：益气养阴，活血通脉。

代表方：生脉散合人参养荣汤加减。两者皆能补益心气。生脉散长于益心气，敛心阴，适用于心气不足，心阴亏耗者；人参养荣汤补气养血，安神宁心，适用于胸闷气短，头昏神疲等证。

（六）心肾阴虚证

心痛憋闷，心悸盗汗，虚烦不寐，腰酸膝软，头晕耳鸣，口干便秘，舌红少津，苔薄或剥，脉细数或促代。

证机概要：水不济火，虚热内灼，心失所养，血脉不畅。

治法：滋阴清火，养心和络。

代表方：天王补心丹合炙甘草汤加减。两方均为滋阴养心之剂。天王补心丹以养心安神为主，治疗心肾两虚，阴虚血少者；炙甘草汤以养阴复脉见长，主要用于气阴两虚，心动悸，脉结代之症。

（七）心肾阳虚证

心悸而痛，胸闷气短，动则更甚，自汗，面色㿠白，神倦怯寒，四肢欠温或肿胀，舌质淡胖，边有齿痕，苔白或腻，脉沉细迟。

证机概要：阳气虚衰，胸阳不振，气机痹阻，血行瘀滞。

治法：温补阳气，振奋心阳。

代表方：参附汤合右归饮加减。两方均能补益阳气，前方大补元气，温补心阳，后方温肾助阳，补益精气。

第七节 治疗发微

一、临证备要

（一）治疗应以通为补，通补结合[17]

胸痹病机为本虚标实。临床治疗应以通为补，其“通”法包括芳香温通法，如苏合香丸、冠心苏合丸、速效救心丸、麝香保心丸等；宣痹通阳法，如栝蒌薤白半夏汤、枳实薤白桂枝汤等；活血化瘀法，如血府逐瘀汤、失笑散、复方丹参滴丸、冠心Ⅱ号等。临证可加用养血活血药，如鸡血藤、益母草、当归等，活血而不伤正。“补”法包括补气血，选用八珍汤、当归补血汤等；温肾阳选加仙灵脾、仙茅、补骨脂等；补肾阴选加首乌延寿丹、左归丸等。临床证明，通法与补法是治疗胸痹的不可分割的两大原则，应通补结合，或交替应用为妥。

（二）活血化瘀法的应用

胸痹瘀血的形成，多由正气亏损、气虚阳虚或气阴两虚而致，亦可因寒凝、痰浊、气滞发展而来，加之本病具有反复发作，病程日久的特点，属单纯血瘀实证者较少，多表现为气虚血瘀或痰瘀交阻、气滞血瘀等夹杂证候，故临床治疗应注意在活血化瘀中伍以益气、养阴、化痰、理气之品，辨证用药，加强祛瘀疗效。活血化瘀药物临床上主要选用养血活血之品，如丹参、鸡血藤、当归、赤芍、郁金、川芎、泽兰、牛膝、三七、益母草等。破血攻伐之品，虽有止痛作用，但易伤及正气，应慎用。若必用，切不可久用、多用，痛止后须扶正养营，方可巩固疗效。同时必须注意有无出血倾向或征象，一旦发现，立即停用，并予相应处理。

（三）芳香温通法的应用[18]

寒邪内闭是导致胸痹发作的重要病机之一，临床以芳香走窜、温通行气类中药治疗胸痹源远流长，如桂心、干姜、吴茱萸、麝香、细辛、蜀椒、丁香、木香、安息香、苏合香油等芳香温通之品。近几年来，在此基础上各地研制的心痛舒喷雾剂、苏合香丸、麝香保心丸、麝香苏合丸、速效救心丸等速效、高效、无毒、无副作用的芳香温通制剂，较好地满足了临床需要，显示出良好的效果。实验研究证实，芳香温通类药大多含有挥发油，具有解除冠脉痉挛，增加冠脉流量，减少心肌耗氧量，改善心肌供血等作用，同时对血液流变性、心肌收缩力均有良好的影响。

临床胸痹常伴有阳虚之象，故芳香温通药物宜配合温补阳气之剂，以取温阳散寒之功。且芳香温通药物具有辛散走窜之弊，应中病即止，以防耗伤阳气。

（四）注意益气化痰

痰浊不仅与胸痹的发病直接有关，而且与其若干易患因素（如肥胖、高脂血症）相关。痰阻心胸证多见于肥胖患者，每因过食肥甘，贪杯好饮，伤及脾胃，健运失司，湿郁痰滞，留踞心胸。痰性黏腻，易窒阳气，阻滞血运，造成气虚湿浊痰阻为患。治疗应着重健运脾胃，在祛痰的同时，适时应用健脾益气法，以消生痰之源，痰化气行，则血亦行。临床选温胆汤为基本方，痰浊阻滞明显者可酌加全瓜蒌、胆南星、石菖蒲、郁金等；气虚明显可酌加党参、黄芪、黄精，或西洋参另蒸兑服。注意补气之品用量不宜太大，多用反而补滞，不利于豁痰通络。

（五）治本以补肾为主

胸痹本虚指心、肺、肝、脾、肾等脏腑气血阴阳亏虚。然脏腑亏虚，其本在肾。且胸痹好发于中老年人，此时人之肾气逐渐衰退，可见该病的发生与肾虚有着必然的内在关系。年老肾亏，肾阳不能蒸腾，可致心阳虚衰，行血无力，久而气滞血瘀，亦可致脾土失温，气血化源不足，营亏血少，脉道不充，血行不畅，发为胸痹。因此临证治疗应重视补肾固本，尤其在胸痹缓解期的治疗中。常以何首乌、枸杞子、女贞子、旱莲草、生地、当归、白芍等滋肾阴；用黄精、菟丝子、山萸肉、杜仲、桑寄生等补肾气；桂枝、仙灵脾、仙茅、补骨脂等温肾阳。

二、以络论治

冠心病心绞痛的病变部位主要在心脏的冠状动脉。中医学认为，胸痹心痛属于心脏与营养心脏之脉络的疾病，包括心之“正经及支别脉络”。正如《诸病源候论》指出：“心为诸脏主而藏神，其正经不可伤，伤之而痛为真心痛，朝发夕死，夕发朝死。”《沈氏尊生方》亦认为“若心经络病者，动则嗌干、心痛。”真心痛似冠心病之心肌梗死，是由于心之经脉受伤瘀滞引起。“若伤心之支别脉络而痛者，则乍间乍盛，休作有时也。”则与冠心病心绞痛临床表现相符，可见胸痹心痛病位在络脉。络脉是沟通内外的桥梁，又是气血汇聚之处，故也成为外邪入侵的通路和传变途径。《医学入门》则明确指出“厥心痛，因内外邪犯心之包络，或他脏犯心之支络”。这说明胸痹心痛之病位在于局部心之络脉阻滞，心失所养，导致冠心病心绞痛的发生，这与西医的冠心病属于心血管疾病是一致的。且冠心病为终身性疾病，有反复发作、经久不愈之特点。“初为气结在经，久则血伤入络”“痛久入血络，胸痹引痛”（《临证指南医案》）。清·林珮琴亦指出“虚痛久，痛必入络，宜理营络”。张锡纯亦认为“其瘀多在经络”。从冠心病心绞痛的临床症状来看，发作时多以胸骨后闷痛、压榨痛为主，时发时止，疼痛常可放射至左肩、左上肢内侧达无名指、小指，还可放射至颈、下颌、腹部等，而表现为牙痛、头痛、腹痛等。这些变化均为心之经络循行此位而致。

心之络脉病变，可分为心络瘀阻和心络绌急两个方面。一方面，由于心气虚乏，运血无力，血流缓慢而致气血运行不畅，或因外邪、瘀血、痰浊等因素而致，“络脉瘀痹，不通则痛”（《临证指南医案》），这是胸痹心痛的基本病机。叶天士指出“络虚则痛”，而且认为“最虚之处，便是容邪之处”。外邪入络也是冠心病心绞痛的病机之一。络脉多散布于体表，风冷邪气从外而入，则络脉首当其冲，且风邪无形，为百病之长，容易渗透侵入络脉之中，络被邪袭，填塞阻逆，失其所用，心失所养，故见胸痛。《诸病源候论》说“心痛者，是心支别络为风邪冷热所乘痛也。”

从临床来看，季节变化、寒冷刺激等常是冠心病心绞痛发作的重要诱因。《证治准绳》也认为“心……其受伤者，乃乎心主包络也……心痛……血因邪泣在络而不行者痛。”另一方面，心络绌急也是冠心病心绞痛的重要病机。胸痹心痛还可因情志、外邪等因素而引起心之络脉绌急而发。《素问·邪气脏腑病形》曰“心脉……微急为心痛引背。”《素问·举痛论》亦曰：“寒气客于脉外则脉寒，脉寒则缩蜷，缩蜷则脉绌急，绌急则外引小络，故卒然而痛，得炅则痛立止。因重中于寒，则痛久矣。”明确论述了络脉绌急是胸痹心痛病理机制之一。

第八节 专病论治——真心痛

真心痛是胸痹进一步发展的严重病证，其特点为剧烈而持久的胸骨后疼痛，伴心悸、水肿、肢冷、喘促、汗出、面色苍白等症状，甚至危及生命。如《灵枢·厥病》谓：“真心痛，手足青至节，心痛甚，旦发夕死，夕发旦死。”其病因病机和“胸痹”一样，与年老体衰、阳气不足、七情内伤、气滞血瘀、过食肥甘或劳倦伤脾、痰浊化生、寒邪侵袭、血脉凝滞等因素有关。本虚是发病基础，发病条件是标实。如寒凝气滞，血瘀痰浊，闭阻心脉，心脉不通，出现心胸疼痛（心绞痛），严重者部分心脉突然闭塞，气血运行中断，可见心胸猝然大痛，而发为真心痛（心肌梗死）。若心气不足，运血无力，心脉瘀阻，心血亏虚，气血运行不利，可见心动悸，脉结代（心律失常）；若心肾阳虚，水邪泛滥，水饮凌心射肺，可出现心悸、水肿、喘促（心力衰竭），或亡阳厥脱、亡阴厥脱（心源性休克），或阴阳俱脱，最后导致阴阳离决。总之，本病其位在心，其本在肾，总的病机为本虚标实，而在急性期则以标实为主。

心痛是真心痛最早出现、最为突出的症状，其疼痛剧烈，难以忍受，且范围广泛，持续时间长久，患者常有恐惧、濒死感。因此，在发作期必须选用有速效止痛作用之药物，以迅速缓解心痛症状。疼痛缓解后予以辨证施治，常以补气活血、温阳通脉为法，可与胸痹辨证互参。

心痛发作时应用宽胸气雾剂口腔喷雾给药，或舌下含化复方丹参滴丸，或速效救心丸，或麝香保心丸，缓解疼痛，并合理护理：卧床休息，低流量给氧，保持情绪稳定，大便通畅等。必要时采用中西医结合治疗。

（一）气虚血瘀

心胸刺痛，胸部闷窒，动则加重，伴短气乏力，汗出心悸，舌体胖大，边有齿痕，舌质黯淡或有瘀点瘀斑，舌苔薄白，脉弦细无力。

治法：益气活血，通脉止痛。

代表方：保元汤合血府逐瘀汤加减。

常用药：人参、黄芪补益心气；失笑散、桃仁、红花、川芎活血化瘀；赤芍、当归、丹参养血活血；柴胡、枳壳、桔梗行气豁痰宽胸；甘草调和诸药。瘀重刺痛明显，加莪术、延胡索，另吞三七粉；口干，舌红，加麦冬、生地养阴；舌淡肢冷，加肉桂、仙灵脾温阳；痰热内蕴，加黄连、瓜蒌、法半夏。

（二）寒凝心脉

胸痛彻背，胸闷气短，心悸不宁，神疲乏力，形寒肢冷，舌质淡黯，舌苔白腻，脉沉无力，迟缓或结代。

治法：温补心阳，散寒通脉。

代表方：当归四逆汤加味。

常用药：当归补血活血；芍药养血和营；桂枝、附子温经散寒；细辛散寒，除痹止痛；人参、甘草益气健脾；通草、三七、丹参通行血脉。

寒象明显，加干姜、蜀椒、荜茇、高良姜；气滞加白檀香；痛剧急予苏合香丸之类。

（三）正虚阳脱

心胸绞痛，胸中憋闷或有窒息感，喘促不宁，心慌，面色苍白，大汗淋漓，烦躁不安或表情淡漠，重则神志昏迷，四肢厥冷，口开目合，手撒尿遗，脉疾数无力或脉微欲绝。

治法：回阳救逆，益气固脱。

代表方：四逆加人参汤加减。

常用药：红参大补元气；附子、肉桂温阳；山萸肉、龙骨、牡蛎固脱；玉竹、炙甘草养阴益气。

阴竭阳亡，合生脉散。并可急用独参汤灌胃或鼻饲，或参附注射液50ml，不加稀释直接推注，每15分钟1次，直至阳气回复，四肢转暖，改用参附注射液100ml继续滴注，待病情稳定后，改用参附注射液100ml加入5%或10%葡萄糖注射液250ml中静脉滴注，直至病情缓解。

真心痛系由于心脉阻塞心脏相应部位所致，由于阻塞部位和程度的不同，表现不同的临床症状。在治疗上除上述辨证施治外，尚可行辨病治疗，可选用蝮蛇抗栓酶、蚓激酶、丹参注射液、血栓通（三七制剂）、毛冬青甲素、川芎嗪等活血中药，具有一定程度的抗凝和溶栓作用，并可扩张冠状动脉。同时注意伴随症状的治疗，对真心痛的恢复也起着重要作用。

第九节 调护与预防

1. 注意调摄精神，避免情绪波动 《灵枢·口问》篇云："心者，五脏六腑之主也……故悲哀愁忧则心动"。说明精神情志变化可直接影响于心，导致心脏损伤。后世进而认为"七情之由作心痛"[19]。故防治本病必须高度重视精神调摄，避免过于激动或喜怒忧思无度，保持心情平静愉快。

2. 注意生活起居，寒温适宜 《诸病源候论·心痛病诸候》记载："痛者，风凉邪气乘于心也"。指出本病的诱发或发生与气候异常变化有关，故要避免寒冷，居处除保持安静、通风，还要注意寒温适宜。

3. 注意饮食调节 中医认为，过食膏粱厚味易于产生痰浊，阻塞经络，影响气的正常运行，而发本病。故饮食宜清淡低盐，食勿过饱。多吃水果及富含纤维素食物，保持大便通畅。另外烟酒等刺激之品，有碍脏腑功能，应禁止。

4. 注意劳逸结合，坚持适当活动 发作期患者应立即卧床休息，缓解期要注意适当休息，保证充足的睡眠，坚持力所能及的活动，做到动中有静，正如朱丹溪所强调的"动而中节"[20]。

5. 加强护理及监护 发病时应加强巡视，密切观察舌、脉、体温、呼吸、血压及精神情志变化，必要时给予吸氧、心电监护及保持静脉通道通畅，并做好抢救准备。

第十节 医案选读及文献摘要

一、医案选读

［病案一］

某，胸闷不舒，心前区隐痛不适，纳食不甘，食后腹胀，口干嗳气，乏力气短，痰少，不易咯出，大便偏干。舌暗红，苔白，脉细弦。证属脾胃不和，痰湿内阻，心气不足。治宜健脾和胃、燥湿化痰、益气复脉，拟香砂六君子汤合生脉散加减。

处方：木香10g 砂仁6g（后下） 党参10g 白术10g 茯苓10g 半夏10g 陈皮10g 麦冬10g 五味子10g 丹参30g 菖蒲10g 郁金10g 羌活10g 菊花10g 黄芩10g 炙甘草6g

二诊：药后胸闷及心前区疼痛明显好转，纳食增加，大便通畅，但仍有进食多则腹胀，多梦易醒。舌暗红，脉细弦。效不更方，本方加厚朴10g，枣仁10g，再服。

三诊：心前区闷痛基本告愈，未再发作心绞痛，精神体力均佳，可从事一般工作，守方配制蜜丸常服，巩固疗效。

（董振华等．祝谌予临证验案精选［M］．北京：学苑出版社，1996.）

［病案二］

某，左胸前区憋闷，气短，不耐劳累，稍劳则心绞痛发作，精神欠佳，左侧体温低于右侧，左手握物发抖，汗少，腰酸无力，口干纳少，大便微干。脉弦细，沉取无力，舌苔薄。血压130/90mmHg（服用降压药），血糖237mg/dl。辨证：此属老年肾阴素亏，胸阳不振，血气不和。拟滋阴通阳，兼理气血。予：

瓜蒌15g 薤白12g 首乌12g 桑椹15g 桑寄生12g 当归9g
太子参12g 牛膝9g 枳壳9g 赤芍9g 川芎4.5g 三七粉1g（冲服）

上方药用7剂后，自觉精神转佳。继以此方为主，调治半年余，心绞痛基本未发作，血糖降至118mg/dl，临床症状改善，血压稳定，并在治疗至4个月时恢复全日工作。只有在特别劳累时才出现胸闷，但稍事休息即可缓解。改服丸剂，以资巩固。予：

西洋参30g 首乌45g 桑椹45g 茯苓30g 生黄芪30g 瓜蒌45g
薤白30g 枣仁30g 桑寄生45g 牛膝45g 枳实30g 三七30g

共为细末，炼蜜为丸，每丸10g，日服2丸。

1年后，患者来告知：上药服用3料，后因工作需要外出半年余，身体较为健康，虽有劳累，但不曾发生心绞痛。

（董建华．中国现代名中医医案精华·刘志明医案［M］．北京：北京出版社，1990.）

二、文献摘要

《难经·六十难》："心之病，有厥痛，有真痛，何谓也……其五脏气相干，名厥心痛……其痛甚，但在心，手足青者，即名真心痛。其真心痛者，旦发夕死，夕发旦死"。

《金匮要略·胸痹心痛短气病脉证治》："胸痹心中痞，留气结在胸，胸满，胁下逆抢心，枳实薤白桂枝汤主之，人参汤亦主之""心痛彻背，背痛彻心，乌头赤石脂丸主之""胸痹之病，喘息咳唾，胸背痛，短气，寸口脉沉而迟，关上小紧数，栝蒌薤白白酒汤主之""胸痹，不得卧，心痛彻背者，栝蒌薤白半夏汤主之"。

《诸病源候论·久心痛候》："心为诸脏主，其正经不可伤，伤之而痛者，则朝发夕死，夕发朝死，不暇展治。其久心痛者，是心之支别络，为风邪冷热所乘痛也，故成疹，不死，发作有时，经久不瘥也。"

《太平圣惠方·治心痹诸方》："夫思虑烦多则损心，心虚故邪乘之，邪积而不去，则时害饮食，心中愊愊如满，蕴蕴而痛，是谓心痛。"

《玉机微义·心痛》："然亦有病久气血虚损及素劳作羸弱之人患心痛者，皆虚痛也"。

《类证治裁·胸痹》："胸痹，胸中阳微不运，久则阴乘阳位，而为痹结也，其症胸满喘息，短气不利，痛引心背。由胸中阳气不舒，浊阴得以上逆，而阻其升降，甚则气结咳唾，胸痛彻背。夫诸阳受气于胸中，必胸次空旷，而后清气转运，布息展舒。胸痹之脉，阳微阴弦，阳微知在上焦，阴弦则为心痛，以《金匮》《千金》均以通阳主治也。"

第三章 眩　晕

第一节 疾病概述

眩晕是目眩与头晕的总称。目眩以眼花或眼前发黑，视物模糊为特征；头晕以感觉自身或外界景物旋转，站立不稳为特征。两者常同时并见，故统称眩晕。由外感风邪、情志因素、饮食不节、跌仆坠损所致之眩晕，一般呈急剧发作；而老年气衰、久病或失血、不寐、癫痫所致之眩晕，多为缓慢发生，但可呈阵发性加剧。眩晕病位在脑，但与心、肝、脾、肾密切相关，其中又以肝为主。病性在气血不足，肝肾阴虚为病之本，风、火、痰、瘀为病之标。临床见证往往标本兼见、虚实交错。总的趋势是病初以风、火、痰、瘀实证为主，久则伤肝及脾及肾，最终可致肝脾肾俱虚。眩晕以本虚标实为主。早期一般标实证候多，如肝阳上亢、痰浊中阻、瘀血内阻、外感风邪等；中期由于肾水不足，肝阳上亢，尤其年迈精衰者，往往转化为肾精亏虚证或气血不足之证，病机复杂，病情较重，且常易发生变证、坏证。辨证分型主要有风邪上扰证、肝阳上亢证、痰浊中阻证、瘀血阻窍证、气血亏虚证、肾精不足证。治疗大法为补虚泻实，调整阴阳气血。阳亢者予镇潜息风；痰湿者予燥湿祛痰；痰火者予清热化痰；瘀血者予活血化瘀通络；气血虚者应益气补血，健脾养胃，助生化之源；肾精不足者应补肾填精。本病西医学范围包括内耳性眩晕如梅尼埃病、迷路炎、内耳药物中毒、前庭神经元炎、位置性眩晕、乘车船引起的晕动病等；中枢性眩晕如椎-基底动脉供血不足、锁骨下动脉盗血综合征、延髓外侧综合征、脑动脉粥样硬化、高血压性脑病、脑干出血等；颅内占位性疾病如听神经纤维瘤、小脑肿瘤、第四脑室肿瘤等；颅内感染性疾病如颅后凹蛛网膜炎、小脑水肿等；其他如头部外伤、低血压、贫血及阵发性心动过速等出现眩晕征象者，均可参考本病论治。

第二节 历史沿革

眩晕最早见于《内经》，称之为“眩冒”。在《内经》中对本病的病因病机作了较多的论述，认为眩晕属肝所主，与髓海不足、血虚、邪中等多种因素有关。如《素问·至真要大论》云："诸风掉眩，皆属于肝"。《灵枢·海论》曰："髓海不足，则脑转耳鸣，胫酸眩冒"。《灵枢·卫气》说："上虚则眩"。《灵枢·大惑论》中说"故邪中于项，因逢其身之虚……入于脑则脑转，脑转则引目系急，目系急则目眩以转矣。"

汉代张仲景认为，痰饮是眩晕的重要致病因素之一，《金匮要略·痰饮咳嗽病脉证并治》说："心下有支饮，其人苦冒眩，泽泻汤主之"。至金元时代，对眩晕的概念、病因病机及治法方药均有了进一步的认识。《素问玄机原病式·五运主病》中言："所谓风气甚，而头目眩运者，由风木旺，必是金衰不能制木，而木复生火，风火皆属阳，多为兼化，阳主乎动，两动相搏斗，则为之旋转。"主张眩晕的病机应从风火立论。而《丹溪心法·头眩》中则强调"无痰则不作眩"，提出了痰水致眩学说。明清时期对于眩晕发病又有了新的认识。《景岳全书》指出"眩运一证，虚者居其八九，而兼火兼痰者，不过十中一二耳。"强调指出"无虚不能作眩。"《医学正传·眩运》言："大抵人肥白而作眩者，治宜清痰降火为先，而兼补气之药；人黑瘦而作眩者，治宜滋阴降火为要，而带抑肝之剂。"指出眩晕的发病有痰湿及真水亏虚之分，治疗眩晕亦当分别针对不同体质及证候，辨证治之。

第三节　病因病机

一、病因

1. 外感风邪　风性善动，主升发向上，风邪外袭，上扰头目，故致眩晕。

2. 七情内伤　忧郁太过，肝失条达，肝郁化火，或恼怒伤肝，肝阳上亢，上扰清空；忧思太过，伤及脾胃，气血生化乏源，清窍失养，或惊恐伤肾，肾精亏虚，髓海失养，发为眩晕。

3. 饮食不节　膏粱厚味，饥饱无度，过食生冷，均可损伤脾胃，脾失健运，水湿内停，聚而成痰，痰饮水湿上犯清窍，或饮食不节，脾胃日虚，气血生化乏源，清窍失养均可发。

4. 劳倦过度　劳倦伤脾，气血不足，或房事不节，肾精亏虚，均可导致清窍失养眩晕。

5. 年迈体衰　年迈体衰，肾之精气不足，脾气不充，气血生化不旺，清窍失养可眩晕。

6. 久病失血　大病、久病均可伤及气血阴阳，致脑髓失养发为眩晕；

失血日久，气血亏虚，无以上充脑髓，易致眩晕。

7. 跌仆坠损 头颅外伤，瘀血停留，脑脉阻滞，发为眩晕。

二、病机

（一）基本病机

1. 风邪上扰证 风邪外袭，客于肌表，循经上扰巅顶，邪遏清窍，故作眩晕。《医学正传》说："风木太过之岁，亦有因其气化而为外感风邪而眩者"，认为眩晕为外风所至。

2. 肝阳上亢证 肝者，将军之官也。肝的生理功能为主疏泄、藏血，生理特性为主升发、喜条达而恶抑郁。肝失疏泄，周身气机升降出入失去调节，可造成气的升发太过即气逆，或气的运行不畅即气滞。肝气升发太过，气机逆乱，又气属阳，则易引动内风，上冲脑窍可发生眩晕。

3. 痰浊中阻证 痰浊是水液代谢失常的病理产物，其产生与肺、脾、胃、肝、肾等脏腑的功能失调密切相关。脏腑功能衰退，胃虚无力"游溢精气"以"上输于脾"；脾虚不能"散精"以"上归于肺"；肺虚难以"通调水道"以"下输膀胱"；肾虚气化失司，水液不化；肝虚疏泄不及，气机郁滞，皆可打破"水精四布，五经并行"之生理，使水液停聚，酿生痰浊。痰浊中阻，气机阻滞，清阳不升，浊阴不降，痰湿蒙蔽清阳，则头眩不爽，头重如蒙。

4. 瘀血阻窍证 血液的正常运行有赖气的温煦和推动，因为气为血帅，气行则血行，气旺则血行自畅。元气亏虚，气虚温煦失职，行血无力，令血运不畅，停滞成瘀，此即"元气既虚，必不能达血管，血管无气，必停留而瘀"（《医林改错》）。"气血凝滞，脉络瘀阻，脏腑经络失于气血濡养，功能失常，疾病便随之而起。"故瘀血内阻，经脉不通，脏腑失养，脑窍不充，而发生眩晕。《仁斋直指方》说："瘀滞不行，皆能眩晕。"《医宗金鉴》亦云："瘀血停滞……神迷眩运。"叶天士则指出："血络瘀阻，肝风上巅，症见头眩耳鸣。"瘀血内阻，络脉不通，气血不能正常运行，脑失所养，故眩晕时作。

5. 气血亏虚证 多饮食劳倦，久之必损伤脾胃，使健运失职，胃不能纳，脾不能化，脾不升清，气血亏虚，气虚则清阳不展，血虚则脑失所养，清阳不升则髓海不足，发为眩晕，浊气上蒙清空亦致头晕目眩。

6. 肾精不足证 肾主藏精，生髓以充脑，肾虚精亏则无以生髓，而致髓海空虚，"髓海不足，则脑转耳鸣，胫酸眩冒"（《灵枢·海论》），精髓不足，不能上充于脑，故头晕而空，精神萎靡。

（二）病机演变

肝乃风木之脏，其性主动主升，若肝肾阴亏，水不涵木，阴不维阳，阳亢于上，或气火暴升，上扰头目，则发为眩晕。脾为后天之本，气血生化之源，若脾胃虚弱，气血亏虚，清窍失养，或脾失健运，痰浊中阻，或风阳夹痰，上扰清空，均可发为眩晕。肾主骨生髓，脑为髓海，肾精亏虚，髓海失充，亦可发为眩晕。在眩晕的病变过程中，各个证候之间相互兼夹或转化。如脾胃虚弱，气血亏虚而生眩晕，而脾虚又可聚湿生痰，二者相互影响，临床上可以表现为气血亏虚兼有痰湿中阻的证候。如痰湿中阻，郁久化热，形成痰火为患，甚至火盛伤阴，形成阴亏于下，痰火上蒙的复杂局面。再如肾精不足，本属阴虚，若阴损及阳，或精不化气，可以转为肾阳不足或阴阳两虚之证。

第四节 诊查要点

一、中医辨病辨证要点

临床上以头晕与目眩为主要证候。可突然起病，也有逐渐加重者；可时发时止，发则目眩，甚则眼前发黑，外界景物旋转颠倒不定，或自觉头身动摇，如坐车船，站立不稳，眩晕欲仆或晕眩倒地。

二、西医诊断关键指标

（一）症状

头晕目眩，视物旋转，轻者闭目即止，重者如坐车船，甚则仆倒。可伴恶心呕吐，眼球震颤，耳鸣耳聋，汗出，面色苍白等。

（二）体征

1. 神经系统 眼球震颤，视神经盘水肿，听力减退或消失，指物偏向及倾倒，共济失调。

2. 耳科检查 外耳道耵聍、鼓膜穿孔、中耳炎或耳硬化症等。

（三）相关检查

测血压，查心电图、超声心动图，检查眼底、肾功能等，有助于明确诊断高血压病及高血压危象和低血压。查颈椎 X 线片，经颅多普勒检查有助于诊断椎-基底动脉供血不足、颈椎脑动脉硬化，必要时作 CT 及 MRI 以进一步明确诊断。检查电测听、脑干诱发电位等，有助于诊断梅尼埃综合征。血液系统检验有助于诊断贫血。

第五节 类证鉴别

1. 中风 中风是以卒然昏仆、不省人事、口舌㖞斜、语言謇涩、半身不遂等为主症的一种疾病，或以不经昏仆而仅㖞僻不遂为特征。而眩晕除昏仆与中风相似外，无昏迷及㖞僻不遂等症，与中风迥然不同。但中年以上患者，肝阳上亢之眩晕，极易化为肝风，成为中风之先，演变为中风病。

2. 头痛 眩晕和头痛均可单独出现，亦可同时互见，二者对比，头痛病因有外感、内伤两个方面，眩晕则以内伤为主。在辨证方面头痛偏于实证者多，而眩晕则以虚证为主。在主症方面头痛以痛为主，眩晕以晕为主，如头晕伴有头痛，亦可参考头痛辨证论治。

3. 厥病 厥病以突然昏仆，不省人事或伴有四肢逆冷为主，患者一般短时内逐渐苏醒，醒后无偏瘫等后遗症，但亦有一厥不复而死亡者。眩晕则以头晕目眩，甚则如坐舟车，站立不稳，晕眩欲仆或晕眩仆倒现象为主，与厥病十分相似，但无昏迷及不省人事的表现，病人始终神气清醒，与厥病有异。

第六节 辨证论治

一、辨证思路

（一）辨病性

凡急性起病，伴有恶寒发热，鼻塞流涕，或咳嗽，或咽喉红肿，或头重如裹，脉浮等表症者，属外感眩晕，病性属实证。而本病证以内伤者居多，内伤眩晕病性多为本虚标实、虚实夹杂之证。若由情志抑郁引起眩晕，面红目赤，口苦者，属肝阳上亢；若由饮食不节引起晕冒，腹胀，头重如蒙，时吐痰涎，苔白腻者，病属痰浊；若眩晕伴有遗精滑泄，耳鸣脱发，腰脊酸软者，病性属肾虚；眩晕伴有面色黧黑，口唇色黯，舌质有瘀斑、瘀点者，属血瘀；若面色㿠白，神疲气短，劳累后眩晕加剧，舌质胖嫩，边有齿痕者，属气血两虚。

（二）辨相关脏腑

眩晕病在清窍，与肝、脾、肾三脏功能失调密切相关。肝阳上亢之眩晕兼见头胀痛、面色潮红、急躁易怒、口苦脉弦等症状。脾胃虚弱，气血不足之眩晕，兼有纳呆、乏力、面色㿠白等症状。脾失健运，痰湿中阻之眩晕，兼见纳呆呕恶、头痛、苔腻诸症。肾精不足之眩晕，多兼有腰酸腿软、耳鸣如蝉等症。

二、治疗原则

眩晕一证多为虚实夹杂、本虚标实之证，故治疗大法为补虚泻实，调整阴阳气血。阳亢者予镇潜息风；痰湿者予燥湿祛痰；痰火者予清热化痰；瘀血者予活血化瘀通络；气血虚者应益气补血，健脾养胃，助生化之源；肾精不足者应补肾填精；对由失血引起的晕眩，应首先治疗失血。

三、辨证分型

（一）风邪上扰证

眩晕，可伴头痛，恶寒发热，鼻塞流涕，舌苔薄白，脉浮；或伴咽喉红痛，口干口渴，苔薄黄，脉浮数；或兼见咽干口燥，干咳少痰，苔薄少津，脉浮细；或伴肢体困倦，头重如裹，胸脘闷满，苔薄腻，脉濡。

治法：风寒表证治以疏风散寒、辛温解表；风热表证治以疏风清热、辛凉解表；风燥表证治宜轻宣解表、凉润燥热；风湿表证治宜疏风散湿。

代表方：风寒表证用川芎茶调散加减，药用荆芥、防风、薄荷、羌活、北细辛、白芷、川芎、生甘草等。风热表证用银翘散加减，药用金银花、连翘、豆豉、牛蒡子、荆芥、薄荷、竹叶、钩藤、白蒺藜、生甘草等。风燥表证用桑杏汤加减，药用桑叶、豆豉、杏仁、贝母、麦冬、沙参、玄参等。风湿表证用羌活胜湿汤加减，药用羌活、独活、防风、川芎、藁本、蔓荆子、车前子、炙甘草等。

（二）肝阳上亢证

眩晕耳鸣，头胀头痛，每因烦劳或恼怒而头晕、头痛加剧，面时潮红，急躁易怒，少寐多梦，口干口苦，舌质红苔黄，脉弦。

治法：平肝潜阳，清火息风。

代表方：天麻钩藤饮加减。药用天麻、钩藤、石决明、川牛膝、益母草、黄芩、栀子、杜仲、桑寄生、夜交藤、茯神等。

（三）痰浊中阻证

头眩不爽，头重如蒙，胸闷恶心而时吐痰涎，食少多寐，舌胖苔浊腻或白腻厚而润，脉滑或弦滑或濡缓。

治法：燥湿祛痰，健脾和胃。

代表方：半夏白术天麻汤加减。药用制半夏、白术、天麻、茯苓、橘红、生姜、大枣等。

（四）瘀血阻窍证

眩晕时作，反复不愈，头痛，唇甲紫黯，舌边及舌背有瘀点、斑或丝，伴有善忘、夜寐不安、心悸、精神不振及肌肤甲错等，脉弦涩或细涩。

治法：祛瘀生新，活血通络。

代表方：血府逐瘀汤加减。药用当归、桃仁、红花、水蛭、牛膝、柴胡、桔梗、枳壳、生地黄、甘草等。

（五）气血亏虚证

头晕目眩，劳累则甚，气短声低，神疲懒言，面色㿠白，唇甲不华，发色不泽，心悸，少寐，饮食减少，舌淡胖嫩，且边有齿印，苔少或薄白，脉细弱。

治法：补益气血，健运脾胃。

代表方：十全大补汤加减。药用人参、当归、炒白术、茯苓、熟地黄、生白芍、牛膝、肉桂、炙甘草等。

（六）肾精不足证

头晕而空，精神萎靡，少寐多梦，健忘耳鸣，腰酸遗精，齿摇发脱。偏于阴虚者，颧红咽干，烦热形瘦，舌嫩红，苔少或光剥，脉细数；偏于阳虚者，四肢不温，形寒怯冷，舌质淡，脉沉细无力。

治法：补肾养精，充养脑髓。

代表方：左归丸加减。药用熟地黄、山药、山茱萸、菟丝子、枸杞子、川牛膝、鹿角胶、龟甲胶等。

第七节 治疗发微

一、调脾胃以安五脏

脾胃为后天之本，气血生化之源，气机升降之枢纽，五脏六腑之本，人体精气血津液皆化生于脾胃。如因忧思劳倦，损伤脾胃；或嗜酒肥甘，饥饱劳倦，伤于脾胃。最终出现脾胃虚弱，运化失常，化源不足，无法生化气血，气血亏虚，气虚则清阳不展，血虚则脑失所养，清阳不升则髓海不足，发为眩晕，浊气上蒙清空亦致头晕目眩。如《景岳全书·眩运》所说："原病之由有气虚者，乃清气不能上升……一当益阴补血，此皆不足之证也。"脾虚失运，水湿内停，水饮停聚，清阳不升，清空之窍失其所养，故头为之倾，目为之眩，五脏之中皆有脾胃之气，而脾胃中亦有五脏之气，可分不可离，故治病当以脾胃为先，治五脏必调脾胃之气。李东垣在《脾胃论·脾胃胜衰论》中说："大抵脾胃虚弱，阳气不能生长，是春夏之令不行，五脏之气不生。"所以在治疗眩晕时，遵循"健运中焦，益气血生化之源；调畅气机，理枢纽升降之乱"总的治疗原则。选用药物方剂上，注重药物配伍，多以六君子汤为主补益脾胃，辅以陈皮、厚朴、枳壳、川楝子等升清降浊、调理气机，酌加木香、砂仁、香附、郁金、菖蒲、远志、天麻、川芎等药对。

二、以络论治

眩晕引起的心脏和血管病变是一个渐进的过程，病邪深入脏腑，递次损伤心络如浮络、孙络等。眩晕经治不愈，其发病常常累及心、脑、肾、眼底等器官，而这些器官正是血液丰富，络脉汇集之处。眩晕独特的证候演变规律，与络病的层次递进互相吻合。其大致可分为早、中、晚三个阶段，早期阶段疾病初起，实多虚少，见络中气滞、血瘀或痰凝等病理变化，以痰瘀互结、毒损心络为主，阴虚阳亢为辅；中期，虚实并见，以痰瘀互结，毒损心络与肝肾不足并见为其特点，这可能与自身不能正常排出病理产物、代谢紊乱有关，可进一步加重痰瘀停滞；晚期，久病入络，五脏受损，阴阳失调多见，兼有痰瘀互结，而这些病理产物常常相互影响，互相结合，积久蕴毒，毒损络脉，败坏形体，继而加重病情，变生诸病，形成恶性循环。

常用以络论治有 4 法：

（一）辛味之药通络法

辛能散、能行，既通阳络，又疏阴络，故叶天士谓“络以辛为泄”。但辛味药有走表和入络之区别，对于入脏腑里络的眩晕，当选用辛味宣络而不专事表散之品，以防其辛入表而减弱了辛通里络之力，如当归、川芎、郁金、姜黄、莪术、乳香、降香等药。对阴邪聚络者，则用辛温通络药，如当归、川芎、姜黄、乳香、降香等；邪在络久而化热化燥者，则用辛凉通络药，如茜草、牡丹皮、郁金、豨莶草等。

（二）藤类药物通络法

《本草便读》曰：“凡藤类之属，皆可通经入络。”因为藤类缠绕蔓延，犹如网络，纵横交错，无所不至，其形如络脉，所以根据取类比象原则，对于眩晕病的络脉瘀阻证，表现肢体麻木、四肢无力等症状者，可加藤类药物以理气活血，散结通络。常用药鸡血藤、海风藤、青风藤、忍冬藤、络石藤、千金藤、鸡矢藤、黄瓜藤等。

（三）血肉之品通补法

眩晕病的络病日久，气血不充，络道失养宜用之。叶天士认为：“大凡络虚，通补最宜。”血肉有情之品，皆禀动物精血化生，能补益人体气血津液。如鹿茸、龟甲、阿胶、鳖甲胶、狗脊髓、海狗肾、羊肾之属。

（四）虫类药品通络法

眩晕病的沉疴痼疾，凝痰败瘀，混处络中，用一般通络药难以奏效，可用虫类药物。盖虫类走窜，善入络脉，能搜邪剔络，无血者走气，有血者走血，灵动迅速，长于搜剔络中瘀浊，使血无凝着，气可宣通，从而祛除络中宿邪。药用全蝎、蜈蚣、地龙、土鳖虫、水蛭、虻虫、蝉蜕、僵蚕等。虫类搜剔作用猛烈，易伤正气，若佐以补药，则可达到祛邪而不伤正的效果。

第八节 专病论治——原发性高血压病

一、病名归属

眩晕在现代医学范畴内为一个症状，而不是一个独立的疾病，涵盖于多种疾病之中，且临床十分常见。临床医家在临证中多从“中风”及“眩晕”入手，汲取古代经验，用于高血压防治的临床实践。另一类是以病机命名，有肝风、肝阳、肝火、痰湿。至于风眩、头风目前多归于眩晕与头痛的范畴。

二、病因病机

中医学认为络脉是一个遍布全身的脉络系统，络脉的分布极为广泛，既散布于人体之表又深入于里，机体内外，五脏六腑，五官九窍，无处不到。而络脉分布之广泛，概括了现代医学微血管的分布，如现代医学认为微循环是由微动脉、微静脉和毛细血管组成的网状结构，它连于动、静脉之间，因此，微循环本身没有一定的走行规律，而是像网络一样，纵横交错，遍布全身，微循环内部的微血管互相交通，微循环丛与微循环之间有许多吻合支，互相汇合。因而任何局部微血管阻塞时，可以通过血管的吻合，同样保持其局部组织的血流供应。因此，从分布上，祖国医学的络脉与微循环极其相近。

原发性高血压病是由于素体禀赋不足，内伤虚损，或情志所伤，饮食失调等多种因素交互作用，致使阴阳消长失调，进而出现化火、损阴、伤阳，络脉失养或内生痰、瘀，痹阻络脉等变化。禀赋不足或脏腑虚损是高血压病发生的内因，先天禀赋不足、年老正气渐亏，肝肾亏虚或气血不足致络脉失养。长期的情志所伤，或饮食失调则是高血压病的诱发因素，如过度精神紧张或强烈的精神刺激，使肝气郁滞或肝阳暴张，络脉调节功能失常，舒缩功能障碍，致络气郁滞或络脉绌急失柔。长期的饮食失调，如过食肥甘油腻厚味，摄盐过多或饮酒过度，则易损伤脾胃，运化失司，水湿内停，积聚成痰，痰浊内生，痹阻络脉。尽管引起高血压病的病因不同，但在其病变过程中均有可能出现血瘀，气虚则无力鼓动血脉运行而血行不畅；肝气郁结，气滞则血行不利；痰湿内停则壅遏气机，久之则滞气碍血，血瘀不畅，痹阻络脉，导致络病的发生。叶天士云：“久发频发之恙，必伤及络，络乃聚血之所，久病必瘀闭。”

从现代医学角度来说，高血压病属循环系统范畴，其发病是多因素综合作用的结果，虽确切机制尚不清楚，但已明确与中枢神经系统、内分泌系统、体液等密切相关。目前研究认为，循环自身调节失衡，小动脉和小静脉的张力增高，是高血压病发生的重要原因，这说明了微循环在本病中的发病作用。雷氏的研究亦证实，络病的病理基础根本在于相关内皮的损伤以及血管与血液成分之间的相互作用失调，这些因素也正是导致高血压病病理改变的基础。但是，我们认为中医学的络脉范畴绝不仅仅局限于微循环这一概念，其在调节周身血流量、控制血压的同时，还包括调控神经、内分泌系统、体液等所分泌的神经递质、细胞代谢以及电解质等物质正常生理及其功能，而这些物质恰好和高血压病的病理机制直接相关。在病理改变上，高血压病常伴有局部瘀血、出血、组织水肿、微动脉瘤等，这与络病的临证表现相一致。

三、辨病辨证论治

（一）辨病

1. 中医诊断标准　参照中华中医药学会心血管分会眩晕中医诊疗共识意见（2009 年）。

主要症状：眩晕、头痛。

次要症状：急躁易怒，失眠多梦，面红目赤，口干、口苦，便秘，溲赤，心烦，头重如蒙，视物旋转，伴恶心、呕吐，甚者昏迷，动则加剧，神疲懒言，腰酸、膝软、畏寒肢冷，五心烦热，颜面潮红，甚则心悸、失眠、健忘。

2. 西医诊断标准　我国采用 1999 年世界卫生组织/高血压专家委员会（WHO/ISH）制订的高血压诊断标准。即 3 次检查核实后，按血压值的高低分为正常血压，临界高血压和确诊高血压。具体请参考相关书籍。

（二）辨证

1. 肝火上冲、脑络失和证

证候：体盛性刚，形气俱实，头胀头痛，口苦而干，烦躁易怒，面赤烘热，大便干结，舌红苔黄或燥，脉弦数有力。

治则：清肝泻火，通脉和络。

方药：龙胆泻肝汤加减（龙胆草、栀子、黄芩、生地黄、车前子、木通、白芍、大黄、蜈蚣、甘草）。

2. 肝阳上亢、脉络绌急证

证候：眩晕耳鸣，头胀痛，失眠多梦，易怒，面颊红赤，舌红，脉弦。

治则：平肝潜阳，通脉活络。

方药：天麻钩藤饮加减（天麻、钩藤、桑寄生、栀子、黄芩、石决明、夜交藤、怀牛膝、生牡蛎、杜仲、白芍、益母草）。

3. 阴虚阳亢、脉络瘀滞证

证候：头晕、目眩，耳鸣口干，面红，心悸失眠，四肢麻木，头重肢轻，步履不稳，舌质红干，少苔，脉弦细。

治则：滋阴潜阳，通络行瘀。

方药：杞菊地黄丸合二至丸加减（枸杞子、菊花、生地黄、女贞子、墨旱莲、山茱萸、白芍、丹参、怀牛膝、龟板、生龙骨、生牡蛎、鸡血藤）。

4. 肝阳暴张、脑络瘀阻证（高血压危象、高血压脑病）

证候：剧烈头痛，口㖞舌强，肢体麻木，甚或突然昏仆，手足抽搐，半身不遂，舌红少苔，脉弦而长。

治则：解痉潜阳，祛瘀通络。

方药：镇肝息风汤加减（怀牛膝、代赭石、生龙骨、龟板、天门冬、白芍药、元参、钩藤、天麻、羚羊角粉）。

5. 痰浊阻络、清阳不展证

证候：头晕头重，困倦乏力，心胸烦闷，腹胀痞满，呕吐痰涎，少食多寐，手足麻木，舌淡苔腻，脉弦滑。

治则：祛痰通络，升清降浊。

方药：半夏白术天麻汤合温胆汤加减（半夏、白术、天麻、石菖蒲、远志、陈皮、茯苓、姜竹茹、枳实、甘草）。

6. 肾精亏虚、脑络失荣证

证候：头晕、头空痛，耳鸣目眩，腰腿酸软，夜尿频多，下肢痿软无力，舌淡红，脉沉细无力。

治则：补肾填精，养血荣脑。

方药：地黄饮子加减（熟地黄、山茱萸、麦冬、五味子、肉苁蓉、菟丝子、枸杞子、巴戟天、肉桂、远志、石菖蒲、砂仁）。

第九节 预防与调护

一、预防

患者应保持心情舒畅，防止七情内伤；坚持适度的体育锻炼，如太极拳、八段锦、气功等；注意劳逸结合，避免体力和脑力劳动过度；节制房事，养精护肾；饮食定时定量，避免饥饿劳作，忌暴饮暴食及过食肥甘辛辣之品；病后或产后宜加强调理，防止气血亏虚；避免头部外伤，对预防眩晕的发生或复发都有重要的意义。

二、调护

1. 起居调护　患者的病室应保持安静、舒适，避免噪声，光线柔和。保证充足的睡眠，注意劳逸结合。保持心情愉快，增强战胜疾病的信心。眩晕发作时应卧床休息，闭目养神，少作或不作旋转、弯腰等动作，以免诱发或加重病情。重症病人要密切注意血压、呼吸、神志、脉搏等情况，以便及时处理。

2. 饮食调护　饮食以清淡易消化为宜，多吃蔬菜、水果，忌烟酒、油腻、辛辣之品，少食海腥发物，虚证眩晕者可配合食疗，加强营养。

3. 心理调护　保持心情开朗愉悦，饮食有节，注意养生保护阴精，有助于预防本病。

第十节　医案选读

［医案一］

张某，女，42 岁。初诊日期：2007 年 1 月。

主诉：头晕，神疲乏力近半年余，头晕加重一周。

既往史：甲亢，高血压，血压最高 160/90mmHg。

四诊摘要：头晕目眩，神疲乏力，腰膝酸软，面色苍白，饮食不佳，走路时左偏，自诉如踩棉花，舌尖偏右，舌淡无苔，脉沉弦细。

西医诊断：高血压，甲亢。

中医诊断：眩晕。

证型：肝肾阴虚。

治疗原则：滋阴补肾疏肝。治予六味地黄丸加味。

处方：熟地 20g　山药 15g　山萸肉 15g　云苓 15g
丹皮 15g　枸杞 20g　怀牛膝 20g　杜仲 20g
黄芪 30g　柴胡 10g　泽泻 20g　甘草 10g

上诸药服 7 剂，每日 1 剂，水煎分三次口服。

二诊：2007 年 1 月 31 日，头晕目眩有所减轻，颈项疼痛，足下无根，睡眠欠佳，舌淡无苔，脉沉弦。

处方：熟地 20g　山药 15g　山萸肉 15g　枸杞 20g

菊花 15g　天麻 10g　钩藤 15g　茺蔚子 10g
怀牛膝 20g　当归 20g　夏枯草 15g　甘草 10g

上诸药服 7 剂，每日 1 剂，水煎分三次口服。

三诊：2007 年 2 月 7 日，腰酸膝软，二便正常，神疲乏力。舌淡红，苔薄白，脉沉弦。

处方：生地 20g　山药 15g　山萸肉 15g　枸杞 20g
菊花 15g　怀牛膝 20g　天麻 10g　钩藤 15g
生龙骨 20g　生牡蛎 20g　五味子 15g　甘草 10g

上诸药服 7 剂，每日 1 剂，水煎分三次口服。

诸症基本消失，随访半年，病情稳定，症状未发。

按语：年老体衰肝肾亏虚，或心肾不交，郁怒伤肝，化火生风，伤气耗血，肾阴进一步亏损，精不化血，肝失所养，易致阴虚阳亢之证，当以六味地黄丸为底方加以平肝息风药以滋阴息风，适用于阴虚型高血压患者。六味地黄丸在病机上针对肾阴不足证而设，故用地黄、牡丹皮滋阴凉血；白茯苓，补脾阴，土旺生金，兼益肺气；泽泻，利水而泄下。

二诊针对该患者为中年女性睡眠欠佳，且症见颈项疼痛，舌淡无苔，脉沉弦，故加夏枯草以清肝火，从而达到安神之用，如《本草经疏·草部上品》所述："茺蔚子，此药补而能行，辛散而兼润者也。目者，肝之窍也，益肝行血，故明目益精。其气纯阳，辛走而不守，故除水气。肝脏有火则血逆，肝凉则降而顺矣。大热头痛心烦，皆血虚而热之候也，清肝散热和血，则头痛心烦俱解……"

针对该患者属肾阴不足兼有阳亢型高血压病，又在本方基础上加天麻、钩藤，由于患者腰酸腰痛明显，还在本方基础上加杜仲、桑寄生以补肾益精。但对于脾胃功能弱的人，六味地黄丸中的主药熟地有滞腻的性质，长时间服用会导致脾胃不振，所以要慎重服用，可以用砂仁一个，捣碎，泡开水，用这个水来冲服六味地黄丸，这样砂仁的芳香之气可以振奋脾胃，就化解掉了熟地的滞腻之性，同时砂仁还可以引药气归肾经，一举两得。（于睿等．杏林医论［M］．北京：人民卫生出版社，2013）

［医案二］

杨某，女，58 岁。初诊日期：2006 年 6 月。

主诉：头昏目眩反复发作 5 年，加重 3 天。

病史：自述患高血压 5 年余，血压最高时 170/90mmHg，平素嗜食肥甘，常因劳累过度或情志不遂时发作，眩晕每年 2~4 次反复发作，3 天前因与家人争吵后，晨起又出现头昏目眩。

四诊摘要：头晕目眩，视物旋转不定，不能站立，闭目静卧，睁眼则感天旋地转，如坐舟车，伴有恶心呕吐，纳差食少，心悸气短，神疲倦卧，舌质淡，苔白腻，脉滑。

西医诊断：高血压

中医诊断：眩晕。

证型：痰湿内蕴。

治疗原则：健脾燥湿化痰息风。方用半夏白术天麻汤加减化裁。

处方：半夏 10g　天麻 10g　白术 15g　云苓 15g
　　枳壳 10g　竹茹 15g　柴胡 10g　代赭石 20g
　　酒芍 15g　钩藤 15g　生麦芽 20g　甘草 10g

上诸药服 7 剂，每日 1 剂，水煎分三次口服。

二诊：头晕目眩减轻，呕吐已止，苔腻转净，纳食增，去代赭石加菊花 15g、葛根 15g，续服 7 剂。

再诊病症消失痊愈，随访半年，未见复发。

按语：眩晕病在临床中所见的大多数患者为本虚标实或虚实夹杂证。如《景岳全书·眩运》认为："无虚不作眩"，主张从虚论治，在治疗上当治虚为主。而在《素问·至真要大论》有"诸风掉眩，皆属于肝"之论，认为本病的发生是由于风火，而风火皆属阳，多为兼化，阳主于动，两动相搏，则为旋转。由于风气甚而头目眩晕，宜从肝风论治，《丹溪心法》则偏主于痰，认为无痰不作眩，主张从痰论治，治痰为先。现代人所患之眩晕，其往往虚实并见，多为肝风、痰、虚三者夹杂致病。该患者年过半百，素体阳气虚衰，气虚则脾失健运，易滋痰湿，脾虚痰浊，升降失司，痰浊内蕴，风痰上扰，胃气上逆，肝阳上亢、风阳升动、上扰清空，头为诸阳之首，耳目口鼻皆系清空之窍，肝阳强久则更伤脾气，脾虚失运更甚，则痰湿壅甚，痰浊随肝风上冒，致头部清窍不清，而出现头晕目眩，视物旋转等症，故首选半夏白术天麻汤加减，以燥湿化痰，健运脾气为主，在半夏白术天麻汤方的基础上再加健运脾气药。

二诊患者呕吐已去，眩晕减轻，故当以补益正气、实脾气为要，因代赭石沉降之性，应避免其伤及正气，则去代赭石加菊花、葛根，以清肝明目，平抑肝阳，升举脾胃之阳气，如《本草正义》言："葛根，气味皆薄，最能升发脾胃清阳之气。"李师推崇"百病皆生于气"，认为治病应当调畅气机。针对本病，当于化痰息风同时注重升脾气，降胃气，疏肝气。故葛根升脾气；代赭石、枳壳降胃气；柴胡疏肝气。使全身气机重新归于平衡，而疾病自愈。（于睿等. 杏林医论［M］. 北京：人民卫生出版社，2013.）

第四章 不 寐

第一节 疾病概述

不寐，是以经常不能获得正常睡眠为特征的一类病证，主要表现为睡眠时间、深度的不足，轻者入睡困难，或寐而不酣，时寐时醒，或醒后不能再寐，重则彻夜不寐。多为饮食不节、情志失常、劳逸失调、久病体虚等因素引起脏腑功能紊乱，气血失和，阴阳失调，阳不入阴而发病。其病位主要在心，与肝、胆、脾、胃、肾密切相关。病性有虚有实，且虚多实少。病理变化总属阳盛阴衰，阴阳失交。一为阴虚不能纳阳，一为阳盛不得入于阴[21]。辨证分型主要有肝火扰心证、痰热扰心证、心脾两虚证、心肾不交证和心胆气虚证。治疗当以补虚泻实，调整脏腑阴阳为原则，但应根据本虚标实的轻重缓急随证变法。

第二节 历史沿革

在医学文献中，不寐一类疾病的最早记载见于马王堆汉墓出土的帛书《足臂十一脉灸经》和《阴阳十一脉灸经》，两书将本病称为“不卧”“不得卧”和“不能卧”[22]。如《阴阳十一脉灸经》乙本：“是胃脉也……不食，不卧，强欠，三者同则死。”

《黄帝内经》中关于此病名的记载，有不得卧、卧不安、卧不得安、不得安卧、不卧、少卧、目不瞑、夜不瞑、不夜瞑和不能眠等。《素问·逆调论》：“岐伯曰：不得卧而息有音者，是阳明之逆也……阳明者，胃脉也，胃者，六腑之海，其气亦下行，阳明逆不得从其道，故不得卧也。”《素问·厥论》：“帝曰：善。愿闻六经脉之厥状病能也。岐伯曰：……阳明之厥，则癫疾欲走呼，腹满不得卧，面赤而热，妄见而妄言……太阴之厥，则腹满䐜胀，后不利，不欲食，食则呕，不得卧。”《灵枢·大惑论》：“黄帝曰：病而不得卧者，何气使然？岐伯曰：卫气不得入于阴，常留于阳，留于阳则阳气满，阳气满则阳跻盛，不得入于阴则阴气虚，故目不瞑矣。”

《灵枢·胀论》："黄帝曰：愿闻胀形。岐伯曰：夫心胀者，烦心短气，卧不安……脾胀者，善哕，四肢烦悗，体重不能胜衣，卧不安。"可见《内经》对此类病证的称谓基本上和马王堆汉墓医书相一致，但在以"不得卧"等的基础上又出现了目不瞑、不能眠的病名。

不寐之名最早见于《难经》。《难经》在医学文献中始将本病称为不寐。《难经·四十六难》："老人卧而不寐，少壮寐而不寤者，何也？然：经言少壮者，血气盛，肌肉滑，气道通，荣卫之行不失于常，故昼日精，夜不寤也。老人血气衰，肌肉不滑，荣卫之道涩，故昼日不能精，夜不得寐也。故知老人不得寐也。"

仲景对于此类疾病，系以不得眠、不得卧、不能卧、卧起不安、不得卧寐、不眠和不得睡等名称来称谓。《金匮要略·血痹虚劳病脉证并治》："虚劳虚烦不得眠，酸枣仁汤主之。"《伤寒论》："少阴病，得之二三日以上，心中烦，不得卧，黄连阿胶汤主之。"

对于不寐一类病证，《内经》主要以不得卧或卧不安来指称此类病证，而张仲景在《伤寒论》和《金匮要略》中主要以不得眠和不得卧来指称此类病证。

晋代王叔和的《脉经》亦用了不得卧、不能卧、不得眠、不眠、卧起不安、起卧不安、卧不能安、不得卧寐、不得睡等称谓来记述此类疾病。

隋代巢元方的《诸病源候论》在沿用前代称谓的基础上又出现了诸如眠寐不安、不得卧寐、寝卧不安、睡卧不安、卧不安席等。

唐代医学文献如《千金方》和《外台秘要》等虽亦有眠卧不安、寝卧不安、起卧不安、卧不安席等名称，但仍以不得眠和不得卧所用最多。

《太平圣惠方》"治虚劳心热不得睡诸方"和"治上气不得睡卧诸方"中，所载数十方多称此类病证为不得睡。

明清时期医家仍以不得卧、不眠来命名，但不寐的病名也得到了较为广泛的应用，称此类疾病为不寐的医学著作和医著中出现的频次均明显增多。而且已有医家开始把不寐单独列为一大类疾病，如清代陈士铎的《辨证录》和洪金鼎的《医方一盘珠》等书都列不寐病门。

第三节　病因病机

一、病因

（一）外感病因

《素问·太阴阳明论》云："贼风虚邪者，阳受之……阳受之则入六腑……入六腑则身热不时卧，上为喘呼。”提出外感之邪能致不寐，外感之邪作用于人体，产生疾病并导致不寐，其中以风寒、风热、暑热之邪最常见。《景岳全书》中有：“凡如伤寒、伤风、疟疾之不寐者，此皆外邪深入之扰也。”从以上文献中可以看出，外感六淫可侵袭人体而引起不寐。

（二）情志所伤

内伤情志具有直接损伤脏腑气机的致病特点，脏腑气机失调，功能失职，“神、魂、魄、意、志”失其所主，则生不寐之病证。如《景岳全书·不寐》：“神安则寐，神不安则不寐……劳倦思虑太过者，必致血液耗亡，神魂无主，所以不眠。”《问斋医案》：“忧思抑郁，最伤心脾，心主藏神，脾司智意，意无所主，神无所归，故为神摇意乱，不知何由，无故多思，通宵不寐。”

喜怒哀乐等情志过极均可导致脏腑功能的失调，而发生不寐病证[23]。或由情志不遂，暴怒伤肝，肝气郁结，肝郁化火，火热之邪扰动心神，神不安而不寐；或由五志过极，心火内炽，心神被扰而不寐；或由喜笑无度，心神激动，神魂不安而不寐；或思虑过度，所欲不遂，劳伤心脾，心血暗耗，脾虚血无化源，心神失养而不寐；或由暴受惊恐，导致心虚胆怯，神魂不安，夜不能寐，如《沈氏尊生书·不寐》云：“心胆俱怯，触事易惊，梦多不祥，虚烦不眠”。

（三）饮食失节

饮食不调亦是不寐较为常见的病因。饮食不节，宿食内停，则有“胃不和则卧不安”又或饮食偏嗜，如喜食肥甘厚腻，则蕴生痰热，痰热扰心则夜卧不安；且《素问·太阴阳明论》：“食饮不节，起居不时者，阴受之”，即饮食起居失常最易损伤机体的阴液，阴液不足，阳不得入阴，亦故不得卧也。

暴饮暴食，宿食停滞，脾胃受损，酿生痰热，壅遏于中，痰热上扰而发不寐；或停食停饮，胃失和降，阳气浮越于外不得入于阴而致不寐；或食饮不节，脾胃受损，气血无以生化，致心神失养而不寐。《张氏医通·不得卧》阐述其原因：“脉滑数有力不得卧者，中有宿滞痰火，此为胃不和则卧不安也。”此外，浓茶、咖啡、烈酒等皆可导致不寐。

（四）劳逸失调

劳倦太过则伤脾，过逸少动亦致脾虚气弱，运化不健，气血生化乏源，不能上奉于心，以致心神失养而失眠。或因思虑过度，伤及心脾，心伤则阴血暗耗，神不守舍；脾伤则食少，纳呆，生化之源不足，营血亏虚，不能上奉于心，而致心神不安。如《类证治裁·不寐》：“思虑伤脾，脾血亏损，经年不寐”。《景岳全书·不寐》：“劳倦、思虑太过者，必致血液耗亡，神魂无主，所以不眠。”可见，心脾不足造成血虚，会导致不寐。

（五）病后体虚

久病血虚，产后失血，年迈血少，劳伤气血，均可引起心血不足，心失所养，心神不安而不寐，正如《景岳全书·不寐》：“无邪而不寐者，必营气不足也，营主血，血虚则无以养心，心虚则神不守舍”。亦可因年迈体虚，阴阳亏虚而致不寐。

劳倦久病耗伤气血，至气血亏虚，人体气血阴阳失调，营卫脏腑功能失调，则寤寐节律不能正常维持，则不寐。如《金匮要略》：“虚劳虚烦不得眠，酸枣仁汤主之。”《卫生简易方》：“大病后，虚烦不得睡卧及心胆虚怯”。

（六）禀赋不足

平素心胆气虚，遇事易惊，多虑善恐，处事不决，神魂不安而致不寐；或素体阴虚，兼因房劳过度，肾阴耗伤，阴衰于下，肾水不能上济于心，水火不济，心火独亢，火盛神动，心肾失交而神志不宁。如《景岳全书·不寐》：“真阴精血不足，阴阳不交，而神有不安其室耳。”

（七）痰瘀等病理产物

痰瘀为机体功能失调所生之病理产物，一旦形成之后，又可以变为致病因素，王清任在《医林改错》中就明确提出瘀血可致夜寐不安，“夜寐多梦是血瘀，平素平和，有病急躁是血瘀。”徐春甫《古今医统大全》谓：“痰火扰乱，心神不宁，思虑过伤、火炽痰郁而致不眠者，多矣。”而痰邪易侵犯神明，痰郁化火扰心则不寐。痰邪由水湿不化而成，致病具有重浊黏滞的特点，病程较长；且久病入络，故痰瘀致病，胶着难化，阻滞脏腑经络，致寤寐异常久不愈。

二、病机

（一）阴阳失调，营卫失和，阳不入阴

《黄帝内经》将阴阳失调导致失眠的病机概述如下：一为阴亏，阴液不足，则无以涵养及制约阳气，阳气外浮，则发为不寐；二者为阳盛，阳气太盛则阴液相对不足，亦使阳气浮越于外而不寐；其三为邪气阻滞，如痰瘀水湿阻碍，“阴阳交通”之道，阴阳不交则不寐。

人体阴阳二气对睡眠与觉醒活动的调节，是依靠营卫之气的运行实现的，即营卫之气运行以调节睡眠-觉醒的规律性是其具体体现，《内经》将营卫失和致失眠的病机归结为“邪气内扰，卫不入阴”及“营气衰少，卫气内伐”；如《灵枢·邪客》：“厥气客于五脏六腑，则卫气独卫其外，行于阳，不得入于阴。行于阳则阳气盛，阳气盛则阳跻满，不得入于阴，阴虚，

故目不瞑。”昼卫其外，夜安其内是卫气正常出入阴阳的规律，倘若邪气作用于人体，则卫气与邪交争于外，浮于体表，而不能正常入阴，则夜间不得安守，故不寐。《灵枢·营卫生会》：“老者之气血衰，其肌肉枯，气道涩，五脏之气相搏，其营气衰少而卫气内伐，故昼不精，夜不瞑。”指出老者气血亏虚，营血不足，卫气内伐，营血不得使之安宁，故易致不寐。人的正常睡眠是阴阳之气自然而有规律转化的结果，《灵枢·口问》：“阳气尽，阴气盛，则目瞑；阴气尽而阳气盛，则寤矣。”汉代医家张仲景论“不得眠”的病机基于脏腑阴阳气血失调论，在脏腑中尤其重视心之病因，还创制了黄连阿胶汤、桂枝去芍药加蜀漆龙骨牡蛎救逆汤、栀子豉汤、酸枣仁汤等治疗不寐的经典方剂。清·林珮琴在《类证治裁·不寐》中进一步指出：“阳气自动而之静，则寐。阴气自静而之动，则寤。不寐者，病在阳不交阴也。”可见，阴阳失调是不寐发生的重要病机，各种原因导致阴阳不相交感或由于自身之偏盛偏衰，阴阳平衡被破坏，即可引起不寐。

（二）五脏气血阴阳失调

五脏藏五神，睡眠-觉醒机制的维持以五脏气化之气血津液为其物质基础，且受五神所影响，五脏气血阴阳功能失调则五神失其所主，营卫阴阳无以化生故致不寐[24]。如《素问·病能论篇》曰：“帝曰：善。人有卧而有所不安者何也？岐伯曰：脏有所伤，及情有所倚，则卧不安，故人不能悬其病也。”自此不难看出，不寐的发生与脏腑损伤的关系非常密切。脏腑为人体精气所寄之处，其受到损伤则不能藏其精气，精气则无安寄之所，涣散的精气将四处串扰其他脏腑，则使人不得安睡。

心藏神，主血脉，心之气血阴阳功能失调，心神失养，神不归舍，可致不寐。明代医家张景岳认为“心神不安”为不寐的病机中心，在《景岳全书·不寐》中：“不寐证虽病有不一，然惟知邪正二字，则尽之矣。盖寐本乎阴，神其主也，神安则寐，神不安则不寐”。

肝藏魂，体阴而用阳，主疏泄及藏血、调节血量，肝之气血阴阳失调，魂无以正常往返于目与肝，则无以保证睡眠的正常深浅，出现夜寐不安、多梦。宋代医家许叔微《普济本事方·卷一》提到：“平人肝不受邪，故卧则魂归于肝，神静而得寐。今肝有邪，魂不得归，是以卧则魂扬若离体也。”指出肝受邪，魂不守舍，影响心神，而发为不寐。

肺藏魄，主气，司治节，肺之气血阴阳失调，魄无所依，魂魄失合，元神不主，睡眠极浅，易惊醒。

脾舍意，主运化及升清，脾之阴阳失调，意不安舍，且运化失职，气血无以化生，也可导致心神失养，则睡前思虑纷纭，难以入睡。

肾舍志，藏精，肾气之气血阴阳失调，肾志不定，不守不舍，则亦出现不寐、早醒等症。

（三）神主失用论

广义的“神”，是指整个人体生命活动的外在表现；狭义的“神”，是指人体的精神活动。其来源于先天之精，又靠后天之精的滋养，是人类独具的最高层次的自觉意识。中医认为，昼属阳，寤亦属阳，阳主动，故白天神营运于外，人寤而活动；夜属阴，寐属阴，阴主静，故夜晚神归其舍，内藏于五脏，人寐而休息。白天人觉醒之时，“神”运于中而张于外，携“魂魄”感知、应对内外刺激而显于事。夜晚人之将寐，“神”必内敛，隐潜于中而幽于事，故意识活动休而不作。如张景岳所说：“神安则寐，神不安则不寐。”故各种原因导致神主失用均可引起不寐。

（四）邪气致病论

《灵枢·淫邪发梦》曰：“正邪从外袭内，而未有定舍，反淫于脏，不得定处，与营卫俱行，而与魂魄飞扬，使人卧不得安而喜梦。”提出了邪气侵袭是产生不寐的重要原因之一。此外，《景岳全书》曰：“不寐证虽病有不一。然惟知邪正二字，则尽之矣。盖寐本于阴，神其主也，神安则寐，神不安则不寐。其所以不安者，一由邪气之扰，一由营气之不足耳。有邪者多实证，无邪者皆虚证。”张景岳认为，因邪气之扰，可致神不安而不寐。

第四节　诊查要点

一、中医辨病辨证要点

1. 轻者入寐困难或寐而易醒，醒后不寐，连续3周以上，重者彻夜难眠。

2. 常伴有头痛、头昏、心悸、健忘、神疲乏力、心神不宁、多梦等。此外，亦可伴有大便秘结，情志抑郁，急躁易怒，目赤口苦，腰膝酸软，潮热盗汗等症。

3. 本病证常有饮食不节，情志失常，劳倦、思虑过度，病后、体虚等病史。

二、西医诊断关键指标

1. 症状　难以入睡、睡眠不深、易醒、多梦、早醒、醒后不易再睡、醒后不适感、疲乏、白天困倦。

2. 客观诊疗工具和技术手段　脑电图（EEG）、多导睡眠图（PSG）、多次睡眠潜伏期试验（MSLT）、觉醒维持试验（MWT）和体动记录仪

（Actigraph）等[25]。

3. 中国精神疾病分类方案与诊断标准（CCMD-3）失眠症的诊断标准

（1）原发性失眠几乎以失眠为惟一的症状；具有失眠和极度关注失眠结果的优势观念。

（2）对睡眠数量、质量的不满，引起明显的苦恼或社会功能受损；至少每周发生3次，并至少已达1个月。

（3）排除躯体疾病或精神障碍症状导致的情况。目前公认的失眠的客观诊断标准是按照多导睡眠图结果来判断：①睡眠潜伏期延长（长于30分钟）；②实际睡眠时间减少（每夜不足6小时）；③觉醒时间增多（每夜超过30分钟）。

4. 临床形式 ①睡眠潜伏期延长：入睡时间超过30分钟；②睡眠维持障碍：夜间觉醒次数大于2次或凌晨早醒；③睡眠质量下降：睡眠浅、多梦；④总睡眠时间缩短：通常少于6小时；⑤日间残留效应：次晨感到头昏、精神不振、嗜睡、乏力等。

第五节 类 证 鉴 别

不寐应与一时性失眠、生理性少寐、他病痛苦引起的失眠相区别。不寐是指单纯以失眠为主症，表现为持续的、严重的睡眠困难。少寐属于精神神经系统功能失调疾患，中医认为“心之官则思”，为个体脏腑气血衰弱、生理活动变化引起，或机体脏腑和器官受到不同刺激、脑功能失调所致。少寐辨肇病之端，有阴阳不和、营卫不和、胃不和、心肾不交、痰火扰心、瘀滞脑神等等不一，如阳不和阴，责之阳气盛而阴气虚而少寐，治宜补阴泻阳，调其虚实，通而去邪；胃不和而少寐，以和胃降痰；胆火郁热而少寐等。总之，少寐实多虚少，用药以和调为主，但由于病因有异和功能失调程度不同，故用药应有所区别。若因一时性情影响或生活环境改变引起的暂时性失眠不属病态。至于老年人少寐早醒，亦多属生理状态。若因其他疾病痛苦引起失眠者，则应以祛除有关病因为主。

第六节 辨 证 论 治

一、辨证思路

首辨虚实。虚证，多属阴血不足，心失所养，临床主要以体质瘦弱，面色无华，神疲懒言，心悸健忘为特点。实证，多为邪热扰心，临床主要以心烦易怒，口苦咽干，便秘溲赤为特点。次辨病位，病位主要在心。

由于心神的失养或不安，神不守舍而不寐，且与肝、胆、脾、胃、肾等相关。若急躁易怒而不寐，多为肝火内扰；若脘闷苔腻而不寐，多为胃腑宿食，痰热内盛；若心烦心悸，头晕健忘而不寐，多为阴虚火旺，心肾不交；若面色少华，肢倦神疲而不寐，多属脾虚不运，心神失养；若心烦不寐，触事易惊，多属心胆气虚等。

二、治疗原则

治疗当以补虚泻实，调整脏腑阴阳为原则。实证泻其有余，如疏肝泻火，清化痰热，消导和中；虚证补其不足，如益气养血，健脾补肝益肾。在治疗虚实病证的基础上，治以安神定志，如养血安神，镇惊安神，清心安神。

三、辨证分型

（一）肝郁化火证

症状：不寐多梦，心中懊恼，情志抑郁，急躁易怒，目赤口苦，小便黄赤，舌尖红，苔黄，脉弦。

治法：清肝泻火，镇心安神。

方药：龙胆泻肝汤加减。

加减：若出现头晕头痛，不寐严重，大便秘结，可用当归龙荟丸，若出现胸闷胁胀，常加香附、郁金、香橼、佛手等疏肝理气解郁之品。

（二）痰热扰心证

症状：心烦不寐，胸闷脘痞，泛恶嗳气，口干舌燥，头晕目眩，大便秘结，舌红，苔黄腻，脉弦数。

治法：清化痰热，和中安神。

方药：黄连温胆汤加减。

加减：若出现心烦不寐较重者，加淡豆豉、牡丹皮；若出现心悸动、惊惕不安较重者，常加龙齿、磁石、珍珠母以镇惊安神。

（三）心脾两虚证

症状：不寐夜梦多，胆怯惊悸，神疲乏力，健忘，舌淡苔薄白，脉沉细无力。治以补益心脾，养血安神。

治法：补益心脾，镇惊安神。

方药：归脾汤加减。

加减：若出现不寐较严重者，可加柏子仁、五味子、夜交藤、龙骨、牡蛎。若出现脘痞纳呆，舌苔腻，可加陈皮、半夏、厚朴、茯苓等以健脾理气化痰。

（四）心火炽盛证

症状：心烦不寐，躁扰不宁，口干舌燥，或口舌生疮，便秘溲黄，舌红苔黄，脉弦而数。

治法：清泻心火，安神宁心。

方药：朱砂安神丸加减。

（五）心肾不交证

症状：心烦不寐，心悸多梦，腰膝酸软，潮热盗汗，舌红少苔，脉弦细而数。方以六味地黄丸合交泰丸加减治之。

治法：滋阴降火，交通心肾。

方药：六味地黄丸加减。

（六）胃气失和证

症状：心烦不寐，胸闷嗳气，脘腹不适，大便不爽，舌淡苔黄腻，脉滑。治以消食导滞，和胃安神。

治法：消食导滞，和胃安神。

方药：半夏秫米汤或保和丸和越鞠丸加减。

（七）心胆气虚证

症状：虚烦不寐，易惊多梦，胆怯心悸，倦怠乏力，舌淡苔薄白，脉细而弱。

治法：益气镇惊，安神定志。

方药：安神定志丸加减。

加减：若心肝血虚，虚烦不寐，可用酸枣仁汤，养肝阴以宁神；若胆虚不疏土，胸闷腹胀，加柴胡、吴茱萸、陈皮等药。

（八）心肝火旺证

症状：不寐多梦，甚则彻夜不眠，性情急躁，目赤，口干而苦，便干，舌淡，苔薄白，脉弦。

治法：清肝泻热，宁心安神。

方药：柴胡桂枝龙骨牡蛎汤加减。

第七节 治疗发微

一、从胃论治

不寐一证，多由胃气不和所致，临床常从胃论治，并归纳了治胃五法：①清化和胃法，适于中焦湿热致不寐者，方选甘露消毒丹加减。②化痰和胃法，适于痰浊内扰而致不寐者，方选黄连温胆汤加减。③消滞和胃法，适于食滞胃肠而致不寐者，方选保和丸合承气汤加减。④温中和胃法，适于中焦虚寒而致不寐者，方选黄芪建中汤加减。⑤养阴和胃法，适于中土阴虚而致不寐者，方选《金匮》麦冬汤加减。

二、从肝论治

不寐当从肝论治，肝为气血之枢，主疏泄而畅气机，舒情志而和阴阳，主藏血而养诸脏，调血量而行气血。而气血又为神之本，神本于血而动之以气，故神志之病与肝密切相关，欲治不寐当须调肝。并将治肝之法归纳为六：①疏肝清热法，适用于肝经郁热，魂不潜敛，忧愁化火伤肝，使人失寐者。方用疏肝安神汤加减。②清肝泻火法，适用于肝火亢盛，魂不潜敛，阳气不静，而致不寐。方用龙胆泻肝汤加减。③理气化痰、镇惊安神法，适用于痰热犯肝，魂不潜敛之失寐。方用芩连温胆汤加减。④补益肝血、养心安神法，适用于肝血亏虚，魂不潜敛之失寐。方用《医宗金鉴》之补肝汤加减，或酸枣仁汤合四物汤加减。⑤滋补肝阴、柔肝安神法，适用于肝阴不足，魂失潜藏之失寐。方用叶天士之养肝阴方加减，或一贯煎加柏子仁、酸枣仁。⑥温补肝胆法，适用于肝胆气虚，魂不归舍之失寐。方用理郁升陷汤加减。⑦疏肝解郁、理气安神法，方用四逆散或柴胡加龙骨牡蛎汤加减。⑧疏肝活血、化瘀安神法，方用血府逐瘀汤合磁朱丸[26]加减。

三、从神论治

不寐的成因很多，思虑劳倦，内伤心脾，阳不交阴，心肾不交，阴虚火旺，肝阳扰动，心胆气虚以及胃中不和等因素，均可影响心神而导致失眠。主要病位在心，又与肝、脾、肾有密切关系，系诸多因素影响心神所致，因此在临床上常以安神为主要治法，并归纳了安神十法：①清心安神，方用栀子豉汤加莲子心、黄连等。②滋阴清热安神，方用黄连阿胶汤合交泰丸加减。③益气健脾安神，方用归脾汤加减。④养血安神，方用酸枣仁汤加减。⑤养心定志安神，方用安神定志丸加减。⑥重镇潜阳安神，方用孔圣枕中丹加赭石。⑦祛湿化痰安神，方用温胆汤加栀子、黄连。⑧和胃安神，方用保和丸加减。⑨活血化瘀安神，方用血府逐瘀汤加减。⑩温阳益气安神，方用桂枝龙骨牡蛎汤加减。

四、从阴阳论治

不寐证多系阴阳失协，水火失济，阴不交阳，阳不入阴所致，为此提出协调阴阳之法：①调和营卫，引阳入阴：方用桂枝加龙骨牡蛎汤。以桂枝汤调和营卫，融协阴阳；重用白芍以扶阴引阳，龙骨、牡蛎以敛阳入阴。营卫和调，阴阳恋合，而夜寐自安。②交通水火，坎离既济：方选坎离既济丸，滋水精而上济于心，降离阳而下接于肾，水火相交，坎离既济，阴阳和协而得寐。药用生地、熟地、夜交藤、山药、炙龟板、丹参、山萸肉、天冬、白芍、五味子、远志、黄柏等。③从阴引阳，引火归原：适于水不上济，肾中真阳反升，故上有虚火浮炎诸症，下反足冷。以交泰丸，从阴引阳，阳归肾宅，阴阳平调，寝寐自安。药用生地、熟地、玄参、灵磁石、山药、山萸肉、朱麦冬、朱茯苓、酸枣仁、煅牡蛎、夜交藤、川连、肉桂等。④清化痰热，通调阴阳：痰浊湿热阻隔中焦，肾阴心阳不得上下交通。方选半夏厚朴汤合栀子豉汤加味，药用制半夏、山栀子、豆豉、郁金、朱茯苓、焦山楂、竹茹、厚朴花、枳实、朱远志、合欢花等。

第八节 以络论治

不寐归属于心络病证，心络瘀滞或心络虚滞为发病之本[27]，基本病理环节为心络瘀阻、心络绌急、心络瘀塞。基本病机为心气虚、邪客心络，均可影响络气血运行，致使络失通畅或渗灌失常，导致心络瘀阻。

心络包括气络和脉络。心之气络与脉络相互协调维持心脏的正常功能。气络有弥散敷布经气的作用，类似于心脏收缩泵血、心脏传导系统功能以及神经系统、内分泌激素与血管舒缩的调节功能。其主要功能为运行气血，气络与神经-内分泌-免疫系统高度相关，络气瘀滞和络气虚滞反映了神经内分泌免疫调节功能失常，包括血管内皮功能障碍及炎症、免疫、氧化应激对血管内皮分泌和收缩功能的影响，且成为心脑血管及其他血管疾病的始动因素。脉络主要指渗灌血液到心肌组织的冠脉循环系统，包括分布于心肌的微循环。脉络病变有着共同的病机演变规律，病变初期为络气郁滞引起的络脉自稳状态功能异常与血管内皮功能障碍有内在一致性，进而可演变为络脉瘀阻-动脉硬化、络脉绌急-血管痉挛、络脉瘀塞-血管堵（闭）塞，成为“脉络-血管系统病”发生发展共同的关键病理环节。

此外，在论治不寐可从心脑同治的角度出发，“心脑同治”辨证论治是依据“络病辨证”，而“络病辨证”是基于解剖学知识，并从中医学关于络脉及络病发生演变及治疗规律的理论研究中归纳出的辨证论治方法。根据其辨证论治原则，指出“久病入络、久痛入络、久瘀入络”是络病发病特点，提出络病“三易”，即易滞易瘀、易入难出、易积成形，阐明络脉基本病变是络气郁滞、络脉瘀阻、络脉绌急、络脉瘀塞、络息成积、热毒滞络、络虚不荣、络脉损伤，促进了对络病发病机理的认识。并创立了络病辨证

“八要”，即辨发病因素、病程久暂、阴阳表里、寒热虚实、气病血病、络形络色、脏腑病机、理化检查。

治疗上，需根据络病辨证体系，其辨证论治包括以下几个方面：顺气畅络、化瘀通络、散结通络、祛痰通络、祛风通络、解毒通络、荣养络脉。以“络病”病机为基础，开辟出运用络病辨证论治的有效途径。络病的治疗原则即“以通为用”，并由此归纳出“辛味通络”“虫药通络”“藤药通络”“络虚通补”的治络经验。如辛味通络药包括辛香通络、辛温通络、辛润通络，其中辛香、辛温以流畅气机为主归为流气畅络类药，辛润通络系指辛味具有润通活血作用的药物如当归尾、桃仁等，又如藤药的钩藤息风通络、天仙藤祛风通络、虫类全蝎等搜风通络，均归为祛风通络药，藤类药之鸡血藤则归为化瘀通络药。

第九节　专病论治——失眠

一、病名归属

失眠又称“不寐”“不得眠”“目不瞑”。是由于心神失养或不安而引起经常不能获得正常睡眠为特征的一类病症。

首见于《难经·四十六难》，该篇认为老人“血气衰，肌肉不滑，荣卫之道涩，故昼日不能精，夜不得寐也。”《黄帝内经》中关于不寐的记载，有“不得卧”“卧不安”“卧不得安”“不得安卧”“不卧”“不能卧”“少卧”“目不瞑”和“不能眠”等。至东汉时期，张仲景《金匮要略》未将不寐列为独立的病证，而是作为一个兼夹症状，分别见于其他多种疾病之中，以“不得眠”“不得卧”“不能卧”和“不得睡”四种名称来称谓。至明清时期，不寐的病名得到了广泛的应用，众多医著将不寐作为独立的病证来论述，如《类证治裁》《辨证录》《医方一盘珠》《景岳全书》《证治要诀》等书都列不寐病名。

二、病机理论

自然界昼夜规律通过对营卫之气的控制和阴阳跻脉的调节来影响人体的寐寤规律。由于卫气属阳，卫气不得入于阴而出现不寐，故《黄帝内经》亦称其为“阳不入阴”[28]，以此为基础，出现了阴阳病机理论，故其与营卫病机理论同出一源，内容基本一致。后世在《黄帝内经》“藏象”学说的基础之上，建立了脏腑辨证用于不寐从而形成了脏腑病机理论。可以说，营卫（阴阳）病机理论是古人对不寐机制的理论概括，营卫二气调控着人体的寐寤规律，而其循行又受到五脏六腑功能的影响。后世由于脏腑辨证的发展，其着眼点则更加侧重于具体脏腑作为影响营卫运行病因的作用，从而逐渐衍生出了心神、魂魄等病机理论。这些理论并无本质上的冲突和矛盾，只是侧重点不同而已。综合分析后，可将失眠的病机归纳为：以阴阳失衡为总纲，以卫气循行为体现，以五脏虚实为基础。卫气昼行于体表六腑阳经，夜行于体内五脏阴经，密切沟通表里脏腑经络，正常的睡眠和卫气的正常循行密切相关，而卫气正常的循行又与脏腑经络的功能关系密切。

卫气源于脾胃，运行从阴出阳须心肺的推动，从阳入阴须肾的封藏，周而复始形成寐寤规律。而心、肺、脾、肾功能的正常运行，与人体气机升、降、出、入正常关系密切。五脏之中，以肝脏为枢机，调整全身气机运转，如肝失疏泄，气机失常，可影响他脏而生不寐。

三、中医诊断标准

参照《中药新药临床研究指导原则》：①有失眠的典型症状。即入睡困难，时常觉醒，睡而不稳或醒后不能再睡；晨醒过早；夜不能入睡，白天昏沉欲睡；睡眠不足 6 小时。②有反复发作史。

四、辨证论治

1. 心肾不交证

表现：失眠，入睡难，甚则彻夜不眠，心烦，心悸，胸闷，口干多饮，多梦，便溏，小便正常或夜尿多，或伴腰酸腿痛。舌红，苔薄黄，脉细。

治法：交通心肾，滋水清心。

方药：酸枣仁汤合交泰丸加减。

2. 痰火扰心证

表现：入睡困难，寐后多梦，易惊醒，伴胸闷腹胀，纳谷不香，心烦头重，小便黄短，大便秘结，舌苔黄厚腻，脉滑数。

治法：清热祛痰，镇心安神。

方药：黄连温胆汤加减。

3. 肝脾不和证

表现：入睡困难，夜睡易醒，醒后不入睡，两胁胀痛，情绪抑郁，或容易激动，乏力困倦，纳食不香，四肢不温，便干稀不定或便溏，舌淡红，苔薄黄，脉弦细。

治法：疏肝健脾，和胃安神。

方药：逍遥丸加减。

第十节　预防与调护

一、预防

1. 起居有常，养成良好的生活习惯，定时作息。

2. 讲究饮食卫生，不暴饮暴食或食之过饱。

3. 善于自我调节心理平衡，保持乐观情绪、避免七情刺激。消除顾虑及紧张情绪，保持情志舒畅。

4. 睡眠环境宜安静，睡前避免饮用浓茶、咖啡及过度兴奋刺激。

5. 学会简单的自我安眠法。诱导催眠法[29]：默念数字，或听单调的滴水声，钟表滴答声。

6. 注意作息有序，适当的加强体育锻炼，可每天练习一些太极拳等运动，对于提高治疗失眠的效果，增强体质，提高学习工作效率，均有促进作用。

二、调护

（一）起居调护

1. 慎起居，作息时间规律。

2. 避免情绪紧张。

（二）心理调护

针对不寐病人采取有针对性的心理、社会文化的护理。通过下棋、看报、听音乐等消除紧张感，还可配合性格训练，如精神放松法、呼吸控制训练法、气功松弛法等，减少或防止不寐的发生。告知病人情绪反应与不寐的发展及转归密切相关，提高病人情绪的自我调控能力及心理应急能力；全面客观地认识不寐病；告诫病人重视不良行为的纠正。

（三）一般护理

1. 创造安静舒适的睡眠环境，光线宜暗，床被褥松软适宜，避免噪音。

2. 解除诱因如咳嗽、疼痛、哮喘等，使之安眠。

3. 指导病人养成定时就寝的习惯，睡前避免情绪激动或剧烈活动。

4. 因心理因素思虑过度者做好情志护理，解除忧虑。

第十一节 医案选读及文献摘要

一、医案选读

（一）天王补心丹类证

宋某，女，42岁，2004年10月5日首诊。自诉失眠反复发作10余年，近1个月加重。刻诊：心中烦热，夜寐浮想联翩，噩梦惊扰，前日起已彻夜不眠，痛苦不堪，脉细微数，舌红苔薄黄，便调溲黄，口干喜饮。乃由久病耗灼营阴，心血不足，血不养心，诱发不寐。法当滋阴养血、清心安神。方予：黄连5g，党参、天冬、麦冬、玄参、丹参、五味子、桔梗、当归、（炙）远志、竹茹各10g，生地黄、阿胶（另烊）各12g，（炒）枣仁15g，（煅）龙骨、（煅）牡蛎（先煎）各30g，药予3剂，药房代煎，早晚分服，并嘱自我调节，思想乐观。10月8日，患者自行来门诊，诉睡眠已佳，但昨日出现胃脘疼痛，饮食不消之症。虑其滋腻碍胃，上方加砂仁（后下）、谷芽、麦芽、川楝子、延胡索各10g，再施5剂。并嘱晨起、饭后，左右交替揉按脘腹，顺逆各50次。1周后患者诉，用药上法后，胃脘已舒，失眠无发。（姜义彬. 天王补心丹治疗阴血亏虚型失眠临床观察［J］. 实用中医药杂志，2016，32（12）：1154-1155.）

（二）柴胡加龙骨牡蛎汤类证

钱某，男，52岁，2003年10月6日首诊。失眠，善思多虑，烦躁难忍，难以自持。自诉因近日感冒复加遇事不顺触发，头部麻胀、目眩，胸胁苦满，阵发心烦，大便干燥，小溲发黄，纳食尚可。诊脉弦滑，舌质淡红，苔薄黄。缘由三焦不利，表里同病，虚实互见，治宜和解少阳、通畅泄热，佐以宁心安神，姑予柴胡加龙骨牡蛎汤化裁。方予：柴胡、（制）半夏、（炒）枳实、陈皮、（炒）枣仁、柏子仁、合欢皮各10g，茯苓、（煅）龙骨、（煅）牡蛎（先煎）、夜交藤各30g，（炙）甘草6g，药予7剂，每日1剂，水煎3服。10月15日二诊，诉上药后，心烦明显消失，睡眠渐佳；脉象稍弦，舌淡红，苔薄白，便调溲清，药证合拍，贵在守方守法，继投7剂。1周后痊愈。（杨扶国. 柴胡加龙骨牡蛎汤治不寐验案四则及心得［J］. 江西中医药，2014，45（07）：20-22.）

二、文献摘要

《灵枢·邪客》："夫邪气之客人也，或令人目不瞑不卧出者，何气使然……今厥气客于五脏六腑，则卫气独卫其外，行于阳，不得入于阴。行于阳则阳气盛，阳气盛则阳跻满，不得入于阴，阴虚，故目不瞑。黄帝曰：善。治之奈何？伯高曰：补其不足，泻其有余，调其虚实，以通其道而去其邪，饮以半夏汤一剂，阴阳已通，其卧立至。”

《类证治裁·不寐》：“阳气自动而之静，则寐；阴气自静而之动，则寤；不寐者，病在阳不交阴也。”

《古今医统大全·不寐候》：“痰火扰心，心神不宁，思虑过伤，火炽痰郁，而致不寐者多矣。有因肾水不足，真阴不升而心阳独亢，亦不得眠。有脾倦火郁，夜卧遂不疏散，每至五更随气上升而发躁，便不成寐，此宜快脾发郁，清痰抑火之法也。”

《医效秘传·不得眠》：“夜以阴为主，阴气盛则目闭而安卧，若阴虚为阳所胜，则终夜烦扰而不眠也。心藏神，大汗后则阳气虚，故不眠。心主血，大下后则阴气弱，故不眠。热病邪热盛，神不清，故不眠。新瘥后，阴气未复，故不眠。若汗出鼻干而不得眠者，又为邪入表也。”

《医学心悟·不得卧》：“有胃不和卧不安者，胃中胀闷疼痛，此食积也，保和汤主之；有心血空虚卧不安者，皆由思虑太过，神不藏也，归脾汤主之；有风寒邪热传心，或暑热乘心，以致躁扰不安者，清之而神自定；有寒气在内而神不安者，温之而神自藏；有惊恐不安卧者，其人梦中惊跳怵惕是也，安神定志丸主之；有痰湿壅遏神不安者，其症呕恶气闷，胸膈不利，用二陈汤导去其痰，其卧立安。”

第五章 厥　证

第一节 疾病概述

厥证是以突然昏倒，不省人事，四肢逆冷为主要临床表现的一种病证。病情轻者，一般在短时间内苏醒，若病情较重，则昏厥时间较长，甚至一厥不复而导致死亡。本病的病因主要为情志失调、饮食不节、体虚劳倦及亡血失精等，最终脑络不利而发为厥证。本病的基本病机为气机突然逆乱，升降乖戾，气血阴阳不相顺接。本病的病理性质有虚实之分，若大凡气盛有余，气逆上冲，血随气逆，或夹痰浊壅滞于上，以致脑络闭塞，不知人事，为厥之实证（气厥实证、血厥实证、痰厥）；若气虚不足，清阳不升，气陷于下，或大量出血，气随血脱，血不上达，气血一时不相顺接，以致脑络失于濡养不知人事，为厥之虚证（气厥虚证、血厥虚证[30]）。本病的主要病变脏腑为心、肝，与脾、肾有关。本病的辨证分型主要为气厥（实证、虚证）、血厥（实证、虚证）及痰厥。本病主要治疗原则为醒神回厥，但具体治法需要辨其虚实。厥证预后的情况，主要取决于正气的强弱，病情的轻重，以及抢救治疗是否及时得当。

第二节 历史沿革

厥证病名首见于《内经》[31]，其含义概括起来可分为两类：一是指突然昏倒，不知人事，如《素问·大奇论》所言：“暴厥者，不知与人言。”另一是指肢体及手足逆冷，如《素问·厥论》云：“寒厥之为寒也，必从五指而上于膝。”

汉张仲景《伤寒论》主要论述外感发厥，提出热厥的病机为阴阳失调，“凡厥者，阴阳气不相顺接，便为厥。厥者，手足逆冷者是也。”并创四逆汤、通脉四逆汤、当归四逆汤等治疗方剂。

自隋唐，历代医家对厥证有诸多论述，如《诸病源候论》曰：“其状如死，犹微有息而不恒，脉尚动而形无知也”，对尸厥的临床表现进行阐述，并探讨其病机为“阴阳离居，营卫不通，真气厥乱，客邪乘之”。

宋《卫生宝鉴·厥逆》初步提出内伤杂病与外感病的厥之不同点。元代张子和《儒门事亲》将本病分为尸厥、痰厥、酒厥、气厥及风厥。

明代李梴《医学入门·外感寒暑》首先明确区分外感发厥与内伤杂病厥证。张介宾《景岳全书》提出以虚实论治厥证。至清代，已形成对气、血、痰、食、暑、尸、酒、蛔等厥的系统认识。

第三节 病因病机

一、病因

（一）情志失调

七情，包括怒、喜、思、悲、恐、忧、惊。当其中一种或多种情志改变超过人体正常的承受范围时，气机上逆，五脏六腑功能紊乱，导致气血阴阳不相顺接致影响脑络，而发为厥证。其中以恼怒多见，素体肝阳偏亢之人，因暴怒伤肝，疏泄不利，藏血失权，气逆络痹，血随气逆，气血上壅，脑络不利而发为本病。若元气偏虚之人，胆怯易惊，遇到突如其来的变故，如见死尸、或是闻巨响、或是见鲜血喷涌等，“恐则气下”，清阳不升，亦可见气血逆乱，脑络失养而发为厥。若素体气盛有余之人，情志过极，肝气郁结，气机逆乱，血随气上，闭塞脑络而发此病。

（二）饮食不节

若暴饮暴食或过饱后，饮食停滞，阻滞气机，脾胃失和，上下痞隔，或者骤逢恼怒，气逆夹食而致气机升降受阻，影响脑络而发此病。若平素过食肥甘厚味或辛辣、嗜烟酒而成癖，以致脾胃损伤，运化失健，聚湿生痰，痰浊阻滞，气机升降失调，日积月累，痰湿越多，气机阻滞越明显，反之，气愈阻则痰越多，因恼怒等情志因素影响，痰浊随气上壅，闭塞脑络，发而厥证。正如《证治汇补·湿症》曰：“若嗜饮酒面，多食瓜果，皆湿从内伤者也”。

（三）体虚劳倦

若体质虚弱或多种慢性病日久耗气伤血，偏于气虚者，复加劳累过度、睡眠时间不足，休息不当或是惊恐等进一步耗伤中气，以致中气不足，脑络失养，气血阴阳亏虚，也是厥证发病的原因[32]。

（四）亡血失精

若大汗、大吐或是大下后，气随液脱，或因创伤出血，或血虚之人，失血过多，以致气随血脱，阳随阴消，津血亏虚，亦可致脑络失养而发厥[33]。

二、病机

（一）基本病机

厥证的基本病机为气机突然逆乱，升降乖戾，气血阴阳不相顺接。

（二）病机演变

情志改变，最易影响气机运行，轻则气郁，重则气逆，逆而不顺，气阻脑络而为气厥；气盛有余之人，骤遇恼怒惊骇，气机上逆，脑络壅塞而昏厥；素来元气虚弱之人，陡遇恐吓，清阳不升，脑络失养而昏仆发厥。升降失调是指气机逆乱的病理变化。气的升降出入，是气运动的基本形式，由于情志、饮食、外邪而致气的运行逆乱，或痰随气升，阻滞脑络而为痰厥。或食滞中焦，胃失和降，脾不升清，脑络失于濡养而发食厥。或暑热郁逆，上犯阳明，痹阻脑络致暑厥。气为阳，血为阴，气与血有阴阳相随，互为资生，互为依存，气血的病变也是互相影响的。素有肝阳偏亢，遇暴怒伤肝，肝阳上亢，肝气上逆，血随气升，气血逆乱于上，脑络不利而为血厥；或是大量失血，血脱气无以附，气血不能上达脑络而昏不知人，发为血厥。

“久病入络是血分病[34]”“瘀多在经络”，在日常生活中，突发或久病导致脏腑功能失调，导致人体的气血阴阳失衡，外加情志失调、饮食不节、体虚劳倦及亡血失精等诱因，使气机突然逆乱，升降乖戾，气血阴阳不相顺接，脑络不利发为厥证。

第四节 诊 查 要 点

一、中医辨病辨证要点

1. 临床以突然昏仆，不省人事，或伴四肢逆冷为主症。

2. 患者发病之前，常有先兆症状，如头晕、视物模糊、面色苍白、出汗等，而后突然发生昏仆，不知人事，移时苏醒。发病时常伴有恶心、汗出，或伴有四肢逆冷，醒后感头晕、疲乏、口干，但无失语、瘫痪等后遗症。

3. 应了解既往有无类似病证发生。发病前有无明显的精神刺激、情绪波动的因素，或有大失血病史，或有暴饮暴食史，或有痰盛宿疾。

二、西医诊断关键指标

1. 主症　临床上以突发昏倒，短暂的意识丧失，能自行恢复等临床表现为主症。

2. 先兆症状　如轻微头晕、恶心、出汗、乏力和视觉模糊等临床表现。

3. 家族史　有无猝死、先天性致心律失常的心脏病或晕厥的家族史。

4. 既往史　既往心脏病史，帕金森病、癫痫等神经系统病史，糖尿病史等。

5. 辅助检查　心电图检查、颈动脉窦按压、倾斜试验、心脏彩超、三磷酸腺苷负荷试验和脑电图等。

第五节　类证鉴别

1. 眩晕　头晕目眩，视物旋转不定，甚则不能站立，耳鸣，但无神志异常的表现。与厥证突然昏倒，不省人事，迥然有别。

2. 中风　以中老年人为多见，常有素体肝阳亢盛。其中脏腑者，突然昏仆，并伴有口眼㖞斜、偏瘫等症，神昏时间较长，苏醒后有偏瘫、口眼㖞斜及失语等后遗症。厥证可发生于任何年龄，昏倒时间较短，醒后无后遗症。但血厥之实证重者可发展为中风。

3. 痫病　常有先天因素，以青少年为多见。病情重者，虽亦突然昏仆，不省人事，但发作时间短暂，且发作时常伴有号叫、抽搐、口吐涎沫、两目上视、小便失禁等。常反复发作，每次症状均相类似，苏醒缓解后可如常人。厥证之昏倒，仅表现四肢厥冷，无叫吼、吐沫、抽搐等症。可做脑电图检查，以资鉴别。

4. 昏迷　为多种疾病发展到一定阶段所表现的危重证候。一般来说发生较为缓慢，有一个昏迷前的临床过程，先轻后重，由烦躁、嗜睡、谵语渐次发展，一旦昏迷后，持续时间一般较长，恢复较难，苏醒后原发病仍然存在。厥证常为突然发生，昏倒时间较短，常因为情志刺激、饮食不节、劳倦过度、亡血失精等导致发病。

第六节　辨证论治

一、辨证思路

（一）辨病因

厥证的发生常有明显的病因可寻。

1. 气厥虚证多发生于平素体质虚弱者，厥前常有过度疲劳、睡眠不足、饥饿受寒、突受惊恐等诱因。

2. 血厥虚证与失血有关，常继发于大出血之证。

3. 气厥实证与血厥实证，多发生于形体强壮之人，发作常与急躁恼怒、情志过极密切相关。

4. 痰厥好发于恣食肥甘，体丰湿盛之人，而恼怒及剧烈咳嗽常为其诱因。

5. 食厥多见于暴饮暴食或过饱之后，食滞中焦，胃失和降，脾不升清而成。

6. 暑厥多发生于暑热郁逆，上犯阳明而致。

（二）辨虚实

厥证见证虽多，但概括而言，不外虚实二证，这是厥证辨证的关键。

1. 实证表现为突然昏仆，面红气粗，声高息粗，口噤握拳，或夹痰涎壅盛，舌红苔黄腻，脉洪大有力。

2. 虚证表现为眩晕昏厥，面色苍白，声低息微，口开手撒，或汗出肢冷，舌胖或淡，脉细弱无力。

（三）分气血

厥证以气厥和血厥多见，其中尤以气厥实证与血厥实证易于混淆。

1. 气厥实证乃肝气升发太过所致，体质壮实之人，肝气上逆，由惊恐而发，表现为突然昏仆，呼吸气粗，口噤握拳，头晕头痛，舌红苔黄，脉沉而弦。

2. 血厥实证乃肝阳上亢，阳气暴张，血随气升，气血并行于上，表现为突然昏仆，牙关紧闭，四肢厥冷，面赤唇紫，舌质暗，脉弦有力。

二、治疗原则

厥证乃危机之候，当及时救治为要。醒神回厥是主要的治疗原则。

1. 实证　开窍、化痰、辟秽而醒神。在药物上，主要选择辛香走窜的药物；在剂型上，主要选择宜吞服、鼻饲、注射等，如丸、散、气雾、含化以及注射之类的药物。本法系急救治标之法，苏醒后按病情辨证治疗。

2. 虚证　益气、回阳、救逆而醒神。对于失血、失津过急过多者，还应配合止血、输血、补液，以挽其危。由于气血亏虚，故不可妄用辛香开窍之品。

三、辨证分型

（一）气厥

1. 实证　由情志异常、精神刺激而发作，突然昏倒，不省人事，或四肢厥冷，呼吸气粗，口噤握拳，舌苔薄白，脉伏或沉弦。

证机概要：肝气不舒，气机逆乱，上壅心胸，阻塞清窍。

治法：开窍，顺气，解郁。

代表方：通关散合五磨饮子加减。

平时可服用柴胡疏肝散、逍遥散及越鞠丸之类，理气解郁，调和肝脾。

2. 虚证　发病前有明显的情绪紧张、恐惧、疼痛或站立过久等诱发因素，发作时眩晕昏仆，面色苍白，呼吸微弱，汗出肢冷，舌质淡，脉沉细微。本证临床较多见，尤以体弱的年轻女性易于发生。

证机概要：元气素虚，清阳不升，神明失养。

治法：补气，回阳，醒神。

代表方：生脉注射液、参附注射液、四味回阳饮。

平时可服用香砂六君子丸、归脾丸等药物，健脾和中，益气养血。

（二）血厥

1. 实证　多因急躁恼怒而发，突然昏倒，不省人事，牙关紧闭。面赤唇紫，舌暗红，脉弦有力。

证机概要：怒而气上，血随气升，闭阻清窍。

治法：平肝潜阳，理气通瘀。

代表方：羚角钩藤汤或通瘀煎加减。

2. 虚证　常因失血过多而发，突然昏厥，面色苍白，口唇无华，四肢震颤，目陷口张，自汗肤冷，呼吸微弱。舌质淡，脉芤或细数无力。

证机概要：血出过多，气随血脱，神明失养。

治法：补气养血。

代表方：急用独参汤灌服，生脉注射液静脉推注或滴注。

（三）痰厥

素有咳喘宿痰，多湿多痰，恼怒或剧烈咳嗽后突然昏厥，喉中痰声，或呕吐涎沫，呼吸气粗，舌苔白腻，脉沉滑。

证机概要：肝郁肺痹，痰随气升，上闭清窍。

治法：行气豁痰。

代表方：导痰汤加减。

（四）食厥

暴饮暴食，突然昏厥，脘腹胀满，呕恶酸腐，头晕，舌苔厚腻，脉滑。

证机概要：食滞中焦，脾胃失和，阻塞清窍。

治法：消食和中。

代表方：昏厥如发生在食后不久，可先用盐汤探吐，以祛食积。继以神术散合保和丸加减。

（五）暑厥

身热汗出，口渴面赤，继而昏厥，不省人事，或有谵妄，头晕头痛，胸闷乏力，四肢抽搐，舌质红而干，苔薄黄，脉洪数或细数。

证机概要：暑热郁逆，上犯阳明，上闭清窍。

治法：开窍醒神，清暑益气。

代表方：昏厥时应予牛黄清心丸或紫雪丹以凉开水调服，清心开窍醒神为主，继用白虎加人参汤或清暑益气汤加减。

第七节 治疗发微

一、急症处理

厥证发作时可以给予对症处理。

（一）针灸

1. 毫针疗法[35] 《幽标赋》：“拯救之法，妙用者针”，说明针灸在抢救危重患者过程中的重要性。

（1）实证以泻为主，泻人中或点刺十宣出血，酌情配合取合谷、太冲等穴。

（2）虚证以补为要，以灸百会、关元、神阙为主，酌情配合取气海、关元等穴。

2. 刺络疗法 《古今医鉴》指出：“一切初中风、中气，昏倒不识人事……急以三棱针刺手中指甲角十二井穴，将去恶血”。

（二）药物

1. 实证 嗃鼻散、苏合香丸、玉枢丹等。

2. 虚证 生脉饮、参附汤等。

二、以络论治

络脉是调节气血、营卫气化，津血渗濡互灌之所。络脉的特点为，在结构上分支细、分布广，在功能上连通气血，具有易虚易滞的病理特性，易受邪气所伤。络病的病因，主要以风、瘀、虚为主。《难经》曰：“初病在经是气分病，久病入络是血分病”。《临证指南医案》指出：“经主气，络主血”。张锡纯亦认为“其瘀多在经络”。若外风侵袭，必伤及络，而络气不通；若气郁日久，血行不畅，瘀阻于络，络中气血不通，络中空虚，组织失于濡养，随着病情的变化，则瘀血阻络；若机体气血阴阳不足，络中空虚，失去其正常的生理功能，以络虚不荣为主要临床表现。脑络是网络交织于头面清窍的络脉，因其处至高之位，经络亦分布广泛，为气血最盛之处，营养脑神，充实脑髓。《临证指南医案》曰："虚痛久，痛必入络，宜理营络"；厥证的病理变化为络气郁滞（或虚滞），久病不愈发展为脉络瘀阻，进而阻滞气血的运行，引起脏腑功能失调引起"脑络-血管系统"血运受阻。因而厥证诱发原因其始虽异，但其最终"入络"，是造成厥证发病机制的重要环节。若以瘀阻脑络为主，以通络化瘀，调和气血为原则；若以络虚不荣为主，应重视补虚，以补为通；在治疗的过程中，虚药与通络药应酌情配合使用，注意虫类药和辛香药的使用。同时在厥证的防治中还应重视蓄于日久的内在因素，如加强锻炼，增强免疫力、避免不良情绪和保证饮食规律等。在中医"以络论治"的理论指导下，提高对厥证的防治的临床疗效。

第八节　专病论治——心源性晕厥

晕厥是多种原因导致的突然、短暂的意识丧失，能自行恢复，是临床上常见的综合征，其基本病机是短暂的大脑低灌注。晕厥包括心源性晕厥、反射性（神经介导性）晕厥和直立性低血压引起的晕厥等。其中心源性晕厥是临床最常见、最严重的，且有猝死风险。心源性晕厥是由于心排血量突然减少而致脑部缺血缺氧而发生晕厥，包括心律失常性和心脏搏出障碍，而以心律失常性晕厥最常见。

一、病名归属

心源性晕厥可归为中医"厥证"范畴。如《素问·厥论》中有寒厥、热厥、暴厥、六经厥等，其中以突然昏倒、不省人事为主症的还有煎厥、薄厥、大厥、尸厥、痛厥等。如《素问·生气通天论》曰："阳气者，烦劳则张，精绝，辟积于夏，使人煎厥。"如《伤寒论》曰："厥者，手足逆冷者是也"等。

二、病因病机

心源性晕厥是心排血量突然减少致脑部缺血缺氧而发生晕厥[36]。本病主要病变部位心络与脑络。本病的病理特点为心络不利，气血壅滞，气血逆乱，阴阳之气不相顺接，使机体脏腑功能失调，脑络失荣，发为厥证。《伤寒论》曰："凡厥者，阴阳气不相顺接，便为厥"，因此气机逆乱是造成厥证的关键所在。若外邪侵袭、情志不遂、饮食失调、体虚劳倦或是亡血失精，均会使心络不利，气血阻滞，进而脑络失荣，引发晕厥。因此众多医家应从防治原发病入手，使心络气机顺畅，气血调和，诸脏功能活动正常，脑络得以濡养，减少晕厥的产生。

三、辨病辨证论治

(一) 辨病

对于疑似晕厥的患者从三方面进行评估：①是否真有晕厥；②晕厥的原因；③危险分层。

晕厥的诊断需要满足下列条件：

(1) 患者是否完全性意识丧失；

(2) 患者意识丧失是否为突发且很快恢复；

(3) 患者是否为自发、完全恢复且无后遗症；

(4) 患者是否摔倒。

(二) 辨证

1. 气阴两脱证　突然昏仆，神萎倦怠，四肢厥冷，气短，舌红或淡，少苔，脉虚数或微。

证机概要：气阴两虚，清阳不升，脑络失养。

治法：益气养阴。

代表方：生脉散加减。

2. 痰蒙脑络证　突然昏倒，神志恍惚，气粗息涌，喉间痰鸣，口唇，爪甲暗红，苔厚腻或白或黄，脉沉实。

证机概要：痰血郁阻，上蒙脑络。

治法：豁痰活血，开窍醒神。

代表方：菖蒲郁金汤加减。

3. 元阳暴脱证　突然昏厥，神志恍惚，面色苍白，四肢厥冷，舌质淡润，脉微细欲绝。

证机概要：阳气暴脱，脑络失养。

治法：回阳固脱。

代表方：独参汤或四味回阳饮加减。

第九节　预防与调护

一、急性发作时

1. 当患者突发昏厥跌倒时，应让其平卧，迅速解开衣领，保持呼吸道通畅，防止窒息，注意保暖。

2. 当患者痰多时，应使用吸痰器吸痰，避免痰液阻塞气道，呼吸不利。

3. 当患者逐渐清醒时，嘱咐其不要急于坐起，更不要站起，应该多平卧，休息几分钟，然后慢慢坐起，以免昏厥再发。

4. 必要时针对心脏原发病治疗，或予针刺治疗，或予生脉饮或参附汤等急救，密切观察气息、脉搏、血压的变化。

二、日常生活中

1. 加强锻炼，注意营养，增强体质。

2. 加强思想修养，陶冶情操，避免精神和环境的刺激。

3. 对气血虚弱者，要注意劳逸结合，不要过度饥饿等。

4. 患者苏醒后，要消除其紧张情绪，针对心脏的基础不同病因予以不同的饮食调养。

5. 所有厥证患者，均应禁食肥甘厚味、辛辣之品及戒烟戒酒，以免助湿生痰，加重病情。

第十节　医案选读及文献摘要

一、医案选读

张某，男，57 岁，2009 年 12 月 31 日初诊。

主诉：耳聋 3 年余，期间晕厥 2 次，伴头晕耳鸣。

现病史：患者 3 年前突发听力下降，头晕耳鸣时作，发作欲死，视物旋转，心烦喜呕，大汗，多与体位有关，期间曾晕厥 2 次，3～5 分钟自行缓解。曾就诊于多家医院。前庭功能检查提示：右侧水平半规管功能减弱。颈椎片示 $C_{2\sim5}$增生。脑血管超声、经颅多普勒（TCD）检查均未发现异常。诊断为：梅尼埃综合征，颈椎退行性变，椎动脉供血不足，高血压。经住院治疗 2 月余，效果不佳，遂来求诊。患者高大粗壮，声如钟鸣，头晕，晕厥时作，影响日常生活，头重脚轻，有脚踩棉花感，口苦、口黏腻，大便溏，睡眠不佳，面色垢腻，洗亦不净，舌质瘀暗，苔黄厚腻，脉弦而弱。

诊断：眩晕，痰厥。

病机概要：痰热内蕴，清阳不升，浊阴不降。

治法：清热化痰升阳。

方药：黄连温胆汤加味。黄连 10g，清半夏 15g，陈皮 10g，茯苓 30g，枳实 15g，竹茹 15g，甘草 6g，泽泻 15g，天麻 30g，川芎 15g，葛根 50g，怀牛膝 15g，酒大黄 6g，生姜 30g。14 剂，水煎服。

2010 年 1 月 14 日二诊：药后晕厥未作，耳鸣减轻，面色晦暗好转，口苦口黏消失，舌苔黄厚腻转轻，脉弦。

上方改：清半夏30g，14剂，水煎服。

2010年1月28日三诊：药后耳内胀闷感消失，仍耳鸣，面色由原垢腻晦暗转为红润光泽，舌暗红苔腻，脉弦。

上方改：葛根10g，怀牛膝30g，姜竹茹10g。去川芎、酒大黄、甘草。加珍珠母30g，玄参15g。28剂，水煎服。

2010年2月25日四诊：偶发头晕耳鸣，睡眠改善，仍多梦，舌暗红，苔黄厚腻，脉弦。

上方加：菖蒲15g，生、炒酸枣仁各30g。另外：荷叶10g，金钱草6g，泡茶饮。

2010年3月11日五诊：诸证明显好转，面色红润而光泽，偶有轻微耳鸣，精神倍增，步态稳健，能独立行走，生活能自理，舌红苔腻，脉沉弦。

方药：黄连10g，生石膏30g，玄参15g，生炒白术30g，炒枳实15g，清半夏30g，茯苓30g，陈皮10g，川芎15g，酸枣仁60g，天麻30g。14剂，水煎服。另：石菖蒲15g，荷叶15g，苍术15g，黄柏15g，金钱草6g，泡茶饮。（李婷. 刘清泉老师运用黄连温胆汤治疗晕厥重症［J］. 中国民间疗法，2012，20（10）：6.）

二、文献摘要

《灵枢·五乱》："乱于臂胫，则为四厥；乱于头，则为厥逆，头重眩仆。"

《卫生宝鉴·厥逆》："病人寒热而厥，面色不泽，冒昧，两手忽无脉，或一手无脉，此是将有好汗。""杂病厥冷，手足冷或身微热，脉皆沉细微弱而烦躁者，治用四逆汤加葱白。"

《景岳全书·厥逆》："气厥之证有二，以气虚气实皆能厥也。气虚卒倒者，必其形气索然，色清白，身微冷，脉微弱，此气脱证也……气实而厥者，其形气愤然勃然，脉沉弦而滑，胸膈喘满，此气逆证也""血厥之证有二，以血脱血逆皆能厥也。血脱者如大崩大吐或产血尽脱，则气亦随之而脱，故致卒仆暴死……血逆者，即经所云血之与气并走于上之谓"。

《石室秘录·厥症》："人有忽然厥，口不能言，眼闭手撒，喉中作鼾声，痰气甚盛，有一日即死者，有二三日而死者，此厥多犯神明，然亦因素有痰气而发也。"

《张氏医通·厥》："今人多不知厥证，而皆指为中风也。夫中风者，病多经络之受伤；厥逆者，直因精气之内夺。表里虚实，病情当辨，名义不正，无怪其以风治厥也。"

参考文献

［1］吴以岭，魏聪. 通络药物治疗心脑血管病现状与展望［J］. 疑难病杂志，2015，14（01）：1-5.

［2］史红霞，辛玲. 络脉与心系关系初探［J］. 浙江中医杂志，2003（11）：7-9.

［3］吴以岭. 中医络病学说与三维立体网络系统［J］. 中医杂志，2003（06）：407-409.

［4］王朝阳，衣华强，睢明河，等. 络系统与络病理论初探［J］. 针刺研究，2004（02）：156-161.

［5］易杰，李德新. 古代阴阳体质分类方法探析［J］. 辽宁中医杂志，2005（07）：652-653.

［6］吴以岭，魏聪，常丽萍. 通络养生八字经——通络养精动形静神［J］. 中医杂志，2016，57（17）：1450-1454.

［7］何建升. 邪正盛衰与疾病关系探析［J］. 陕西中医学院学报，1999（05）：58-59.

［8］雷燕. 论瘀毒阻络是络病形成的病理基础［A］. 中医药优秀论文选（下）［C］. 北京：中华中医药学会，2009：4.

［9］张伯臾. 中医内科学［M］. 北京：人民卫生出版社，1988：196.

［10］李春岩，史载祥. 心血管疾病气陷血瘀病机探讨［J］. 中医杂志，2014，55（20）：1715-1718.

［11］周仲瑛. 中医内科学［M］. 北京：中国中医药出版社，2007：126.

［12］陈宇材. 朱锡祺治疗心律失常的经验［J］. 辽宁中医杂志，1986（02）：16-17.

［13］曹慧敏，吴瑾，贾连群，杨关林. 丹参酮ⅡA对心血管系统药理作用的研究进展［J］. 世界中医药，2017，12（07）：1718-1722.

［14］张萍，徐凤芹，马晓昌，陈可冀. 延胡索碱治疗快速性心律失常的研究进展［J］. 中国中西医结合杂志，2012，32（05）：713-716.

［15］明祯，赵更生. 碘化二甲基木防己碱对实验性心律失常及心肌电活动的作用［J］. 药学学报，1984（01）：12-15.

［16］林博，张明雪. 胸痹病因病机历史沿革［J］. 实用中医内科杂志，2013，27（14）：7-8.

［17］何天有. 中医通法与临证［M］. 北京：中国中医药出版社，1994：37.

［18］张京春等. 陈可冀病证结合治疗冠心病心绞痛的前瞻性队列研究［C］. 全国中西医结合发展战略研讨会暨中国中西医结合学会成立三十周年纪念会论文汇编，2011：160-164.

[19] 高跃. 七情致病与心悸（心律失常）[J]. 实用中医内科杂志，2015：61-63.
[20] 邢玉瑞. 中医方法全书 [M]. 西安：陕西科学技术出版社，1997：134.
[21] 卢燕，曹芳. 中医分析睡眠质量与肿瘤形成的关系 [J]. 四川中医，2016，34（07）：42-44.
[22] 刘迎辉，刘晓艳. 浅析秦汉时期五部著作对"不寐"病因病机的认识 [J]. 时珍国医国药，2016，27（12）：2969-2971.
[23] 胡霞，张波. 不寐的病因病机浅析 [J]. 中医药临床杂志，2013，25（03）：204-206.
[24] 烟建华.《内经》睡眠理论研究 [J]. 辽宁中医杂志，2005（08）：765-767.
[25] 中医科学院失眠症中医临床实践指南课题组. 失眠症中医临床实践指南（WHO/WPO）[J]. 世界睡眠医学杂志，2016，3（01）：8-25.
[26] 陶于权，陈永亮，潘万雄，苏爱华，刘杰，张君. 从肝胆论治顽固性失眠体会 [J]. 实用中医药杂志，2013，29（01）：56.
[27] 高东艮. 中医对睡眠与失眠的认识 [J]. 中国中医基础医学杂志，1997（S3）：16-17.
[28] 常松颖，于白莉. 从《内经》阳不入阴理论浅谈治疗老年人失眠经验 [J]. 云南中医中药杂志，2017，38（10）：16-17.
[29] 于海涛，王跃. 催眠综合心理治疗模式对控制大学生应激性失眠效果的观察与研究 [J]. 郑州煤炭管理干部学院学报，2000（02）：58-61.
[30] 王志坦. 厥证郁证解疑 [J]. 陕西中医函授，2000（04）：45-47.
[31] 鲁明源.《内经》厥证探讨 [J]. 山东中医药大学学报，1998（05）：13-15.
[32] 刘南，余锋，赵静. 厥证中医证型研究思路探讨 [J]. 广州中医药大学学报，2012，29（05）：601-602+608.
[33] 孙广仁. 试论阴阳互藏 [J]. 山东中医学院学报，1996（05）：20-22.
[34] 刘莉，苏云放. 叶天士久病入络学说探讨 [J]. 云南中医中药杂志，2008（03）：65-66.
[35] 徐坤三. 针灸治疗厥症 [J]. 针灸临床杂志，2002（02）：26-27.
[36] 陈芳，吴秋霞，肖冬梅. 心源性晕厥的临床特点及研究 [J]. 齐齐哈尔医学院学报，2009，30（21）：2728-2729.